49,80

ausgeschieden

Koß/Reinhold
Lehr- und Übungsbuch Elektronik

Lehr- und Übungsbuch
ELEKTRONIK

Prof. Dipl.-Ing. Günther Koß
Prof. Dr.-Ing. habil. Wolfgang Reinhold

2., bearbeitete Auflage

Mit 475 Bildern, 82 Tabellen, 95 Beispielen und 112 Aufgaben und Lösungen

Fachbuchverlag Leipzig
im Carl Hanser Verlag

Professor Dr.-Ing. habil. **Wolfgang Reinhold**
Hochschule für Technik, Wirtschaft und Kultur Leipzig

Kapitel 1 und 2

Professor Dipl.-Ing. **Günther Koß**
Fachhochschule für Technik und Wirtschaft Berlin

Kapitel 3

Die Deutsche Bibliothek – CIP-Einheitsaufnahme

Ein Titeldatensatz für diese Publikation
ist bei Der Deutschen Bibliothek erhältlich.

ISBN 3-446-21468-2

Dieses Werk ist urheberrechtlich geschützt.

Alle Rechte, auch die der Übersetzung, des Nachdruckes und der Vervielfältigung des Buches, oder Teilen daraus, vorbehalten. Kein Teil des Werkes darf ohne schriftliche Genehmigung des Verlages in irgendeiner Form (Fotokopie, Mikrofilm oder ein anderes Verfahren), auch nicht für Zwecke der Unterrichtsgestaltung – mit Ausnahme der in den §§ 53, 54 URG ausdrücklich genannten Sonderfälle –, reproduziert oder unter Verwendung elektronischer Systeme verarbeitet, vervielfältigt oder verbreitet werden.

Fachbuchverlag Leipzig
im Carl Hanser Verlag

© 2000 Carl Hanser Verlag München Wien
http://www.fachbuch-leipzig.hanser.de
Satz: Dr.-Ing. Steffen Naake, Chemnitz
Druck und Bindung: Druckhaus „Thomas Müntzer" GmbH, Bad Langensalza

Printed in Germany

Vorwort

Die Darstellung des sehr umfangreichen Fachgebietes der Elektronik in einem Buch mag zunächst vermessen erscheinen. Eine Konzentration auf die grundlegenden Problemstellungen ist dabei unumgänglich. Gleichzeitig bietet sich jedoch ein wichtiger Vorteil. Dem Studierenden kann die Einarbeitung in das Gesamtgebiet anhand einer durchgängigen Systematik erleichtert werden. Anhand der Herausarbeitung schaltungstechnischer Grundkonzepte zur Realisierung der wichtigen funktionellen Baugruppen lassen sich die notwendigen Abstraktionen der Schaltungsmodellierung und die erforderlichen mathematischen Methoden zur Schaltungsberechnung in ihrer Zusammengehörigkeit verdeutlichen.

Die Gliederung in die drei Abschnitte Elektronische Bauelemente, Analogtechnik und Digitaltechnik orientiert sich an der Spezifik der Problemstellungen, Lösungsmethoden und mathematischer Handwerkszeuge in diesen Teilbereichen der Elektronik.

Einen Schwerpunkt im Kapitel *Elektronische Bauelemente* bildet die Darstellung funktioneller Wirkungsmechanismen. Sie liefern die Ansätze für die Modellierung des Bauelementeverhaltens. Viel Wert wird auf die anschauliche Ableitung von Ersatzschaltungen gelegt.

Das Kapitel *Analogtechnik* vermittelt die Methodik der Schaltungsanalyse und Dimensionierung zunächst anhand der Transistorverstärker. Auf der Basis verallgemeinerter Verstärker wird anschließend der wichtige Komplex der Gegenkopplung vermittelt. Die Darstellung aller weiteren Funktionsgruppen der Elektronik orientiert sich hauptsächlich auf Operationsverstärkerschaltungen. Die Vielfalt der heute kommerziell verfügbaren Operationsverstärker erlaubt es, mit wenig Zusatzaufwand ideale Schaltungseigenschaften zu erzielen. In einer Reihe von Beispielen erhält der Leser Anregungen zur Nutzung des Netzwerksimulators PSpice.

Das Kapitel *Digitaltechnik* stellt die wesentlichen Grundlagen und Realisierungsmöglichkeiten digitaler Steuerungs- und Signalverarbeitung dar. Im Vordergrund stehen der Entwurf und die Analyse kombinatorischer und sequentieller Funktionsgruppen mit klassisch-elementaren und rechnergestützten Methoden. Bei der Entscheidung zu einem digitalen Systemprojekt („fest verdrahtete" Hardware oder programmierbares Mikroprozessorsystem) wird die ingenieurmäßige Nutzung von Standard- und Spezialprozessor-Systemen berücksichtigt.

Dieses Lehrbuch wendet sich hauptsächlich an Fachhochschulstudenten der Elektrotechnik. Wegen seiner straffen und übersichtlichen Darstellung kann es aber auch als einführende Literatur für Studenten an Technischen Universitäten und Hochschulen empfohlen werden. Vorausgesetzt werden lediglich Grundkenntnisse der Elektrotechnik und Mathematik. Zahlreiche Beispiele und Übungsaufgaben mit ausführlichen Lösungen erleichtern die Einarbeitung in den Stoff und fördern die Selbständigkeit.

Unser herzlicher Dank gilt den Kollegen des Fachbereichs sowie Frau Hotho vom Fachbuchverlag Leipzig für Diskussionen und die Unterstützung bei der Gestaltung des Buches.

Leipzig, im April 1998   Günther Koß, Wolfgang Reinhold

Vorwort zur 2. Auflage

Dieses Buch hat in den vergangenen zwei Jahren eine große Resonanz gefunden. Davon zeugen zahlreiche Leserzuschriften. Unser Dank gilt allen interessierten Lesern, die mit ihren Anregungen und Hinweisen zur Überarbeitung des Buches beigetragen haben.

Der aktive Einsatz dieses Buches in der Hochschullehre erleichterte das Auffinden von Fehlern, die sich bei einem neuen Buch leider nicht ganz vermeiden lassen. Neben der Korrektur dieser Fehler, lag der Schwerpunkt der Überarbeitung auf einer durchgängigen Benutzung standardisierter Bezeichnungen für Bauelementeparameter, Schaltungs- sowie Signalkenngrößen. Dies erleichtert dem Einsteiger das Einarbeiten und das Herstellen von Bezügen zu anderen Lehrbüchern. Aus diesem Grunde wurde auch großer Wert auf die Erweiterung des Literaturverzeichnisses gelegt.

Insbesondere im Kapitel *Analogtechnik* verbessern ausführlichere Erläuterungen das Verständnis der Zusammenhänge.

Im Kapitel *Digitaltechnik* wurde wegen der hohen Praxisrelevanz die Darstellung der PLD/FPGA-Programmierung auf Basis der Hardware-Beschreibungssprache VHDL erweitert sowie die Demonstration digitaler Signalverarbeitung auf Signalprozessoren in Aufgabenlösungen hinzugefügt.

Wir danken dem Fachbuchverlag Leipzig, insbesondere Frau Erika Hotho, für die sehr anregende und vertrauensvolle Zusammenarbeit und Herrn Dr. Steffen Naake für die Satz- und Umbruchgestaltung in bewährter Weise.

Leipzig, im Januar 2000   Günther Koß, Wolfgang Reinhold

Inhaltsverzeichnis

Formelzeichenverzeichnis 14

1 Elektronische Bauelemente 17
1.1 *Physikalische Grundlagen der Halbleiterelektronik* 17
1.1.1 Eigenleitung 17
1.1.2 Halbleiter mit Störstellen 18
1.1.3 Generationsmechanismen 20
1.1.4 Ladungsträgertransportmechanismen 21
1.1.5 Aufgaben 22

1.2 *Halbleiterdioden* 22
1.2.1 pn-Übergang 22
1.2.1.1 Wirkprinzip 23
1.2.1.2 Strom-Spannungs-Kennlinie 25
1.2.1.3 Ladungsspeicherung 26
1.2.2 Kleinsignalverhalten 27
1.2.3 Schaltverhalten 28
1.2.4 Temperaturverhalten 30
1.2.5 Spezielle Dioden und ihre Anwendungen 30
1.2.5.1 Gleichrichterdiode 30
1.2.5.2 Z-Diode 32
1.2.5.3 Kapazitätsdiode 34
1.2.5.4 Tunneldiode 35
1.2.5.5 Schottky-Diode 35
1.2.6 Mikrowellendioden 36
1.2.6.1 IMPATT-Diode 36
1.2.6.2 Gunn-Dioden 37
1.2.7 Aufgaben 38

1.3 *Bipolartransistoren* 39
1.3.1 Wirkprinzip 39
1.3.2 Strom-Spannungs-Kennlinie 41
1.3.3 Nutzbarer Betriebsbereich 44
1.3.4 Kleinsignalverhalten 46
1.3.5 Temperaturverhalten 49
1.3.6 Arbeitspunktabhängigkeit der Stromverstärkung 51

1.3.7	Schaltverhalten	51
1.3.8	Aufgaben	54
1.4	*Thyristoren*	57
1.4.1	Aufbau und Wirkungsweise	57
1.4.2	Thyristorvarianten	58
1.4.3	Anwendungen von Thyristoren	59
1.4.4	Aufgaben	62
1.5	*Feldeffekttransistoren*	62
1.5.1	MOSFET	62
1.5.1.1	Wirkprinzipien verschiedener Typen	62
1.5.1.2	Strom-Spannungs-Kennlinie	63
1.5.1.3	Kleinsignalverhalten	68
1.5.1.4	Effekte bei integrierten MOSFET	70
1.5.1.5	Schaltverhalten	71
1.5.1.6	Thermisches Verhalten	72
1.5.2	Sperrschicht-FET	72
1.5.2.1	Strom-Spannungs-Kennlinie	72
1.5.2.2	Kleinsignalverhalten	73
1.5.3	Aufgaben	73
1.6	*Rauschen elektronischer Bauelemente*	75
1.6.1	Widerstandsrauschen	75
1.6.2	Diodenrauschen	76
1.6.3	Transistorrauschen	77
1.6.4	Rauschspannung	78
1.6.5	Rauschfaktor	78
1.6.6	Aufgabe	80
1.7	*Operationsverstärker*	80
1.7.1	Der ideale Operationsverstärker	80
1.7.2	Aufbau eines Operationsverstärkers	81
1.7.3	Statische Kenngrößen realer Operationsverstärker	81
1.7.4	Dynamisches Verhalten von Operationsverstärkern	83
1.7.5	Rauschen in Operationsverstärkern	84
1.7.6	Aufgaben	85
1.8	*Optoelektronische Bauelemente und Halbleitersensoren*	85
1.8.1	Fotosensoren	85
1.8.2	Leuchtdioden	88
1.8.3	Optokoppler	89

1.8.4	Spezielle Halbleitersensoren	90
1.8.4.1	Temperatursensoren	90
1.8.4.2	Magnetfeldsensoren	91
1.8.4.3	Piezowandler	92
1.8.5	Aufgaben	93
2	**Analogtechnik**	**95**
2.1	*Berechnungsmethoden elektronischer Schaltungen*	95
2.1.1	Ersatzschaltbilder	95
2.1.2	Groß- und Kleinsignalanalyse	96
2.1.3	Kleinsignalersatzschaltung	97
2.1.4	Vierpoldarstellung	98
2.1.5	Darstellung des Übertragungsverhaltens	103
2.1.6	Signalflussdarstellung	104
2.1.7	Computergestützte Netzwerkanalyse	104
2.1.8	Aufgaben	106
2.2	*Lineare Verstärkergrundschaltungen*	107
2.2.1	Grundmodell eines Spannungsverstärkers	107
2.2.2	Einstufige Verstärker mit Bipolartransistoren	108
2.2.2.1	Emitterschaltung	108
2.2.2.2	Basisschaltung	112
2.2.2.3	Kollektorschaltung (Emitterfolger)	114
2.2.3	Einstufige Verstärker mit Feldeffekt-Transistoren	116
2.2.4	Grundschaltungen mit mehreren Transistoren	117
2.2.4.1	Kaskodeschaltung	117
2.2.4.2	Differenzverstärker	118
2.2.4.3	Stromspiegel	122
2.2.4.4	Differenzverstärker mit Stromspiegellast	124
2.2.4.5	Transistor-Stromquellen	124
2.2.4.6	Darlington-Schaltung	127
2.2.4.7	Leistungsendstufen	128
2.2.5	Frequenzverhalten von Verstärkerstufen	132
2.2.5.1	Untere Grenzfrequenz der Emitterschaltung	132
2.2.5.2	Obere Grenzfrequenz der Emitterschaltung	134
2.2.6	Kopplung von Verstärkerstufen	135
2.2.7	Aufgaben	136
2.3	*Gegenkopplung*	139
2.3.1	Allgemeines Modell der Gegenkopplung	139

2.3.2	Schaltungsarten der Gegenkopplung	140
2.3.3	Effekte der Gegenkopplung	141
2.3.3.1	Parameterempfindlichkeit	141
2.3.3.2	Einfluss der Gegenkopplung auf Ein- und Ausgangsimpedanz	142
2.3.3.3	Übertragungsbandbreite	143
2.3.3.4	Miller-Effekt	144
2.3.3.5	Bootstrap-Effekt	144
2.3.4	Anwendungen der Gegenkopplungsvarianten	145
2.3.4.1	Operationsverstärkerschaltungen mit Gegenkopplung	145
2.3.4.2	Transistorschaltungen mit Gegenkopplung	147
2.3.5	Stabilität rückgekoppelter Verstärker	149
2.3.6	Frequenzgangkorrektur von Verstärkern	151
2.3.7	Aufgaben	152
2.4	*Schaltungen mit Operationsverstärkern*	153
2.4.1	Lineare Verstärker	153
2.4.1.1	Nichtinvertierender Verstärker	153
2.4.1.2	Invertierender Verstärker	154
2.4.2	Rechenschaltungen	155
2.4.2.1	Addierer	155
2.4.2.2	Subtrahierer	155
2.4.2.3	Differenzierer	156
2.4.2.4	Integrator	157
2.4.2.5	Multiplizierer	158
2.4.2.6	Dividierer	159
2.4.3	Nichtlineare Schaltungen	159
2.4.4	Komparatoren und Schmitt-Trigger	160
2.4.5	Signalformung	161
2.4.6	Stromquellen	163
2.4.7	Aufgaben	164
2.5	*Aktive Filter*	164
2.5.1	Aktive *RC*-Filter	165
2.5.1.1	Tiefpässe 2. Ordnung	167
2.5.1.2	Hochpässe 2. Ordnung	170
2.5.1.3	Bandpässe 2. Ordnung	172
2.5.1.4	Bandsperren 2. Ordnung	175
2.5.2	Universalfilter	176
2.5.3	*SC*-Filter	177
2.5.3.1	*SC*-Integrator	178

2.5.3.2	Schaltungsrealisierung von *SC*-Filtern	179
2.5.4	Aufgaben	180
2.6	***Oszillatoren***	**180**
2.6.1	Grundstruktur und Schwingbedingung	180
2.6.2	*RC*-Oszillatoren	181
2.6.2.1	Phasenschieberoszillator	181
2.6.2.2	Wien-Oszillator	182
2.6.2.3	Wien-Brücken-Oszillator	183
2.6.3	*LC*-Oszillatoren	184
2.6.4	Quarzoszillatoren	185
2.6.5	Aufgaben	186
2.7	***Stromversorgungseinheiten***	**187**
2.7.1	Gleichrichterschaltungen	187
2.7.2	Spannungsstabilisierung	190
2.7.2.1	Einfache Stabilisierungsschaltungen	190
2.7.2.2	Spannungsregler	191
2.7.3	Erzeugung von Referenzspannungen	192
2.7.3.1	Referenzspannungsquellen mit Z-Dioden	192
2.7.3.2	Bandgap-Referenz	192
2.7.4	Aufgaben	194
2.8	***Analog/Digital- und Digital/Analog-Wandler***	**194**
2.8.1	Kennwerte von A/D-Wandlern	194
2.8.2	A/D-Wandlungsverfahren	196
2.8.3	Grundprinzipien der D/A-Wandlung	198
2.8.3.1	D/A-Wandler mit Widerstandsnetzwerk	199
2.8.3.2	Summation gewichteter Ströme	199
2.8.3.3	Fehlerkorrigierende D/A-Wandler	201
2.8.4	Aufgaben	202
3	**Digitaltechnik**	**203**
3.1	*Signale*	203
3.2	*Quantisierung und Kodierung*	205
3.2.1	Quantisierung	205
3.2.2	Kodierung	206
3.2.2.1	Begriff der Kodierung	206
3.2.2.2	Bildung von Kodes	206
3.2.2.3	Technisch bedeutsame Kodes	207

3.2.2.4 Sicherung von Kodes gegen Fehler 209
3.2.3 Aufgaben 210
3.3 *Schaltkreisreihen* 210
3.3.1 Bipolare Schaltkreisreihen 211
3.3.1.1 Bipolarer Schalttransistor 211
3.3.1.2 Bipolare Schaltkreisreihen 213
3.3.2 Unipolare Schaltkreisreihen 217
3.3.2.1 NMOS-Technik 217
3.3.2.2 CMOS-Technik 218
3.3.3 Aufgaben 220
3.4 *Schaltalgebra* 220
3.4.1 Schaltfunktionen 221
3.4.2 Schaltfunktionen und Schalt(er)netze 222
3.4.3 Gesetze und Rechenregeln der Schaltalgebra 223
3.4.4 Schaltfunktionen und Wertetabelle 225
3.4.5 Minimierung von Schaltfunktionen 227
3.4.6 NAND-NAND- und NOR-NOR-Strukturen 230
3.4.7 OR-NAND- und AND-NOR-Strukturen 231
3.4.8 Aufgaben 231
3.5 *Synthese und Analyse kombinatorischer Schaltungen* 232
3.5.1 Begriff der kombinatorischen Schaltung 232
3.5.2 Entwurf technisch bedeutsamer Funktionsgruppen 233
3.5.2.1 Allgemeine Steuerschaltungen 233
3.5.2.2 Kodierer 234
3.5.2.3 Multiplexer 235
3.5.2.4 Rechenschaltungen 237
3.5.3 Analyse kombinatorischer Schaltungen 240
3.5.4 Aufgaben 241
3.6 *Entwurf synchroner sequentieller Schaltungen* 241
3.6.1 Flipflop 241
3.6.1.1 Elementarspeicher (asynchrones RS-Flipflop) 241
3.6.1.2 Steuerungsprinzipien für Flipflop 243
3.6.1.3 Erweiterte Flipflop 245
3.6.2 Synthese und Analyse synchroner sequentieller Schaltungen 247
3.6.2.1 Begriff synchroner sequentieller Schaltungen 247
3.6.2.2 Beschreibung sequentieller Schaltungen 251
3.6.2.3 Synthese technisch bedeutsamer Funktionsgruppen 253
3.6.2.4 Analyse sequentieller Schaltungen 259

3.6.3	Aufgaben	259
3.7	*Anwenderspezifische digitale Schaltkreise*	260
3.7.1	Schaltungsrealisierung in PAL	261
3.7.2	Schaltungsrealisierung mit FPGA	265
3.7.3	VHDL	268
3.7.4	Aufgaben	272
3.8	*Halbleiterspeicher*	278
3.8.1	Festwertspeicher	278
3.8.1.1	ROM	278
3.8.1.2	EPROM	279
3.8.1.3	EEPROM	280
3.8.1.4	Speicherorganisation und Schaltsymbole	280
3.8.2	Schreib-Lese-Speicher	282
3.8.2.1	Statische RAM	282
3.8.2.2	Dynamische RAM	286
3.8.3	Erweiterung der Speicherkapazität	287
3.8.4	Aufgaben	290
3.9	*Mikroprozessorsysteme*	290
3.9.1	Elementarer Mikroprozessor	290
3.9.2	Mikroprozessorreihe 80x86	299
3.9.3	Assemblerprogrammierung	306
3.9.4	Aufgaben	309
3.10	*Mikrocontroller*	309
3.10.1	Architektur	309
3.10.2	Anwendungsbeispiele	312
3.10.3	Aufgaben	323
3.11	*Digitale Signalprozessoren*	323
3.11.1	Aufgaben	328
3.12	*Transputer*	329

Lösungen 338

Literaturverzeichnis 389

Sachwortverzeichnis 394

Formelzeichenverzeichnis

Elektronische Bauelemente und Analogtechnik

a	Kleinsignalstromverstärkung in Basisschaltung	f	Frequenz
		f_m	Bandmittenfrequenz
		f_o	untere Grenzfrequenz
		f_R	Resonanzfrequenz
A	Querschnittsfläche	f_u	obere Grenzfrequenz
$A(\omega)$	Amplitudenfrequenzgang	f_T	Transitfrequenz
A_I	Stromverstärkungsfaktor in Basisschaltung (Inversbetrieb)	g	Gegenkopplungsgrad
		g_d	Drain-Source-Leitwert des MOSFET
A_N	Stromverstärkungsfaktor in Basisschaltung (Normalbetrieb)	g_m	Steilheit des MOSFET
		g_{mb}	Backgatesteilheit des MOSFET
b	Kanalbreite des MOSFET	G	Gleichtaktunterdrückung
b	Kleinsignalstromverstärkung in Emitterschaltung	$\underline{G}(j\omega)$	Übertragungsfunktion
		G_{Av}	Generationsrate bei Stoßionisation
B	Bandbreite	G_{Ph}	Fotogenerationsrate
B_I	Stromverstärkungsfaktor in Emitterschaltung (Inversbetrieb)	G_{th}	Generationsrate bei thermischer Generation
B_N	Stromverstärkungsfaktor in Emitterschaltung (Normalbetrieb)	h	Plancksches Wirkungsquantum
		I	elektrische Stromstärke
c	Lichtgeschwindigkeit	ΔI	Stromänderung
C	Kapazität	$\underline{I}$	komplexe elektrische Stromstärke
C_D	Diffusionskapazität	$\hat{I}$	Stromamplitude
C_F	Temperaturbeiwert des Diodenflussstromes	I_{AP}	Arbeitspunktstrom
		I_B	Basisstrom
C_{GD}	Gate-Drain-Kapazität	I_{BA}	Basisstrom im Arbeitspunkt
C_{GS}	Gate-Source-Kapazität	I_C	Kollektorstrom
$CMRR$	Gleichtaktunterdrückung, logarithmisch	I_{CA}	Kollektorstrom im Arbeitspunkt
		I_{CB0}	Reststrom der Kollektor-Basis-Strecke
C_R	Temperaturbeiwert des Diodensperrstromes	I_{CES}, I_{ECS}	Transfersättigungsströme
		I_{CE0}	Reststrom der Kollektor-Emitter-Strecke
C_S	Sperrschichtkapazität		
C_{SC}	Kollektorsperrschichtkapazität	I_{CS}	Sättigungsstrom der Kollektor-Basis-Diode
C_{SE}	Emittersperrschichtkapazität		
d_S	Ausdehnung der Sperrschicht	I_D	Diodenstrom
D_n	Diffusionskoeffizient der Elektronen	I_D	Drainstrom
D_p	Diffusionskoeffizient der Löcher	I_E	Emitterstrom
D_T	Temperaturdurchgriff	I_{ES}	Sättigungsstrom der Emitter-Basis-Diode
e	Elementarladung eines Elektrons		
E	Feldstärke	I_F	Fotostrom
E_{Ph}	Beleuchtungsstärke	I_G	Gatestrom

I_H	Haltestrom	r_a	Ausgangswiderstand
$\vec{I}_n$	Elektronenstrom	r_{aB}	Betriebs-Ausgangswiderstand
$\vec{I}_p$	Löcherstrom	r_d	differentieller Innenwiderstand einer Diode
I_r	Rauschstrom		
I_{rg}	Rekombinations-Generations-Strom	r_e	Eingangswiderstand
I_S	Diodensättigungsstrom	r_{eB}	Betriebs-Eingangswiderstand
I_{SP}	Sperrstrom	R	elektrischer Widerstand
k	Ausschaltfaktor	R_D	Gleichstromwiderstand einer Diode
k	Boltzmann-Konstante	R_L	Lastwiderstand
k_i	Stromrückwirkung	R_{th}	thermischen Widerstand
K	Klirrfaktor	S	Stabilisierungsfaktor
K	Rückkoppelfaktor	S	Steilheit
K_S	Thermokraft	S	Stabilisierungsfaktor
L	Induktivität	$S_{G',a}$	Empfindlichkeit
L	Kanallänge des MOSFET	$S_i(f)$	Rauschleistungsdichte
LSB	niederwertigstes Bit	SNR	Signal-Rausch-Abstand
m	Übersteuerungsgrad	S_R	Slewrate
M	Stromspiegelverhältnis	S'	normierten Stabilisierungsfaktor
MSB	höchstwertigstes Bit	t_f	Abfallzeit
n	Elektronendichte	t_S	Speicherzeit
N_A	Akzeptorendichte	T	Periodendauer
N_A^-	Dichte der ionisierten Akzeptoren	T	Temperatur in K
N_D	Donatorendichte	ΔT	Temperaturänderung
N_D^+	Dichte der ionisierten Donatoren	T_L	Laufzeit
n_i	Eigenleitungsdichte	U	elektrische Spannung
n_n	Elektronendichte im n-Halbleiter	ΔU	Spannungsänderung
n_p	Elektronendichte im p-Halbleiter	$\underline{U}$	komplexe elektrische Spannung
n_0	Elektronendichte im thermodynamischen Gleichgewicht	$\tilde{U}$	Effektivwert der Spannung
		$\hat{U}$	Spannungsamplitude
p	komplexe Frequenz	U_{BC}	Basis-Kollektor-Spannung
p	Löcherdichte	U_{BE}	Basis-Emitter-Spannung
p_n	Löcherdichte im n-Halbleiter	U_{BEF}	Flussspannung der Basis-Emitter-Diode
p_p	Löcherdichte im p-Halbleiter		
p_0	Löcherdichte im thermodynamischen Gleichgewicht	U_{BR}	Durchbruchspannung
		U_{CE}	Kollektor-Emitter-Spannung
P_e	Eingangsleistung	U_{CEA}	Kollektor-Emitter-Spannung im Arbeitspunkt
P_{th}	Wärmeleistung		
P_{tr}	Verlustleistung des Transistors	U_{CES}	Kollektor-Emitter-Sättigungsspannung
P_V	Verlustleistung		
$P_\sim$	Signalleistung	U_D	Differenzspannung
$P_=$	Gleichleistung	U_D	Diffusionsspannung
Q	elektrische Ladung	U_{DS}	Drain-Source-Spannung
Q	Güte	U_{F0}	Flussspannung einer Diode

U_{gl}	Gleichtaktspannung	γ	Body-Faktor des MOSFET
U_{GS}	Gate-Source-Spannung	ε	Permittivität
U_K	Zündspannung	η	Spannungsrückwirkung
U_{OS}	Offsetspannung	η	Wirkungsgrad
U_{SP}	Sperrspannung einer Diode	φ	Potential
U_t	Schwellspannung	$\varphi(\omega)$	Phasenfrequenzgang
U_{th}	Thermospannung	φ_R	Phasenreserve
U_T	Temperaturspannung	$\varkappa$	spezifische Leitfähigkeit
U_Z	Z-Spannung	λ	Wellenlänge
v_d	Driftverstärkung	λ	Kanallängenverkürzung beim MOSFET
v_D	Differenzverstärkung		
v_g	maximale Driftgeschwindigkeit	μ_p	Löcherbeweglichkeit
v_{Gl}	Gleichtaktverstärkung	μ_n	Elektronenbeweglichkeit
v_i	Stromverstärkung	ϱ	Raumladung,
v_{iB}	Betriebs-Stromverstärkung	ω	Kreisfrequenz
v_u	Spannungsverstärkung	ω_α	Grenzfrequenz der Basisschaltung
v_{uB}	Betriebs-Spannungsverstärkung	ω_β	Grenzfrequenz der Emitterschaltung
W_A	Energieniveau der Akzeptoren	ω_g	Grenzfrequenz
W_C	Energieniveau der Leitbandkante	ω_T	Transitfrequenz
W_D	Energieniveau der Donatoren	Ω	normierte Frequenz
W_g	Breite der verbotenen Zone	τ	Ladungsträgerlebensdauer
W_{Ph}	Energie eines Lichtquants	τ_{BI}	Basislaufzeit (Inversbetrieb)
W_V	Energieniveau der Valenzbandkante	τ_{BN}	Basislaufzeit (Normalbetrieb)
$\underline{Y}$	Admitanz	τ_D	Diodenzeitkonstante
$\underline{Y}_T$	Übertragungsadmitanz	τ_n	Elektronenlebensdauer
$\underline{Z}$	Impedanz	τ_p	Löcherlebensdauer
$\underline{Z}_T$	Übertragungsimpedanz	τ_s	Ladungsträgerlebensdauer in der Verarmungszone
β	Transistorkonstante des MOSFET		
$\beta(\lambda)$	Absorptionskoeffizient des Halbleiters	τ_S	Speicherzeitkonstante

Digitaltechnik

x, y, a, b, x_1, x_0 usw.	binäre Variable
$y = f(x_{n-1}, \ldots, x_1, x_0)$	Schaltfunktionen der abhängigen binären Variablen y von den unabhängigen binären Variablen $x_{n-1}, \ldots, x_1, x_0$
$X = [x_{n-1}, \ldots, x_1, x_0]$	Zustand(svektor) X der binären Variablen $x_{n-1}, \ldots, x_1, x_0$
$A = [x_3, x_0, a, b, \overline{res}, a\_ctrl]$	Beispiel für Zustand(svektor) A
X	oft als Eingangszustand sequentieller Schaltungen
Y	oft als innerer Zustand sequentieller Schaltungen
Z	oft als Ausgangszustand sequentieller Schaltungen
$Z = F(Y)$	Schaltfunktionenbündel

1 Elektronische Bauelemente

1.1 Physikalische Grundlagen der Halbleiterelektronik

Halbleiter unterscheiden sich von metallischen Leitern durch ihren kristallinen Aufbau, die Bindungsverhältnisse zwischen den Atomen, die Leitungsmechanismen und die Leitfähigkeit.

Kristalline Struktur. Halbleiter, wie Silizium und Germanium, besitzen eine stabile kristalline Struktur, in der jedes Atom vier gleich weit entfernte Nachbaratome besitzt (Diamantgitter). Die kovalente Bindung zwischen diesen Atomen bezieht alle Valenzelektronen dieser 4wertigen Materialien ein. Für eine Doppelbindung zwischen zwei benachbarten Atomen liefert jeder Partner ein Valenzelektron. Dieser feste Bindungszustand existiert insbesondere bei der Temperatur von 0 K. Der Halbleiter verhält sich dann wie ein Isolator. Es existieren keine freien Elektronen, die einen Stromfluss bewirken könnten.

1.1.1 Eigenleitung

Durch Wärmezufuhr geraten die Atome, und somit das gesamte Kristallgitter, in Schwingungen. Dies führt zum Aufbrechen einzelner Bindungen. Ein Elektron, das aus seiner Atombindung herausgelöst wurde, kann sich im Kristallgitter frei bewegen. Da es negativ geladen ist, hinterlässt es eine positiv geladene ungesättigte Bindung, ein „Defektelektron" oder „Loch". Der Vorgang stellt die Generation eines Elektronen-Loch-Paares dar. Die ungesättigte Bindung ist in der Lage, freie Elektronen, die sich in unmittelbarer Nähe aufhalten, einzufangen. Durch diese Rekombination eines Elektrons mit einem Loch wird der neutrale Zustand der Bindung wiederhergestellt.

Die Elektronendichte n_0 und die Löcherdichte p_0 in einem ungestörten Halbleiter sind immer gleich groß. Dieser Wert wird als Eigenleitungsdichte n_i bezeichnet.

$$n_i = n_0 = p_0 \quad (1.1)$$

Die Eigenleitungsdichte ist ein statistischer Mittelwert. Sie wird von der Kristalltemperatur und der materialbedingten Generationsenergie W_g zum Aufbrechen der Bindung bestimmt. Im technisch nutzbaren Temperaturbereich ist nur ein sehr geringer Teil der Valenzelektronen frei beweglich (siehe Tabelle 1.1).

Tabelle 1.1 Parameter wichtiger Halbleitermaterialien

	Si	Ge	GaAs
Atome je Volumeneinheit	$4{,}99 \cdot 10^{22}$ cm^{-3}	$4{,}42 \cdot 10^{22}$ cm^{-3}	$4{,}43 \cdot 10^{22}$ cm^{-3}
Bandabstand W_g	1,11 eV	0,67 eV	1,43 eV
Eigenleitungsdichte n_i bei 300 K	$1{,}5 \cdot 10^{10}$ cm^{-3}	$2{,}3 \cdot 10^{13}$ cm^{-3}	$1{,}3 \cdot 10^{6}$ cm^{-3}

Die Temperaturabhängigkeit der Eigenleitungsdichte ergibt sich nach der Fermi-Dirac-Statistik zu

$$n_i^2 = n_{i0}^2 \left(\frac{T}{T_0}\right)^3 \exp\left(\frac{W_g(T-T_0)}{kTT_0}\right) \quad (1.2)$$

n_{i0} n_i bei der Bezugstemperatur T_0
k Boltzmann-Konstante

Der Exponentialterm bestimmt das Verhalten.

Ladungsträgerlebensdauer. Freie Ladungsträger besitzen zwischen Generation und Rekombination eine mittlere Lebensdauer τ von einigen Mikrosekunden. Dieser Wert wird entscheidend von der Qualität der kristallinen Struktur des Halbleiters und der Größenordnung möglicher Verunreinigungen des Materials beeinflusst.

Auf Grund der Braunschen Bewegung legen die Ladungsträger in dieser Zeit eine mittlere Wegstrecke L, die sogenannte Diffusionslänge zurück.

$$L = \sqrt{D \cdot \tau} \qquad (1.3)$$

D Diffusionskonstante der Ladungsträger

Unter dem Einfluss eines elektrischen Feldes im Halbleiter kann diese ungerichtete Bewegung der Ladungsträger eine Vorzugsrichtung erhalten.

Bändermodell. Der energetische Zustand der Ladungsträger wird im Bändermodell grafisch verdeutlicht.

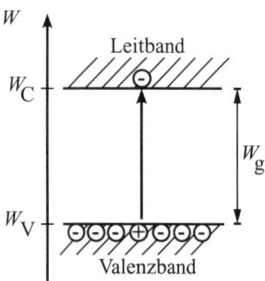

Bild 1.1 Bändermodell eines Eigenhalbleiters

Sind Valenzelektronen an der Atombindung beteiligt, besitzen sie eine feste Bindungsenergie $W = W_V$. Sie befinden sich im Valenzband des Bändermodells. Sind sie aus der Atombindung herausgelöst, befinden sie sich im Leitband. Sie besetzen dann eine Energie $W \geq W_C$. Für diesen Übergang vom Valenzband ins Leitband muss ihnen mindestens die Energie W_g zugeführt worden sein. Ein Elektron kann keinen energetischen Zustand in der *verbotenen Zone* zwischen Valenzband und Leitband einnehmen.

1.1.2 Halbleiter mit Störstellen

Das Einbringen von Fremdatomen in das Kristallgitter (Störstellen) ermöglicht die gezielte Erzeugung freier Elektronen und Löcher.

Donatoren (5wertige Störstellen) führen zu einem Energieniveau W_D innerhalb der verbotenen Zone mit einem sehr geringen Abstand zur Leitbandkante W_C. Entsprechend reicht eine sehr geringe Energiezufuhr aus, um diese Störstelle zu ionisieren. Das Störatom gibt sein 5. Valenzelektron in das Leitband ab. Es entsteht ein frei bewegliches Elektron und eine ortsfeste positiv ionisierte Störstelle, aber kein Loch. Im Halbleiter herrscht Elektronenüberschuss. Man spricht von einem n-Halbleiter.

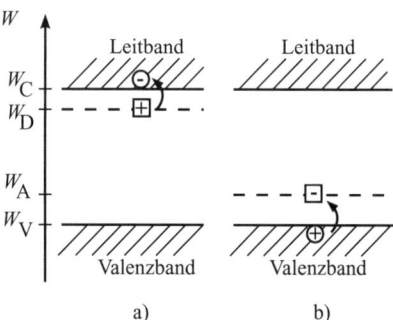

Bild 1.2 Bändermodell eines a) n-Halbleiters und b) p-Halbleiters

Akzeptoren (3wertige Störstellen) bewirken ein Energieniveau W_A innerhalb der verbotenen Zone nahe der Valenzbandkante. Ein Valenzbandelektron braucht nur eine sehr kleine Energiestufe zu überwinden, um dieses Energieniveau zu besetzen und die Störstelle negativ zu ionisieren. Es hinterlässt im Valenzband ein Loch. Die Elektronendichte im Leitband bleibt unverändert. Im Halbleiter entsteht ein Überschuss an frei beweglichen Löchern. Ein p-Halbleiter liegt vor.

Tabelle 1.2 Bandabstand ΔW der Energieniveaus wichtiger Störstellenmaterialien bei Silizium

Akzeptor		Donator	
$\Delta W = W_C - W_D$		$\Delta W = W_A - W_V$	
B	0,045 eV	P	0,044 eV
In	0,160 eV	As	0,049 eV
Al	0,057 eV	Sb	0,039 eV

Störstellenerschöpfung. Bei den gebräuchlichen Halbleitern sind im technisch relevanten Temperaturbereich alle vorhandenen Störstellen ionisiert. Es herrscht Störstellenerschöpfung. Da die Dichte der in einen Halbleiter eingebrachten Störstellen (Akzeptorendichte N_A, Donatorendichte N_D) genau festgelegt werden kann, besitzt die Dichte der ionisierten Störstellen (N_A^- bzw. N_D^+) und die Dichte der beweglichen Ladungsträger (p bzw. n) bei Störstellenerschöpfung einen definierten Wert. Es gilt im p-Halbleiter $p = N_A^- = N_A$ bzw. im n-Halbleiter $n = N_D^+ = N_D$.

Störstellenreserve. Bei Störstellenreserve sind nicht alle Störstellen ionisiert. Gewöhnlich ist das nur bei extrem niedrigen Temperaturen der Fall, bei phosphordotiertem Silizium z. B. bis ca. 70 K.

Wird ein Halbleiter mit Donatoren und Akzeptoren dotiert, so erfordert die Ladungsneutralität:

$$\boxed{p + N_D^+ = n + N_A^-}$$

Die Störstellenart mit der höheren Konzentration dominiert und bestimmt den Leitfähigkeitstyp. Bei $N_D > N_A$ liegt ein n-Halbleiter mit $n_n = N_D - N_A$ vor. Bei $N_A > N_D$ ergibt sich ein p-Halbleiter mit $p_p = N_A - N_D$.

Massenwirkungsgesetz. Nach dem Massenwirkungsgesetz ist in einem nach außen hin neutralen Halbleiter (Thermodynamisches Gleichgewicht), unabhängig von seiner Störstellendichte, das Produkt aus Elektronen- und Löcherdichte eine Materialkenngröße. Es gilt

im p-Halbleiter: $\quad n_p \cdot p_p = n_i^2 \quad$ (1.4)

im n-Halbleiter: $\quad n_n \cdot p_n = n_i^2 \quad$ (1.5)

Im n-Halbleiter überwiegen die Elektronen und stellen somit die *Majoritätsträger* dar. Die Löcher bilden hier die *Minoritätsträger*. Praktisch sinnvolle Störstellendichten beinhalten einen Unterschied zwischen Majoritäts- und Minoritätsträgerdichten von mehr als 10 Größenordnungen.

❑ **Beispiel 1.1**

Ein Si-Halbleiter ist mit einer Akzeptorendichte von $N_A = 3 \cdot 10^{16}$ cm^{-3} dotiert. Wie groß sind Löcher- und Elektronendichte bei Raumtemperatur und Störstellenerschöpfung?

Lösung:

Die Eigenleitungsdichte von Silizium beträgt bei Raumtemperatur (300 K) $n_i = 1,5 \cdot 10^{10}$ cm^{-3}. Damit folgt

$$p_p = N_A = 3 \cdot 10^{16} \text{ cm}^{-3} \quad \text{und}$$

$$n_p = \frac{n_i^2}{N_A} = 7,5 \cdot 10^3 \text{ cm}^{-3}.$$

❑ **Beispiel 1.2**

Bei welcher Temperatur erreicht die Eigenleitungsdichte eines Siliziumhalbleiters den Wert $n_i^2 = 10^{14}$ cm^{-3}?

Lösung:

$$n_i^2 = n_{i0}^2 \left(\frac{T}{T_0}\right)^3 \cdot e^{\frac{W_g(T-T_0)}{kTT_0}}$$

Eine analytische Auflösung dieser nichtlinearen Gleichung nach T ist nicht möglich. Bei hohen

Temperaturen dominiert der Exponentialterm diese Gleichung jedoch sehr stark, so dass bei 300 K die Näherung

$$n_i^2 \cong n_{i0}^2 \cdot e^{\frac{W_g(T-T_0)}{kTT_0}}$$

gerechtfertigt ist. Die Auflösung dieser Gleichung liefert:

$$T \cong \frac{T_0}{1 - \frac{kT_0}{W_g} \ln \frac{n_i^2}{n_{i0}^2}}$$

Mit den Werten $T_0 = 300$ K, $n_{i0} = 1{,}5 \cdot 10^{10}$ cm^{-3}, $W_g = 1{,}11$ eV und $k = 1{,}38 \cdot 10^{-23}$ Ws·K^{-1} ergibt sich $T = 509$ K.

Leitfähigkeit. Die spezifische elektrische Leitfähigkeit $\varkappa$ eines Halbleiters wird durch die frei beweglichen Ladungsträger beider Ladungsträgerarten bestimmt. Es gilt:

$$\varkappa = e\mu_n n + e\mu_p p \qquad (1.6)$$

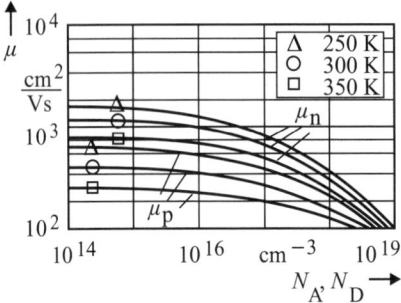

Bild 1.3 Beweglichkeit der Elektronen und Löcher im Silizium

Als Proportionalitätsfaktoren treten die Elementarladung eines Elektrons $e = 1{,}6 \cdot 10^{-19}$ As und die Beweglichkeiten der Löcher μ_p und Elektronen μ_n auf. Die Beweglichkeiten sind Materialkenngrößen. Sie werden vom Abstand der Atome im Kristallgitter, von der Qualität der Kristallstruktur, der Dichte der Störstellen und der Stärke der temperaturabhängigen Gitterschwingungen beeinflusst. Bild 1.3 verdeutlicht zwei Einflüsse.

Nutzbarer Temperaturbereich. Der sinnvolle Einsatz von Halbleiterbauelementen erfordert i. Allg. eine definierte Leitfähigkeit. Diese liegt nur bei Störstellenerschöpfung vor. Außerdem darf die Majoritätsträgerdichte nicht durch temperaturbedingt generierte Eigenleitungsladungsträger beeinflusst werden.

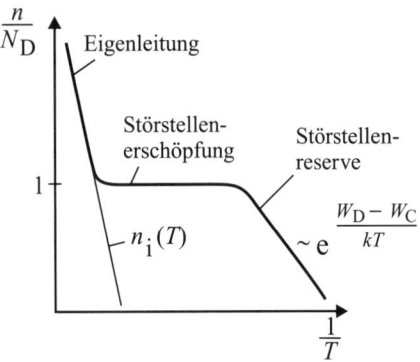

Bild 1.4 Temperaturabhängigkeit der Majoritätsträgerdichte im Halbleiter

1.1.3 Generationsmechanismen

Die Generation von Elektronen-Loch-Paaren im Halbleiter ist auf drei Mechanismen zurückzuführen:

- thermische Generation G_{th}
- Fotogeneration G_{Ph}
- Stoßionisation G_{Av}

Bei thermischer Generation erfolgt die Energiezufuhr $\Delta W_{th} = W_g$ an das entstehende freie Elektron ausschließlich durch die thermische Energie des Halbleiters. Die Nettogenerationsrate G_{th} nach der Schockley-Reed-Beziehung (1.7) (häufig auch Nettorekombinationsrate R) ist nur dann verschieden von Null, wenn die Ladungsträgerdichte von n_i abweicht. Ein Anstieg oder ein Sinken der

Ladungsträgerdichte zum Gleichgewichtszustand hin ist damit verbunden.

$$G_{th} = -R = \frac{n_i^2 - np}{\tau_p(n+n_1) + \tau_n(p+p_1)} \quad (1.7)$$

τ_p, τ_n Löcher- bzw. Elektronenlebensdauer
n_1, p_1 Materialkenngrößen

Ein wichtiger Sonderfall liegt bei starker Verarmung von beweglichen Ladungsträgern vor ($n, p \ll n_i$).

$$G_{th} = \frac{n_i}{\tau_s} \text{ mit} \quad (1.8)$$

$$\tau_s = \frac{\tau_p n_1 + \tau_n p_1}{n_i} \quad (1.9)$$

τ_s Ladungsträgerlebensdauer in einer Verarmungszone

Einfallendes Licht verursacht eine Generation, wenn die Frequenz f des Lichtes der Beziehung (1.10) genügt. Die Energie eines Lichtquants W_{Ph} muss größer als die Breite der verbotenen Zone sein.

$$W_{Ph} = h \cdot f \geq W_g \quad (1.10)$$

h Plancksches Wirkungsquantum

Die Generationsrate in der Tiefe x des Halbleiters ist proportional zum Photonenstrom Φ_g, der in den Halbleiter eindringt.

$$G_{Ph} = \beta(\lambda)\Phi_g \cdot e^{-\beta(\lambda)x} \quad (1.11)$$

$\beta(\lambda)$ Absorptionskoeffizient des Halbleiters

Werden Ladungsträger durch ein elektrisches Feld im Halbleiter sehr stark beschleunigt, kann ihre kinetische Energie ausreichen, um bei einem Aufprall auf ein Gitteratom ein weiteres Elektronen-Loch-Paar zu erzeugen, d. h. eine bestehende Bindung aufzubrechen. Die Generationsrate bei dieser Stoßionisation wächst mit der Feldstärke und den Ladungsträgerdichten. Der Generationsvorgang kann zur lawinenartigen Ladungsträgervervielfachung führen. Die Leitfähigkeit des Halbleiters wird extrem groß.

Ladungsträgerkontinuität. In einem infinitesimalen Volumenelement des Halbleiters muss sowohl für Elektronen als auch für Löcher stets die Bilanzgleichung der Ladungsträgerkontinuität erfüllt sein. In eindimensionaler Form gilt für den Elektronenstrom $\vec{I}_n$ sowie den Löcherstrom $\vec{I}_p$ an jeder Stelle x:

$$\frac{d\vec{I}_p(x)}{dx} = -eA\left(\frac{dp(x)}{dt} - G\right) \quad (1.12)$$

$$\frac{d\vec{I}_n(x)}{dx} = eA\left(\frac{dn(x)}{dt} - G\right) \quad (1.13)$$

mit $G = G_{th} + G_{Ph} + G_{Av}$

1.1.4 Ladungsträgertransportmechanismen

Der Transport von Ladungsträgern erfolgt im Halbleiter durch zwei Mechanismen.

- Auf Grund ihrer elektrischen Ladung werden Elektronen und Löcher durch ein elektrisches Feld beschleunigt. Es entsteht ein feldstärkeabhängiger Stromanteil (Feldstrom).

- Inhomogene Ladungsträgerdichteverteilungen verursachen einen Diffusionsstrom mit dem Ziel der Gleichverteilung der Ladungsträger im Halbleiter. Ursache hierfür ist die thermische Energie der Ladungsträger. Der Diffusionsstromanteil ist proportional zum Dichtegradienten.

Aus der Summe beider Anteile ergibt sich für den Elektronen- bzw. Löcherstrom in eindimensionaler Form:

$$\vec{I}_\text{n} = eA\left(n(x)\mu_\text{n}\vec{E}(x) + \frac{\text{d}(n(x)\cdot D_\text{n})}{\text{d}x}\right) \quad (1.14)$$

$$\vec{I}_\text{p} = eA\left(p(x)\mu_\text{p}\vec{E}(x) - \frac{\text{d}(p(x)\cdot D_\text{p})}{\text{d}x}\right) \quad (1.15)$$

D_n, D_p Diffusionskoeffizienten der Elektronen bzw. Löcher
A Querschnittsfläche des Halbleiters

Die Diffusionskoeffizienten sind proportional zu den Beweglichkeiten.

$$D_\text{n} = \mu_\text{n} U_\text{T} \quad D_\text{p} = \mu_\text{p} U_\text{T} \quad (1.16)$$

Proportionalitätsfaktor ist die Temperaturspannung:

$$U_\text{T} = \frac{kT}{e} \quad (1.17)$$

1.1.5 Aufgaben

▲ **Aufgabe 1.1.1**
Wie groß ist die Löcher- bzw. Elektronendichte in einem Siliziumhalbleiter bei $T = 250$ K, $T = 300$ K und $T = 350$ K, wenn Eigenleitung vorliegt?

▲ **Aufgabe 1.1.2**
Wie groß ist die Leitfähigkeit eines Siliziumhalbleiters bei einer Donatorendichte von $N_\text{D} = 10^{18}$ cm^{-3} und im undotierten Halbleiter bei $T = 300$ K?

▲ **Aufgabe 1.1.3**
Bestimmen Sie die Diffusionslänge eines Elektrons in einem mit $N_\text{D} = 10^{18}$ cm^{-3} dotiertem Siliziumhalbleiter bei $T = 300$ K, wenn die mittlere Ladungsträgerlebensdauer 0,2 µs beträgt!

▲ **Aufgabe 1.1.4**
Welche Frequenz und Wellenlänge benötigt einfallendes Licht, damit in einem Siliziumhalbleiter Fotogeneration eintritt?

▲ **Aufgabe 1.1.5**
In einem mit Bor dotierten Halbleiter ($N_\text{A} = 10^{15}$ cm^{-3}) wird Phosphor mit einer Konzentration von $N_\text{D} = 10^{17}$ cm^{-3} eingebracht. Welche Elektronen- und Löcherdichte besteht vor bzw. nach der Phosphordotierung?

1.2 Halbleiterdioden

1.2.1 pn-Übergang

Ein pn-Übergang ist der räumliche Bereich, in dem ein p-Halbleiter und ein n-Halbleiter aneinandergrenzen. In dieser Übergangszone beeinflussen sich beide Halbleitergebiete gegenseitig und bewirken dadurch ein charakteristisches elektronisches Verhalten.

> Der pn-Übergang ist das funktionsbestimmende Element der Halbleiterdiode. Darüber hinaus ist er wichtiger funktioneller Bestandteil zahlreicher weiterer Bauelemente.

Die Herstellung eines pn-Übergangs erfolgt durch Umdotieren eines räumlich begrenzten Bereiches eines p- bzw. n-Halbleiters. Die dazu notwendigen Störstellen werden durch Legieren, Diffundieren oder Ionenimplantation eingebracht. Bild 1.5 zeigt den Querschnitt und den örtlichen Störstellenverlauf eines durch Diffusion erzeugten pn-Übergangs.

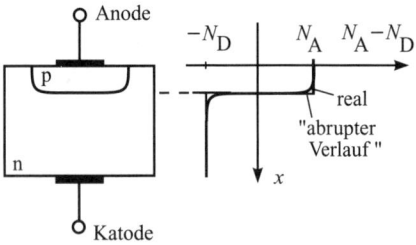

Bild 1.5 Durch Diffusion erzeugter pn-Übergang

1.2.1.1 Wirkprinzip

pn-Übergang ohne äußere Spannung. Die großen Konzentrationsgradienten der Löcher- und Elektronendichte an der Grenzschicht zwischen p- und n-Halbleiter bewirken eine Diffusion von Majoritätsträgern auf die gegenüberliegende Seite der Grenzschicht. Durch die Abdiffusion von Ladungsträgern sinkt die Dichte der beweglichen Ladungsträger in einem räumlich begrenzten Bereich um mehrere Größenordnungen. Dies hat eine erhebliche Verringerung der Leitfähigkeit in diesem Bereich zur Folge. Es entsteht eine von beweglichen Ladungsträgern fast völlig verarmte Zone. Sie wird als *Verarmungszone* oder *Sperrschicht* bezeichnet.

Die zurückbleibenden ortsfesten ionisierten Störstellen bilden in dieser Sperrschicht Raumladungen. Als Folge dieser Raumladungen entsteht ein inneres elektrisches Feld, das entsprechend der Transportgleichung (1.14), (1.15) einen Elektronen- und Löcherstrom entgegen der Diffusion erzeugt. Zwischen Diffusionsstrom und Feldstrom stellt sich innerhalb der Sperrschicht ein Gleichgewicht ein, mit dem eine definierte Raumladung und ein definierter Feldstärkeverlauf verbunden sind. Die sich ergebenden Verläufe für Löcher- und Elektronendichte, Raumladungsdichte ϱ, Feldstärke E und Potenzial φ (siehe Bild 1.6) werden durch das Differentialgleichungssystem aus Poisson-Gleichung (hier nur eindimensional)

$$\frac{\mathrm{d}\left(\varepsilon_\mathrm{H} \cdot \vec{E}\right)}{\mathrm{d}x} = \varrho = e\left(N_\mathrm{D}^+ - N_\mathrm{A}^- + p - n\right) \quad (1.18)$$

ε_H Permittivität des Halbleiters

den Transportgleichungen (1.14), (1.15) und den Kontinuitätsgleichungen (1.12), (1.13) bestimmt.

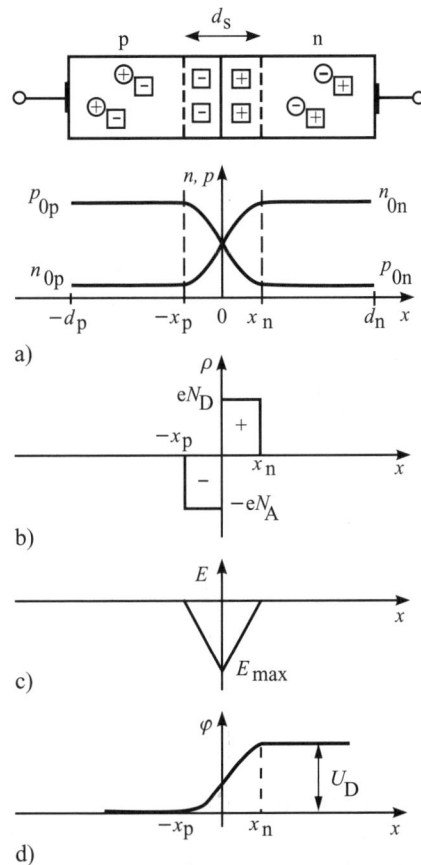

Bild 1.6 a) Ladungsträgerdichten, b) Raumladungsdichte, c) Feldstärke und d) Potenzial am pn-Übergang

Aus der Lösung des Differentialgleichungssystems ergibt sich unter Beachtung der Neutralitätsbedingung in der Sperrschicht

$$N_\mathrm{A} \cdot x_\mathrm{p} = N_\mathrm{D} \cdot x_\mathrm{n} \quad (1.19)$$

die Ausdehnung der Sperrschicht d_S zu:

$$d_\mathrm{s} = \sqrt{\frac{2\varepsilon_\mathrm{H} U_\mathrm{D}(N_\mathrm{A} + N_\mathrm{D})}{eN_\mathrm{A}N_\mathrm{D}}} \quad (1.20)$$

Das Integral über den Feldstärkeverlauf liefert eine über der Sperrschicht liegende Potenzialdifferenz, die Diffusionsspannung U_D des pn-Übergangs.

$$\boxed{U_D = \frac{kT}{e} \ln\left(\frac{N_A N_D}{n_i^2}\right)} \quad (1.21)$$

Außerhalb der Sperrschicht bleiben die Halbleitergebiete neutral. Der äußere elektrische Anschluss eines pn-Übergangs kann nur über diese niederohmigen Bahngebiete realisiert werden. In den meisten Fällen, insbesondere bei ortsunabhängigen Dotierungsverläufen, ist ihr elektronischer Einfluss auf das Verhalten von Halbleiterdioden vernachlässigbar.

pn-Übergang mit äußerer Spannung. Eine äußere Spannung U über dem pn-Übergang wirkt sich fast ausschließlich auf die Sperrschicht aus. Sie überlagert sich der inneren Diffusionsspannung U_D. Die Potenzialdifferenz über der Sperrschicht ergibt sich zu $U_S = U_D - U$. Die Bahngebiete bleiben wegen ihrer Niederohmigkeit nahezu unbeeinflusst.

Durchlassrichtung:

Eine äußere positive Spannung $U > 0$ über dem pn-Übergang reduziert die innere Potenzialdifferenz und damit die Ausdehnung der Sperrschicht. Gleichzeitig baut sie das elektrische Feld in der Sperrschicht ab. Das Gleichgewicht der inneren Strombilanz wird zugunsten der Diffusion verletzt. Durch die verstärkte Diffusion entsteht eine deutliche Anhebung der Ladungsträgerdichten gegenüber dem Gleichgewichtszustand. Für das Produkt aus Löcher- und Elektronendichte gilt nun [1.1].

$$n \cdot p = n_i^2 \cdot e^{\frac{U}{U_T}} \quad (1.22)$$

Die Temperaturspannung U_T besitzt bei Raumtemperatur (300 K) einen Wert von $U_T \approx 26$ mV.

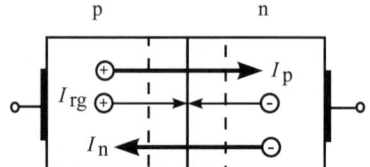

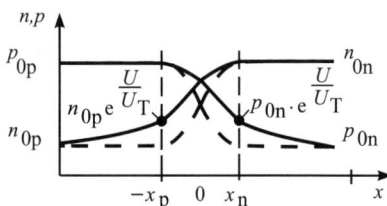

Bild 1.7 Ladungträgerdichteverteilung bei Durchlassspannung

Mit der Anhebung der Ladungsträgerdichten in der Sperrschicht verbessert sich deren Leitfähigkeit. Durch den pn-Übergang fließt ein Strom. Nähert sich die äußere Spannung dem Wert U_D, verschwindet die Sperrschicht, und es ergibt sich ein extrem starker Stromanstieg. Diese Ladungsträgerdichteanhebung setzt sich in den Bahngebieten bis hin zu den äußeren Kontakten fort, wie Bild 1.7 zeigt.

Zur Berechnung des Diffusionsstromes geht man von feldfreien Bahngebieten aus. Dem entspricht ein konstanter Verlauf der Majoritätsträgerdichte in den Bahngebieten. Der Gesamtstrom lässt sich dann als reiner Diffusionsstrom an den beiden Rändern der Sperrschicht berechnen. Aus den Kontinuitätsgleichungen und den Transportgleichungen ist mit den erhöhten Minoritätsträgerrandkonzentrationen $p_n(x_n)$, $n_p(-x_p)$ auch der Gradient dieser Verteilungen und daraus mit der Transportgleichung der Diffusionsstrom bestimmbar [1.1]. Es ergibt sich:

$$\begin{aligned} I &= I_n(-x_p) + I_p(-x_n) \\ &= I_s \cdot \left(e^{\frac{U}{U_T}} - 1\right) \end{aligned} \quad (1.23)$$

Der Diodensättigungsstrom I_s wird von den Dotierungverhältnissen und den Strukturmaßen bestimmt. Er ist somit ein charakteristischer Bauelementeparameter des pn-Übergangs.

Zusätzlich muss als dritter Stromanteil in Gl. (1.23) die Rekombination von Elektronen-Loch-Paaren (I_{rg}) in der Sperrschicht berücksichtigt werden. Man erhält $I_S = I_s + I_{srg}$. Im Siliziumhalbleiter beeinflusst er aber nur bei sehr geringen Spannungen $U < U_T$ den Gesamtstrom.

Sperrrichtung:
Eine äußere negative Spannung $U < 0$ am pn-Übergang führt nach Gl. (1.20) zu einer Vergrößerung der Sperrschichtweite auf

$$d_s(U) = \sqrt{\frac{2\varepsilon_H(N_A+N_D)(U_D-U)}{eN_AN_D}} \quad (1.24)$$

Die völlig von beweglichen Ladungsträgern verarmte Sperrschicht ist so hochohmig, dass kein Stromfluss möglich ist.

Durch die Sperrspannung sinken die Majoritätsträgerdichten in der Sperrschicht unter die Gleichgewichtsdichten ab. Anstelle der verletzten Gleichgewichtsbedingung gilt $n \cdot p < n_i^2$.

Sperrstrom. Ein kleiner, häufig vernachlässigbarer Strom ist am gesperrten pn-Übergang zu beobachten. Er wird durch die in der Sperrschicht thermisch generierten Ladungsträgerpaare verursacht. Das von außen verursachte elektrische Feld saugt diese ab, so dass sie nicht wieder rekombinieren können. Sie bilden den Sperrstrom, der stark temperaturabhängig ist (vgl. Abschn. 1.2.4). Zur Ausdehnung der Sperrschicht d_s ist er direkt proportional. Bei Siliziumdioden dominiert dieser Generationsanteil I_{srg} gegenüber I_s, bei Germaniumdioden ist es umgekehrt

[1.1]. Mit Gl. (1.8) folgt bei Integration der Kontinuitätsgleichung über die Sperrschicht:

$$I_{rg} = -eA\frac{n_i}{\tau_s}d_s \quad (1.25)$$

1.2.1.2 Strom-Spannungs-Kennlinie

Die Aussagen des vorigen Abschnittes lassen sich in der folgenden allgemein gültigen Strom-Spannungs-Kennlinie eines pn-Übergangs zusammenfassen.

$$\boxed{I = I_S \cdot \left(e^{\frac{U}{U_T}} - 1\right)} \quad (1.26)$$

In Durchlassrichtung bewirkt die Exponentialfunktion im Bereich $U > U_{F0}$ einen deutlichen Anstieg des Diodenstromes. Die Flussspannung einer Siliziumdiode liegt bei ca. $U_{F0} = 0{,}7$ V, die einer Germaniumdiode bei ca. $U_{F0} = 0{,}3$ V. Der Diodensättigungsstrom wird in Durchlassrichtung vom Diffusionsstromanteil bestimmt, in Sperrrichtung vom Sperrstromanteil, wodurch sich die Werte zahlenmäßig unterscheiden.

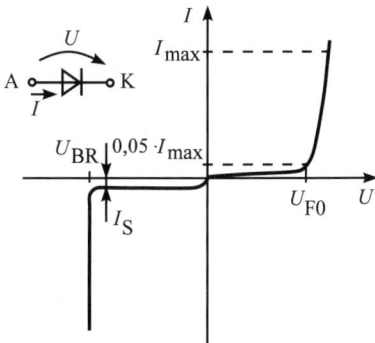

Bild 1.8 Strom-Spannungs-Kennlinie eines pn-Übergangs

Kennlinienparameter. Wichtige Parameter dieser stationären Kennlinie sind

- die Flussspannung U_{F0},

- der maximal zulässige Durchlassstrom $I_{\max}$,
- der Sättigungsstrom I_S,
- die Durchbruchspannung U_{BR}.

Die Flussspannung ist eine relativ willkürlich eingeführte Definition, die sich aber ausgezeichnet für spätere Modellvereinfachungen eignet.

$$U_{F0} = U_F|_{I=0{,}05\,I_{\max}} \qquad (1.27)$$

Den maximal zulässigen Durchlassstrom $I_{\max}$ eines pn-Übergangs begrenzt die zulässige Erwärmung des Bauelementes infolge der umgesetzten Verlustleistung.

$$I_{\max} = \frac{P_{V\max}}{U_F} \cong \frac{P_{V\max}}{U_{F0}} \qquad (1.28)$$

Die Durchbruchspannung U_{BR} stellt die maximale Sperrspannungsbelastbarkeit des pn-Übergangs dar. Bei diesem Wert erreicht das Feldstärkemaximum in der Sperrschicht den Grenzwert, der zur lawinenartigen Ladungsträgergeneration führt. Ein extremer Anstieg des Sperrstroms ist die Folge. Man spricht deshalb vom *Lawinendurchbruch*.

Aus der stationären Strom-Spannungs-Kennlinie kann ein weiterer wichtiger Bauelementeparameter abgeleitet werden. In jedem Kennlinienpunkt weist der pn-Übergang einen Innenwiderstand auf. Für diesen *Gleichstromwiderstand* gilt im jeweiligen Arbeitspunkt AP

$$R_D = \frac{U}{I}\bigg|_{AP} \qquad (1.29)$$

Er liegt in Durchlassrichtung bei Werten $R_D = R_F = 5\ldots 200\,\Omega$ und in Sperrrichtung im Bereich von Mega- bis Gigaohm. Gemessen werden kann allerdings nur der Gesamtwiderstand der Diode, der sich aus dem Gleichstromwiderstand des pn-Übergangs und dem Bahnwiderstand zusammensetzt.

Eine leichte Spannungsabhängigkeit der Sperrkennlinie resultiert aus der Spannungsabhängigkeit der Sperrschichtweite und des dort entstehenden Generationstromes (Gln. (1.25) und (1.24)).

Nutzbarer Betriebsbereich. Der nutzbare Betriebsbereich eines pn-Übergangs ist in Durchlassrichtung durch den maximalen Durchlassstrom $I_{\max}$ und in Sperrrichtung durch die Durchbruchspannung U_{BR} begrenzt. Außerdem darf die maximale Verlustleistung $P_{V\max}$ nicht überschritten werden. Die sonst entstehende zu starke Erwärmung würde zunächst die charakteristischen Bauelementeparameter verändern und als sekundäre Folge im Extremfall das Bauelement zerstören.

1.2.1.3 Ladungsspeicherung

Sperrschichtkapazität. Am gesperrten pn-Übergang bewirkt die Änderung der Sperrspannung eine entsprechende Änderung der Raumladung. Eine durch Spannungsänderung dU bedingte Ladungsänderung dQ_S entspricht einem kapazitiven Verhalten. Die Kapazität der Sperrschicht ergibt sich zu:

$$C_S = \left|\frac{dQ_S}{dU}\right| \qquad (1.30)$$

Mit $Q_S = eAN_D x_n = -eAN_A x_p$ und $d_s = x_n + x_p$ folgt für einen abrupten pn-Übergang

$$\boxed{C_S = A\sqrt{\frac{e\varepsilon_H N_A N_D}{2(N_A + N_D)(U_D - U)}}} \qquad (1.31)$$

bzw.

$$\boxed{C_S = \frac{\varepsilon_H A}{d_s}} \qquad (1.32)$$

Diffusionskapazität. Befindet sich der pn-Übergang in Durchlassrichtung, sind die Minoritätsträgerdichten in den Bahngebieten deutlich gegenüber den Gleichgewichtsdichten angehoben. Diese Anhebung stellt eine Ladungsspeicherung dar, die wegen der Spannungsabhängigkeit der Minoritätsträgerdichte am Rand der Sperrschicht ebenfalls exponentiell spannungsabhängig ist. Somit weist sie eine Proportionalität zum Diffusionsstrom auf. Diese Ladungsspeicherung lässt sich als arbeitspunktabhängige Diffusionskapazität C_D interpretieren. Mit der Kontinuitätsgleichung der Diode

$$\tau_D \frac{dI}{dt} = C_D \frac{dU}{dt} \quad (1.33)$$

folgt

$$\boxed{C_D = \frac{d(Q_n + Q_p)}{dU} \cong \tau_D \frac{I}{U_T}} \quad (1.34)$$

Der Parameter τ_D stellt eine Zeitkonstante für die Auf- und Abbaugeschwindigkeit der Diffusionsladung dar. Sie entspricht der Laufzeit der Ladungsträger durch die Bahngebiete.

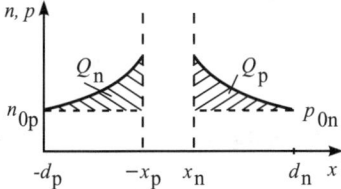

Bild 1.9 Ladungsspeicherung in den Bahngebieten

1.2.2 Kleinsignalverhalten

Ein wichtiges Anwendungsgebiet elektronischer Bauelemente ist die Verarbeitung kleiner sinusförmiger Signale (Kleinsignale). Diese sind in der Regel einem stationären Signal (Arbeitspunktspannung, Arbeitspunktstrom) überlagert. Die Kleinsignale bewirken nur eine geringe Auslenkung des stationären Arbeitspunktes. Ist diese Auslenkung hinreichend klein, lässt sich das Verhalten des Bauelementes durch die additive Überlagerung von stationärem und Kleinsignalverhalten beschreiben.

Die Analyse des Kleinsignalverhaltens erfolgt auf der Basis von Zwei- und Vierpolparametern. Zu deren Verdeutlichung und schaltungstechnischer Darstellung dienen Ersatzschaltbilder.

Das Kleinsignalersatzschaltbild des pn-Übergangs erfasst alle dynamischen Reaktionen dieser Halbleiterstruktur. Es sind dies die Ladungsänderungen, die sich als Ersatzkapazitäten interpretieren lassen, sowie der differentielle Innenwiderstand r_d des pn-Übergangs.

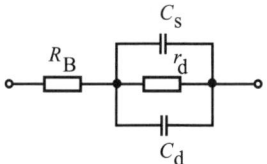

Bild 1.10 Kleinsignalersatzschaltbild des pn-Übergangs

Der differentielle Widerstand r_d stellt den Anstieg der stationären Strom-Spannungs-Kennlinie (Gl. (1.26)) im Arbeitspunkt dar. Er ergibt sich nach (1.35) aus dem Arbeitspunktstrom I_0.

$$\boxed{\frac{1}{r_d} = \frac{dI}{dU}\bigg|_{AP} = \frac{I_0}{U_T}} \quad (1.35)$$

Der Bahnwiderstand R_B beinhaltet den Zuleitungswiderstand der Bahngebiete zum elektronisch wirksamen pn-Übergang. Er beeinflusst besonders bei hohen Frequenzen das Diodenverhalten. Bei niedrigen Frequenzen (NF-Verhalten) können die Kapazitäten vernachlässigt werden.

❑ Beispiel 1.3

Bestimmen Sie für die in Bild 1.11 gegebene Diode die Parameter I_S, R_D und r_d im Arbeitspunkt $U_0 = 0{,}7$ V.

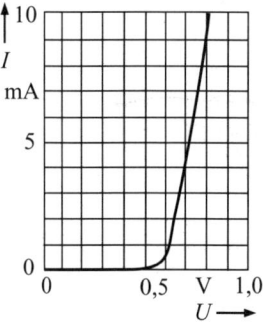

Bild 1.11 Strom-Spannung-Kennlinie einer Diode

Lösung:

Aus dem im Arbeitspunkt ablesbaren Strom I_0 folgt mit der Kennliniengleichung (1.26)

$$I_S = \frac{I_0}{e^{\frac{U_0}{U_T}} - 1} = \frac{4{,}2 \text{ mA}}{e^{\frac{0{,}7}{0{,}026}} - 1} = 8{,}5 \cdot 10^{-15} \text{ A},$$

mit Gl. (1.29)

$$R_D = \frac{U_0}{I_0} = \frac{0{,}7 \text{ V}}{4{,}2 \text{ mA}} = 167 \, \Omega,$$

und mit Gl. (1.35)

$$r_d = \frac{U_T}{I_0} = \frac{26 \text{ mV}}{4{,}2 \text{ mA}} = 6{,}2 \, \Omega$$

❑ Beispiel 1.4

Berechnen Sie den Strom einer Diode, wenn diese mit einer niederfrequenten sinusförmigen Spannung $u(t) = U_0 + \hat{u}\sin\omega t$ angesteuert wird, mit Hilfe des Ersatzschaltbildes. Gegeben sind $U_0 = 0{,}6$ V, $I_S = 8{,}5$ fA, $U_T = 26$ mV, $\hat{u} = 0{,}5$ mV und $R_B = 0$.

Lösung:

Mit der Kennliniengleichung (1.26) lässt sich der Arbeitspunktstrom I_0 und nach Gl. (1.35) der differentielle Widerstand r_d der Diode im Arbeitspunkt ermitteln.

$$I_0 = I_S \cdot \left(e^{\frac{U_0}{U_T}} - 1 \right) = 89{,}5 \text{ µA}$$

$$r_d = \frac{U_T}{I_0} = 291 \, \Omega$$

Im Falle eines niederfrequenten Signals haben die kapazitiven Elemente keinen Einfluss auf das Bauelementeverhalten. Vom Ersatzschaltbild bleibt nur der differentielle Widerstand. Für den Diodenstrom folgt aus der Überlagerung von stationärem und Kleinsignalverhalten entsprechend Bild 1.12:

$$I(t) = I_0 + \hat{i}\sin\omega t = I_0 + \frac{\hat{u}}{r_d}\sin\omega t$$
$$= 89{,}5 \text{ µA} + 1{,}72 \text{ µA} \cdot \sin\omega t$$

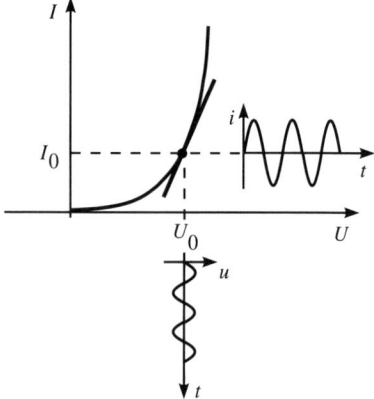

Bild 1.12 Kleinsignalverhalten der Diode

1.2.3 Schaltverhalten

Wegen seiner Richtwirkung wird der pn-Übergang häufig als Schaltelement genutzt. Das stationäre Verhalten kann dann durch eine Schalterkennlinie angenähert werden.

Im Idealfall besitzt der pn-Übergang zwei Schaltzustände.

- In Durchlassrichtung fällt die Spannung U_{F0} über dem pn-Übergang ab. Der Strom wird nur durch den Innwiderstand R_i und durch die äußere Beschaltung (i. Allg. ein Vorwiderstand) begrenzt.

- Für alle $U < U_{F0}$ liegt der pn-Übergang in Sperrrichtung. Der sehr kleine Sperrstrom $I_{SP} = -I_S$ kann meist vernachlässigt werden.

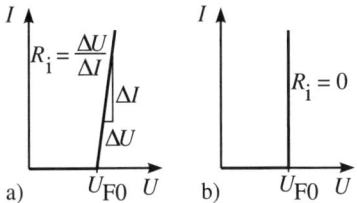

a), b)

Bild 1.13 Schalterkennlinie eines pn-Übergangs a) mit Innenwiderstand R_i, b) ohne Innenwiderstand

Beim Umschalten zwischen den beiden stationären Zuständen bewirken die Sperrschicht- und die Diffusionskapazität zeitliche Verzögerungen. Zur genauen Analyse des Schaltverhaltens ist eine vollständige Großsignalersatzschaltung entsprechend Bild 1.14 nötig.

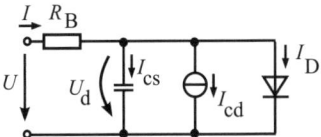

Bild 1.14 Großsignalersatzschaltung eines pn-Übergangs [1.2]

Die Stromquelle I_{cd} im Ersatzschaltbild ist nach Gl. (1.33) der Diffusionskapazität äquivalent.

$$I_{cd} = \tau_D \frac{dI_D}{dt} \qquad (1.36)$$

Für den stationären Diodenstrom I_D gilt

$$I_D = I_S \left(e^{\frac{U_d}{U_T}} - 1 \right) \qquad (1.37)$$

Zur Analyse des Schaltverhaltens wird die Diode durch eine Spannungsquelle U_G mit dem Innenwiderstand R_V angesteuert. Die entstehenden Zeitverläufe von Strom und Spannung zeigt Bild 1.15.

Zur Berechnung der einzelnen Zeitabschnitte kann die Ersatzschaltung auf die gerade aktiven Ersatzelemente reduziert werden. Die folgenden Ergebnisse sind einer ausführlichen Ableitung in [1.2] entnommen.

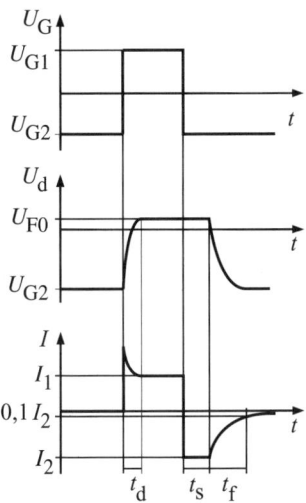

Bild 1.15 Schaltverhalten einer Diode

Einschaltverhalten. Beim Umschalten von Sperr- in Durchlassrichtung wird zunächst die Sperrspannung über dem pn-Übergang abgebaut. Durch die Entladung der Sperrschichtkapazität und die sich anschließende Aufladung der Diffusionskapazität entsteht eine Spitze im Diodenstrom. Nach der Zeit t_d hat sich der stationäre Durchlassstrom I_1 eingestellt.

$$I_1 = \frac{U_{G1} - U_{F0}}{R_V + R_B} \qquad (1.38)$$

Die Zeit t_d spielt meist eine untergeordnete Rolle.

Ausschaltverhalten

Speicherzeit t_S
Nach dem Umschalten der Quelle muss die in der Diffusionskapazität gespeicherte Ladung abgebaut werden. Erst danach kann der pn-Übergang in den Sperrzustand übergehen. Der

Abbau der Diffusionsladung erfolgt mit einem konstanten negativen Strom I_2, da während dieser Zeit über der Diode noch die Flussspannung U_{F0} liegt. Es ergibt sich eine Speicherzeit von

$$t_S = \tau_D \ln\left(1 - \frac{I_1}{I_2}\right) \quad (1.39)$$

mit

$$I_2 = -\frac{U_{F0} - U_{G2}}{R_V + R_B} \quad (1.40)$$

Abfallzeit t_f

Nachdem der pn-Übergang gesperrt ist, wird die Sperrschichtkapazität auf die von der Quelle gelieferte Sperrspannung aufgeladen. Diese Umladung bewirkt eine exponentielle Annäherung des Diodenstromes an den stationären Sperrstrom I_{SP}. Die Analyse liefert

$$t_f = \overline{C_S}(R_V + R_B)\ln 10 \quad (1.41)$$

$\overline{C_S}$ Mittelwert der Sperrschichtkapazität

1.2.4 Temperaturverhalten

Die Temperaturabhängigkeit des Diodenstromes resultiert aus der Temperaturabhängigkeit der Eigenleitungsdichte. Die mit der Temperatur wachsende Ladungsträgerdichte im Halbleiter erhöht die Leitfähigkeit der Sperrschicht und damit den Diodensättigungsstrom I_S. Dies wirkt sich sowohl auf den Sperrstrom als auch auf den Durchlassstrom exponentiell aus.

Sperrstrom:

$$I_{SP}(T) = I_{SP}(T_0) \cdot e^{C_R(T-T_0)} \quad (1.42)$$

Für Silizium ergibt sich der Temperaturbeiwert C_R bei Raumtemperatur ($T_0 = 300$ K) nach [1.3] zu:

$$C_{RSi} = \frac{W_g}{2kT_0^2} = 0{,}07 \text{ K}^{-1} \quad (1.43)$$

Durchlassstrom bei konstanter Diodenspannung:

$$I_F(T) = I_F(T_0) \cdot e^{C_F(T-T_0)} \quad (1.44)$$

Der Temperaturbeiwert C_F ist zusätzlich von der Arbeitspunktspannung abhängig. Bei Silizium gilt:

$$C_{FSi} = \frac{W_g - eU}{kT_0^2} = 0{,}05 \text{ K}^{-1} \quad (1.45)$$

Wird der Arbeitspunktstrom durch die äußere Beschaltung konstant gehalten, so bewirkt der Temperatureinfluss eine Änderung der Durchlassspannung entsprechend:

$$U_D(T) = U_D(T_0) + D_T \cdot (T - T_0) \quad (1.46)$$

Der Temperaturdurchgriff $D_T = \mathrm{d}U_D/\mathrm{d}T|_{I_{AP}}$ liegt im Bereich $D_T = -1 \ldots -3$ mV/K.

❏ **Beispiel 1.5**

Welcher Temperaturzuwachs ist zur Verzehnfachung des Diodenstroms bei einer gegebenen Arbeitspunktspannung nötig? Es gilt $U_1 = -3$ V, $C_R = 0{,}07$ K^{-1}.

Lösung:

Die Diode befindet sich in Sperrrichtung. Nach Gl. (1.42) ergibt sich

$$T - T_0 = \frac{1}{C_R} \ln \frac{I_{SP}(T)}{I_{SP}(T_0)} = \frac{1}{0{,}07 \text{ K}^{-1}} \ln 10$$
$$= 33 \text{ K}$$

Bereits eine Temperaturerhöhung von 33 K verzehnfacht den Sperrstrom der gegebenen Diode.

1.2.5 Spezielle Dioden und ihre Anwendungen

1.2.5.1 Gleichrichterdiode

Die Richtwirkung der Strom-Spannungs-Kennlinie des pn-Übergangs macht die Halbleiterdiode zum geeigneten Bauelement für die Gleichrichtung von Wechselströmen. Anwendungen im niederfrequenten Bereich betreffen hauptsächlich die Netzgleichrichtung. Bild 1.16 zeigt die einfachste Variante, eine Einweggleichrichterschaltung.

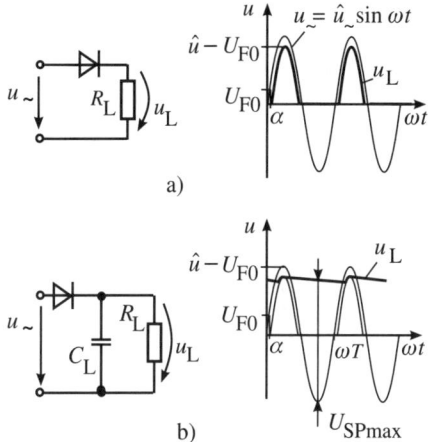

a)

b)

Bild 1.16 Einweggleichrichterschaltung
a) ohne bzw. b) mit Glättungskondensator

Alle Betrachtungen können mit der vereinfachten Schalterkennlinie der Diode nach Bild 1.13 b) durchgeführt werden. Ist die Eingangsspannung $u_\sim > U_{F0}$, ergibt sich ein Stromfluss durch die Diode und damit ein Spannungsabfall über dem Lastwiderstand R_L. Die Ausgangsspannung u_L ist um die Flussspannung der Diode U_{F0} gegenüber der Eingangsspannung reduziert. Der Phasenwinkel α ergibt sich nach

$$\alpha = \arcsin\left(\frac{U_{F0}}{\hat{u}_\sim}\right) \quad (1.47)$$

Bei Erweiterung der Schaltung um einen Ladekondensator erfolgt eine Glättung der pulsierenden Gleichspannung u_L. Während der positiven Halbwelle, wenn $u_\sim > u_L - U_{F0}$ gilt, wird der Kondensator über den Innenwiderstand der Diode schnell nachgeladen. In der restlichen Zeit erfolgt seine Entladung über den Lastwiderstand R_L. Bei ausreichend großer Zeitkonstante $\tau = R_L C \gg 1/T$ sinkt die Ausgangsspannung nur wenig. Es ergibt sich eine gute Glättung der Gleichspannung.

In Bild 1.16 b) ist die maximale Sperrspannung über der Gleichrichterdiode zu erkennen. Bei einem 220 V-Netz beträgt dieser Wert $U_{SPmax} = 2\sqrt{2} \cdot 220\,V - U_{F0} \cong 622\,V$. Der notwendige extrem hohe Wert der Spannungsfestigkeit erfordert einen speziellen Aufbau der Gleichrichterdiode, die pin-Diode.

> Eine pin-Diode besitzt zwischen den beiden hochdotierten Halbleitergebieten (p^+-HL, n^+-HL) eine eigenleitende Halbleiterzone, die Intrinsic-Zone (i-HL). Diese ist extrem hochohmig.

Im Eigenleitungsgebiet befinden sich keine ionisierbaren Störstellen, so dass es raumladungsfrei ist. Der dortige Feldstärkeverlauf ist folglich konstant, wie aus Bild 1.17 ersichtlich.

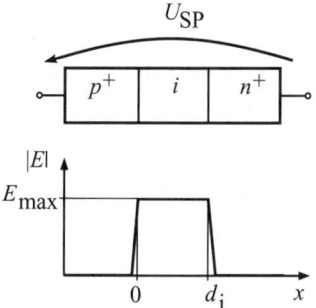

Bild 1.17 Feldstärkeverlauf in einer pin-Diode

Aus dem Integral über diesen Feldstärkeverlauf ergibt sich der Zusammenhang zwischen Feldstärke im i-Gebiet und der anliegenden Sperrspannung.

$$U_{BR} \approx \int_0^{d_i} E(x) \cdot dx \quad (1.48)$$

Mit der für Lawinendurchbruch gültigen kritischen Feldstärke E_{krit} wird die Durchbruchspannung einer pin-Diode von der Dicke des Eigenleitungsgebietes d_i bestimmt.

$$U_{BR} = E_{krit} d_i \qquad (1.49)$$

Durch diesen konstruktiven Parameter ist somit die Steuerung der Sperrspannungsfestigkeit einer pin-Diode in weiten Grenzen möglich. Werte größer 1 000 V sind erreichbar. In Durchlassrichtung überschwemmen die Ladungsträger aus dem p^+- und n^+-Gebiet die Intrinsic-Zone infolge der starken Diffusion. Die pin-Diode wird ähnlich niederohmig wie eine normale pn-Diode.

Schaltdiode. Gleichrichterdioden für hochfrequente Spannungen und Ströme werden insbesondere bei digitalen Anwendungen als Schaltdioden bezeichnet. Bei ihnen ist ein schnelles Umschalten von Durchlass- in Sperrrichtung gefordert, weniger eine hohe Spannungsfestigkeit. Schaltdioden sind als pn-Dioden mit besonders kleinen Kapazitäten (C_S, C_D) ausgeführt.

Entkopplung von Stromkreisen. Die Schaltung in Bild 1.18 verdeutlicht die Anwendung von Schaltdioden zur Entkopplung von zwei Stromkreisen. Bei Vorhandensein der externen Versorgungsspannung $U_E > U_q$ wird die Lampe L aus U_E gespeist und gleichzeitig die Diode D2 gesperrt. Die Spannungsquelle U_q ist abgeschaltet. Im anderen Fall sperrt die Diode D1, und die Lampe L wird aus der Spannungsquelle U_q versorgt.

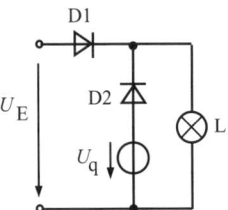

Bild 1.18 Diodengesteuerter Umschalter

Freilaufdiode. In Bild 1.19 dient die Diode der Vermeidung eines Abschaltfunkens über den Relaiskontakten. Bei geschlossenem Schalter S liegt die Diode in Sperrrichtung. Im Moment des Öffnens des Schalters S entsteht in der Induktivität der Relaisspule eine hohe Induktionsspannung. Deren Ursache ist die im Magnetfeld gespeicherte Energie. Sie erlaubt keine sprunghafte Stromänderung in der Spule. Für diese Induktionsspannung liegt die Diode in Durchlassrichtung. Der mögliche Diodenstrom baut die gespeicherte Energie ab.

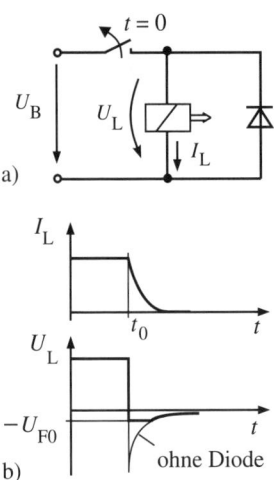

Bild 1.19 a) Relais mit Freilaufdiode, b) Strom- und Spannungsverlauf im Abschaltmoment

1.2.5.2 Z-Diode

Bei Z-Dioden wird ausschließlich der steile Anstieg der Durchbruchkennlinie genutzt. Die Einsatzgebiete sind Spannungsbegrenzer und Spannungsstabilisierungsschaltungen.

Die besonders steile Durchbruchkennlinie wird mittels spezieller Dotierungsverläufe im pn-Übergang erreicht. Sie ermöglichen es auch, die Durchbruchspannung U_{Z0} fast beliebig zu verschieben. Ursache für den Durchbruch ist meist der Lawineneffekt. Die Z-Spannung U_{Z0} besitzt dann einen positiven Temperaturkoeffizienten

$$\alpha_Z = \frac{dU_{Z0}}{dT}\frac{1}{U_{Z0}} > 0$$

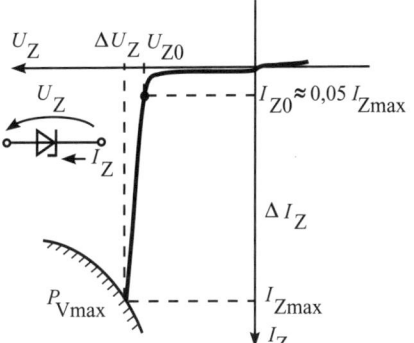

Bild 1.20 Kennlinie einer Z-Diode

Tritt der Durchbruch bei Z-Spannungen kleiner 5 V auf, so ist der Zener-Effekt die Ursache. Dieser von Carl Zener entdeckte feldstärkeabhängige Übergang von Elektronen durch die verbotene Zone in das Leitband wird heute mit dem Begriff Tunneleffekt bezeichnet (vgl. Abschnitt 1.2.5.4). Ursache ist hierbei die sperrspannungsbedingte Bänderüberlappung. Der Temperaturkoeffizient α_Z der Z-Spannung ist dann negativ.

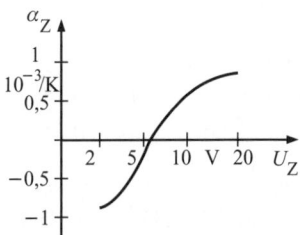

Bild 1.21 Temperaturkoeffizient der Z-Spannung

Der Durchbruch ist für Z-Dioden unschädlich, solange die maximale Verlustleistung P_{Vmax} nicht überschritten wird.

Die wichtigsten Parameter einer Z-Diode sind:

- Z-Spannung U_{Z0},
- Temperaturkoeffizient α_Z,
- Innenwiderstand im Durchbruchbereich $r_Z = \Delta U_Z / \Delta I_Z$,
- maximale Verlustleistung P_{Vmax}.

Spannungsstabilisierungsschaltung mit Z-Diode

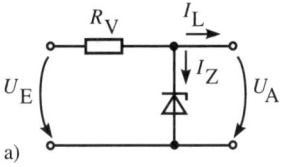

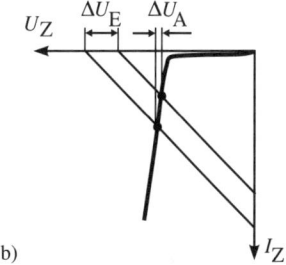

Bild 1.22 Stabilisierungsschaltung mit Z-Diode

Die Schaltung in Bild 1.22 stellt die einfachste Variante einer Spannungsstabilisierungsschaltung dar. Sie liefert eine stabilisierte Ausgangsspannung U_A. Diese ist in weiten Grenzen unabhängig von Laststrom- und Eingangsspannungsschwankungen. Die stabilisierte Spannung wird direkt über der Z-Diode abgegriffen. Eine Eingangsspannungsschwankung ΔU_E verschiebt die durch U_E und R_V bestimmte Widerstandsgerade. Der Arbeitspunkt wandert um einen Wert ΔU_A. Gleichzeitig ändert sich der Strom durch die Z-Diode. Die Konstanz der Ausgangsspannung wird durch den Stabilisierungsfaktor S ausgedrückt.

$$S = \frac{\Delta U_E}{\Delta U_A} = \frac{r_Z + R_V}{r_Z} \quad (1.50)$$

Die Stabilisierungswirkung entsteht nur, solange der Arbeitspunkt auf dem Durchbruchast der Kennlinie im Bereich $I_{Z0} < I_Z < I_{Zmax}$ liegt. Typische Werte des Z-Widerstandes der Diode liegen bei $r_Z = 2\ldots 20\,\Omega$.

Amplitudenbegrenzung mit Z-Dioden. In vielen Schaltungen ist eine Amplitudenbegrenzung von Signalen notwendig. Bild 1.23 zeigt die Wirkungsweise einer einfachen Schaltungsvariante.

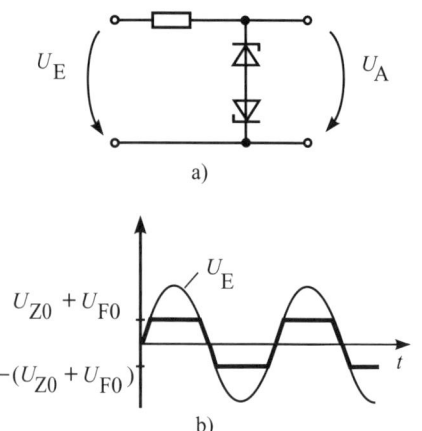

Bild 1.23 Amplitudenbegrenzung mit Z-Dioden

Z-Diode als Referenzelement. Auf Grund der sehr guten Stabilität der Z-Spannung U_{Z0} eignet sich die Z-Diode als Spannungsreferenz. Zur Erzielung einer hohen Temperaturkonstanz der Referenzspannung wird entweder eine Z-Spannung im Bereich von 5 V oder die Reihenschaltung von zwei oder mehreren Z-Dioden mit sich gegenseitig kompensierenden Temperaturkoeffizienten gewählt. Für letztere Variante ist eine enge thermische Verkopplung der Z-Dioden nötig, wie sie z. B. bei integrierten Realisierungen leicht möglich ist.

1.2.5.3 Kapazitätsdiode

Kapazitätsdioden werden in Sperrrichtung betrieben. Durch die Nutzung der Sperrschichtkapazität stellen sie einen spannungsabhängigen Kondensator für die Kleinsignalverarbeitung dar.

Die Verallgemeinerung der Gl. (1.31) liefert eine Spannungsabhängigkeit entsprechend

$$C_S = C_{S0}\left(1 + \frac{U_{SP}}{U_D}\right)^{-q} \quad (1.51)$$

Der konkrete Anstieg der Kapazitätskennlinie ist durch die Steilheit des Dotierungsverlaufs am pn-Übergang variierbar.

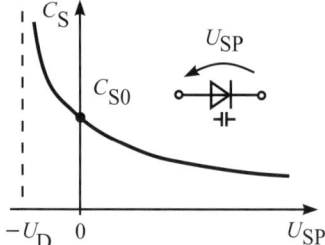

Bild 1.24 Spannungsabhängigkeit einer Kapazitätsdiode

Für den Exponenten q lassen sich durch das Herstellungsverfahren Werte im Bereich $0{,}33\ldots > 0{,}5$ erreichen [1.3].

- linearer pn-Übergang: $q = 0{,}33$
- abrupter pn-Übergang: $q = 0{,}5$
- hyperabrupter pn-Übergang: $q > 0{,}5$

Hauptanwendungsgebiet sind elektronisch abstimmbare Schwingkreise. Durch Veränderung der Arbeitspunktspannung über der Kapazitätsdiode lässt sich deren Kapazitätswert und damit die Resonanzfrequenz eines Schwingkreises, der diese Kapazitätsdiode enthält, variieren.

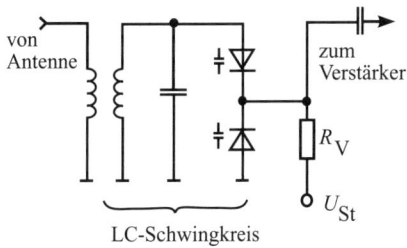

Bild 1.25 Abstimmbares Eingangsfilter eines Tuners

Typische Kennwerte von Tunneldioden sind $U_\text{P} = 50\ldots 150$ mV, $U_\text{V} = 300\ldots 500$ mV, $I_\text{P}/I_\text{V} = 5\ldots 20$.

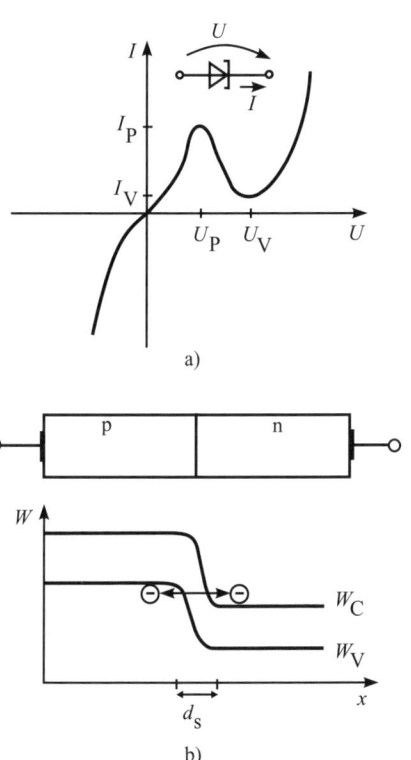

Bild 1.26 Tunneldiode
a) Kennlinie, b) Bändermodell

1.2.5.4 Tunneldiode

Tunneldioden sind pn-Übergänge mit sehr hohen Störstellenkonzentrationen und sehr steilem Dotierungsverlauf im Übergangsbereich. Entsprechend Gl. (1.24) bewirkt dies eine sehr geringe Sperrschichtweite (< 10 nm). Es entsteht ein veränderter Kennlinienverlauf.

Tunneleffekt. Die hohen Dotierungen verursachen eine energetische Überlappung von Valenz- und Leitband mit sehr geringem räumlichen Abstand d_s. Bereits bei kleinen positiven und negativen Spannungen über dem pn-Übergang setzt infolge der Feldstärke ein quantenmechanisches Tunneln von Elektronen durch die verbotenen Zone (W_g) im Bereich der Sperrschicht ein. Die Sperrschicht wird in beide Richtungen stromdurchlässig. Bei höheren positiven Spannungen wird die Bänderüberlappung durch die Potenzialverschiebung abgebaut. Der Tunnelstrom sinkt. Die Strom-Spannungs-Kennlinie erreicht das Tal bei U_V. Mit weiter wachsender Spannung setzt der normale Diodenstrom ein.

Hauptanwendung findet der fallende Kennlinienteil. Dort liegt ein negativer differentieller Widerstand der Tunneldiode vor. Dieser wird zur Entdämpfung von Schwingkreisen, insbesondere in Oszillatoren und Verstärkern genutzt.

1.2.5.5 Schottky-Diode

Eine Schottky-Diode entsteht an der Grenzfläche zwischen einem Halbleiter und einem Metall unter bestimmten Dotierungsbedingungen.

Infolge unterschiedlicher Austrittsarbeiten der Elektronen des Halbleiters und des Metalls entsteht an der Halbleiteroberfläche eine Raumladungszone (Verarmungszone) [1.3]. Gegenüber an der Metalloberfläche bildet sich eine entsprechend große Flächenladung.

1 Elektronische Bauelemente

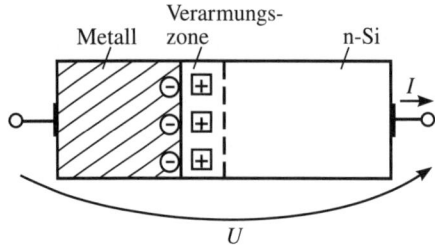

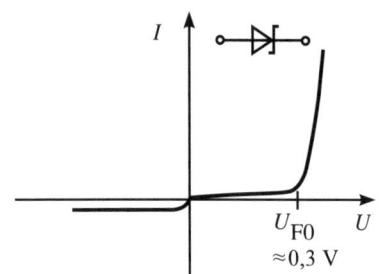

Bild 1.27 Schottky-Diode

Bei positiver Diodenspannung wird die Raumladungszone reduziert, und Elektronen können aus dem Halbleiter in das Metall fließen. Ein spürbarer Stromanstieg setzt bereits bei der relativ kleinen Flussspannung $U_{F0} \approx 0{,}3$ V ein. Eine negative Spannung führt zur Vergrößerung der Raumladungszone. Die Schottky-Diode bleibt gesperrt. Der Stromfluss in Durchlassrichtung wird von Elektronen (Majoritätsträger im n-Halbleiter und im Metall) getragen. Vom Metall diffundieren keine Löcher in den Halbleiter. Im Bahngebiet des Halbleiters findet keine Anhebung der Minoritätsträgerkonzentration statt. Somit besitzt die Schottky-Diode keine Diffusionskapazität, und die störende Speicherzeit im Schalterbetrieb entfällt. Ein extrem schnelles Schaltverhalten ist die Folge. In bipolaren TTL-Schaltkreisen werden Schottky-Dioden deshalb zur Reduzierung der Speicherzeiten von Bipolartransistoren eingesetzt (vgl. Schottky-Transistor).

1.2.6 Mikrowellendioden

Das Anwendungsgebiet von Mikrowellendioden ist die Höchstfrequenztechnik. Sie sind zur Erzeugung und Verstärkung von Signalfrequenzen bis 300 GHz geeignet.

1.2.6.1 IMPATT-Diode

Die Abkürzung IMPATT steht für Impact Ionisation by Avalanche and Transit Time. Infolge gezielt herbeigeführter Lawinenvervielfachung erzeugte Ladungsträgeranhäufungen wandern mit einer definierten Laufzeit durch die Halbleiterstruktur. Ihre Ankunft an den äußeren Kontakten verursacht einen Stromimpuls. Dieser ist um die Laufzeit gegenüber dem, die Lawinenvervielfachung auslösenden Spannungsimpuls verschoben. Beträgt die Phasenverschiebung zwischen Strom- und Spannungsspitze gerade 180°, so hat dies einen negativen Kleinsignalwiderstand der IMPATT-Diode zur Folge [1.4], [1.5]. Dieser eignet sich zur Entdämpfung von Schwingkreisen und damit zum Aufbau von Oszillatoren.

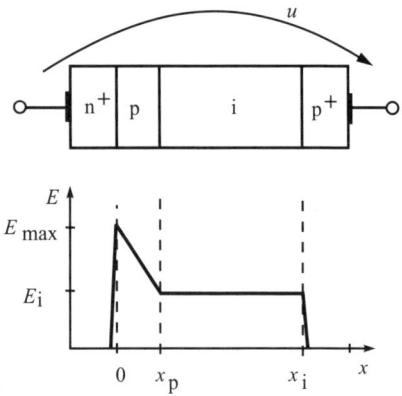

Bild 1.28 Aufbau einer IMPATT-Diode

Lawinenvervielfachung setzt in der dargestellten IMPATT-Diode (Bild 1.28) an der

Stelle $x = 0$ ein, wenn E_{max} den nötigen kritischen Wert E_{krit} infolge der anliegenden Sperrspannung U überschreitet. Wird Geschwindigkeitssättigung erreicht, bewegen sich die Ladungsträger (hier die Löcher) im gesamten p- und i-Gebiet mit der maximalen Driftgeschwindigkeit v_g. Dazu muss E_i einen Grenzwert E_g überschreiten. Die Laufzeit als bestimmende Zeitkonstante ergibt sich dann aus der Länge des p- und des i-Gebietes zu

$$T_L = \frac{x_i}{v_g} \qquad (1.52)$$

Das Resonanzverhalten der IMPATT-Diode lässt sich im Arbeitspunkt durch ein entsprechendes Kleinsignalersatzschaltbild erfassen.

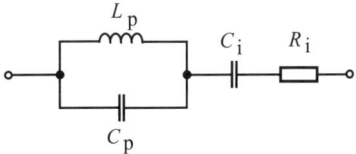

Bild 1.29 Kleinsignalersatzschaltbild der IMPATT-Diode

Die Ersatzschaltbildparameter können einzelnen geometrischen Teilbereichen der Halbleiterstruktur zugeordnet werden [1.4].

IMPATT-Dioden sind für relativ hohe Leistungen (10 mW ... 50 W) einsetzbar. Durch die Lawinenvervielfachung weisen diese Bauelemente ein hohes Rauschen auf.

1.2.6.2 Gunn-Dioden

Gunn-Effekt. Das Funktionsprinzip von Gunn-Dioden beruht auf dem Gunn-Effekt. Dieser wurde zuerst bei GaAs entdeckt.

Elektronen in einem GaAs-Kristall können durch Energiezufuhr auf ein energetisch höher gelegenes Niveau gehoben werden, ein Nebenminimum der Bandstruktur [1.1], in dem sie stärkeren Bindungskräften des Kristalls

unterliegen. Dies bedeutet eine Verringerung ihrer Beweglichkeit μ. Die Driftgeschwindigkeit v_D solcher Elektronen sinkt dann trotz steigender Feldstärke in einem bestimmten Bereich. Im diesem Übergangsbereich $E_K < E < E_2$ ergibt sich eine negative differentielle Beweglichkeit der Elektronen (Bild 1.30).

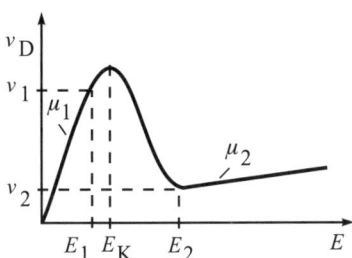

Bild 1.30 Driftgeschwindigkeitskennlinie von GaAs

Funktionsprinzip. Wird in einem homogenen Halbleitergebiet die charakteristische Feldstärke E_k überschritten, so führt dies zu einer örtlich begrenzten Ladungsträgeranhäufung, einer Ladungsdomäne. Mit höherer Geschwindigkeit v_1 nachdrängende Ladungsträger werden im Bereich der Domäne auf deren Geschwindigkeit v_2 abgebremst. Sie führen zu einer Vergrößerung der Domäne. Die wachsende Domäne wandert durch den gesamten Halbleiter und wird erst am Kontakt abgebaut. Dadurch entsteht ein Stromimpuls an den Klemmen. Mit dem Abbau der Domäne steigt die Feldstärke im Halbleiter wieder. Eine neue Domäne kann gebildet werden.

Die Domänen wandern mit der typischen Driftgeschwindigkeit v_2. Ihre Laufzeit T_L und damit die Resonanzfrequenz der Gunn-Diode resultieren aus der Länge des Halbleitergebietes. Dieser Effekt ist zur Erzeugung von Stromschwingungen im GHz-Bereich nutzbar.

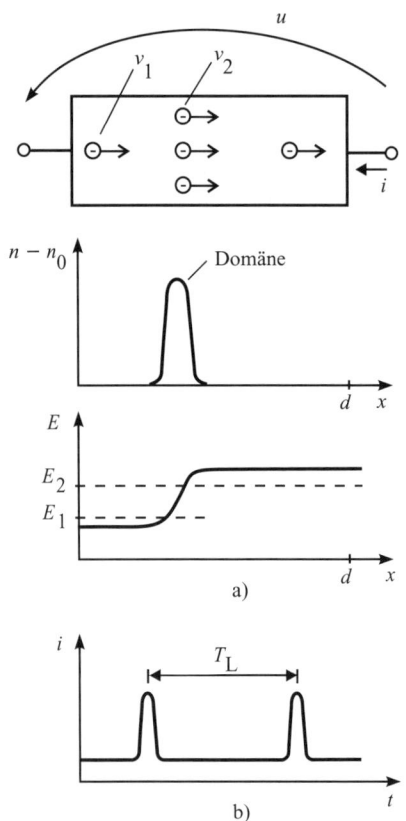

Bild 1.31 Gunn-Diode
a) Domänenbildung, b) Stromverlauf

Betriebsarten. Die Frequenz der Stromschwingung ist leicht variierbar, wenn durch Überlagerung von Steuerimpulsen zur Arbeitspunktspannung der Gunn-Diode der Domänenaufbau gezielt beeinflusst wird. Die möglichen Varianten sind Domänenverzögerung, Domänentriggerung und Domänenlöschung. Eine zweite Betriebsart von Gunn-Dioden ist der LSA-Modus (Limited Space Charge Region) [1.3], [1.5], Es liegt ein Betrieb mit begrenztem Raumladungsaufbau vor. Die Domänenausbildung wird dabei durch geringe Feldstärken vollständig verhindert. Genutzt wird lediglich der negative differentielle Widerstand, der durch die negative differentielle Beweglichkeit entsteht. Er eignet sich zur Entdämpfung von Schwingkreisen. Gunn-Dioden besitzen ein geringeres Rauschen als IMPATT-Dioden. Bezüglich ihrer Leistung reichen sie jedoch nicht an diese heran.

1.2.7 Aufgaben

▲ **Aufgabe 1.2.1**
Gegeben ist eine Logikschaltung mit Dioden. ($U_{F0} = 0{,}7$ V). Welche Ausgangsspannungen ergeben sich für die möglichen Eingangskombinationen, wenn der High-Pegel der Eingänge $U_{EH} = 12$ V und der Low-Pegel $U_{EL} = 0$ V beträgt? Welche logische Funktion wird durch die Schaltung realisiert?

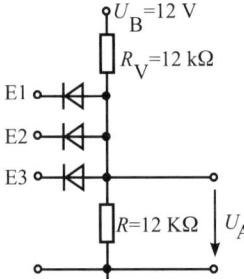

Bild 1.32 Logikschaltung mit Dioden

▲ **Aufgabe 1.2.2**
Berechnen Sie den normierten Stabilisierungsfaktor $S' = \dfrac{\Delta U_E}{\Delta U_A} \dfrac{U_A}{U_E}$ der im Bild 1.33 angegebenen Schaltung unter Berücksichtigung des Lastwiderstandes R_L.

Gegeben ist: $r_Z = 10\ \Omega$, $R_V = 500\ \Omega$, $R_L = 700\ \Omega$, $U_{Z0} = 5{,}6$ V, $U_E = 10$ V.

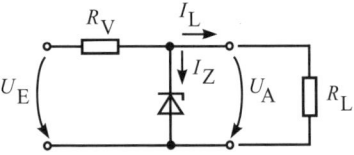

Bild 1.33 Stabilisierungsschaltung

▲ **Aufgabe 1.2.3**
In einer gegebenen Stabilisierungsschaltung (Bild 1.33) wird eine Z-Diode mit $U_Z = 6$ V und $r_Z = 4\ \Omega$ genutzt.

a) Wie groß muss der Vorwiderstand R_V sein, damit bei Leerlauf ($R_L \rightarrow \infty$) ein Stabilisierungsfaktor von $S = 30$ erreicht wird?
b) Für welche maximale Verlustleistung muss die Z-Diode ausgewählt werden, wenn die Eingangsspannung $U_E = 18$ V ± 2 V beträgt?
c) Welcher minimale Lastwiderstand R_{Lmin} ist in dieser Schaltung erlaubt, wenn $I_{zmin} = 0{,}05 \cdot I_{zmax}$ gilt?

▲ **Aufgabe 1.2.4**
Welche Ausgangsspannungsverläufe entstehen an den drei dargestellten Diodenbegrenzerschaltungen (Bild 1.34)? Für die Dioden ist die ideale Schalterkennlinie anzunehmen.

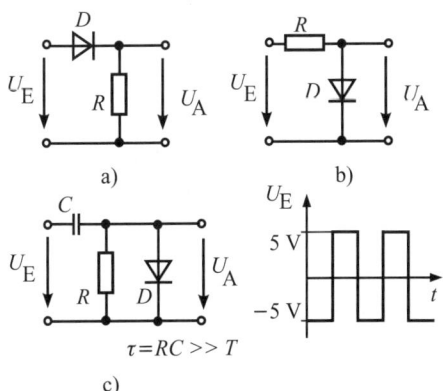

Bild 1.34 Diodenbegrenzerschaltungen

▲ **Aufgabe 1.2.5**
Es ist das dynamische Schaltverhalten ($U_A(t)$, $I_D(t)$) der Begrenzerschaltung aus Bild 1.34 b) zu skizzieren. Die Speicherzeit und die Abfallzeit sind zu berechnen, wenn für Schaltung und Diode folgende Parameter gelten: $R = 1$ kΩ, $U_{F0} = 0{,}7$ V, $t_D = 6$ ns, $C_S = 2{,}5$ pF, $R_B = 0$.

1.3 Bipolartransistoren

1.3.1 Wirkprinzip

Bipolartransistoren werden aus zwei eng benachbarten pn-Übergängen gebildet. Voraussetzung für das Funktionsprinzip ist die gegenseitige Beeinflussung beider pn-Übergänge, die nur bei sehr geringer Basisweite möglich wird. Die Schichtfolge der drei beteiligten Halbleitergebiete bestimmt den Typ der Transistoren: npn oder pnp.

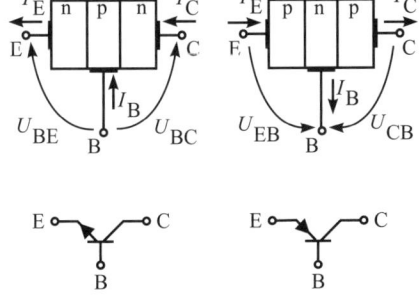

Bild 1.35 Grundaufbau und Schaltsymbol eines a) npn-Transistors, b) pnp-Transistors mit positiven Strom- und Spannungsrichtungen, E Emitter, C Kollektor, B Basis

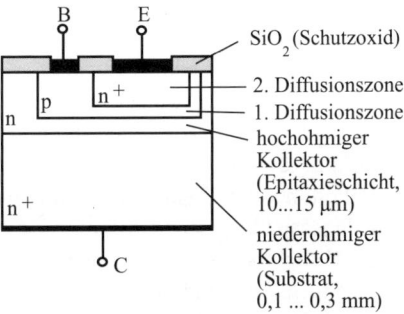

Bild 1.36 Technologischer Aufbau des Epitaxie-Planar-Transistors

Die heute verbreitetsten Bauformen beruhen auf dem Epitaxie-Planar-Transistor. Bedingt durch das Doppeldiffusionsverfahren, ist die Dotierung im Emitter am höchsten und im elektrisch wirksamen Kollektor am niedrigsten [1.6]. Diese Verhältnisse bewirken auch die Vorzugsrichtung für den Funktionsmechanismus (normale Betriebsrichtung). In umgekehrter Richtung (Inversbetrieb) sind die elektrischen Eigenschaften deutlich schlechter.

Steuerprinzip am npn-Transistor. Bei positiv vorgespannter Basis-Emitter-Diode ($U_{BE} > 0$) werden Elektronen (Majoritätsträger) vom Emitter in die Basis getrieben (injiziert).

tionsstrom und Rückinjektionsstrom bilden gemeinsam den Emitterstrom I_E.

Als Strombilanz folgt:

$$I_E = I_B + I_C \quad (1.53)$$

Aus ihr lassen sich die Stromverstärkungsfaktoren des Transistors in Basisschaltung A_N und in Emitterschaltung B_N ableiten:

$$\boxed{A_N = \frac{I_C}{I_E}} \text{ und } \boxed{B_N = \frac{I_C}{I_B} = \frac{A_N}{1 - A_N}} \quad (1.54)$$

Der Index N steht für normale Betriebsrichtung.

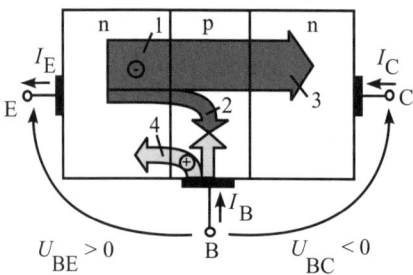

Bild 1.37 Stromanteile im npn-Transistor

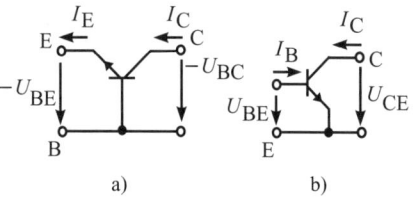

Bild 1.38 npn-Transistor in
a) Basisschaltung, b) Emitterschaltung

Im Bild 1.37 ist dies der Anteil (1). Nur ein geringer Teil dieses Emitterinjektionsstromes kann in der sehr kurzen Basis rekombinieren (2). Die dazu benötigten Löcher werden durch den Basisstrom I_B nachgeliefert. Der größte Teil des Emitterinjektionsstromes gelangt bis zum Rand der gesperrten Basis-Kollektor-Diode ($U_{BC} < 0$). Durch die hohe Feldstärke am gesperrten pn-Übergang werden die ankommenden Elektronen zum Kollektor hin abgesaugt. Dieser Transferstrom (3) bildet den Kollektorstrom I_C. Einen zweiten Anteil am Basisstrom bilden die von der Basis-Emitter-Diode in den Emitter injizierten Löcher. Dieser Rückinjektionsstrom (4) ist nicht mit dem Kollektorstrom verknüpft. Er sinkt mit wachsendem Dotierungsunterschied von Emitter und Basis. Emitterinjek-

Ziel des konstruktiven Aufbaus ist eine möglichst geringe Rekombination in der Basis und eine geringe Rückinjektion in den Emitter. A_N sollte einen Wert nahe 1 und B_N somit einen Wert größer 100 erreichen. Entsprechend der Polarität der beiden Diodenspannungen unterscheidet man die vier in Tabelle 1.3 genannten Betriebszustände des Bipolartransistors. Der Bereich der Übersteuerung wird häufig auch als Sättigungsbereich bezeichnet.

Im Inversbetrieb ($U_{BE} < 0, U_{BC} > 0$) wird der Transistor entgegen der Vorzugsrichtung seines optimierten Aufbaus betrieben. Die entstehenden Stromverstärkungsfaktoren (A_I und B_I) sind dann erheblich schlechter. So liegt A_I typisch zwischen 0,3 und 0,8. Beim pnp-Transistor sind alle Spannungs- und Stromrichtungen umzukehren. Alle weiteren Betrachtungen erfolgen am npn-Typ.

Tabelle 1.3 Betriebszustände des npn-Transistors

U_{BE}	U_{BC}	Betriebszustand
> 0	< 0	aktiv normal
< 0	> 0	aktiv invers
< 0	< 0	gesperrt
> 0	> 0	übersteuert

1.3.2 Strom-Spannungs-Kennlinie

Die Ströme der beiden pn-Übergänge des Transistors werden durch deren eigene Diodenkennlinie und durch den Transferanteil der benachbarten Diode bestimmt. In Analogie zum einfachen pn-Übergang gilt für die Strom-Spannungs Kennlinie der Basis-Emitter-Diode:

$$I_{ED} = I_{ES} \left(e^{\frac{U_{BE}}{U_T}} - 1 \right) \qquad (1.55)$$

I_{ES} Sättigungsstrom der Emitter-Basis-Diode

Mit dem Stromverstärkungsfaktor A_N ergibt sich der am Kollektor ankommende Transferanteil zu:

$$I_{CT} = A_N I_{ED} = A_N I_{ES} \left(e^{\frac{U_{BE}}{U_T}} - 1 \right) \quad (1.56)$$

Für den Diodenstrom der Basis-Kollektor-Diode ergibt sich eine Abhängigkeit von der Steuerspannung U_{BC}:

$$I_{CD} = I_{CS} \left(e^{\frac{U_{BC}}{U_T}} - 1 \right) \qquad (1.57)$$

I_{CS} Sättigungsstrom der Kollektor-Basis-Diode

Der am Emitter ankommende Transferanteil dieses Kollektordiodenstromes ergibt sich mit dem Stromverstärkungsfaktor A_I zu:

$$I_{ET} = A_I I_{CD} = A_I I_{CS} \left(e^{\frac{U_{BC}}{U_T}} - 1 \right) \quad (1.58)$$

Die Diodensättigungsströme I_{ES} und I_{CS} sowie die Stromverstärkungsfaktoren A_N und A_I stellen charakteristische Bauelementeparameter dar.

Ebers-Moll-Modell. Im Ebers-Moll-Modell wird das stationäre Strom-Spannungs-Verhalten des Bipolartransistors zusammengefasst. Es beschreibt alle Betriebszustände. Die Ersatzschaltbildelemente repräsentieren die einzelnen Stromanteile nach den Gln. (1.55) bis (1.58). Die Transferstromquellen werden jeweils durch die Spannungen des anderen pn-Übergangs gesteuert.

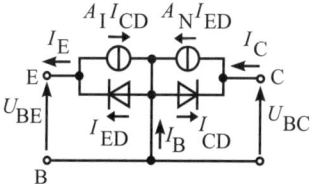

Bild 1.39 Ebers-Moll-Modell des Bipolartransistors

Für die Klemmenströme lassen sich die Grundgleichungen des Transistors ablesen.

$$I_C = A_N I_{ES} \left(e^{\frac{U_{BE}}{U_T}} - 1 \right) - I_{CS} \left(e^{\frac{U_{BC}}{U_T}} - 1 \right)$$
$$(1.59)$$

$$I_E = I_{ES} \left(e^{\frac{U_{BE}}{U_T}} - 1 \right) - A_I I_{CS} \left(e^{\frac{U_{BC}}{U_T}} - 1 \right)$$
$$(1.60)$$

$$\boxed{I_B = I_E - I_C} \qquad (1.61)$$

Gummel-Poon-Modell. Das dynamische Verhalten wird durch die an beiden pn-Übergängen wirkenden Sperrschichtkapazitäten (C_{SE}, C_{SC}) sowie die Diffusionskapazitäten verursacht. Die Speicherung der Diffusionsladung erfolgt vorrangig im Basisraum. Im

Gummel-Poon-Modell wird ihr Auf- und Abbau anstelle von Diffusionskapazitäten in Stromquellen mit den Zeitkonstanten Basislaufzeit τ_{BN} (Normalbetrieb) und inverse Basislaufzeit τ_{BI} (Inversbetrieb) ausgedrückt. Außerdem sind die beiden Transferstromquellen des Ebers-Moll-Modells zu einer gemeinsamen Transferstromquelle zusammengefasst. Das Gummel-Poon-Modell stellt somit eine vollständige Beschreibung des dynamischen und statischen Großsignalverhaltens des Bipolartransistors dar.

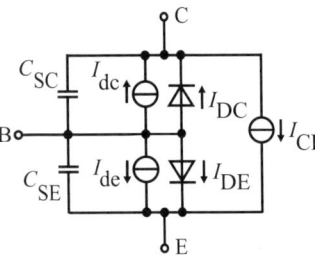

Bild 1.40 Gummel-Poon-Modell des Bipolartransistors

Für die Ersatzschaltbildelemente lassen sich folgende Beziehungen ableiten:

$$I_{DC} = \frac{A_I}{B_I} I_{CS} \left(e^{\frac{U_{BC}}{U_T}} - 1 \right)$$

$$I_{DE} = \frac{A_N}{B_N} I_{ES} \left(e^{\frac{U_{BE}}{U_T}} - 1 \right)$$

$$I_{CE} = B_N I_{DE} - B_I I_{DC}$$

$$I_{dc} = \tau_{BI} \cdot B_I \frac{dI_{DC}}{dt}$$

$$I_{de} = \tau_{BN} \cdot B_N \frac{dI_{DE}}{dt}$$

Die Basislaufzeiten, die Stromverstärkungsfaktoren und die Diodensättigungsströme sind konstruktionsbedingte Bauelementeparameter [1.3]. Gelegentlich werden zusätzlich die Bahnwiderstände von Emitter, Basis und Kollektor berücksichtigt.

Die Ersatzschaltbilder dienen einerseits zur Verdeutlichung des Bauelementeverhaltens selbst, andererseits werden sie benötigt, um das Zusammenwirken des Bauelementes mit einer externen Schaltung zu berechnen.

Kennlinienfeld in Emitterschaltung. Die anschauliche Darstellung des stationären Bauelementeverhaltens erfolgt in Form eines Kennlinienfeldes. Dieses umfasst vier Quadranten mit den typischen Kennlinien.

I   Ausgangskennlinie:
$$I_C = f(U_{CE}) \Big|_{U_{BE}, I_B}$$

II Stromübertragungskennlinie:
$$I_C = f(I_B) \Big|_{U_{CE}}$$

III Eingangskennlinie:
$$I_B = f(U_{BE}) \Big|_{U_{CE}}$$

IV Spannungsrückwirkungskennlinie
$$U_{BE} = f(U_{CE}) \Big|_{I_B}$$

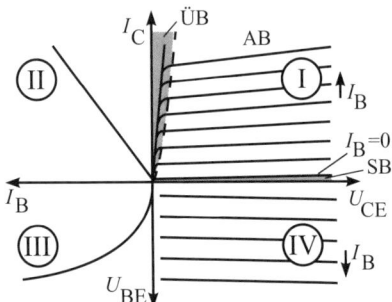

Bild 1.41 Kennlinienfeld in Emitterschaltung, AB aktiver Bereich, SB Sperrbereich, ÜB Übersteuerung

Für den am meisten genutzten, aktiv normalen Betriebsbereich ($U_{BE} \gg U_T, U_{BC} \ll -U_T$) lassen sich die allgemeinen Transistorgleichungen (1.59) …(1.61) stark vereinfachen. Die Eingangskennlinie lautet dann:

$$\boxed{I_B = (1 - A_N) I_{ES} \cdot e^{\frac{U_{BE}}{U_T}} = I_{BS} \cdot e^{\frac{U_{BE}}{U_T}}} \quad (1.62)$$

Für die Stromübertragungskennlinie ergibt sich:

$$I_C = B_N I_B + I_{CE0} \quad (1.63)$$

wobei I_{CE0} den Reststrom der Kollektor-Emitter-Strecke bei offener Basis ($I_B = 0$) darstellt. Die Gleichung beschreibt gleichzeitig die Ausgangskennlinie.

Early-Effekt. Der im Kennlinienfeld sichtbare leichte Anstieg der Ausgangskennlinien beruht auf der als Early-Effekt bekannten Veränderung der elektronischen Basisweite infolge Spannungsabhängigkeit der Sperrschichtweite der Basis-Kollektor-Diode [1.5]. Er wird in der Kennliniengleichung durch Erweiterung um einen linearen Multiplikanten berücksichtigt. Die Ausgangskennlinie lautet somit endgültig

$$I_C = (B_N I_B + I_{CE0}) \left(1 + \frac{U_{CE}}{U_{EA}}\right) \quad (1.64)$$

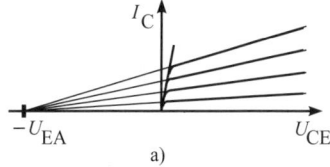

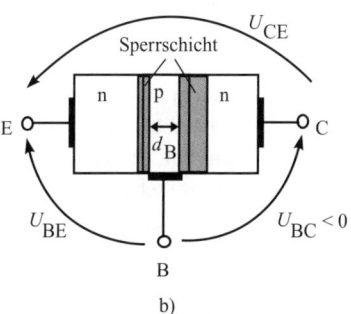

Bild 1.42 Veranschaulichung der Early-Spannung
a) Ausgangskennlinie, b) Darstellung der elektronischen Basisweite d_B

Die Early-Spannung U_{EA} steht als Repräsentant für den Kennlinienanstieg.

Die Spannungsrückwirkung wird ebenfalls durch den Early-Effekt verursacht und linear in folgender Form approximiert.

$$U_{BE} = \eta \cdot U_{CE} \quad (1.65)$$

Der Zahlenwert für η liegt üblicherweise bei ca. 10^{-3} und ist in vielen Fällen vernachlässigbar.

Restströme. Je nach Schaltungsart ergeben sich bei offenem Steuereingang des Transistors verschiedene Restströme an seinem dann gesperrten Ausgang. Diese resultieren aus den Sperrströmen der pn-Übergänge. In Bild 1.43 sind die beiden wichtigsten veranschaulicht.

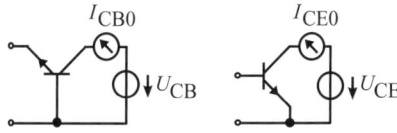

Basisschaltung Emitterschaltung

Bild 1.43 Transistorrestströme in Basis- und Emitterschaltung

Aus den Kennliniengleichungen lassen sich folgende Beziehungen ableiten.

$$I_{CB0} = I_{CS}(1 - A_N A_I) \quad (1.66)$$

$$I_{CE0} = \frac{I_{CB0}}{1 - A_N} \approx B_N I_{CB0} \quad (1.67)$$

Die hohe Stromverstärkung der Emitterschaltung bewirkt einen hohen Reststrom in dieser Schaltungsvariante $I_{CE0} \gg I_{CB0}$.

❑ **Beispiel 1.6**

An einem npn-Transistor werden die in Bild 1.44 dargestellten zwei Messungen ausgeführt. Daraus sind der Sättigungsstrom I_{ES} sowie die Stromverstärkungsfaktoren A_N und B_N des Transistors zu bestimmen.

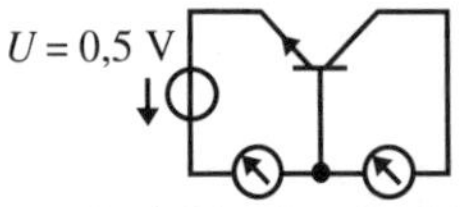

$U = 0,5$ V

$I = 1,14$ mA $I = 1,13$ mA

Bild 1.44 Messschaltung für Transistorparameter

Lösung:

Nach den Gln. (1.59) und (1.60) sowie mit den Messbedingungen $U_{BE} = 0{,}5$ V und $U_{BC} = 0$ V ergibt sich $I_{ES} = I_E = 1{,}14$ mA und $A_N I_{ES} = I_C = 1{,}13$ mA und damit für die Stromverstärkungsfaktoren $A_N = 0{,}991$ und $B_N = 113$.

1.3.3 Nutzbarer Betriebsbereich

Sicherer Arbeitsbereich. Im ersten Quadranten des Kennlinienfeldes begrenzen drei Kurven den sicheren Arbeitsbereich (SOAR) des Transistors. Es sind dies:

- der maximale Kollektorstrom I_{Cmax},
- die maximale Kollektor-Emitter-Spannung U_{CEmax} und
- die maximale Verlustleistung P_{vmax}.

Der Arbeitspunkt eines Transistors muss innerhalb des begrenzten Bereiches liegen.

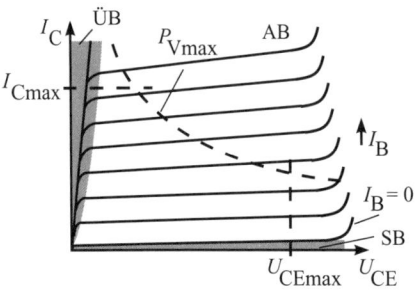

Bild 1.45 Sicherer Arbeitsbereich eines Transistors

Diese drei Parameter sind deshalb auch ein wichtiger Bestandteil des in Transistorvergleichslisten [1.7] angegebenen Parametersatzes eines Bipolartransistors.

Ein Überschreiten des I_{Cmax} führt nicht unmittelbar zum Funktionsausfall. Es hat aber einen starken Anstieg der Spannungsabfälle in den Bahnwiderständen von Basis und Kollektor zur Folge und verschlechtert somit die elektronischen Transistorparameter.

Spannungsfestigkeit. U_{CEmax} resultiert aus der Spannungsfestigkeit des gesperrten Kollektor-Basis-Übergangs. Die Dotierungsverhältnisse und die Basisweite bestimmen den Feldstärkeverlauf im Kollektor-Basis-Übergang. Ein Überschreiten des U_{CEmax} führt entweder zum Lawinendurchbruch des gesperrten pn-Übergangs oder zum Durchgreifen der Raumladungszone durch die Basis (Punch Through). Die elektronische Basisweite d_B geht dann gegen Null. Beides bewirkt einen steilen Anstieg des Kollektorstromes (Durchbruch) und bedeutet den Verlust der Steuerbarkeit des Transistors. Fehlt eine äußere Strombegrenzung kann auch eine thermische Zerstörung eintreten. Für die Durchbruchspannungen in Basis- bzw. Emitterschaltung gilt $U_{BR,CE0} < U_{BR,CB0}$.

Thermischer Widerstand. Die Hyperbel der maximalen Verlustleistung wird durch die vom Bauelement an die Umgebung abführbare Wärmeleistung festgelegt. Mit dem thermischen Widerstand R_{th} des Bauelementes, der maximal zulässigen inneren Temperatur des Transistors T_{max} und der Umgebungstemperatur T_U ergibt sich

$$P_{Vmax} = \frac{T_{max} - T_U}{R_{th}}$$

T_{max} beträgt bei Si-Bauelementen ca. 200 °C. Der thermische Widerstand beinhaltet die Wärmeleitung vom inneren Transistor bis an die Gehäuseoberfläche und die Wärmeabgabe durch Konvektion. Durch zusätzliche Kühlkörper kann letztere verbessert werden. Dies vergrößert P_{Vmax}. Insbesondere bei Leistungstransistoren ist diese Maßnahme notwendig. Ein Überschreiten von P_{Vmax} bedeutet zunächst eine Veränderung der elektronischen Kennwerte des Transistors, kann aber im Extremfall auch eine thermische Zerstörung bewirken.

Arbeitspunkteinstellung. Die Einstellung des Arbeitspunktes erfolgt in der Emitterschaltung häufig durch Einspeisung eines definierten Basisstromes.

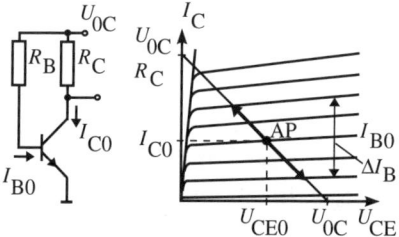

Bild 1.46 Emitterschaltung mit Basisstromeinspeisung

Die Lage des Arbeitspunktes resultiert aus der Zusammenschaltung des Transistors mit dem aktiven Zweipol bestehend aus Betriebsspannung U_{0C} und Basiswiderstand R_B eingangs- und Betriebsspannung U_{0C} und Arbeitswiderstand R_C ausgangsseitig. Es gilt:

$$I_{C0} = B_N I_{B0} = B_N \frac{U_{0C} - U_{BE0}}{R_B}$$
$$U_{CE0} = U_{0C} - I_{C0} R_C$$

In der Nähe von $U_{BE} = 0{,}65$ V kann durch eine nur geringe Änderung ΔU_{BE} ein sehr großer Kollektorstrombereich durchlaufen werden. Ursache ist der exponentielle Kennlinienverlauf. Zur Berechnung des Arbeitspunktes reicht deshalb in vielen Fällen eine Schalterkennlinie für den Basis-Emitter-Übergang, mit der für Siliziumtransistoren

im aktiv normalen Betriebszustand typischen Spannung $U_{BE0} = U_{BEF} = 0{,}65$ V, aus. Zur Festlegung des Arbeitspunktes kann aus den Gln. (1.62) und (1.63) das vereinfachte Ersatzschaltbild in Bild 1.47 entwickelt werden. Diese Vereinfachung ermöglicht eine leichte Dimensionierung des R_B. Meist wird der Innenwiderstand der Basis-Emitter-Diode bei dieser Betrachtung mit Null angenähert.

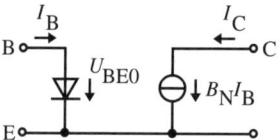

Bild 1.47 Ersatzschaltbild zur Arbeitspunkteinstellung

Die Größe der Signalausgangsspannung $U_a = \Delta U_{CE}$ wird vom Verlauf der Transistorkennlinien und vom Anstieg der Arbeitsgeraden $1/R_C$ bestimmt. Der Arbeitspunkt darf auch bei Aussteuerung den sicheren Arbeitsbereich des Transistors nicht verlassen.

> Proportionale Übertragungseigenschaften, ausgedrückt durch $\Delta U_{CE}/\Delta I_B = $ konstant, besitzt der Transistor nur im aktiven Betriebsbereich.

In Bild 1.46 ist dies zu erkennen.

❏ **Beispiel 1.7**

Ein Transistor wird in Emitterschaltung mit Basisstromeinspeisung betrieben. Er besitzt die Bauelementeparameter $B_N = 150, U_{BEF} = 0{,}65$ V, $U_{EA} = 60$ V. Es sind R_C und R_B so zu bestimmen, dass der Arbeitspunkt bei $U_{CE0} = U_{0C}/2 = 6$ V und $I_{C0} = 12$ mA liegt.

Lösung:
$$R_C = \frac{U_{0C} - U_{CE0}}{I_{C0}} = 500\,\Omega$$
$$R_B = \frac{U_{0C} - U_{BEF}}{I_{B0}} = \frac{B_N}{I_{C0}}(U_{0C} - U_{BEF})$$
$$= 142\,\text{k}\Omega$$

1.3.4 Kleinsignalverhalten

Der wichtigste Anwendungsbereich von Transistoren ist die Übertragung und Verstärkung von kleinen Wechselsignalen. Dabei erfolgt nur eine geringe Auslenkung des Arbeitspunktes um den stationären Wert. Man betrachtet die Signale als Überlagerung aus dem Arbeitspunktwert (Gleichanteil) und dem als komplexe Größe dargestellten Signalwert (i. Allg. sinusförmige Wechselgröße). Unter diesen Bedingungen ist es möglich, die nichtlinearen Strom-Spannungs-Kennlinien im Arbeitspunkt durch ihre Anstiege zu nähern, und mit diesen Näherungen die Berechnung des Übertragungsverhaltens nur auf der Basis der komplexen Größen durchzuführen.

Vierpolparameter. Die Vierpolparameter beschreiben das linearisierte Strom-Spannungs-Verhalten des Bauelementes im Arbeitspunkt. Je nach Anwendungsfall werden die Vierpolparameter in der Widerstandsform, der Leitwertform, der Hybridform oder weiteren Varianten benutzt. Diese Formen lassen sich ineinander umrechnen.

Niederfrequenzverhalten. Bei niederfrequenten (NF) Signalen werden die Vierpolparameter in der Hybridform verwendet. Die Strom-Spannungs-Beziehungen für sinusförmige Signale lauten dann in der Emitterschaltung in komplexer Schreibweise

$$\underline{U}_{BE} = \underline{h}_{11e}\underline{I}_B + \underline{h}_{12e}\underline{U}_{CE} \tag{1.68}$$

$$\underline{I}_C = \underline{h}_{21e}\underline{I}_B + \underline{h}_{22e}\underline{U}_{CE} \tag{1.69}$$

Im NF-Bereich nehmen die Vierpolparameter des Transistors reelle Werte an. In Bild 1.48 sind diese am Kennlinienfeld veranschaulicht.

Die Vierpolparameter der Hybridform können interpretiert werden als:

Eingangswiderstand r_{BE}

$$\underline{h}_{11e} = \left.\frac{\underline{U}_{BE}}{\underline{I}_B}\right|_{\underline{U}_{CE}=0} = \left.\frac{\Delta U_{BE}}{\Delta I_B}\right|_{U_{CE0}} = r_{BE}$$

Spannungsrückwirkung η

$$\underline{h}_{12e} = \left.\frac{\underline{U}_{BE}}{\underline{U}_{CE}}\right|_{\underline{I}_B=0} = \left.\frac{\Delta U_{BE}}{\Delta U_{CE}}\right|_{I_{B0}} = \eta$$

Stromverstärkung b

$$\underline{h}_{21e} = \left.\frac{\underline{I}_C}{\underline{I}_B}\right|_{\underline{U}_{CE}=0} = \left.\frac{\Delta I_C}{\Delta I_B}\right|_{U_{CE0}} = b$$

Ausgangswiderstand r_{CE}

$$\underline{h}_{22e} = \left.\frac{\underline{I}_C}{\underline{U}_{CE}}\right|_{\underline{I}_B=0} = \left.\frac{\Delta I_C}{\Delta U_{CE}}\right|_{I_{B0}} = \frac{1}{r_{CE}}$$

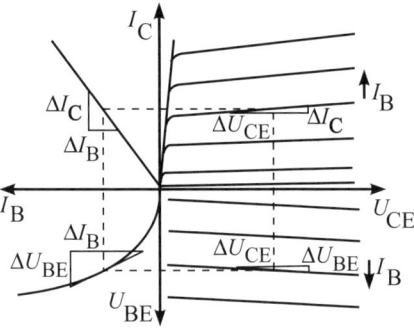

Bild 1.48 Darstellung der Hybrid-VP-Parameter

Dieses Vierpolgleichungssystem lässt sich in Form eines Ersatzschaltbildes darstellen. Die Vierpolparameter werden durch entsprechende Ersatzschaltbildelemente repräsentiert.

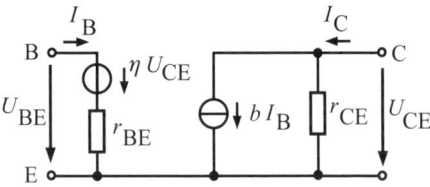

Bild 1.49 Ersatzschaltbild für das NF-Kleinsignalverhalten

1.3 Bipolartransistoren

Die Abhängigkeit der Vierpolparameter von der Lage des Arbeitspunktes gewinnt man durch Differenziation der Kennliniengleichungen im aktiven Bereich. Für das Verstärkerverhalten ist nur der aktive Bereich von Bedeutung. Aus den Gln. (1.62) und (1.64) erhält man leicht:

$$r_{BE} = \frac{dU_{BE}}{dI_B}\bigg|_{U_{CE0}} = \frac{U_T}{I_{B0}}$$

$$\eta = \frac{dU_{BE}}{dI_{CE}}\bigg|_{I_{B0}} \approx 0$$

$$b = \frac{dI_C}{dI_B}\bigg|_{U_{CE0}} = B_N\left(1 + \frac{U_{CE0}}{U_{EA}}\right) \approx B_N$$

$$r_{CE} = \frac{dU_{CE}}{dI_C}\bigg|_{I_{B0}} = \frac{U_{EA}}{I_{C0}}$$

Deutlich wird die starke Arbeitspunktabhängigkeit von r_{BE} und r_{CE}. Die Ableitung der Spannungsrückwirkung ist etwas komplizierter. Praktische Ergebnisse liegen im Bereich 10^{-3} und sind in vielen Fällen vernachlässigbar.

Spannungssteuerung. Neben der bisher betrachteten Steuerung des Transistors durch den Basisstrom I_B ist häufig eine Interpretation des Verhaltens als spannungsgesteuertes Element von Nutzen. Der Zusammenhang zwischen beiden Betrachtungen ist durch die Eingangskennlinie $I_B = f(U_{BE})$ gegeben. Das zugehörige Ersatzschaltbild für den rückwirkungsfreien Transistor ist in Bild 1.50 dargestellt.

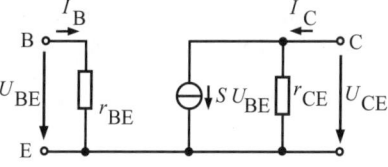

Bild 1.50 Ersatzschaltbild des spannungsgesteuerten Transistors

Für den Parameter Steilheit S folgt

$$S = \frac{I_C}{U_{BE}}\bigg|_{U_{CE}=0} = \frac{I_B \cdot I_C}{U_{BE}I_B}\bigg|_{U_{CE}=0} = \frac{b}{r_{BE}}$$
(1.70)

❑ **Beispiel 1.8**

Für den Transistor aus Beispiel 1.7 sind im dort gegebenen Arbeitspunkt die Kleinsignalparameter r_{BE}, b, r_{CE} und S bei Raumtemperatur (300 K) zu berechnen.

Lösung:

Arbeitspunkt: $I_{C0} = 12$ mA, $U_{CE0} = 6$ V

$$r_{BE} = \frac{U_T}{I_{B0}} = \frac{U_T B_N}{I_{C0}} = 325\ \Omega$$

$$b = B_N\left(1 + \frac{U_{CE0}}{U_{EA}}\right) = 165$$

$$r_{CE} = \frac{U_{EA}}{I_{C0}} = 5\ k\Omega$$

$$S = \frac{b}{r_{BE}} = 508\ mS$$

Hochfrequenzverhalten. Wird der Transistor bei hohen Frequenzen (HF) betrieben, treten Phasenverschiebungen zwischen den Kleinsignalströmen und -spannungen auf. Verursacht werden diese Verzögerungseffekte durch Umladen der Sperrschichtkapazitäten und durch Ladungsspeicherung insbesondere in der Basis. Am anschaulichsten lassen sich diese Effekte mit einem π-Ersatzschaltbild erfassen, das auf Leitwertparameter zurückführbar ist (siehe Bild 1.51). Die einzelnen Leitwertparameter besitzen komplexen Charakter und sind in Ersatzwiderstände und Ersatzkapazitäten zerlegbar. Diese können leicht den verursachenden Phänomenen zugeordnet werden.

Gegenüber dem NF-Verhalten erfolgt eine Erweiterung um die Emitterkapazität C_E, die sich aus der Emittersperrschichtkapazität C_{SE} und der Emitterdiffusionskapazität C_{DE} zusammensetzt, sowie die Kollektorsperrschichtkapazität C_{SC}. Zusätzlich wird der Basisbahnwiderstand r_{BB} berücksichtigt. Er kommt insbesondere bei hohen Frequenzen zur Wirkung.

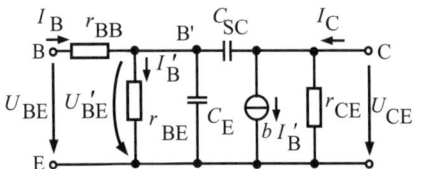

Bild 1.51 π-Ersatzschaltbild für HF-Verhalten

❑ **Beispiel 1.9**

Aus dem HF-Ersatzschaltbild des Bipolartransistors ist die Ortskurve der Kurzschlusskleinsignalstromverstärkung in Emitterschaltung $\underline{h}_{21e}(\omega)$ abzuleiten.

Lösung:
Bei wechselspannungsmäßigem Kurzschluss am Ausgang ist aus dem HF-Ersatzschaltbild ablesbar:

$$\underline{I}_C = b \cdot \underline{I}'_B - j\omega C_{SC}\underline{U}'_{BE}, \quad \underline{I}'_B = \frac{\underline{U}'_{BE}}{r_{BE}}$$

$$\underline{I}_B = \frac{\underline{U}'_{BE}}{r_{BE}} + j\omega (C_E + C_{SC})\underline{U}'_{BE}$$

Für die Stromverstärkung ergibt sich die Frequenzfunktion

$$\underline{h}_{21e}(\omega) = \frac{\underline{I}_C}{\underline{I}_B}\bigg|_{\underline{U}_{CE}=0} = \frac{b - j\omega\, r_{BE} C_{SC}}{1 + j\omega\, r_{BE}\,(C_E + C_{SC})}$$

In den meisten Anwendungsfällen ist die Näherung $b \gg \omega\, r_{BE} C_{SC}$ gut erfüllt und damit

$$\boxed{\underline{h}_{21e}(\omega) \approx \frac{b}{1 + j\omega\, r_{BE}\,(C_E + C_{SC})}} \quad (1.71)$$

Die entstehende Ortskurve ist der in Bild 1.52 dargestellte Halbkreis mit der charakteristischen 45°-Frequenz ω_β.

$$\boxed{\omega_\beta = \frac{1}{r_{BE}\,(C_E + C_{SC})}} \quad (1.72)$$

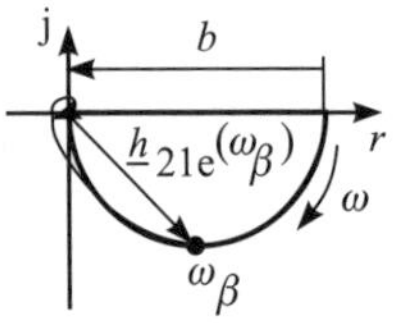

Bild 1.52 Ortskurve für $\underline{h}_{21e}(\omega)$

Das Bild enthält auch den exakten Verlauf der Ortskurve.

Grenzfrequenzen. Auf der Basis der Grenzfrequenzen ist der Übergang vom NF- zum HF-Bereich quantitativ spezifizierbar. Da der Bipolartransistor ein stromgesteuertes Bauelement ist, lassen sich aus der Frequenzabhängigkeit des Stromverstärkungsfaktors $\underline{h}_{21e}$ die entscheidenden Grenzfrequenzen ableiten. Mit Gl. (1.71) ist eine ausreichende Näherung für die Stromverstärkung bekannt. Bei der in Bild 1.52 dargestellten 45°-Frequenz ω_β ist der Betrag der Stromverstärkung gerade auf das $1/\sqrt{2}$-fache des NF-Wertes $|\underline{h}_{21e}(0)| = b$ gesunken.

$$|\underline{h}_{21e}(\omega_\beta)| = \frac{b}{\sqrt{2}}$$

Für Frequenzen größer als ω_β sinkt die Stromverstärkung mit -20 dB/Dekade. Der Transistor verliert rasch seine entscheidende elektronische Eigenschaft, wie Bild 1.53 zeigt. ω_β stellt somit die charakteristische Grenzfrequenz des Transistors in Emitterschaltung dar.

Ein weiterer charakteristischer Punkt ist die Frequenz ω_1, bei der die Stromverstärkung $|\underline{h}_{21e}|$ auf den Wert 1 abgesunken ist.

$$|\underline{h}_{21e}(\omega_1)| = 1$$

Mit Gl. (1.71) gilt:

$$\boxed{\omega_1 = \omega_\beta \sqrt{b^2 - 1}} \quad (1.73)$$

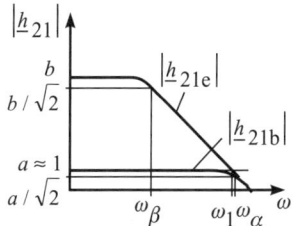

Bild 1.53 Grenzfrequenzen des Bipolartransistors

In Datenblättern [1.7] wird häufig die Transitfrequenz ω_T verwendet. Für sie gilt

$$\boxed{\omega_T = b \cdot \omega_\beta} \quad (1.74)$$

womit sie in etwa der ω_1-Frequenz entspricht.

Im NF-Bereich ist die Stromverstärkung des Transistors, wie auch seine anderen Vierpolparameter, frequenzunabhängig. Dieser Bereich wird durch ω_β begrenzt. Im HF-Bereich sind die Vierpolparameter frequenzabhängig. Oberhalb der Transitfrequenz ω_T besitzt der Transistor keine Stromverstärkung mehr.

Eine analoge Betrachtung des Transistors in Basisschaltung liefert den in Bild 1.53 dargestellten Verlauf für $|\underline{h}_{21b}(\omega)|$ mit der charakteristischen Grenzfrequenz ω_α der Basisschaltung.

$$|\underline{h}_{21b}(\omega_\alpha)| = \frac{a}{\sqrt{2}} \text{ mit } a = |\underline{h}_{21b}(0)| \approx A_N$$

Ein Vergleich mit der Emitterschaltung ergibt:

$$\boxed{\omega_\alpha \approx b\omega_\beta = \omega_T}$$

Man erkennt den entscheidenden Vorteil der Basisschaltung. Die Stromverstärkung bleibt bis zur Transitfrequenz unverändert. Dies begründet die Anwendungsvorteile der Basisschaltung bei hohen Frequenzen.

Vierpolersatzschaltung des HF-Transistors. Die gebräuchlichste Form der Darstellung der

Hochfrequenzeigenschaften des Bipolartransistors sind die y-Parameter. Sie beschreiben das Bauelement über die Vierpolgleichungen in Leitwertform als verallgemeinerte Leitwertmatrix.

$$\boxed{\underline{I}_B = \underline{y}_{11e}\underline{U}_{BE} + \underline{y}_{12e}\underline{U}_{CE}} \quad (1.75)$$

$$\boxed{\underline{I}_C = \underline{y}_{21e}\underline{U}_{BE} + \underline{y}_{22e}\underline{U}_{CE}} \quad (1.76)$$

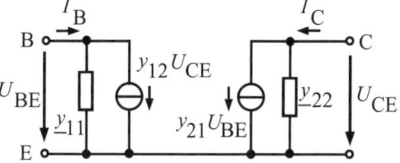

Bild 1.54 y-Ersatzschaltung des Transistors

Diese komplexen y-Parameter lassen sich durch Umrechnung aus dem physikalisch begründeten π-Ersatzschaltbild ableiten.

1.3.5 Temperaturverhalten

Die Temperaturabhängigkeit der Kennwerte des Transistors wird hauptsächlich von der Temperaturabhängigkeit der pn-Übergänge bestimmt.

Eine Übertragung des von der Diode bekannten Temperaturverhaltens in der Nähe einer Bezugstemperatur T_0 zeigt Auswirkungen auf den Kollektor-Basis-Sperrstrom I_{CB0}, der im Sperrbereich dominiert, und auf den Flussstrom der Basis-Emitter-Diode I_E, der im aktiven Bereich dominiert.

$$I_{CB0}(T) = I_{CB0}(T_0) \cdot e^{C_R(T-T_0)} \quad (1.77)$$

$$I_E(T) = I_E(T_0) \cdot e^{C_F(T-T_0)} \quad (1.78)$$

Die Temperaturbeiwerte C_R und C_F entsprechen denen aus den Gln. (1.42) und (1.44). Befindet sich der Transistor in einem Betriebszustand, in dem schaltungsbedingt der Basisstrom konstant gehalten wird, dann lässt sich die Temperaturabhängigkeit des Kollektorstromes über einen temperaturabhängigen Stromverstärkungsfaktor interpretieren.

$$B_N(T) = B_N(T_0) \cdot e^{C_b(T-T_0)} \quad (1.79)$$

Aus Messungen kann die Größe seines Temperaturbeiwertes zu $C_b \approx 0{,}6\,\%\cdot K^{-1}$ ermittelt werden.

Auswirkung der Temperaturabhängigkeit. Eine Erwärmung des Transistors führt bei sonst unveränderten Umgebungsbedingungen zum Anstieg des Kollektorstromes und damit zur Verschiebung des Arbeitspunktes, wie in Bild 1.55 dargestellt.

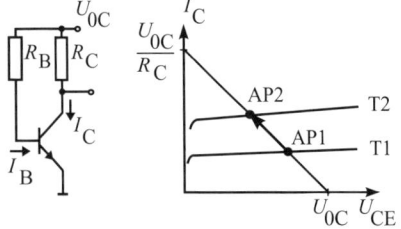

Bild 1.55 Temperaturbedingte AP-Verschiebung

Temperaturdurchgriff. Werden schaltungsbedingt, trotz Temperaturänderung, die Ströme des Transistors konstant gehalten, dann ist eine temperaturbedingte Änderung der Basis-Emitter-Spannung um den Wert ΔU_{BE} zu beobachten. In der Nähe des Arbeitspunktes kann die Größe aus dem Temperaturdurchgriff D_T berechnet werden.

$$\boxed{\Delta U_{BE} = D_T \cdot \Delta T} \quad (1.80)$$

Für den Temperaturdurchgriff D_T gilt:

$$D_T = \left.\frac{dU_{BE}}{dT}\right|_{I_{C0}} = -1\ldots-3\,\mathrm{mV}\cdot K^{-1}$$

Die temperaturabhängige Drift der Basis-Emitter-Spannung ΔU_{BE} wird durch eine Ersatzquelle im Basiszweig des Transistors repräsentiert. Dabei stellt U_{BE0} in Bild 1.56 die Basis-Emitter-Spannung bei der Bezugstemperatur dar. Wird dieses Modell für große Temperaturbereiche genutzt, muss mit einem mittleren Wert für den Temperaturdurchgriff gerechnet werden.

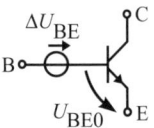

Bild 1.56 Transistor mit temperaturabhängiger Driftquelle

❏ **Beispiel 1.10**

Für die Schaltung aus Beispiel 1.7 ist die zu erwartende Driftverstärkung $v_d = \Delta U_{CE0}/\Delta U_{BE}$ bei einer Erwärmung um 20 K gegenüber Raumtemperatur (300 K) zu berechnen, wenn der Transistor einen Temperaturdurchgriff $D_T = -2\,\mathrm{mV}\cdot K^{-1}$ und ein $C_b = 0{,}6\,\%\cdot K^{-1}$ aufweist.

Lösung:

Die Kollektorstromänderung des Transistors berechnet sich nach

$$\Delta I_C = \frac{dI_C}{dB_N}\Delta B_N + \frac{dI_C}{dI_B}\Delta I_B$$

Ein Bezug auf I_C liefert

$$\frac{\Delta I_C}{I_C} = \frac{dI_C}{dB_N}\frac{\Delta B_N}{B_N I_B} + \frac{dI_C}{dI_B}\frac{\Delta I_B}{B_N I_B}$$

Die relative Kollektorstromänderung lässt sich auf die Überlagerung von relativen Änderungen der Stromverstärkung und des Basisstromes zurückführen. In der gegeben Schaltung wird Letztere wiederum durch die Änderung der Basis-Emitter-Spannung bestimmt.

$$\frac{\Delta I_B}{I_B} = \frac{-\Delta U_{BE}}{R_B I_B}$$

Die beiden Einflussgrößen ΔB_N und ΔU_{BE} können aber nur unter den Grenzbedingungen $I_B = \mathrm{konst.}$ bzw. $I_C = \mathrm{konst.}$ angegeben werden. Somit lässt sich nur der ungünstigste Grenzwert aus der Überlagerung beider Einflüsse bestimmen. Mit den gegebenen Größen folgt

$$\frac{\Delta B_N}{B_N} = C_b \cdot \Delta T = 12\,\% \text{ und}$$

$$\frac{\Delta I_B}{I_B} = \frac{-\Delta U_{BE}}{R_B I_{B0}} \cong \frac{-D_T \cdot \Delta T}{U_{0C}} = 0{,}3\,\%$$

Die Driftverstärkung ergibt sich im Arbeitspunkt $I_C = U_{0C}/(2R_C)$ zu

$$v_d = \frac{\Delta U_{CE0}}{\Delta U_{BE}} = \frac{-\Delta I_C R_C}{D_T \Delta T} = \frac{-C_b I_C R_C}{D_T} + \frac{I_C R_C}{U_{0C}}$$

$$= \frac{-C_b U_{0C}}{2 D_T} + \frac{1}{2} = 18,5$$

1.3.6 Arbeitspunktabhängigkeit der Stromverstärkung

Über die bisherigen Betrachtungen hinaus ist die Stromverstärkung vom Arbeitspunktstrom I_{CA} abhängig. Bei kleinen Strömen gewinnt der bisher vernachlässigte Rekombinations-Generations-Strom des Basis-Emitter-Übergangs an Bedeutung. Emitter- und Basisstrom steigen ohne den Kollektorstrom zu beeinflussen. Die Stromverstärkung nimmt ab. Bei sehr hohen Strömen tritt infolge der starken Ladungsträgerinjektion eine Leitfähigkeitserhöhung in der Basis auf. Dies vergrößert die Rückinjektion. Gleichzeitig wird durch die hohen Ladungsträgerdichten die Kollektor-Basis-Sperrschicht in den Kollektor zurückgedrängt. Diese als Kirk-Effekt [1.1] bekannte Auswirkung vergrößert die elektronische Basisweite d_B. Beide Einflüsse reduzieren die Stromverstärkung.

| Der Verlauf der Stromverstärkung weist bei mittleren Kollektorströmen ein Maximum auf. In diesem Bereich sollte der Transistor betrieben werden.

Die konkrete Lage des Maximums ist konstruktionsbedingt.

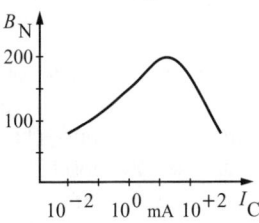

Bild 1.57 AP-Abhängigkeit der Stromverstärkung

1.3.7 Schaltverhalten

Auf Grund seines geringen Sperrstromes und des kleinen Steuerstromes ist der Transistor hervorragend als elektronischer Schalter geeignet. Eine solche Nutzung erfolgt hauptsächlich in digitalen Schaltungen. Den Standardaufbau eines Transistorschalters zeigt Bild 1.58.

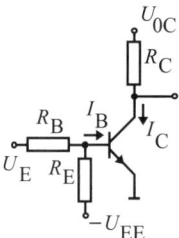

Bild 1.58 Transistorschalter

Statische Kenngrößen. Der Transistorschalter besitzt zwei stationäre Arbeitspunkte (siehe Bild 1.59).

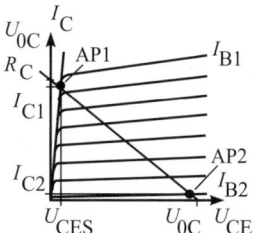

Bild 1.59 Stationäre Arbeitspunkte des Transistorschalters

Bei hoher Eingangsspannung $U_E = U_{E1} = U_{0C}$ befindet sich der Transistor im Arbeitspunkt AP1. Der zugehörige Basisstrom I_{B1} resultiert aus der Basisbeschaltung. Seine Größe ist so zu wählen, dass der Transistor sicher übersteuert wird. Der aktive Zweipol (U_{0C}, R_C) bestimmt durch die Begrenzung des Kollektorstromes den Übersteuerungsgrad m.

$$\boxed{m = \frac{B_N I_{B1}}{I_{C1}}} \qquad (1.81)$$

mit $I_{C1} = \dfrac{U_{0C} - U_{CE1}}{R_C}$

Die am Ausgang entstehende Sättigungsspannung $U_{CE1} = U_{CES}$ liegt bei ca. 0,1 V und somit nahe dem Idealwert Null. Bei niedriger Eingangsspannung $U_E = U_{E2} = 0$ V muss der Transistor gesperrt sein. In diesem Arbeitspunkt AP2 wird wegen $I_{B2} = 0$ die Ausgangsspannung durch die Betriebsspannung zu $U_{CE2} \approx U_{0C}$ bestimmt. Der Reststrom durch den Transistor ergibt sich wegen $U_{BE} \ll -U_T$ und $U_{BC} \ll -U_T$ nach dem Ebers-Moll-Modell zu $I_{Crest} = A_N I_{ES} - I_{CS}$ und kann in den meisten Fällen vernachlässigt werden.

❏ **Beispiel 1.11**

Für den Transistorschalter in Bild 1.58 sind bei einer Betriebsspannung von $U_{0C} = 10$ V die Widerstände R_B, R_E, R_C so zu bestimmen, dass folgende Kennwerte erfüllt sind:

$U_{BE2} = -2$ V, $I_{C1} = 5$ mA, $m = 4{,}55$.

Gegeben ist:

$B_N = 175$, $I_{CE0} = 0$, $U_{CES} = 0{,}1$ V,
$U_{BEF} = 0{,}7$ V,
$U_{EE} = 5$ V.

Lösung:

Arbeitspunkt AP2:

$U_{E2} = 0$, $I_{B2} = 0$, $I_{C2} = 0$,
$U_{CE2} = U_{0C} = 10$ V,
$U_{BE2} = -U_{EE} \dfrac{R_B}{R_B + R_E} = -2$ V (1.82)

Arbeitspunkt AP1:

$R_C = \dfrac{U_{0C} - U_{CES}}{I_{C1}} = 1{,}98$ kΩ

$I_{B1} = \dfrac{R_E(U_{E1} - U_{BEF}) - R_B(U_{BEF} + U_{EE})}{R_E R_B}$ (1.83)

$I_{B1} = \dfrac{m I_{C1}}{B_N} = 0{,}13$ mA

Die Lösung der Gln. (1.82) und (1.83) liefert für R_B und R_E:

$R_E = \dfrac{U_{EE}(U_{E1} - U_{BEF} + U_{BE2}) + U_{E1} U_{BE2}}{-U_{BE2} I_{B1}}$

$R_E = 65$ kΩ

$R_B = R_E \dfrac{-U_{BE2}}{U_{EE} + U_{BE2}} = 43$ kΩ

Dynamisches Verhalten. Zur schaltungstechnischen Analyse des dynamischen Verhaltens ist das Gummel-Poon-Modell (Bild 1.40) geeignet. Die entstehenden Zeitverläufe von Kollektorstrom, Basisstrom und Basis-Emitter-Spannung im Schalterbetrieb zeigt Bild 1.60.

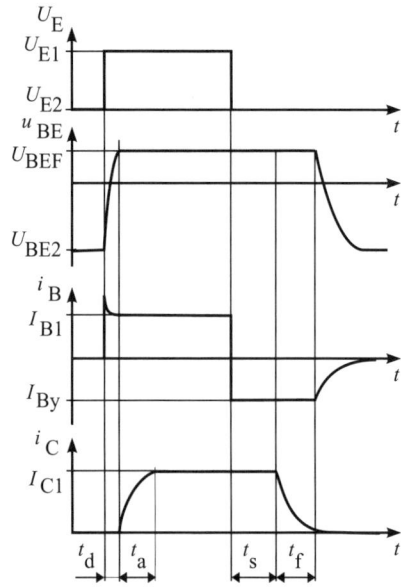

Bild 1.60 Dynamisches Verhalten des Transistorschalters

Die charakteristischen Zeitabschnitte des Kollektorstromverlaufes werden meist auf die 10-%- bzw. 90-%-Werte des Signalhubes bezogen. Zur Berechnung der Zeitabschnitte wird jeweils eine angepasste Vereinfachung der Ersatzschaltung aus Bild 1.61 genutzt, in dem nur die gerade aktiven Elemente auftreten und die Dioden durch Schalterkennlinien ersetzt werden. Die entstehende Lösung für den jeweiligen Zeitabschnitt wird nachfolgend angegeben. Eine ausführliche Ableitung der Ergebnisse ist in [1.2] zu finden. Hier sollen nur die Ergebnisse interpretiert werden.

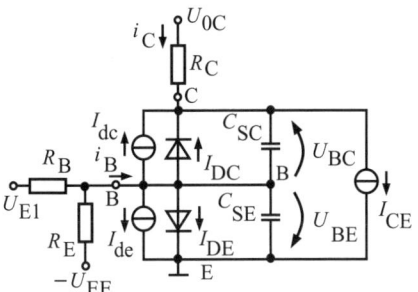

Bild 1.61 Ersatzschaltbild des Transistorschalters

Die Analyse liefert:

a) Einschaltmoment:

Einschaltverzögerung t_d:
Beim Übergang des Transistors vom Sperrzustand in den aktiven Bereich werden die Sperrspannungen über C_{SC} und C_{SE} abgebaut, bis $U_{BE1} = U_{BEF}$ erreicht ist. Während dieser Phase bleibt der Kollektorstrom annähernd Null. Der Basisstrom weist eine Umladespitze auf.
Vom Ersatzschaltbild des Transistors wirken nur die Kapazitäten C_{SC} und C_{SE}. Es entfallen $I_{DE}, I_{DC}, I_{de}, I_{dc}$. Für die Einschaltverzögerung ergibt sich:

$$\boxed{t_d = R_{ers}(C_{SE}+C_{SC})\ln\frac{U_{ers1}-U_{ers2}}{U_{ers1}-U_{BEF}}} \quad (1.84)$$

Dabei wurde die Basisbeschaltung in einen Ersatzzweipol mit $R_{ers} = R_B \| R_E$ und

$$U_{ers1} = -U_{EE} + (U_{E1} + U_{EE})\frac{R_E}{R_E + R_B}$$

bzw.

$$U_{ers2} = -U_{EE} + (U_{E2} + U_{EE})\frac{R_E}{R_E + R_B}$$

umgerechnet. Meist ist die Einschaltverzögerung vernachlässigbar klein gegenüber den anderen Zeiten.

Anstiegszeit t_a:
Der Aufbau der durch U_{BEF} bedingten Basisladung (Diffusionsladung) und die Umladung der Kollektor-Basis-Sperrschichtkapazität C_{SC} erfolgen über den konstanten Basisstrom I_{B1}. Durch den Anstieg des Kollektorstromes I_C wird über R_C ein Absinken der Kollektor-Basis-Spannung erzwungen. Die Basis-Emitter-Diode ist durch ihre Schalterkennlinie ersetzt. Im Ersatzschaltbild entfallen I_{DC}, I_{dc} und C_{SE}. Für die Anstiegszeit folgt:

$$\boxed{t_a = \tau_a \cdot \ln\frac{m}{m-1}} \quad (1.85)$$

mit der Zeitkonstante $\tau_a = B_n(\tau_{BN} + C_{SC}R_C)$

Der Übersteuerung entsprechend baut sich anschließend eine zusätzliche Speicherladung (Übersteuerungsladung) Q_S in der Basis auf.

$$Q_S = \tau_S \left(I_{B1} - \frac{I_{C1}}{B_N}\right)$$

Ist ihr Aufbau abgeschlossen, befindet sich der Transistor im stationären Zustand des AP1.

> Die Speicherzeitkonstante τ_S ist ein konstruktionsbedingter Bauelementeparameter und ergibt sich bei üblichen Transistoren zu $\tau_S \approx \tau_{BL} \cdot B_I$ [1.1].

Die Laufzeiten der Ladungsträger durch die Basis im Normalbetrieb τ_{BN} bzw. im Inversbetrieb τ_{BI} sind konstruktionsbedingte Parameter [1.3].

b) Ausschaltmoment:

Speicherzeit t_s:
Nach dem Umschalten der Quelle muss erst die Speicherladung Q_S abgebaut werden, ehe

der Transistor die Übersteuerung verlassen kann. Während dieses Abbaus durch den negativen Basisstrom I_{By} bleiben der Kollektorstrom und die Basis-Emitter-Spannung unverändert. Beide Dioden sind durch Schalterkennlinien zu ersetzen. Im Ersatzschaltbild entfallen C_{SE} und C_{SC}.

$$I_{By} = \frac{U_{E2} - U_{BEF}}{R_B} - \frac{U_{BEF} + U_{EE}}{R_E} \quad (1.86)$$

Als Speicherzeit ergibt sich:

$$\boxed{t_s = \tau_S \ln \frac{k+m}{k+1}} \quad (1.87)$$

Für den Ausschaltfaktor k gilt

$$\boxed{k = \frac{-I_{By} B_N}{I_{C1}}} \quad (1.88)$$

Ein großer Ausschaltfaktor beschleunigt die Entladung und verkürzt somit die Speicherzeit.

Abfallzeit t_f:
Der Übergang in den Sperrbereich erfolgt durch den Abbau der Diffusionsladung in der Basis und des mit ihr verbundenen Kollektorstromes. Es gilt die gleiche Ersatzschaltung wie während der Anstiegszeit, allerdings mit veränderter Steuerspannung U_{E2}. Die Abfallzeit ergibt sich zu:

$$\boxed{t_f = \tau_a \ln \frac{k+1}{k}} \quad (1.89)$$

Besonders nachteilig ist die Speicherzeit t_s. Sie stellt eine echte Verzögerung des Ausschaltvorgangs dar. Ihre Reduzierung durch verminderte Übersteuerung gefährdet aber die Stabilität des statischen Arbeitspunktes AP1 und die notwendige geringe Ausgangsspannung U_{CE1}.

Schottky-Transistor. Eine nahezu vollständige Vermeidung der Speicherzeit ermöglicht der Schottky-Transistor. Er weist eine Klammerung des Basis-Kollektor-Übergangs durch eine Schottky-Diode auf.

Diese Schottky-Diode besitzt eine Flussspannung von ca. 0,3 V und begrenzt somit die Spannung über der Kollektor-Basis-Strecke im Übersteuerungsfall. Dies reduziert die interne Übersteuerung des Transistors und damit Speicherladung Q_S und Speicherzeit t_s, ohne die statische Stabilität der Schaltung zu gefährden. Die Schottky-Diode selbst besitzt keine Speicherzeit.

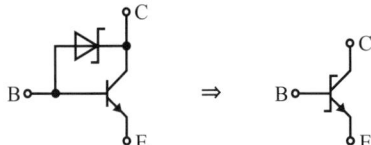

Bild 1.62 Schottky-Transistor

❏ **Beispiel 1.12**

Für den Transistorschalter in Beispiel 1.11 ist mit $\tau_S = 200$ ns die Speicherzeit t_s zu berechnen.

Lösung:

Aus Beispiel 1.11 ist m = 4,55 gegeben. Mit Gl. (1.86) und den bekannten Größen für R_B, R_E, U_{E2}, U_{BEF} und U_{EE} folgt $I_{By} = -0{,}1$ mA. Der Ausschaltfaktor ergibt sich mit Gl. (1.88) zu k = 3,5. Damit folgt nach Gl. (1.87) $t_s = 116$ ns.

1.3.8 Aufgaben

▲ **Aufgabe 1.3.1**
Gegeben sind Eingangs- und Ausgangskennlinienfeld eines Transistors in Bild 1.63. Zu konstruieren ist $I_C = f(I_B)$ und $I_C = f(U_{BE})$ bei $U_{CE} = 5$ V. Für eine Emitterschaltung nach Bild 1.46 mit $U_{0C} = 10$ V, $R_C = 5$ kΩ, $R_B = 1{,}5$ MΩ ist die Lage des Arbeitspunktes einzuzeichnen. Im Arbeitspunkt sind grafisch B_N, S, r_{BE} und r_{CE} zu bestimmen.

▲ Aufgabe 1.3.2

Wie groß ist der maximale prozentuale Fehler, wenn der Basisstrom des Transistors nach Gl. (1.62) anstelle des vollständigen Ebers-Moll-Modells unter folgenden Betriebsbedingungen berechnet wird? $U_{BE} \geqq 0{,}5$ V, $U_{BC} \leqq -0{,}5$ V. Transistorparameter bei Raumtemperatur (300 K): $I_{ES} = 5$ pA, $I_{CS} = 7$ pA, $A_N = 0{,}995$, $A_I = 0{,}6$.

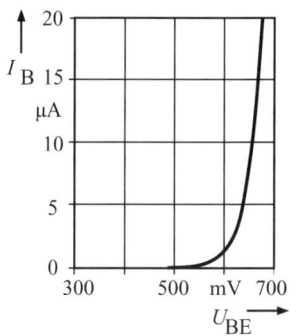

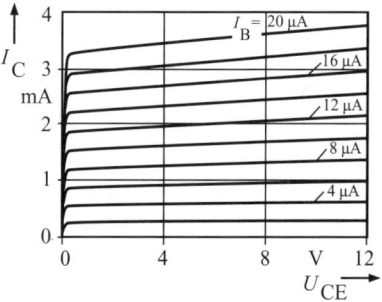

Bild 1.63 Kennlinien eines Transistors

▲ Aufgabe 1.3.3

Für den Transistor aus Aufgabe 1.3.2 wurden in der Schaltung nach Bild 1.64 folgende Kollektorströme gemessen: $I_{C1} = 1{,}43$ mA bei $U_{0C} = 2$ V und $I_{C2} = 1{,}83$ mA bei $U_{0C} = 22$ V. Allgemein und zahlenmäßig sind die Werte U_{EA} und B_N zu bestimmen.

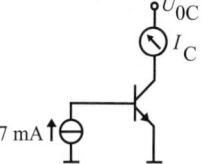

Bild 1.64 Messschaltung

▲ Aufgabe 1.3.4

Es ist die Arbeitspunktabhängigkeit der Steilheit eines Transistors in der Form $S/I_C = f(I_C)$ grafisch darzustellen und das Ergebnis mit Aufgabe 1.5.3 zu vergleichen.

▲ Aufgabe 1.3.5

Gegeben ist die Schaltung eines Transistorverstärkers in Bild 1.65. Es gelten die Transistorparameter $B_N = 200$, $U_{BE0} = 0{,}6$ V, $U_{EA} = 75$ V, sowie $U_{0C} = 12$ V, $R_C = 470$ Ω.

a) R_B ist so zu bestimmen, dass sich $U_{CE0} = 2$ V ergibt.

b) Das vollständige Kleinsignalersatzschaltbild der Schaltung ist zu zeichnen.

c) Aus b) ist die Kleinsignalspannungsverstärkung $v_u = \underline{U}_a/\underline{U}_e$ abzuleiten.

Die Berechnung ist für $U_{CE0} = 8$ V zu wiederholen.

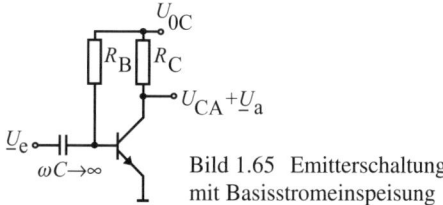

Bild 1.65 Emitterschaltung mit Basisstromeinspeisung

▲ Aufgabe 1.3.6

Mittels NF-Ersatzschaltbild ist der Kleinsignaleingangswiderstand $r_e = \underline{U}_e/\underline{I}_e$ eines Transistors in Emitter- und Basisschaltung bei $r_{CE} \to \infty$ und $\underline{U}_a = 0$ zu bestimmen.

▲ Aufgabe 1.3.7

Für die Verstärkerschaltung in Bild 1.66 sind die Widerstände R_1, R_2, R_E, R_C so zu dimensionieren, dass folgender Arbeitspunkt erfüllt wird: $I_C = 2$ mA, $U_{CE} = 6$ V, $U_E = 1$ V.

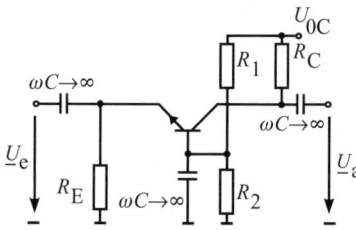

Bild 1.66 Verstärker in Basisschaltung

Aus dem vollständigen NF-Ersatzschaltbild ist die Spannungsverstärkung $v_u = \underline{U}_a/\underline{U}_e$ abzuleiten. Gegeben sind die Werte: $U_{0C} = 12$ V, $B_N = 175$, $U_{BEF} = 0{,}6$ V, $r_{CE} \to \infty$.

▲ Aufgabe 1.3.8
Für die Verstärkerschaltung in Bild 1.67 ist die Spannungsverstärkung $v_u = \underline{U}_a/\underline{U}_e$ und der Eingangswiderstand $r_e = \underline{U}_e/\underline{I}_e$ unter Benutzung des NF-Ersatzschaltbildes zu bestimmen

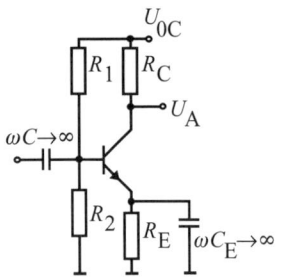

Bild 1.67 Emitterschaltung mit Gleichstromgegenkopplung

▲ Aufgabe 1.3.9
Der Arbeitspunkt des Transistors in Bild 1.68 wird durch eine Spannungsquelle $U_Q = 0{,}6$ V eingestellt. Es ist die zu erwartende Arbeitspunktverschiebung $\Delta U_{CE0}/U_{CE0}$ zu berechnen, wenn der Transistor gegenüber Raumtemperatur (300 K) um 2 K erwärmt wird. Wie groß ist die Driftverstärkung $v_d = \Delta U_{CE0}/\Delta U_{BE}$ dieser Schaltung? Das Ergebnis ist mit Beispiel 1.10 zu vergleichen. Gegeben sind $B_N = 150$, $D_T = -2$ mV $\cdot$ K^{-1}, $U_{0C} = 12$ V, $R_C = 500\,\Omega$, $I_{C0}(300\text{ K}) = 12$ mA, $r_{CE} \to \infty$.

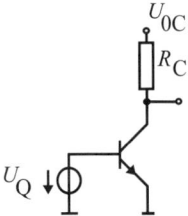

Bild 1.68 AP-Einstellung durch Basisspannungsspeisung

Hinweis: Die Temperaturänderung ist als niederfrequente Signalquelle ΔU_{BE} zu betrachten und ihre Wirkung auf die Schaltung über das Kleinsignalersatzschaltbild zu berechnen.

▲ Aufgabe 1.3.10
Es ist der Sperrstrom des Transistors in Bild 1.69 bei Raumtemperatur (300 K) zu berechnen. Zu benutzen sind das Ebers-Moll-Modell und die Transistorparameter aus A1.3.2. Um welchen Faktor vergrößert sich der Sperrstrom, wenn die Bauelementetemperatur um 30 K steigt? Der Temperaturbeiwert der Sättigungsströme beträgt $C_R = 0{,}12$ K^{-1}.

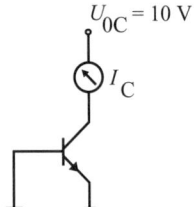

Bild 1.69 Sperrstrommessung

▲ Aufgabe 1.3.11
Für den Transistorschalter Bild 1.70 ist das dynamische Verhalten mit den Schaltzeiten t_d, t_a, t_s, t_f zu berechnen und der zeitliche Verlauf von I_B, I_C und U_A zu skizzieren.
Gegeben sind $U_{0C} = 5$ V, $R_B = 40$ kΩ, $R_C = 2$ kΩ und die Transistorparameter $B_N = 175$, $U_{BEF} = 0{,}7$ V, $U_{CES} = 0{,}1$ V, $I_{CE0} = 0$, $\tau_S = 80$ ns, $\tau_{BN} = 1$ ns, $C_{SE} = 3 \cdot 10^{-14}$ F, $C_{SC} = 1 \cdot 10^{-13}$ F.

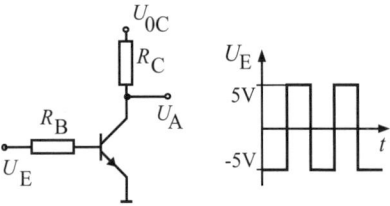

Bild 1.70 Transistorschalter

▲ Aufgabe 1.3.12
Es ist die Einschaltschwelle U_{ES} des Transistorschalters aus Beispiel 1.11 zu bestimmen.

1.4 Thyristoren

1.4.1 Aufbau und Wirkungsweise

Thyristoren sind Mehrschichthalbleiterbauelemente. Sie bestehen aus mehr als zwei sich gegenseitig beeinflussenden pn-Übergängen. Charakteristisch ist ihr Schaltverhalten.

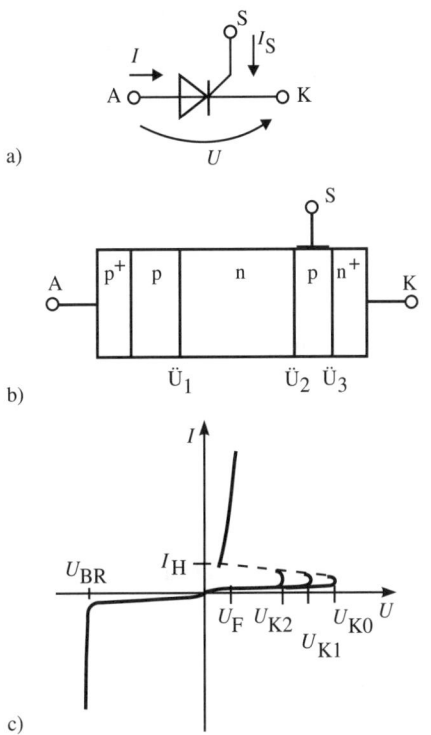

Bild 1.71 Thyristor a) Schaltbild, b) Querschnitt (Prinzip), c) Kennlinie

Der Grundaufbau eines Thyristors ist in Bild 1.71 dargestellt. Er besitzt drei Anschlüsse: Anode (A), Katode (K) und Steuerelektrode (S).

Die Strom-Spannungs-Kennlinie zeigt für negative Spannungen das typische Verhalten eines gesperrten pn-Übergangs. Es wird durch die beiden in Sperrrichtung liegenden pn-Übergänge $Ü_1$ und $Ü_3$ verursacht. Bei positiver Spannung liegt der pn-Übergang $Ü_2$ in Sperrrichtung und bedingt zunächst ebenfalls eine Sperrkennlinie. Mit Überschreiten einer charakteristischen Kippspannung U_K geht der Thyristor plötzlich in einen niederohmigen Zustand. Der Spannungsabfall über der Gesamtstruktur bricht auf einen kleinen Wert U_F zusammen. Es kann ein sehr großer Strom fließen. Dieses Kippen des Thyristors in den Einschaltzustand wird als *Zünden* bezeichnet. Durch die Größe des Steuerstromes I_S lässt sich die Kippspannung U_K (Zündspannung) variieren. Bild 1.72 verdeutlicht den Zusammenhang.

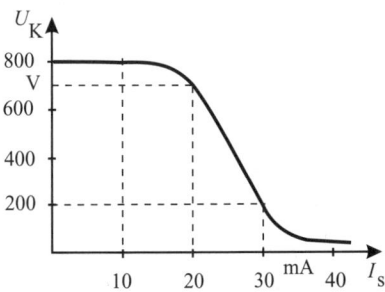

Bild 1.72 Zündspannungskennlinie eines Thyristors

Ein Rückschalten in den hochohmigen Zustand ist nur möglich, wenn der Thyristorstrom auf Werte kleiner als der Haltestrom I_H reduziert wird. Dieses *Löschen* bedarf einer durch die äußere Beschaltung herbeigeführten Stromreduzierung bzw. tritt bei Wechselspannungsbetrieb im Moment des Nulldurchgangs selbständig ein.

Modell des Schaltverhaltens. Der Aufbau des Thyristors entspricht der Zusammenschaltung von zwei Transistoren, einem pnp- und einem npn-Transistor, entsprechend Bild 1.73. Dieses Modell eignet sich zur einfachen Interpretation des Zündverhaltens.

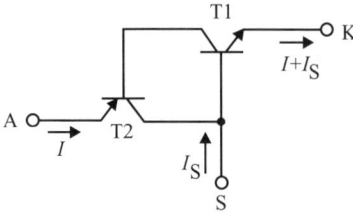

Bild 1.73 Thyristormodell

Im Sperrzustand des Thyristors sind beide Transistoren gesperrt. Es fließen nur die Restströme, die gleichzeitig Basisströme des anderen Transistors sind.

Bei positiver Spannung zwischen Anode und Katode liegen die Basis-Emitter-Dioden beider Transistoren in Flussrichtung. Die beiden parallelen Basis-Kollektor-Dioden liegen in Sperrrichtung. Über ihnen fällt zunächst nahezu die gesamte äußere Spannung ab. Ohne Steuerstrom I_S sind die Spannungen über den Basis-Emitter-Dioden sind so klein, dass die Transistoren gesperrt bleiben.

Die mit wachsender Thyristorspannung steigende Sperrspannung der Basis-Kollektor-Dioden führt bei Erreichen einer kritischen Feldstärke innerhalb dieser Sperrschicht zur lawinenartigen Ladungsträgervervielfachung. Der Sperrstrom steigt stark an. Als Basisstrom der beiden Transistoren führt er infolge ihrer Stromverstärkung zur weiteren Vergrößerung der Kollektorströme. Dieser Vorgang verstärkt sich wechselseitig zwischen beiden Transistoren. Sie schalten sich dann gegenseitig in den niederohmigen Zustand. Als Folge dieses starken Stromanstiegs wird die mittlere Sperrschicht mit Ladungsträgern überschwemmt. Ihre Sperrwirkung geht verloren. Im mittleren n- und p-Gebiet dominieren Eigenleitungsverhältnisse infolge der hohen Überschwemmungsladung. Der Thyristor gleicht in seinem Verhalten einer pin-Struktur in Durchlassrichtung. Die Spannung zwischen Anode und Katode bricht auf die Flussspannung einer pin-Diode zusammen. Diese liegt im Bereich $U_F = 0{,}7 \ldots 1{,}4$ V.

Die Einspeisung eines Steuerstromes I_S erhöht den Basisstrom des npn-Transistors und führt somit ein zeitigeres Einschalten herbei. Beim Löschen des Thyristors muss die Ladungsüberschwemmung beseitigt werden. Dadurch gewinnt der mittlere pn-Übergang seine Sperrwirkung zurück. Eine mathematische Analyse des Kippvorgangs ist in [1.5] zu finden.

Wichtige Kennwerte von Thyristoren.
- Steuerstromabhängigkeit der Zündspannung $U_K = f(I_G)$
- Durchbruchspannung $U_{BR} = 50 \ldots 2\,000$ V
- Haltestrom $I_H < 100$ mA
- Flussspannung $U_F = 0{,}7 \ldots 1{,}4$ V
- Zündzeit: einige Millisekunden
- Freiwerdezeit: µs $\ldots$ ms
- maximaler Thyristorstrom: $10 \ldots 100$ A
- Steuerstrom: einige Milliampere

Der Thyristor wird auf Grund obiger Kennwerte insbesondere als Leistungsschalter eingesetzt.

1.4.2 Thyristorvarianten

Durch die unterschiedlichen Anschlussmöglichkeiten der Mehrschichtstruktur sind mehrere funktionelle Varianten realisierbar.

Rückwärts sperrender Thyristor. Dieser entspricht dem oben beschriebenen normalen Thyristor.

Thyristordiode. Auf einen Steueranschluss wird verzichtet. Es ergibt sich die Thyristorkennlinie von $I_S = 0$. Das Bauelement besitzt keine praktische Bedeutung.

Diac. Durch Antiparallelschaltung zweier Thyristordioden entsteht eine 5-Zonen-Struktur, die über eine symmetrische Strom-Spannungs-Kennlinie verfügt.

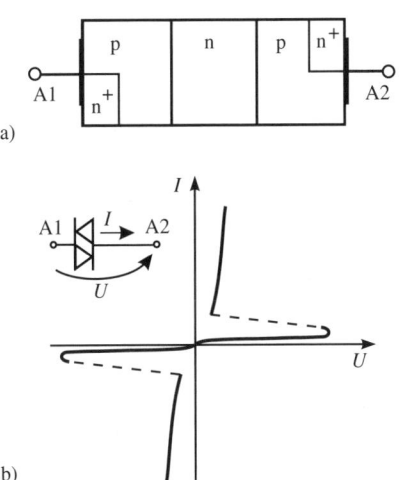

Bild 1.74 Schematischer Aufbau und Kennlinie eines Diac

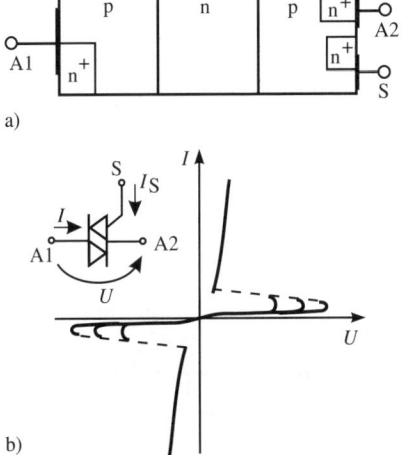

Bild 1.75 Schematischer Aufbau und Kennlinie eines Triac

Triac. Die Erweiterung der 5-Zonen-Struktur des Diac um eine Steuerelektrode liefert ein Bauelement mit steuerbarer symmetrischer Kennlinie. Ein Zünden des Triac ist in jeder Richtung mit Steuerströmen beider Polaritäten möglich.

GTO-Thyristor. Die Bezeichnung GTO (Gate Turn Off) wurde für Thyristoren gewählt, die sich auch durch einen großen negativen Steuerstrom löschen lassen. Durch einen speziellen Aufbau gelingt es, die Ladungsüberschwemmung der mittleren Sperrschicht über die Steuerelektrode abzubauen.

1.4.3 Anwendungen von Thyristoren

Thyristoren erlauben verschiedene Steuerprinzipien. Ein Zünden kann entweder durch Überschreiten der mittels Steuerstrom eingestellten Zündspannung U_K erfolgen oder durch Einspeisen eines ausreichend hohen Steuerstromimpulses jederzeit ausgelöst werden. Man spricht von *Spannungszündung* bzw. *Impulszündung*. Da das Schalten sehr großer Ströme mittels kleiner Steuerströme erfolgt und der Thyristor für sehr hohe Sperrspannungen geeignet ist, wird er ausschließlich als Leistungsschalter eingesetzt.

Wechselstromschalter. Ziel der Anwendung des Thyristors ist i. Allg. die Steuerung der einem Verbraucher zugeführten Leistung. Im Falle einer Wechselspannungsversorgung ist dies auf zwei Arten möglich:

- Phasenanschnittsteuerung
- Schwingungspaketsteuerung.

Bei *Phasenanschnittsteuerung* wird dem Verbraucher nur während eines Teils der Periodendauer der Wechselspannung ein Strom geliefert. Der Zündzeitpunkt des Thyristors steuert den Stromflusswinkel Θ.

Eine einfache Schaltung für diese Steuerung ist in Bild 1.76 dargestellt.

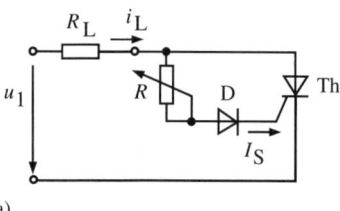

a)

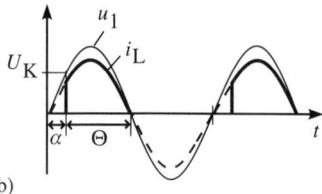

b)

Bild 1.76 Phasenanschnittsteuerung

Die Größe des regelbaren Widerstandes R bestimmt den Zündzeitpunkt. Es gilt

$$R = \frac{\hat{u}_1 \sin \alpha - U_D - U_S}{I_S} \qquad (1.90)$$

Der Steuerstrom I_S legt den geforderten Wert der Zündspannung $U_K = \hat{u}_1 \sin \alpha$ fest. Die Spannung U_S zwischen Steuerelektrode und Katode besitzt vor dem Zünden in Durchlassrichtung einen Wert von ca. 0,7 V. Er wird vom pn-Übergang Ü$_3$ bestimmt. Über der Diode liegt eine Spannung $U_D = 0{,}7$ V.

Im Nulldurchgang der Thyristorspannung erfolgt ein selbständiges Löschen des Thyristors. Ein entsprechender Stromflusswinkel Θ während der negativen Halbwelle der Wechselspannung ist nur bei Verwendung eines Triacs zu erreichen. Die Diode ist dann zu entfernen.

Ein Stromflusswinkel $\Theta < 90°$ wird möglich, wenn der Thyristor bzw. der Triac durch einen separat erzeugten Steuerimpuls gezündet wird. Mögliche Schaltungen werden in [1.8] vorgestellt. Auf diese Weise ist eine kontinuierliche Leistungssteuerung bis $P_V = 0$ möglich, wie sie bei elektronischen Dimmern für Glühlampen benötigt wird.

❏ **Beispiel 1.13**

In der Thyristorschaltung nach Bild 1.76 wird ein Verbraucher $R_L = 50\,\Omega$ mit einer Netzwechselspannung von 230 V versorgt. Der Zündzeitpunkt soll durch einen regelbaren Widerstand R auf einen Phasenwinkel α von 10° bis 40° einstellbar sein. Es ist R unter Zuhilfenahme des Diagramms aus Bild 1.72 zu berechnen.

Lösung:

Zur Berechnung dient Gl. (1.90). Der Spannungsabfall U_D über der Diode ist mit typischen 0,7 V anzusetzen, ebenso die Spannungsdifferenz zwischen Steuerelektrode und Katode des Thyristors. Die Amplitude der Netzwechselspannung beträgt

$$\hat{u}_B = \sqrt{2} \cdot 230\,\text{V} = 325\,\text{V}.$$

Aus der Kippspannungskennlinie sind folgende Werte ablesbar:

α	$\hat{u}_B \sin \alpha$	I_S
10°	56,5 V	35 mA
40°	209 V	30 mA

Der Widerstand R muss sich im Bereich 1,57 ... 6,92 kΩ variieren lassen.

Bei *Schwingungspaketsteuerung* erfolgt die Leistungszufuhr periodisch für eine bestimmte Anzahl ganzer Schwingungsperioden (siehe Bild 1.77). Die im Verbraucher umgesetzte Durchschnittsleistung wird vom Einschaltverhältnis $K_E = t_E/T_S$ bestimmt, das dem Quotienten aus Einschaltzeit t_E und Periodendauer des Schaltvorgangs T_S entspricht.

Dieses Verfahren ist ausschließlich zur Steuerung von Vorgängen mit großen Zeitkonstanten, z. B. Heizungen, geeignet.

Um ein Zünden des Thyristors im Nulldurchgang zu ermöglichen bzw. ein unerwünschtes

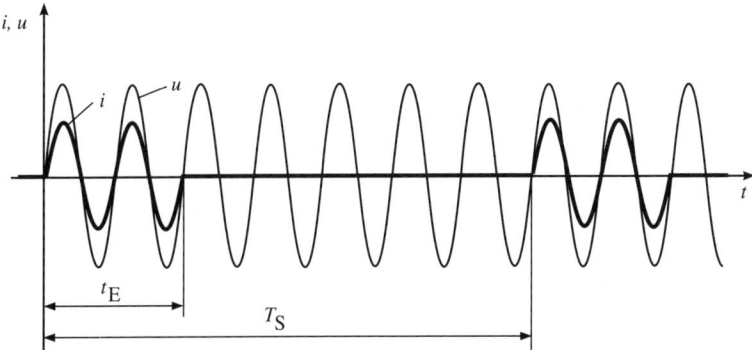

Bild 1.77 Schwingungspaketsteuerung

Löschen an diesen Stellen zu vermeiden, muss während der Einschaltphase t_E für eine entsprechend geringe Zündspannung U_K gesorgt werden. Zur Bereitstellung des nötigen Steuerstromes gibt es spezielle integrierte Schaltkreise mit Zeitgeber und Nullspannungsschalter.

❑ **Beispiel 1.14**

Ein Verbraucher $R_L = 150\,\Omega$ wird in Schwingungspaketsteuerung nach der Schaltung aus Bild 1.78 mit einer Netzspannung von 50 Hz betrieben. Die Schaltzykluszeit T_S ist so zu bestimmen, dass die Leistung des Verbrauchers bis zu einem Minimalwert von $0{,}02 \cdot P_{max}$ variiert werden kann und gleichzeitig eine Mindesteinschaltzeit von 20 Schwingungsperioden eingehalten wird.

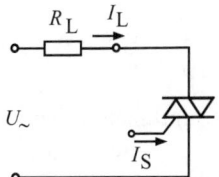

Bild 1.78 Thyristorschaltung zur Schwingungspaketsteuerung

Lösung:

Die Leistung des Verbrauchers berechnet sich nach

$$P = K_E P_{max} = \frac{t_E}{T_S} P_{max}.$$

Da die Periodendauer einer Schwingung 20 ms beträgt, folgt

$$T_S = \frac{t_E}{K_E} = \frac{0{,}4\,\text{s}}{0{,}02} = 20\,\text{s}.$$

Gleichstromschalter. Bei Gleichstrom ist keine Selbstlöschung des Thyristors möglich. Der Einsatz eines zusätzlichen Löschthyristors, bietet einen Ausweg. Dieser sorgt für ein kurzzeitiges Absenken der Spannung des Schaltthyristors auf Null, so dass dessen Haltestrom unterschritten wird. Bild 1.79 zeigt eine mögliche Schaltungsvariante.

Das Zünden des Löschthyristors ThL erfolgt durch einen Stromimpuls $I_{Lö}$. Beim erneuten Zünden des Schaltthyristors ThS durch einen Stromimpuls I_{Sch} wird gleichzeitig der Löschthyristor gesperrt. Die Schaltabstände müssen größer als die Zeitkonstanten $\tau_1 = CR_L$ und $\tau_2 = CR_1$ sein. Die Kapazität C muss ausreichen, um den Haltestrom für den Zeitraum der Freiwerdezeit des Thyristors zu unterschreiten.

Schutzbeschaltung des Thyristors. Das Zünden eines Thyristors erfolgt zunächst auf einem kleinen Teil des geometrischen Querschnitts in der Nähe der Steuerelektrode. Die Ausbreitung des Zündvorgangs auf den gesamten Querschnitt dauert einige Millisekunden. Damit der Maximalstrom erst nach der Zündausbreitungszeit fließt und eine Überhitzung des anfänglichen Zündkanals verhindert wird, ist bei leistungsstarken Thyristoren eine maximale Stromanstiegsgeschwindigkeit $\mathrm{d}i(t)/\mathrm{d}t$ einzuhalten. Dies ist durch eine zusätzliche Reiheninduktivität erreichbar.

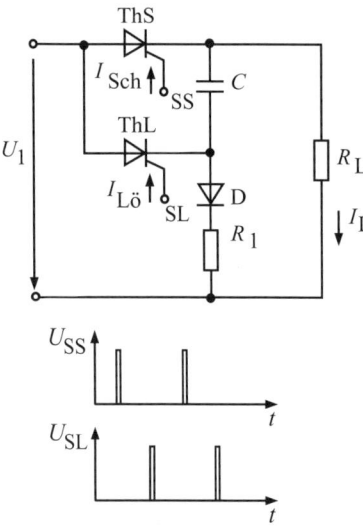

Bild 1.79 Gleichstromschalter mit Löschthyristor

1.4.4 Aufgaben

▲ **Aufgabe 1.4.1**
Wie groß müssen die Durchbruchspannung U_{BR} und die Zündspannung U_{K0} des Thyristors in Beispiel 1.13 mindestens sein?

▲ **Aufgabe 1.4.2**
Welche mittlere Leistung erhält der Verbraucher R_L aus Beispiel 1.13 bei den beiden Grenzwerten des Zündzeitpunktes $\alpha = 10°$ und $\alpha = 40°$?

▲ **Aufgabe 1.4.3**
Es ist der Potenzialverlauf an den Katoden von Schaltthyristor ThS und Löschthyristor ThL in Bild 1.79 während der Umschaltphasen zu skizzieren. Für welche Durchbruchspannung müssen die beiden Thyristoren ausgelegt sein?

1.5 Feldeffekttransistoren

Die Funktion von Feldeffekttransistoren (FET) beruht auf der Steuerung der Leitfähigkeit oder des Querschnitts eines elektrischen Kanals an der Halbleiteroberfläche. Beide Steuerungen erfordern ein elektrisches Feld, das senkrecht zur Oberfläche wirkt und von einer Steuerelektrode erzeugt wird.

Der Kanal weist durchgängig den gleichen Leitfähigkeitstyp auf. Der Ladungsträgertransport wird deshalb von Majoritätsträgern dominiert. Die Steuerelektrode ist gegenüber dem Kanal isoliert. Dafür sind zwei Varianten verbreitet:

- dielektrische Isolation: MOSFET (Metal-Oxide-Semiconductor-FET),
- Isolation durch gesperrten pn-Übergang bzw. Schottky-Übergang: SFET (Sperrschicht-FET), bzw. MESFET (Metal-Semiconductor-FET).

Andere Bezeichnungen für den MOSFET lauten MISFET (Metal-Insulator-Semiconductor-FET) und IGFET (Insulated Gate FET). Der SFET wird im englischen Sprachraum als JFET (Junction FET) bezeichnet.

1.5.1 MOSFET

1.5.1.1 Wirkprinzipien verschiedener Typen

Die Struktur in Bild 1.80 zeigt einen Grundtyp des MOSFET, den n-Kanal-Anreicherungstyp. Die metallische Steuerelektrode (Gate) überdeckt den Kanalbereich zwischen den Kanalanschlüssen Quelle (Source) und Senke (Drain) [1.5].

Aus der Art des Kanals entsteht die Typenbezeichnung des MOSFET. Besteht ein leitfähiger Kanal gleichen Typs wie Source und

Drain zwischen beiden Anschlüssen bereits technologisch bedingt, ermöglicht das einen Stromfluss durch diesen Kanal auch ohne Steuerspannung U_{GS}. Es liegt dann ein *selbstleitender MOSFET*, ein Verarmungs- oder Depletion-Typ, vor. Muss der leitfähige Kanal erst durch eine Steuerspannung U_{GS} erzeugt werden, so handelt es sich um einen *selbstsperrenden MOSFET*, einen Anreicherungs- oder Enhancement-Typ. Der Kanal und entsprechend auch Source und Drain können sowohl n-leitend als auch p-leitend ausgeführt sein.

U_{tD} wird als Schwellspannung des Depletion-MOSFET bezeichnet.

Der leitfähige Kanal eines n-Kanal-Anreicherungstyps entsteht erst durch eine positive Steuerspannung $U_{GS} \geqq U_{tE}$. U_{tE} ist die Schwellspannung des Enhancement-MOSFET.

Bei den p-Kanal-Typen kehrt sich die Polarität aller Spannungen, auch der Schwellspannung, und des Stromes um. In Bild 1.81 sind charakteristische Steuerkennlinien der vier MOSFET-Typen dargestellt.

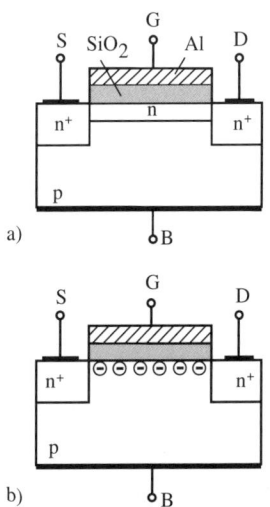

Bild 1.80 Prinzipaufbau eines MOSFET
a) Depletion-Typ, b) Enhancement-Typ

Zwischen dem Substratanschluss (Bulk) sowie Kanal, Source und Drain liegt stets ein gesperrter pn-Übergang, der das Bauelement gegen das umgebende Halbleitergebiet isoliert.

Die Steuerung des n-Kanal-Verarmungstyps erfolgt durch eine Verringerung der Kanalleitfähigkeit mittels einer negativen Steuerspannung U_{GS}. Bei Erreichen eines charakteristischen Wertes $U_{GS} \leqq U_{tD}$ geht die Kanalleitfähigkeit und damit der Strom gegen Null.

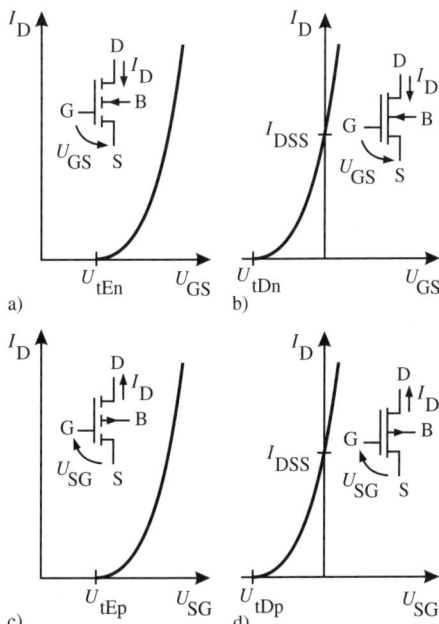

Bild 1.81 Steuerkennlinien von MOSFET
a) n/E-Typ, b) n/D-Typ, c) p/E-Typ, d) p/D-Typ

1.5.1.2 Strom-Spannungs-Kennlinie

Die Betrachtungen zur Strom-Spannungs-Kennlinie erfolgen am n-Kanal-Enhancement-Typ. Dieser besitzt ohne Steuerspannung keinen leitfähigen Kanal. Unterhalb der isolierten

Gateelektrode befindet sich p-leitendes Halbleitersubstrat. Bereits bei $U_{GB} = 0$ liegt wegen der Differenz der Austrittsarbeiten von Gate und Halbleitersubstrat W_K ein elektrisches Feld E_{ox} über dem Gateisolator. Die Materialkombination wird so gewählt, dass dieses Feld zur Verarmung eines dünnen Oberflächenbereichs der Ausdehnung x_S von beweglichen Ladungsträgern (Löchern) führt. Die Feldlinien enden auf den verbleibenden ortsfesten ionisierten Störstellen. Die Lösung der Poisson-Gleichung (1.18) für diesen Raum liefert den, über dieser Verarmungszone liegenden Spannungsabfall U_H.

Bei positiver Steuerspannung U_{GS} steigt die Feldstärke E_{ox} (Bild 1.82).

wird über die vertikale Spannungsbilanz und die vertikale Ladungsbilanz an der Struktur möglich.

$$U_{GB} = U_{ox} + U_H + \frac{W_K}{e} \quad (1.93)$$

$$Q_G + Q_{Z0} + Q_n + Q_B = 0 \quad (1.94)$$

Gl. (1.94) enthält eine technologisch bedingte Oberflächenladung Q_{Z0}, die an der Grenzfläche von Halbleiter und Isolator entsteht.

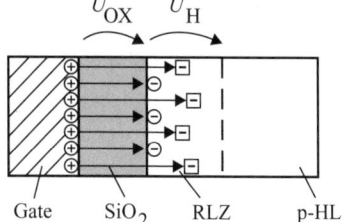

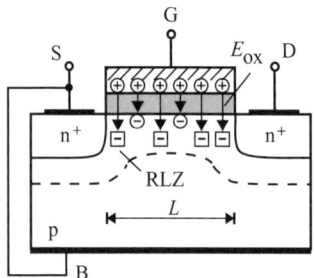

Bild 1.82 n-Kanal-Enhancement-MOSFET

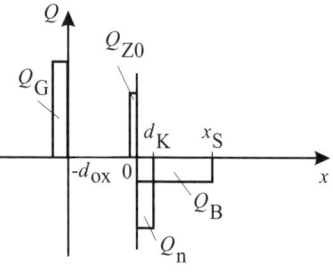

Bild 1.83 Ladungsanteile im MOSFET

Kanalladung. Der Zusammenhang zur Gateladung Q_G und zur Raumladung der Verarmungszone Q_B ist gegeben durch

$$U_{ox} = \frac{Q_G}{C_{ox}} = \frac{d_{ox}}{\varepsilon_{ox}} \frac{Q_G}{bL} \quad (1.91)$$

$$U_H = \frac{x_S^2 e N_A}{2\varepsilon_H} = \frac{1}{2e\varepsilon_H N_A}\left(\frac{Q_B}{bL}\right)^2 \quad (1.92)$$

ε_{ox} Permittivität des Gateisolators
ε_H Permittivität des Halbleitersubstrats
d_{ox} Dicke des Gateisolators
b Kanalbreite
L Kanallänge

Eine Berechnung der beiden Spannungen sowie der Elektronenladung im Kanal Q_n

Die Kanalladung Q_n repräsentiert eine Ansammlung von Minoritätsträgern an der Halbleiteroberfläche, dem positivsten Punkt der Potenzialverteilung im Halbleiter. Diese Inversionsladung entsteht, wenn die Bandverbiegung U_H einen Grenzwert von $2\varphi_F \approx 0{,}7$ V erreicht [1.1]. Sie verhindert gleichzeitig ein weiteres Anwachsen der Bandverbiegung.

Als Lösung des obigen Gleichungssystems ergibt sich die Größe der Kanalladung Q_n zu

$$-Q_n = C_{ox}(U_{GS} - U_t) \quad (1.95)$$

Schwellspannung. Die Schwellspannung U_t ist ein wichtiger Bauelementeparameter des MOSFET. Sie wird von Materialparametern, aber auch von der Source-Bulk-Spannung bestimmt und ist der Form

$$U_t = U_{t0} + \gamma \left(\sqrt{U_{SB} + 2\varphi_F} - \sqrt{2\varphi_F} \right) \quad (1.96)$$

φ_F Fermipotenzial des Halbleiters

darstellbar. Der Bezugswert der Schwellspannung U_{t0} und der Body-Faktor γ ergeben sich aus konstruktiven und Materialparametern. Eine Kanalladung entsteht erst, wenn die Steuerspannung U_{GS} größer als die Schwellspannung ist.

❑ **Beispiel 1.15**

Aus den Gln. (1.91) bis (1.94) ist die Schwellspannung U_t abzuleiten.

Lösung:

Eine Source-Bulk-Spannung verschieden von Null führt zur Vergrößerung der Raumladung Q_B. Es gilt dann bei Inversion

$$Q_B = -bL\sqrt{2e\varepsilon_H N_A (U_{SB} + 2\varphi_F)}.$$

Diese Raumladung hat ein negatives Vorzeichen (vgl. Bild 1.83). Aus den Gln. (1.91) bis (1.94) folgt

$$-Q_n = bL\frac{\varepsilon_{ox}}{d_{ox}}U_{ox} + Q_{Z0}$$
$$-bL\sqrt{2e\varepsilon_H N_A (U_{SB} + 2\varphi_F)} \quad \text{mit}$$
$$U_{ox} = U_{GB} - 2\varphi_F - \frac{W_K}{e}$$

Der Vergleich mit Gln. (1.95) liefert

$$U_t = 2\varphi_F + \frac{W_K}{e} - \frac{d_{ox}}{bL\varepsilon_{ox}}Q_{Z0}$$
$$+ \frac{d_{ox}}{\varepsilon_{ox}}\sqrt{2e\varepsilon_H N_A (U_{SB} + 2\varphi_F)} \quad (1.97)$$

Ein Umstellen dieser Gleichung in die Form von Gln. (1.96) ergibt

$$U_{t0} = 2\varphi_F + \frac{W_K}{e} - \frac{d_{ox}}{bL\varepsilon_{ox}}Q_{Z0} + \gamma\sqrt{2\varphi_F} \quad (1.98)$$

und $\quad \gamma = \dfrac{d_{ox}}{\varepsilon_{ox}}\sqrt{2e\varepsilon_H N_A}. \quad (1.99)$

Die Schwellspannung wird in erster Linie von technologischen Größen, wie Differenz der Austrittsarbeiten W_K, Zwischenschichtladung Q_{Z0}, Gateoxiddicke d_{ox} und Substratdotierung N_A, sowie den Dielektrizitätskonstanten von Oxid und Halbleiter ε_{ox}, ε_H bestimmt.

Kanalstrom. Der entstandene Elektronenkanal stellt eine leitfähige Verbindung zwischen Source und Drain dar. Ein Stromfluss wird bei positiver Drain-Source-Spannung U_{DS} möglich. Im Kanal entsteht dann ein Spannungsabfall $U(y)$ in Stromflussrichtung, der eine ortsabhängige Kanalladung $Q(y)$ verursacht.

$$-Q_n(y) = C_{ox}(U_{GS} - U_t - U(y)) \quad (1.100)$$

In diesem niederohmigen Kanal kann der Strom entsprechend der Transportgleichung (1.14) als reiner Feldstrom betrachtet werden. Der Diffusionsanteil ist vernachlässigbar klein. Es gilt:

$$-I_D(y) = I_K(y)$$
$$= b\mu_n \left(\frac{-Q_n}{bL} \right) \frac{dU(y)}{dy} \quad (1.101)$$

Die flächenbezogene Kanalladung $-Q_n/bL$ ergibt sich durch Integration der Elektronendichte n über die Kanaltiefe d_K.

$$\frac{-Q_n}{bL} = e \int_0^{d_K} n \cdot dx \quad (1.102)$$

Eine Integration der Gl. (1.101) entlang des gesamten Kanals mit den Randwerten $U(y=0) = 0$ bzw. $U(y=L) = U_{DS}$ liefert die Strom-Spannungs-Beziehung des MOSFET im Gültigkeitsbereich $U_{GS} - U_t \geq U_{DS} > 0$.

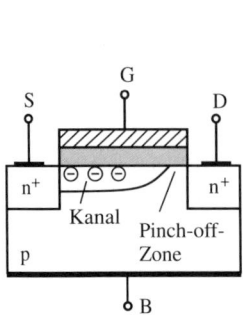
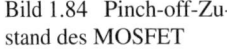
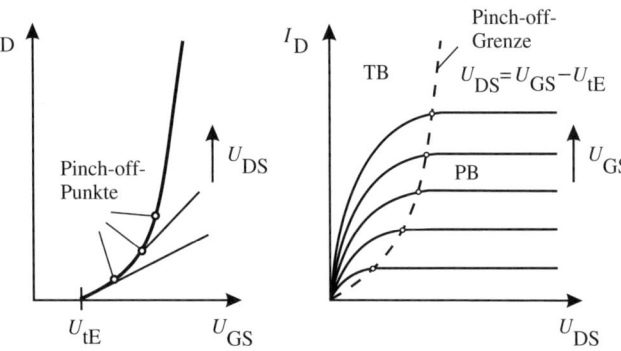

Bild 1.84 Pinch-off-Zustand des MOSFET

Bild 1.85 Kennlinien des MOSFET
a) Transferkennlinie, b) Ausgangskennlinie

$$I_D = \frac{\mu_n \varepsilon_{ox}}{d_{ox}} \int_0^{U_{DS}} (U_{GS} - U_T - U(y))\,dU \quad (1.103)$$

$$\boxed{I_D = \frac{\mu_n \varepsilon_{ox}}{2 d_{ox}} \frac{b}{L} \left(2(U_{GS} - U_t)U_{DS} - U_{DS}^2\right)} \quad (1.104)$$

Dieser Gültigkeitsbereich wird auf Grund der linearen Steuerwirkung von U_{GS} als linearer Betriebsbereich oder Triodenbereich (TB) bezeichnet. Der Anstieg der Steuerkennlinie, die Transistorkonstante β, resultiert aus geometrischen und Materialparametern.

$$\beta = \frac{\mu_n \varepsilon_{ox}}{2 d_{ox}} \frac{b}{L} \quad (1.105)$$

Kanalabschnürung. Liegt die effektive Steuerspannung $U_{GSE} = U_{GS} - U_t$ im Bereich $0 < U_{GSE} \leq U_{DS}$, ist der leitfähige Kanal am drainseitigen Ende wegen zu geringer Oxidfeldstärke $E_{ox}(y = L)$ nicht mehr ausgebildet. Es tritt eine Kanalabschnürung (Pinch off) auf. Der Kanalstrom ist in diesem Betriebszustand nicht mehr durch die Drain-Source-Spannung steuerbar. Die Ausgangskennlinien zeigen nach dem Pinch-off-Punkt

für $U_{DS} > U_{GSE}$ einen konstanten Drainstromverlauf.

Die mathematische Beschreibung der Kennlinie im Pinch-off-Bereich $0 < U_{GS} - U_t \leq U_{DS}$, auch Pentodenbereich (PB) genannt, ergibt sich, wenn in Gleichung (1.104) U_{DS} durch $U_{GS} - U_t$ ersetzt wird.

$$\boxed{I_D = \frac{\mu_n \varepsilon_{ox}}{2 d_{ox}} \frac{b}{L} (U_{GS} - U_t)^2} \quad (1.106)$$

In diesem Bereich besitzt die Transferkennlinie (Bild 1.85) einen quadratischen Verlauf. Da über das Gate kein stationärer Strom fließt, beschreiben die beiden Kennlinien in Bild 1.85 das gesamte Kennliniendiagramm.

Sperrbereich. Für Steuerspannungen $U_{GSE} \leq U_t$ ist kein Kanal ausgebildet. Der MOSFET befindet sich im Sperrbereich. Der Drainstrom ist Null.

Der Feldeffekttransistor ist bez. Source und Drain ein völlig symmetrisches Bauelement. Er funktioniert in beide Drainstromrichtungen gleich. Ausschlaggebend ist stets die Drain-Source-Spannung. Folglich ist beim n-Kanal-FET die Elektrode mit dem positiveren Potenzial das Drain. Beim p-Kanal-FET sind die Verhältnisse gerade umgekehrt.

Beispiel 1.16

Die Gl. (1.106) ist so umzuwandeln, dass der Strom eines Depletion-MOSFET durch den Bezugswert $I_{DSS} = I_{DS}(U_{GS} = 0)$ ausgedrückt wird.

Lösung:

Mit $I_{DSS} = I_{DS}(U_{GS} = 0) = \beta(-U_{tD})^2$ folgt:

$$I_D = \beta(U_{GS} - U_{tD})^2 \frac{(-U_{tD})^2}{(-U_{tD})^2}$$

$$I_D = I_{DSS} \frac{(U_{GS} - U_{tD})^2}{(-U_{tD})^2}$$

$$I_D = I_{DSS} \left(1 - \frac{U_{GS}}{U_{tD}}\right)^2 \quad (1.107)$$

Beispiel 1.17

Der Kanal eines Feldeffekttransistors stellt einen durch die Gate-Source-Spannung steuerbaren Widerstand dar. Es ist die Gleichung dieses Widerstandes zwischen Source und Drain für einen n-Kanal Enhancement-FET im Triodenbereich zu bestimmen.

Lösung:

Triodenbereich: $U_{GS} - U_{tE} > U_{DS}$

$$R_{DS} = \frac{U_{DS}}{I_{DS}} = \frac{U_{DS}}{\beta\left(2(U_{GS} - U_{tE})U_{DS} - U_{DS}^2\right)}$$

$$R_{DS} = \frac{1}{\beta\left(2(U_{GS} - U_{tE}) - U_{DS}\right)} \quad (1.108)$$

Für kleine Drain-Source-Spannungen $U_{DS} \ll U_{GS} - U_{tE}$ nähert sich R_{DS} einem von U_{DS} unabhängigen Wert.

$$R_{DS} = \frac{1}{2\beta(U_{GS} - U_{tE})}$$

Nutzbarer Betriebsbereich. Die Belastbarkeit des MOSFET ist durch zwei mögliche Durchbruchmechanismen sowie die Verlustleistungshyperbel begrenzt.

Gatedurchbruch. Übersteigt die Feldstärke E_{ox} im Gateisolator einen kritischen Wert ($E_{krit} = 5 \cdot 10^6$ V/cm bei SiO_2), erfolgt ein elektrischer Durchschlag der Isolatorschicht, wodurch das Bauelement zerstört wird. Dieser Durchbruch kann bereits durch elektrostatische Auflagung verursacht werden.

Draindurchbruch. Mit wachsender Spannung U_{DS} entsteht in der Pinch-off-Zone des Kanals eine ausreichend hohe Längsfeldstärke, um Lawinenvervielfachung von Ladungsträgern zu erzeugen. Die Folge ist ein starker Stromanstieg. Die Durchbruchspannung U_{BR} sinkt mit steigendem U_{GS}. Gleichzeitig wird der Übergang flacher.

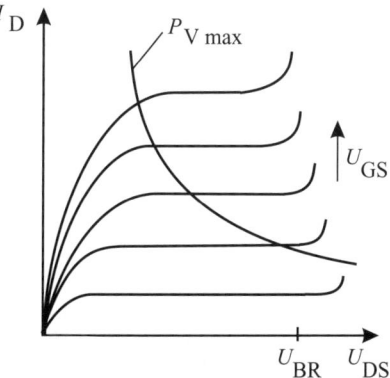

Bild 1.86 Durchbruchkennlinien

Beispiel 1.18

Ein Silizium-MOSFET besitzt folgende technologischen Parameter:
Gatefläche: Breite: $B = 50\,\mu m$,
Länge: $L = 3\,\mu m$
Gateoxiddicke: $d_{ox} = 25$ nm
Gateisolator: SiO2: $E_{krit} = 5 \cdot 10^6$ V/cm,
$\varepsilon_{ox} = 0{,}33 \cdot 10^{-12}$ A·s/V·cm.

a) Welche elektrostatische Ladung auf dem Gate führt zum dielektrischen Durchbruch des Gateisolators?

b) Welche Spannung liegt dabei über dem Isolator?

Lösung:

a) Bei homogenem Feld im Isolator ist die Gateladung gleich dem Produkt aus Verschiebungsflussdichte im Isolator und Gatefläche.

$Q_G = \varepsilon_{ox} E_{krit} \cdot A_G$

$Q_G = 2{,}5 \cdot 10^{-12}$ As

Diese Ladung entspricht $1{,}5 \cdot 10^7$ Elektronen.

b) $U_{ox} = E_{krit} d_{ox} = 12{,}5$ V. Zur Vermeidung eines dielektrischen Gatedurchbruchs werden die Gates der Eingangstransistoren von integrierten MOS-Schaltungen durch Parallelschaltung von Z-Dioden geschützt.

1.5.1.3 Kleinsignalverhalten

Die Beschreibung des Kleinsignalverhaltens erfolgt über die Leitwertparameter und das π-Ersatzschaltbild. Für das Verstärkungsverhalten werden die Vierpolparameter nur im Pentodenbereich benötigt.

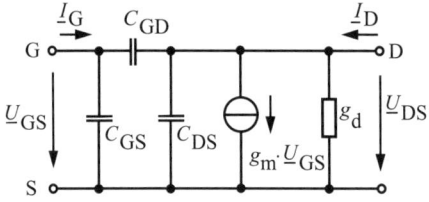

Bild 1.87 π-Ersatzschaltbild

Niederfrequenzverhalten. Zur Beschreibung des NF-Verhaltens spielen die kapazitiven Effekte im FET ein vernachlässigbare Rolle. Somit können die Vierpolparameter aus der Differenziation der Kennliniengleichung im Arbeitspunkt gewonnen werden. Sie nehmen folglich reelle Werte an. Die Vierpolgleichungen lauten dann:

$\underline{I}_G = 0$

$\underline{I}_D = y_{21} \underline{U}_{GS} + y_{22} \underline{U}_{DS}$

mit den Vierpolparametern

Steilheit

$y_{21} = \left.\dfrac{dI_D}{dU_{GS}}\right|_{U_{DS0}} = g_m = 2\beta(U_{GS} - U_t)$

$y_{21} = \dfrac{2I_{D0}}{U_{GS} - U_t}$ \hfill (1.109)

Ausgangsleitwert

$y_{22} = \left.\dfrac{dI_D}{dU_{DS}}\right|_{U_{GS0}} = g_d = \beta \lambda (U_{GS} - U_t)^2$

$y_{22} = \lambda I_{D0}$ \hfill (1.110)

Der Ausgangsleitwert ist nicht direkt aus der idealisierten Kennliniengleichung zu gewinnen. Der Faktor λ beschreibt den realen Anstieg der Ausgangskennlinien infolge drainspannungsabhängiger Veränderung der Breite der Pinch-off-Zone, der sogenannten Kanallängenverkürzung [1.9]. Dieser Effekt wirkt ähnlich wie der Early-Effekt beim Bipolartransistor. Er kann auch in der Gleichung des Pinch-off-Bereichs ähnlich berücksichtigt werden.

$$\boxed{I_D = \beta(U_{GS} - U_t)^2 (1 + \lambda U_{DS})} \quad (1.111)$$

Im NF-Bereich sind kapazitive Effekte vernachlässigbar. Im Ersatzschaltbild Bild 1.87 entfallen alle Kapazitäten.

❑ **Beispiel 1.19**

Gegeben ist das Kennlinienfeld eines MOSFET (Bild 1.88). Es sind die Steilheit g_m und der Ausgangsleitwert g_d im Arbeitspunkt $U_{GS0} = 10$ V und $I_{D0} = 150$ mA zu bestimmen.

Lösung:

Aus der Transferkennlinie ist $U_{tE} = 3$ V ablesbar. Der durch den Arbeitspunkt verlaufende Ast der Ausgangskennlinie liefert einen Ausgangsleitwert

$$g_d = \dfrac{\Delta I_{DS}}{\Delta U_{DS}} = \dfrac{10 \text{ mA}}{15 \text{ V}} = 0{,}66 \text{ mS}$$

Die Steilheit ergibt sich zu:

$$g_m = \dfrac{2I_{D0}}{U_{GS} - U_{tE}} = \dfrac{300 \text{ mA}}{7 \text{ V}} = 42{,}8 \text{ mS}$$

1.5 Feldeffekttransistoren

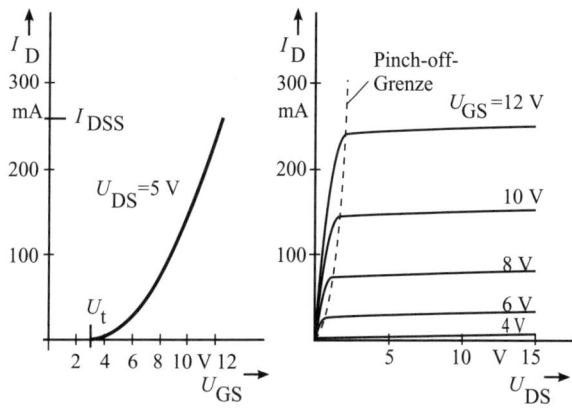

Bild 1.88 Kennlinienfeld eines n-Kanal-Enhancement-MOSFET

Hochfrequenzverhalten. Bei hochfrequenten Signalen ist die kapazitive Wirkung des Gateisolators nicht mehr vernachlässigbar. Diese tritt zwischen Gate und Kanal auf. Durch die elektrische Verbindung des Kanals zu Source und Drain wirkt die Isolatorkapazität C_{ox} vom Gate sowohl zum Source als auch zum Drain. Bei voll ausgebildetem Kanal (Triodenbereich) teilt sich die Isolatorkapazität zu gleichen Teilen auf Source und Drain auf. Es gilt

$$C_{GS} = C_{GD} = 0{,}5 \cdot C_{ox} \tag{1.112}$$

Bei abgeschnürtem Kanal (Pentodenbereich) ist eine Aufteilung

$$C_{GS} = \frac{2}{3} C_{ox} \tag{1.113}$$

$$C_{GD} = 0 \tag{1.114}$$

messbar. Das restliche Drittel wirkt gegen das Substrat (Bulk).
Bei Kurzschluss zwischen Source und Bulk $U_{SB} = 0$ erscheint zusätzlich die Sperrschichtkapazität des Drain-Bulk-Übergangs zwischen Drain und Source C_{DS}. Das Ersatzschaltbild zeigt Bild 1.87.

Grenzfrequenzen. Die Grenzfrequenz zur Beschreibung des Übergangs vom NF- zum HF-Bereich eines MOSFET in Sourceschaltung wird aus dem Spannungsverstärkungsverhalten der konkreten Verstärkerschaltung abgeleitet. Am Beispiel der einfachen Sourceschaltung aus Bild 1.89 ergibt sich entsprechend Aufgabe 1.5.6.

$$v_u = \frac{\underline{U}_a}{\underline{U}_e} = \frac{-(g_m R_D - j\omega C_{GD} R_D)}{1 + j\omega R_D (C_{GD} + C_{DS}^*)} \tag{1.115}$$

mit $C_{DS}^* = C_{DS} + C_L$.

Der Betrag dieser Gleichung ist in Bild 1.90 dargestellt.

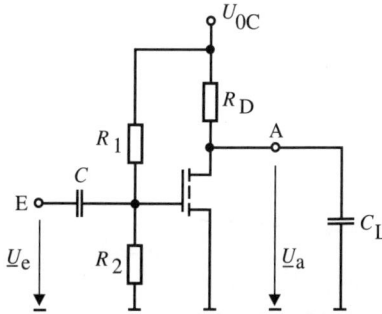

Bild 1.89 Sourceschaltung eines MOSFET

Für $j\omega C_{GD} \ll g_m$ ergibt sich die Ortskurve in guter Näherung zu einem Halbkreis mit der 45°-Frequenz

$$\omega_g = \frac{1}{R_D(C_{GD} + C_{DS}^*)} \tag{1.116}$$

und dem NF-Wert der Verstärkung

$$v_u(0) = -g_m R_D \qquad (1.117)$$

Die Grenzfrequenz eines MOSFET-Verstärkers wird über R_D und C_L durch die äußere Beschaltung bestimmt. Die Angabe eines Zahlenwerts für den einzelnen MOSFET hat wenig Sinn.

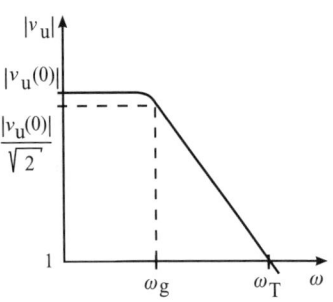

Bild 1.90 Spannungsverstärkung eines MOSFET in Sourceschaltung

1.5.1.4 Effekte bei integrierten MOSFET

Body-Effekt. Bei integrierten MOSFET tritt die Source-Bulk-Spannung U_{SB} als unabhängige Variable auf. Der wichtigste von ihr beeinflusste Parameter ist die Schwellspannung. Deren Abhängigkeit von U_{SB} wird als Body-Effekt bezeichnet. Es ergibt sich entsprechend Gl. (1.96) der typische Verlauf von Bild 1.91.

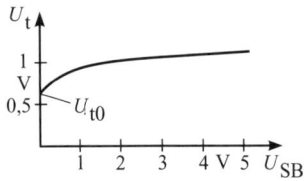

Bild 1.91 Body-Effekt der Schwellspannung

Transistoren, deren Source-Bulk-Spannung nicht Null ist, erfahren durch die veränderte Schwellspannung eine reduzierte effektive Steuerspannung U_{GSE} und folglich auch eine veränderte Kleinsignalsteilheit. Bei Aussteuerung des Sourcepotenzials durch ein Signal muss dieser Effekt im Kleinsignalersatzschaltbild durch eine zweite Steuerstromquelle, deren Übertragungsleitwert Backgatesteilheit g_{mb} heißt, berücksichtigt werden. Der MOSFET ist dann als vierpoliges Bauelement zu betrachten.

$$g_{mb} = -\frac{dI_D}{dU_{SB}}\bigg|_{U_{GSA}} = \gamma\beta\,\frac{U_{GS} - U_t}{\sqrt{U_{SB} + 2\varphi_F}}$$

$$g_{mb} = \gamma_B \cdot g_m \qquad (1.118)$$

mit

$$\gamma_B = \frac{\gamma}{2\sqrt{U_{SB} + 2\varphi_F}} \qquad (1.119)$$

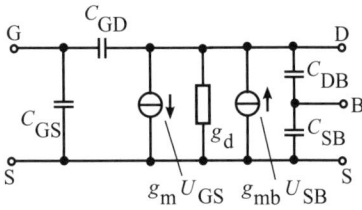

Bild 1.92 Vierpoliges Ersatzschaltbild des MOSFET

❏ **Beispiel 1.20**

Gegeben ist eine integrierte Sourcefolgerschaltung entsprechend Bild 1.93.

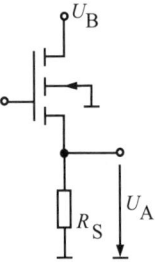

Bild 1.93 Sourcefolgerschaltung

Der MOSFET besitzt die Parameter $U_{t0} = 1$ V, $\gamma = 0{,}4 \cdot \sqrt{V}$ und $\varphi_F = 0{,}35$ V. Es ist die Schwellspannung infolge Body-Effekt im Arbeitspunkt $U_A = 3$ V zu bestimmen.

Lösung:

$$U_t = U_{t0} + \gamma \left(\sqrt{U_{SB} + 2\varphi_F} - \sqrt{2\varphi_F}\right)$$

$$U_t = 1\,\text{V} + 0{,}4 \left(\sqrt{3{,}7} - \sqrt{0{,}7}\right) = 1{,}43\,\text{V}.$$

Weak-Inversion-Strom. Eine genaue Analyse des Drainstromes zeigt abweichend vom einfachen Modell einen kleinen Strom auch für Steuerspannungen $0 < U_{GS} < U_t$. Er ist auf eine schwache Kanalinversion (weak inversion) zurückzuführen und weist eine exponentielle Abhängigkeit von der Gate-Source-Spannung auf. Entsprechend [1.4] ergibt sich

$$I_{DW} = I_{D0} \cdot e^{\frac{U_{GS}-U_t}{NU_T}} \left(1 - e^{-\frac{U_{DS}}{U_T}}\right) \quad (1.120)$$

U_T Temperaturspannung
N Bulkfaktor

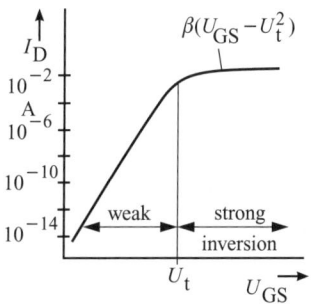

Bild 1.94 Weak-Inversion-Strom eines MOSFET

1.5.1.5 Schaltverhalten

Wird der MOSFET als Schalter in der digitalen Schaltungstechnik eingesetzt, so sind die Verzögerungen in seinem Inneren vernachlässigbar klein. Die innerelektronischen Auf- und Abbauvorgänge der Kanalladung gehen wesentlich schneller vor sich, als die Umladung der externen Knotenkapazitäten (Lastkapazität). Begründet ist dies in der Tatsache, dass der Kanalladungsausgleich bei Potenzialänderungen aus dem großen Majoritätsträgerreservoir von Source und Drain erfolgt. Zur Berechnung von Schaltvorgängen sind folglich nur die stationären Strom-Spannungs-Beziehung und die bereits erwähnten Gate- und Substratkapazitäten zu berücksichtigen.

❑ **Beispiel 1.21**

Es ist der Zeitverlauf der Ausgangsspannung $U_A(t)$ eines Enhancement-Enhancement-Inverters (EE-Inverter) nach Bild 1.95 beim Ausschalten zu berechnen.

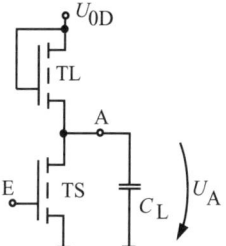

Bild 1.95 EE-Inverter

Lösung:

Ist der Schalttransistor TS gesperrt, erfolgt ein Aufladen der Lastkapazität durch den Lasttransistor TL. Dieser befindet sich in der vorgegebenen Schaltungsvariante stets im Pinch-off ($U_{GS} - U_t < U_{DS}$). Es gilt

$$\beta(U_{GS} - U_t)^2 = C_L \left(\frac{dU_C}{dt}\right)$$

$$\frac{\beta}{C_L} dt = \left(\frac{dU_A(t)}{(U_{0D} - U_A(t) - U_t)^2}\right)$$

Die Lösung dieser Differentialgleichung lautet unter Berücksichtigung des Anfangswertes $U_A(t=0) = U_A(0)$

$$U_A(t) = (U_{0D} - U_t) - \frac{U_{0D} - U_A(0) - U_t}{1 + (U_{0D} - U_A(0) - U_t)\frac{\beta}{C_L}t}$$

Als Endwert des Aufladevorgangs ergibt sich für $t \to \infty$:

$$U_A(\infty) = (U_{0D} - U_t).$$

1.5.1.6 Thermisches Verhalten

Der Stromfluss in einem MOSFET wird durch einen reinen Majoritätsträgerstrom getragen. Seine Temperaturabhängigkeit wird im wesentlichen durch die Beweglichkeit und die Schwellspannung bestimmt. Über die Beweglichkeit entsteht eine umgekehrt proportionale Temperaturabhängigkeit.

Der Temperaturgradient der Schwellspannung liegt bei $\frac{dU_t}{dT} \approx -1 \frac{mV}{K}$, was zu einer direkten Proportionalität von Strom und Temperatur führt.

Eine geschickte Wahl der effektiven Steuerspannung U_{GSE} ermöglicht eine Kompensation beider Einflüsse zu einem temperaturunabhängigen Arbeitspunkt. Aber auch bei einer Abweichung von diesem idealen Arbeitspunkt ist die Temperaturabhängigkeit eines MOSFET viel kleiner als die eines Bipolartransistors.

1.5.2 Sperrschicht-FET

Bei den Sperrschicht-Feldeffekttransistoren (SFET) erfolgt die Isolation der Steuerelektrode durch einen gesperrten pn-Übergang oder eine gesperrte Schottky-Diode (Metall-Halbleiter-Übergang – MESFET). In beiden Fällen steuert die spannungsabhängige Sperrschichtweite, im Bild 1.96 als RLZ (Raumladungszone) dargestellt, den Querschnitt eines vorhandenen Kanals.

Bei genügend großer Sperrspannung U_{SG} über der RLZ beginnt eine Abschnürung des Kanals am drainseitigen Ende. Erst wenn der Kanal auf seiner ganzen Länge abgeschnürt ist, wird der Drainstrom bei vorhandener Drain-Source-Spannung Null. Um den SFET zu sperren, muss die Steuerspannung U_{SG} einen bauelementetypischen Schwellwert U_t überschreiten. Vom Funktionstyp her sind SFET Depletion-Transistoren. SFET werden hauptsächlich als Verstärkerbauelemente genutzt, so dass insbesondere der Abschnürbereich von Bedeutung ist.

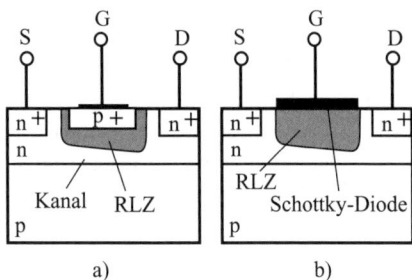

Bild 1.96 Sperrschicht-FET
a) JFET, b) MESFET

1.5.2.1 Strom-Spannungs-Kennlinie

Eine Ableitung der Strom-Spannungs-Kennlinie erfolgt über die Analyse des steuerspannungsabhängigen Kanalquerschnitts [1.5], [1.10]. Mit einigen Näherungen ergibt sich unter Einhaltung der Abschnürbedingung $U_{DS} > U_{DSS} = U_t - U_{SG}$ eine quadratische Steuerkennlinie.

$$I_D = I_{DSS} \left(1 - \frac{U_{SG}}{U_T}\right)^2 \quad (1.121)$$

Der Sättigungsstrom $I_{DSS} = I_{DS}(U_{SG} = 0)$ und die Schwellspannung U_t sind die charakteristischen stationären Bauelementeparameter des SFET. Das Kennlinienfeld (Bild 1.97) ist qualitativ mit dem des MOSFET vergleichbar.

Bei einer ausreichend großen Drain-Source-Spannung $U_{DS} > U_{DSS}$ verlässt die Transferkennlinie den Abschnürbereich nicht. Sie besteht dann nur aus einem Kennlinienast.

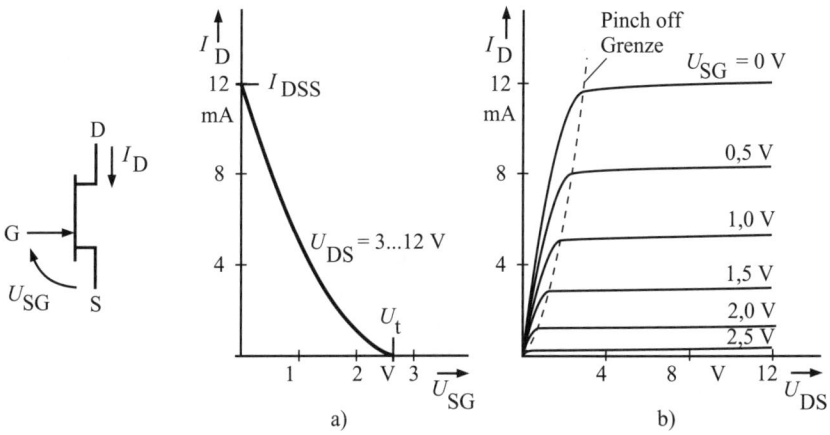

Bild 1.97 Kennlinien eines n-Kanal SFET a) Transferkennlinie, b) Ausgangskennlinie

1.5.2.2 Kleinsignalverhalten

Da das Steuerprinzip des SFET Ähnlichkeiten zum MOSFET aufweist, ergibt sich auch ein vergleichbares Kleinsignalverhalten mit einem Ersatzschaltbild entsprechend Bild 1.98.

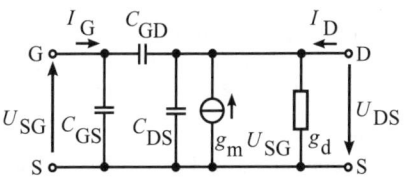

Bild 1.98 Kleinsignalersatzschaltbild eines SFET

Die Steilheit g_m folgt aus der stationären Kennliniengleichung.

$$g_m = \left.\frac{dI_D}{dU_{GS}}\right|_{U_{DS0}} = \frac{2I_{DSS}}{U_t}\left(1 - \frac{U_{SG}}{U_t}\right)$$

$$g_m = \frac{2I_{D0}}{U_t - U_{SG}} \quad (1.122)$$

Ein Ausgangsleitwert ist aus der idealisierten Kennliniengleichung nicht ableitbar. Er ist jedoch in Analogie zum MOSFET erklärbar.

1.5.3 Aufgaben

▲ **Aufgabe 1.5.1**
Es ist die passende Transferkennlinie zu der in Bild 1.99 dargestellten Ausgangskennlinie eines n-Kanal-Depletion-MOSFET zu konstruieren.

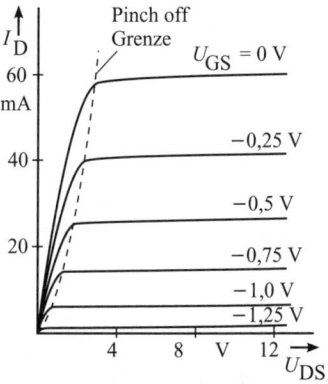

Bild 1.99 Ausgangskennlinie eines Depletion-FET

▲ **Aufgabe 1.5.2**
Für den MOSFET aus Beispiel 1.19 sind die Parameter β und λ zu bestimmen.

▲ **Aufgabe 1.5.3**
Stellen Sie die Steilheit eines MOSFET in der Form g_m/I_D im Weak-inversion- und im Strong-

inversion-Bereich grafisch als Funktion der Steuerspannung U_{GS} dar. Für das Verstärkungsverhalten ist im Strong-inversion-Bereich nur der Pinch-off von Bedeutung.
Welcher Verlauf ergibt sich für den realen MOSFET in Abweichung zum verwendeten Modell in der Übergangszone zwischen Weak-inversion- und Strong-inversion-Bereich, wenn man die reale Strom-Spannungs-Kennlinie aus Bild 1.94 betrachtet? Das Ergebnis ist mit Aufgabe 1.3.4 zu vergleichen.

▲ **Aufgabe 1.5.4**
Der integrierte Sourcefolger aus Beispiel 1.20 wird im Arbeitspunkt $U_A = 3$ V betrieben. Um wie viel Prozent verschlechtert sich die Spannungsverstärkung der Schaltung infolge des Backgate-Einflusses?
Für den MOSFET gelte $g_m \gg g_d + 1/R_S$.

▲ **Aufgabe 1.5.5**
Welche Gate-Bulk-Spannung ist für den MOSFET in Beispiel 1.18 nötig, um den Gateoxiddurchbruch herbeizuführen? Es kann davon ausgegangen werden, dass die maximale Bandverbiegung im Kanalbereich bereits erreicht ist. Für die Differenz der Austrittsarbeiten zwischen Gate und Substrat gilt $W_K/e = 0{,}95$ V.

▲ **Aufgabe 1.5.6**
Berechnen Sie die frequenzabhängige Spannungsverstärkung $v_u(\omega)$ der Sourceschaltung aus Bild 1.89 unter Zuhilfenahme der Kleinsignalersatzschaltung.

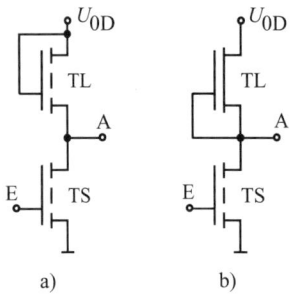

Bild 1.100 MOSFET-Inverter
a) EE-Typ, b) ED-Typ

▲ **Aufgabe 1.5.7**
Gegeben sind zwei MOSFET-Inverter entsprechend Bild 1.100. Wie groß sind die High-Pegel am Ausgang?

▲ **Aufgabe 1.5.8**
Mittels eines SFET ist eine einfache Konstantstromquelle mit sehr geringem Aufwand realisierbar (Bild 1.101). Auf Grundlage des Kennlinienfeldes (Bild 1.97) ist R_S so zu dimensionieren, dass ein Laststrom $I_L = 2\ldots 8$ mA eingestellt werden kann.
In welchem Betriebsbereich arbeitet der SFET?

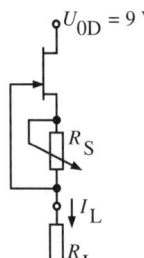

Bild 1.101 Konstantstromquelle

▲ **Aufgabe 1.5.9**
Ergänzend zum Beispiel 1.21 ist der Einschaltzeitverlauf der Ausgangsspannung $U_A(t)$ des dort dargestellten EE-Inverters zu berechnen.
Annahme: Der Stromanteil des Lasttransistors ist während des Umladevorgangs zu vernachlässigen.

▲ **Aufgabe 1.5.10**
Für den Inverter in Beispiel 1.21 ist das Verhältnis der Transistorkonstanten von Schalt- und Lasttransistor β_S/β_L so zu bestimmen, dass der Low-Pegel der Ausgangsspannung $U_A(L) = 0{,}5 \cdot U_t$ bzw. $U_A(L) = 0{,}25 \cdot U_t$ beträgt. Gegeben ist $U_{0D} = 5$ V, $U_t = 0{,}7$ V, $U_E(H) = U_{0D}$.

▲ **Aufgabe 1.5.11**
Berechnen und skizzieren Sie den Verlauf des Widerstandes eines CMOS-Transfergates entsprechend Bild 1.102 in Abhängigkeit von der Ausgangsspannung U_A im Bereich $0 \leq U_A \leq 5$ V. Es liege stets eine Drain-Source-Spannung von $U_{DS} = 0{,}1$ V über den MOSFETs.
MOSFET-Parameter:
$\beta_N = 3$ mA/V^2, $U_{tN} = 0{,}8$ V,
$\beta_P = 1{,}5$ mA/V^2, $U_{tP} = -0{,}8$ V.

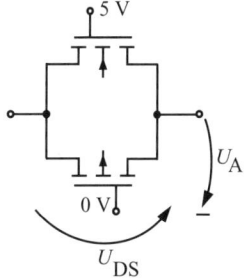

Bild 1.102 CMOS-Transfergate

1.6 Rauschen elektronischer Bauelemente

Der Strom in einem elektronischen Bauelement wird durch die Bewegung von einzelnen Ladungen getragen. Er stellt stets einen statistischen Mittelwert dar. Die Einzelvorgänge unterliegen zufälligen Störungen, deren Ursachen aus dem jeweiligen Leitungsmechanismus resultieren. Es entstehen stochastische Strom- und Spannungsschwankungen um den Mittelwert. Diese werden als Rauschen bezeichnet [1.6].

1.6.1 Widerstandsrauschen

Ursache für die statistischen Stromschwankungen an den Enden eines Leiters ist die unregelmäßige thermische Bewegung der Ladungsträger, die einer zielgerichteten Driftbewegung überlagert ist. Charakteristisch für dieses thermische Rauschen des Stromes an einem Widerstand R ist die spektrale Gleichverteilung der Rauschleistungsdichte $S_{iR}(f)$ über das gesamte Frequenzband.

$$S_{iR}(f) = \frac{4kT}{R} \quad (1.123)$$

k Boltzmann-Konstante
T absolute Temperatur

Das Widerstandsrauschen wird deshalb als *weißes Rauschen* bezeichnet. Zur Modellierung des Rauschverhaltens wird der Effektivwert des stochastischen Rauschprozesses genutzt. An einem Widerstand kann aus der Rauschleistungsdichte $S_{iR}(f)$ ein Rauschstrom I_{rR} in einem schmalen Frequenzbereich Δf abgeleitet werden.

$$\begin{aligned} I_{rR} = I_{reff} &= \sqrt{\overline{i^2(t)}} \\ &= \sqrt{\int_{\Delta f} S_{iR}(f)\,df} \end{aligned} \quad (1.124)$$

$$I_{rR} = I_{rR}(f) = \sqrt{\frac{4kT\Delta f}{R}} \quad (1.125)$$

Analog lässt sich über dem Widerstand eine Rauschspannung U_{rR} ermitteln.

$$U_{rR} = \sqrt{\overline{u^2(t)}} = \sqrt{4kTR\Delta f} \quad (1.126)$$

Diese Rauschspannung entsteht auch ohne Stromfluss am Widerstand. Die Rauschersatzschaltung eines Widerstandes kann in Stromquellen- oder Spannungsquellenersatzschaltung dargestellt werden. Gerechnet wird mit ihr ähnlich wie mit deterministischen Quellen.

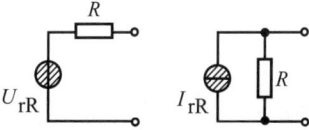

Bild 1.103 Rauschersatzschaltungen eines Widerstandes

Treten in einer Schaltung mehrere unkorrelierte Rauschquellen auf, so überlagern sich die von ihnen bewirkten Rauschleistungen am Ausgang linear. Für die entstehenden Rauschspannungen bzw. Rauschströme gilt folglich eine quadratische Überlagerung.

❏ Beispiel 1.22

Wie groß ist die Ausgangsrauschspannung an dem in Bild 1.104 a) dargestellten Spannungsteiler? Die Eingangsspannung sei rauschfrei und habe keinen Innenwiderstand.

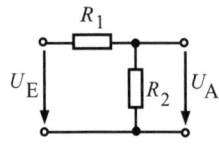

a)

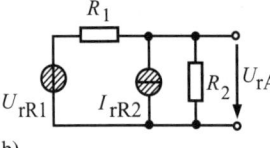

b)

Bild 1.104 a) Spannungsteiler, b) Rauschersatzschaltung

Lösung:

Bild 1.104 b) zeigt eine mögliche Ersatzschaltung. Die Verwendung der Stromquellen- bzw. Spannungsquellenersatzschaltung ist beliebig. Da beide Rauschspannungen unkorreliert sind, überlagern sich die von ihnen am Ausgang (über R_2) erzeugten Rauschspannungen quadratisch.

$$U_{rA} = \sqrt{U_{r1}^2 + U_{r2}^2}$$

Die Einzelwirkungen beider Rauschquellen auf den Ausgang lauten:

$$U_{r1} = \frac{R_2}{R_1 + R_2} U_{rR1} = \frac{R_1 R_2}{R_1 + R_2} I_{rR1}$$

$$U_{r2} = (R_1 \| R_2) I_{rR2} = \frac{R_1 R_2}{R_1 + R_2} I_{rR2}$$

Es folgt:

$$U_{rA} = \frac{R_1 R_2}{R_1 + R_2} \sqrt{I_{rR2}^2 + I_{rR2}^2}$$

$$= \frac{R_1 R_2}{R_1 + R_2} \sqrt{4kT\Delta f \left(\frac{1}{R_1} + \frac{1}{R_2}\right)}$$

1.6.2 Diodenrauschen

Als wichtigste Ursachen des Diodenrauschens gelten:

- Schrotrauschen,
- Funkelrauschen,
- thermisches Rauschen der Bahnwiderstände.

Schrotrauschen. Schrotrauschen entsteht, wenn Ladungsträger in statistischer Weise Grenzflächen (Potenzialbarrieren) überschreiten, wie das am pn-Übergang und an der Schottky-Diode der Fall ist. Für diese Vorgänge gilt ebenfalls eine frequenzunabhängige spektrale Verteilung der Rauschleistungsdichte des Stromes S_{iDS}. Ihr Betrag ist proportional zum Mittelwert des Arbeitspunktstromes I.

$$S_{iDS}(f) = 2eI \quad (1.127)$$

In einem schmalen Frequenzbereich ergibt sich ein Effektivwert des zugehörigen Rauschstromes von

$$I_{rDS}(f) = \sqrt{2eI\Delta f} \quad (1.128)$$

Funkelrauschen. Ursache des Funkelrauschens sind Generations- und Rekombinationsprozesse von Ladungsträgern, sowohl im Halbleiterinneren als auch an Oberflächen und Grenzschichten. Das Funkelrauschen dominiert insbesondere bei niedrigen Frequenzen. Die spektrale Rauschleistungsdichte S_{iDF} weist eine $1/f$-Abhängigkeit auf [1.12].

$$S_{iDF}(f) = \frac{K_F I^{AF}}{f^b} \quad (1.129)$$

Der entsprechende Rauschstrom ergibt sich dann zu

$$I_{rDF}(f) = \sqrt{\frac{K_F I^{AF}}{f^b}\Delta f} \quad (1.130)$$

Die Parameter K_F, AF und b dienen der Anpassung des Rauschmodells an eine konkrete Diode. Sie werden aus Vergleichen mit Messergebnissen ermittelt. Das Funkelrauschen wird wegen seiner Frequenzabhängigkeit auch als $1/f$-*Rauschen* bezeichnet. Bei Lawinenvervielfachung tritt ein besonders starker Anstieg dieses Funkelrauschens auf.

An der Diode überlagern sich die Effektivwerte beider Rauschstromanteile mit dem Effektivwert des thermischen Rauschstromes an den Bahnwiderständen in quadratischer Form zu einem Gesamtrauschstrom:

$$I_{rD}(f) = \sqrt{I_{rDF}^2(f) + I_{rDS}^2 + I_{rDR}^2} \quad (1.131)$$

Der Verlauf dieses Diodenrauschens (Bild 1.105) weist eine Eckfrequenz f_{gw} auf, oberhalb der weißes Rauschen dominiert.

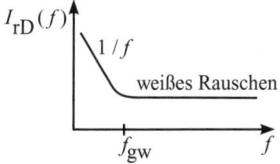

Bild 1.105 Rauschspektrum einer Diode

Rauschersatzschaltung. In der Rauschersatzschaltung wird der thermische Rauschanteil meist als separate Quelle dem Bahnwiderstand R_B zugeordnet und durch eine Rauschspannungsquelle dargestellt.

$$U_{rRB} = \sqrt{4kTR_B\Delta f} \quad (1.132)$$

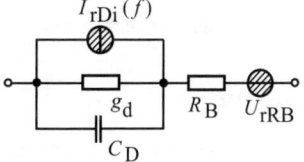

Bild 1.106 Rauschersatzschaltung einer Diode [1.13]

Dem inneren pn-Übergang ist dann nur noch das Schrotrauschen und das $1/f$-Rauschen zugeordnet.

$$I_{rDi}(f) = \sqrt{I_{rDF}^2(f) + I_{rDS}^2}. \quad (1.133)$$

1.6.3 Transistorrauschen

Bipolartransistor. Am Bipolartransistor wirken die gleichen Rauschursachen, wie bei der Diode. Für den Basisstrom I_B ergibt sich im aktiv normalen Betriebszustand der Rauschanteil I_{rB} aus Schrot- und Funkelrauschen der Basis-Emitter-Diode. Dieser fließt B_N-fach verstärkt am Kollektor.

$$I_{rB}(f) = \sqrt{2eI_B\Delta f + \frac{K_F I_B^{AF}}{f^b}\Delta f} \quad (1.134)$$

Eine zusätzliche Rauschquelle am gesperrten Basis-Kollektor-Übergang resultiert aus dessen Sperrstromanteil. Sie wird analog beschrieben [1.14] und liefert einen Kollektorrauschstrom I_{rC} der Form:

$$I_{rC}(f) = \sqrt{2eI_C\Delta f + \frac{K_F I_C^{AF}}{f^b}\Delta f} \quad (1.135)$$

Die Rauschersatzschaltung des Transistors zeigt Bild 1.107. Das Rauschen der Bahnwiderstände wird meist in externe Serienwiderstände verlagert und über das Gesamtmodell des Transistors mit der äußeren Beschaltung berücksichtigt.

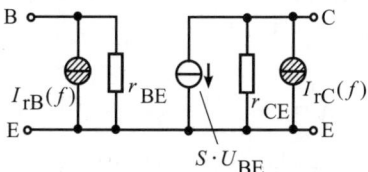

Bild 1.107 Rauschersatzschaltung eines Bipolartransistors

Feldeffekttransistor. Der Kanalstrom der Feldeffekttransistoren besitzt drei Rauschquellen:

- $1/f$-Rauschen,
- thermisches Kanalrauschen,
- Schrotrauschen der Drain-Bulk- bzw. Source-Bulk-Übergänge.

Das $1/f$-Rauschen entsteht durch Generations-Rekombinationsvorgänge in der Raumladungszone unter dem Kanal sowie durch Tunneln von Ladungsträgern zwischen Kanal und Oberflächenzuständen im Gateisolator. Es wird in der Form

$$I_{rKF}(f) = \sqrt{\frac{K_F I_D^{AF}}{C_{ox} f^b} \Delta f} \qquad (1.136)$$

modelliert. In Gl. (1.136) ist zu erkennen, dass eine Vergrößerung der Gatefläche $A_G = b \cdot L$ bei gleichem Arbeitspunkt durch die Vergrößerung der Gateoxidkapazität einen geringeren Rauschanteil zur Folge hat. Der Kanalstrom eines Sperrschicht-FET fließt im Unterschied zum MOSFET weit entfernt von der Halbleiteroberfläche. Dadurch besitzt er ein viel geringeres $1/f$-Rauschen. Der Sperrstrom am Gate ist in der Regel vernachlässigbar und bewirkt auch keinen Rauschanteil.

Mit dem Kanalwiderstand im Pentodenbereich

$$R_K = \frac{3}{2} \frac{1}{g_m} \qquad (1.137)$$

folgt für den thermischen Rauschstrom des Kanals I_{rKt} nach [1.13]

$$I_{rKt}(f) = \sqrt{\frac{8}{3} k T g_m \Delta f} \qquad (1.138)$$

Das Schrotrauschen der Drain-Bulk- bzw. Source-Bulk-Übergänge spielt eine untergeordnete Rolle.

Als Gesamtrauschstrom des Kanals ergibt sich durch Überlagerung der Effektivwerte

$$I_{rK}(f) = \sqrt{I_{rKt}^2(f) + I_{rKF}^2(f)} \qquad (1.139)$$

Bild 1.108 zeigt die zugehörige Rauschersatzschaltung.

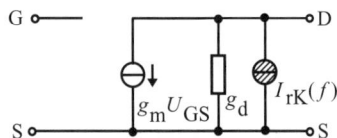

Bild 1.108 Rauschersatzschaltung eines Feldeffekttransistors

1.6.4 Rauschspannung

Die in den Bauelementen entstehenden Rauschströme ergänzen als Rauschstromquellen das Kleinsignalersatzschaltbild. Sie bewirken am Ausgangswiderstand des Bauelements eine Rauschspannung. Dabei überlagern sich alle Rauschkomponenten.

Häufig wird die entstehende *Ausgangsrauschspannung* unter Nutzung der frequenzabhängigen Übertragungsfunktion in eine *Eingangsrauschspannung* $U_{rE}(f)$ bzw. einen *Eingangsrauschstrom* $I_{rE}(f)$ umgerechnet und das Bauelement dann als rauschfreier Vierpol mit diesen Eingangsrauschquellen benutzt.

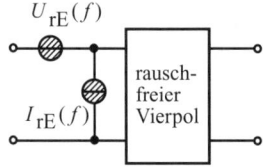

Bild 1.109 Allgemeine Rauschersatzschaltung

1.6.5 Rauschfaktor

Signal-Rausch-Abstand. Das entstehende Rauschen wird einem vom Bauelement zu übertragenden Signal überlagert. Dadurch ergibt sich eine Reduzierung des *Signal-Rausch-Abstands SNR* der Signalübertragung, der als Quotient von Signalleistung P_S und Rauschleistung P_r definiert ist.

$$SNR = \frac{P_S}{P_r} \qquad (1.140)$$

Rauschfaktor. Als Rauschfaktor F oder Rauschzahl gilt das Verhältnis der Signal-Rausch-Abstände von Eingang und Ausgang.

$$F = \frac{SNR_E}{SNR_A} \qquad (1.141)$$

Rauschmaß. Der logarithmierte Wert dieser Größe ist das Rauschmaß F_{dB}.

$$F_{dB} = 10 \cdot \lg(F) \qquad (1.142)$$

Bild 1.110 zeigt den typischen Verlauf des Rauschmaßes eines Bipolartransistors. Der Anstieg bei $f > f_g$ resultiert aus der Grenzfrequenz der Stromverstärkung $h_{21e}(f)$.

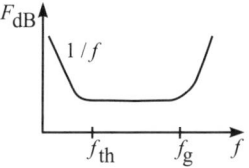

Bild 1.110 Rauschmaß eines Bipolartransistors

❏ **Beispiel 1.23**

In einem FET-Verstärker nach Bild 1.111 ist der Rauschstrom $I_{rK}(f)$ bekannt. Welchen Rauschfaktor besitzt die Schaltung im NF-Bereich, wenn alle anderen Bauelemente rauschfrei sind. In der Ersatzschaltung ist die Signalquelle mit einer Rauschleistung $P_{rE} = 4kTR_G\Delta f$ und dem Innenwiderstand R_G einzusetzen.

Lösung:

Die Eingangssignalleistung P_{SE} und die Eingangsrauschleistung P_{rE} erscheinen verstärkt um den Wert $v_p = v_u v_i$ am Ausgang und überlagern sich linear zu der vom Feldeffekttransistor (FET) am Ausgang bewirkten Rauschleistung P_{rF}. Damit ist der Rauschfaktor umformbar in:

$$F = \frac{SNR_E}{SNR_A} = \frac{P_{SE}}{P_{rE}} \frac{P_{rA}}{P_{SA}} = \frac{P_{SE}}{P_{rE}} \frac{v_p P_{rE} + P_{rF}}{v_p P_{SE}}$$

$$F = 1 + \frac{P_{rF}}{v_p P_{rE}}$$

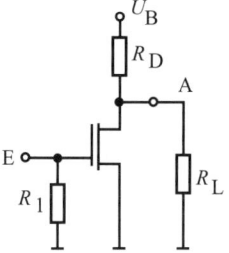

Bild 1.111 FET-Verstärker

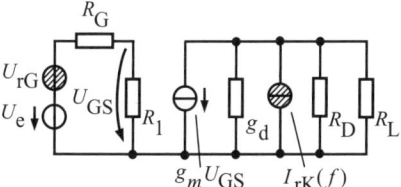

Bild 1.112 Ersatzschaltung

Man erhält:

Signalspannungsverstärkung

$$v_u = \frac{U_a}{U_e} = -\frac{R_1}{R_1 + R_G} g_m \left(g_d + \frac{1}{R_D} + \frac{1}{R_L} \right)$$

Signalstromverstärkung

$$v_i = \frac{I_a}{I_e} = -\frac{R_1}{R_L} g_m \left(g_d + \frac{1}{R_D} + \frac{1}{R_L} \right)$$

vom FET verursachte Ausgangsrauschleistung

$$P_{rF} = \frac{U_{rF}^2}{R_L} = \frac{1}{R_L} \left(g_d + \frac{1}{R_D} + \frac{1}{R_L} \right)^2 I_{rK}^2(f)$$

und damit den Rauschfaktor

$$F = 1 + \frac{R_1 + R_G}{R_1^2 g_m} \cdot \frac{I_{rK}^2(f)}{P_{rE}}$$

$$F = 1 + \frac{R_1 + R_G}{R_1^2 g_m} \cdot \frac{I_{rK}^2(f)}{4kTR_G\Delta f}$$

Bei sehr großem R_G erreicht das Rauschmaß dieser Schaltung ein Minimum. Gleichzeitig ist es von der Signalfrequenz f abhängig. Die optimale Wahl des Generatorwiderstandes wird als *Rauschanpassung* bezeichnet.

1.6.6 Aufgabe

▲ **Aufgabe 1.6.1**
Gegeben ist ein Transistorverstärker nach Bild 1.113. Zu berechnen sind die Rauschspannung am Widerstand R_L und der Signal-Rausch-Abstand am Ausgang. Die Eingangsspannung und alle Widerstände seien rauschfrei.

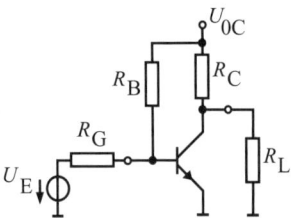

Bild 1.113 Transistorverstärker

1.7 Operationsverstärker

Operationsverstärker (OPV) sind mehrstufige monolithisch integrierte Gleichspannungsverstärker. Auf Grund ihrer schaltungstechnischen Realisierung besitzen sie solch ideale Eigenschaften, dass ihre Wirkungsweise überwiegend durch die äußere Gegenkopplungsbeschaltung bestimmt wird.

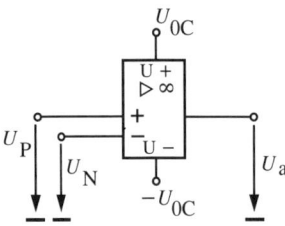

Bild 1.114 Schaltsymbol eines Operationsverstärkers

Wie das Schaltsymbol (Bild 1.114) zeigt, verfügt ein Operationsverstärker über zwei Eingänge, einen nichtinvertierend (+) und einen invertierend (−) auf den Ausgang wirkenden. Das zwischen beiden liegende Differenzsignal $U_D = U_P - U_N$ wird zur Ausgangsspannung U_a verstärkt. Bei niedrigen Frequenzen besitzen U_a und U_P die gleiche Phasenlage, U_a und U_N sind gegenphasig. In der Regel erfolgt eine Versorgung durch zwei symmetrisch zum Massepotenzial wirkende Betriebsspannungen U_{0C} und $-U_{0C}$. Dies ermöglicht die Aussteuerung des Ausgangs zu positiven und negativen Spannungen. Im Schaltplan werden die beiden Betriebsspannungsanschlüsse der besseren Übersichtlichkeit wegen weggelassen. Die prinzipielle Übertragungskennlinie eines Operationsverstärkers zeigt Bild 1.115.

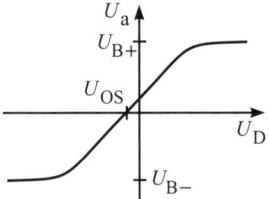

Bild 1.115 Übertragungskennlinie eines Operationsverstärkers

1.7.1 Der ideale Operationsverstärker

Das ideale Verhalten eines Operationsverstärkers ist durch folgende Eigenschaften gekennzeichnet:

- ausschließliche Differenzverstärkung v_D:
  $U_a = v_D \cdot U_D$ mit $v_D \to \infty$
- keine Eingangsströme: $I_P = I_N = 0$
- unendlich hoher Eingangswiderstand:
  $r_e \to \infty$

- vernachlässigbarer Ausgangswiderstand: $r_a = 0$
- spiegelsymmetrische Übertragungskennlinie
- kein Offset: $U_a(U_D = 0) = 0$
- frequenzunabhängiges Übertragungsverhalten

In Bild 1.116 ist das Ersatzschaltbild eines idealen Operationsverstärkers dargestellt.

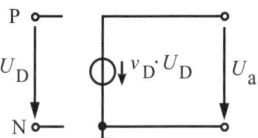

Bild 1.116 Ersatzschaltbild eines idealen OPV

Die Annahme einer unendlich hohen Differenzverstärkung $v_D \to \infty$ ist für die vereinfachte Schaltungsanalyse mit idealem Operationsverstärker von großer Bedeutung.

1.7.2 Aufbau eines Operationsverstärkers

Die Innenschaltung eines Operationsverstärkers lässt sich in drei funktionelle Teile untergliedern (Bild 1.117).

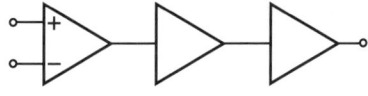

Differenz- Hauptver- Endstufe
verstärker stärkerstufe

Bild 1.117 Prinzipieller Aufbau eines Operationsverstärkers

Die Eingangsstufe wird durch einen Differenzverstärker gebildet. Hauptaufgabe dieser Stufe ist die Erzielung einer hohen Gleichtaktunterdrückung, so dass nur Spannungsdifferenzen zwischen beiden Eingängen verstärkt werden. Zusätzlich muss sie ein annähernd ideales Eingangsverhalten sichern. Die von einem Operationsverstärker geforderte sehr hohe Verstärkung wird insbesondere in der zweiten Stufe erzeugt. Als Schaltungsprinzip kommt meist eine Emitterschaltung mit Stromquellenlast zum Einsatz. Die Anpassung der Potenzialpegel an den Differenzverstärker und die Endstufe, meist durch Emitterfolger realisiert, ist die zweite Aufgabe dieser Stufe. Die Endstufe sorgt für einen niedrigen Ausgangswiderstand und die möglichst lineare und spiegelsymmetrische Übertragungskennlinie. Dazu bieten sich Gegentakttreiber im AB-Betrieb an.

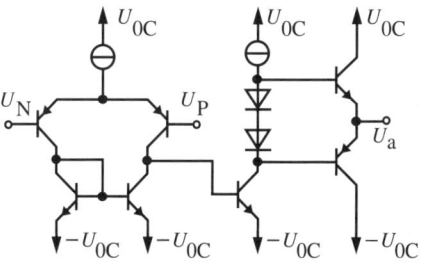

Bild 1.118 Prinzipielle Innenschaltung eines Operationsverstärkers

1.7.3 Statische Kenngrößen realer Operationsverstärker

In der Praxis gibt es keinen idealen Operationsverstärker. Zur Bewertung der Qualität eines OPV werden deshalb verschiedene Kenngrößen angegeben.

Differenzverstärkung. Die Differenzverstärkung v_D entspricht der Leerlaufspannungsverstärkung ohne Gegenkopplung.

$$v_D = \frac{U_a}{U_D} = \frac{U_a}{U_P - U_N} \quad (1.143)$$

Die in den Datenblättern angegebene NF-Spannungsverstärkung v_{u0} beschreibt den maximalen Anstieg der Übertragungskennlinie und stimmt bei Aussteuerung innerhalb des linearen Bereichs mit v_D überein.

Gleichtaktunterdrückung. Eine reine Differenzaussteuerung des OPV liegt nur vor, wenn $U_P = -U_N$ gilt. Im allgemeinen Fall lässt sich ein Eingangssignal immer in einen Differenzanteil $U_D = U_P - U_N$ und einen Gleichanteil $U_{Gl} = 0{,}5(U_P + U_N)$ zerlegen. Dieser Gleichtaktanteil bewirkt an einem realen Differenzverstärker eine Ausgangsspannung, d. h., es existiert eine *Gleichtaktverstärkung* v_{Gl}.

$$v_{Gl} = \frac{U_a}{U_{Gl}} \qquad (1.144)$$

Die Abweichung vom idealen Verhalten wird durch die Gleichtaktunterdrückung CMRR (Common Mode Rejection Ratio) beschrieben.

$$CMRR = \frac{v_D}{v_{Gl}} \qquad (1.145)$$

Das prinzipielle Gleichtaktverstärkungsverhalten ist in Bild 1.119 dargestellt.

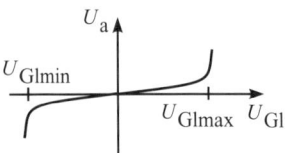

Bild 1.119 Gleichtaktverstärkung eines OPV

Gleichtaktaussteuerbereich. Eine relativ geringe Gleichtaktverstärkung besitzt der OPV nur in einem begrenzten Bereich, dem Gleichtaktaussteuerbereich $U_{Glmin} < U_{Gl} < U_{Glmax}$ (siehe Bild 1.119). An seinen Grenzen tritt eine steiler Anstieg auf. Der OPV ist nur innerhalb dieser i. Allg. unsymmetrischen Grenzen nutzbar.

Ausgangsaussteuerbereich. Als Ausgangsaussteuerbereich gilt der lineare Bereich der Übertragungskennlinie (Bild 1.115). Seine Grenzen resultieren aus den Eigenschaften der Endstufe.

Eingangswiderstände. Es ist in einen Differenzeingangswiderstand R_D und einen Gleichtakteingangswiderstand R_{Gl} zu unterscheiden. Beide werden von der Eingangsstufe bestimmt und sind im Kleinsignalersatzschaltbild (Bild 1.120) dargestellt. Sie werden üblicherweise als NF-Werte angegeben.

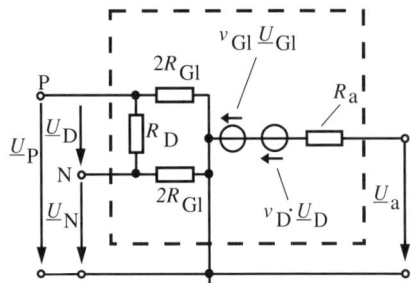

Bild 1.120 Kleinsignalersatzschaltbild eines OPV

Offsetspannung. Herstellungsbedingte Unsymmetrien der inneren OPV-Schaltung verschieben den Verlauf der Übertragungskennlinie aus dem Koordinatenursprung heraus (Bild 1.115). Um die Ausgangsspannung auf Null zu bringen, muss eine Differenzspannung am Eingang angelegt werden. Diese wird als Offsetspannung U_{OS} bezeichnet. Sie findet in einer zusätzlichen Spannungsquelle am OPV-Eingang Berücksichtigung.

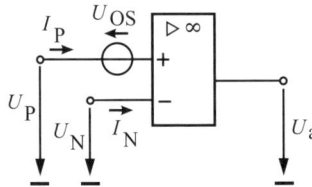

Bild 1.121 Definition der Offsetgrößen

Eingangsströme. Bei Verwendung von Bipolartransistoren im Eingangsdifferenzverstärker, wirken deren Basisströme als Eingangsströme I_P bzw. I_N des OPV. Die Differenz zwischen beiden wird als *Offsetstrom*

$I_{OS} = I_P - I_N$ bezeichnet. Die Auswirkung dieser Eingangsströme ist von der Beschaltung des OPV abhängig.

Einen Überblick über die wichtigsten OPV-Kennwerte enthält Tabelle 1.4.

Tabelle 1.4 Kennwerte von Operationsverstärkern

Kenngröße	typische Werte	ideal
Differenzverstärkung V_D	$10^4 \ldots 10^6$	∞
Gleichtaktunterdrückung G	$10^3 \ldots 10^6$	∞
Differenzeingangswiderstand R_D	$10^5 \ldots 10^7 \, \Omega$	∞
Gleichtakteingangswiderstand R_{Gl}	$> 100 R_D$	∞
Ausgangswiderstand R_a	$70 \, \Omega \ldots 1 \, \text{k}\Omega$	0
Offsetspannung U_{OS}	$0{,}5 \ldots 5 \, \text{mV}$	0
Offsetstrom I_{OS}	$< I_E$	0
Eingangsruhestrom $I_E = 0{,}5(I_P + I_N)$	$20 \ldots 200 \, \text{nA}$	0
Gleichtaktaussteuerbereich	$> 0{,}8 U_B$	U_B
Ausgangsaussteuerbereich	$> 0{,}8 U_B$	U_B
Slewrate S_R	$0{,}5 \ldots 50 \, \text{V/}\mu\text{s}$	∞
Transitfrequenz f_T	$1 \ldots 10 \, \text{MHz}$	∞

❑ **Beispiel 1.24**

Die Spannungsverstärkung $v_u = U_a/U_e$ der Schaltung in Bild 1.122 mit idealem OPV ist zu berechnen. Welche Funktion erfüllt die Schaltung?

Lösung:

Für den idealen OPV gilt $v_D \to \infty$, $I_N = I_P = 0$. Wegen der unendlich hohen Differenzverstärkung muss bei endlicher Ausgangsspannung U_a einer linearen Verstärkerschaltung die Differenzspannung U_D am OPV-Eingang gegen Null gehen. Daraus leitet sich der Berechnungsansatz $U_D = 0$ ab. Wegen $I_N = 0$ ergibt sich U_N nach dem Spannungsteiler über R_1 und R_2.

$$U_e = U_{R2} = \frac{R_2}{R_1 + R_2} U_a$$

und es folgt mit $U_e = U_D + U_N$:

$$v_u = \frac{U_a}{U_e} = 1 + \frac{R_1}{R_2}$$

Es liegt ein nichtinvertierender frequenzunabhängiger Spannungsverstärker vor.

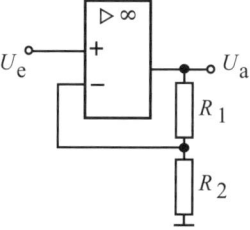

Bild 1.122 OPV-Schaltung

▌Die Nutzung eines OPV in linearen Verstärkerschaltungen erfordert wegen der unendlich hohen Differenzverstärkung eine Gegenkopplungsbeschaltung, d. h. eine Rückführung eines Teils des Ausgangssignals.

▌Bei Anwendung eines OPV als Komparator für die beiden Eingangsspannungen U_P und U_N ohne Gegenkopplungsbeschaltung kann das Ausgangssignal nur die Werte U_{B+} und U_{B-} annehmen.

1.7.4 Dynamisches Verhalten von Operationsverstärkern

Frequenzgang. Der innere Aufbau eines Operationsverstärkers aus mehreren direkt gekoppelten Verstärkerstufen bewirkt ein frequenzabhängiges Übertragungsverhalten, das von mehreren Polen und Nullstellen bestimmt wird. Meist liegen nur ein oder zwei Pole im nutzbaren Frequenzbereich. Die Verstärkung ist dann in der Form

$$v_D = \frac{v_{D0}}{\left(1 + j\dfrac{f}{f_1}\right)\left(1 + j\dfrac{f}{f_2}\right)} \quad (1.146)$$

darstellbar. Bild 1.123 zeigt das zugehörige Bode-Diagramm. Die erste Eckfrequenz f_1 bestimmt die Bandbreite der NF-Verstärkung v_{D0}.

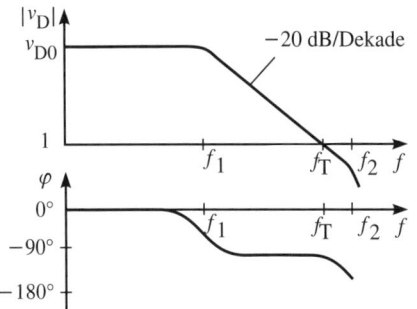

Bild 1.123 Bode-Diagramm der Differenzverstärkung eines OPV

Oberhalb f_1 sinkt die Verstärkung mit 20 dB/Dekade. Bei der *Transitfrequenz* f_T ist sie auf den Betrag $|v_D| = 1$ gesunken. Falls der zweite Pol die Bedingung $f_2 > 3 \cdot f_T$ erfüllt, gilt der Zusammenhang der Einpolnäherung $f_T = |v_D| \cdot f_1$ ausreichend genau.

Deshalb wird f_T auch als *Verstärkungs-Bandbreite-Produkt* bezeichnet. Zur Sicherung der Einpolnäherung werden Operationsverstärker intern oder extern frequenzgangkompensiert.

Slewrate. Bei sprunghafter Ansteuerung des Operationsverstärkers wird eine endliche Anstiegsgeschwindigkeit der Ausgangsspannung, auch Slewrate S_R genannt, sichtbar.

$$S_R = \left.\frac{dU_a}{dt}\right|_{max} \quad (1.147)$$

Bei Großsignalaussteuerung kann dadurch eine Signalverzerrung entstehen.

Die Grundschaltungen mit Operationsverstärkern werden im Abschnitt 2.4 behandelt.

1.7.5 Rauschen in Operationsverstärkern

Alle Halbleiterbauelemente und Widerstände, die in einem Operationsverstärker enthalten sind, tragen zu einem Rauschen an den Ausgangsklemmen bei. Das Gesamtrauschen setzt sich aus thermischem Rauschen, Schrotrauschen und $1/f$-Rauschen zusammen. Es wird innerhalb der Ersatzschaltung in Form von zwei Rauschstromquellen und einer Rauschspannungsquelle am Eingang des ansonsten rauschfreien Verstärkermodells berücksichtigt. Die Rauschströme der beiden Eingänge sind unkorreliert, haben aber die gleiche Intensität [1.5]. Bild 1.125 zeigt die typischen Kurven der effektiven Rauschgrößen. Die Frequenzen f_{thi} und f_{thu} begrenzen den Dominanzbereich des $1/f$-Rauschens.

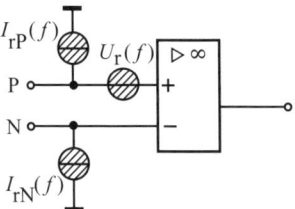

Bild 1.124 Rauschersatzschaltung eines OPV

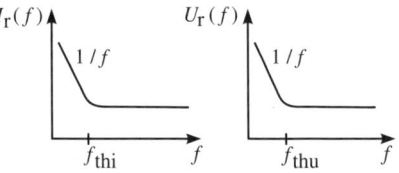

Bild 1.125 Frequenzabhängigkeit der Rauschgrößen eines OPV

1.7.6 Aufgaben

▲ **Aufgabe 1.7.1**

Gegeben ist ein invertierender Verstärker nach Bild 1.126.

a) Berechnen Sie die NF-Spannungsverstärkung der Schaltung $v_{u0} = \underline{U}_a/\underline{U}_e$ bei idealem OPV ($v_D \to \infty$).

b) Welche Abweichung vom idealen Ergebnis tritt bei einer endlichen Verstärkung v_{D0} des OPV auf?

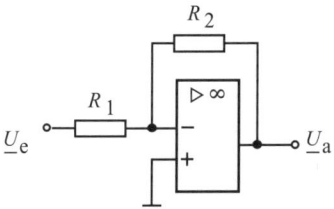

Bild 1.126 Invertierender Verstärker

▲ **Aufgabe 1.7.2**

Welchen Einfluss haben Eingangsruheströme I_P und I_N des ansonsten idealen OPV auf die Schaltung in Bild 1.126? Bestimmen Sie dazu U_A bei $U_E = 0$. Der entstandene Fehler ist durch einen Kompensationswiderstand R_P am P-Eingang des OPV zu korrigieren. Welchen Wert muss dieser Widerstand allg. und für $I_P = I_N$ besitzen?

▲ **Aufgabe 1.7.3**

Ein idealer OPV ohne äußere Beschaltung werde als Komparator genutzt ($U_P = U_1$, $U_N = U_2$). Zeichnen Sie den Ausgangsspannungsverlauf zum gegebenen Eingangsspannungsverlauf nach Bild 1.127. Die Betriebsspannungen des OPV seien $U_{B+} = 10$ V und $U_{B-} = -10$ V.

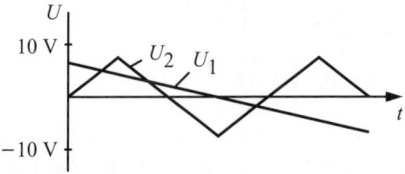

Bild 1.127 Verlauf der Eingangsspannungen

1.8 Optoelektronische Bauelemente und Halbleitersensoren

1.8.1 Fotosensoren

Fotosensoren auf Halbleiterbasis wandeln Licht in elektrische Signale. Sie nutzen dazu die lichtabhängige Generation (Fotogeneration) von Ladungsträgerpaaren.

Weil die Energie der einfallenden Lichtquanten nach Gl. (1.10) größer als die Breite der verbotenen Zone des Halbleitermaterials sein muss, weisen Fotosensoren eine materialtypische spektrale Empfindlichkeit auf. Gewöhnlich erfolgt eine Angabe der Wellenlänge maximaler Empfindlichkeit λ_{max}.

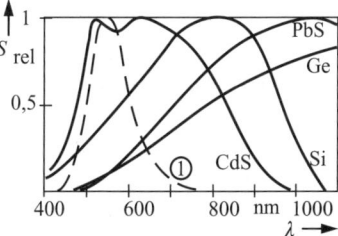

Bild 1.128 Fotoempfindlichkeiten einiger Halbleitermaterialien, (① menschliches Auge)

Fotowiderstand. Der Fotowiderstand ist ein Halbleitergebiet mit homogener Leitfähigkeit. Die infolge Lichteinfall entstehende Fotogeneration erzeugt eine erhöhte Dichte freier Ladungsträgerpaare (Löcher und Elektronen). Diese verbessern die Leitfähigkeit des Halbleiters. Sein Widerstandswert sinkt mit wachsender Beleuchtungsstärke E_{Ph}. Es gilt $R \sim 1/E_{Ph}$.

Verwendung finden Materialien, die einen hohen Dunkelwiderstand R_0 besitzen, z. B. CdS, CdSe, PbSb und InSb.

Bei geringer Beleuchtung weisen Fotowiderstände eine starke Temperaturabhängigkeit auf. Ursache ist die thermische Generation. Sie wird erst bei höherer Fotogeneration überdeckt. Die Anpassungszeit des Widerstandswertes an eine veränderte Beleuchtungsstärke liegt im Millisekundenbereich. Die Einstellzeit auf den Dunkelwiderstand kann mehrere Sekunden betragen. Das Hell-Dunkel-Verhältnis des Widerstandes erreicht mehrere Zehnerpotenzen.

Fotodiode. Die Fotodiode nutzt die Lichtempfindlichkeit des Leckstromes eines gesperrten pn-Übergangs. Eine äußere Sperrspannung sorgt während des Betriebs für eine große Ausdehnung der Sperrschicht. Durch Fotogeneration in dieser Sperrschicht entstandene Ladungsträger werden durch das innere elektrische Feld zu den äußeren Klemmen der Diode abgesaugt und bilden den Fotostrom. Dieser ist dem thermisch bedingten Sperrstrom (Dunkelstrom) überlagert. Es existiert eine direkte Proportionalität des Fotostromes I_F zur Beleuchtungsstärke E_{Ph}. Bild 1.130 enthält neben der typischen Kennlinie einer Fotodiode auch das Ersatzschaltbild.

mit einer hohen Sperrspannung betrieben, weist sie eine geringe Sperrschichtkapazität auf. Dies ermöglicht eine hohe Grenzfrequenz für das Ansprechverhalten ($f_g \geq 10$ MHz).

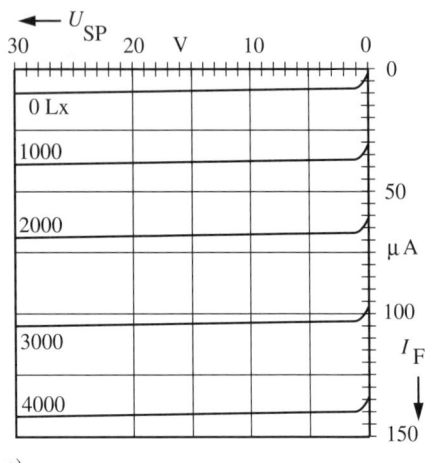
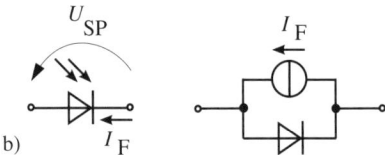

Bild 1.130 a) Kennlinie und b) Ersatzschaltbild einer Fotodiode

❏ **Beispiel 1.25**

Das Kennlinienfeld einer Fotodiode ist in Bild 1.130 dargestellt. Ein Betrieb als Fotosensor erfolgt nach der Schaltung in Bild 1.131.

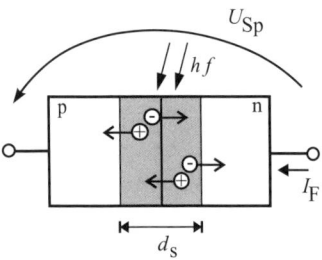

Bild 1.129 Funktionsprinzip einer Fotodiode

Zur Vergrößerung der wirksamen Sperrschichtweite d_s werden Fotodioden oft als pin-Dioden ausgelegt. Die Weite des Eigenleitungsgebietes entspricht dann in guter Näherung der Ausdehnung der wirksamen Generationszone. Fotodioden sind meist auf Siliziumbasis realisiert. Wird die Fotodiode

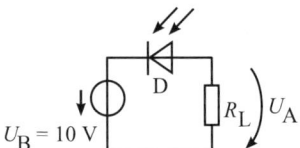

Bild 1.131 Prinzip eines Fotosensors

Wie groß ist die Ausgangsspannung der Schaltung bei $R_L = 100$ kΩ und einer Beleuchtungsstärke von $E_{Ph} = 2\,000$ Lx?

Lösung:

Die Widerstandsgerade des aktiven Zweipols aus U_B und R_L ist durch eine Leerlaufspannung von 10 V und einen Kurzschlussstrom von 100 µA charakterisiert. Ihr Schnittpunkt mit dem Kennlinienast der Fotodiode für 2 000 Lx ergibt sich bei $U_{SP} = 3$ V und $I_F = 68$ µA.

Entsprechend der Spannungsmasche beträgt die Ausgangsspannung $U_A = 7$ V.

Fototransistor. Fototransistoren nutzen die gesperrte Kollektor-Basis-Diode als Fotogenerationszone. Die Basis besitzt i. Allg. keinen äußeren Anschluss.

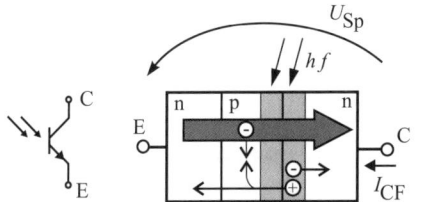

Bild 1.132 Symbol und Funktionsprinzip des Fototransistors

Bild 1.132 verdeutlicht die Funktion eines npn-Fototransistors. Die generierten Löcher fließen über die Basis-Emitter-Diode ab. Da kein externer Basisstrom existiert, bilden diese Löcher einen internen Basisstrom, der einen, um den Faktor B_N verstärkten zusätzlichen Kollektorstromanteil zur Folge hat. Es gilt $I_{CF} \approx B_N I_F$ und somit ebenfalls eine direkte Proportionalität zur Beleuchtungsstärke. Die Grenzfrequenz von Fototransistoren liegt jedoch wesentlich niedriger als die von Fotodioden.

Solarzellen. Solarzellen sind großflächige Fotodioden, die als aktive Halbleiterbauelemente zur Umwandlung von Licht in elektrische Energie genutzt werden. Im 4. Quadranten repräsentiert die Kennlinie einer Fotodiode einen aktiven Zweipol. Der Kurzschlussstrom entspricht dem Fotostrom I_F, die Leerlaufspannung U_L beträgt bei Siliziumzellen ca. 0,5 V. Die Zusammenschaltung mit einem ohmschen Verbraucher liefert einen Arbeitspunkt (U_A, I_A), der vom Widerstandswert R_L des Verbrauchers bestimmt wird (siehe Bild 1.133). Die optimale Wahl dieses Arbeitspunktes erfolgt aus der Sicht der maximal abgebbaren Leistung $P_{ab} = U_A \cdot I_A$. Diese ist über den Kurzschlussstrom beleuchtungsabhängig. R_L ist folglich an den jeweiligen Fotostrom anzupassen.

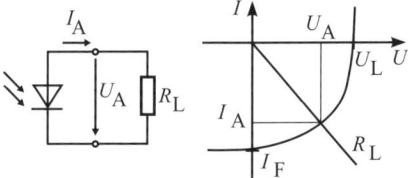

Bild 1.133 Solarzelle mit ohmscher Last

Im Interesse eines niedrigen Preises werden Solarzellen zunehmend aus polykristallinem oder amorphem Silizium hergestellt. Diese Materialien besitzen jedoch einen kleineren Wirkungsgrad als monokristallines Silizium [1.16].

Tabelle 1.5 Fotoelektrische Eigenschaften von Silizium

Material	Wirkungsgrad	Fotostromdichte
monokristallin	< 18 %	30 mA/cm^2
polykristallin	< 12 %	20 mA/cm^2
amorph	< 7 %	12 mA/cm^2

Die Größe einzelner Solarzellen liegt herstellungsbedingt bei ca. 12…15 cm im Durchmesser (bzw. Quadrat). Für energietechnische Anlagen ist die Reihen- und Parallelschaltung vieler Einzelzellen nötig.

1.8.2 Leuchtdioden

Leuchtdioden (LED) sind lichtemittierende Bauelemente. Die Umwandlung von elektrischem Strom in Licht ist nur bei einigen Halbleitermaterialien möglich. Typische Vertreter sind GaAs, InP und GaP. In diesen direkten Halbleitern kann die bei Rekombinationsprozessen von Elektronen-Loch-Paaren freiwerdende Energie in Form eines Lichtquants ($W_{Ph} = h \cdot f$) abgegeben werden.

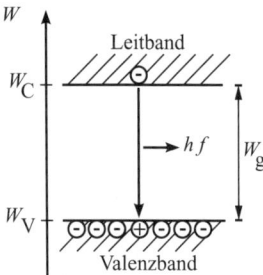

Bild 1.134 Strahlungserzeugung durch Band-Band-Übergang

Bei direkter Rekombination, dem Band-Band-Übergang eines Elektrons (Bild 1.134), korrespondiert die Frequenz des emittierten Lichts direkt mit der Breite der verbotenen Zone $W_g = h \cdot f$. Fließt durch eine solche Fotodiode ein relativ hoher Strom, steigen die Ladungsträgerdichten am pn-Übergang weit über die Gleichgewichtsdichten. Daraus resultieren erhöhte Rekombinationsraten, verbunden mit einer starken Lichtaussendung. Der Spektralbereich des entstehenden Lichts ist eng begrenzt. Er hängt vom verwendeten Halbleitermaterial und dessen Breite der verbotenen Zone ab.

Es können aber auch gemischte Rekombinationsvorgänge zur Lichtemission genutzt werden. Die Energieabgabe erfolgt dann in zwei Stufen über ein energetisches Zwischenniveau, meist ein spezielles Störstellenniveau.

Diese Donator-Akzeptor-Übergänge gestatten eine gezielte Variation der Lichtwellenlänge.

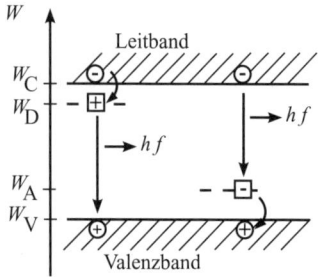

Bild 1.135 Strahlungserzeugung durch Donator-Akzeptor-Übergänge

Tabelle 1.6 Kennwerte von Leuchtdioden

Farbe	Wellenlänge	Material	Flussspannung
infrarot	950 nm	InP	1,1 V
infrarot	900 nm	GaAs	1,3 … 1,5 V
rot	655 nm	GaAsP	1,6 … 1,8 V
orange	630 nm	GaAsP	2,0 … 2,2 V
gelb	590 nm	GaAsP, GaP	2,2 … 2,4 V
grün	560 nm	GaP	2,4 … 2,8 V
blau	490 nm	SiC, ZnSe	3,0 … 3,5 V

Der Betrieb von Leuchtdioden erfordert die Einhaltung eines bestimmten optimalen Diodenstromes, um die volle Leuchtstärke zu erzielen. Die Werte liegen bei 5 … 25 mA. Die Leuchtdichte ist über einen weiten Bereich direkt proportional zum Durchlassstrom.

Ausführungsformen. Neben einzelnen LEDs, deren Lichtaustrittsöffnungen rund, quadratisch, rechteckig oder beliebig anders an das geforderte Aussehen der Lichtquelle angepasst sein können, sind insbesondere Ziffernanzeigeelemente von Bedeutung. Am meisten verbreitet sind 7-Segmentanzeigen, die auch zu mehreren Ziffern zusammengefasst werden können. Dabei ist jedes Anzeigesegment eine Leuchtdiode. Meist sind die Anoden aller Segmente zu einem gemeinsamen Anodenanschluss verbunden. Die Katoden der Segmente werden mit a, b, c, ..., g bezeichnet.

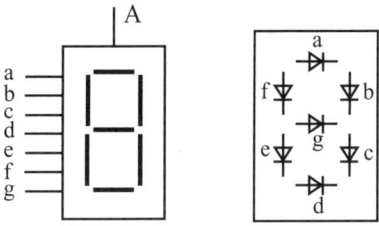

Bild 1.136 7-Segmentanzeige-LED

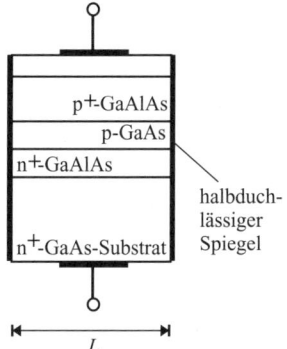

Bild 1.137 Aufbau einer Laserdiode

Laserdioden. Im Unterschied zur spontanen Rekombination in einer LED erfolgt in Laserdioden eine stimulierte Rekombination. Dabei regt ein emittiertes Photon der Energie $W_{Ph} = h \cdot f$ ein weiteres Elektron im Leitungsband zu einer strahlenden Rekombination [1.16] an, die Licht der gleichen Frequenz erzeugt. Diese stimulierte Lichtemission setzt nur ein, wenn sich mehr Elektronen auf höheren Energieniveaus im Leitband befinden, als auf niedrigeren Niveaus im Valenzband (Besetzungsinversion) und wenn die entstehenden Lichtwellen den Halbleiter nicht sofort verlassen können, sondern an den Rändern mehrfach reflektiert werden und sich dadurch eine optische Rückkopplung bildet. Zur Erzielung der Besetzungsinversion sind sehr hohe Dotierungen der Halbleitergebiete und ein großer Diodenstrom nötig. Die Lichtreflexion wird durch geschliffene und halbdurchlässig verspiegelte Endflächen des Halbleiters erreicht. Durch geschichtete Materialkombinationen mit unterschiedlichem W_g erfolgt eine Eingrenzung der Emissionszone auf einen kleinen Halbleiterbereich, im Bild 1.137 die p-GaAs-Zone.

Durch die seitlichen Spiegelflächen entsteht ein optischer Resonator der Länge l. Die gewünschte Wellenlänge λ des Lichts resultiert bei erfüllter Schwingbedingung [1.5] aus der Phasenbeziehung

$$\frac{m}{n}\frac{\lambda}{2} = l \tag{1.148}$$

Darin stellt n den Brechungsindex an der Spiegelfläche und m die Ordnung des Resonatormodes dar. Gleichzeitig gilt mit der Lichtgeschwindigkeit c

$$W_g = h \cdot f = \frac{h \cdot c}{\lambda} \tag{1.149}$$

Durch dieses Resonatorsystem ist die emittierte Strahlung auf einzelne Spektrallinien beschränkt. Anwendung finden Laserdioden hauptsächlich in der optischen Nachrichtentechnik. Die Frequenz des Lichts wird genau auf die ideale Übertragungsfrequenz von Lichtwellenleitern abgestimmt, um möglichst lange Übertragungsstrecken ohne Zwischenverstärker aufzubauen.

1.8.3 Optokoppler

Optokoppler sind Signalübertragungsglieder, bestehend aus einer LED als Lichtquelle und einer Fotodiode (bzw. Fototransistor) als

Empfänger. Beide Elemente befinden sich in einem gemeinsamen Gehäuse, das eine optische Kopplung von Sender und Empfänger ohne äußere Beeinflussung erlaubt. Elektrisch sind Eingang und Ausgang des Optokopplers voneinander isoliert, was eine Signalübertragung zwischen unterschiedlichen Potenzialen erlaubt.

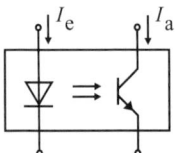

Bild 1.138 Schaltsymbol eines Optokopplers

Wichtiger Parameter eines Optokopplers ist sein Koppelfaktor $CTR = I_a/I_e$ (Current Transfer Rate). Er liegt je nach Ausführung des Fotosensors bei $10^{-3} \ldots 10$. Die Eigenschaften der beiden Teilelemente liefern eine gute Proportionalität von Eingangs- und Ausgangsstrom. Der Optokoppler ist zur Übertragung digitaler und analoger Signale geeignet.

1.8.4 Spezielle Halbleitersensoren

1.8.4.1 Temperatursensoren

Temperatursensoren sind in drei Gruppen einteilbar:

- Thermowiderstände (Thermistoren),
- Thermoelemente,
- thermische Dioden.

Thermistoren. Thermistoren gehören zu den Volumenhalbleitern. Genutzt wird die Widerstandsänderung eines homogenen Halbleitergebietes in Abhängigkeit von der Bauelementetemperatur. Der Temperaturkoeffizient kann positiv (Kaltleiter) oder negativ (Heißleiter) sein. Es liegt eine nichtlineare Temperaturabhängigkeit des Widerstandswertes vor. Das wichtigste Anwendungsgebiet sind Temperaturmessfühler.

Heißleiter. Heißleiter (NTC-Widerstände; Negativ Temperature Coefficient) werden aus speziellen Halbleitermaterialien, meist gesinterte Metalloxide, hergestellt. Ihre exponentielle Temperaturabhängigkeit resultiert aus thermisch bedingter Ladungsträgergeneration.

$$R_T = R_0 \cdot e^{-b\left(\frac{1}{T_0} - \frac{1}{T}\right)} \quad (1.150)$$

Die Materialkonstante b und der Bezugswiderstand R_0 bei Bezugstemperatur T_0 sind die charakteristischen Bauelementeparameter. Der Temperaturkoeffizient TK_R ist temperaturabhängig.

$$TK_R = \frac{dR}{dT}\frac{1}{R} = -\frac{b}{T^2} \quad (1.151)$$

Bei Einspeisung eines Konstantstromes in den Thermistor ergibt sich die Sensorkennlinie eines Temperatur-Spannungs-Wandlers zu:

$$U_t = I_0 R_0 \cdot e^{-b\left(\frac{1}{T_0} - \frac{1}{T}\right)} \quad (1.152)$$

Neben der Fremderwärmung kann auch die Eigenerwärmung infolge der Verlustleistung P_V den Widerstandswert beeinflussen und zu einer Verfälschung von Messwerten um ein ΔT führen.

$$\Delta T = \frac{P_V}{G_{th}} = \frac{I^2 R_T}{G_{th}} \quad (1.153)$$

Der thermische Leitwert G_{th} des Thermistors ergibt sich aus Wärmeleitung und Konvektion und ist konstruktionsbedingt. Er liegt bei einigen mW/K. Im ungünstigsten Fall kann ein Mitkoppeleffekt zwischen Eigenerwärmung, resultierender Widerstandsreduzierung, Stromanstieg und weitere Eigenerwärmung auftreten. Eine externe Strombegrenzung schafft Abhilfe.

Die wichtigsten Anwendungen von Heißleitern sind:

- Temperaturmessfühler,
- Kompensation von positiven Temperaturkoeffizienten anderer Bauelemente (Stabilisierung von Arbeitspunkten empfindlicher Bauelemente),
- Anlassheißleiter zur Einschaltstrombegrenzung bei Glühlampen.

Kaltleiter. Kaltleiter (PTC-Widerstände; Positiv Temperature Coefficient) besitzen innerhalb eines bestimmten Temperaturbereichs einen positiven Temperaturkoeffizienten TK_R (siehe Bild 1.139). Im Bereich $T_N \leqq T \leqq T_E$ gilt für die Temperaturabhängigkeit des Widerstandes:

$$R_T = R_N \cdot e^{TK_R(T-T_N)} \quad (1.154)$$

Sie wird bei bestimmten Titankeramiken durch den ferroelektrischen Effekt hervorgerufen.

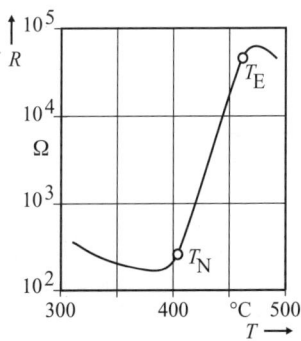

Bild 1.139 Kennlinie eines Kaltleiters

Neben dem Einsatz als Temperaturmessfühler eignen sich Kaltleiter als Überlastschutz zur Kurzschlussstrombegrenzung. Die Eigenerwärmung bei großen Strömen erhöht den Widerstandswert und bewirkt einen Begrenzungseffekt für hohe Lastströme.

Thermoelemente. Ein Thermoelement wird im Zustand der Störstellenreserve des Halbleiters genutzt. Bei unterschiedlicher Erwärmung der beiden Enden des Halbleitergebietes entsteht eine ortsabhängige Ionisationsrate der Störstellen. Im Bild 1.140 ist dies an einem n-Halbleiter veranschaulicht. Der resultierende Gradient der Elektronendichte ruft eine Diffusion von Elektronen zum kalten Ende hervor. Es entsteht ein Überschuss an negativen Ladungen am kalten Ende. Am warmen Ende bleibt ein Überschuss an positiven Ladungen zurück.

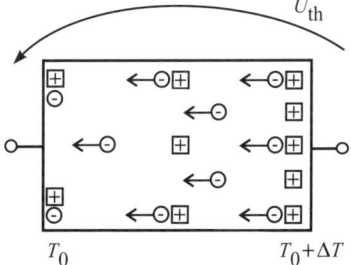

Bild 1.140 Wirkprinzip eines Thermoelements

Als Folge ergibt sich eine Spannung über dem Halbleiter. Diese Thermospannung U_{th} ist proportional zur Temperaturdifferenz.

$$U_{th} = K_S \cdot \Delta T \quad (1.155)$$

Proportionalitätsfaktor ist die Thermokraft K_S (Seebeck-Konstante).

Thermische Diode. Die Nutzung einer gewöhnlichen Diode als Temperatursensor basiert auf der exponentiellen Temperaturabhängigkeit des Sperrstroms, wie er in Gl. (1.42) beschrieben ist. Dabei erfolgt die Versorgung der Diode mit einer konstanten Sperrspannung.

1.8.4.2 Magnetfeldsensoren

Grundprinzip von Magnetfeldsensoren ist die Wirkung der Lorentz-Kraft auf bewegte Ladungen im Magnetfeld.

Magnetowiderstand. Beim Magnetowiderstand bewirkt die Lorentz-Kraft eine Verlängerung des Ladungstransportweges der Ladungen und dadurch eine Erhöhung des Widerstandswertes eines homogenen Halbleitergebietes.

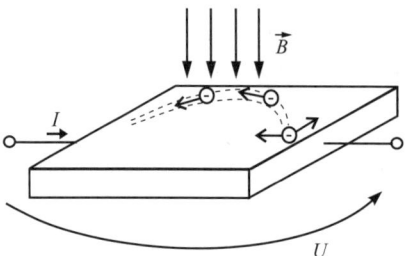

Bild 1.141 Wirkprinzip des Magnetowiderstands

Ohne Magnetfeld würden sich die Elektronen bei Einspeisung eines Stromes auf kürzestem Weg durch den Halbleiter bewegen. Unter dem Einfluss des Magnetfeldes erfahren sie eine Ablenkung von diesem direkten Weg. Die Strombahnen werden länger. Der Widerstand steigt annähernd quadratisch mit der Flussdichte B des Magnetfeldes.

$$R_M = R_0(1 + K_M B^2) \quad (1.156)$$

Bei Stromeinspeisung fällt über dem Magnetowiderstand eine Spannung $U_M = I_0 \cdot R_M$ ab, die ebenfalls diese Abhängigkeit aufweist.

Praktische Ausführungen verwenden InSb-Widerstände, in die senkrecht zum Stromfluss liegende, gut leitende, NiSb-Nadeln eingelagert sind. Diese bilden einen Kurzschluss für den gleichzeitig auftretenden Hall-Effekt, so dass er unwirksam bleibt und der Ladungsträgerauslenkung nicht entgegen wirkt.

Hall-Element. Beim Hall-Element wird die infolge der Lorentz-Kraft im magnetfelddurchsetzten Halbleiter entstehende Ladungstrennung ausgewertet. Sie bewirkt ein elektrisches Feld in Richtung dieser Ladungstrennung, also senkrecht zur direkten Stromrichtung im Halbleiter. Das Integral über die Feldstärke liefert an zusätzlichen Kontakten am seitlichen Halbleiterrand die Hall-Spannung U_H.

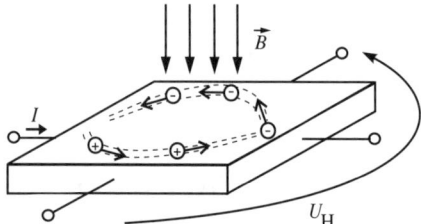

Bild 1.142 Wirkprinzip des Hall-Elements

Die Hall-Spannung ist direkt proportional zur magnetischen Flussdichte B und zum Strom I_0. Als Sensorkennlinie ergibt sich:

$$U_H = K_H I_0 B \quad (1.157)$$

Der Proportionalitätsfaktor K_H ist material- und konstruktionsabhängig [1.18]. Als Material kommt wegen seines hohen Hall-Faktors K_H meist Indiumantimonid (InSb) zum Einsatz. Die Anwendung von Hall-Elementen in kontaktlosen Schaltelementen ist weit verbreitet.

1.8.4.3 Piezowandler

Piezoresistive Wandler. Als piezoresistive Wandler (Piezowiderstände) werden Halbleiterwiderstände genutzt, die auf einer dünnen Halbleitermembran (meist Silizium) hergestellt sind. Deren mechanische Druckbelastung bewirkt eine Durchbiegung des Halbleitergebietes und folglich eine Dehnung $\delta = \Delta L / L$ des Materials. Die relative Widerstandsänderung des Halbleiters verhält sich proportional zu dieser Dehnung.

$$\frac{\Delta R}{R} = \left(1 + \pi_\varrho + 2\nu\right)\delta \quad (1.158)$$

π_ϱ piezoresistiver Koeffizient
ν Querkontraktionszahl

1.8 Optoelektronische Bauelemente und Halbleitersensoren

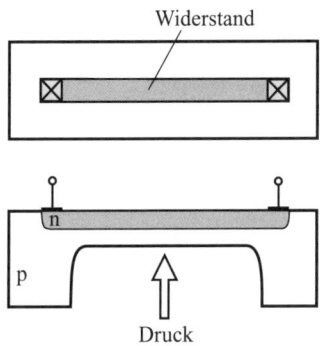

Bild 1.143 Querschnitt eines Piezowiderstandes

Bei Einspeisung eines Konstantstromes erfolgt eine Auswertung der Widerstandsänderung über die abgreifbare Spannungsänderung. In Miniatursensoren werden mehrere Widerstände zu einer Brückenschaltung gruppiert und gemeinsam mit dem Auswerteverstärker auf einem Halbleiterchip integriert. Dies erhöht die Empfindlichkeit.

Piezoelektrische Wandler. Bei piezoelektrischen Materialien, z. B. Quarz, ZnO und speziellen Keramiken, entstehen infolge von Druckeinwirkung innere Ladungsverschiebungen (piezoelektrischer Effekt), die an den äußeren Anschlüssen eine Piezospannung U_P verursachen.

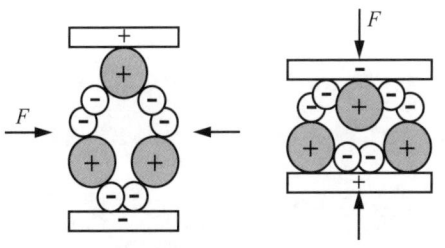

Bild 1.144 Piezoelektrischer Effekt bei Quarz, drei Si^{4+}- und sechs O^{2-}-Ionen (aus [1.8])

Diese Eigenschaft kann in integrierten Kapazitäten genutzt werden. Die Piezospannung U_P ist proportional zur Strukturstauchung Δx.

$$U_P = \frac{\Delta x}{d_{mn}} \qquad (1.159)$$

Der Piezomodul d_{mn} ist abhängig von der Deformationsrichtung und der Richtung einer überlagerten Gleichspannung, die bei den meisten piezoelektrischen Materialien erforderlich ist.

Die Nutzung des piezoelektrischen Effekts am Gateisolator von MOSFETs liefert eine zusätzliche druckabhängige Beeinflussung der Strom-Spannungs-Kennlinie, wie sie Bild 1.145 zeigt.

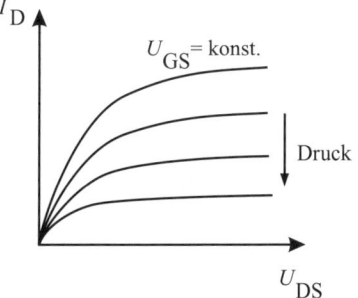

Bild 1.145 Kennlinie eines Piezo-MOSFET

1.8.5 Aufgaben

▲ **Aufgabe 1.8.1**
Mit der in Beispiel 1.25 angegebenen Schaltung einer Fotodiode sollen Beleuchtungsstärken zwischen 0 und 4 000 Lx so erfasst werden, dass sich eine maximale lineare Spannungsänderung über dem Widerstand R_L ergibt.

a) Zeichnen Sie die erforderliche Widerstandskennlinie in das Diodenkennlinienfeld ein. (Kennlinie des aktiven Zweipols aus U_B und R_L.)

b) Welcher Wert für R_L ist optimal zur Erfüllung der obigen Forderung?

c) Wie groß sind die Spannungen U_A (0 Lx), U_A (2 000 Lx) und U_A (4 000 Lx)?

▲ Aufgabe 1.8.2

Für eine GaP-Leuchtdiode (rot) ist eine maximale Verlustleistung $P_{V\max} = 50$ mW zugelassen. Sie besitzt ein $U_{F0} = 1{,}6$ V. Die Diode soll an einer Versorgungsspannung $U_B = 12$ V mit einem Strom von $0{,}4 \cdot I_{\max}$ betrieben werden (Bild 1.146). Welcher Vorwiderstand R_V ist notwendig?

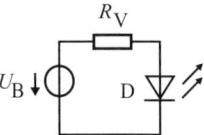

Bild 1.146 Prinzipschaltung einer Leuchtdiode

▲ Aufgabe 1.8.3

Es ist die Schaltung einer Lichtschranke (Bild 1.147) zu dimensionieren. Die Forderung für sicheres Schalten ist ein Übersteuerungsfaktor $m = 6$ für den Schalttransistor.

Gegeben sind folgende Parameter:

Fototransistor: $I_{CF} = 50\ \mu\text{A/Lx}$,

$U_{CES} = 0{,}3$ V

Schalttransistor: $B_N = 120$, $U_{CES} = 0{,}2$ V,

$U_{BEF} = 0{,}7$ V

Beleuchtungsstärken am Fototransistor:
$E_0 = 200$ Lx (Lichtschranke unterbrochen)
$E_1 = 2000$ Lx (Lichtschranke nicht unterbrochen)

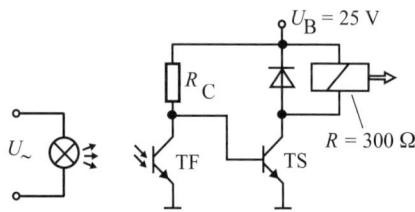

Bild 1.147 Lichtschranke mit Fototransistor

▲ Aufgabe 1.8.4

Ein Heißleiter mit den Parametern:
$R_0(T = 293\ \text{K}) = 4{,}7$ kΩ und $b = 3\,250$ K wird in der einfachen Temperaturmessschaltung nach Bild 1.148 als Sensor genutzt. Es sind die Messströme I_{mess} bei 293 K, 343 K und 393 K sowie den Vorwiderstandswerten R_V von 50 Ω, 500 Ω und 5 000 Ω in einem Diagramm über der Temperatur aufzutragen. Die Ströme sind auf den jeweiligen Wert bei $T = 343$ K zu normieren. Bei welchem Widerstandswert R_V besitzt die Messschaltung die beste Linearität?

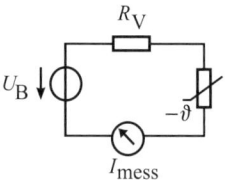

Bild 1.148 Temperatursensor

2 Analogtechnik

Die Analogtechnik umfasst alle schaltungstechnischen Lösungen zur Verarbeitung kontinuierlicher Signale. Diese Signale sind im allgemeinen Ströme und Spannungen, deren Informationsgehalt durch stetige Zeitfunktionen beschreibbar ist. Elektronische Schaltungen realisieren signalverarbeitende Funktionen durch Netzwerke aus elektronischen Bauelementen. Die wichtigsten Funktionseinheiten sind in Tabelle 2.1 zusammengestellt. Diese werden durch charakteristische Baugruppen realisiert. Durch Zusammenschalten solcher Funktionseinheiten lassen sich komplexe signalverarbeitende Systeme zusammensetzen.

Tabelle 2.1 Funktionseinheiten der Analogtechnik

Funktion	Schaltung
Signalverstärkung	Spannungsverstärker
Signalerzeugung	Oszillator, Signalgenerator, Referenzspannungsquelle
Signalverknüpfung	Summierer, Multiplizierer, Modulator
Signalformung	Filter, Integrator, Differenzierer, Logarithmierer
Signalwandlung	A/D- und D/A-Wandler, U/I- und I/U-Wandler, Q/U-Wandler, U/f-Wandler
Signalaufnahme	Sensoren
Signalausgabe	Aktoren
Betriebsspannungsversorgung	Gleichrichter, Siebglied, Spannungsregler, Netzteil

Für alle wichtigen Funktionseinheiten existieren zahlreiche schaltungstechnische Umsetzungen, bei denen sich die funktionelle Qualität und der Bauelementeaufwand proportional verhalten. In den meisten Fällen werden die Funktionsgruppen durch die Kombination von typischen analogen Grundschaltungen realisiert. Die Kenntnis dieser universell einsetzbaren Bauelöcke gehört zum wichtigsten Handwerkszeug des Schaltungstechnikers. Zu ihnen gehören Verstärkerstufen, Differenzstufen, Stromspiegel, Referenzspannungsquellen, Stromquellen und Leistungsendstufen.

2.1 Berechnungsmethoden elektronischer Schaltungen

2.1.1 Ersatzschaltbilder

Ersatzschaltbilder stellen eine elektrische Interpretation der Funktion eines elektronischen Bauelementes bzw. einer elektronischen Baugruppe in Form eines Netzwerkes (elektrisches Netzwerkmodell des realen Bauelementes) dar. Die komplexe Funktion des Bauelementes oder der Baugruppe wird in einem Ersatzschaltbild in einige wichtige Teilfunktionen zergliedert. Die Netzwerkelemente widerspiegeln einzelne Eigenschaften bzw. Teilfunktionen. Direkte Zusammenhänge bestehen zwischen messbaren Kennlinien eines Bauelementes, den Ersatzschaltbildelementen und den Kennliniengleichungen. Die Genauigkeit der Repräsentation des realen Verhaltens wird entsprechend den Notwendigkeiten gewählt. Auf der Basis der Ersatzschaltbilder wird eine überschaubare Netzwerkberechnung der Gesamtschaltung (Bauelement mit äußerer Beschaltung) möglich.

Wichtige Elemente von Ersatzschaltbildern sind Widerstände, Kondensatoren, Spulen, Konstantstrom- und Spannungsquellen sowie gesteuerte Quellen (stromgesteuerte Strom- und Spannungsquellen, spannungsgesteuerte Strom- und Spannungsquellen).

Gesteuerte Quellen. Die Ströme bzw. Spannungen dieser Quellen sind von anderen Zweigspannungen bzw. Zweigströmen der Ersatzschaltung abhängig. Ursache und Wirkung der Steuerung liegen an verschiedenen Stellen in der Ersatzschaltung (siehe Bild 2.1).

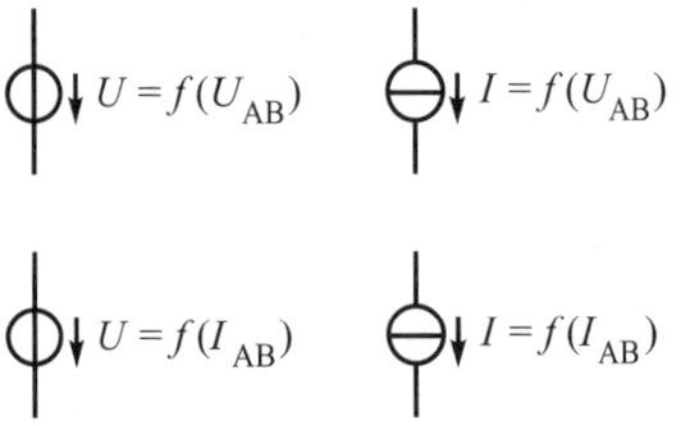

Bild 2.1 Gesteuerte Quellen, U_{AB} Spannung zwischen zwei Netzwerkknoten, I_{AB} Zweigstrom

❑ **Beispiel 2.1**

Die reale exponentielle Kennlinie einer Diode ist durch eine stückweise lineare Näherung zu ersetzen und das entsprechende Ersatzschaltbild zu entwickeln.

Lösung:

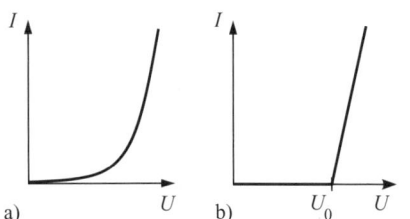

Bild 2.2 Diodenkennlinie
a) real, b) stückweise lineare Näherung

Die stückweise lineare Näherung der Diodenkennlinie lässt sich durch

$$I = \begin{cases} 0 & \text{für } U \leq U_0 \\ \dfrac{1}{R_{ers}}(U - U_0) & \text{für } U \geq U_0 \end{cases}$$

beschreiben. Da keine geschlossene mathematische Beschreibung existiert, ergibt sich für beide Teilbereiche eine separate Ersatzschaltung.

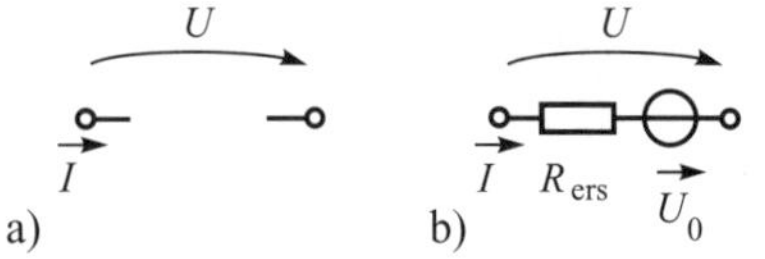

Bild 2.3 Ersatzschaltungen der Diodennäherung
a) für $U \leq U_0$, b) für $U \geq U_0$

2.1.2 Groß- und Kleinsignalanalyse

Großsignalanalyse. Halbleiterbauelemente haben i. Allg. ein nichtlineares Verhalten, d. h., die Zusammenhänge zwischen Ein- und Ausgangsgrößen (meist Strom und Spannung) sind nichtlinear. Die Auswirkungen dieser Nichtlinearitäten auf die Signalübertragung wachsen mit steigender Signalamplitude. Die Behandlung analoger Schaltungen mit den aus der Elektrotechnik bekannten Verfahren der Netzwerkanalyse führen auf komplizierte nichtlineare Gleichungen bzw. Differenzialgleichungssysteme, deren Berechnung einige Schwierigkeiten bereitet. Alternative Lösungsmöglichkeiten ergeben sich durch grafische Methoden oder nummerische Verfahren.

Grafische Berechnungsverfahren für elektronisch Netzwerke basieren auf der Zerlegung der Schaltung in nichtlineare Teile, i. Allg. die Halbleiterbauelemente selbst, und den restlichen linearen Teil. Sie sind auch anwendbar, wenn das Bauelementeverhalten nur messtechnisch bestimmbar ist und werden häufig für die *Arbeitspunktberechnung* benutzt (siehe Bild 2.4).

Zu den *nummerischen Berechnungsverfahren* zählt die Simulation der Schaltung mittels einer Netzwerkanalysesoftware (z. B. PSpice [2.1]). Erst diese ermöglichen eine schnelle und genaue Bewertung des Einflusses von Nichtlinearitäten auf das zu übertragende Signal. Genannt sei hier die *Klirrfaktoranalyse*.

2.1 Berechnungsmethoden elektronischer Schaltungen

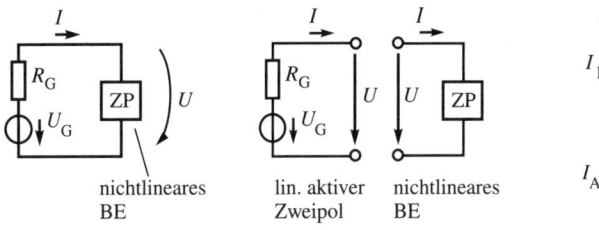

Bild 2.4 Grafische Arbeitspunktanalyse

Die in der Netzwerksimulation verwendeten Großsignalmodelle der Bauelemente basieren für Bipolartransistoren auf dem Gummel-Poon-Modell (siehe Abschnitt 1.3.2) und für MOSFET auf den Gleichungen (1.104) bis (1.120) [2.2], [2.3], [2.4], [2.5].

Arbeitspunkt. Durch stationäre Ströme und Spannungen gekennzeichneter Ruhezustand einer Schaltung bei fehlendem Eingangssignal.

Kleinsignalanalyse. Meist wird von analogen Schaltungen die lineare (unverzerrte) Übertragung eines Signals erwartet. Besitzt das Signal eine kleine Amplitude, dann werden die Ströme und Spannungen in der Schaltung nur geringfügig gegenüber ihren Arbeitspunktwerten U_0, I_0 verändert (siehe Bild 2.5). Die nichtlineare Kennlinie von Bauelement bzw. Schaltung $I_2 = f(U_1)$ kann dann durch deren Anstieg im Arbeitspunkt angenähert werden. Es gilt

$$\Delta I_2 = \left.\frac{dI_2}{dU_1}\right|_{U_{10}} \cdot \Delta U_1$$

Die Berechnung der Schaltung vereinfacht sich dadurch enorm, denn es entstehen nur noch lineare Übertragungsfunktionen. Für sinusförmige Eingangssignale ergeben sich dann unverzerrte rein sinusförmige Ausgangssignale. In komplexer Schreibweise ergibt sich

$$\underline{I}_2 = \left.\frac{dI_2}{dU_1}\right|_{U_{10}} \cdot \underline{U}_1$$

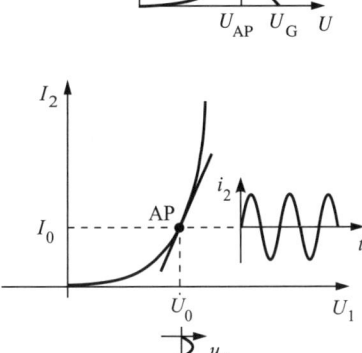

Bild 2.5 Linearisierung im Arbeitspunkt

Der Proportionalitätsfaktor $\left.\dfrac{dI_2}{dU_1}\right|_{U_{10}}$ stellt den entsprechenden Kleinsignalübertragungsfaktor dar. Im Beispiel besitzt er die Dimension eines Leitwertes, dessen Zahlenwert von der Arbeitspunktlage abhängig ist.

Dieses lineare Übertragungsverhalten entspricht dem realen Verhalten der Schaltung um so besser, je kleiner die Amplitude des Signals ist. Man spricht auch vom Kleinsignalverhalten einer Schaltung.

2.1.3 Kleinsignalersatzschaltung

Auf der Basis der Kleinsignalmodelle aller Bauelemente einer Schaltung wird zur Berechnung des Kleinsignalübertragungsverhaltens ein Kleinsignalersatzschaltbild für die gesamte Schaltung gebildet. Dieses liefert einen linearen Zusammenhang zwischen den Ein- und Ausgangsgrößen und eignet sich ausschließlich zur Berechnung des Kleinsignalübertragungsverhaltens. Sinusförmige Eingangssignale führen dann auf rein sinusförmige Ausgangssignale.

Zur Gewinnung des Kleinsignalersatzschaltbildes einer Schaltung sind deren Gleichspannungsquellen durch Kurzschlüsse und die Konstantstromquellen durch Leerlauf zu ersetzen.

❏ **Beispiel 2.2**

Für den in Bild 2.6 gezeigten Transistorverstärker ist die Kleinsignalersatzschaltung abzuleiten.

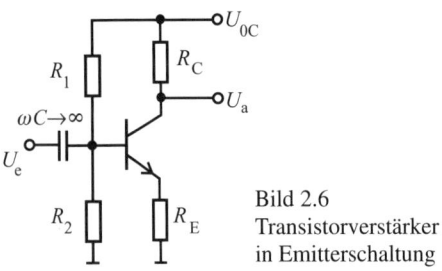

Bild 2.6
Transistorverstärker
in Emitterschaltung

Lösung:

Für den Transistor ist die aus Abschnitt 1.3 bekannte Kleinsignalersatzschaltung zu benutzen. Die Betriebsspannungsquelle stellt einen Kleinsignalkurzschluss dar. Bild 2.7 zeigt das Ersatzschaltbild.

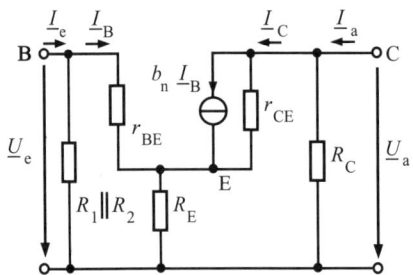

Bild 2.7 Kleinsignalersatzschaltung des Transistorverstärkers aus Bild 2.6

2.1.4 Vierpoldarstellung

Ein Vierpol ist eine Schaltung mit vier äußeren Anschlüssen, von denen zwei den Eingang und zwei den Ausgang eines Zweitors bilden (siehe Bild 2.8).

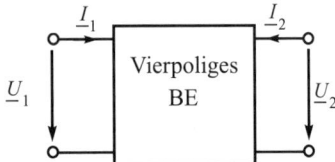

Bild 2.8 Vierpol mit Ein- und Ausgangsgrößen

Klassifizierung von Vierpolen. Nach der Vierpoltheorie können Vierpole durch folgende Merkmale klassifiziert werden.

Linearität: Vierpole mit linearem Zusammenhang zwischen Ein- und Ausgangsgrößen heißen linear, anderenfalls nichtlinear. Ein Maß für die Nichtlinearität der Signalübertragung ist der Klirrfaktor K des Ausgangssignals bei rein sinusförmigem Eingangssignal.

$$K = \frac{\sqrt{\sum_{i=2}^{\infty} \tilde{U}_i^2}}{\sqrt{\sum_{i=1}^{\infty} \tilde{U}_i^2}} \tag{2.1}$$

Der Quotient des Effektivwertes der Oberwellen bezogen auf den Gesamteffektivwert des Signals beschreibt den Verzerrungsgrad des Signals.

Leistungsbilanz: Aktive Vierpole enthalten Strom- oder Spannungsquellen, die auch von den Eingangsgrößen gesteuert sein können. Passive Vierpole enthalten keine Quellen. Die Leistungsbilanz aktiver Vierpole lautet:

$$P_{Sa} + P_V = P_{Se} + P_H \tag{2.2}$$

Die abgegebene Leistung setzt sich aus abgegebener Signalleistung P_{Sa} und im Vierpol umgesetzter Wärmeverlustleistung P_V zusammen. Zugeführt wird die Eingangssignalleistung P_{Se} und eine Hilfsleistung P_H aus der Stromversorgung.

Rückwirkungsfreiheit: Vierpole sind rückwirkungsfrei, wenn die Eingangsgrößen nicht durch die Ausgangsgrößen beeinflussbar sind. Eine Signalübertragung existiert nur in eine Richtung.

Symmetrie: Vierpole sind symmetrisch, wenn eine Vertauschung der Ein- und Ausgangsklemmen das elektrische Verhalten nicht beeinflusst.

Umkehrbarkeit: Umkehrbare Vierpole besitzen in beide Richtungen den gleichen Übertragungswiderstand bzw. Übertragungsleitwert. Es gilt

$$\underline{Z}_{12} = \underline{Z}_{21} \quad \text{und} \quad \underline{Y}_{12} = \underline{Y}_{21}$$

Die Vierpoldarstellung wird in der analogen Schaltungstechnik zur Beschreibung des Kleinsignalverhaltens elektronischer Schaltungen genutzt.

Vierpolgleichungen. Das Übertragungsverhalten linearer Vierpole wird durch ein lineares Gleichungssystem, die Vierpolgleichungen, vollständig beschrieben. Die Beziehungen der vier Klemmengrößen $\underline{U}_1$, $\underline{U}_2$, $\underline{I}_1$, $\underline{I}_2$ zueinander sind durch die Vierpolparameter (Proportionalitätsfaktoren) erfasst. Je nach Anordnung der Ströme und Spannungen in den Vierpolgleichungen ergeben sich verschiedene Beschreibungsformen. Für Transistorgrundschaltungen sind z. B. die Leitwertform und die Hybridform von besonderer Bedeutung.

Wichtige Formen der Vierpolgleichungen lauten in Matrizenschreibweise

Widerstandsform:

$$\begin{pmatrix} \underline{U}_1 \\ \underline{U}_2 \end{pmatrix} = \begin{pmatrix} \underline{z}_{11} & \underline{z}_{12} \\ \underline{z}_{21} & \underline{z}_{22} \end{pmatrix} \begin{pmatrix} \underline{I}_1 \\ \underline{I}_2 \end{pmatrix} \quad (2.3)$$

Leitwertform:

$$\begin{pmatrix} \underline{I}_1 \\ \underline{I}_2 \end{pmatrix} = \begin{pmatrix} \underline{y}_{11} & \underline{y}_{12} \\ \underline{y}_{21} & \underline{y}_{22} \end{pmatrix} \begin{pmatrix} \underline{U}_1 \\ \underline{U}_2 \end{pmatrix} \quad (2.4)$$

Hybridform:

$$\begin{pmatrix} \underline{U}_1 \\ \underline{I}_2 \end{pmatrix} = \begin{pmatrix} \underline{h}_{11} & \underline{h}_{12} \\ \underline{h}_{21} & \underline{h}_{22} \end{pmatrix} \begin{pmatrix} \underline{I}_1 \\ \underline{U}_2 \end{pmatrix} \quad (2.5)$$

Inversbybridform:

$$\begin{pmatrix} \underline{I}_1 \\ \underline{U}_2 \end{pmatrix} = \begin{pmatrix} \underline{g}_{11} & \underline{g}_{12} \\ \underline{g}_{21} & \underline{g}_{22} \end{pmatrix} \begin{pmatrix} \underline{U}_1 \\ \underline{I}_2 \end{pmatrix} \quad (2.6)$$

Kettenform:

$$\begin{pmatrix} \underline{U}_1 \\ \underline{I}_1 \end{pmatrix} = \begin{pmatrix} \underline{a}_{11} & \underline{a}_{12} \\ \underline{a}_{21} & \underline{a}_{22} \end{pmatrix} \begin{pmatrix} \underline{U}_2 \\ \underline{I}_2 \end{pmatrix} \quad (2.7)$$

Interpretation der Vierpolparameter. Die elektrische Interpretation der Vierpolparameter leitet sich aus den Vierpolgleichungen ab. Ihre Berechnung bzw. Messung erfolgt jeweils bei Kurzschluss oder Leerlauf an bestimmten Ein- bzw. Ausgängen des Vierpols. Eine Zusammenstellung liefert Tabelle 2.2.

Tabelle 2.2 Vierpolparameter

Gleichung	Bezeichnung
$\underline{z}_{11} = \dfrac{\underline{U}_1}{\underline{I}_1}\bigg|_{\underline{I}_2=0}$	Leerlauf-Eingangswiderstand
$\underline{z}_{12} = \dfrac{\underline{U}_1}{\underline{I}_2}\bigg|_{\underline{I}_1=0}$	Leerlauf-Rückwirkungswiderstand
$\underline{z}_{21} = \dfrac{\underline{U}_2}{\underline{I}_1}\bigg|_{\underline{I}_2=0}$	Leerlauf-Übertragungswiderstand
$\underline{z}_{22} = \dfrac{\underline{U}_2}{\underline{I}_2}\bigg|_{\underline{I}_1=0}$	Leerlauf-Ausgangswiderstand

Tabelle 2.2 Vierpolparameter (Fortsetzung)

$\underline{y}_{11} = \left.\dfrac{\underline{I}_1}{\underline{U}_1}\right|_{\underline{U}_2=0}$		Kurzschluss-Eingangsleitwert
$\underline{y}_{12} = \left.\dfrac{\underline{I}_1}{\underline{U}_2}\right|_{\underline{U}_1=0}$		Kurzschluss-Rückwirkungsleitwert
$\underline{y}_{21} = \left.\dfrac{\underline{I}_2}{\underline{U}_1}\right|_{\underline{U}_2=0}$		Kurzschluss-Übertragungsleitwert (Steilheit)
$\underline{y}_{22} = \left.\dfrac{\underline{I}_2}{\underline{U}_2}\right|_{\underline{U}_1=0}$		Kurzschluss-Ausgangsleitwert
$\underline{h}_{11} = \left.\dfrac{\underline{U}_1}{\underline{I}_1}\right|_{\underline{U}_2=0}$		Kurzschluss-Eingangswiderstand
$\underline{h}_{12} = \left.\dfrac{\underline{U}_1}{\underline{U}_2}\right|_{\underline{I}_1=0}$		Leerlauf-Spannungsrückwirkung
$\underline{h}_{21} = \left.\dfrac{\underline{I}_2}{\underline{I}_1}\right|_{\underline{U}_2=0}$		Kurzschluss-Stromverstärkung
$\underline{h}_{22} = \left.\dfrac{\underline{I}_2}{\underline{U}_2}\right|_{\underline{I}_1=0}$		Leerlauf-Ausgangsleitwert
$\underline{g}_{11} = \left.\dfrac{\underline{I}_1}{\underline{U}_1}\right|_{\underline{I}_2=0}$		Leerlauf-Eingangsleitwert
$\underline{g}_{12} = \left.\dfrac{\underline{I}_1}{\underline{I}_2}\right|_{\underline{U}_1=0}$		Kurzschluss-Stromrückwirkung
$\underline{g}_{21} = \left.\dfrac{\underline{U}_2}{\underline{U}_1}\right|_{\underline{I}_2=0}$		Leerlauf-Spannungsverstärkung
$\underline{g}_{22} = \left.\dfrac{\underline{U}_2}{\underline{I}_2}\right|_{\underline{U}_1=0}$		Kurzschluss-Ausgangswiderstand
$\underline{a}_{11} = \left.\dfrac{\underline{U}_1}{\underline{U}_2}\right|_{\underline{I}_2=0}$		reziproke Leerlauf-Spannungsverstärkung
$\underline{a}_{12} = \left.\dfrac{\underline{U}_1}{\underline{I}_2}\right|_{\underline{U}_2=0}$		Kurzschluss-Übertragungswiderstand
$\underline{a}_{21} = \left.\dfrac{\underline{I}_1}{\underline{U}_2}\right|_{\underline{I}_2=0}$		Leerlauf-Übertragungsleitwert
$\underline{a}_{22} = \left.\dfrac{\underline{I}_1}{\underline{I}_2}\right|_{\underline{U}_2=0}$		reziproke Kurzschluss-Stromverstärkung

❏ **Beispiel 2.3**

Es sind die Messschaltungen zur Bestimmung der h-Parameter eines Vierpols anzugeben.

Lösung:

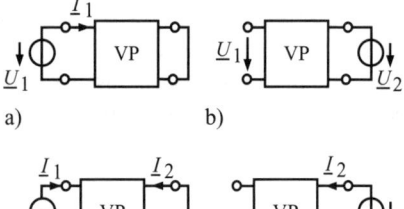

a)   b)

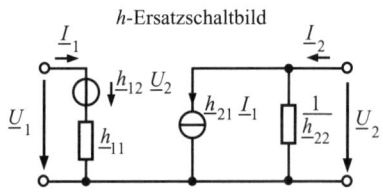

c)   d)

Bild 2.9 Messschaltungen zur Bestimmung der h-Parameter

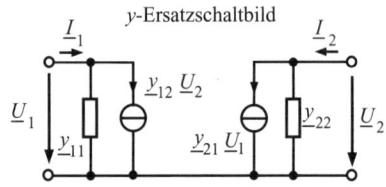

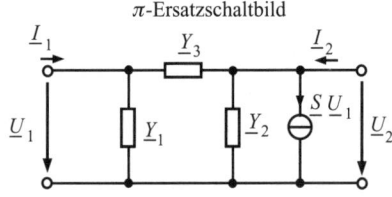

Bild 2.10 Vierpolsatzschaltbilder

Vierpolersatzschaltbilder. Die in den Vierpolgleichungen ausgedrückten Zusammenhänge zwischen Ein- und Ausgangsgrößen eines linearen Vierpols lassen sich durch ein Vierpolersatzschaltbild veranschaulichen. Die Verkopplungen zwischen den Anschlussklemmen werden durch Ersatzschaltbildelemente in Form von komplexen Widerständen bzw. Leitwerten und gesteuerten Quellen repräsentiert. Bild 2.10 zeigt die wichtigsten von ihnen.

Das π-Ersatzschaltbild ist insbesondere für die physikalisch orientierte Transistorbeschreibung von Bedeutung. Zwischen π- und y-Ersatzschaltbild besteht folgender Zusammenhang:

$$\underline{Y}_1 = \underline{y}_{11} + \underline{y}_{12} \tag{2.8}$$

$$\underline{Y}_2 = \underline{y}_{22} + \underline{y}_{12} \tag{2.9}$$

$$\underline{Y}_3 = -\underline{y}_{12} \tag{2.10}$$

$$\underline{S} = \underline{y}_{21} - \underline{y}_{12} \tag{2.11}$$

Umrechnung der Vierpolparameter. Die verschiedenen Vierpolbeschreibungen sind ineinander umrechenbar. Dies kann notwendig sein, um die Berechnung einer bestimmten Schaltung zu vereinfachen. Die Zusammenhänge enthält Tabelle 2.3.

Tabelle 2.3 Umrechnung der Vierpolparameter

	$(\underline{z})$	$(\underline{y})$	$(\underline{h})$	$(\underline{g})$	$(\underline{a})$
$(\underline{z})$	$\begin{pmatrix} \underline{z}_{11} & \underline{z}_{12} \\ \underline{z}_{21} & \underline{z}_{22} \end{pmatrix}$	$\begin{pmatrix} \dfrac{\underline{y}_{22}}{\Delta \underline{y}} & -\dfrac{\underline{y}_{12}}{\Delta \underline{y}} \\ -\dfrac{\underline{y}_{21}}{\Delta \underline{y}} & \dfrac{\underline{y}_{11}}{\Delta \underline{y}} \end{pmatrix}$	$\begin{pmatrix} \dfrac{\Delta \underline{h}}{\underline{h}_{22}} & \dfrac{\underline{h}_{12}}{\underline{h}_{22}} \\ -\dfrac{\underline{h}_{21}}{\underline{h}_{22}} & \dfrac{1}{\underline{h}_{22}} \end{pmatrix}$	$\begin{pmatrix} \dfrac{1}{\underline{g}_{11}} & -\dfrac{\underline{g}_{12}}{\underline{g}_{11}} \\ \dfrac{\underline{g}_{21}}{\underline{g}_{11}} & \dfrac{\Delta \underline{g}}{\underline{g}_{11}} \end{pmatrix}$	$\begin{pmatrix} \dfrac{\underline{a}_{11}}{\underline{a}_{21}} & \dfrac{\Delta \underline{a}}{\underline{a}_{21}} \\ \dfrac{1}{\underline{a}_{21}} & \dfrac{\underline{a}_{22}}{\underline{a}_{21}} \end{pmatrix}$
$(\underline{y})$	$\begin{pmatrix} \dfrac{\underline{z}_{22}}{\Delta \underline{z}} & -\dfrac{\underline{z}_{12}}{\Delta \underline{z}} \\ -\dfrac{\underline{z}_{21}}{\Delta \underline{z}} & \dfrac{\underline{z}_{11}}{\Delta \underline{z}} \end{pmatrix}$	$\begin{pmatrix} \underline{y}_{11} & \underline{y}_{12} \\ \underline{y}_{21} & \underline{y}_{22} \end{pmatrix}$	$\begin{pmatrix} \dfrac{1}{\underline{h}_{11}} & -\dfrac{\underline{h}_{12}}{\underline{h}_{11}} \\ \dfrac{\underline{h}_{21}}{\underline{h}_{11}} & \dfrac{\Delta \underline{h}}{\underline{h}_{11}} \end{pmatrix}$	$\begin{pmatrix} \dfrac{\Delta \underline{g}}{\underline{g}_{22}} & \dfrac{\underline{g}_{12}}{\underline{g}_{22}} \\ -\dfrac{\underline{g}_{21}}{\underline{g}_{22}} & \dfrac{1}{\underline{g}_{22}} \end{pmatrix}$	$\begin{pmatrix} \dfrac{\underline{a}_{22}}{\underline{a}_{12}} & -\dfrac{\Delta \underline{a}}{\underline{a}_{12}} \\ \dfrac{1}{\underline{a}_{12}} & -\dfrac{\underline{a}_{11}}{\underline{a}_{12}} \end{pmatrix}$
$(\underline{h})$	$\begin{pmatrix} \dfrac{\Delta \underline{z}}{\underline{z}_{22}} & \dfrac{\underline{z}_{12}}{\underline{z}_{22}} \\ -\dfrac{\underline{z}_{21}}{\underline{z}_{22}} & \dfrac{1}{\underline{z}_{22}} \end{pmatrix}$	$\begin{pmatrix} \dfrac{1}{\underline{y}_{11}} & -\dfrac{\underline{y}_{12}}{\underline{y}_{11}} \\ \dfrac{\underline{y}_{21}}{\underline{y}_{11}} & \dfrac{\Delta \underline{y}}{\underline{y}_{11}} \end{pmatrix}$	$\begin{pmatrix} \underline{h}_{11} & \underline{h}_{12} \\ \underline{h}_{21} & \underline{h}_{22} \end{pmatrix}$	$\begin{pmatrix} \dfrac{\underline{g}_{22}}{\Delta \underline{g}} & -\dfrac{\underline{g}_{12}}{\Delta \underline{g}} \\ -\dfrac{\underline{g}_{21}}{\Delta \underline{g}} & \dfrac{\underline{g}_{11}}{\Delta \underline{g}} \end{pmatrix}$	$\begin{pmatrix} \dfrac{\underline{a}_{12}}{\underline{a}_{22}} & \dfrac{\Delta \underline{a}}{\underline{a}_{22}} \\ \dfrac{1}{\underline{a}_{22}} & -\dfrac{\underline{a}_{21}}{\underline{a}_{22}} \end{pmatrix}$
$(\underline{g})$	$\begin{pmatrix} \dfrac{1}{\underline{z}_{11}} & -\dfrac{\underline{z}_{12}}{\underline{z}_{11}} \\ \dfrac{\underline{z}_{21}}{\underline{z}_{11}} & \dfrac{\Delta \underline{z}}{\underline{z}_{11}} \end{pmatrix}$	$\begin{pmatrix} \dfrac{\Delta \underline{y}}{\underline{y}_{22}} & \dfrac{\underline{y}_{12}}{\underline{y}_{22}} \\ -\dfrac{\underline{y}_{21}}{\underline{y}_{22}} & \dfrac{1}{\underline{y}_{22}} \end{pmatrix}$	$\begin{pmatrix} \dfrac{\underline{h}_{22}}{\Delta \underline{h}} & -\dfrac{\underline{h}_{12}}{\Delta \underline{h}} \\ -\dfrac{\underline{h}_{21}}{\Delta \underline{h}} & \dfrac{\underline{h}_{11}}{\Delta \underline{h}} \end{pmatrix}$	$\begin{pmatrix} \underline{g}_{11} & \underline{g}_{12} \\ \underline{g}_{21} & \underline{g}_{22} \end{pmatrix}$	$\begin{pmatrix} \dfrac{\underline{a}_{21}}{\underline{a}_{11}} & -\dfrac{\Delta \underline{a}}{\underline{a}_{11}} \\ \dfrac{1}{\underline{a}_{11}} & \dfrac{\underline{a}_{12}}{\underline{a}_{11}} \end{pmatrix}$
$(\underline{a})$	$\begin{pmatrix} \dfrac{\underline{z}_{11}}{\underline{z}_{21}} & \dfrac{\Delta \underline{z}}{\underline{z}_{21}} \\ \dfrac{1}{\underline{z}_{21}} & \dfrac{\underline{z}_{22}}{\underline{z}_{21}} \end{pmatrix}$	$\begin{pmatrix} -\dfrac{\underline{y}_{22}}{\underline{y}_{21}} & -\dfrac{1}{\underline{y}_{21}} \\ -\dfrac{\Delta \underline{y}}{\underline{y}_{21}} & -\dfrac{\underline{y}_{11}}{\underline{y}_{21}} \end{pmatrix}$	$\begin{pmatrix} -\dfrac{\Delta \underline{h}}{\underline{h}_{21}} & -\dfrac{\underline{h}_{11}}{\underline{h}_{21}} \\ -\dfrac{\underline{h}_{22}}{\underline{h}_{21}} & -\dfrac{1}{\underline{h}_{21}} \end{pmatrix}$	$\begin{pmatrix} \dfrac{1}{\underline{g}_{21}} & \dfrac{\underline{g}_{22}}{\underline{g}_{21}} \\ \dfrac{\underline{g}_{11}}{\underline{g}_{21}} & \dfrac{\Delta \underline{g}}{\underline{g}_{21}} \end{pmatrix}$	$\begin{pmatrix} \underline{a}_{11} & \underline{a}_{12} \\ \underline{a}_{21} & \underline{a}_{22} \end{pmatrix}$

Δ Determinante der Matrix: z. B. $\Delta \underline{h} = \underline{h}_{11}\underline{h}_{22} - \underline{h}_{12}\underline{h}_{21}$

Vierpole mit äußerer Beschaltung. Für die Zusammenschaltung von Vierpolen und die Berechnung des Übertragungsverhaltens kompletter Schaltungen (Vierpol mit äußerer Beschaltung) sind die *Betriebsparameter* der Vierpole von großer Bedeutung. Aus der Sicht der Vierpole spricht man von einer Eingangsbeschaltung mit einem aktiven Zweipol (Generator aus Spannungsquelle $\underline{U}_G$ und Innenwiderstand $\underline{Z}_G$) und einer Ausgangsbeschaltung mit einem Lastelement $\underline{Z}_L$ (siehe Bild 2.11).

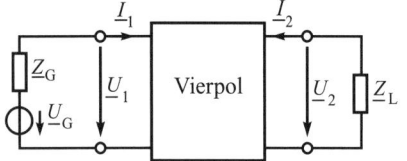

Bild 2.11 Vierpol mit Beschaltung

Die wichtigsten Betriebsparameter sind:

Eingangswiderstand:

$$\underline{Z}_1 = \frac{\underline{U}_1}{\underline{I}_1} \quad (2.12)$$

Ausgangswiderstand:

$$\underline{Z}_2 = \frac{\underline{U}_2}{\underline{I}_2} \quad (2.13)$$

Spannungsverstärkung:

$$\underline{V}_u = \frac{\underline{U}_2}{\underline{U}_1} \quad (2.14)$$

Stromverstärkung:

$$\underline{V}_i = \frac{\underline{I}_2}{\underline{I}_1} \quad (2.15)$$

Leistungsverstärkung:

$$\underline{V}_p = \underline{V}_u \cdot \underline{V}_i \quad (2.16)$$

Übertragungswiderstand:

$$\underline{Z}_T = \frac{\underline{U}_2}{\underline{I}_1} \quad (2.17)$$

Übertragungsleitwert:

$$\underline{Y}_T = \frac{\underline{I}_2}{\underline{U}_1} \quad (2.18)$$

Die Beziehungen zwischen den Betriebsparametern und den Vierpolparametern sind in Tabelle 2.4 zusammengestellt.

Tabelle 2.4 Beziehungen zwischen Betriebsparametern und Vierpolparametern

Betriebs-parameter	$\underline{Z}_1$	$\underline{Z}_2$	$\underline{V}_u$	$\underline{V}_i$	$\underline{Z}_T$	$\underline{Y}_T$
$(\underline{z})$	$\dfrac{\Delta\underline{z} + \underline{z}_{11}\underline{Z}_L}{\underline{z}_{22} + \underline{Z}_L}$	$\dfrac{\Delta\underline{z} + \underline{z}_{22}\underline{Z}_G}{\underline{z}_{11} + \underline{Z}_G}$	$\dfrac{\underline{z}_{21}\underline{Z}_L}{\Delta\underline{z} + \underline{z}_{11}\underline{Z}_L}$	$\dfrac{-\underline{z}_{21}}{\underline{z}_{22} + \underline{Z}_L}$	$\dfrac{\underline{z}_{21}\underline{Z}_L}{\underline{z}_{22} + \underline{Z}_L}$	$\dfrac{-\underline{z}_{21}}{\Delta\underline{z} + \underline{z}_{11}\underline{Z}_L}$
$(\underline{y})$	$\dfrac{1 + \underline{y}_{22}\underline{Z}_L}{\underline{y}_{11} + \Delta\underline{y}\underline{Z}_L}$	$\dfrac{1 + \underline{y}_{11}\underline{Z}_G}{\underline{y}_{22} + \Delta\underline{y}\underline{Z}_G}$	$\dfrac{-\underline{y}_{21}\underline{Z}_L}{1 + \underline{y}_{22}\underline{Z}_L}$	$\dfrac{\underline{y}_{21}}{\underline{y}_{11} + \Delta\underline{y}\underline{Z}_L}$	$\dfrac{-\underline{y}_{21}\underline{Z}_L}{\underline{y}_{11} + \Delta\underline{y}\underline{Z}_L}$	$\dfrac{\underline{y}_{21}}{1 + \underline{y}_{22}\underline{Z}_L}$
$(\underline{h})$	$\dfrac{\underline{h}_{11} - \Delta\underline{h}\underline{Z}_L}{1 + \underline{h}_{22}\underline{Z}_L}$	$\dfrac{\underline{h}_{11} + \underline{Z}_G}{\Delta\underline{h} + \underline{h}_{22}\underline{Z}_G}$	$\dfrac{-\underline{h}_{21}\underline{Z}_L}{\underline{h}_{11} + \Delta\underline{h}\underline{Z}_L}$	$\dfrac{\underline{h}_{21}}{1 + \underline{h}_{22}\underline{Z}_L}$	$\dfrac{-\underline{h}_{21}\underline{Z}_L}{1 + \underline{h}_{22}\underline{Z}_L}$	$\dfrac{\underline{h}_{21}}{\underline{h}_{11} + \Delta\underline{h}\underline{Z}_L}$
$(\underline{g})$	$\dfrac{\underline{g}_{22} + \underline{Z}_L}{\Delta\underline{g} + \underline{g}_{11}\underline{Z}_L}$	$\dfrac{\underline{g}_{22} + \Delta\underline{g}\underline{Z}_G}{1 + \underline{g}_{11}\underline{Z}_G}$	$\dfrac{\underline{g}_{21}\underline{Z}_L}{\underline{g}_{22} + \underline{Z}_L}$	$\dfrac{-\underline{g}_{21}}{\Delta\underline{g} + \underline{g}_{11}\underline{Z}_L}$	$\dfrac{\underline{g}_{21}\underline{Z}_L}{\Delta\underline{g} + \underline{g}_{11}\underline{Z}_L}$	$\dfrac{-\underline{g}_{21}}{\underline{g}_{22} + \underline{Z}_L}$
$(\underline{a})$	$\dfrac{\underline{a}_{12} - \underline{a}_{11}\underline{Z}_L}{\underline{a}_{22} - \underline{a}_{21}\underline{Z}_L}$	$\dfrac{\underline{a}_{12} + \underline{a}_{22}\underline{Z}_G}{\underline{a}_{11} + \underline{a}_{21}\underline{Z}_G}$	$\dfrac{\underline{Z}_L}{\underline{a}_{11}\underline{Z}_L - \underline{a}_{12}}$	$\dfrac{1}{\underline{a}_{22} - \underline{a}_{21}\underline{Z}_L}$	$\dfrac{-\Delta\underline{a}\underline{Z}_L}{\underline{a}_{22} - \underline{a}_{21}\underline{Z}_L}$	$\dfrac{1}{\underline{a}_{12} - \underline{a}_{11}\underline{Z}_L}$

2.1.5 Darstellung des Übertragungsverhaltens

Wichtige Formen zur Darstellung des Kleinsignalübertragungsverhaltens elektronischer Schaltungen bei harmonischen Eingangssignalen verschiedener Frequenzen sind:

- Übertragungsfunktion,
- Amplitudenfrequenzgang und Phasenfrequenzgang in Form des Bode-Diagramms,
- Ortskurven.

Die unabhängige Variable dieser Darstellungen ist die Frequenz f bzw. die Kreisfrequenz $\omega = 2\pi f$. Man spricht von einer Darstellung des Übertragungsverhaltens im Frequenzbereich.

Übertragungsfunktion

$$\underline{G}(j\omega) = \frac{\underline{X}_2(j\omega)}{\underline{X}_1(j\omega)} \qquad (2.19)$$

Sie beschreibt das Verhältnis von Ausgangssignalfunktion $\underline{X}_2(j\omega)$ zu Eingangssignalfunktion $\underline{X}_1(j\omega)$ und besitzt i. Allg. komplexe Werte, so dass sowohl die Amplitude als auch die Phase eines zu übertragenden Signals verändert werden. Für die grafische Darstellung der Übertragungsfunktion wird diese entweder in Betrag und Phase oder in Realteil und Imaginärteil zerlegt.

Amplitudenfrequenzgang

$$A(\omega) = 20 \cdot \lg |\underline{G}(j\omega)| \qquad (2.20)$$

Der Amplitudenfrequenzgang ist die logarithmierte Darstellung des Betrages der Übertragungsfunktion. Zur Verdeutlichung dieses logarithmierten Verstärkungsmaßes wird die Einheit Dezibel (dB) angegeben.

Phasenfrequenzgang

$$\varphi(\omega) = \arctan \frac{\operatorname{Im}\{\underline{G}(j\omega)\}}{\operatorname{Re}\{\underline{G}(j\omega)\}} \qquad (2.21)$$

Der Phasenfrequenzgang ist die Darstellung der Phase der Übertragungsfunktion.

Bodediagramm. Die gemeinsame Darstellung von Amplituden- und Phasenfrequenzgang einer Schaltung wird als Bodediagramm bezeichnet. Die Frequenzachse besitzt darin eine logarithmische Teilung.

Ortskurve. Die zusammenhängende Darstellung von Realteil und Imaginärteil der Übertragungsfunktion heißt Ortskurve.

❑ **Beispiel 2.4**

Für den in Bild 2.12 gegebenen RC-Tiefpass ist die Übertragungsfunktion der Spannungsverstärkung zu bestimmen und diese in Form des Bodediagramms und der Ortskurve grafisch darzustellen.

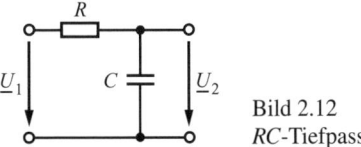

Bild 2.12
RC-Tiefpass

Lösung:

Aus dem Schaltbild ist die komplexe Übertragungsfunktion

$$\underline{G}(j\omega) = \frac{\underline{U}_a}{\underline{U}_e} = \frac{1}{1 + j\dfrac{\omega}{\omega_g}} \quad \text{mit} \quad \omega_g = \frac{1}{RC}$$

ablesbar. Für den Amplitudenfrequenzgang ergibt sich

$$A(\omega) = 20 \cdot \lg \frac{1}{\sqrt{1 + \left(\dfrac{\omega}{\omega_g}\right)^2}}$$

$$= -10 \cdot \lg \left[1 + \left(\dfrac{\omega}{\omega_g}\right)^2\right]$$

Der Phasenfrequenzgang errechnet sich zu

$$\varphi(\omega) = -\arctan\left(\dfrac{\omega}{\omega_g}\right)$$

Die grafische Darstellung ist in Bild 2.13 zu sehen.

a) Bodediagramm

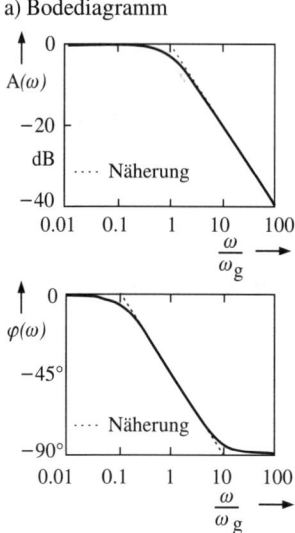

b) Ortskurve

Bild 2.13 a) Bodediagramm, b) Ortskurve eines RC-Tiefpass

2.1.6 Signalflussdarstellung

Zur Beschreibung und Berechnung des Signalflusses in großen Schaltungen werden diese in Teilschaltungen (Blöcke) untergliedert, wobei sich diese Blöcke i. Allg. durch eine rückwirkungsfreie Signalübertragung auszeichnen (siehe Bild 2.14). Diese kann eindeutig durch eine Übertragungsfunktion im Laplace-Bereich $G(p) = X_2(p)/X_1(p)$ beschrieben werden. Bei sinusförmigen Signalen gilt dann $p = j\omega$.

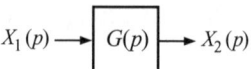

Bild 2.14 Signalfluss-Blockschaltbild

Durch die Zusammenschaltung dieser Blöcke in Form eines Signalflussgraphen entsteht ein Blockschaltbild der Gesamtschaltung, in dem auch Signalverzweigungen und Signalverknüpfungen auftreten. Die wichtigsten Verknüpfungen sind Addition, Subtraktion und Multiplikation. Diese muss man sich als idealisierte Schaltungsblöcke vorstellen, die ebenfalls einer schaltungstechnischen Realisierung bedürfen.

Rechenregeln für Blockschaltbilder. Bei der Berechnung einer Übertragungsfunktion auf der Basis von Blockschaltbildern können die Grundregeln aus Bild 2.15 benutzt werden.

2.1.7 Computergestützte Netzwerkanalyse

Computergestützte Netzwerkanalyseprogramme ermöglichen dem Schaltungsentwickler eine schnelle und ausführliche Analyse seiner Schaltungen. Besonders für genaue Aussagen bei Großsignalaussteuerung sind sie heutzutage unerlässlich. Aber auch im Kleinsignalbereich ermöglichen sie es dem Schaltungsentwickler in kurzer Zeit den Einfluss einzelner Parameter auf das Schaltungsverhalten zu quantifizieren. Ihr Einsatz setzt jedoch ein gutes Verständnis der Schaltungsfunktion voraus, um nummerische Probleme der Simulation, wie z. B. ein sicheres Anschwingen bei Oszillatoren, zu beherrschen. Aus der Vielfalt der Analysemöglichkeiten, die diese Programme heute bieten, kann im Rahmen dieses Buches nur einiges angedeutet werden. Es sei dem Leser empfohlen sich mit einem dieser Simulatoren, z. B.

2.1 Berechnungsmethoden elektronischer Schaltungen

Reihenschaltung

Parallelschaltung

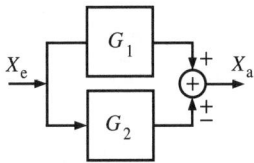
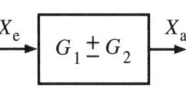

Zusammenfassung einer Rückkoppelschleife

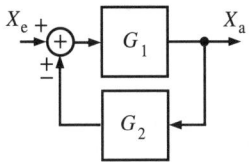
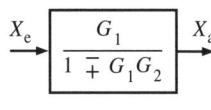

Verschieben einer Additionsstelle

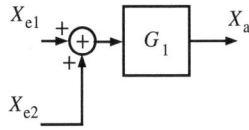
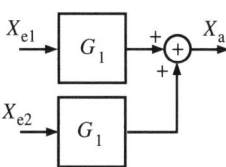

Bild 2.15 Rechenregeln für Blockschaltbilder [2.6]

PSpice, ausführlich zu befassen, und einige der Beispiel- bzw. Übungsaufgaben durch Simulation nachzuvollziehen.

Der Netzwerksimulator **PSpice** [2.1] ist in zahlreichen Versionen verfügbar. Innerhalb des Gesamtpaketes **Design Center** [2.2] ist er als Windows-Version mit einer grafischen Schaltplaneingabe (Schematics), einer grafischen Signalausgabe (Probe) und weiteren Programmen zur Stimuli-Erzeugung (Stimulus Editor), zur Schaltungsoptimierung (Optimizer) und zur Modellbildung für eigene Bauelemente (Parts) gekoppelt.

Die wichtigsten Analysearten, die PSpice ermöglicht sind:

- Gleichstromanalyse (*DC Sweep* ...)
- Ausführliche Arbeitspunktanalyse (*Bias Point Detail*)
- Frequenzganganalyse (*AC Sweep* ...)
- Transientenanalyse (Berechnung des Zeitverhaltens)
- Fourrier-Analyse
- Berechnung von Übertragungsfunktionen (*Transfer Function* ...)
- Rauschanalyse
- Empfindlichkeitsanalyse (*Sensitivity* ...)
- Statistische Analyse (Monte Carlo- und worst case-Analyse).

Um sich mit den vielfältigen Analysemöglichkeiten von PSpice vertraut zu ma-

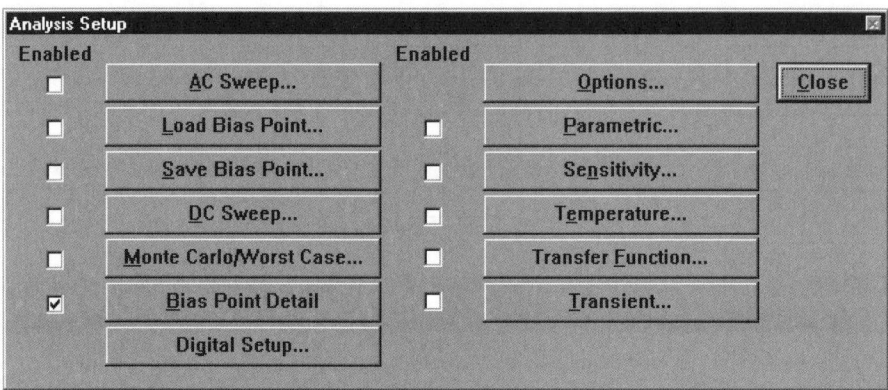

Bild 2.16 Analysemenu des Netzwerksimulators PSpice

chen, sei dem Leser die kostenlos beziehbare Evaluation-Version dieses Simulators (http://www.hoschar.de/) empfohlen. An einigen Stellen dieses Buches werden hilfreiche Anwendungsbeispiele angegeben. Dem interessierten Leser werden in [2.7] ... [2.12] zahlreiche Simulationsbeispiele vorgestellt. Die im Simulator verwendeten Bauelementemodelle mit ihren wichtigsten Parametern sind für Dioden in [2.3], den Bipolartransistor in [2.3], den MOSFET in [2.11], [2.3] und den SFET in [2.4], [2.3] beschrieben.

2.1.8 Aufgaben

▲ Aufgabe 2.1.1
Das Strom-Spannungs-Verhalten eines elektronischen Bauelementes sei durch seine Ein- und Ausgangskennlinie beschrieben (Bild 2.17). Als Ergänzung zu diesem Kennlinienfeld sind die Stromübertragungskennlinie $I_2 = f(I_1)$ und die Transferkennlinie $I_2 = f(U_1)$ dieses Bauelementes für $U_2 = 6$ V zu konstruieren.

▲ Aufgabe 2.1.2
Für das Bauelement aus Bild 2.17 sind die h-Parameter und die y-Parameter bei niedrigen Frequenzen im Arbeitspunkt $U_2 = 6$ V und $I_2 = 40$ mA zu bestimmen.

▲ Aufgabe 2.1.3
Auf der Basis der Ergebnisse aus Aufgabe 2.1.2 sind für das Bauelement aus Bild 2.17 die Elemente des π-Ersatzschaltbildes zu berechnen und dieses zu zeichnen.

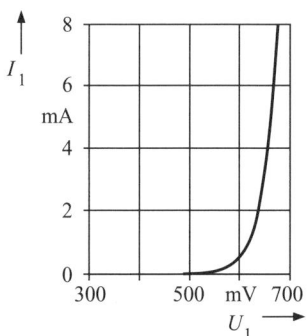

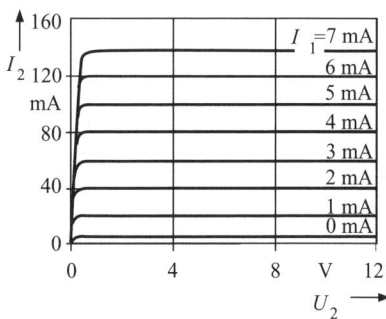

Bild 2.17 Kennlinienfeld eines elektronischen Bauelementes

2.2 Lineare Verstärkergrundschaltungen

In diesem Abschnitt werden zunächst die Eigenschaften wichtiger Transistorgrundschaltungen untersucht. Die Vorgehensweise ist dabei so typisch, dass sie auf jede beliebige Schaltung übertragen werden kann. Sie stellt somit ein grundlegendes Herangehen des Schaltungstechnikers dar.

Die Untersuchungen erfolgen im Bereich niedriger Frequenzen, so dass die Vierpolparameter der aktiven Bauelemente frequenzunabhängig sind, d. h. sie nehmen reelle Werte an. In diesem Frequenzbereich gilt für den Bipolartransistor die NF-Kleinsignalersatzschaltung nach Bild 1.49 und für die Feldeffekttransistoren die nach Bild 1.87 (NF-Ersatzschaltbild). Zur Vereinfachung der Betrachtungen werden beide Bauelemente als rückwirkungsfrei angenommen.

2.2.1 Grundmodell eines Spannungsverstärkers

Im Interesse einer einheitlichen und übersichtlichen Behandlung aller Transistorgrundschaltungen ist die Einführung eines allgemeinen Spannungsverstärkers sinnvoll. Auf dieses Modell wird sich bei der Analyse der folgenden Schaltungen stets bezogen. Dessen in Bild 2.18 gezeigte Ersatzschaltung lässt sich als Vierpol in Form der Inversybridmatrix beschreiben.

$$\begin{pmatrix} \underline{I}_e \\ \underline{U}_a \end{pmatrix} = \begin{pmatrix} 1/r_e & k_I \\ v_u & r_a \end{pmatrix} \begin{pmatrix} \underline{U}_e \\ \underline{I}_a \end{pmatrix} \quad (2.22)$$

Die Parameter r_e, r_a, v_u und k_I stellen die Vierpolparameter des Spannungsverstärkers bei Leerlauf am Ausgang bzw. Kurzschluss am Eingang dar. Im hier betrachteten Niederfrequenzbetrieb besitzen sie reelle Werte.

Leerlauf-Eingangswiderstand:

$$r_e = \frac{1}{\underline{g}_{11}} = \left. \frac{\underline{U}_e}{\underline{I}_e} \right|_{\underline{I}_a=0} \quad (2.23)$$

Kurzschluss-Ausgangswiderstand:

$$r_a = \underline{g}_{22} = \left. \frac{\underline{U}_a}{\underline{I}_a} \right|_{\underline{U}_e=0} \quad (2.24)$$

Leerlauf-Spannungsverstärkung:

$$v_u = \underline{g}_{21} = \left. \frac{\underline{U}_a}{\underline{U}_e} \right|_{\underline{I}_a=0} \quad (2.25)$$

Kurzschluss-Stromrückwirkung:

$$k_I = \underline{g}_{12} = \left. \frac{\underline{I}_e}{\underline{I}_a} \right|_{\underline{U}_e=0} \quad (2.26)$$

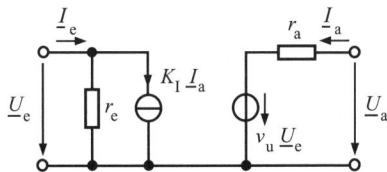

Bild 2.18 Allgemeines Modell eines Spannungsverstärkers

Auf der Basis dieser Vierpolparameter lassen sich mit Bild 2.11 und Bild 2.18 leicht die Betriebsparameter des Verstärkers ableiten. Unter Anwendung der Beziehungen aus Tabelle 2.4 oder über die Kirchhoffschen Gleichungen am Ersatzschaltbild des beschalteten Verstärkers ergeben sie sich als Funktionen der Vierpolparameter und der Ein- bzw. Ausgangsbeschaltung. Bild 2.19 verdeutlicht die entsprechenden Schaltungsbedingungen. Man erhält:

Betriebseingangswiderstand:

$$r_{eB} = \frac{\underline{U}_e}{\underline{I}_e} = \frac{r_e}{1 - \dfrac{k_I v_u r_e}{R_L + r_a}} \quad (2.27)$$

108 2 Analogtechnik

Betriebsausgangswiderstand:

$$r_{aB} = \left.\frac{U_a}{I_a}\right|_{U_G=0} = r_a - \frac{k_I v_u R_G}{1 + \dfrac{R_G}{r_e}} \quad (2.28)$$

Betriebsspannungsverstärkung:

$$v_{uB} = \frac{U_a}{U_e} = \frac{v_u}{1 + \dfrac{r_a}{R_L}} \quad (2.29)$$

Betriebsstromverstärkung:

$$v_{iB} = \frac{I_a}{I_e} = \frac{v_i}{1 + \dfrac{R_L}{r_a - v_u k_I r_e}} \quad (2.30)$$

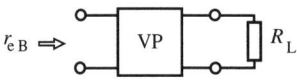

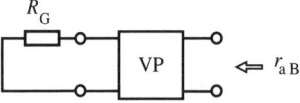

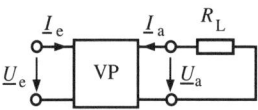

Bild 2.19 Messbedingungen zur Bestimmung der Betriebsparameter

Die Betriebsstromverstärkung ergibt sich nicht direkt aus dem Spannungsverstärkermodell. Sie liefert jedoch eine wesentliche Aussage über die Eigenschaften eines Verstärkers und soll deshalb mit eingeführt werden. Die abgeleitete Beziehung basiert auf der Kurzschluss-Stromverstärkung $v_i = \underline{h}_{21}$ die sich nach Tabelle 2.3 aus den g-Parametern berechnen lässt.

$$v_i = \left.\frac{I_a}{I_e}\right|_{U_a=0} = -\frac{\underline{g}_{21}}{\Delta \underline{g}} = \frac{-v_u}{\dfrac{r_a}{r_e} - v_u k_I} \quad (2.31)$$

2.2.2 Einstufige Verstärker mit Bipolartransistoren

2.2.2.1 Emitterschaltung

Die Emitterschaltung ist die meistgenutzte Transistorverstärkerschaltung. Gekennzeichnet ist diese Schaltung dadurch, dass der Emitter das Bezugspotenzial (Masse) der Kleinsignalersatzschaltung bildet (siehe Bild 2.21). In dieser Schaltungsvariante besitzt der Transistor die größte Leistungsverstärkung. Auf Grund günstiger Ein- und Ausgangswiderstände ist sie gut in der Kettenschaltung mehrerer Verstärkerstufen einsetzbar.

Arbeitspunkteinstellung. Durch die Arbeitspunkteinstellung sind die optimalen Betriebsbedingungen eines Transistors in der Verstärkerstufe zu sichern. Die Wahl des Arbeitspunktes erfolgt entsprechend den Eigenschaften des Transistors bei einem vom Hersteller angegebenen optimalen Kollektorstrom. Andererseits sind die, durch die Nachbarstufen geforderten, Bedingungen einzuhalten. Dies kann z. B. bei direkter Kopplung (siehe Abschnitt 2.2.6) eine bestimmte stationäre Kollektorspannung sein. Der Arbeitspunkt kann aber auch durch Anforderungen an die Kleinsignalparameter bestimmte Grenzen einhalten müssen.

Zur Einstellung des gewünschten Arbeitspunktes sind die drei Schaltungsvarianten aus Bild 2.20 gebräuchlich. Entweder wird ein definierter Basisstrom (Basis-Stromeinspeisung) oder eine definierte Basis-Emitter-Spannung (Basis-Spannungsteiler) eingestellt. Bei den in b) und c) vorliegenden Basis-Spannungsteilern handelt es sich um belastete Spannungsteiler. Üblicherweise wird für die Stromaufteilung ein Verhältnis von $I_{R2}/I_B = 2\ldots 10$ gewählt.

2.2 Lineare Verstärkergrundschaltungen

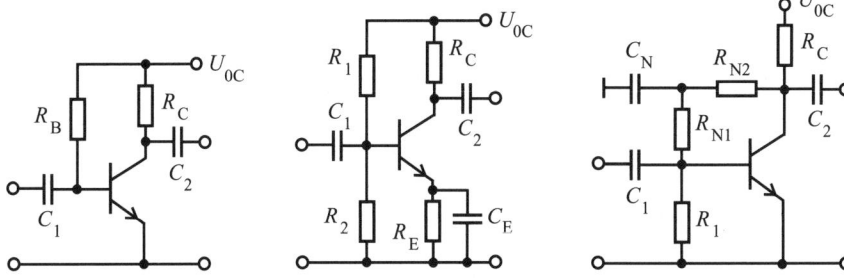

Bild 2.20 Arbeitspunkteinstellung bei der Emitterschaltung
a) Basis-Stromeinspeisung, b) Basis-Spannungsteiler mit Stromgegenkopplung,
c) Basis-Spannungsteiler mit Spannungsgegenkopplung

Für die stationären Arbeitspunktströme ($f = 0$) und auch für extrem niedrige Frequenzen besitzen alle Kondensatoren der Schaltungen unendlich hohe Impedanzen. Im Signalfrequenzbereich dagegen geht ihr komplexer Widerstand gegen null. Eine Signalbeeinflussung ist dadurch ausgeschlossen. Zahlenmäßig ist dies durch geeignete Dimensionierung der entstehenden RC-Glieder abzusichern, so dass deren Eckfrequenzen außerhalb des gewünschten Signalfrequenzbandes liegen. Im Abschnitt 2.2.5 wird auf diese Dimensionierung näher eingegangen.

Die in Bild 2.20 b) und c) vorliegende Gegenkopplung dient der Arbeitspunktstabilisierung. Auf sie wird im Text noch eingegangen.

Kleinsignalverhalten. Im Signalfrequenzbereich besitzen alle drei Schaltungsvarianten die gleiche Kleinsignalersatzschaltung (siehe Bild 2.21). Für Schaltung b) ist lediglich R_B durch $R_1 \| R_2$ zu ersetzen. In Schaltung c) steht anstelle von R_B der Wert $R_{N1} \| R_1$.

Zur Bewertung des Kleinsignalverhaltens werden die Vierpolparameter des Verstärkers und die Betriebsparameter bei äußerer Beschaltung bestimmt. Dies geschieht entweder über die Analogie zum allgemeinen Spannungsverstärkermodell aus Abschnitt 2.2.1 oder man geht den Weg der Berechnung aus der Kleinsignalersatzschaltung mit Hilfe der Kirchhoffschen Gleichungen. Die Ergebnisse enthält Tabelle 2.5.

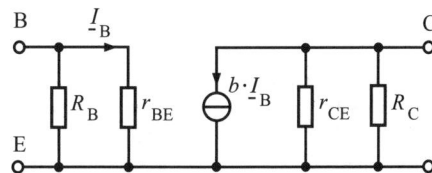

Bild 2.21 Kleinsignalersatzschaltbild der Emitterschaltung mit äußerer Beschaltung

Durch $k_I = 0$ ist die Rückwirkungsfreiheit der Emitterschaltung verdeutlicht. Diese ergibt sich allerdings nur unter der vorausgesetzten Rückwirkungsfreiheit des Transistors selbst.

❏ **Beispiel 2.5**

Über die Kirchhoffschen Gleichungen ist aus dem Kleinsignalersatzschaltbild der Emitterschaltung die Betriebsstromverstärkung abzuleiten.

Lösung:

Mit Hilfe der Stromteilerregel am Ein- bzw. Ausgang ergeben sich

$$\underline{I}_a = b\underline{I}_B \frac{r_{CE} \| R_C}{R_L + r_{CE} \| R_C} \quad \text{und} \quad \underline{I}_B = \underline{I}_e \frac{R_B}{R_B + r_{BE}}$$

Tabelle 2.5 Vierpolparameter und Betriebsparameter der Emitterschaltung

	VP-Parameter	Betriebsparameter
Eingangswiderstand	$r_e = r_{BE} \| R_B$	$r_{eB} = r_{BE} \| R_B$
Ausgangswiderstand	$r_a = r_{CE} \| R_C$	$r_{aB} = r_{CE} \| R_C$
Spannungsverstärkung	$v_u = -\dfrac{b}{r_{BE}}(r_{CE} \| R_C)$	$v_{uB} = -\dfrac{b}{r_{BE}}(r_{CE} \| R_C \| R_L)$
Stromrückwirkung	$k_I = 0$	–
Stromverstärkung	$v_i = \dfrac{b}{1 + \dfrac{r_{BE}}{R_B}}$	$v_{iB} = \dfrac{b}{1 + \dfrac{r_{BE}}{R_B}} \cdot \dfrac{1}{1 + \dfrac{R_L}{r_{CE} \| R_C}}$

Dies liefert

$$v_{iB} = \frac{I_a}{\underline{I}_e} = \frac{b}{1 + \dfrac{r_{BE}}{R_B}} \cdot \frac{1}{1 + \dfrac{R_L}{r_{CE} \| R_C}}$$

❑ **Beispiel 2.6**

Auf der Basis des allgemeinen Spannungsverstärkermodells und den Beziehungen aus Tabelle 2.4 ist die Übertragungsadmittanz Y_T der Emitterschaltung, auch als Betriebssteilheit S_B bezeichnet, zu berechnen.

Lösung:

Aus Tabelle 2.4 lässt sich die Beziehung

$$\underline{Y}_T = \frac{-\underline{g}_{21}}{\underline{g}_{22} + \underline{Z}_L}$$

ablesen. Nach dem Einsetzen der Vierpolparameter der Emitterschaltung erhält man

$$Y_T = \frac{-v_u}{r_a + R_L} = \frac{\dfrac{b}{r_{BE}}(r_{CE} \| R_C)}{(r_{CE} \| R_C) + R_L}$$

$$= \frac{S}{1 + \dfrac{R_L}{(r_{CE} \| R_C)}} \qquad (2.32)$$

mit der Kurzschlusssteilheit $S = \underline{y}_{21} = b/r_{BE}$ des Transistors.

Zielwerte für die Betriebsparameter. Die Emitterschaltung wird häufig in Kombination (Kettenschaltung) mit weiteren Verstärkerstufen genutzt, um hohe Gesamtverstärkungen zu erzielen (siehe Bild 2.22). Dabei sollte jede Stufe einen hohen Eingangswiderstand besitzen, um die vor ihr liegende Stufe wenig zu belasten. Ein niedriger Ausgangswiderstand ist aus der Sicht der Treiberstufe erforderlich. Im Vergleich zum allgemeinen Spannungsverstärkermodell entspricht der Ausgangswiderstand der Vorstufe $(n-1)$ dem Generatorinnenwiderstand R_G und der Eingangswiderstand der Folgestufe $(n+1)$ dem Lastwiderstand R_L. Entsprechend Gleichung (2.29) ergibt sich eine möglichst große Betriebsspannungsverstärkung v_{uB} bei einer großen Leerlaufverstärkung v_u der Emitterschaltung und für $r_a \ll R_L$. Ziel kann aber auch der Anpassungsfall sein, $r_e = r_a$, wenn z. B. eine maximale Leistungsübertragung gefordert ist. Weitere Anforderungen an die Betriebsparameter können sich auch aus der Forderung nach einem geringen Rauschen der Schaltung oder einer geringen Verlustleistung ergeben.

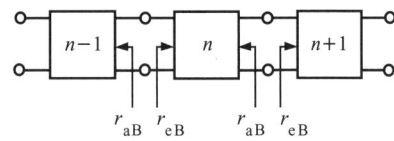

Bild 2.22 Kettenschaltung mehrerer Verstärkerstufen

Arbeitspunktwahl und Aussteuerbereich.
Die Wahl des Arbeitspunktes bestimmt die aktuelle Größe der Kleinsignalparameter des Transistors r_{BE}, r_{CE}, b (siehe Abschnitt 1.3.4). Gleichzeitig entscheidet die Lage des Arbeitspunktes über die maximal verarbeitbare Signalamplitude des Verstärkers, seinen Aussteuerbereich.

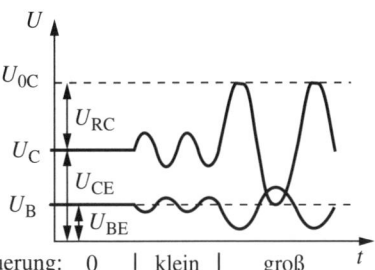

Bild 2.23 Aussteuerdiagramm der Emitterschaltung

Für die Emitterschaltung lassen sich die Verhältnisse bei Aussteuerung durch eine sinusförmige Signalspannung anhand von Bild 2.23 erklären. Liegt kein Signal am Eingang an (keine Aussteuerung), besitzen alle Spannungen ihre eingestellten Arbeitspunktwerte. Es gilt $U_A = U_{CE} = U_{CE0}$, $U_{RC} = I_{C0}R_C$ und $U_{BE} = U_{BE0}$. Wird dem Eingang eine sinusförmige Signalspannung mit kleiner Amplitude $\hat{u}_e$ aufgeprägt (kleine Aussteuerung), so erhält auch die Ausgangsspannung einen sinusförmigen Verlauf. Ihre Amplitude $\hat{u}_a$ ist um den Faktor v_{uB} größer als die Eingangsspannungsamplitude und gegenphasig zu dieser, wie es das negative Vorzeichen der Spannungsverstärkung anzeigt. Die Aussteuergrenzen der Schaltung sind erreicht, wenn die Ausgangsspannung nicht mehr proportional der Eingangsspannung folgen kann. Maximalwert und Minimalwert der Ausgangsspannung betragen

$$U_{a\,max} = U_{0C}, \quad U_{a\,min} \approx U_{BE0}$$

Eine maximal symmetrische Aussteuerbarkeit und damit die Maximalamplitude erfordert einen Arbeitspunkt bei

$$U_{CE0} = \frac{U_{0C} - U_{BE0}}{2} \approx \frac{U_{0C}}{2}$$

❑ **Beispiel 2.7**

Bei welcher Eingangsspannungsamplitude $\hat{u}_{e\,max}$ erreicht die Emitterschaltung ihre Aussteuergrenze? Das Ergebnis soll die Abhängigkeit vom Arbeitspunkt verdeutlichen.

Lösung:

$$\hat{u}_{e\,max} = \frac{\hat{u}_{a\,max}}{|v_{uB}|} = \frac{\hat{u}_{a\,max}}{\frac{b}{r_{BE}}(r_{CE}\|R_C\|R_L)}$$

Die Abhängigkeit vom Arbeitspunkt wird deutlich wenn r_{BE} mit seiner Basisstromabhängigkeit eingesetzt wird. Praktisch ist die Arbeitspunktabhängigkeit von b und r_{CE} vernachlässigbar klein. Außerdem gilt gewöhnlich $r_{CE} \gg R_C, R_L$. Es folgt

$$\hat{u}_{e\,max} = \frac{U_{C0} - U_{CE0}}{\frac{bI_{B0}}{U_T}(R_C\|R_L)} = \frac{U_{RC}}{\frac{bI_{C0}}{B_N U_T}(R_C\|R_L)}$$

Mit der i. Allg. gut erfüllten Annahme $b = B_N$ und $R_C \ll R_L$, sowie dem Ohmschen Gesetz an R_C ($U_{RC} = I_C \cdot R_C$) vereinfacht sich die Beziehung zu

$$\hat{u}_{e\,max} = \frac{R_C U_T}{(R_C\|R_L)} \approx U_T$$

Arbeitspunktabhängigkeit der Betriebsparameter. Die Arbeitspunktabhängigkeit der Betriebsparameter wird hauptsächlich durch die Arbeitspunktabhängigkeit von r_{BE} verursacht. Ihre Zahlenwerte hängen damit stark vom Kollektorstrom im Arbeitspunkt I_{C0} ab. Ein großer Arbeitspunktstrom I_{C0} bewirkt ein kleines r_{BE} und damit eine große Spannungsverstärkung. Der gewünschte große Eingangswiderstand ist durch ein großes R_B und ein großes r_{BE} zu erzielen. Ein kleiner Ausgangswiderstand ist nur über ein kleines R_C erreichbar, welches jedoch zu einer reduzierten

Spannungsverstärkung führt. Bei diesen gegenläufigen Tendenzen obliegt es dem Schaltungsentwickler, ein Optimum zu finden.

Wirkung der Arbeitspunktstabilisierung.
Die schaltungstechnischen Maßnahmen zur Arbeitspunktstabilisierung der Emitterschaltung sollen insbesondere eine Verschiebung des Arbeitspunktes infolge von Temperaturänderungen des Transistors (vgl. Abschnitt 1.3.5) bzw. infolge von Exemplarstreuungen der Vierpolparameter verhindern. Die Schaltung in Bild 2.20b besitzt eine Gegenkopplung über den Emitterwiderstand R_E (siehe Abschn. 2.3.4.3). Dadurch wird der temperaturbedingte Anstieg des Kollektorstromes stark begrenzt. Durch den Basisspannungsteiler wird die Spannung über R_2 annähernd konstant gehalten. Die gesamte Temperaturabhängigkeit lässt sich somit näherungsweise in der mit extrem niedriger Frequenz auftretenden Temperaturdrift der Basis-Emitter-Spannung ΔU_{BE} zusammenfassen. Zur Analyse der Auswirkung auf die Arbeitspunktverschiebung kann man die Ersatzschaltung in Bild 2.24 benutzen, die aus dem Kleinsignalersatzschaltbild abgeleitet wurde. Für die Arbeitspunktanalyse kann die Kleinsignalstromverstärkung b gleich der Großsignalstromverstärkung B_N gesetzt werden.

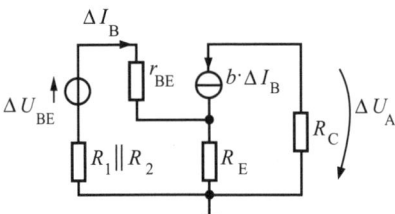

Bild 2.24 Ersatzschaltbild zur Bestimmung der Driftverstärkung

Die Größe einer entstehenden Arbeitspunktverschiebung wird durch die Driftverstärkung $v_D = \Delta U_A / \Delta U_{BE}$ ausgedrückt. Aus Bild 2.24 lässt sich für die ES mit Stromgegenkopplung die folgende Driftverstärkung ableiten.

$$v_D \approx \frac{R_C}{R_E} \qquad (2.33)$$

Die Gegenkopplung wird durch das Bild 2.25 verdeutlicht. Die Stabilisierungswirkung steigt mit sinkender Driftverstärkung. Die Auswirkung von Exemplarstreuungen wird durch die Gegenkopplung stark reduziert. Ihr Einfluss auf die Betriebsparameter der Schaltung ist mit den Beziehungen aus Abschnitt 2.3.4.2 bestimmbar.

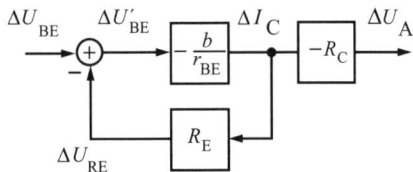

Bild 2.25 Blockschaltbild zur Verdeutlichung der Gegenkopplung bei der ES mit Strom-GK

Für die ES mit Spannungsgegenkopplung in Bild 2.20c kann man auf dem gleichen Weg die folgende Beziehung für die Driftverstärkung gewinnen (mit $R_N = R_{N1} + R_{N2}$).

$$v_D \approx 1 + \frac{R_N}{R_1} \qquad (2.34)$$

Für beide Varianten kann die Driftverstärkung unabhängig von der Kleinsignalverstärkung der Schaltung eingestellt werden. Dies ermöglicht eine wirksame Stabilisierung des Arbeitspunktes.

2.2.2.2 Basisschaltung

Das Prinzip der Basisschaltung ist in Bild 2.26 zu erkennen. Die Basis bildet das Bezugspotenzial (Masse) in der Kleinsignalersatzschaltung. Der Arbeitspunkt wird durch einen Basis-Spannungsteiler (R_1, R_2) eingestellt.

Kleinsignalverhalten. Durch eine Analyse der Kleinsignalersatzschaltung erhält man in Analogie zum allgemeinen Spannungsverstärkermodell die Parameter für den Verstärkervierpol.

Leerlauf-Eingangswiderstand:

Aus Bild 2.26 b) liest man ab

$$\underline{I}'_e = -(1+b)\underline{I}_B - \frac{\underline{U}_a - \underline{U}_e}{r_{CE}}$$

$$\underline{U}_a = -\underline{I}_C R_C = (\underline{I}_B + \underline{I}'_e) R_C$$

$$\underline{I}_B = -\frac{\underline{U}_e}{r_{BE}}$$

Nach dem Einsetzen ergibt sich der Eingangswiderstand des Transistors r'_e zu

$$r'_e = \frac{\underline{U}_e}{\underline{I}'_e}\bigg|_{\underline{I}_a=0} = \frac{r_{BE}\left(1 + \dfrac{R_C}{r_{CE}}\right)}{1 + b + \dfrac{r_{BE} + R_C}{r_{CE}}}$$

$$\approx \frac{r_{BE}}{b} = \frac{1}{S} \qquad (2.35)$$

Die Näherung gilt für den meist gültigen Fall $r_{CE} \gg r_{BE} + R_C$. Auch in den folgenden Gleichungen wird diese Näherung herangezogen. Der Eingangswiderstand der Schaltung wird durch den parallel zur Basis-Emitter-Diode des Transistors liegenden Emitterwiderstand R_E beeinflusst.

$$r_e = \frac{\underline{U}_e}{\underline{I}_e}\bigg|_{\underline{I}_a=0} = R_E \| r'_e$$

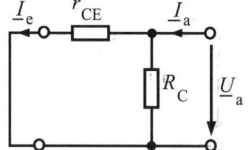

Bild 2.27 Kleinsignalersatzschaltbild der Basisschaltung bei $\underline{U}_e = 0$

Kurzschluss-Ausgangswiderstand:

Ein Kurzschluss am Eingang ($\underline{U}_e = 0$) bedingt $\underline{I}_B = 0$. Die Stromquelle im Kleinsignalersatzschaltbild entfällt und es vereinfacht sich zu der Form in Bild 2.27. Aus diesem ergibt sich der Ausgangswiderstand zu

$$r_a = \frac{\underline{U}_a}{\underline{I}_a}\bigg|_{\underline{U}_e=0} = r_{CE} \| R_C \qquad (2.36)$$

Leerlauf-Spannungsverstärkung:

Aus Bild 2.26 b) ist ablesbar

$$\underline{U}_a = \underline{U}_{CE} + \underline{U}_e = (\underline{I}_C - b\underline{I}_B) r_{CE} + \underline{U}_e$$

$$\underline{I}_C = -\frac{\underline{U}_a}{R_C}, \quad \underline{I}_B = -\frac{\underline{U}_e}{r_{BE}}$$

und es lässt sich daraus die Spannungsverstärkung berechnen.

$$v_u = \frac{\underline{U}_a}{\underline{U}_e}\bigg|_{\underline{I}_a=0} = \frac{\left(b + \dfrac{r_{BE}}{r_{CE}}\right) R_C}{r_{BE}\left(1 + \dfrac{R_C}{r_{CE}}\right)}$$

$$\approx \frac{bR_C}{r_{BE}} = SR_C \qquad (2.37)$$

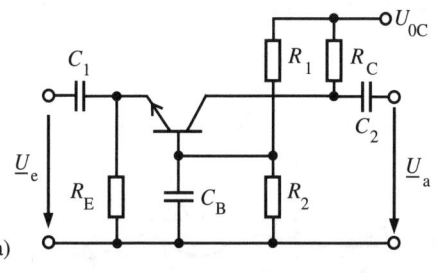

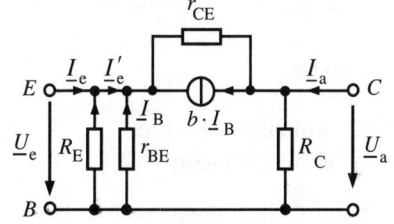

Bild 2.26 Verstärker in Basisschaltung
a) Schaltplan, b) Kleinsignalersatzschaltbild

Kurzschluss-Stromrückwirkung:

Zur Berechnung von k_I kann auf die vereinfachte Ersatzschaltung (Bild 2.27) zurückgegriffen werden.

$$k_\mathrm{I} = \left.\frac{I_\mathrm{e}}{I_\mathrm{a}}\right|_{\underline{U}_\mathrm{e}=0} = -\frac{R_\mathrm{C}}{r_\mathrm{CE} + R_\mathrm{C}} \approx -\frac{R_\mathrm{C}}{r_\mathrm{CE}} \quad (2.38)$$

Die Basisschaltung ist nicht rückwirkungsfrei. Das negative Vorzeichen folgt aus der entgegengesetzt zum wahren Verhalten eingeführten Stromrichtung des Eingangsstromes.

Merke: In der Praxis ist die Rechnung mit den Näherungsformeln in vielen Fällen ausreichend, da die vom Hersteller gelieferten Parameterangaben zu den Transistoren nur Mittelwerte darstellen und die einzelnen Bauelemente um 20 % und mehr von diesen Werten abweichen können.

Mit den obigen Vierpolparametern und der Annahme $k_\mathrm{I} = 0$, die im Falle $R_\mathrm{C} \ll r_\mathrm{CE}$ sehr gut erfüllt ist, ergeben sich die Betriebsparameter der Basisschaltung entsprechend Tabelle 2.6.

Tabelle 2.6 Betriebsparameter der Basisschaltung

	Betriebsparameter
Eingangswiderstand	$r_\mathrm{eB} = r_\mathrm{e} \approx \dfrac{1}{S}$
Ausgangswiderstand	$r_\mathrm{aB} = r_\mathrm{CE} \| R_\mathrm{C}$
Spannungsverstärkung	$v_\mathrm{uB} \approx \dfrac{b\,(R_\mathrm{C}\|R_\mathrm{L})}{r_\mathrm{BE}} = S\,(R_\mathrm{C}\|R_\mathrm{L})$
Stromverstärkung	$v_\mathrm{iB} = \dfrac{-v_\mathrm{u} r_\mathrm{e}}{r_\mathrm{a} + R_\mathrm{L}} \approx -\dfrac{1}{1 + \dfrac{R_\mathrm{L}}{R_\mathrm{C}}}$

Die Spannungsverstärkung entspricht betragsmäßig jener der Emitterschaltung. Eine Phasenumkehr zwischen Ein- und Ausgangsspannung tritt jedoch nicht auf. Die Stromverstärkung hängt sehr stark vom Lastwiderstand ab, bleibt aber stets kleiner eins. Folglich ist von dieser Schaltung auch keine sehr hohe Leistungsverstärkung zu erwarten. Das negative Vorzeichen der Stromverstärkung folgt aus der entgegengesetzt zum wahren Verhalten eingeführten Stromrichtung des Eingangsstromes und hat nur rechnerische Bedeutung. Der Eingangswiderstand ist sehr klein. Dies führt zu einer starken Belastung des Signalgenerators. Veranschaulicht werden diese Aussagen dadurch, dass die Schaltung mit dem relativ hohen Emitterstrom gespeist werden muss und zum Kollektorstrom am Ausgang keine Verstärkung erfolgt.

Arbeitspunktwahl und Aussteuerbereich. Die Potenzialverhältnisse der Basisschaltung bei sinusförmiger Aussteuerung sind in Bild 2.28 dargestellt. Für die Wahl des Kollektor- und des Emitterpotenzials gelten analoge Gesichtspunkte wie bei der Emitterschaltung mit Stromgegenkopplung. Die Arbeitspunktspannung über R_E ist entsprechend der Größe des maximalen Eingangssignals festzulegen.

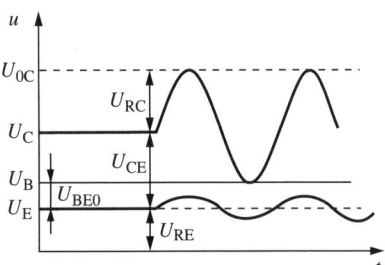

Bild 2.28 Aussteuerdiagramm der Basisschaltung

2.2.2.3 Kollektorschaltung (Emitterfolger)

Als Kennzeichen dieser Verstärkerschaltung bildet der Kollektor den Bezugspunkt (Masse) der Kleinsignalersatzschaltung. Die Arbeits-

Tabelle 2.7 Vierpolparameter und Betriebsparameter der Kollektorschaltung

	VP-Parameter	Betriebsparameter
Eingangs-widerstand	$r_e = R_1\|R_2\|r'_e \cong r_{BE} + bR_E \approx bR_E$ mit $r'_e = r_{BE} + (1+b)(r_{CE}\|R_E)$	$r_{eB} = R_1\|R_2\|r''_e \cong r_{BE} + b(R_E\|R_L)$ mit $r''_e = r_{BE} + (1+b)(r_{CE}\|R_E\|R_L)$
Ausgangs-widerstand	$r_a = r_{CE}\|R_E\|\dfrac{r_{BE}}{1+b} \approx \dfrac{r_{BE}}{b} = \dfrac{1}{S}$	$r_{aB} = r_{CE}\|R_E\|\dfrac{r_{BE}+R^*_G}{1+b} \approx \dfrac{r_{BE}+R^*_G}{b}$ mit $R^*_G = R_G\|R_1\|R_2$
Spannungs-verstärkung	$v_u = \dfrac{1}{1+\dfrac{r_{BE}}{(1+b)(r_{CE}\|R_E)}} \approx \dfrac{1}{1+\dfrac{r_{BE}}{bR_E}}$ $v_u \lessapprox 1$	$v_{uB} = \dfrac{1}{1+\dfrac{r_{BE}}{(1+b)(r_{CE}\|R_E\|R_L)}}$ $v_{uB} \approx \dfrac{1}{1+\dfrac{r_{BE}}{b(R_E\|R_L)}}$
Strom-rückwirkung	$k_I = -\dfrac{1}{1+b+\dfrac{r_{BE}}{r_{CE}\|R_E}} \approx -\dfrac{1}{b+\dfrac{r_{BE}}{R_E}}$	–
Strom-verstärkung	$v_i = -(1+b)\dfrac{1}{1+\dfrac{r_{BE}}{R_1\|R_2}}$	$v_{iB} \approx -(1+b)\dfrac{1}{1+\dfrac{r_{BE}}{R_1\|R_2}} \cdot \dfrac{1}{1+\dfrac{R_L}{r_{CE}\|R_E}}$

punkteinstellung erfolgt üblicherweise durch einen Basis-Spannungsteiler. Der Emitterwiderstand R_E bildet den Arbeitswiderstand, über dem die Ausgangsspannung $\underline{U}_a$ abgegriffen wird.

Kleinsignalverhalten. Die Bestimmung der Vierpolparameter der Kollektorschaltung erfolgt sehr leicht anhand der Kleinsignalersatzschaltung. Das Vorgehen entspricht dem bei der Basisschaltung. Die Ergebnisse beinhaltet Tabelle 2.7. Auch diese Schaltung ist nicht rückwirkungsfrei, jedoch ist der Zahlenwert so klein, dass häufig eine Vernachlässigung möglich ist.

Die Näherungsgleichung für die Betriebsstromverstärkung gilt jedoch nur bei Vernachlässigung der Stromrückwirkung.

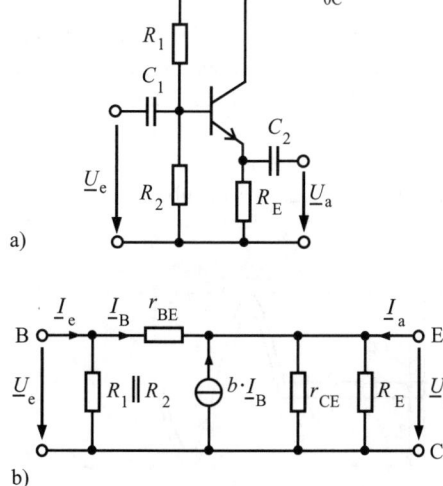

Bild 2.29 Verstärker in Kollektorschaltung
a) Schaltplan, b) Kleinsignalersatzschaltbild

Bedeutung der Kollektorschaltung. Besondere Vorteile der Kollektorschaltung sind der hohe Eingangswiderstand r_{eB}, der allerdings einen entsprechend hochohmigen Basis-Spannungsteiler voraussetzt, und ihr niedriger Ausgangswiderstand r_{aB}. Dadurch ist sie für eine Anwendung als Treiberschaltung, falls ein großer Laststrom gefordert ist, geradezu prädestiniert. Der Signalgenerator wird dabei kaum belastet. Häufig erfolgt deshalb auch eine Nutzung als Impedanzwandler. Da die Spannungsverstärkung nahe eins liegt, besitzt die Kollektorschaltung auch den Beinamen *Emitterfolger*. Das Ausgangspotenzial am Emitter folgt stets dem Eingangspotenzial nach. Die Leistungsverstärkung ist aus dem gleichen Grund allerdings nur gering.

Wegen der festen Spannungsdifferenz zwischen Basis und Emitter ($U_{BE} = U_{BE0} = 0{,}6 \ldots 0{,}7$ V) eignet sich die Schaltung auch als Stufe zur Potenzialverschiebung. Diese wird insbesondere in direkt gekoppelten Verstärken häufig zur Potenzialanpassung benachbarter Verstärkerstufen benötigt.

Arbeitspunktwahl und Aussteuerbereich. Im Interesse einer großen Signalamplitude wird der Arbeitspunkt des Basis- und des Emitterpotenzials in den Bereich der halben Betriebsspannung gelegt. Die Aussteuergrenzen sind in Bild 2.30 erkennbar.

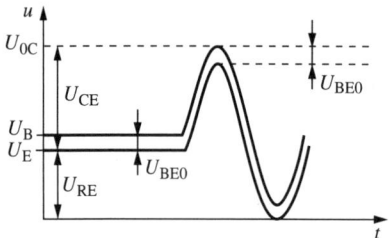

Bild 2.30 Aussteuerbereich der Kollektorschaltung

2.2.3 Einstufige Verstärker mit Feldeffekt-Transistoren

Die drei oben erläuterten Verstärkergrundschaltungen lassen sich mit Feldeffekt-Transistoren in analoger Weise aufbauen und nutzen. Benannt werden die Schaltungen entsprechend den Bezugselektroden als Sourceschaltung ($\hat{=}$ Emitterschaltung), Gateschaltung ($\hat{=}$ Basisschaltung) und Drainschaltung bzw. Sourcefolger ($\hat{=}$ Kollektorschaltung). Bild 2.31 bis Bild 2.33 zeigen einige wichtige Varianten der Arbeitspunkteinstellung, die wegen der isolierten Gateelektrode nur spannungsmäßig möglich ist. Bei Anreicherungstypen ist deshalb der Gate-Spannungsteiler üblich (Bild 2.31). Die notwendige negative Gate-Source-Spannung bei Verarmungstypen bzw. Sperrschicht-FETs wird meist durch einen Sourcewiderstand erzeugt. Das Gate muss dabei durch einen sehr hochohmigen Widerstand auf Masse gelegt werden, um einerseits ein definiertes Potenzial am Gate einzustellen und andererseits den Eingangswiderstand nicht unnötig zu reduzieren (Bild 2.32).

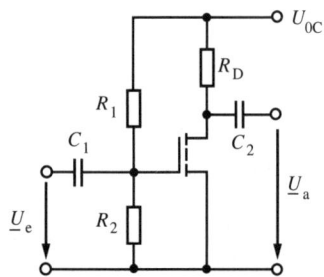

Bild 2.31 Sourceschaltung mit Anreicherungs-FET

Eine Ableitung der Kleinsignalparameter kann in gleicher Weise erfolgen, wie bei Bipolartransistorschaltungen. Einen schnellen Überblick über die FET-Schaltungen und einen Vergleich zu den Parametern der Bipolarschaltungen erhält man durch die Benutzung sogenannter Korrespondenzen zwischen den Vierpolparametern von Bipolartransistoren und FET.

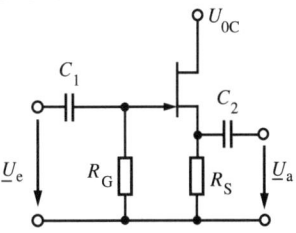

Bild 2.32 Drainschaltung mit SFET

Ein Vergleich der NF-Kleinsignalersatzschaltungen von Bipolar- und Feldeffekttransistoren unter Annahme von Rückwirkungsfreiheit führt zu den Korrespondenzen in Tabelle 2.8. Mit Hilfe dieser Korrespondenzen lassen sich die Betriebsparameter der bekannten Grundschaltungen leicht auf FET-Schaltungen übertragen. Zu beachten ist dabei, dass die Eingangswiderstände der Source- und Drainschaltung ausschließlich durch die Gatebeschaltung zur Arbeitspunkteinstellung gebildet werden.

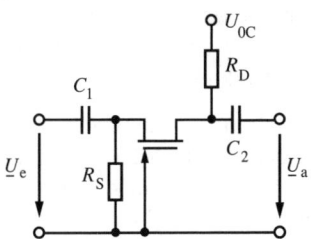

Bild 2.33 Gateschaltung mit Verarmungs-FET

Tabelle 2.8 Korrespondenzen zwischen FET und Bipolartransistoren im NF-Bereich

	Bipolar	FET
$h_{11} = \dfrac{1}{y_{11}}$	r_{BE}	∞
$\dfrac{1}{y_{22}}$	r_{CE}	$r_{DS} = \dfrac{1}{g_d}$
y_{21}	$S = \dfrac{b}{r_{BE}}$	$S = g_m$

❑ **Beispiel 2.8**

Es sind die Betriebsparameter der Sourceschaltung nach Bild 2.31 auf der Basis von Korrespondenzbeziehungen zu Bipolartransistoren zu ermitteln.

Lösung:

Durch einen einfachen Vergleich lassen sich die Gleichungen aus Tabelle 2.5 umwandeln in

$r_{eB} = R_1 \| R_2$
$r_{aB} = r_{DS} \| R_D$
$v_{uB} = -S \left(r_{DS} \| R_D \| R_L \right)$

Die Beziehung für die Stromverstärkung formt man zunächst etwas um. Der Term $1/r_{BE}$ geht gegen null und R_B ist durch die Parallelschaltung von R_1 und R_2 zu ersetzen.

$$v_{iB} = \dfrac{\dfrac{b}{r_{BE}}}{\dfrac{1}{r_{BE}} + \dfrac{1}{R_B}} \cdot \dfrac{1}{1 + \dfrac{R_L}{r_{CE} \| R_C}}$$

$$v_{iB} = \dfrac{S(R_1 \| R_2)}{1 + \dfrac{R_L}{r_{DS} \| R_D}}$$

2.2.4 Grundschaltungen mit mehreren Transistoren

2.2.4.1 Kaskodeschaltung

Die Kaskodeschaltung ist eine Kombination aus zwei Verstärkerstufen. Transistor 1 arbeitet in Emitterschaltung, Transistor 2 in Basisschaltung.

Ein leicht überschaubarer Weg zur Bestimmung des Kleinsignalverhaltens dieser Schaltung beruht auf der Nutzung der Betriebsparameter der Einzelstufen. Beide Teilschaltungen sind in Kettenschaltung miteinander verknüpft. Die Basisschaltung des T2 bildet folglich das Lastelement für die Emitterschaltung des T1. Ausgehend von Bild 2.35 ergeben sich die in Tabelle 2.9 zusammengestellten Parameter für die Einzelvierpole und die

Gesamtschaltung. Die Näherungsgleichungen gelten unter der Voraussetzung, dass beide Transistoren identische Vierpolparameter besitzen.

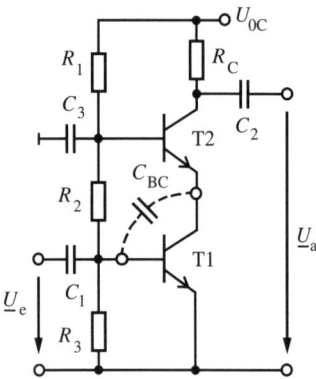

Bild 2.34 Kaskodeschaltung

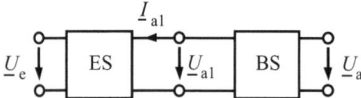

Bild 2.35 Kaskode als Kettenschaltung zweier Vierpole

Bei niedrigen Frequenzen besitzt die Kaskodeschaltung etwa die gleichen Eigenschaften wie eine normale Emitterschaltung. Ihr Vorteil wird erst bei hohen Frequenzen wirksam, wenn die transistorinterne Basis-Kollektor-Kapazität C_{BC} zum Tragen kommt. Diese koppelt in der Emitterschaltung einen Teil des Ausgangssignals zurück auf den Eingang und erhöht dadurch die Eingangskapazität des Verstärkers dynamisch. Dieser Effekt heißt Miller-Effekt (siehe Abschnitt 2.3.3.4). Es ergibt sich eine dynamische Eingangskapazität von

$$C_e = C_{BC}(1 - v_u) \quad (2.39)$$

In der Kaskodeschaltung wird aber die Verstärkung der Emitterstufe durch den niedrigen Eingangswiderstand der Basisstufe auf den Wert eins reduziert, so dass die Signalrückkopplung unbedeutend ist. Die gesamte Spannungsverstärkung der Kaskode entsteht erst in der Basisstufe. Durch diese Aufteilung ergibt sich praktisch eine Unterbrechung der Gegenkoppelschleife über C_{BC}. Die Kaskodeschaltung besitzt auch bei hohen Frequenzen noch eine kleine Eingangskapazität.

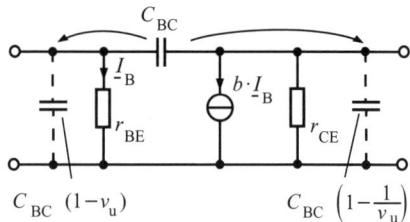

Bild 2.36 Auswirkung des Miller-Effekts

2.2.4.2 Differenzverstärker

Der Differenzverstärker (Bild 2.37) ist eine streng symmetrische Schaltung. Die Erzielung idealer Eigenschaften erfordert, dass beide Transistoren die gleichen Parameter besitzen. Dies ist besonders gut bei integrierter Realisierung und möglichst enger Nachbarschaft auf dem Schaltkreis erreichbar.

Die Einstellung des Arbeitspunktstromes $I_C = I_E/2$ erfolgt in der Regel über eine Stromquelle (Innenwiderstand R_E). Im Ruhezustand ($U_{e1} = U_{e2}$) teilt sich der Emitterstrom symmetrisch auf beide Transistoren auf. Die folgende Analyse des Verstärkungsverhaltens erfolgt im Niederfrequenzbereich auf der Basis komplexer Signalgrößen.

Aussteuerung. Die Aussteuerung wird unterschieden in symmetrische Differenzaussteuerung (*Gegentakt*), es gilt $\underline{U}_{e1} = -\underline{U}_{e2}$, sowie in *Gleichtakt*-Aussteuerung, bei der beide Eingangssignale identisch sind $\underline{U}_{e1} = \underline{U}_{e2} = \underline{U}_{gl}$. Für beliebige Eingangssignale ist stets eine Zerlegung in einen Differenz- oder Gegen-

Tabelle 2.9 Betriebsparameter der Kaskodeschaltung

	ES	BS	Kaskode
r_{eB}	$r_{e1B} = R_2 \| R_3 \| r_{BE1}$	$r_{e2B} = \dfrac{r_{BE2}}{b}$	$r_{eB} = r_{e1B}$
r_{aB}	$r_{a1B} = r_{CE1} \| r_{e2B} \approx r_{e2B}$	$r_{a2B} = r_{CE2} \| R_C$	$r_{aB} = r_{a2B} \approx R_C$
v_{uB}	$v_{u1B} = -\dfrac{b_1}{r_{BE1}} r_{a1B} \approx -1$	$v_{u2B} = \dfrac{b_2}{r_{BE2}} r_{a2B} \approx \dfrac{b_2 R_C}{r_{BE2}}$	$v_{uB} = v_{u1B} v_{u2B} \approx -\dfrac{b_2 R_C}{r_{BE2}}$
v_{iB}	$v_{i1B} \approx b$	$v_{i2B} \approx \dfrac{b}{1+b} \approx 1$	$v_{iB} = v_{i1B} v_{i2B} = \dfrac{b^2}{1+b} \approx b$

taktanteil $\underline{U}_D = \underline{U}_{e1} - \underline{U}_{e2}$ und einen Gleichtaktanteil $\underline{U}_{gl} = (\underline{U}_{e1} + \underline{U}_{e2})/2$ möglich.

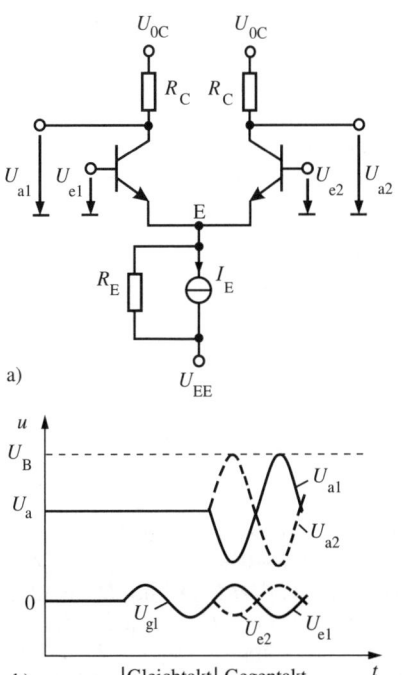

a)

b) |Gleichtakt| Gegentakt

Bild 2.37 Differenzverstärker und Aussteuerdiagramm

Bei unendlich großem Innenwiderstand R_E der Stromquelle ist die Schaltung völlig unempfindlich gegenüber Gleichtakt-Aussteuerung. An den Ausgängen treten keine Spannungsänderungen auf. Dieses Ziel ist jedoch nicht vollständig erreichbar.

Bei Gegentakt-Aussteuerung findet eine differenzspannungsabhängige Stromverteilung zwischen den beiden Kollektorströmen statt, wobei deren Summe stets dem Quellenstrom I_E entspricht.

Neben sinusförmigen Signalen kann der dargestellte Differenzverstärker auch für beliebige Signalformen eingesetzt werden. Da die Arbeitspunkteinstellung nur über die Stromquelle erfolgt, ist sie nicht mit einer Beeinflussung der Eingänge verbunden. Eine direkte Ankopplung der Eingangssignale an die Basisanschlüsse der Verstärkertransistoren ist ohne Probleme möglich.

Differenzverstärkung. Zur Berechnung der Differenzausgangsspannung $\underline{U}_{aD} = \underline{U}_{a1} - \underline{U}_{a2}$ kann bei reiner Gegentaktansteuerung davon ausgegangen werden, dass sich die Spannung über R_E nicht ändert. Im Kleinsignalersatzschaltbild (Bild 2.38) gilt folglich $\underline{U}_{RE} = 0$. Die Stufe zerfällt in zwei Emitterschaltungen, aus denen man abliest

$$\underline{U}_{aD} = \underline{U}_{a1} - \underline{U}_{a2} = -\frac{bR_C}{r_{BE}}\left(\underline{U}_{e1} - \underline{U}_{e2}\right)$$

$$\underline{U}_{aD} = -SR_C\left(\underline{U}_{e1} - \underline{U}_{e2}\right) \qquad (2.40)$$

120 2 Analogtechnik

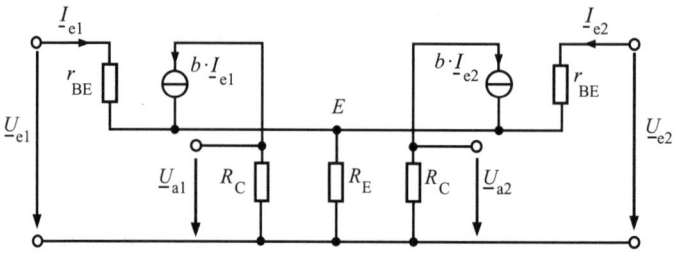

Bild 2.38 Kleinsignalersatzschaltung eines Differenzverstärkers

Als Differenzverstärkung v_d erhält man einen Wert, der dem Wert der Spannungsverstärkung einer einfachen Emitterschaltung entspricht.

$$v_d = \frac{\underline{U}_{aD}}{\underline{U}_D} = -SR_C \qquad (2.41)$$

Gleichtaktverstärkung. Zur Berechnung der Gleichtaktverstärkung kann man beide Schaltungshälften auf Grund ihrer Symmetrie in Gedanken zusammenfassen. Dabei muss allerdings R_E verdoppelt werden. Die sich ergebende Emitterschaltung mit Stromgegenkopplung in Bild 2.39 repräsentiert das Gleichtaktverhalten des Differenzverstärkers vollständig. Als Gleichtaktverstärkung resultiert

$$v_{gl} = \frac{\underline{U}_a}{\underline{U}_{gl}} \qquad (2.42)$$

$$= -\frac{bR_C}{r_{BE} + (1+b)2R_E} \approx -\frac{R_C}{2R_E}$$

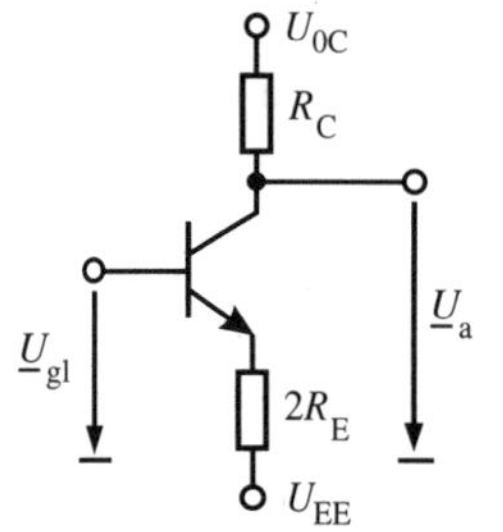

Bild 2.39 Ersatzschaltung des Differenzverstärkers für Gleichtaktbetrieb

Die Größe des Innenwiderstandes R_E der Stromquelle bestimmt direkt den Wert der Gleichtaktverstärkung.

Gleichtaktunterdrückung. Anstelle der Gleichtaktverstärkung wird häufig die Gleichtaktunterdrückung G angegeben, da dieser Begriff stärker die Zielvorstellung eines Differenzverstärkers widerspiegelt und als Qualitätsmerkmal betrachtet werden kann. In der englischsprachigen Literatur wird sie als *CMRR* (common mode rejection ratio) abgekürzt und meist in Dezibel angegeben.

$$G = \frac{v_d}{v_{gl}} = \frac{-SR_C}{-\frac{R_C}{2R_E}} = 2SR_E \qquad (2.43)$$

In der Praxis sind Werte von 80...100 dB erreichbar. Sie werden hauptsächlich von der Qualität der Stromquelle bestimmt.

❑ **Beispiel 2.9**

Es ist ein Differenzverstärker für die folgenden Anforderungen zu dimensionieren.
Parameter des DV: $CMRR = 80$ dB, $U_{0C} = 12$ V, $U_{EE} = -5$ V, $I_E = 8$ mA, $U_{A0} = U_{0C}/2$, $B = b = 150$, $U_{BEF} = 0{,}7$ V, $r_{CE} \to \infty$, $U_T = 25$ mV. Welche Differenzverstärkung wird erreicht?

Lösung:

Zur Berechnung der Steilheit der Transistoren ist vom Arbeitspunktstrom auszugehen.

$$S = -\frac{b}{r_{BE}} = -\frac{bI_E}{2U_T B} = -160 \text{ mS}$$

2.2 Lineare Verstärkergrundschaltungen

Der Kollektorstrom $I_C = I_E/2$ bestimmt die Ausgangsspannung im Arbeitspunkt U_{A0} und damit den R_C.

$$R_C = \frac{U_{0C} - U_{A0}}{I_C} = \frac{6\,\text{V}}{4\,\text{mA}} = 1\,500\,\Omega$$

Eine Gleichtaktverstärkung G von

$$|G| = 10^{\frac{CMRR}{20}} = 10\,000$$

erfordert nach Gleichung (2.43) einen Stromquellenwiderstand von

$$R_E = \frac{|G|}{|2S|} = 31{,}25\,\text{k}\Omega$$

Die Differenzverstärkung ergibt sich nach Gleichung (2.41) zu

$$v_d = -SR_C = -240$$

❏ **Beispiel 2.10**

Die Ausgangsspannungen $\underline{U}_{a1}$ und $\underline{U}_{aD}$ eines Differenzverstärkers bei unsymmetrischer Aussteuerung mit $\underline{U}_{a2} = 0$ sind allgemein zu berechnen.

Lösung:

Eine Zerlegung des Eingangssignals in einen Gleichtakt- und einen Gegentaktanteil liefert

$$\underline{U}_D = \underline{U}_{e1} \quad \text{und} \quad \underline{U}_{gl} = \frac{\underline{U}_{e1}}{2}$$

An den Einzelausgängen erfolgt eine Überlagerung des mit v_d verstärkten Gegentaktanteils und des mit v_{gl} verstärkten Gleichtaktanteils.

$$\underline{U}_{a1} = \frac{v_d}{2}\underline{U}_D + v_{gl}\underline{U}_{gl} = -\left(\frac{R_C}{2R_E} + SR_C\right)\frac{\underline{U}_{e1}}{2}$$

$$\underline{U}_{a2} = -\frac{v_d}{2}\underline{U}_D + v_{gl}\underline{U}_{gl} = -\left(\frac{R_C}{2R_E} - SR_C\right)\frac{\underline{U}_{e1}}{2}$$

Für die Differenzausgangsspannung folgt

$$\underline{U}_{aD} = \underline{U}_{a1} - \underline{U}_{a2} = -SR_C\underline{U}_{e1}$$

In der Differenzausgangsspannung kompensieren sich die in beiden Einzelausgängen enthaltenen Gleichtaktanteile. Der Differenzverstärker wird deshalb meist mit symmetrischer (zweipoliger) Signalführung verwendet.

Eingangswiderstand. Den Eingangswiderstand eines Differenzverstärkers muss man für den Gleichtakt- und Gegentaktbetrieb getrennt untersuchen. Die Wirkung beider Widerstandsanteile wird im Verstärkermodell des Differenzverstärkers in Bild 2.40 deutlich. Die Berechnung des *Differenzeingangswiderstandes* r_{ed} und des *Gleichtakteingangswiderstandes* r_{egl} erfolgt anhand des Kleinsignalersatzschaltbildes (Bild 2.38). Bei reinem Gegentaktbetrieb ergibt sich wegen $\underline{U}_{RE} = 0$

$$r_{ed} = 2 \cdot r_{BE} \tag{2.44}$$

Bei reinem Gleichtaktbetrieb (vgl. Bild 2.39) entspricht der Eingangswiderstand dem einer Emitterschaltung mit Stromgegenkopplung.

$$r_{egl} \approx r_{BE} + 2bR_E \tag{2.45}$$

Ausgangswiderstand. Der Ausgangswiderstand eines Differenzverstärkers ergibt sich aus der Analogie des Ausgangs zu dem einer Emitterschaltung.

$$r_a \approx R_C \tag{2.46}$$

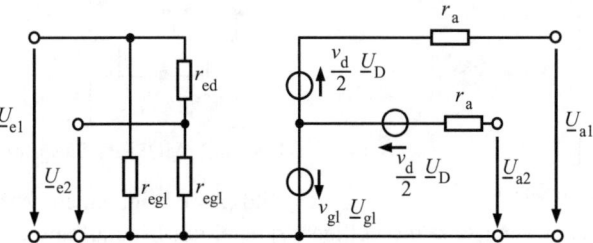

Bild 2.40 Verstärkermodell eines Differenzverstärkers

Aussteuerbereich. Der Aussteuerbereich für die Eingangssignale einer Differenzstufe wird durch die gleichtaktunterdrückende Wirkung der Stromquelle begrenzt. Für den Gleichtaktanteil im Signal gilt

$$U_{gl\,min} = U_{E\,min} + U_{BE}$$

wobei $U_{E\,min}$ ein Parameter der Stromquelle ist. Bei diesem Wert ist die Konstanz ihres Stromes noch gegeben. Bei einem einfachen Stromspiegel (siehe Abschnitt 2.2.4.3) gilt $U_{E\,min} = U_{CE\,min}$. Die minimale Kollektor-Emitter-Spannung $U_{CE\,min}$ wird durch die Übersteuerungsgrenze des Transistors gebildet.

Die maximale Gleichtakteingangsspannung resultiert aus der drohenden Übersteuerung der Verstärkertransistoren

$$U_{gl\,max} = U_B - \frac{R_C I_E}{2}$$

2.2.4.3 Stromspiegel

Stromspiegel sind Grundschaltungen der integrierten Schaltungstechnik. Sie eignen sich z. B. als Lastelemente in Verstärkerschaltungen oder als Konstantstromquellen. Ziel ist die Reproduktion (Spiegelung) eines vorgegebenen Referenzstromes. Wichtigster Parameter eines Stromspiegels ist das *Spiegelverhältnis M*.

$$M = \frac{I_a}{I_{ref}} \quad (2.47)$$

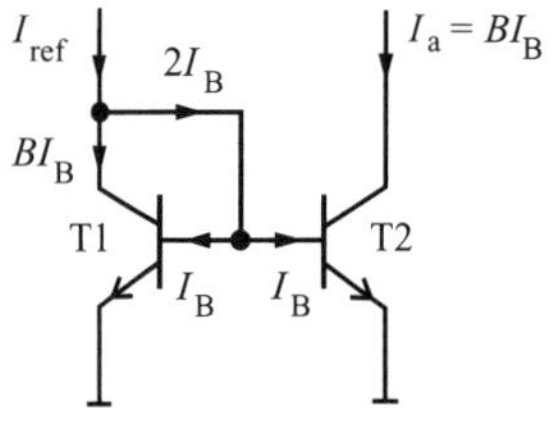

Bild 2.41 Einfacher Stromspiegel

Eine ideale Spiegelwirkung setzt die völlige Gleichheit beider Transistoren voraus. Für die einfachste Realisierung eines Stromspiegels nach Bild 2.41 lassen sich die Beziehungen

$$I_a = I_{C2} = B I_B \quad \text{und}$$
$$I_{ref} = I_{C1} + 2 I_B = (B+2) I_B$$

ablesen. Das Spiegelverhältnis ergibt sich bei genügend großer Stromverstärkung des Transistors annähernd zu eins.

$$\boxed{M = \frac{B}{B+2} = 1 - \frac{2}{B+2} \approx 1} \quad (2.48)$$

Der Fehlerterm $2/(B+2)$ stellt ein Qualitätsmaß für den Stromspiegel dar.

Die Spiegelwirkung ist in gleicher Weise für Kleinsignalströme wirksam, allerdings steht dann die Kleinsignalstromverstärkung b in den Formeln.

Stromquelleneigenschaft. Ein zweiter wichtiger Parameter eines Stromspiegels ist dessen Kleinsignalausgangswiderstand r_a. Dieser ist vor allem bez. der Stromquelleneigenschaft des Ausgangs von Bedeutung und sollte so groß wie möglich sein. Für den Spiegel in Bild 2.41 ist leicht ein Wert von $r_a = r_{CE}$ ablesbar.

Verbesserte Stromspiegel. Das Ziel einer Verbesserung der Eigenschaften betrifft in erster Linie das Spiegelverhältnis. Ein nahezu ideales Spiegelverhältnis liefert der MOSFET-Spiegel in Bild 2.42 auf Grund des fehlenden Gatestromes.

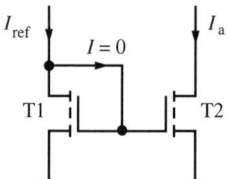

Bild 2.42 MOSFET-Stromspiegel

Bild 2.43 zeigt einen verbesserten Stromspiegel mit Bipolartransistoren. Der am Eingang wirksame Basisstrom wird durch einen zusätzlichen Transistor um den Faktor $1/b$ herabgesetzt. Das Spiegelverhältnis bestimmt sich in Analogie zum einfachen Stromspiegel zu

$$M = 1 - \frac{2}{B(B+1)+2} \qquad (2.49)$$

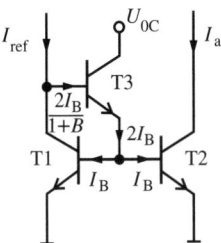

Bild 2.43 Verbesserter Stromspiegel mit Bipolartransistoren

Eine Sonderschaltung beinhaltet Bild 2.44. Für diese als WILSON-Spiegel bekannte Schaltung erhält man ein Spiegelverhältnis

$$M = \frac{B\frac{B+2}{1+B}}{B+\frac{B+2}{1+B}} = 1 - \frac{2}{B(B+2)+2} \qquad (2.50)$$

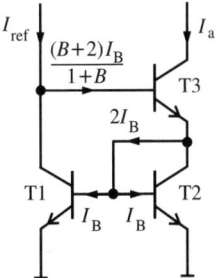

Bild 2.44 WILSON-Stromspiegel

Die Schaltung weist einen Regelkreis zur Einstellung des Arbeitspunktes auf. Dessen Wirkung wird durch das Blockschaltbild (Bild 2.45) deutlich.

Ein weiterer Vorteil der WILSON-Schaltung ist der stark vergrößerte Ausgangswiderstand,

der sich über die im Regelkreis enthaltene Gegenkopplung berechnen lässt. Mit einigen Näherungen gewinnt man bei identischen Transistoren

$$r_a \approx r_{CE3} R_G^* \frac{S_1 S_3}{S_2} = r_{CE3} R_G^* S \qquad (2.51)$$

mit $R_G^* = R_G \| r_{CE1}$. Dabei ist R_G der Innenwiderstand der Quelle, die den I_{ref} einspeist.

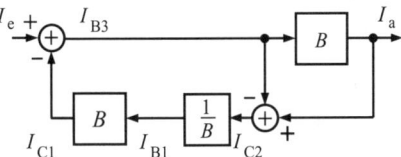

Bild 2.45 Blockschaltbild eines WILSON-Spiegels

Strombank. Als Strombank bezeichnet man eine erweiterte Stromspiegelschaltung zur Gewinnung mehrerer verschieden gewichteter Ströme aus einem Referenzstrom (Bild 2.46). Sie basiert auf einem WIDLAR-Stromspiegel [2.4], bei dem das Spiegelverhältnis durch zusätzliche Emitterwiderstände variabel gestaltet werden kann. Dabei werden wichtige Eigenschaften eines speziell erzeugten Referenzstromes, wie z. B. hohe Temperaturkonstanz oder Unempfindlichkeit gegenüber Betriebsspannungsschwankungen, auf alle Ausgangsströme übertragen.

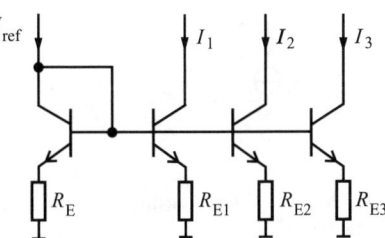

Bild 2.46 Strombank

Da alle Basisanschlüsse parallel liegen, gilt unter Vernachlässigung der Basisströme in guter Näherung eine direkte Proportionalität der Ströme. Das jeweilige Spiegelverhältnis ist durch das entsprechende Widerstandsverhältnis der Emitterwiderstände einstellbar. So lautet die Beziehung für den Strom am ersten Ausgangstransistor T1

$$I_1 = I_\text{ref} \frac{R_E}{R_{E1}} \tag{2.52}$$

2.2.4.4 Differenzverstärker mit Stromspiegellast

Einen häufigen Anwendungsfall der Stromspiegel in der integrierten Schaltungstechnik bildet der Differenzverstärker für asymmetrische (einpolige) Signalübertragung (Bild 2.47). Der Stromspiegel aus pnp-Transistoren wirkt als Lastelement für den Differenzverstärker. Er ersetzt die ohmschen Kollektorwiderstände. Es entsteht ein Verstärker mit symmetrischem Eingang und asymmetrischem Signalausgang.

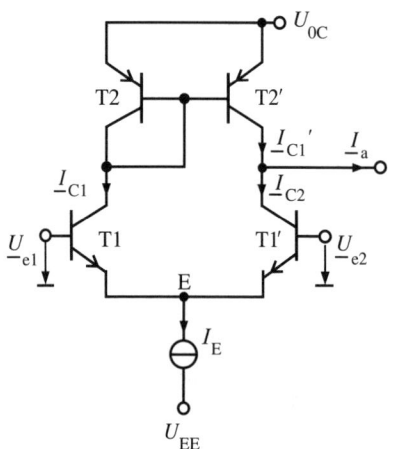

Bild 2.47 Differenzverstärker mit Stromspiegellast

Die in Bild 2.47 eingezeichneten Kleinsignalkollektorströme $\underline{I}_{C1}$ und $\underline{I}_{C2}$ der beiden Verstärkertransistoren T1 und T1' sind gegenphasig, $\underline{I}_{C2} = -\underline{I}_{C1}$. Durch die Spiegelung von $\underline{I}_{C1}$ an den Ausgang überlagern sich dort zwei betragsmäßig gleiche Ströme.

$$\underline{I}_a = \underline{I}_{C1} - \underline{I}_{C2} = 2\underline{I}_{C1} \tag{2.53}$$

Bei reiner Gegentakt-Aussteuerung gilt für die Kollektorströme $\underline{I}_{C1} = -\underline{I}_{C2} = S\underline{U}_D/2$. Der Ausgangsstrom $\underline{I}_a$ führt über dem Ausgangswiderstand r_a zu einer Ausgangsspannung $\underline{U}_a$.

$$\underline{U}_a = \underline{I}_a r_a = -S\underline{U}_D r_a \tag{2.54}$$

Eine Besonderheit der Schaltung ist der sehr hohe Ausgangswiderstand $r_a = r_{CE1} \| r_{CE2}$, da in der Kleinsignalersatzschaltung die Kollektor-Emitter-Widerstände der Transistoren T1' und T2' parallel liegen. Auf Grund dieses hochohmigen Ausgangs besitzt die Schaltung zwar eine sehr hohe Spannungsverstärkung aber nur wenn sie auch entsprechend hochohmig belastet wird. Ihr Ausgang besitzt praktisch eine Stromquellencharakteristik, weshalb sie als *Steilheitsverstärker*, bzw. in der englischsprachigen Literatur als *OTA* (operating transconductance amplifier), bezeichnet wird. Ein oft verwendetes Schaltsymbol zeigt Bild 2.48. Der Steilheitsverstärker ist eine häufig verwendete Baugruppe in der integrierten MOSFET-Schaltungstechnik.

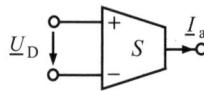

Bild 2.48 Schaltsymbol eines Steilheitsverstärkers

2.2.4.5 Transistor-Stromquellen

Die Erzeugung eines konstanten Stromes (Konstantstromquelle oder gesteuerte Stromquelle), der von der Ausgangsbeschaltung der Quelle unbeeinflusst bleibt, ist eine häufige Aufgabenstellung der Schaltungstechnik. Die wichtigste Anforderung an eine Stromquelle ist deren möglichst großer Ausgangswiderstand r_a. Geeignete Schaltungsprinzipien sind deshalb Stromspiegel, insbesondere der WILSON-Spiegel, und die Emitter- bzw. Sourceschaltung mit Stromgegenkopplung.

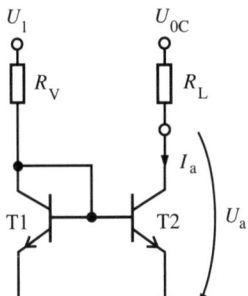

Bild 2.49 Stromspiegel als gesteuerte Stromquelle

Gesteuerte Stromquelle. Eine spannungsgesteuerte Stromquelle auf der Basis eines Stromspiegels ist in Bild 2.49 dargestellt. Der Ausgangsstrom I_a ist proportional zur Steuerspannung U_1. Nur bei genügend großem Ausgangswiderstand ist dieser Strom unabhängig von der Ausgangsspannung U_a und somit von der Größe des zu versorgenden Lastwiderstandes R_L.

❑ **Beispiel 2.11**

Für die Stromquelle in Bild 2.49 ist die Größe des Ausgangsstromes zu berechnen und seine Abhängigkeit vom Lastwiderstand anhand des Ausgangskennlinienfeldes des Transistors zu verdeutlichen.

Lösung:

Auf der Basis der Beziehungen am Stromspiegel erhält man den Kurzschlussstrom I_{aK} für $R_L = 0$ zu

$$I_{aK} \cong \frac{U_1 - U_{BE0}}{R_V}$$

Die Basis-Emitter-Spannung des Transistors ist annähernd konstant $U_{BE0} = 0{,}6\ldots0{,}7$ V, so dass der Basisstrom und damit auch der Ausgangsstrom durch U_1 und R_V eingestellt werden können.
In Bild 2.50a ist die Ausgangskennlinie des Stromspiegels für ein konkretes I_B dargestellt. Die Arbeitsgerade des Lastwiderstandes wird von R_L und U_{0C} festgelegt. Auf Grund des leichten Anstiegs der Ausgangskennlinie ($\sim 1/r_{CE}$) führt eine Variation von R_L zu einem veränderten Ausgangsstrom.

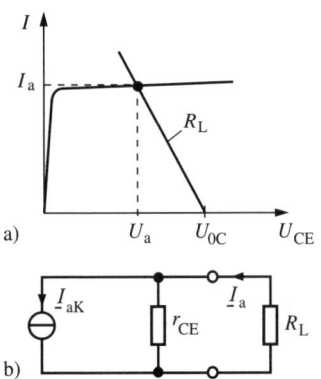

Bild 2.50 Ausgangskennlinie und Ersatzschaltung eines Stromspiegels

Wenn sich der Transistor im aktiv normalen Betriebszustand befindet, also $U_{CE} > U_{BE}$ ist, kann der Stromspiegel durch eine Stromquellenersatzschaltung mit dem Kurzschlussstrom I_{aK} und dem Ausgangswiderstand $r_a = r_{CE}$ repräsentiert werden. Entsprechend Bild 2.50b lässt sich der Ausgangsstrom dann als Funktion des Lastwiderstandes R_L ausdrücken.

$$I_a = I_{aK} \frac{r_{CE}}{r_{CE} + R_L}$$

Referenzstromquelle. Die Erzeugung eines temperaturunabhängigen Referenzstromes auf der Basis einer Emitterschaltung mit Stromgegenkopplung zeigt Bild 2.51. Die Temperaturunabhängigkeit wird aus der Z-Spannung U_{Z0} einer Z-Diode abgeleitet (siehe Abschnitt 1.2.5.2). Durch die Stromgegenkopplung am Emitterwiderstand R_E erfolgt eine Kompensation der Temperaturdrift der Basis-Emitter-Spannung des Transistors (vgl. Abschnitt 2.2.2.1). Gleichzeitig erhöht sie den Ausgangswiderstand der Schaltung.

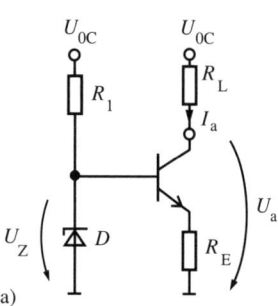

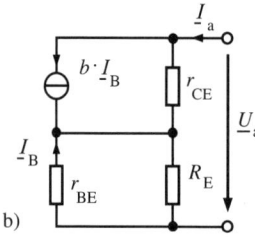

Bild 2.51 a) Referenzstromquelle mit Z-Diode, b) Kleinsignalersatzschaltbild

Da die Z-Diode einen sehr kleinen Innenwiderstand $r_z \ll r_{BE}$ besitzt, ergibt sich für den Ausgangswiderstand der Schaltung

$$r_a = \frac{r_{BE} + br_{CE} + \left(1 + \frac{r_{BE}}{R_E}\right) r_{CE}}{1 + \frac{r_{BE}}{R_E}} \quad (2.55)$$

Die Gleichung liefert je nach Stärke der Gegenkopplung einen Zahlenwert im Bereich $r_{CE} < r_a < br_{CE}$. Wegen des niedrigen Innenwiderstandes der Z-Diode ist die Z-Spannung und damit auch der Ausgangsstrom der Schaltung von Betriebsspannungsschwankungen nahezu unabhängig (vgl. Abschnitt 1.2.5.2).

SFET-Stromquelle. Eine besonders einfache Stromquelle lässt sich mit einem SFET erzielen (Bild 2.52).

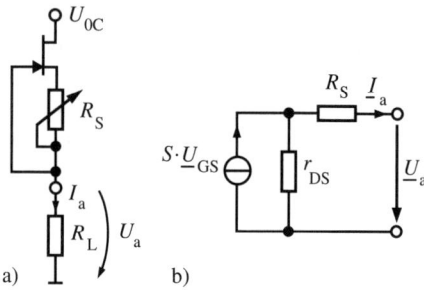

Bild 2.52 a) Konstantstromquelle mit SFET, b) Kleinsignalersatzschaltung

Die Größe des Ausgangsstromes wird durch die mittels R_S eingestellte Gate-Source-Spannung U_{GS} festgelegt (Bild 2.53). Für einen gegebenen Zielwert von I_a bestimmt sich die notwendige Größe von R_S auf der Basis der Kennliniengleichung des SFET und mit $U_{GS} = I_a R_S$ zu

$$R_S = \frac{U_t}{I_a}\left(1 - \sqrt{\frac{I_a}{I_{DSS}}}\right) \quad (2.56)$$

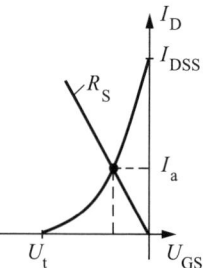

Bild 2.53 Transferkennlinie des SFET zur AP-Einstellung

Aus dem Kleinsignalersatzschaltbild ergibt sich ein Ausgangswiderstand von

$$r_a = R_S + r_{DS}(1 + SR_S) \quad (2.57)$$

Die Gegenkopplung über R_S bewirkt eine dynamische Vergrößerung des Ausgangswiderstandes.

Die Schaltung benötigt keine zusätzliche Referenzgröße für die Stromeinstellung. Dies ist ein Vorteil. Allerdings beeinflussen Exemplarstreuungen der Schwellspannung U_t die Größe des Ausgangsstromes, was einen Abgleich des R_S erfordert.

2.2.4.6 Darlington-Schaltung

Die Darlington-Schaltung zweier Transistoren lässt sich in ihrem Niederfrequenzverhalten als ein Transistor interpretieren.

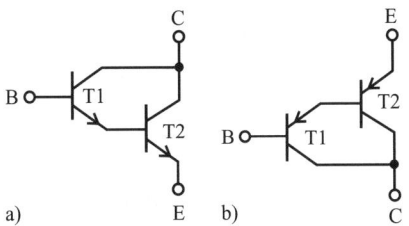

Bild 2.54 Darlington-Schaltungen
a) npn-Typ, b) pnp-Typ

Betrachtet man die Ströme, so ergibt sich

$$I_C = I_{C1} + I_{C2} = BI_{B1} + BI_{B2}$$
$$I_C = (B_1 + B_2 + B_1 B_2)I_B$$

Für große Stromverstärkungen B_1, B_2 erhält man in guter Näherung die Stromverstärkung B' des Ersatztransistors als Produkt der Einzelstromverstärkungen.

$$B' = B_1 B_2 \qquad (2.58)$$

Diese Eigenschaft prädestiniert die Schaltung für den Einsatz in Schaltverstärkern, bei denen ein hoher Ausgangsstrom (Laststrom) durch einen kleinen Steuerstrom zu schalten ist. Mit der Näherung $r_{CE1} \to \infty$, $r_{CE2} \to \infty$ findet man für die Kleinsignalstromverstärkung eine analoge Beziehung.

$$b' = b_1 + b_2 + b_1 b_2 \cong b_1 b_2 \qquad (2.59)$$

Weitere Eigenschaften sind aus einer Analyse der Kleinsignalersatzschaltung ableitbar.

□ Beispiel 2.12

Es ist der Kleinsignaleingangswiderstand r'_{BE} der Darlington-Schaltung zu ermitteln.

Lösung:

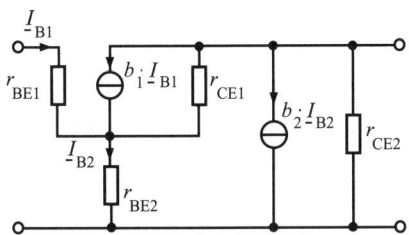

Bild 2.55 Kleinsignalersatzschaltbild der Darlington-Schaltung

Auf der Basis der Spannungsmasche $\underline{U}_{BE} = \underline{U}_{BE1} + \underline{U}_{BE2}$ ergibt sich

$$\underline{U}_{BE} = \underline{I}_{B1} r_{BE1} + (1 + b_1)\underline{I}_{B1} r_{BE2}$$
$$r'_{BE} = \frac{\underline{U}_{BE}}{\underline{I}_B} = r_{BE1} + (1 + b_1) r_{BE2}$$

Da der Basisstrom I_{B2} des zweiten Transistors dem Emitterstrom des ersten Transistors entspricht, gilt mit $B_1 = b_1$

$$r'_{BE} \approx 2 r_{BE1}$$

Die Kombinationen von pnp- und npn-Transistoren heißen *Quasidarlington*-Schaltungen oder *Komplementär-Darlington*. Der Typ wird dabei vom Transistor 1 bestimmt.

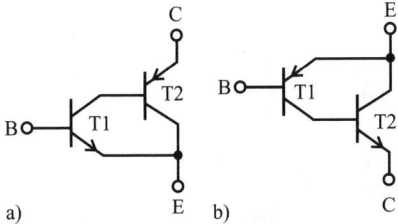

Bild 2.56 Komplementär-Darlington
a) npn-Typ, b) pnp-Typ

Die Parameter des Ersatztransistors ergeben sich zu $B' = B_1 B_2$, $b = b_1 b_2$ und $r'_{BE} = r_{BE1}$.

2.2.4.7 Leistungsendstufen

Leistungsendstufen haben die Aufgabe, an einen Verbraucher (z. B. Lautsprecher) eine hohe Signalleistung $P_\sim$ abzugeben. Dabei besteht die Forderung nach einem möglichst hohen Wirkungsgrad η und einer hohen Linearität der Signalübertragung (geringer Klirrfaktor). In der Regel wird eine hohe Leistungsverstärkung in zwei Etappen verwirklicht. Eine Vorstufe sorgt für eine ausreichend hohe Spannungsverstärkung v_u und die Leistungsendstufe realisiert eine hohe Stromverstärkung v_i, bei einem $v_u \approx 1$. Der Vorteil besteht in der gezielten Schaltungsdimensionierung für beide Aufgabenstellungen und in der geeigneten Konstruktion der dafür erforderlichen Transistoren. So besitzen spezielle Leistungstransistoren in erster Linie eine hohe Spannungsfestigkeit und sind für eine große Verlustleistung ausgelegt. Weniger wichtig ist die Qualität der Kleinsignalparameter.

Eine hohe Ausgangsleistung erfordert hohe Signalamplituden (Großsignalbetrieb). Gute Übertragungslinearität kann nur mit einem stark gegengekoppelten System erreicht werden. Von den Transistorgrundschaltungen eignet sich der Emitterfolger am besten für diese Aufgabe. Durch die Gegenkopplung über den Emitterwiderstand, der hier dem Lastwiderstand entspricht, beträgt seine Spannungsverstärkung $v_u \approx 1$. Die Stromverstärkung $v_i \approx b$ ist entscheidend für die Leistungsübertragung. Günstig ist ihr sehr niedriger Ausgangswiderstand. Er ermöglicht eine Anpassung an entsprechende Lastwiderstände. Tabelle 2.7 enthält alle Betriebsparameter dieser Schaltung.

Verstärker im A-Betrieb. Den einfachen Emitterfolger (Bild 2.57) bezeichnet man als Leistungsverstärker im A-Betrieb (Klasse-A-Verstärker). Dabei erfolgt die Nutzung in einem ganz normalen Arbeitspunkt. Dessen Lage muss die vollständige Aussteuerung beider Signalhalbwellen ermöglichen (Bild 2.58). Dies führt allerdings zu einem relativ hohen Ruhestrom I_{C0} (AP-Strom ohne Signal). Die Folge ist eine hohe im Transistor umgesetzte Verlustleistung P_{Tr} der Verstärkerstufe, die zu einem geringen Wirkungsgrad führt. Infolge der 100-%-igen Stromgegenkopplung treten nur geringe Signalverzerrungen auf.

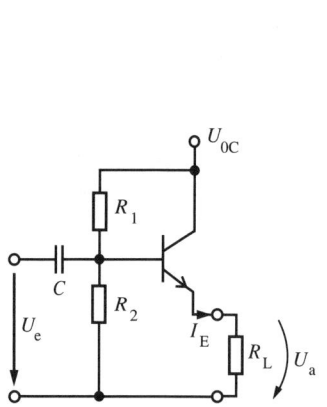

Bild 2.57 Leistungsverstärker im A-Betrieb

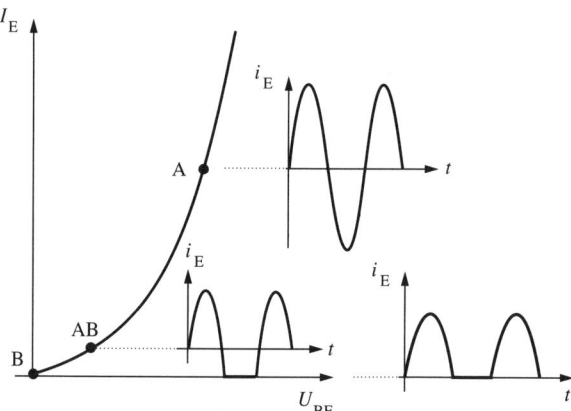

Bild 2.58 Arbeitspunktlagen von Leistungsendstufen

Wirkungsgrad des Klasse-A-Verstärkers.
Die Leistungsbilanz einer Verstärkerstufe ist in Bild 2.59 verdeutlicht. Die abgegebene Signalleistung $P_\sim$ im Verhältnis zur insgesamt zugeführten Leistung $P_e + P_=$ stellt den Wirkungsgrad dar. Meist ist die Eingangsleistung P_e viel kleiner als die der Betriebsspannungsquelle entnommene Leistung $P_=$. Der Anteil P_{th} ist die innerhalb der Schaltung in Wärme umgesetzte Leistung.

$$\eta = \frac{P_\sim}{P_e + P_=} \approx \frac{P_\sim}{P_=} \quad (2.60)$$

Die Schaltung besitzt ihren maximalen Wirkungsgrad, wenn sich der Arbeitspunkt bei $U_a = U_{CE} = U_{0C}/2$ befindet.

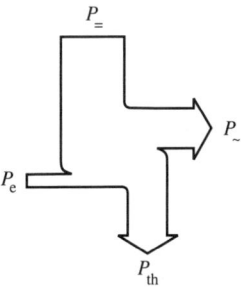

Bild 2.59 Leistungsbilanz eines Verstärkers

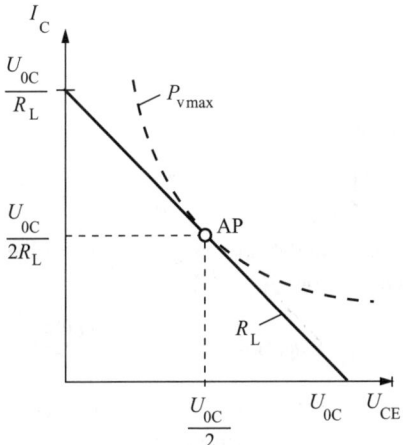

Bild 2.60 Arbeitspunktlage im A-Betrieb

An den Lastwiderstand kann bei sinusförmigem Signal eine maximale Signalleistung von

$$P_{\sim max} = \frac{\hat{u}_{a\,max}}{\sqrt{2}} \cdot \frac{\hat{i}_{a\,max}}{\sqrt{2}}$$
$$= \frac{\hat{u}_{a\,max}^2}{2R_L} \cong \frac{U_{0C}^2}{8R_L} \quad (2.61)$$

abgegeben werden.

Die aufgenommene Leistung der Stufe besteht hauptsächlich aus der Leistung $P_=$, die der Betriebsspannungsquelle entnommen wird.

$$P_= = \frac{1}{T}\int_0^T U_{0C} i_C(t)\,dt \quad (2.62)$$

Im A-Betrieb liegt eine symmetrische Aussteuerung um den Ruhestrom I_{C0} im Arbeitspunkt vor. Die Auswertung des Integrales liefert

$$P_= = U_{0C} I_{0C} = \frac{U_{0C}^2}{2R_L} \quad (2.63)$$

Der maximale Wirkungsgrad ergibt sich zu

$$\boxed{\eta_{max} = \frac{P_{\sim max}}{P_=} = 25\,\%} \quad (2.64)$$

Innerhalb des Transistors wird dabei die maximale Verlustleistung P_{Tr} umgesetzt, wenn gerade nicht ausgesteuert wird. Für diese muss der Transistor geeignet ausgewählt werden.

$$P_{Tr\,max} = \frac{U_{0C}}{2} I_{C0} = \frac{U_{0C}^2}{4R_L} \quad (2.65)$$

Verstärker im B-Betrieb. Eine konsequente Vermeidung des Ruhestromes im Verstärkerbetrieb führt auf eine Gegentaktendstufe aus zwei komplementären Emitterfolgern, wie sie Bild 2.61 zeigt. Der Arbeitspunkt liegt im Ursprung der Übertragungskennlinie (Bild 2.58) bei $I_{C1} = I_{C2} = 0$. Im B-Betrieb arbeitet in jeder Halbwelle des Signals nur ein Transistor. Der andere ist gesperrt.

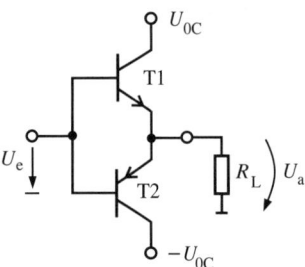

Bild 2.61 Gegentakt-B-Verstärker

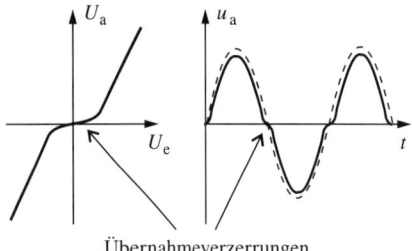

Bild 2.62 Übertragungskennlinie und Ausgangssignal des B-Verstärkers

Auf Grund der exponentiellen Übertragungskennlinien der Transistoren liegt eine lineare Verstärkung erst bei Eingangsspannungen $|U_e| \geq 0{,}7$ V vor. Bild 2.62 verdeutlicht die Verfälschung der Ausgangsspannung u_a durch sogenannte Übernahmeverzerrungen. Diese beeinträchtigen besonders die Übertragung kleiner Signale und erlauben nur eine begrenzte Linearität.

Wirkungsgrad des Klasse-B-Verstärkers. Die maximal an den Lastwiderstand abgebbare Signalleistung beträgt

$$P_{\sim\max} = \frac{\hat{u}_{a\max}}{\sqrt{2}} \cdot \frac{\hat{i}_{a\max}}{\sqrt{2}}$$
$$= \frac{\hat{u}_{a\max}^2}{2R_L} \cong \frac{U_{0C}^2}{2R_L} \quad (2.66)$$

Dabei ist zu berücksichtigen, dass durch die beiden Betriebsspannungen eine Verdopplung der maximalen Ausgangsspannungsamplitude eintritt. Die aus beiden Betriebsspannungen entnommene Leistung erhält man nach

$$P_= = \frac{2}{T} \int_0^{T/2} U_{0C} i_a(t) \, dt \quad (2.67)$$

$$P_= = \frac{2}{2\pi} \int_0^\pi U_{0C} \frac{U_{0C}}{R_L} \sin(\omega t) \, d(\omega t) \quad (2.68)$$

$$P_= = \frac{1}{\pi} \frac{2 U_{0C}^2}{R_L} \quad (2.69)$$

Damit ergibt sich bei Vollaussteuerung ein maximaler Wirkungsgrad von

$$\boxed{\eta_{\max} = \frac{P_{\sim\max}}{P_=} = 78{,}5\,\%} \quad (2.70)$$

Dieser ist um den Faktor π größer als im A-Betrieb.

❏ **Beispiel 2.13**

Welche maximale Verlustleistung wird in einem Transistor des Gegentakt-B-Verstärkers nach Bild 2.61 umgesetzt?

Lösung:

Mit Einführung des Aussteuerungsgrades m betragen die Amplituden von Ausgangsspannung und Ausgangsstrom

$$\hat{u}_a = m U_{0C} \quad \text{und} \quad \hat{i}_a = \frac{\hat{u}_a}{R_L} = m \frac{U_{0C}}{R_L}$$

Je Transistor wird an den Lastwiderstand nur während einer Halbwelle Signalleistung geliefert. Diese ergibt sich zu

$$P_{\sim 1} = \frac{1}{2}\left(\frac{\hat{u}_a}{\sqrt{2}}\right)^2 \frac{1}{R_L} \cong \frac{m^2 U_{0C}^2}{4 R_L}$$

Die jeweilige Betriebsspannungsquelle muss dabei eine Leistung von

$$P_{=1} = \frac{1}{2\pi} \int_0^\pi U_{0C} \hat{i}_a \sin(\omega t) \, d(\omega t) = \frac{m}{\pi} \frac{U_{0C}^2}{R_L}$$

liefern. Die im Transistor in Wärme umgesetzte Verlustleistung ergibt sich als Differenz von zugeführter und abgegebener Leistung.

$$P_{\text{Tr}} = P_{=1} - P_{\sim 1} = \left(\frac{m}{\pi} - \frac{m^2}{4}\right) \frac{U_{0C}^2}{R_L}$$

Die maximale Verlustleistung am Transistor erhält man aus der Ableitung dieser Gleichung nach dem Aussteuerungsgrad m mit

$$\frac{dP_{\text{Tr}}}{dm} = 0$$

zu

$$P_{\text{Tr max}} = \frac{1}{\pi^2} \frac{U_{0C}^2}{R_L}$$

bei einer Aussteuerung von $m = 2/\pi = 64\,\%$. Für diese Verlustleistung muss der Transistor geeignet sein.

Verstärker im AB-Betrieb. Zur Vermeidung von Übernahmeverzerrungen im komplementären Emitterfolger ist eine leichte Verschiebung der Arbeitspunkte beider Verstärkerhälften erforderlich. Die Verschiebung aus dem Nullpunkt wird so gewählt, dass über dem gesamten Spannungsbereich eine lineare Übertragungskennlinie entsteht (Bild 2.63). Durch Spannungsabfälle an zwei Dioden (D1, D2 in Bild 2.64) erfolgt die erforderliche Anhebung der Basis-Emitter-Spannung beider Transistoren. Ein kleiner Ruhestrom durch die Transistoren ist die Folge. Praktisch wählt man Werte im Bereich $1\ldots 5\,\%$ des Spitzenstromes.

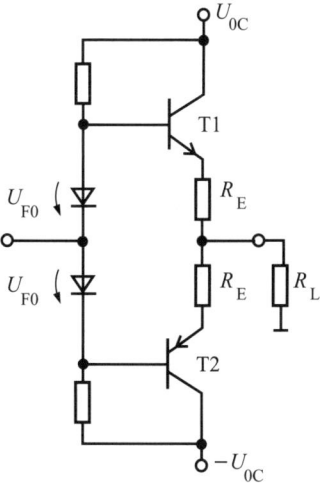

Bild 2.64 Klasse-AB-Verstärker

Die Temperaturstabilisierung des Arbeitspunktes wird durch eine Stromgegenkopplung über die Emitterwiderstände R_E erreicht. Ein typischer Wert für den Spannungsabfall über R_E liegt bei $0{,}7\ldots 1{,}5$ V bei Vollaussteuerung. Zur Begrenzung dieses Spannungsabfalls können parallel geschaltete Dioden genutzt werden (Bild 2.65).

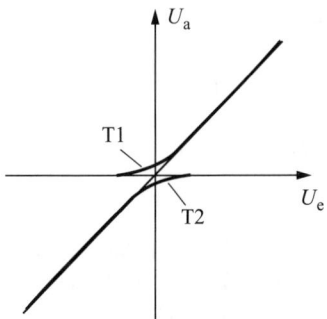

Bild 2.63 Übertragungskennlinie des AB-Verstärkers

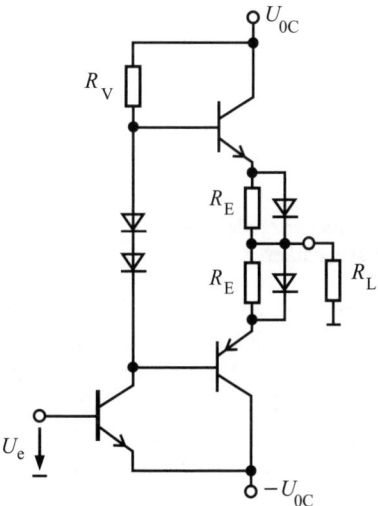

Bild 2.65 Klasse-AB-Verstärker mit Vorstufe

2.2.5 Frequenzverhalten von Verstärkerstufen

Bisher wurde das Verhalten der Verstärkerstufen nur im Niederfrequenzbereich betrachtet. In diesem sind die Eigenschaften der Verstärker und auch der Transistoren selbst i. Allg. frequenzunabhängig. Außerhalb dieses Bereiches verursachen die in den Schaltungen vorkommenden Kapazitäten (z. B. Koppelkapazitäten) und Induktivitäten sowie die auftretenden Frequenzabhängigkeiten der Vierpolparameter der Transistoren eine Frequenzabhängigkeit der Betriebsparameter des gesamten Verstärkers. Alle Berechnungen liefern dann komplexe Werte.

Anschaulich äußert sich dieses Verhalten in einem Absinken der Spannungsverstärkung bei hohen aber auch bei niedrigen Frequenzen. Es ergibt sich ein *Frequenzgang* der Spannungsverstärkung, wie er typisch in Bild 2.66 zu sehen ist.

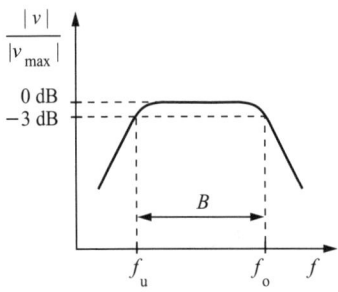

Bild 2.66 Frequenzgang eines Spannungsverstärkers

Der mittlere Frequenzbereich mit annähernd konstanter maximaler Verstärkung entspricht dem oben erwähnten Niederfrequenzbereich, d. h. dem Bereich niedriger Signalfrequenzen. Die Bandbreite B ist ein Maß für diesen Nutzbereich eines Verstärkers. Die untere und obere Grenzfrequenz resultieren aus den konkreten Eigenschaften einer Schaltung und der verwendeten Transistoren. Sie liegen bei den Frequenzen, bei denen die Verstärkung um 3 dB, oder den Faktor $1/\sqrt{2}$ abgesunken ist. Für die Bandmittenfrequenz f_m ist sowohl das arithmetische als auch das geometrische Mittel von f_u und f_o verbreitet. Letzteres entspricht der Mitte im logarithmischen Maßstab, und dieser wird in grafischen Darstellungen des Frequenzganges am häufigsten verwendet.

Im folgenden werden am Beispiel der Emitterschaltung die auftretenden Grenzfrequenzen und ihre Einflussgrößen untersucht. Für alle anderen Grundschaltungen ist das gleiche Vorgehen möglich.

2.2.5.1 Untere Grenzfrequenz der Emitterschaltung

Die zu untersuchende Emitterschaltung mit Stromgegenkopplung ist in Bild 2.67 dargestellt. Alle Kondensatoren, C_{K1}, C_{K2} und C_E liefern einen Anteil zur unteren Grenzfrequenz. Ihre konkrete Wirkung lässt sich anhand von vereinfachten Ersatzschaltungen verdeutlichen.

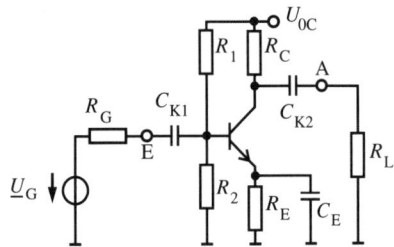

Bild 2.67 Emitterschaltung mit Stromgegenkopplung

Einfluss von C_{K1}. Der Koppelkondensator C_{K1} bildet mit dem Eingangswiderstand r_e des Verstärkers und dem Innenwiderstand des Signalgenerators R_G ein RC-Glied mit Hochpasscharakteristik (Bild 2.68).

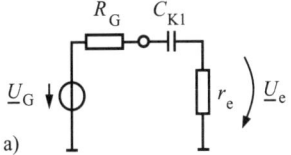
a)

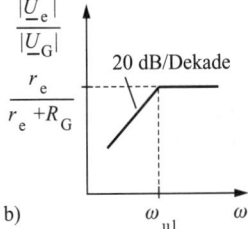
b)

Bild 2.68 HP1 der Emitterschaltung
a) Ersatzschaltung, b) Frequenzgang

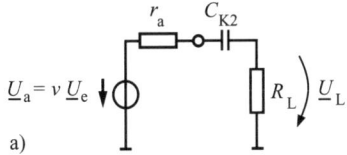
a)

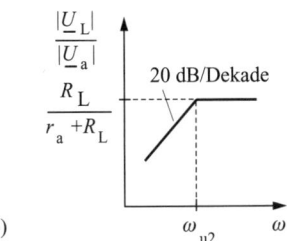
b)

Bild 2.69 HP2 der Emitterschaltung
a) Ersatzschaltung, b) Frequenzgang

Die Übertragungseigenschaft der entstehenden Ersatzschaltung lässt sich in der Form

$$\frac{\underline{U}_e}{\underline{U}_G} = \frac{r_e}{r_e + R_G} \cdot \frac{1}{1 - j\frac{\omega_{u1}}{\omega}} \quad (2.71)$$

mit

$$\boxed{\omega_{u1} = \frac{1}{(r_e + R_G)C_{K1}}} \quad (2.72)$$

beschreiben. Den am Eingang des Verstärkers entstehenden Frequenzgang zeigt Bild 2.68 b.

Einfluss von C_{K2}. Für das vom Verstärker gelieferte Ausgangssignal bildet der Koppelkondensator C_{K2} gemeinsam mit dem Ausgangswiderstand r_a und dem Lastwiderstand R_L ein zweites Hochpassglied. Dessen Übertragungsverhalten und Eckfrequenz ω_{u2} lauten entsprechend Bild 2.69

$$\frac{\underline{U}_L}{\underline{U}_a} = \frac{R_L}{r_a + R_L} \cdot \frac{1}{1 - j\frac{\omega_{u2}}{\omega}} \quad (2.73)$$

mit

$$\boxed{\omega_{u2} = \frac{1}{(r_a + R_L)C_{K2}}} \quad (2.74)$$

Einfluss von C_E. Der Kondensator C_E dient dem Wechselspannungskurzschluss der Stromgegenkopplung über R_E im Signalfrequenzbereich. Für extrem niedrige Frequenzen muss seine Impedanz erheblich größer als R_E sein, damit die Gegenkopplung wirksam wird. Es lassen sich folglich drei Frequenzbereiche unterscheiden.

$\omega \ll \omega_E$: R_E bewirkt Stromgegenkopplung

$$v' = v_D = -\frac{R_C}{R_E} \quad (2.75)$$

$\omega_E < \omega < \omega_{u3}$: Die Gegenkopplung sinkt entsprechend der Impedanz des $R_E C_E$-Gliedes.

$$v' = -\frac{R_C}{\underline{Z}_E} = -\frac{R_C}{R_E \| \frac{1}{j\omega C_E}}$$

$$= -\frac{R_C}{R_E}\left(1 + j\frac{\omega}{\omega_E}\right) \quad (2.76)$$

mit

$$\omega_E = \frac{1}{R_E C_E} \quad (2.77)$$

In der logarithmischen Darstellung im Bild 2.70 entspricht dies einem linearen Anstieg mit 20 dB/Dekade.

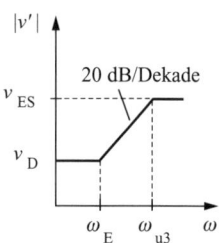

Bild 2.70 Durch C_E bewirkter Frequenzgang der Emitterschaltung

$\omega \gg \omega_{u3}$: Die Gegenkopplung ist vollständig aufgehoben. Die Spannungsverstärkung erreicht den Wert einer einfachen Emitterschaltung.

$$v' = v_{ES} \quad (2.78)$$

Die entstehende Eckfrequenz ω_{u3} ergibt sich entsprechend Bild 2.70 zu

$$\boxed{\omega_{u3} = \omega_E \frac{|v_{ES}|}{|v_D|} = \omega_E \frac{SR_C}{\frac{R_C}{R_E}} = \omega_E S R_E} \quad (2.79)$$

Dieser Wert erhält über die Steilheit S des verwendeten Transistors eine starke Arbeitspunktabhängigkeit.

Zusammenfassend lässt sich sagen, die Emitterschaltung mit Stromgegenkopplung enthält drei Hochpassglieder, die in ihrer Dimensionierung auf die an die Schaltung gestellten Anforderungen angepasst werden müssen. Legt man alle drei Grenzfrequenzen auf ein gemeinsames $\omega_u = 2\pi f_u$, so sinkt die Verstärkung für $\omega < \omega_u$ mit 60 dB/Dekade.

Hinweis: Bei der praktischen Dimensionierung einer Schaltung erfolgt die Wahl der Größe der Koppelkondensatoren so, dass trotz der überlagernden Wirkung der drei unteren Eckfrequenzen die geforderte untere Grenzfrequenz eingehalten wird (siehe Beispiel 2.14).

2.2.5.2 Obere Grenzfrequenz der Emitterschaltung

Einfluss der Vierpolparameter. Die obere Grenzfrequenz resultiert meist aus dem Transistor selbst. In Abschnitt 1.3.4 wird die Tiefpasscharakteristik des Vierpolparameters h_{21} eines Transistors erläutert. Ab der β-Grenzfrequenz ω_β sinkt in Emitterschaltung seine Kleinsignalstromverstärkung mit 20 dB/Dekade und damit auch die Spannungsverstärkung der Schaltung. Es ergibt sich eine obere Eckfrequenz $\omega_{o1} = \omega_\beta$.

Einfluss einer Lastkapazität C_L. Ein parallel zum Lastwiderstand R_L liegender Lastkondensator C_L (z. B. die Eingangskapazität einer Folgestufe) bildet mit dem Ausgangswiderstand ein Tiefpassglied. Aus der Ersatzschaltung in Bild 2.71 ist ablesbar

$$\frac{\underline{U}_L}{\underline{U}_a} = \cfrac{1}{\left(\cfrac{r_a}{R_L} + 1\right) + j\cfrac{\omega}{\omega_{o2}}} \quad (2.80)$$

mit

$$\boxed{\omega_{o2} = \frac{1}{r_a C_L}} \quad (2.81)$$

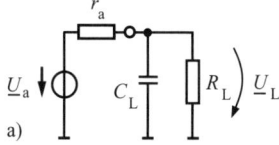

a)

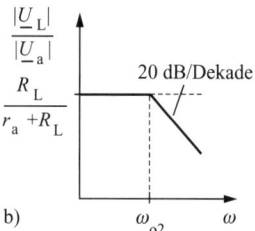

b)

Bild 2.71 TP2 der Emitterschaltung
a) Ersatzschaltung, b) Frequenzgang

Die Einflüsse von ω_{o1} und ω_{o2} überlagern sich zur Bestimmung der oberen Grenzfrequenz des Verstärkers.

❑ **Beispiel 2.14**

Eine Emitterschaltung mit Stromgegenkopplung besitzt die Parameter $v_u = -250$, $v_D = -4$, $r_e = 2{,}5\,\text{k}\Omega$, $r_a = 2\,\text{k}\Omega$, $R_E = 500\,\Omega$. Zu bestimmen sind die Mindestgrößen der Kondensatoren C_{K1}, C_{K2} und C_E, so dass der Verstärker eine untere Grenzfrequenz $f_u = 300\,\text{Hz}$ besitzt. Die Beschaltung erfolgt mit $R_G = r_a$ und $R_L = r_e$.

Lösung:

Durch Überlagerung der Wirkungen der drei Hochpassglieder ergibt sich im unteren Signalfrequenzbereich bei gleichen Eckfrequenzen f_g eine resultierende Verstärkung von

$$\frac{v(\omega)}{v_{max}} = \frac{1}{\left(1 - j\dfrac{\omega_u}{\omega}\right)^3}$$

Ein Wert von

$$\frac{|v(\omega_g)|}{|v_{max}|} = \frac{1}{\sqrt{2}},$$

dies entspricht einer Dämpfung von 3 dB, wird bei einer Frequenz

$$f_u = \frac{f_g}{\sqrt{\sqrt[3]{2}-1}} = \frac{f_g}{0{,}51}$$

erreicht. Die Eckfrequenzen der drei Hochpässe sind also bei $f_g = 153\,\text{Hz}$ zu wählen. Daraus leiten sich die Dimensionierungen für die Kondensatoren ab.

$$C_{K1} = \frac{1}{2\pi f_g (r_e + R_G)} = 0{,}23\,\mu\text{F}$$

$$C_{K2} = \frac{1}{2\pi f_g (r_a + R_L)} = 0{,}23\,\mu\text{F}$$

$$C_E = \frac{1}{2\pi f_E R_E} = \frac{v_u}{2\pi f_g R_E v_D} = 130\,\mu\text{F}$$

2.2.6 Kopplung von Verstärkerstufen

Kapazitive Kopplung. Bei kapazitiver Kopplung werden aufeinander folgende Verstärkerstufen durch Koppelkondensatoren verbunden. Bei dieser, auch als RC-Kopplung bekannten Form, sind die Gleichpotenziale der Verstärkerstufen voneinander getrennt. Die Einstellung der Arbeitspunkte ist unabhängig von den Nachbarstufen möglich. Eine Veränderung der Arbeitspunktströme infolge Temperaturdrift wirkt sich nicht direkt auf die Nachbarstufen aus. Ein Nachteil ist die in Abschnitt 2.2.5 dargestellte untere Begrenzung des Signalfrequenzbereiches durch die aus den Koppelkondensatoren und den Eingangs- bzw. Ausgangswiderständen der Verstärkerstufen gebildeten RC-Glieder mit Hochpasscharakteristik. Es können folglich keine Gleichspannungssignale übertragen werden.

Direkte Kopplung. Wenn die Anwendung eines Verstärkers auch eine Übertragung von Signalen der Frequenz $f = 0$, d.h. von Gleichspannungen und Gleichströmen erfordert, dann ist eine direkte Kopplung der Verstärkerstufen ohne Koppelkondensatoren nötig.

Ein Problem der direkten Kopplung sind die meist unterschiedlichen Arbeitspunktspannungen an Ein- und Ausgang der Verstärker. Um eine optimale Arbeitspunkteinstellung für jede Verstärkerstufe zu erreichen, ist es oft nötig, Pegelversatzstufen (Stufen zur Pegelverschiebung [2.14]) zwischenzuschalten. Häufige schaltungstechnische Lösungen für diese Aufgabe sind Spannungsabfälle über Dioden oder Z-Dioden, der Emitterfolger, sowie von Konstantströmen gespeiste Widerstände (siehe Bild 2.72).

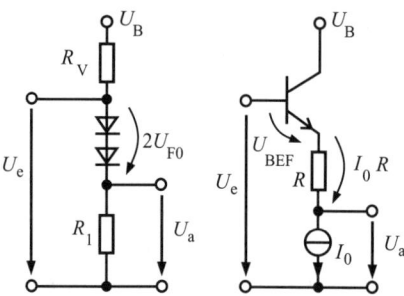

Bild 2.72 Pegelversatzstufen

Größere Probleme bereitet die Unterdrückung der Temperaturdrift bei direkt gekoppelten Verstärkern. Eine Verschiebung des Arbeitspunktes, die als Driftsignal am Eingang ΔU_e interpretiert werden kann, wird genauso wie das Signal verstärkt. Es gibt keinen Unterschied mehr zwischen der Verstärkung der extrem niederfrequenten Temperaturdrift und den Signalfrequenzen. Für einen zweistufigen Verstärker gilt z. B.

$$\Delta U_a = (\Delta U_{e1} v_{u1} + \Delta U_{e2}) v_{u2} \quad (2.82)$$

$$\Delta U_a = v_{u1} v_{u2} \left(\Delta U_{e1} + \frac{\Delta U_{e2}}{v_{u1}} \right) \quad (2.83)$$

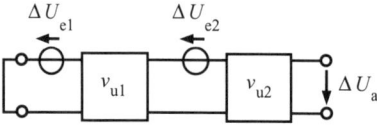

Bild 2.73 Zweistufiger Verstärker mit Drifteinfluss

Die Drift der ersten Stufe ΔU_{e1} geht mit der Gesamtverstärkung in das Ausgangssignal ein. Die Drift der zweiten Stufe ΔU_{e2} kann unterdrückt werden, wenn die erste Stufe eine hohe Verstärkung aufweist. Direkt gekoppelte Verstärker erfordern also eine sehr driftarme erste Stufe mit möglichst hoher Verstärkung. Analoge Überlegungen gelten für eine Offsetspannungsdrift.

2.2.7 Aufgaben

▲ Aufgabe 2.2.1

Gegeben ist ein Transistorverstärker in Emitterschaltung entsprechend Bild 2.20 b. Der Arbeitspunkt ist so zu wählen, dass bei einer Ausgangsspannungsamplitude von $\hat{u}_a = 2$ V eine maximale Verstärkung erreicht wird. Es gelten die Transistorparameter: $U_{BE0} = 0{,}65$ V, $U_{CES} = 0{,}2$ V, $B_N = b = 175$, $r_{CE} \to \infty$, $U_T = 26$ mV, sowie die Schaltungsgrößen: $U_{0C} = 9$ V, $R_C = 4$ kΩ, $I_2 = 5 I_{B0}$, $I_C = I_E$ und die Arbeitspunktspannung am Emitter $U_{E0} = 1{,}5$ V.

a) Es ist das Aussteuerdiagramm zu zeichnen!
b) Die erforderlichen Werte für U_{C0}, U_{B0}, R_1, R_2, R_E sind zu berechnen!
c) Wie groß sind die Spannungsverstärkungen v_u, v_D und die theoretisch zulässige Eingangsspannungsamplitude $\hat{u}_{e\,max}$?
d) Wie ändert sich die Arbeitspunktspannung U_{C0}, wenn sich die Temperatur des Transistors um 50 K erhöht und der Temperaturdurchgriff $D_T = -2$ mV/K beträgt?

▲ Aufgabe 2.2.2

Für die Emitterschaltung aus Aufgabe 2.2.1 ist die untere Grenzfrequenz zu berechnen, wenn $C_1 = 0{,}47$ μF und $C_E = 76$ μF beträgt. Der entstehende Frequenzgang der Spannungsverstärkung ist zu zeichnen.

▲ Aufgabe 2.2.3

Für die Schaltung aus Aufgabe 2.2.1 sind mit PSpice folgende Simulationen auszuführen:

a) Zeitverlauf der Ausgangsspannung bei der berechneten Eingangsspannungsamplitude $\hat{u}_{e\,max}$ und einer Frequenz von $f = 1$ kHz,
b) Klirrfaktor der Ausgangsspannung für die ersten 5 Oberwellen.

Es ist aus der Evaluation-Bibliothek der Transistor Q2N2222 zu nutzen.

▲ Aufgabe 2.2.4

Die in Bild 2.74 gegebene Kollektorstufe soll maximal symmetrisch aussteuerbar sein. Dabei gelten die Transistorparameter:

$U_{BE0} = 0{,}65$ V, $U_{CES} = 0{,}1$ V, $B_N = b = 100$, $r_{CE} \to \infty$, $U_T = 26$ mV, sowie die Schaltungsgrößen: $U_{0C} = 6$ V, $R_G = 50$ Ω, $I_2 = 5I_{B0}$, $I_C = I_E = 1{,}5$ mA.

a) R_1, R_2 und R_E sind zu berechnen!
b) Welchen Wert besitzen der Ausgangswiderstand r_a und der Eingangswiderstand r_e des Verstärkers?
c) Wie groß darf $\hat{u}_{G\,max}$ sein?

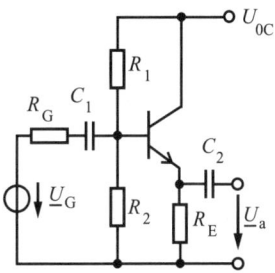

Bild 2.74 Transistorverstärker in Kollektorschaltung

▲ **Aufgabe 2.2.5**
Gegeben ist eine Basisschaltung entsprechend Bild 2.26 mit den Parametern
$U_{0C} = 5$ V, $I_{C0} = 1$ mA, $B_N = b = 150$, $U_{BE0} = 0{,}6$ V, $U_{CES} = 0{,}2$ V, $U_T = 26$ V, $r_{CE} \to \infty$, $\omega C \to \infty$, $I_C = I_E$, $I_2 = 5I_{B0}$ und einer Arbeitspunktspannung am Emitter von $U_{E0} = 1$ V.

a) Allgemein und zahlenmäßig ist der Arbeitspunkt U_{C0} für maximale symmetrische Aussteuerbarkeit zu bestimmen und das Aussteuerdiagramm zu zeichnen!
b) Die Widerstände R_C, R_E, R_1 und R_2 sind zu berechnen.
c) Für den Verstärker ist das vollständige NF-Kleinsignalersatzschaltbild zu zeichnen und daraus die allgemeine Beziehung für die NF-Spannungsverstärkung $v_u = \underline{U}_a/\underline{U}_e$ abzuleiten!
d) Die Spannungsverstärkung ist zahlenmäßig zu berechnen!

▲ **Aufgabe 2.2.6**
Gegeben ist eine Drainschaltung mit einem n-Kanal-Verarmungs-FET nach Bild 2.75. Für dessen Kennlinie ist im Pentodenbereich die Gleichung

$$I_D = I_{DSS}\left(1 - \frac{U_{GS}}{U_t}\right)^2$$

mit $I_{DSS} = 49$ mA und $U_t = -3{,}5$ V zu benutzen. Für die Schaltung gelten die Werte
$U_{0C} = 10$ V, $I_{D0} = 1$ mA, $R_1 = 100$ MΩ, $R_S = 3$ kΩ, $\omega C \to \infty$.

a) Die maximale Ausgangsspannungsamplitude ist zu berechnen.
b) Zur Berechnung der Spannungsverstärkung v_u und des Ausgangswiderstandes r_a ist das vollständige Kleinsignalersatzschaltbild der Schaltung zu zeichnen und daraus die gesuchten Beziehungen abzuleiten. Die Werte sind zahlenmäßig zu bestimmen.

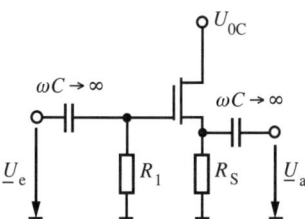

Bild 2.75 FET-Verstärker in Drainschaltung

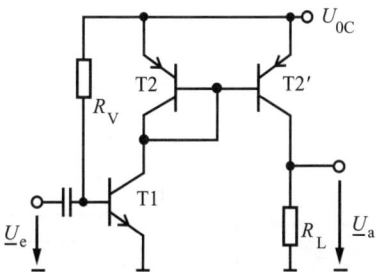

Bild 2.76 Verstärker mit Stromspiegel

▲ **Aufgabe 2.2.7**
In der in Bild 2.76 gegebenen Emitterschaltung ist der Lastwiderstand über einen Stromspiegel angekoppelt.

a) Berechnen Sie allgemein den Betriebseingangswiderstand r_e und den Betriebsausgangswiderstand r_a!

b) Auf der Basis einer Analyse charakteristischer Teilblöcke ist die allgemeine Beziehung für die Spannungsverstärkung $v_u = \underline{U}_a/\underline{U}_e$ der Schaltung abzuleiten

c) Welche Aussteuerungsgrenzen besitzt dieser Schaltung?

▲ **Aufgabe 2.2.8**
Für den Differenzverstärker aus Bild 2.37 (mit $R_E \to \infty$) ist die Großsignal-Übertragungskennlinie $U_{aD} = U_{a1} - U_{a2} = f(U_D)$ abzuleiten und maßstäblich über U_D/U_T zu zeichnen. Die Kennliniengleichung ist anschließend durch eine lineare Näherung für kleine Differenzeingangsspannungen $U_D \ll U_T$ zu vereinfachen.

Hinweis: Zunächst ist dazu die Beziehung für die Stromdifferenz $I_{C1} - I_{C2} = f(U_D)$ aufzustellen.

Als Transistorgleichung kann die vereinfachte Form $I_C = B_N I_B$ mit $I_B = I_{BS}\, e^{\frac{U_{BE}}{U_T}}$ genutzt werden.

▲ **Aufgabe 2.2.9**
Bild 2.77 zeigt einen Verstärker in Emitterschaltung mit Stromspiegellast.

a) Für diesen Verstärker ist die Kleinsignalersatzschaltung zu zeichnen.

b) Aus der Ersatzschaltung ist die Beziehung für den Ausgangswiderstand r_a abzuleiten.

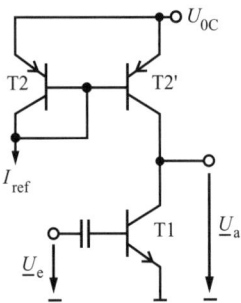

Bild 2.77 Emitterschaltung mit Stromspiegellast

▲ **Aufgabe 2.2.10**
Für den in Bild 2.78 gezeigten Steilheitsverstärker ist die Übertragungsfunktion $\underline{I}_a = f(\underline{U}_D)$ und der Ausgangswiderstand r_a zu berechnen.

Hinweis: Bekannte Ergebnisse für einzelne Funktionsblöcke sollten benutzt werden.

▲ **Aufgabe 2.2.11**
Bild 2.79 zeigt einen Stromspiegel aus zwei identischen Transistoren. Der Zusammenhang zwischen I_1/I_{ref} und R_E/R_1 ist abzuleiten. Welche Abweichung von der idealen Proportionalität ergibt sich für ein Spiegelverhältnis I_1/I_{ref} ungleich 1?

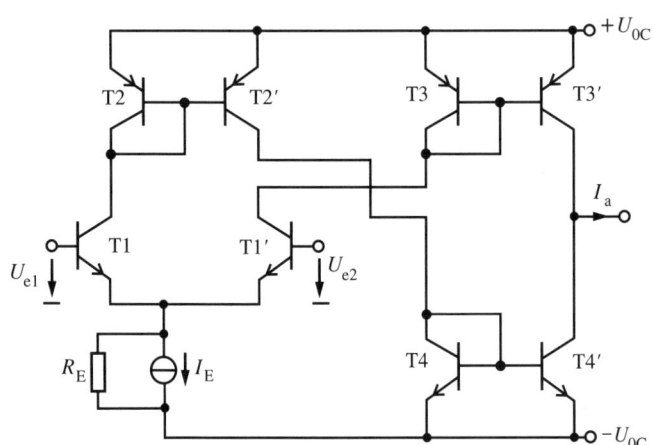

Bild 2.78 Steilheitsverstärker

Hinweis: Als Transistorgleichung ist die vereinfachte Form $I_C = B_N I_B$ mit $I_B = I_{BS}\, e^{\frac{U_{BE}}{U_T}}$ zu nutzen. Die beiden Basis-Emitter-Spannungen können als gleich angenommen werden.

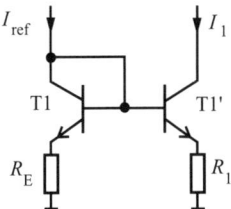

Bild 2.79 Stromspiegel

▲ **Aufgabe 2.2.12**
Für die im Bild 2.51 dargestellte Stromsenke gelten die Werte
$U_{0C} = 10$ V, $U_{BE0} = 0{,}7$ V, $U_{CES} = 0{,}2$ V,
$B = b = 100$, $r_{CE} = 15$ kΩ, $U_Z = 6$ V, $r_Z = 0$,
$U_T = 26$ mV.

a) Die Schaltung ist für einen Strom $I_a = 1$ mA zu dimensionieren, wobei durch R_1 der zehnfache Basisstrom fließen soll.
b) Welcher maximale Lastwiderstand ist zulässig?
c) Wie groß ist der Ausgangswiderstand r_a der Stromsenke?

2.3 Gegenkopplung

Von Gegenkopplung spricht man, wenn ein Teil des Ausgangssignals *gegenphasig* auf den Eingang des Verstärkervierpols zurückgeführt wird (Rückkopplung). Die Größe des rückgekoppelten Signals wird i. Allg. durch das Übertragungsverhalten eines Vierpols im Rückkoppelzweig (Rückkoppelfaktor $\underline{K}$) bestimmt.

Erfolgt die Signalrückführung *gleichphasig*, so spricht man von *Mitkopplung*. Mitgekoppelte Systeme sind in der Regel instabil. Es kann eine eigenständige Schwingung des Ausgangssignals entstehen, auch ohne vorhandenes Eingangssignal.

Die Gegenkopplung von Verstärkerschaltungen ist ein sehr verbreitetes Mittel, um deren Eigenschaften gezielt zu gestalten bzw. zu verbessern.

Aufgaben einer Gegenkopplung können sein:

- Stabilisierung des Übertragungsverhaltens gegen Parameterschwankungen der Halbleiterbauelemente und der Schaltung (Temperaturdrift, Betriebsspannungsschwankungen, Exemplarstreuungen der Bauelementeparameter),
- Verbesserung der Linearität des Übertragungsverhaltens (Klirrfaktor),
- Bewusste Beeinflussung des Frequenzganges (Klangfilter, Entzerrer, Vorverzerrer),
- Arbeitspunktstabilisierung.

2.3.1 Allgemeines Modell der Gegenkopplung

Die Gegenkopplung kann durch das Modell eines Regelkreises beschrieben werden (siehe Bild 2.80).

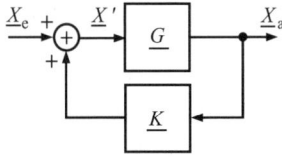

Bild 2.80 Modell der Gegenkopplung

Zwischen den Signalen am Ausgang $\underline{X}_a$ und am Eingang $\underline{X}_e$ besteht der Zusammenhang

$$\underline{X}_a = \underline{G}(\underline{X}_e + \underline{K}\,\underline{X}_a) \qquad (2.84)$$

Für das Gesamtsystem ergibt sich somit ein Übertragungsfaktor $\underline{G}'$.

$$\boxed{\underline{G}' = \frac{\underline{X}_a}{\underline{X}_e} = \frac{\underline{G}}{1 - \underline{K}\,\underline{G}}} \qquad (2.85)$$

Das Produkt aus dem Übertragungsfaktor $\underline{G}$ des Verstärkers im Vorwärtszweig und dem Rückkoppelfaktor $\underline{K}$ stellt die *Schleifenverstärkung* der offenen Schleife (open loop gain) dar. Der gesamte Nenner bildet den Rückkopplungsgrad $\underline{g}$.

$$\underline{g} = 1 - \underline{K}\,\underline{G} \qquad (2.86)$$

Betrachtet man den Rückkopplungsgrad $\underline{g}$ genauer, so sind drei charakteristische Fälle zu unterscheiden.

Gegenkopplung:

$$|\underline{g}| > 1 \;\Rightarrow\; \underline{K}\,\underline{G} < 0 \;\Rightarrow\; |\underline{G}'| < |\underline{G}|$$

Mitkopplung:

$$|\underline{g}| < 1 \;\Rightarrow\; \underline{K}\,\underline{G} > 0 \;\Rightarrow\; |\underline{G}'| > |\underline{G}|$$

Selbsterregung:

$$|\underline{g}| = 0 \;\Rightarrow\; \underline{K}\,\underline{G} = 1 \;\Rightarrow\; |\underline{G}'| \to \infty$$

Eine negative Schleifenverstärkung führt zu einer stabilen Gegenkopplung. Erreichbar ist dies durch ein $\underline{G} < 0$ oder $\underline{K} < 0$. Setzt man einen hohen frequenzunabhängigen Übertragungsfaktor $\underline{G}$ der Schaltung voraus, wie dies z. B. in Verstärkerschaltungen innerhalb des frequenzunabhängigen Übertragungsbereiches der Fall ist oder in Operationsverstärkerschaltungen fast ideal erfüllt ist, dann gilt bei reellen Übertragungsfaktoren G und K in guter Näherung

$$G' \cong -\frac{1}{K} \qquad (2.87)$$

Die Übertragungseigenschaften der gegengekoppelten Schaltung werden dann ausschließlich vom Rückkoppelvierpol bestimmt. In vielen Schaltungen besteht das Rückkoppelnetzwerk nur aus ohmschen Widerständen, so dass deren hohe Parameterkonstanz auch die Qualität der Gesamtschaltung bestimmt. Dieser Sachverhalt begründet den vorteilhaften Einsatz von Operationsverstärkern in der Schaltungstechnik. Auf Grund ihrer extrem hohen Spannungsverstärkung werden die Eigenschaften der mit ihnen aufgebauten Verstärkerschaltungen fast ausschließlich vom Gegenkopplungsnetzwerk bestimmt (siehe Abschnitt 2.4).

Die aus $\underline{K}\,\underline{G} = 1$ resultierende Selbsterregung stellt einen Spezialfall der Mitkopplung dar. Der Effekt wird in Oszillatorschaltungen (siehe Abschnitt 2.6) bewusst ausgenutzt. Er kann aber auch infolge von frequenzabhängigen Phasendrehungen, durch Umschlagen einer Gegen- in eine Mitkopplung, unerwünscht auftreten.

2.3.2 Schaltungsarten der Gegenkopplung

Im konkreten Fall handelt es sich bei den Ein- und Ausgangssignalen um Ströme oder Spannungen. Tabelle 2.10 enthält die möglichen Kombinationsvarianten mit den sich ergebenden Übertragungsfaktoren $\underline{G}'$. In der Regel sind aus diesen auch die Namen der Verstärkerschaltungen abgeleitet. Bei unterschiedlichen Ein- und Ausgangssignalen spricht man auch von Spannungs-Strom- bzw. Strom-Spannungs-Wandlern. Für jeden dieser vier Fälle ergibt sich eine charakteristische Gegenkopplungsart. Ihr Name resultiert aus den Signalen an Ein- und Ausgang des Rückkoppelvierpols. Gelegentlich erfolgt die Benennung auch aus der Art der Zusammenschaltung der beiden Vierpole im Vor- und Rückwärtszweig, die bei der Addition von Spannungen in Serie und bei der Addition von Strömen parallel erfolgt. Hier soll der ersten Variante der Vorzug gegeben werden. Die Zusammenschaltung der Vierpole ist in Bild 2.81 gezeigt.

Tabelle 2.10 Gegenkopplungsarten

$\underline{X}_e$	$\underline{X}_a$	$\underline{G}$ bzw. $\underline{G}'$	$\underline{K}$	GK-Art	Verstärkername
$\underline{U}$	$\underline{U}$	$\underline{v}_u$	Widerstandsverhältnis	Spannungs-Spannungs-GK	Spannungsverstärker
$\underline{I}$	$\underline{I}$	$\underline{v}_i$	Widerstandsverhältnis	Strom-Strom-GK	Stromverstärker
$\underline{U}$	$\underline{I}$	$\underline{Y}_T$-Steilheit	Impedanz	Strom-Spannungs-GK	Steilheitsverstärker
$\underline{I}$	$\underline{U}$	$\underline{Z}_T$-Transimpedanz	Admitanz	Spannungs-Strom-GK	Transimpedanzverstärker

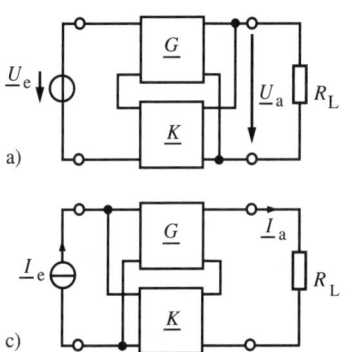
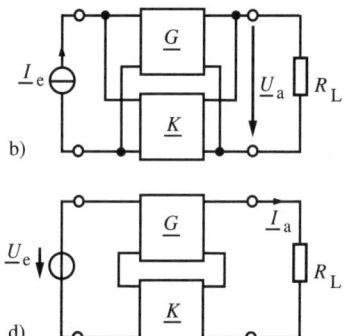

Bild 2.81 Grundschaltungen der Gegenkopplung
a) Spannungs-Spannungs-GK (Parallel-Serien-GK)
b) Spannungs-Strom-GK (Parallel-Parallel-GK)
c) Strom-Strom-GK (Serien-Parallel-GK)
d) Strom-Spannungs-GK (Serien-Serien-GK)

2.3.3 Effekte der Gegenkopplung

Neben der bereits betrachteten Auswirkung auf den Übertragungsfaktor $\underline{G}'$ beeinflusst die Gegenkopplung auch den Eingangswiderstand r'_e und den Ausgangswiderstand r'_a der Schaltung. Weitere Effekte sind

- Verbesserung der Linearität,
- Verringerung der Parameterempfindlichkeit der Schaltung,
- Unterdrückung von Störeinflüssen, wenn diese nicht bereits in der ersten Verstärkerstufe entstehen, oder im Signal vorhanden sind,
- Erhöhung der Übertragungsbandbreite.

Auf einige dieser Effekte soll im folgenden näher eingegangen werden.

2.3.3.1 Parameterempfindlichkeit

Eine allgemeine Beziehung zur Beschreibung der Parameterempfindlichkeit ist definiert durch die Empfindlichkeit $S_{G,a}$ des Übertragungsfaktors $G(a)$ der nicht gegengekoppelten Verstärkerschaltung bezüglich einer Änderung des Parameters a.

$$S_{G,a} = \frac{\text{rel. Änderung von } G}{\text{rel. Änderung von } a}$$

$$S_{G,a} = \frac{\frac{\Delta G}{G}}{\frac{\Delta a}{a}} \qquad (2.88)$$

Mit dem Übergang zu infinitesimal kleinen Änderungen lässt sich die Beziehung in der Form

$$S_{G,a} = \frac{a}{G}\frac{dG}{da} \quad (2.89)$$

schreiben.

Für die gegengekoppelte Schaltung ist die Empfindlichkeit $S_{G',a}$ ausschlaggebend. Sie ergibt sich mit Gleichung (2.85) zu

$$S_{G',a} = \frac{a}{G'}\frac{dG'}{da} \quad (2.90)$$

$$S_{G',a} = \frac{a}{G'}\frac{dG'}{dG}\frac{dG}{da} = \frac{a}{\underbrace{G g^2}_{g}}\frac{1}{da}\frac{dG}{da}$$

$$S_{G',a} = \frac{1}{g}S_{G,a} \quad (2.91)$$

Diese Beziehung erhält man nach dem Differenzieren von Gleichung (2.85) und dem Einsetzen von Gleichung (2.89). Die Parameterempfindlichkeit einer Schaltung wird durch Gegenkopplung um den Faktor g (Rückkopplungsgrad) gedämpft. Beispielsweise kann diese Eigenschaft genutzt werden, um den Einfluss der Arbeitspunktabhängigkeit der Steilheit des Transistors auf eine Verstärkerschaltung zu dämpfen.

2.3.3.2 Einfluss der Gegenkopplung auf Ein- und Ausgangsimpedanz

Eingangsimpedanz

Wenn man die Eingangsseite einer gegengekoppelten Verstärkerschaltung analysieren will, so ist entsprechend dem Eingangssignal in Spannungs- und Stromsteuerung zu unterscheiden.

Spannungssteuerung. Liegt eine spannungsgesteuerte Schaltung vor, d.h., das Eingangssignal ist eine Spannung, dann addieren sich am Eingang die Größen $\underline{U}_e$ und $\underline{K}\cdot\underline{X}_a$ entsprechend Bild 2.82a. Da beide Vierpole in Serie liegen, werden sie vom gleichen Eingangsstrom $\underline{I}_e$ durchflossen.

Eine Berechnung des Eingangswiderstandes r'_e der gegengekoppelten Schaltung liefert unabhängig von der Art der Ausgangsgröße

$$r'_e = \frac{\underline{U}_e}{\underline{I}_e} = \frac{\underline{U}_1 - \underline{K}\underline{U}_a}{\underline{I}_e}$$

$$r'_e = \frac{r_e\underline{I}_e - \underline{K}\,\underline{G}\cdot r_e\cdot\underline{I}_e}{\underline{I}_e} \quad (2.92)$$

$$r'_e = r_e(1 - \underline{K}\,\underline{G}) = r_e\cdot g$$

Stromsteuerung. Ist das Eingangssignal ein Strom, addieren sich am Eingang die Größen $\underline{I}_e$ und $\underline{K}\cdot\underline{X}_a$ entsprechend Bild 2.82b. Auf analogem Weg wie oben ergibt sich

$$r'_e = \frac{\underline{U}_e}{\underline{I}_e} = \frac{\underline{U}_e}{\underline{I}_1 - \underline{K}\underline{I}_a}$$

$$r'_e = \frac{r_e}{(1 - \underline{K}\,\underline{G})} = \frac{r_e}{g} \quad (2.93)$$

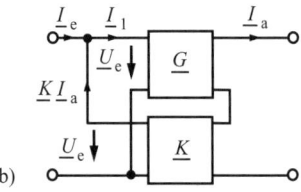

Bild 2.82 Signalsummation auf Eingangsseite
a) Addition der Spannungen, b) Addition der Ströme

Ausgangsimpedanz

Die Untersuchung der Ausgangsseite erfordert ebenfalls eine Unterscheidung nach der Ausgangsgröße.

Spannungsquellenausgang. Ist die Ausgangsgröße eine Spannung dann gilt für die Leerlaufspannung $\underline{U}_\text{aL}$ am Ausgang der gegengekoppelten Schaltung

$$\underline{U}_\text{aL} = \underline{G}'\underline{U}_\text{e} = \frac{\underline{G}}{1 - \underline{K}\,\underline{G}}\underline{U}_\text{e}$$

Der Kurzschlussstrom $\underline{I}_\text{aK}$ ergibt sich wegen der dann erfüllten Bedingung $\underline{U}_\text{a} = 0$, also keine effektive Signalrückkopplung, zu

$$\underline{I}_\text{aK} = \frac{\underline{G}\,\underline{U}_\text{e}}{r_\text{a}}$$

Aus diesen beiden Werten ist die Gesamtausgangsimpedanz r'_a berechenbar.

$$r'_\text{a} = \frac{\underline{U}_\text{aL}}{\underline{I}_\text{aK}} = \frac{r_\text{a}}{1 - \underline{K}\,\underline{G}} = \frac{r_\text{a}}{g} \qquad (2.94)$$

Stromquellenausgang. Bei einem Strom als Ausgangsgröße der gegengekoppelten Schaltung ergibt sich für den Kurzschlussstrom

$$\underline{I}_\text{aK} = \underline{G}'\underline{I}_\text{e} = \frac{\underline{G}}{1 - \underline{K}\,\underline{G}}\underline{I}_\text{e}$$

und für die Leerlaufspannung wegen der dann erfüllten Voraussetzung $\underline{I}_\text{a} = 0$ die Beziehung

$$\underline{U}_\text{aL} = \underline{G}\,\underline{I}_\text{e}\,r_\text{a}$$

Damit folgt für die Ausgangsimpedanz

$$r'_\text{a} = \frac{\underline{U}_\text{aL}}{\underline{I}_\text{aK}} = r_\text{a}(1 - \underline{K}\,\underline{G}) = r_\text{a} \cdot g \qquad (2.95)$$

Eine Zusammenstellung dieser Ergebnisse ist in Tabelle 2.11 zu finden.

Tabelle 2.11 Ein- und Ausgangsimpedanzen gegengekoppelter Schaltungen

$\underline{X}_\text{e}$	$\underline{X}_\text{a}$	r'_e	r'_a
$\underline{U}$	$\underline{U}$	$r_\text{e} \cdot g$	r_a/g
$\underline{I}$	$\underline{I}$	r_e/g	$r_\text{a} \cdot g$
$\underline{U}$	$\underline{I}$	$r_\text{e} \cdot g$	$r_\text{a} \cdot g$
$\underline{I}$	$\underline{U}$	r_e/g	r_a/g

2.3.3.3 Übertragungsbandbreite

Charakteristisch für den Frequenzgang eines Verstärkers ist dessen Tiefpassverhalten, das i.allg. aus den Eigenschaften der Transistoren resultiert. Eine allgemeine Beschreibungsform für Tiefpassverhalten 1. Ordnung liefert Gleichung (2.96) am Beispiel eines Spannungsverstärkers.

$$\underline{G}(f) = \underline{v}_\text{u}(f) = \frac{v_\text{u0}}{1 + j\dfrac{f}{f_\text{g}}} \qquad (2.96)$$

Oberhalb der Grenzfrequenz f_g sinkt der Betrag der Spannungsverstärkung mit 20 dB/Dekade, wie es Bild 2.83 darstellt.

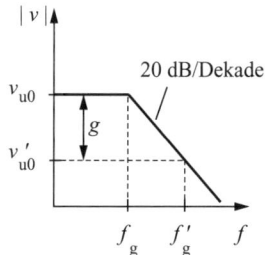

Bild 2.83 Frequenzgang eines Verstärkertiefpasses 1. Ordnung

Durch eine Gegenkopplung mit einem reellen Rückkoppelfaktor K ergibt sich die Gesamtverstärkung zu

$$\underline{v}'_\text{u}(f) = \frac{\underline{v}_\text{u}(f)}{1 - K \cdot \underline{v}_\text{u}(f)} \qquad (2.97)$$

$$\underline{v}'_\text{u}(f) = \frac{v_\text{u0}}{1 - K \cdot v_\text{u0}} \cdot \frac{1}{1 + j\dfrac{f}{f'_\text{g}}} \qquad (2.98)$$

$$\underline{v}'_\text{u}(f) = \frac{v'_\text{u0}}{1 + j\dfrac{f}{f'_\text{g}}} \qquad (2.99)$$

wobei sich für die neue Grenzfrequenz f'_g ein vergrößerter Wert ergibt.

$$\boxed{f'_\text{g} = f_\text{g}(1 - K \cdot v_\text{u0}) = f_\text{g} \cdot g} \qquad (2.100)$$

Beachte: Zur Realisierung der Gegenkopplung muss entweder der Rückkoppelfaktor K oder die Verstärkung v_u negativ sein.

Bild 2.83 verdeutlicht den Zusammenhang zwischen der Reduzierung der Verstärkung und der Vergrößerung der Bandbreite $B' = f'_g$. Das Produkt aus Verstärkung und Bandbreite bleibt dabei konstant. Dieses *Verstärkungs-Bandbreiten-Produkt* ist ein charakteristischer Parameter eines Verstärkers. Unabhängig von der Gegenkopplung, wird es durch den Verstärker selbst bestimmt, solange die Gegenkopplung reell ist.

2.3.3.4 Miller-Effekt

Betrachtet man einen Operationsverstärker mit endlicher Verstärkung v_d aber sonst mit idealen Eigenschaften ($r_e \to \infty$, $r_a = 0$) bei externer Spannungs-Strom-Gegenkopplung über einen komplexen Widerstand Z_K entsprechend Bild 2.84, so kann die Eingangsimpedanz, bei Leerlauf am Ausgang, mit der OPV-Beziehung $\underline{U}_a = v_d \cdot \underline{U}_D$ berechnet werden. Man erhält

$$\underline{Z}_e = \frac{\underline{U}_e}{\underline{I}_e} = \frac{\underline{U}_e}{\frac{\underline{U}_e - \underline{U}_a}{\underline{Z}_K}} = \frac{\underline{Z}_K}{1 - v_d} \quad (2.101)$$

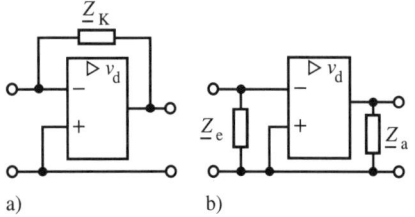

Bild 2.84 Verdeutlichung des Miller-Effekts
a) gegengekoppelter Verstärker,
b) Ersatzschaltung für Anschlussimpedanzen

Die Rückkoppelimpedanz Z_K erscheint um den Faktor $1 - v_d$ dynamisch verkleinert als Eingangsimpedanz. Der Wert der Verstärkung v_d ist bei Gegenkopplung stets negativ. Bild 2.84 b verdeutlicht dies in Form einer Ersatzschaltung. Diese als Miller-Effekt bekannte Eigenschaft erlangt besondere Bedeutung beim Auftreten einer Rückkoppelkapazität $\underline{Z}_K = 1/j\omega C_K$. Diese erscheint dann um den Faktor $1 - v_d$ dynamisch vergrößert am Eingang. Sehr nachteilig wirkt sich dies bei der Emitterschaltung aus. Die Basis-Kollektor-Kapazität des Verstärkertransistors erscheint stark vergrößert als Eingangskapazität der Schaltung (siehe Bild 2.85).

Der Miller-Effekt kann aber andererseits auch bewusst genutzt werden, um sehr große elektronische Kapazitäten zu erzeugen.

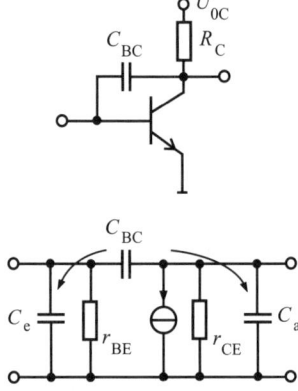

Bild 2.85 Miller-Effekt an der Emitterschaltung

2.3.3.5 Bootstrap-Effekt

Der Bootstrap-Effekt tritt bei Verstärkerschaltungen mit Spannungs-Spannungs-Gegenkopplung auf. Deren Eingangswiderstand r'_e wird durch die Gegenkopplung dynamisch um den Faktor g vergrößert.

In einer Operationsverstärkerschaltung nach Bild 2.86 wird folglich der ohnehin hohe Eingangswiderstand r_{ed} des OPV weiter vergrößert. Dies bewirkt, dass der Eingangsstrom gegen Null geht. Dieser Verstärker eignet sich dadurch für eine belastungsfreie Spannungsmessung. Als Messverstärker wird er unter dem Namen Elektrometerverstärker verwendet.

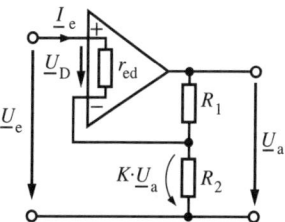

Bild 2.86   Elektrometerverstärker

Ein zweiter Anwendungsfall des Bootstrap-Effektes ist die dynamische Entkopplung des Basis-Spannungsteilers vom Verstärkereingang beim Emitterfolger (Bild 2.87). Dadurch wird eine Reduzierung des hohen Eingangswiderstandes vermieden, auch wenn der Basis-Spannungsteiler nicht besonders hochohmig ist.

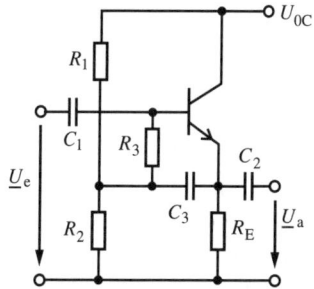

Bild 2.87   Emitterfolger mit Bootstrap-Kapazität

Für die Signalfrequenzen besitzt der Kondensator C_3 eine ausreichend kleine Impedanz, um das Emitterpotenzial zu übertragen. Dieses läuft auf Grund der Spannungsverstärkung von $v_u = 1$ mit dem Basispotenzial mit und hält die Kleinsignalspannung über R_3 bei Null. Da kein Kleinsignalstrom fließen kann, erscheint R_3 in der Kleinsignalersatzschaltung auf unendlich vergrößert. Der Arbeitspunktstrom kann jedoch ungehindert über R_3 geliefert werden.

2.3.4 Anwendungen der Gegenkopplungsvarianten

2.3.4.1 Operationsverstärkerschaltungen mit Gegenkopplung

Auf Grund seiner nahezu idealen Eigenschaften ist der Operationsverstärker geradezu prädestiniert für den Einsatz als Verstärkerelement im Vorwärtszweig von Gegenkopplungsschaltungen. Alle vier Gegenkopplungsarten sind auf diese Weise sehr einfach realisierbar. Es ergeben sich die in Bild 2.88 gezeigten Schaltungen. Die entstehenden Betriebsparameter weisen nahezu ideale Werte auf.

Für die Schaltungen a) und c) besitzt der OPV bereits einen gut geeigneten, weil geringen, Ausgangswiderstand, der durch die Gegenkopplung weiter verringert wird. Es ergeben sich ideale Spannungsquelleneigenschaften am Ausgang.

In den Schaltungen b) und d) kann das Stromquellenverhalten noch verbessert werden, wenn anstelle eines niederohmigen OPV ein hochohmiger OTA (vgl. Abschnitt 2.2.3.4) eingesetzt wird. Auf der Eingangsseite besitzt der OPV die erforderliche hohe Impedanz. Bei Spannungssteuerung wird diese durch die Gegenkopplung weiter vergrößert. Die steuernde Spannungsquelle U_G bleibt unbelastet. Bei Stromsteuerung liegt der negative Eingang des OPV infolge der Gegenkopplung auf „virtueller Masse", so dass für die ansteuernde Stromquelle I_G praktisch Kurzschlussbedingungen herrschen.

❏ **Beispiel 2.15**

Für die Schaltungen in Bild 2.88 sind die Rückkoppelfaktoren K und die Übertragungsfaktoren G' zu bestimmen.

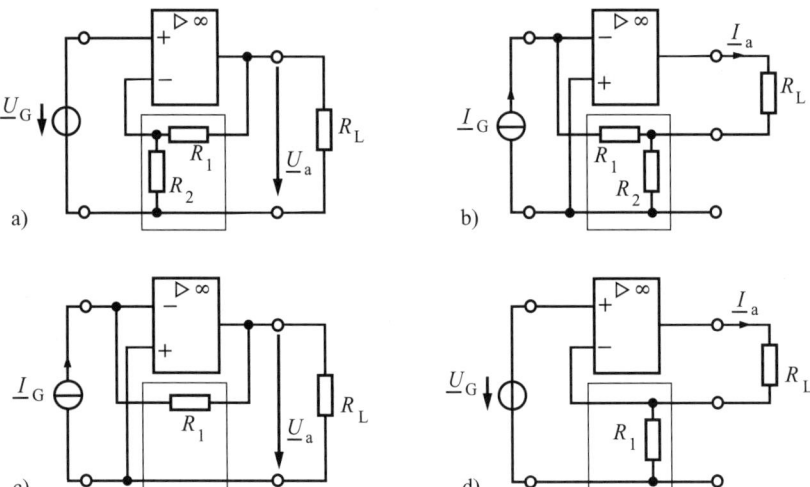

Bild 2.88 OPV-Schaltungen mit Gegenkopplung a) Spannungsverstärker
b) Stromverstärker
c) Strom-Spannungs-Wandler
d) Spannungs-Strom-Wandler

Lösung:

Zur Berechnung der Rückkoppelfaktoren K ist das am Eingang wirkende Rückführsignal als Funktion des Ausgangssignal zu bestimmen. In Schaltung a) lässt sich über dem Spannungsteiler ablesen

$$K \cdot \underline{U}_a = \frac{R_2}{R_1 + R_2} \underline{U}_a$$

Das gleiche Vorgehen erfolgt bei den anderen Schaltungen und man erhält die Werte in Tabelle 2.12. Auf Grund der ideal hohen Spannungsverstärkung v_d des OPV gilt für den Übertragungsfaktor von Schaltung a)

$$G' \cong -\frac{1}{K} = \frac{R_1 + R_2}{R_2}$$

Die Näherung $G' = -1/K$ kann auch für die anderen Schaltungen angesetzt werden. Geht man jedoch von einem endlichen Übertragungsfaktor G des OPV aus, so ergeben sich die Beziehungen entsprechend Tabelle 2.12.

Tabelle 2.12 Eigenschaften von gegengekoppelten OPV-Schaltungen

	K	G'
Spannungs-verstärker	$\dfrac{R_2}{R_1 + R_2}$	$\dfrac{-(R_1 + R_2)}{R_2 - \dfrac{1}{v_u}(R_1 + R_2)}$
Strom-verstärker	$\dfrac{R_2}{R_1 + R_2}$	$\dfrac{-(R_1 + R_2)}{R_2 - \dfrac{1}{v_i}(R_1 + R_2)}$
Strom-Spannungs-Wandler	$\dfrac{1}{R_1}$	$\dfrac{-R_1}{1 - \dfrac{1}{Z_T}R_1}$
Spannungs-Strom-Wandler	R_1	$\dfrac{-1}{R_1 - \dfrac{1}{Y_T}}$

Die Bestimmung der drei nicht sofort verständlichen Übertragungsfaktoren v_i, Z_T und

Y_T eines Operationsverstärkers erfolgt auf der Basis seiner Vierpolparameter v_u, r_e und r_a.

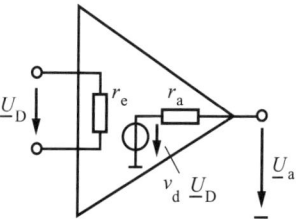

Bild 2.89 OPV mit Anschlusswiderständen

Die Stromverstärkung v_i kann mit Hilfe des Eingangswiderstandes r_e ermittelt werden.

$$v_i = \frac{\underline{I}_a}{\underline{I}_e} = \frac{\underline{I}_a}{\frac{\underline{U}_e}{r_e}} = S \cdot r_e$$

Die Steilheit S hat jedoch nur für einen OTA, der in dieser Schaltung zu bevorzugen ist, eine sinnvolle Bedeutung. Bei Verwendung eines OPV hängt der Ausgangsstrom von der Größe des Ausgangswiderstandes ab, und man erhält

$$v_i = \frac{\underline{I}_a}{\underline{I}_e} = \frac{\frac{\underline{U}_a}{r_a}}{\frac{\underline{U}_e}{r_e}} = v_u \frac{r_e}{r_a}$$

Die Übertragungsimpedanz Z_T bei Spannungsquellenausgang berechnet sich für den OPV nach

$$Z_T = \frac{\underline{U}_a}{\underline{I}_e} = \frac{\underline{U}_a}{\frac{\underline{U}_e}{r_e}} = v_u r_e$$

Die Übertragungsadmitanz Y_T tritt bei Stromquellenausgang auf und ist deshalb wieder für die Fälle OTA und OPV interessant. Für den OTA entspricht sie dessen Steilheit.

$$Y_T = \frac{\underline{I}_a}{\underline{U}_e} = S$$

Am OPV errechnet sie sich in Abhängigkeit vom Ausgangswiderstand nach

$$Y_T = \frac{\underline{I}_a}{\underline{U}_e} = \frac{\frac{\underline{U}_a}{r_a}}{\underline{U}_e} = \frac{v_u}{r_a}$$

2.3.4.2 Transistorschaltungen mit Gegenkopplung

In einstufigen Transistorschaltungen begegnet man gewöhnlich den in Bild 2.90 gezeigten Gegenkopplungsvarianten. Hier an der Emitterschaltung dargestellt werden sie als Spannungs- bzw. Stromgegenkopplung bezeichnet. In der Regel ist bei diesen Schaltungen jedoch nicht der die Gegenkopplung bestimmende Übertragungsfaktor Z_T bzw. Y_T von Interesse, sondern die Spannungsverstärkung der Schaltung. Eine Umrechnung ist einfach möglich.

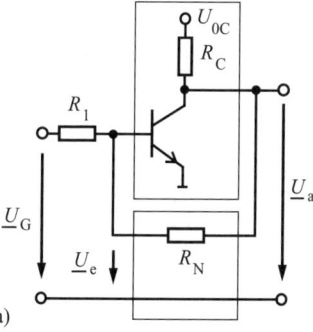

a)

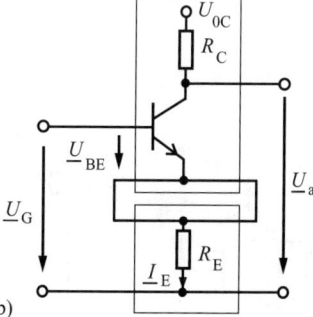

b)

Bild 2.90 Emitterschaltung mit Gegenkopplung
a) Spannungs-Strom-GK, b) Strom-Spannungs-GK

❑ **Beispiel 2.16**

Es ist die Spannungsverstärkung $v_u = \underline{U}_a/\underline{U}_G$ der Emitterschaltung mit Spannungsgegenkopplung in Bild 2.90a zu bestimmen.

Lösung:

Die Parameter der Gegenkopplungsschleife lauten

$$Z_T = v_u r_e = -\frac{bR_C}{r_{BE}} r_{BE} = -bR_C \quad \text{und}$$

$$K = \frac{1}{R_N}$$

Daraus leitet sich ab

$$g = 1 - KZ_T = 1 + \frac{bR_C}{R_N}$$

$$Z'_T = \frac{\underline{U}_a}{\underline{I}_e} = \frac{Z_T}{g} = \frac{-R_N}{1 + \frac{R_N}{bR_C}} \quad \text{und}$$

$$r'_e = \frac{\underline{U}_e}{\underline{I}_e} = \frac{r_e}{g} = \frac{r_{BE}}{g}$$

Aus der Beziehung $\underline{I}_e R_1 = \underline{U}_G - \underline{U}_e$ sowie $\underline{U}_a = Z'_T \underline{I}_e$ berechnet sich die Spannungsverstärkung der Gesamtschaltung zu

$$v_{uG} = \frac{\underline{U}_a}{\underline{U}_G} = \frac{Z'_T}{R_1}\left(1 - \frac{\underline{U}_e}{\underline{U}_G}\right)$$

$$= \frac{Z'_T}{R_1}\left(1 - \frac{r'_e}{R_1 + r'_e}\right)$$

$$v_{uG} = \frac{Z'_T}{R_1}\left(\frac{R_1}{R_1 + r'_e}\right) \cong \frac{Z'_T}{R_1}$$

wenn man davon ausgeht, dass $r'_e = r_e/g \ll R_1$ ist. Nach dem Einsetzen erhält man dann

$$v_{uG} \cong \frac{-R_N}{1 + \frac{R_N}{bR_C}} \frac{1}{R_1} \approx \frac{-R_N}{R_1}$$

❑ **Beispiel 2.17**

Es ist die Spannungsverstärkung $v_u = \underline{U}_a/\underline{U}_G$ der Emitterschaltung mit Stromgegenkopplung in Bild 2.90b zu bestimmen.

Lösung:

Die Parameter der Gegenkopplungsschleife lauten

$$Y_T = \frac{\underline{I}_E}{\underline{U}_{BE}} = -S = -\frac{b}{r_{BE}} \quad \text{und} \quad K = R_E$$

Daraus leitet sich ab

$$g = 1 - KY_T = 1 + \frac{bR_E}{r_{BE}}$$

$$Y'_T = \frac{\underline{I}_E}{\underline{U}_e} = \frac{Y_T}{g} = \frac{-S}{1 + SR_E}$$

Mit den Beziehungen $\underline{U}_a \cong \underline{I}_E R_C$ und $\underline{I}_E = Y'_T \underline{U}_e$ berechnet sich die Spannungsverstärkung der Gesamtschaltung zu

$$v_{uG} = \frac{\underline{U}_a}{\underline{U}_e} \cong R_C Y'_T \cong \frac{R_C Y_T}{g} = \frac{-SR_C}{1+SR_E} \approx \frac{-R_C}{R_E}$$

Die anderen beiden Gegenkopplungsarten können nur bei mehrstufigen Transistorschaltungen genutzt werden. Typische Anwendungsfälle zeigt Bild 2.91.

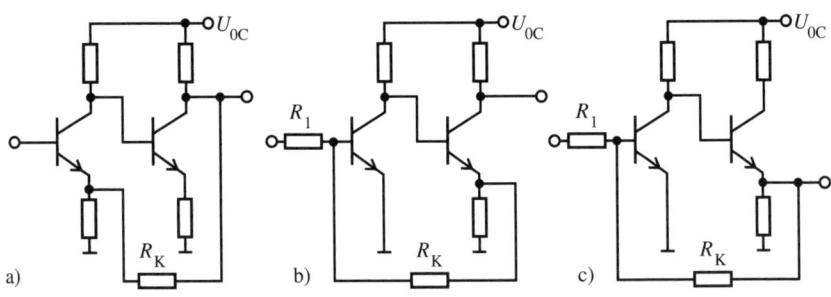

Bild 2.91 Mehrstufig gegengekoppelte Transistorschaltungen
a) Spannungs-Spannungs-GK, b) Strom-Strom-GK, c) Spannungs-Strom-GK

Natürlich ist die Spannungs-Strom-GK aus Bild 2.90a auch über mehrere Stufen anwendbar. Deren Anzahl muss allerdings ungeradzahlig sein, um die Gegenphasigkeit zu garantieren.

Die Spannungs-Spannungs-GK in Bild 2.91 a entsteht durch den Spannungsabfall, den der über R_K erzeugte Rückkoppelstrom $\underline{I}_K$ an R_E bewirkt. Dieser geht in die Eingangsmasche ein. Der Strom $\underline{I}_K$ ist proportional zu $\underline{U}_a$. Zusätzliche besitzt jede Transistorstufe eine Strom-Spannungs-GK.

Der in Bild 2.91 b über R_K rückgekoppelte Strom wird durch den Spannungsabfall an R_E verursacht. Dieser wiederum ist proportional zum Emitterstrom. Damit liegt Strom-Strom-GK vor.

Eine ausführliche Betrachtung zur Gegenkopplung bei mehrstufigen Transistorschaltungen erfolgt in [2.14].

2.3.5 Stabilität rückgekoppelter Verstärker

Rückgekoppelte Verstärker sind stabil, solange Ein- und Ausgangssignal zueinander gegenphasig sind.

Im den Abschnitten 1.3.4 und 1.7.4 wurde gezeigt, dass Verstärker einen Frequenzgang mit Tiefpasscharakteristik besitzen. Während ihre Verstärkung v oberhalb einer Grenzfrequenz absinkt, verändert sich die Phasendrehung zwischen Ein- und Ausgangssignal. Jeder Pol dieser Tiefpassfunktion liefert eine Drehung von $90°$. Bei einem Tiefpassverhalten höherer Ordnung kann eine Gegenkopplung mit dem Rückkoppelfaktor $\underline{K}$ durch diese zusätzliche Phasendrehung im Verstärker zu einer Mitkopplung werden. Das System wird instabil. Es neigt zu Eigenschwingungen.

Nyquistkriterium. Das Nyquistkriterium beschreibt die Bedingung für eine Instabilität (Schwingbedingung) eines rückgekoppelten Verstärkers entsprechend Gleichung (2.85) in Form der komplexen Beziehung

$$\boxed{\underline{K} \cdot \underline{v} = 1} \quad (2.102)$$

Diese lässt sich in eine *Amplitudenbedingung*

$$\boxed{|\underline{K}| \cdot |\underline{v}| = 1} \quad (2.103)$$

und eine *Phasenbedingung*

$$\boxed{\varphi = \varphi_V + \varphi_K = n \cdot 360°} \quad (2.104)$$

$n = 0, 1, 2, \ldots$

zerlegen.

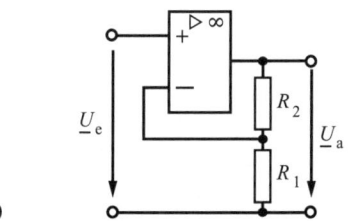

a)

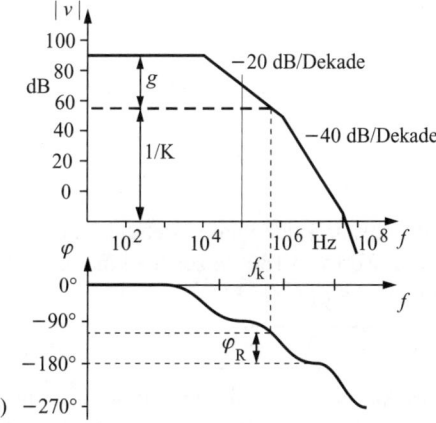

b)

Bild 2.92 Frequenzgang eines gegengekoppelten OPV

Die Interpretation des Nyquistkriteriums besagt, dass ein System instabil wird, d. h.

selbständige Schwingungen erzeugt, wenn die Phasendrehung innerhalb der Gegenkopplungsschleife für eine bestimmte Frequenz ein Vielfaches von 360° beträgt und der Betrag der Schleifenverstärkung $|\underline{K}\,\underline{v}|$ für diese Frequenz größer gleich 1 ist. Da in vielen Fällen der Verstärker eine Rückkopplung auf den negativen Eingang besitzt, besteht Schwinggefahr sobald durch den Frequenzgang weitere 180° Phasendrehung verursacht werden. Diese Phasendrehung kann bereits von einem Verstärker mit Tiefpassverhalten zweiter Ordnung erzeugt werden [2.15].

Merke: Nur Systeme mit Tiefpassverhalten erster Ordnung sind von Natur aus sicher gegenüber einer Instabilität im Sinne des Nyquistkriteriums.

Stabilitätsbedingung. Den Amplituden- und Phasenfrequenzgang eines Operationsverstärkers mit Tiefpasscharakteristik dritter Ordnung zeigt Bild 2.92. Dieser OPV ist mit dem Faktor K gegengekoppelt. Der Frequenzgang der Gegenkopplungsschleife weist seine kritische Frequenz f_K, bei der die Schleifenverstärkung $\underline{K} \cdot \underline{v}$ den Wert 1 erreicht, zwischen dem 1. Pol (f_1) und dem 2. Pol (f_2) auf. Besteht wie hier dargestellt für alle Frequenzen $f < f_K$ mit einer Schleifenverstärkung größer 1 eine Phasendrehung im OPV kleiner als 180°, so ist das System stabil.

Den Abstand der Phasendrehung zum kritischen Wert von 180° bezeichnet man als Phasenreserve φ_R.

$$\boxed{\varphi_R = 180° - \varphi(f_K)} \qquad (2.105)$$

Die Auswirkungen der Größe der Phasenreserve auf das Einschwingverhalten eines gegengekoppelten Verstärkers verdeutlicht Bild 2.93 in Form der Sprungantwort. Die relative Größe des Überschwingens $\Delta h/h(\infty)$ in der Sprungantwort ist stark von der Phasenreserve abhängig. Erst für eine Phasenreserve größer 60° bleibt dieses Überschwingen kleiner als 10 %.

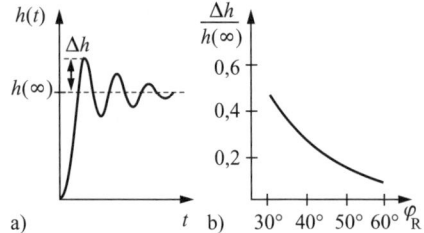

Bild 2.93 Sprungantwort eines gegengekoppelten Verstärkers

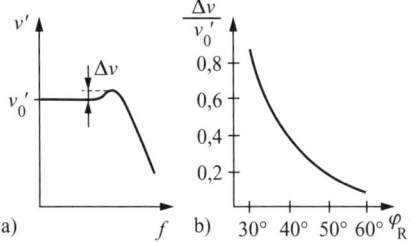

Bild 2.94 Verstärkungsverlauf eines gegengekoppelten Systems

Ein zweiter Indikator für die Stabilität eines Systems ist die Überhöhung des Verstärkungsverlaufs $\Delta v/v_0$ in Bild 2.94.

Merke: Für ein schnelles und sicheres Einschwingverhalten benötigt ein gegengekoppelter Verstärker eine Phasenreserve von mindestens 60°.

❏ **Beispiel 2.18**

Wie stark darf der Verstärker in Bild 2.92 gegengekoppelt werden, ohne seine Stabilität zu gefährden?

Lösung:

Gefordert ist eine Phasenreserve größer 60°. Auf grafischem Weg lässt sich im Phasenfrequenzgang für $\varphi_R = 60°$ eine kritische Frequenz $f_K = 500$ kHz ablesen. Die Projektion diese Wertes in den Amplitudenfrequenzgang liefert $v'(f_K) = 560$, dies entspricht 55 dB.

Für die Spannungsverstärkung des gegengekoppelten Verstärkers gilt

$$v' = \frac{R_1 + R_2}{R_1} = 1 + \frac{R_2}{R_1}$$

Zur Einstellung des $v'(f_K)$ ist ein Widerstandsverhältnis im Rückkoppelzweig von

$$\frac{R_2}{R_1} = v' - 1 = 559$$

erforderlich. Zur Sicherung der Stabilität muss ein Wert größer 559 eingehalten werden.

Merke: Zur Sicherung der Stabilität eines Verstärkers mit Tiefpasscharakteristik höherer Ordnung muss die Gegenkopplung auf einen Wert $K = 1/v' < 1/v(f_K)$ begrenzt bleiben.

2.3.6 Frequenzgangkorrektur von Verstärkern

Im vorigen Abschnitt wurde die Begrenzung der Gegenkopplung als Schutzmaßnahme zur Erhaltung der Stabilität eines Verstärkers erläutert. Häufig ist es jedoch notwendig, Verstärker als universelle Baugruppen zu betrachten, die jede beliebige Gegenkopplung vertragen können. Im Grenzfall muss also auch $K = 1$ (Spannungsfolgerbetrieb eines OPV) möglich sein. Damit dies geht, muss der OPV ohne Gegenkopplung seine Transitfrequenz f_T an einer Stelle mit ausreichender Phasenreserve (z. B. $\varphi_R \geq 60°$) aufweisen. Diese Forderung entspricht einer Tiefpasscharakteristik 1. Ordnung. Operationsverstärker besitzen aber auf Grund ihres mehrstufigen internen Aufbaus immer einen Frequenzgang höherer Ordnung. Die vorhandenen höheren Pole müssen folglich weit oberhalb der Transitfrequenz liegen. Die Bedingung $\varphi_R \geq 60°$ ist erfüllt, wenn z. B. $f_2 > 2{,}5 \cdot f_T$ und $f_3 > 10 \cdot f_T$ gelten. Bild 2.95 zeigt einen solchen Frequenzgang.

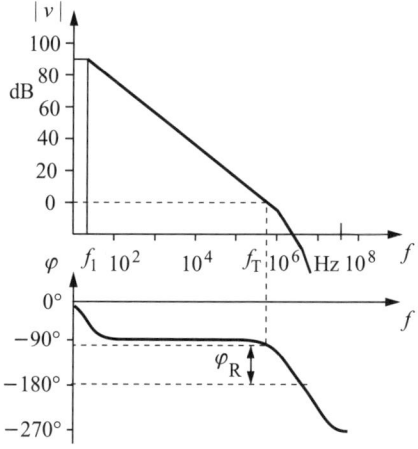

Bild 2.95 Frequenzgang eines kompensierten OPV

Soll der Frequenzgang eines normalen Verstärkers (z. B. OPV 3. Ordnung) auf die gewünschte Form gebracht werden, ist eine *Frequenzgangkorrektur* notwendig. Diese ist i. Allg. auf zwei Wegen erreichbar.

- Absenken der 1. Eckfrequenz,
- Einfügen einer weiteren, extrem niedrigen Eckfrequenz in den Frequenzgang

Käufliche Operationsverstärker (z. B. µA 709) besitzen zur Realisierung der ersten Variante zwei externe Anschlüsse, an denen ein extern angeschlossener Kondensator (manchmal auch ein *RC*-Glied) diese Aufgabe erfüllt. Betrachtet man die interne Schaltung, dann wirkt dieser Kondensator meist als Miller-Kapazität an einer internen Verstärkerstufe ([2.16], Abschnitt 2.3.3.4) und damit als sogenannte Pole-Splitting-Kapazität. Er verschiebt die erste Eckfrequenz f_1 weit nach unten.

Viele universell einsetzbare OPV haben diese Frequenzgangkompensation bereits fest implementiert (z. B. µA 741). Diese Typen werden als *frequenzgangkompensierte Operationsverstärker* bezeichnet.

Beachte: Wird eine bestimmte vorgegebene Gegenkopplung ($K > 1$) bei der Nutzung eines OPV nicht überschritten, dann kann durch eine zugeschnittene Frequenzgangkorrektur eine größere Bandbreite des Verstärkers erreicht werden, als durch den Einsatz eines bereits kompensierten OPV.

Einige PSpice-Beispiele zum Frequenzverhalten von Operationsverstärkerschaltungen sind in [2.17] angegeben.

❏ **Beispiel 2.19**

Wie weit muss die unterste Eckfrequenz des OPV aus Bild 2.92 verschoben werden, um eine universelle Frequenzgangkompensation zu erzielen. Die beiden oberen Eckfrequenzen sollen dabei als konstant bleibend angenommen werden.

Lösung:

Die Lösung erfolgt auf grafischem Weg in Bild 2.96. Ausgehend von der kritischen Frequenz $f_K = 500$ kHz bei einer Phasenreserve von $60°$ ist im Amplitudenfrequenzgang von Bild 2.92 eine Tiefpasscharakteristik 1. Ordnung, d. h. ein Abfall mit 20 dB/Dekade durch den Punkt $v(f_K) = 1$, einzuzeichnen.

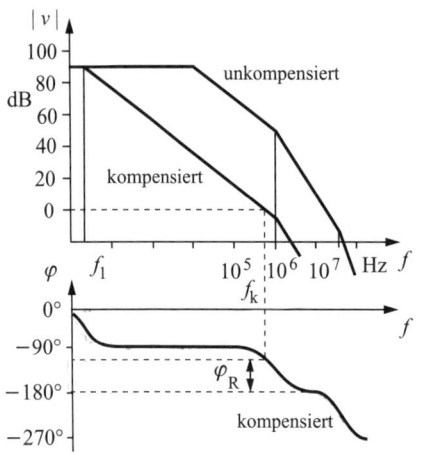

Bild 2.96 Universelle Frequenzgangkompensation eines OPV

Der Schnittpunkt mit dem alten Verstärkungsverlauf liefert die erforderliche neue Eckfrequenz $f_1 = 20$ Hz.

2.3.7 Aufgaben

▲ **Aufgabe 2.3.1**

Zwei aufeinander folgende Verstärker, von denen jeder die Verstärkung $v = 200$ besitzt, sollen über beide Stufen gemeinsam gegengekoppelt werden. Für die Gesamtschaltung ist eine Verstärkung $v' = u_a/u_e = 100$ gefordert.

a) Es ist der erforderliche Rückkopplungsfaktor K zu berechnen.

b) Um welchen Faktor verbessert sich die relative Verstärkungsschwankung der Gesamtschaltung $\Delta v'/v'$ gegenüber der Verstärkungsschwankung der einzelnen Verstärkerstufen $\Delta v/v$?

▲ **Aufgabe 2.3.2**

Gegeben ist ein Operationsverstärker mit internem dreistufigen Aufbau. Die Verstärkung des OPV besitzt die Funktion

$$v_D(\omega) = \frac{v_{D0}}{\left(1 + j\dfrac{\omega}{\omega_{g1}}\right)\left(1 + j\dfrac{\omega}{\omega_{g2}}\right)\left(1 + j\dfrac{\omega}{\omega_{g3}}\right)}$$

mit folgenden Parametern: $v_{D0} = 10^5$, $\omega_{g1} = 100$ Hz, $\omega_{g2} = 50$ kHz, $\omega_{g3} = 500$ kHz.

a) Es sind der idealisierte Amplituden- und Phasenfrequenzgang des Verstärkers zu zeichnen.

b) Mit welchem statischen Rückkoppelfaktor K darf dieser Verstärker maximal gegengekoppelt werden, entsprechend dem Blockschaltbild in Bild 2.80, wenn eine Phasenreserve von $60°$ gesichert sein soll.

▲ **Aufgabe 2.3.3**

Ein intern frequenzgangkompensierter Operationsverstärkers besitzt eine Leerlaufverstärkung $v_{D0} = 90$ dB und eine Transitfrequenz $f_T = 1,5$ MHz.

a) Das Bodediagramm des OPV ist zu skizzieren.

b) Wie groß ist die Leerlaufbandbreite des OPV?

c) Mit diesem OPV wird ein Spannungsverstärker nach Bild 2.88 a für eine Verstärkung von

$v'_u = 40$ dB aufgebaut. Wie groß ist der notwendige Rückkoppelfaktor K und welche Bandbreite besitzt dieser Verstärker?

▲ **Aufgabe 2.3.4**
Aus dem Datenblatt eines unkompensierten Operationsverstärker sind folgende Parameter zu entnehmen: Leerlaufverstärkung $v_{D0} = 90$ dB, 1. Eckfrequenz $f_{g1} = 30$ kHz, 2. Eckfrequenz $f_{g2} = 1$ MHz.
Eine externe Frequenzgangkompensation durch ein RC-Glied erzeugt eine zusätzliche Eckfrequenz $f_{g3} = 1/2\pi RC$.

a) Es ist der Frequenzgang des Operationsverstärkers zu skizzieren.

b) Welche Grenzfrequenz f_{g3} muss dieses RC-Glied besitzen, damit der Operationsverstärker bis zu $v'_u = 50$ dB gegengekoppelt werden kann?

c) Welche Bandbreite besitzt der gegengekoppelte Verstärker?

▲ **Aufgabe 2.3.5**
Es ist der Frequenzgang des Betrages der Spannungsverstärkung $|v'(\omega)|$ der gegengekoppelten Schaltung aus Aufgabe 2.3.3 zu berechnen. Wie groß ist die Abweichung (Angabe in %) dieser Verstärkung gegenüber dem Niederfrequenzwert $|v'(0)|$ bei der Frequenz ω, bei der die Leerlaufverstärkung $v(\omega)$ des OPV auf $10 \cdot |v'(0)|$ abgesunken ist?

2.4 Schaltungen mit Operationsverstärkern

Schwerpunkt dieses Abschnittes ist das Kennenlernen wichtiger Funktionsrealisierungen auf der Basis von OPV-Schaltungen. Die Vielfalt der heute verfügbaren Operationsverstärker ist so groß, dass man für fast jeden Anwendungsfall einen OPV mit passenden Parametern finden kann. Eine Grobklassifizierung kann z. B. unter den Gesichtspunkten

- Bandbreite
- Frequenzgangkompensation
- Eingangsströme
- Slewrate
- Aussteuerbereich
- Offset
- Temperaturgang
- Rauschen

erfolgen.

In den folgenden Anwendungen kann deshalb stets von einem idealen Operationsverstärker ausgegangen werden. Die schaltungstechnischen Prinzipien zur Realisierung bestimmter Funktionen stehen im Vordergrund.

2.4.1 Lineare Verstärker

Die schaltungstechnische Realisierung eines Spannungsverstärkers mittels eines OPV erfolgt nach zwei Grundprinzipien

- nichtinvertierender Verstärker,
- invertierender Verstärker.

2.4.1.1 Nichtinvertierender Verstärker

Die Schaltung des nichtinvertierenden Verstärkers (Bild 2.97) entspricht direkt dem gegengekoppelten Spannungsverstärker aus Abschnitt 2.3.2. Die Gesamtverstärkung v'_u wird ausschließlich durch den Spannungsteiler im Gegenkopplungszweig bestimmt. Die wichtigsten Eigenschaften der Schaltung enthält Tabelle 2.13.

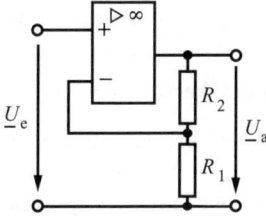

Bild 2.97 Nichtinvertierender Verstärker

Tabelle 2.13 Parametervergleich von nichtinvertierendem und invertierendem Verstärker

	nichtinvertierender Verstärker	invertierender Verstärker
g	$1 + \dfrac{R_1}{R_1 + R_2} v_\mathrm{d} \to \infty$	$1 + \dfrac{Z_\mathrm{T}}{R_2} = 1 + \dfrac{v_\mathrm{d} r_\mathrm{d}}{R_2} \to \infty$
v'_u	$1 + \dfrac{R_2}{R_1}$	$-\dfrac{R_2}{R_1}$
r'_e	$g \cdot r_\mathrm{d} \to \infty$	R_1
r'_a	$\dfrac{r_\mathrm{a}}{g} \to 0$	$\dfrac{r_\mathrm{a}}{g} \to 0$

Das Besondere der Schaltung ist ihr extrem hoher Eingangswiderstand r'_e. Dadurch kann eine reine Spannungssteuerung angenommen werden. Dies hat ihr auch den Namen *Elektrometerverstärker* eingebracht. Ein- und Ausgangssignal sind im Bereich $f < f_\mathrm{g}$ gleichphasig.

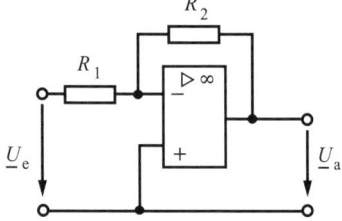

Bild 2.99 Invertierender Verstärker

Ein Spezialfall des nichtinvertierenden Verstärkers entsteht für $K = 1$ (siehe Bild 2.98). Dann wird wegen $R_1 = \infty$ und $R_2 = 0$ die Gesamtverstärkung $v'_\mathrm{u} = 1$ und man bezeichnet die Schaltung als Spannungsfolger. In der Regel wird sie wegen ihrer Impedanzwandlung genutzt. Sie besitzt einen extrem hohen Eingangswiderstand, so dass die Vorstufe unbelastet bleibt. Ihr Ausgangswiderstand ist extrem niedrig, wodurch sie eine gute Treiberfähigkeit aufweist.

Die Differenzeingangsspannung des OPV geht bei unendlich hoher Differenzverstärkung gegen Null, so dass der negative Eingang des OPV nahezu auf Masse liegt. Man spricht deshalb von einer „virtuellen Masse" an diesem Punkt. Folglich wird der Eingangsstrom $\underline{I}_\mathrm{e}$ nur von der Eingangsspannung $\underline{U}_\mathrm{e}$ und dem Widerstand R_1 bestimmt. Dieser Eingangsstrom wird über dem Rückkoppelwiderstand R_2 in die Ausgangsspannung umgewandelt (vgl. *I-U*-Wandler).

Bei idealem Eingangswiderstand $r_\mathrm{d} \to \infty$ des OPV liefert der Knotensatz an dessen N-Eingang den Ansatz zur Verstärkungsberechnung.

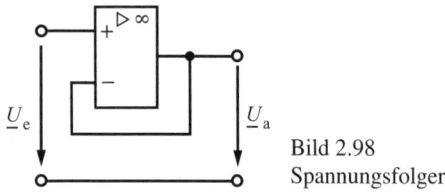

Bild 2.98 Spannungsfolger

2.4.1.2 Invertierender Verstärker

Der invertierende Verstärker entsteht aus einem OPV mit Spannungs-Strom-GK durch Vorschalten eines Widerstandes R_1 (vgl. Bild 2.99 und Bild 2.88).

$$\frac{\underline{U}_\mathrm{e}}{R_1} = -\frac{\underline{U}_\mathrm{a}}{R_2} \qquad (2.106)$$

Bedingt durch die „virtuelle Masse" bildet R_1 gleichzeitig den Eingangswiderstand des gesamten Verstärkers. Die Zusammenstellung der Parameter enthält Tabelle 2.13.

2.4 Schaltungen mit Operationsverstärkern

Ein- und Ausgangsspannung sind beim invertierenden Verstärker gegenphasig. Dies wird auch am negativen Vorzeichen von v'_u sichtbar. Auf diese Eigenschaft ist der Name *Umkehrverstärker* zurückzuführen.

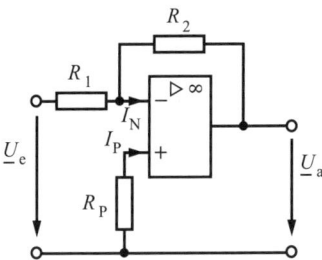

Bild 2.100 Offsetstromkompensation am invertierender Verstärker

Beachte: Die Schaltung reagiert auf einen Eingangsruhestrom des OPV durch eine zusätzliche Offsetspannung $U_{OI} = I_N \cdot R_1$. Diese kann durch einen Widerstand R_P in der Masseverbindung des P-Einganges kompensiert werden (Siehe Bild 2.100). Falls beide Eingangsruheströme gleich groß sind ($I_N = I_P$), beträgt dessen erforderliche Größe $R_P = R_1 \| R_2$.

2.4.2 Rechenschaltungen

Unter Rechenschaltungen versteht man die Realisierung von Grundrechenarten durch analoge Schaltungen. Die zu verarbeitenden Operanden bilden deren Eingangsspannungen. Die Ausgangsspannung repräsentiert das Ergebnis der Berechnung. Die OPV-Schaltungen sind sowohl für Berechnungen mit Kleinsignalspannungen als auch mit stationären Spannungen einsetzbar.

2.4.2.1 Addierer

Ein Addierer besteht aus einem invertierenden Verstärker mit mehreren Eingängen (Bild 2.101).

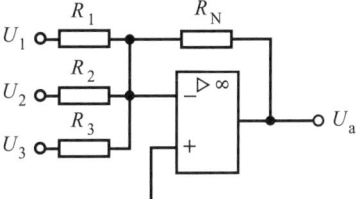

Bild 2.101 Addierer

Am Eingangsknoten der Schaltung erfolgt eine Summation der Ströme, die wegen der dort vorliegenden „virtuellen Masse" auf eine Summation der Eingangsspannungen führt.

$$I_1 + I_2 + I_3 = I_N \qquad (2.107)$$

$$\frac{U_1}{R_1} + \frac{U_2}{R_2} + \frac{U_3}{R_3} = -\frac{U_a}{R_N} \qquad (2.108)$$

$$\boxed{U_a = -\left(\frac{R_N}{R_1}U_1 + \frac{R_N}{R_2}U_2 + \frac{R_N}{R_3}U_3\right)} \qquad (2.109)$$

Die Eingangsspannungen werden dabei mit dem Widerstandsverhältnis R_N/R_i gewichtet. Für den Fall $R_1 = R_2 = \ldots = R_i = i \cdot R_N$ bildet die Schaltung den arithmetischen Mittelwert.

2.4.2.2 Subtrahierer

Der Subtrahierer basiert ebenfalls auf einem Umkehrverstärker. Auf der Basis des Überlagerungssatzes $U_a = K_1 U_1 + K_2 U_2$ lässt sich durch wechselseitiges Nullsetzen der beiden Eingangsspannungen die Subtrahierergleichung gewinnen.

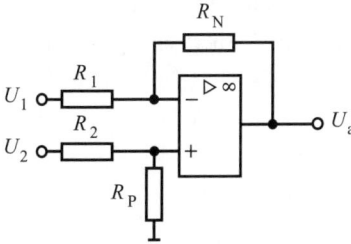

Bild 2.102 Subtrahierer

Bei einer Dimensionierung von

$$\frac{R_N}{R_1} = \frac{R_P}{R_2} = \alpha \qquad (2.110)$$

erhält man

$$\boxed{U_a = \alpha(U_2 - U_1)} \qquad (2.111)$$

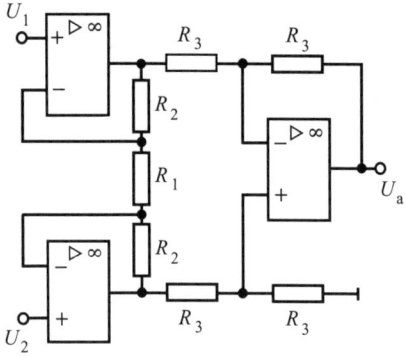

Bild 2.103 Subtrahierer mit hochohmigen Eingängen

Eine Erhöhung des Eingangswiderstandes wird durch ein Vorschalten von *Elektrometerverstärkern* erreicht (Bild 2.103). Für die Ausgangsspannung gilt

$$U_a = \left(1 + 2\frac{R_2}{R_1}\right)(U_2 - U_1) \qquad (2.112)$$

2.4.2.3 Differenzierer

Die Differenziation der Eingangsspannung wird erreicht, wenn man den Widerstand R_1 eines Umkehrverstärkers durch einen Kondensator ersetzt (Bild 2.104). Das Übertragungsverhalten im Zeitbereich ergibt sich aus der Knotengleichung am N-Eingang des OPV.

$$I_C = I_R \qquad (2.113)$$

$$C\frac{dU_1}{dt} = -\frac{U_a}{R} \qquad (2.114)$$

$$\boxed{U_a = -RC\frac{dU_1}{dt}} \qquad (2.115)$$

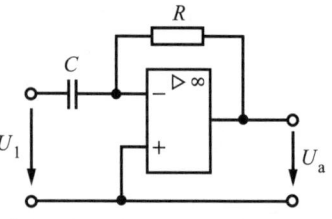

Bild 2.104 Differenzierer

Bei Aussteuerung mit sinusförmigen Signalen ist die Übertragungsfunktion im Frequenzbereich interessant. Man erhält

$$\underline{v}_u = \frac{\underline{U}_a}{\underline{U}_e} = -j\omega RC \qquad (2.116)$$

$\underline{U}_a$ und $\underline{U}_e$ sind um 90° phasenverschoben.

❏ **Beispiel 2.20**

Gegeben ist die Schaltung Bild 2.105 mit einem idealen Operationsverstärker. Mit der Annahme $R = R_N$ sind zu berechnen und zu zeichnen:

- Übertragungsfaktor,
- Amplitudenfrequenzgang,
- Phasenfrequenzgang,
- Ortskurve.

Aus den Gleichungen bzw. den Darstellungen ist auf die Schaltungsfunktion zu schließen.

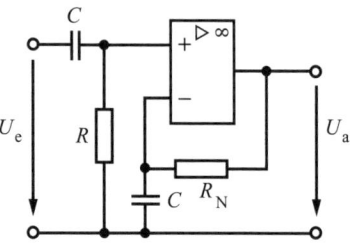

Bild 2.105 OPV-Schaltung zu Beispiel 2.20

Lösung:

Für das *RC*-Glied am P-Eingang des OPV lässt sich nach der Spannungsteilerregel ablesen

$$U_+ = U_e \frac{pCR}{1 + pCR}$$

2.4 Schaltungen mit Operationsverstärkern

Am RC-Glied im Gegenkopplungszweig liefert der Spannungsteiler

$$U_\text{a} = U_-(1 + pCR_\text{N})$$

Durch Einsetzen entsprechend der Bedingung $U_+ = U_-$ folgt:

$$G(p) = \frac{U_\text{a}}{U_\text{e}} = \frac{1 + pCR_\text{N}}{1 + pCR} \cdot pCR$$

Mit $R = R_\text{N}$ vereinfacht sich die Übertragungsfunktion zu:

$$G(p) = \frac{U_\text{a}}{U_\text{e}} = pCR$$

Bei sinusförmigen Signalen ergibt sich bei einer Darstellung nach Betrag und Phase die Form

$$G(j\omega) = j\omega CR = \omega CR \cdot e^{j\frac{\pi}{2}}$$

Bodediagramm

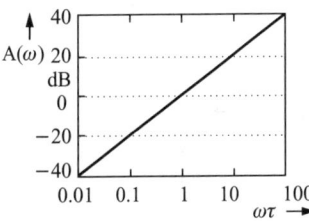

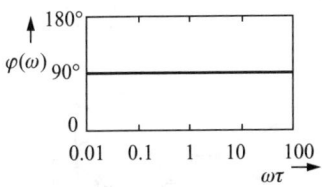

Ortskurve

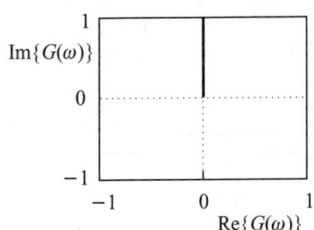

Bild 2.106 Bodediagramm und Ortskurve des Differenzierers aus Beispiel 2.20

Daraus folgt für den Amplitudenfrequenzgang

$$A(\omega) = 20 \cdot \lg(\omega CR)$$

und für den Phasenfrequenzgang

$$\varphi(\omega) = \arctan\frac{\omega CR}{0} = \frac{\pi}{2}$$

Wie die Gleichungen und die grafischen Darstellungen mit $\tau = CR$ in Bild 2.106 zeigen, liegt ein idealer Differenzierer vor.

2.4.2.4 Integrator

Der Integrator entsteht ebenfalls auf der Basis eines Umkehrverstärkers (Bild 2.107). Der Eingangsstrom $I_\text{e} = U_\text{e}/R$ lädt den Kondensator um. Da die Ausgangsspannung der Kondensatorspannung entspricht, stellt sie das Integral der Eingangsspannung dar.

$$\boxed{U_\text{a} = -\frac{1}{RC}\int_{t_0}^{t_1} U_\text{e}(t)\,\text{d}t + U_\text{a}(t_0)} \quad (2.117)$$

Zur Erzeugung eines definierten Anfangszustandes, z. B. $U_\text{a}(t_0) = 0$, ist ein Rücksetzen (Entladen des Kondensators) notwendig. Der Schalter wird im einfachsten Fall durch einen Transistor realisiert.

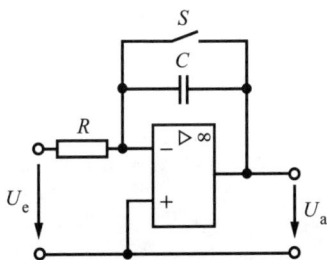

Bild 2.107 Integrator

Bei sinusförmigem Eingangssignal lautet die Übertragungsfunktion

$$\underline{v}_\text{u} = \frac{\underline{U}_\text{a}}{\underline{U}_\text{e}} = -\frac{1}{j\omega RC} \quad (2.118)$$

Dies entspricht einer Phasenverschiebung zwischen $\underline{U}_\text{a}$ und $\underline{U}_\text{e}$ von $-90°$.

Beispiel 2.21

Berechnen Sie für die Schaltung Bild 2.108 die Ausgangsspannung als Funktion der Eingangs- und Schaltungsgrößen bei einem idealen Operationsverstärker und der Annahme $R_N C_N = R_P C_P$. Welche Funktion besitzt die Schaltung?

Lösung:

Knoten am N-Eingang des OPV:

$$\frac{U_1 - U_-}{R_N} = (U_- - U_a) \cdot p C_N$$

Knoten am P-Eingang des OPV:

$$\frac{U_2 - U_+}{R_P} = U_+ \cdot p C_P$$

$$U_+ = U_2 \frac{1}{1 + p C_P R_P}$$

Wegen $U_+ = U_-$ lässt sich die 2. Gleichung in die 1. Gleichung einsetzen:

$$U_a = \left(1 + \frac{1}{p C_N R_N}\right) U_2 \frac{1}{1 + p C_P R_P} - \frac{U_1}{p C_N R_N}$$

mit der Zeitkonstanten $C_N R_N = R_P C_P = \tau$ gilt:

$$U_a = \frac{1}{p\tau}(U_2 - U_1)$$

Bei sinusförmigen Eingangsgrößen gilt mit $p = j\omega$ für die Ausgangsspannung

$$\underline{U}_a = \frac{1}{j\omega\tau}(\underline{U}_2 - \underline{U}_1)$$

Durch die Schaltung erfolgt eine Integration der Spannungsdifferenz zwischen den beiden Eingängen.

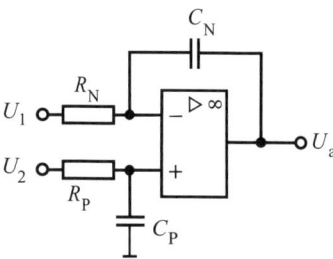

Bild 2.108 OPV-Schaltung zu Beispiel 2.21

2.4.2.5 Multiplizierer

Zur Realisierung eines Multiplizierers bietet sich die Nutzung des in Abschnitt 2.2.4.3 betrachteten Differenzverstärkers mit einem Stromspiegel als Stromquelle an. Mit den dort gewonnenen Ergebnissen (vgl. Aufg. 2.2.8) erhält man aus Bild 2.109 a für $U_2 = U_{e1} - U_{e2}$

$$U_a = \frac{I_{\text{ref}} U_2 R_C}{2 U_T} \tag{2.119}$$

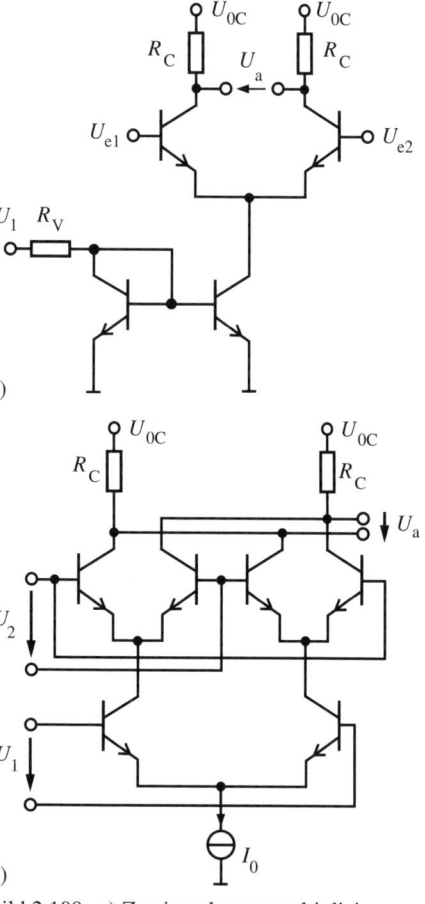

Bild 2.109 a) Zweiquadrantenmultiplizierer, b) Vierquadrantenmultiplizierer

2.4 Schaltungen mit Operationsverstärkern

Da U_{BE} des Stromquellentransistors keine großen Änderungen erfährt, gilt bei genügend großem U_1 in sehr guter Näherung

$$I_{ref} = \frac{U_1}{R_V}$$

und folglich die Multiplizierergleichung

$$\boxed{U_a = \frac{U_1 U_2 R_C}{2 U_T R_V} = k U_1 U_2} \quad (2.120)$$

Dabei spricht man wegen der notwendigen Bedingung $U_1 > 0$ von einem *Zweiquadrantenmultiplizierer*. Die Realisierung eines *Vierquadrantenmultiplizierers*, der auch $U_1 < 0$ zulässt, erfordert die zweistufige Kopplung von drei Differenzverstärkern entsprechend Bild 2.109 b. Für diesen ergibt sich die Gleichung

$$\boxed{U_a = \frac{I_0 R_C}{4 U_T} U_1 U_2} \quad (2.121)$$

Der lineare Aussteuerbereich für die beiden Eingangsspannungen ist jedoch auf Werte kleiner als $2U_T$ beschränkt. Das Anwendungsgebiet liegt deshalb in der Kleinsignalverarbeitung.

Multiplizierschaltungen auf Operationsverstärkerbasis werden in [2.18] vorgestellt.

2.4.2.6 Dividierer

Die Division als Umkehrfunktion (inverse Funktion) zur Multiplikation ist realisierbar, wenn ein Multiplizierer in den Rückkoppelzweig einer Verstärkerschaltung eingebaut wird. Eine Schaltungslösung zeigt Bild 2.110.

Bei idealem OPV gilt $U_P = U_N$ und damit $U_1 = k U_2 U_3$, wobei k eine Proportionalitätskonstante des Multiplizierers darstellt. Wegen $U_a = U_3$ ergibt sich nach Auflösung

$$\boxed{U_a = \frac{U_1}{k U_2}} \quad (2.122)$$

Es wird der Quotient aus den beiden Signalspannungen U_1 und U_2 gebildet.

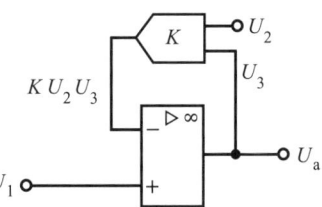

Bild 2.110 Dividierer

2.4.3 Nichtlineare Schaltungen

Nichtlineare Schaltungen besitzen zwischen Ein- und Ausgangsgröße ein nichtlineares Übertragungsverhalten. Die in der Schaltungstechnik wichtigsten nichtlinearen Funktionen sind die Exponential- und die Logarithmusfunktion. Auf der Basis einer Dioden- bzw. Transistorkennlinie sind beide sehr leicht zu realisieren (Bild 2.111).

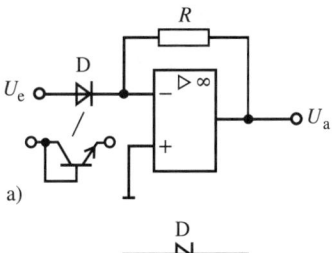

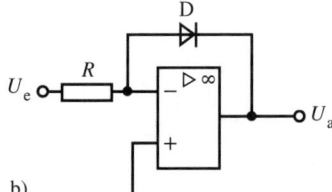

Bild 2.111
a) Exponentialfunktion, b) Logarithmierer

Aus Bild 2.111a lässt sich die Ausgangsspannung U_a in der Form

$$U_a = -I_D R = -I_S R \left(e^{\frac{U_e}{U_T}} - 1 \right)$$

$$U_a \cong -I_S R \cdot e^{\frac{U_e}{U_T}} \quad (2.123)$$

ablesen. Diese Gleichung ist nur für $U_e > 0$ gültig, da nur dann die Diode (bzw. der Transistor) leitet. Bei negativen Eingangsspannungen hilft ein Umdrehen von Diode bzw. Transistor weiter. Die Schaltung in Bild 2.111b bildet die Umkehrfunktion zu Schaltung a, also einen Logarithmierer.

$$U_a = -U_T \cdot \ln \frac{U_a}{I_S R} \quad (2.124)$$

2.4.4 Komparatoren und Schmitt-Trigger

Komparator. Dies ist eine Schaltung zum Vergleich zweier Spannungen. Eine einfache Realisierung ergibt sich durch einen nicht rückgekoppelten Operationsverstärker (Bild 2.112).

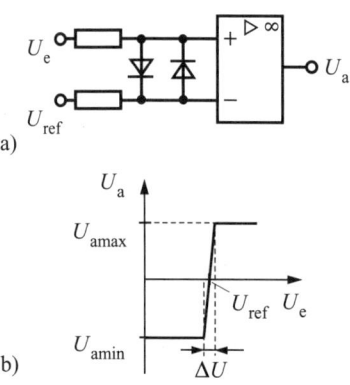

Bild 2.112 Komparator
a) Schaltung, b) Übertragungskennlinie

Auf Grund der extrem hohen Verstärkung des OPV ist der Übergangsbereich ΔU sehr klein (einige μV). Praktisch nimmt die Ausgangsspannung entweder den Wert $U_{a\,max} = U_{B+}$ oder $U_{a\,min} = U_{B-}$ an und zeigt damit das Vorzeichen der Differenz beider Eingangsspan-

nungen an. Häufig begrenzt man durch zwei Dioden und zwei Vorwiderstände die Eingangsspannungsdifferenz des OPV, um sein Umschalten zu beschleunigen.

Schmitt-Trigger. Das ist ein Schwellwertschalter mit einer Hysterese in der Übertragungskennlinie. Die Hysterese erzeugt man durch eine Mitkopplung der Verstärkerschaltung. Die schaltungstechnische Umsetzung ist mit invertierendem und nichtinvertierendem Verstärker möglich. Bild 2.113 zeigt einen solchen Schmitt-Trigger. Die beiden Schaltschwellen werden durch das Widerstandsverhältnis von R_1 und R_2 bestimmt.

❑ **Beispiel 2.22**

Es ist die Breite der Hysterese des Schmitt-Triggers aus Bild 2.113 zu berechnen.

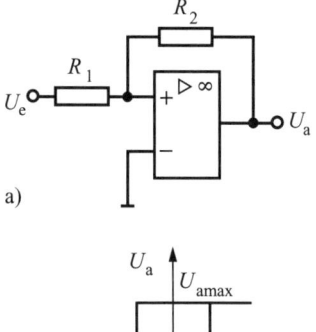

Bild 2.113 Schmitt-Trigger
a) Schaltung, b) Übertragungskennlinie

Lösung:

Zunächst befinde sich die Schaltung im Zustand $U_a = U_{a\,min}$. Ein Umschalten erfolgt bei Erhöhung der Eingangsspannung, sobald die Eingangsspannungsdifferenz U_D des OPV größer null wird. Dann gilt nach dem Spannungsteiler für die Umschaltschwelle

$$\frac{U_{R2}}{U_{R1}+U_{R2}} = \frac{-U_{a\,min}}{U_{eE}-U_{a\,min}} = \frac{R_2}{R_1+R_2}$$

$$U_{eE} = -U_{a\,min}\frac{R_1}{R_2}$$

Befindet sich die Schaltung im Zustand $U_a = U_{a\,max}$, so ergibt sich ein Umschalten, sobald die Umschaltschwelle des OPV unterschritten wird.

$$\frac{-U_{a\,max}}{U_{eA}-U_{a\,max}} = \frac{R_2}{R_1+R_2}$$

$$U_{eA} = -U_{a\,max}\frac{R_1}{R_2}$$

Für die Breite der Hysterese folgt dann

$$U_H = U_{eE} - U_{eA} = (U_{a\,max} - U_{a\,min})\frac{R_1}{R_2}$$

Die stationäre Kennlinie besitzt wegen der Mitkopplung abrupte Übergänge zwischen den beiden Ausgangsspannungswerten. Zeitlich wird die Umschaltgeschwindigkeit der Ausgangsspannung jedoch durch die Slewrate des OPV begrenzt.

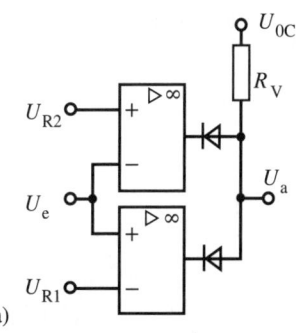

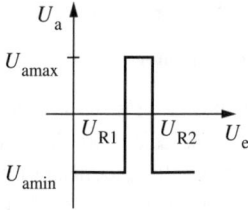

Bild 2.114 Fensterkomparator

Eine Erweiterung der einfachen Komparatoren stellt der *Fensterkomparator* dar. Dieser kann anzeigen, ob eine Eingangsspannung im Bereich zwischen zwei Referenzspannungen U_{ref1} und U_{ref2} oder außerhalb liegt. Die Schaltung ist eine Kombination von zwei einfachen Komparatoren (Bild 2.114).

2.4.5 Signalformung

Schaltungen zur Formung bestimmter Signalverläufe werden gewöhnlich als *Funktionsgeneratoren* bezeichnet [2.19]. Die wichtigsten Signalformen sind Rechteck, Dreieck und Sägezahn. Die beiden erstgenannten Formen lassen sich einfach aus der Kombination eines Schmitt-Triggers und eines Integrators erzeugen (siehe Bild 2.115).

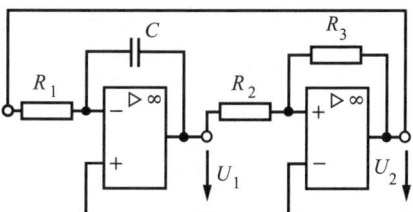

Bild 2.115 Dreieck- und Rechteckgenerator

Die beiden möglichen Ausgangsspannungen des Schmitt-Triggers, $U_{a\,max}$ und $U_{a\,min}$, werden am Integrator in eine linear ansteigende bzw. abfallende Spannung U_1 umgewandelt. Überschreitet bzw. unterschreitet diese die Eingangsschwellen des Schmitt-Triggers, schaltet jener um. Die Schaltfrequenz wird durch die Anstiegsgeschwindigkeit von U_1 und die Lage der Einschaltschwellen des Schmitt-Triggers festgelegt.

❑ **Beispiel 2.23**

Die Spannungsverläufe $U_1(t)$ und $U_2(t)$ des Funktionsgenerators in Bild 2.115 sowie deren Frequenz sind zu bestimmen.

Lösung:

Die Spannungsverläufe der beiden Ausgangsspannungen sind in Bild 2.116 dargestellt.

Für die beiden Zeitabschnitte gelten die Beziehungen

$0 \leq t \leq T_1$:

$$U_2(t) = U_{a\,max}$$

$$U_1(t) = -\frac{1}{CR_1} \int_0^{T_1} U_{a\,max}\, dt + U_{eE}$$

$$= -\frac{U_{a\,max} T_1}{CR_1} + U_{eE} \qquad (2.125)$$

$T_1 \leq t \leq T_2$:

$$U_2(t) = U_{a\,min}$$

$$U_1(t) = -\frac{1}{CR_1} \int_{T_1}^{T_2} U_{a\,min}\, dt + U_{eA}$$

$$= -\frac{U_{a\,min}(T_2 - T_1)}{CR_1} + U_{eA} \qquad (2.126)$$

Daraus leiten sich die beiden Zeitabschnitte ab.

$$T_1 = (U_{eE} - U_{eA})\frac{CR_1}{U_{a\,max}} \qquad (2.127)$$

$$T_2 - T_1 = (U_{eA} - U_{eE})\frac{CR_1}{U_{a\,min}} \qquad (2.128)$$

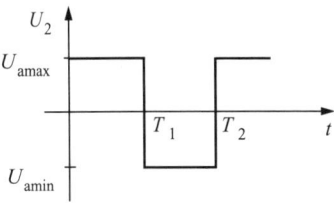

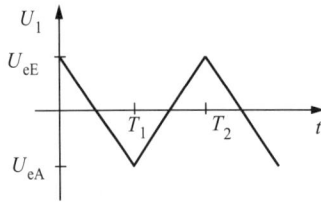

Bild 2.116 Spannungsverläufe des Funktionsgenerators in Bild 2.115

Mit der häufig berechtigten Annahme $U_{a\,max} = -U_{a\,min} = U_B$ erhält man für den Schmitt-Trigger

$$U_{eE} = -U_{eA} = \frac{R_2}{R_3} U_B$$

und somit für die Schaltfrequenz

$$f = \frac{1}{T_2} = \frac{R_3}{4CR_1 R_2} \qquad (2.129)$$

Eine *Sägezahnspannung* unterscheidet sich vom Dreiecksverlauf durch einen abrupten Rücksprung auf den Anfangswert. Um dies zu erreichen muss ein Integrator mit konstanter Eingangsspannung zu einem vorgegebenen Zeitpunkt rückgesetzt werden, d. h., seine Integrationskapazität ist zu entladen. Dazu eignet sich ein parallel geschalteter Transistor, dessen Steuerspannung aus einem festen Zeittakt gewonnen wird (siehe Bild 2.117).

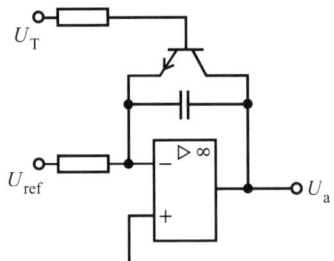

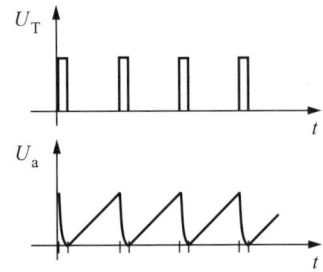

Bild 2.117 Sägezahngenerator

Das Blockschaltbild eines Funktionsgenerators für Rechteck-, Dreieck- und Sägezahnspannungen, dessen Schaltfrequenz aus einem sinusförmigen Eingangssignal abgeleitet ist, zeigt Bild 2.118.

2.4 Schaltungen mit Operationsverstärkern

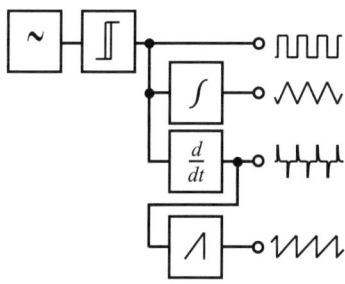

Bild 2.118 Funktionsgenerator

2.4.6 Stromquellen

Stromquellen sollen einen Strom liefern, dessen Größe unabhängig von der Belastung ist, aber durch eine Steuergröße variiert werden kann. Ist die Steuergröße ein Strom, liegt eine *stromgesteuerte Stromquelle* vor. Die häufigste Schaltung für diese Aufgabenstellung ist ein Stromspiegel bzw. eine Strombank, wie sie in Abschnitt 2.2.4.3 behandelt wurde.

Spannungsgesteuerte Stromquellen sind leicht auf der Basis von OPV-Schaltungen zu realisieren. Zwei einfache Varianten für erdfreie Verbraucher enthält Bild 2.119. Der Verbraucher R_L liegt jeweils im Rückkoppelzweig der Verstärkerschaltung.

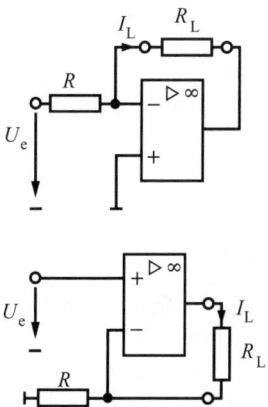

Bild 2.119 Spannungsgesteuerte Stromquellen

Der Ausgangsstrom ergibt sich für beide Schaltungen zu

$$I_L = \frac{U_e}{R} \quad (2.130)$$

Die Qualität der Stromquelle hängt vom Ausgangswiderstand der Schaltung und vom Aussteuerbereich der Spannung über R_L ab. Beide Quellen besitzen einen Ausgangswiderstand von $r_a = R(1 + v_d)$, der durch die Differenzverstärkung v_d des OPV bestimmt wird. Damit sind Werte im Megaohm-Bereich erreichbar. Der Aussteuerbereich wird durch die Betriebsspannung des OPV begrenzt. Schaltung b besitzt einen nahezu idealen Eingangswiderstand. Ihr Nachteil besteht in der Gleichtakt-Aussteuerung des OPV durch die Eingangsspannung. Dadurch kann sich eine zusätzliche Einschränkung des Betriebsbereichs ergeben. Eine Stromquelle für geerdete Verbraucher zeigt Bild 2.120. Diese liefert nach [2.20] für $R_1 \gg R_2$ einen Ausgangsstrom von

$$I_L \cong \frac{1}{R_2}\left[-\left(1 + \frac{R_2}{R_1}\right)U_1\right]$$
$$= -\left(\frac{1}{R_2} + \frac{1}{R_1}\right)U_1$$
$$I_L \approx \frac{U_1}{R_2}$$

der positives und negatives Vorzeichen haben kann.

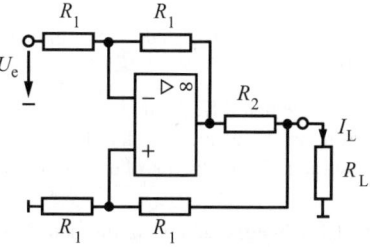

Bild 2.120 Stromquelle für geerdete Verbraucher

Beachte: Bei den gezeigten Schaltungen wird der maximale Ausgangsstrom durch die Stromergiebigkeit des OPV begrenzt.

2.4.7 Aufgaben

▲ Aufgabe 2.4.1
Ein Operationsverstärkerschaltung vom Grundtyp nichtinvertierender Verstärker soll durch einen Schalter zwischen einer Verstärkung von 20 dB und 25 dB umgeschaltet werden können.

a) Geben Sie eine Schaltung an.
b) Dimensionieren Sie die Rückkopplungswiderstände so, dass die geforderten Verstärkungen eintreten.

▲ Aufgabe 2.4.2
a) Ein invertierender Verstärker ist für eine Verstärkung von $v = 30$ dB und einen Eingangswiderstand von $r_e = 5$ kΩ zu dimensionieren.
b) Erweitern Sie die Schaltung um den Einfluss von Biasströmen (Eingangsruheströmen) des Operationsverstärkers zu kompensieren.

▲ Aufgabe 2.4.3
Für die schaltungstechnische Realisierung der Funktionen Quadrieren und Radizieren ist ein Schaltungskonzept (Blockschaltbild) zu entwickeln.

▲ Aufgabe 2.4.4
Die Verstärkerschaltung aus Bild 2.102 wird als Messverstärker benutzt. Es sind die Differenzverstärkung v_d und die Gleichtaktverstärkung v_{gl} abzuleiten, wenn die Toleranz der Widerstände 1 % beträgt.

▲ Aufgabe 2.4.5
Gegeben sei die spannungsgesteuerte Stromquelle in Bild 2.119 a.

a) Es ist die allgemeine Beziehung für den Ausgangsstrom zu berechnen, wenn der Operationsverstärker eine endlich große Verstärkung v besitzt.
b) Welche Beziehung ergibt sich für den Ausgangsstrom, wenn die Verstärkung unendlich aber die Eingangsruheströme I_N und I_P des OPV verschieden von null sind?
c) Wie kann die in b) entstehende Abweichung vom Idealwert kompensiert werden?

▲ Aufgabe 2.4.6
Gegeben ist eine stromgesteuerte Konstantstromquelle für $I_a = 1$ A entsprechend Bild 2.121 mit den Transistorparametern $B_N = 150$, $U_{BE0} = 0{,}65$ V, $U_{CES} = 0{,}3$ V und einem idealen OPV.

a) Die Abhängigkeit des Ausgangsstrom I_a vom Eingangsstrom I_e ist allgemein und zahlenmäßig für $R = 200 \cdot R_1 = 250$ Ω zu bestimmen.
b) Wie klein darf die Ausgangsspannung U_a minimal sein, damit die Konstanz des Ausgangsstromes erhalten bleibt?

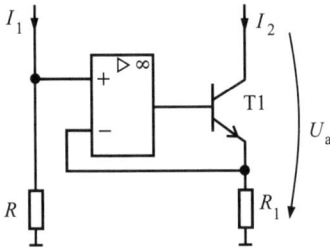

Bild 2.121 Stromgesteuerte Konstantstromquelle

▲ Aufgabe 2.4.7
Ein Funktionsgenerator soll eine Dreieckspannung mit linearem Anstieg von 1 kHz und einem Ausgangsspannungshub von 10 V erzeugen. Am Eingang stehe eine Rechteckspannung gleicher Frequenz mit einem Hub von 5 V zur Verfügung. Beide sind symmetrisch zur Masse.

a) Welche Schaltung ist zur Realisierung geeignet?
b) Wie kann in dieser Schaltung eine Ruheausgangsspannung (bei $U_e = 0$) von null erzeugt werden?
c) Dimensionieren Sie die Schaltung.

2.5 Aktive Filter

Filter sind Schaltungen mit frequenzabhängiger Übertragungsfunktion. Sie werden genutzt, um bestimmte Frequenzanteile von Signalgemischen gezielt hervorzuheben oder zu unterdrücken. Sie werden eingeteilt in

- Tiefpässe,
- Hochpässe,
- Bandpässe,
- Bandsperren.

Ihre Übertragungsfunktion lässt sich in Durchlass- und Sperrbereiche unterteilen. Die Grenze zwischen Durchlass- und Sperrbereich heißt Grenzfrequenz. Bei ihr ist der Betrag der Übertragungsfunktion auf das $1/\sqrt{2}$-fache (-3 dB) gegenüber dem Durchlassbereich abgefallen. Im Sperrbereich sinkt die Betragsfunktion in Abhängigkeit von der Frequenz mit $n \cdot 20$ dB/Dekade. Dabei gibt n die Ordnung des Filters an.

Die Nutzung von Operationsverstärkern ermöglicht eine Realisierung der Filterfunktionen mit beliebiger Ordnung und Lage der Pol- und Nullstellen der Übertragungsfunktionen, ohne auf die Verwendung von Induktivitäten angewiesen zu sein. Dies ist besonders bei niedrigen Grenzfrequenzen von Vorteil, da die Realisierung großer Induktivitäten sehr material- und platzaufwendig ist.

In der analogen Schaltungstechnik sind zwei Filterrealisierungen von besonderer Bedeutung. Die aktiven *RC*-Filter gehören zu den wichtigen Baugruppen der wert- und zeitkontinuierlichen Signalverarbeitung, also der reinen Analogtechnik. Mit *RC*-Gliedern beschaltete Operationsverstärkerschaltungen bilden ihre schaltungstechnische Basis. In den *SC*-Filtern (swiched capacitor filter) werden die Widerstände durch Schalter ersetzt. Diese Schalter-Kondensator-Filter werden hauptsächlich in integrierter Form in CMOS-Technik angewandt. Sie erlauben eine wertkontinuierliche und zeitdiskrete Signalverarbeitung. Man spricht deshalb auch von Abtastfiltern.

2.5.1 Aktive *RC*-Filter

Die Realisierung aktiver Filter erfolgt auf der Basis rückgekoppelter Operationsverstärkerschaltungen. Zur Gestaltung des gewünschten Amplituden- und Phasenfrequenzganges bzw. der Laufzeitcharakteristik dienen passende *RC*-Kombinationen innerhalb der Rückkoppelschleife. Vorteile gegenüber passiven *RC*-Filtern sind

- höhere Flankensteilheit,
- einstellbare Filtercharakteristik,
- einstellbare Verstärkung im Durchlassbereich,
- rückwirkungsfreies Zusammenschalten mehrerer Filterstufen.

Insbesondere der letzte Aspekt ist von großer Bedeutung. Da die OPV-Schaltungen meist einen hohen Eingangswiderstand und einen niedrigen Ausgangswiderstand besitzen, eignen sie sich hervorragend, um durch Kettenschaltung mehrerer Filterstufen niedriger Ordnung eine Gesamtübertragungsfunktion höherer Ordnung zu erzeugen. Da die Toleranzempfindlichkeit der Schaltungen mit der Filterordnung wächst, konzentriert man sich praktisch nur auf die Umsetzung von Grundschaltungen erster und zweiter Ordnung und deren Kettenschaltung.

Entwurfsmethodik. Der Entwurf aktiver Filter basiert auf der Umsetzung der vorgegebenen Anforderungen an die Filterfunktion (Amplituden-, Phasen- und Laufzeitcharakteristik, Verhalten im Zeitbereich) auf mathematisch spezifizierte Funktionen, deren Übertragungseigenschaften bekannt sind. In Form von ausführlichen Filterkatalogen sind diese Funktionen dokumentiert. Diese Approximationen stellen verschiedene mathematisch zulässige und technisch realisierbare Näherungen an eine ideale Filtercharakteristik dar

[2.21]. Entsprechend ihrer Vor- bzw. Nachteile ist die zur Aufgabenstellung am besten passende auszuwählen. Zu den wichtigsten von ihnen sollen im Folgenden einige Erläuterungen gegeben werden.

Butterworthfilter. Die Butterworthapproximation besitzt einen maximal flachen Amplitudenfrequenzgang im Durchlassbereich. Dadurch bleiben die Signalamplituden der zu übertragenden Signale fast unverfälscht. Der Übergang in den Sperrbereich ist jedoch relativ breit.

Tschebyschefffilter. Sie weisen oberhalb der Grenzfrequenz einen sehr steilen Übergang des Amplitudenfrequenzgangs in den Sperrbereich auf. Dafür tritt bei ihnen eine definierte Welligkeit der Übertragungsamplitude im Durchlassbereich in Erscheinung, die zur Signalbeeinflussung führt.

Besselfilter. Auch unter dem Namen Thomson-Filter [2.22] bekannt, besitzen sie den flachsten Amplitudenübergang zwischen Durchlass- und Sperrbereich. Ihr Vorteil liegt in der fast konstanten Gruppenlaufzeit und der geringen Verfälschung von nichtsinusförmigen Signalen (z. B. Rechtecksignalen) bei deren Übertragung.

Hinweis: Eine Frequenzunabhängigkeit der Gruppenlaufzeit $\tau = d\varphi/d\omega$ eines Systems innerhalb des Bereiches der zu übertragenden Signalfrequenzen bedeutet, dass die Phasenverschiebung $\varphi(\omega)$ in diesem Bereich linear frequenzabhängig ist, was eine geringe Verzerrung des Signals zur Folge hat.

Inverse Tschebyschefffilter. Bei den inversen Tschebyschefffiltern ist die Welligkeit des Amplitudenfrequenzgangs in den Sperrbereich verlegt. Als Folge leidet die Sperrdämpfung bei bestimmten Frequenzen.

Elliptische Filter (Cauerfilter). Sie weisen diese Welligkeit des Amplitudenfrequenzgangs im Durchlass- und im Sperrbereich auf. Dafür verfügen sie über den steilsten Übergang zwischen Durchlass- und Sperrbereich.

Die drei erstgenannten Approximationen führen auf eine Übertragungsfunktion mit frequenzunabhängigem Zählerpolynom.

$$G(p) = \frac{1}{N(p)} \qquad (2.131)$$
$$= \frac{1}{a_0 + a_1 p + a_2 p^2 + \ldots + a_n p^n}$$

Die beiden letztgenannten Approximationen basieren auf elliptischen Funktionen. In der Übertragungsfunktion tritt ein frequenzabhängiges Zählerpolynom auf, das Nullstellen im Sperrbereich bewirkt.

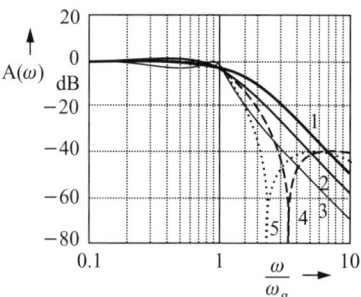

Bild 2.122 Amplitudenfrequenzgänge verschiedener Filterapproximationen (Tiefpass), 1 Bessel, 2 Butterworth, 3 Tschebyscheff, 4 invers Tschebyscheff, 5 Cauer

Bei Filtern höherer Ordnung muss die allgemeine Übertragungsfunktion in Produktterme erster und zweiter Ordnung ($n = 1$ bzw. $n = 2$) aufgespalten werden, wie es Gleichung (2.132) zeigt. Für die praktische Vorgehensweise dieser Produktaufspaltung sei auf weiterführende Literatur verwiesen (z. B. [2.23]). Einen optimalen Vorschlag dafür beinhalten Filterkataloge. In [2.24] sind entsprechende Filtertabellen bis zur 10. Ordnung angegeben.

$$G(p) = G_0 \frac{Z(p)}{N(p)}$$
$$= G_1 \frac{Z_1(p)}{N_1(p)} \cdot G_2 \frac{Z_2(p)}{N_2(p)} \cdots \quad (2.132)$$

Die schaltungstechnische Umsetzung der Terme zweiter Ordnung erfolgt dann durch die sogenannten Biquads, biquadratische Grundglieder. Diese verfügen über frei wählbare Parameter (Bauelementedimensionierung), die zur Einstellung der Filterapproximation, der Verstärkung im Durchlassbereich, der Lage der Pole und Nullstellen (bzw. der Eckfrequenzen) genutzt werden.

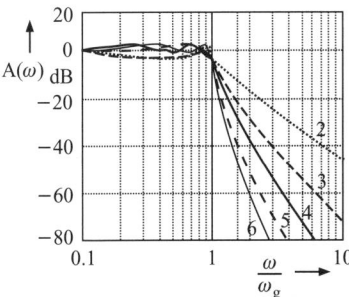

Bild 2.123 Amplitudenfrequenzgang von Tschebyscheff-Tiefpässen verschiedener Ordnung

2.5.1.1 Tiefpässe 2. Ordnung

Die allgemeine Übertragungsfunktion eines Tiefpasses 2. Ordnung (TP2) lässt sich in der Form

$$\boxed{G(P) = \frac{G_0}{1 + aP + bP^2}} \quad (2.133)$$

beschreiben. Durch die Einführung des auf die Grenzfrequenz f_g normierten komplexen Laplace-Operators

$$P = \frac{p}{2\pi f_g} \quad (2.134)$$

vereinheitlichen sich alle weiteren Betrachtungen. G_0 stellt den Übertragungsfaktor im Durchlassbereich dar. Die beiden reellen Koeffizienten a und b heißen Filterkoeffizienten. Durch ihre Wahl lässt sich die Funktion auf die bereits erwähnten Filterapproximationen Bessel, Butterworth und Tschebyscheff abbilden. Ein Auszug aus den bekannten Filterkatalogen verdeutlicht die Zusammenhänge (siehe Tabelle 2.14). Diese Kataloge beziehen sich auch auf Filter höherer Ordnung. Für diese enthalten sie eine Zerlegung der Filterfunktion $G(P)$ in optimale Biquads.

Beachte: Die Realisierung der Approximation Invers Tschebyscheff und Cauer erfordert spezielle elliptische Grundglieder, auf deren Umsetzung hier nicht eingegangen werden soll. Dazu sei dem Leser [2.20] empfohlen.

❑ **Beispiel 2.24**

Aus Tabelle 2.14 ist die Filterfunktion für einen Tiefpass 4. Ordnung mit Tschebyscheffcharakteristik bei 0,5 dB Welligkeit abzuleiten. Der Tiefpass soll im Übertragungsbereich eine Amplitudenverstärkung von 1 und eine Grenzfrequenz von 1 kHz besitzen.

Lösung:

Aus der Tabelle ist die normierte Filterfunktion

$$G(P) = G_0 \frac{1}{1 + a_1 P + b_1 P^2} \frac{1}{1 + a_2 P + b_2 P^2}$$

mit den Filterkoeffizienten $G_0 = 1$, $a_1 = 2{,}628\,2$, $b_1 = 3{,}434\,1$, $a_2 = 0{,}364\,8$, $b_2 = 1{,}150\,9$ ablesbar.

Schaltungstechnische Realisierung

Die Schaltungstechnische Umsetzung einer Tiefpassschaltung 2. Ordnung (TP2) ist mit dem invertierenden und dem nichtinvertierenden Verstärkerkonzept möglich. Beide Varianten benötigen nur einen Operationsverstärker.

Invertierender TP2. Bild 2.124 zeigt die Schaltung eines invertierenden TP2. Die Übertragungsfunktion lautet

$$G(P) = \frac{-\dfrac{R_2}{R_1}}{1 + \omega_g C_1 \left(R_2 + R_3 + \dfrac{R_2 R_3}{R_1}\right) P + \omega_g^2 C_1 C_2 R_2 R_3 P^2} \quad (2.135)$$

Tabelle 2.14 Filterkatalog (Auszug)

Approximation	Ordnung	i	a_i	b_i
Bessel	1	1	1,0000	0,0000
	2	1	1,3617	0,6180
	3	1	0,7560	0,0000
		2	0,9996	0,4772
	4	1	1,3397	0,4889
		2	0,7743	0,3890
Butterworth	1	1	1,0000	0,0000
	2	1	1,4142	1,0000
	3	1	1,0000	0,0000
		2	1,0000	1,0000
	4	1	1,8478	1,0000
		2	0,7654	1,0000
Tschebyscheff	1	1	1,0000	0,0000
(0,5 dB)	2	1	1,3614	1,3827
	3	1	1,8626	0,0000
		2	0,6402	1,1931
	4	1	2,6282	3,4341
		2	0,3648	1,1509
Tschebyscheff	1	1	1,0000	0,0000
(3 dB)	2	1	1,0650	1,9305
	3	1	3,3496	0,0000
		2	0,3559	1,1923
	4	1	2,1853	5,5339
		2	0,1964	1,2009

Durch Koeffizientenvergleich mit der allgemeinen Übertragungsfunktion eines TP2, Gl. (2.133), gewinnt man die Dimensionierungsvorschriften für die Bauelemente.

Variante 1: Man gibt sich C_1 und C_2 vor und bestimmt die passenden Werte für die Widerstände. Bei Einhaltung der Nebenbedingung

$$\frac{C_2}{C_1} \geqq \frac{4b(1-G_0)}{a^2} \quad (2.136)$$

folgen

$$R_2 = \frac{aC_2 \pm \sqrt{a^2 C_2^2 - 4C_1 C_2 b(1-G_0)}}{2\omega_g C_1 C_2} \quad (2.137)$$

$$R_1 = \frac{-R_2}{G_0} \quad (2.138)$$

$$R_3 = \frac{b}{\omega_g^2 C_1 C_2 R_2} \quad (2.139)$$

Wegen der invertierenden Funktion des Tiefpasses besitzt der Übertragungsfaktor im Durchlassbereich G_0 stets einen negativen Wert. In Gleichung (2.137) ist das Vorzeichen zu verwenden, das für R_2 einen positiven Wert liefert.

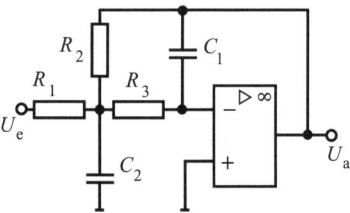

Bild 2.124 Invertierender Tiefpass 2. Ordnung

Hinweis: Die Nebenbedingung leitet sich aus der Lösung für R_2 (Gl. (2.137)) durch die Forderung ab, dass R_2 reell und positiv sein muss.

Variante 2: Für den Spezialfall $G_0 = -1$ ist die Wahl gleicher Werte für alle Widerstände sinnvoll $R_1 = R_2 = R_3 = R$. Dann ergeben sich die beiden Kapazitäten zu

$$C_1 = \frac{a}{3\omega_g R} \quad (2.140)$$

$$C_2 = \frac{3b}{\omega_g aR} \tag{2.141}$$

Nichtinvertierender TP2. Bild 2.125 zeigt die Schaltung eines nichtinvertierenden TP2. Sie basiert auf einer Einfachmitkopplung.

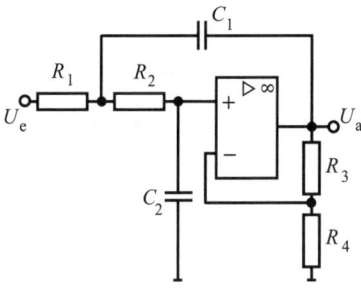

Bild 2.125 Nichtinvertierender Tiefpass 2. Ordnung (Sallen & Key TP [2.22])

Aus der Übertragungsfunktion

$$G(P) = \frac{1 + \dfrac{R_3}{R_4}}{1 + \omega_g \left[C_2(R_1 + R_2) + C_1 R_1 (1 - G_0)\right] P + \omega_g^2 C_1 C_2 R_1 R_2 P^2} \tag{2.142}$$

ergeben sich nach dem Koeffizientenvergleich die Dimensionierungsvorschriften für die Bauelemente.

Variante 1: Bei Vorgabe von C_1 und C_2 erhält man unter Einhaltung der Nebenbedingung

$$G_0 - 1 < \frac{C_2}{C_1} \leq \frac{a^2}{4b} - (G_0 - 1)$$

positive reelle Zahlenwerte für die Widerstände R_1 und R_2

$$R_1 = \frac{aC_1 \pm \sqrt{a^2 C_1^2 - 4bC_1 C_2 - 4bC_1^2 (G_0 - 1)}}{2\omega_g \left(C_1 C_2 - C_1^2 (G_0 - 1)\right)} \tag{2.143}$$

$$R_2 = \frac{b}{\omega_g^2 C_1 C_2 R_1} \tag{2.144}$$

$$\frac{R_3}{R_4} = G_0 - 1 \tag{2.145}$$

Schaltungsbedingt kann die minimale Verstärkung des Filters im Durchlassbereich den Wert 1 annehmen. Der Operationsverstärker wird dann als Spannungsfolger betrieben. In Gleichung (2.143) ist das Vorzeichen zu verwenden, das für R_2 einen positiven Wert liefert.

Variante 2: Ein Spezialfall liegt für $R_1 = R_2 = R$ und $C_1 = C_2 = C$ vor. Es gilt dann der Zusammenhang

$$R = \frac{\sqrt{b}}{\omega_g C} \qquad (2.146)$$

der mit Vorgabe von R oder C erfüllbar ist. Diese Variante hat jedoch den Nachteil, dass G_0 nicht frei gewählt werden kann, sondern direkt aus den Filterkoeffizienten folgt.

$$\frac{R_3}{R_4} = G_0 - 1 = 2 - \frac{a}{\sqrt{b}} \qquad (2.147)$$

Tiefpass 1. Ordnung (TP1). Ein Tiefpass erster Ordnung stellt sich in der ausgeführten Systematik als Sonderfall eines Biquads dar. Der Filterkoeffizient b muss dabei null werden. Entsprechend vereinfachen sich die Schaltungsvarianten (siehe Bild 2.126).

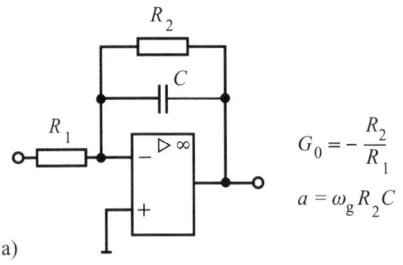

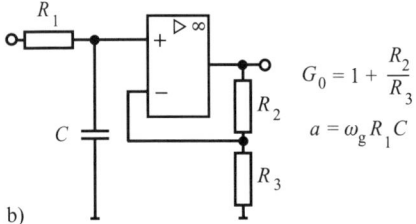

Bild 2.126 Tiefpässe erster Ordnung
a) invertierend, b) nichtinvertierend

❑ **Beispiel 2.25**

Der Tschebyschefftiefpass aus Beispiel 2.24 ist in eine invertierende Verstärkerschaltung umzusetzen.

Lösung:

Die Schaltung besteht aus zwei TP2-Gliedern entsprechend Bild 2.124. Aus den normierten Filterkoeffizienten von Beispiel 2.24 ergeben sich mit den Dimensionierungsbeziehungen der invertierenden Tiefpassschaltung die Bauelementewerte aus Tabelle 2.15.

Tabelle 2.15 Bauelementewerte des Beispiel-TP

Parameter	1. TP2	2. TP2
a	2,628 2	0,364 8
b	3,434 1	1,150 9
$R_1 = R_2 = R_3 = R$	3,3 kΩ	3,3 kΩ
C_1	42 nF	5,9 nF
C_2	190 nF	456 nF

2.5.1.2 Hochpässe 2. Ordnung

Die allgemeine Übertragungsfunktion eines Hochpasses zweiter Ordnung (HP2) lautet

$$G(P) = \frac{G_\infty}{1 + \dfrac{a}{P} + \dfrac{b}{P^2}} \qquad (2.148)$$

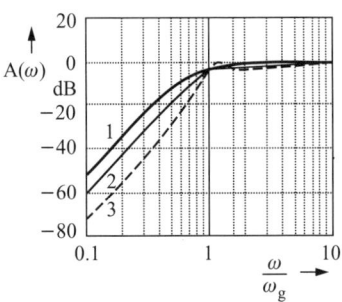

Bild 2.127 Hochpassverhalten zweiter Ordnung

Die Funktion (Bild 2.127) verhält sich dual zur Tiefpassfunktion. Auch hier sind durch die Wahl der beiden Filterkoeffizienten die typischen Filterapproximationen Bessel, Butterworth und Tschebyscheff realisierbar. G_∞ gibt den Übertragungsfaktor im Durchlassbereich, d. h. für $f \to \infty$ an. Für die Filterkoeffizienten a und b gilt die Tabelle 2.14 ebenfalls.

Schaltungstechnische Realisierung

Hochpassschaltungen 2. Ordnung (HP2) sind in dualer Weise durch Vertauschung von Widerständen und Kapazitäten auf die entsprechenden Tiefpassschaltungen zurückzuführen.

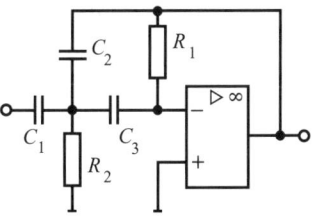

Bild 2.128 Invertierender Hochpass zweiter Ordnung

Invertierender HP2. Bild 2.128 zeigt die Schaltung eines invertierenden HP2.

Die Übertragungsfunktionen lautet

$$G(P) = \frac{-\dfrac{C_1}{C_2}}{1 + \dfrac{C_1 + C_2 + C_3}{\omega_g R_1 C_2 C_3}\dfrac{1}{P} + \dfrac{1}{\omega_g^2 R_1 R_2 C_2 C_3}\dfrac{1}{P^2}} \qquad (2.149)$$

Die Dimensionierungsgleichungen ergeben sich wie folgt.

Variante 1: Die Vorgabe von R_1 und R_2 liefert bei Einhaltung der Nebenbedingung

$$\frac{R_1}{R_2} \geq \frac{4b(1 - G_\infty)}{a^2} \qquad (2.150)$$

$$C_2 = \frac{aR_1 \pm \sqrt{a^2 R_1^2 - 4R_1 R_2 b(1 - G_\infty)}}{2b\omega_g R_1 R_2 (1 - G_\infty)} \qquad (2.151)$$

$$C_1 = -C_2 G_\infty \qquad (2.152)$$

$$C_3 = \frac{1}{\omega_g^2 b R_1 R_2 C_2} \qquad (2.153)$$

In Gleichung (2.151) ist das Vorzeichen zu verwenden, das für C_2 einen positiven Wert liefert.

Variante 2: Für den Spezialfall $G_\infty = 1$ gilt bei $C_1 = C_2 = C_3 = C$

$$R_1 = \frac{3}{a\omega_g C} \qquad (2.154)$$

$$R_2 = \frac{a}{3\omega_g b C} \qquad (2.155)$$

Nichtinvertierender HP2. Bild 2.129 zeigt die Schaltung eines nichtinvertierenden HP2.

Mit der Übertragungsfunktion

$$G(P) = \frac{1 + \dfrac{R_3}{R_4}}{1 + \dfrac{R_1(C_1 + C_2) + C_2 R_2 (1 - G_\infty)}{\omega_g R_1 R_2 C_1 C_2}\dfrac{1}{P} + \dfrac{1}{\omega_g^2 R_1 R_2 C_1 C_2}\dfrac{1}{P^2}} \qquad (2.156)$$

ergeben sich folgende Dimensionierungsbeziehungen.

Variante 1: Bei Vorgabe von C_1 und C_2 erhält man

$$R_1 = \frac{aC_1 + \sqrt{a^2 C_1^2 - 4bC_1^2(G_\infty - 1) + 4bC_1C_2(G_\infty - 1)}}{2b\omega_g C_1(C_1 + C_2)} \qquad (2.157)$$

$$R_2 = \frac{1}{\omega_g^2 R_1 C_1 C_2 b} \qquad (2.158)$$

$$\frac{R_3}{R_4} = G_\infty - 1 \qquad (2.159)$$

Da schaltungsbedingt für die Verstärkung im Durchlassbereich des Filters $G_\infty \geq 1$ gilt, nehmen die Widerstände R_1, R_2 und R_3 für beliebige Werte von C_1 und C_2 positive reelle Zahlenwerte an.

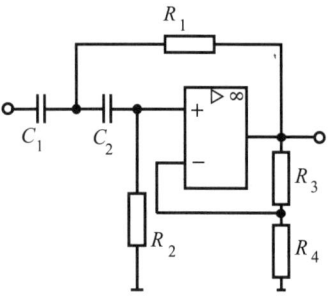

Bild 2.129 Nichtinvertierender Hochpass 2. Ordnung

Variante 2: Für den Spezialfall $R_1 = R_2 = R$ und $C_1 = C_2 = C$ gilt der Zusammenhang

$$R = \frac{1}{\omega_g \sqrt{b} C} \qquad (2.160)$$

wobei sich G_∞ wiederum nach

$$\frac{R_3}{R_4} = G_\infty - 1 = 2 - \frac{a}{\sqrt{b}} \qquad (2.161)$$

ergibt.

Hochpass 1. Ordnung (HP1). Durch den Wegfall des Filterkoeffizienten b vereinfachen sich die Schaltungsvarianten entsprechend Bild 2.130.

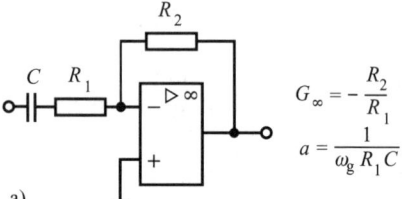

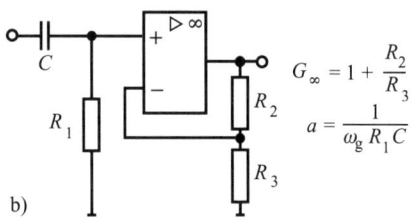

Bild 2.130 Hochpässe 1. Ordnung
a) invertierend, b) nichtinvertierend

2.5.1.3 Bandpässe 2. Ordnung

Die Beschreibung der Übertragungsfunktion eines Bandpasses zweiter Ordnung (BP2) erfolgt gewöhnlich durch die beiden bestimmenden Größen Gütefaktor Q und Resonanzverstärkung G_R entsprechend folgender Gleichung.

$$G(P) = \frac{G_R \dfrac{P}{Q}}{1 + \dfrac{P}{Q} + P^2} \qquad (2.162)$$

Der Gütefaktor, auch Polgüte genannt, entspricht beim BP2 dem Kehrwert der normierten bzw. relativen Bandbreite $\Delta \Omega = B/f_R$ des Filters.

$$Q = \frac{f_R}{B} \qquad (2.163)$$

2.5 Aktive Filter

Die Bandbreite $\Delta\Omega$ bzw. B ist auf die -3 dB-Frequenzen bezogen. Bild 2.131 verdeutlicht die Zusammenhänge. Der Frequenzgang sinkt zu beiden Seiten der Resonanzfrequenz f_R mit 20 dB/Dekade.

Ein solcher Bandpass 2. Ordnung ist durch die Kettenschaltung eines Tiefpasses und eines Hochpasses 1. Ordnung interpretierbar. Wenn beide gleiche Eckfrequenzen aufweisen und durch einen Trennverstärker entkoppelt sind, liefern sie die Übertragungsfunktion eines BP2 mit einer Polgüte $Q = 0{,}5$ und einem maximalen Übertragungsfaktor $G_R = 0{,}5$ (vgl. Bild 2.13). Für ungleiche Eckfrequenzen wird die Polgüte $Q < 0{,}5$. Eine Unterscheidung in verschiedene Filterapproximationen ist erst für Bandpässe 4. Ordnung und höher möglich.

Schaltungstechnische Realisierung

Bandpassschaltungen 2. Ordnung (BP2) sind durch die invertierende und die nichtinvertierende Verstärkerschaltung realisierbar.

Invertierender BP2. Einen invertierenden BP2 zeigt die Schaltung in Bild 2.132. Aus der die Schaltung beschreibenden Übertragungsfunktion

$$G(P) = \frac{-\omega_R C_1 R_2 R_3 P}{R_1 + R_2 + \omega_R(C_1 + C_2) R_1 R_2 P + \omega_R^2 C_1 C_2 R_1 R_2 R_3 P^2} \qquad (2.164)$$

kann man durch Koeffizientenvergleich mit Gleichung (2.162) die Dimensionierungsgleichungen für die Bauelemente ableiten.

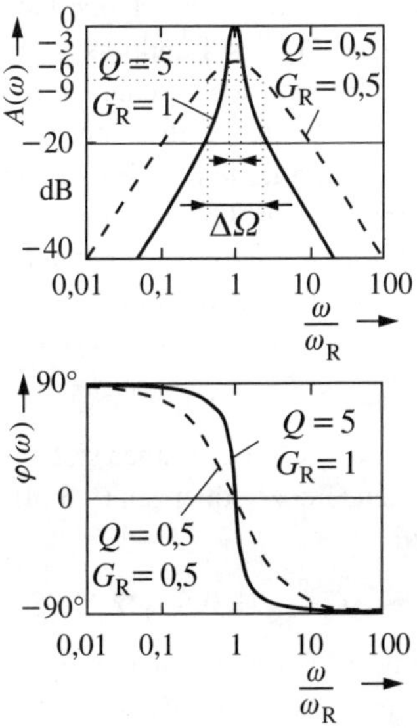

Variante 1: Bei Vorgabe von C_1 und C_2 lassen sich die Widerstände R_1, R_2, R_3 bestimmen.

$$R_1 = \frac{Q}{\omega_R C_2(-G_R)} \qquad (2.165)$$

$$R_2 = \frac{(C_1 + C_2)Q}{\omega_R C_1 C_2} \qquad (2.166)$$

$$R_3 = \frac{R_1}{\omega_R^2 C_1 C_2 R_1 R_2 - 1} \qquad (2.167)$$

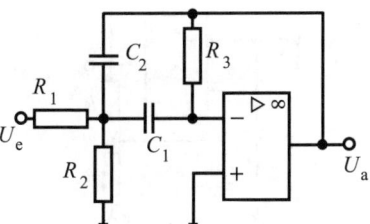

Bild 2.132 Invertierender Bandpass 2. Ordnung

Bild 2.131 Frequenzgang eines Bandpasses 2.Ordnung

Variante 2: Mit der Annahme $R_2 \to \infty$ und der Vorgabe von C_2 können C_1, R_1, R_3 bestimmt werden. Ist die Nebenbedingung $|G_R| > Q^2$

erfüllt, gelten die Beziehungen

$$C_1 = \frac{(-G_R) - Q^2}{Q^2} C_2 \quad (2.168)$$

$$R_1 = \frac{Q}{\omega_R C_2 (-G_R)} \quad (2.169)$$

$$R_3 = \frac{-G_R}{\omega_R C_1 Q} \quad (2.170)$$

Variante 3: Für den Fall $|G_R| \leq Q^2$ ist es sinnvoll, $C_1 = C_2 = C$ zu wählen und vorzugeben.

Die Widerstände bestimmen sich dann zu

$$R_1 = \frac{Q}{\omega_R C(-G_R)} \quad (2.171)$$

$$R_2 = \frac{(-G_R)}{2Q^2 - (-G_R)} R_1 \quad (2.172)$$

$$R_3 = 2(-G_R)R_1 \quad (2.173)$$

Nichtinvertierender BP2. Für den nichtinvertierenden BP2 (Bild 2.133) lässt sich die Übertragungsfunktion

$$G(P) = \frac{\omega_R C_1 R_2 R_3 K P}{R_1 + R_2 + \omega_R \left((C_1 + C_2)(R_1 + R_2)R_3 + C_1 R_1 R_2 - C_1 R_1 R_3 K\right) P + \omega_R^2 C_1 C_2 R_1 R_2 R_3 P^2} \quad (2.174)$$

mit $K = 1 + R_4/R_5$ gewinnen. Günstige Größen für die Bauelementewerte ergeben sich bei Vorgabe von C_2 für den Sonderfall

$$K = \frac{6{,}5 G_R}{3G_R + 1} = \frac{1}{3}\left(6{,}5 - \frac{1}{Q}\right) \quad (2.175)$$

$$R_1 = \frac{1}{\omega_R C_2} \quad (2.176)$$

$$R_2 = \frac{R_1}{3} \quad (2.177)$$

$$R_3 = 2R_1 \quad (2.178)$$

$$C_1 = 2C_2 \quad (2.179)$$

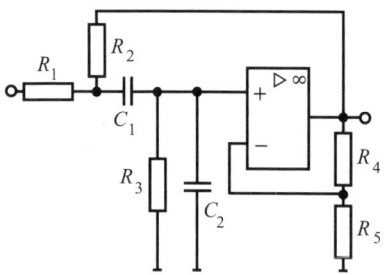

Bild 2.133 Nichtinvertierender Bandpass 2. Ordnung

Tiefpass-Bandpass-Transformation. Durch eine Transformation des normierten Laplace-Operators P lässt sich eine Tiefpassfunktion in den Frequenzgang eines Bandpasses überführen. Dazu eignet sich die Transformationsvorschrift

$$P \Rightarrow \frac{1}{\Delta\Omega}\left(P + \frac{1}{P}\right) \quad (2.180)$$

Sie bildet den Amplitudenfrequenzgang des Tiefpasses auf den Frequenzbereich oberhalb der Mittenfrequenz f_R des Bandpasses ab. Zusätzlich erscheint die Tiefpasscharakteristik gespiegelt an der Bandmittenfrequenz (siehe Bild 2.134). Die normierte Bandbreite $\Delta\Omega$ kann frei gewählt werden. Da die Bandpasscharakteristik im logarithmischen Frequenzmaßstab symmetrisch verläuft, gilt

$$\Omega_{go} = \frac{1}{\Omega_{gu}} \quad (2.181)$$

und mit $\Delta\Omega = \Omega_{go} - \Omega_{gu}$ bestimmen sich die beiden normierten Grenzfrequenzen (-3 dB-Frequenzen) zu

$$\Omega_{go,gu} = 0{,}5\sqrt{\Delta\Omega^2 + 4} \pm 0{,}5 \cdot \Delta\Omega \quad (2.182)$$

Die Normierung erfolgt beim Bandpass auf die Resonanzfrequenz. Es gilt $\Omega = \omega/\omega_R$. Durch diese Transformation lässt sich jede Tiefpassapproximation aus Tabelle 2.14 in

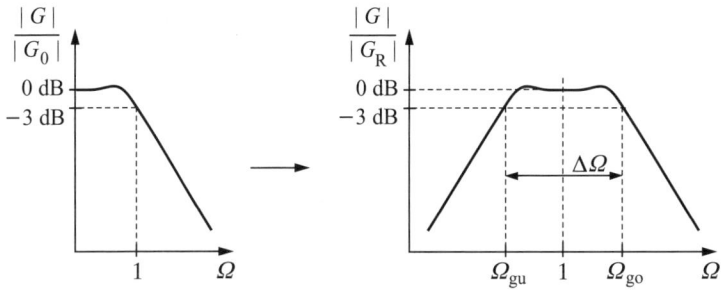

Bild 2.134 Tiefpass-Bandpass-Transformation

einen Bandpass übertragen. Dabei verdoppelt sich die Ordnung des Filters.

Bandpässe 4. Ordnung. Sie besitzen eine Flankensteilheit des Amplitudenfrequenzgangs von 40 dB/Dekade. Bei geringer Bandbreite können diese durch Kettenschaltung von zwei BP2-Grundgliedern mit leichter Verstimmung der Resonanzfrequenzen erzielt werden. Als vertiefende Literatur sei dazu auf [2.24] verwiesen.

Bandpässe mit großer Bandbreite. Diese können aus der Kettenschaltung eines Tiefpass- und eines Hochpassgrundgliedes aufgebaut werden. Die Bandbreite ergibt sich dann durch die Eckfrequenzen der Teilschaltungen.

2.5.1.4 Bandsperren 2. Ordnung

Das Übertragungsverhalten einer Bandsperre zweiter Ordnung (BS2) ist in Bild 2.135 dargestellt. Mathematisch wird deren Verhalten durch die Übertragungsfunktion

$$G(P) = \frac{G_0(1+P^2)}{1+\dfrac{P}{Q}+P^2} \qquad (2.183)$$

ausgedrückt.

Wie beim Bandpass 2. Ordnung entspricht die Güte $Q = f_R/B$ dem Kehrwert der relativen Bandbreite $\Delta\Omega$. Eine hohe Güte bedeutet eine schmale Bandbreite der Resonanzkurve.

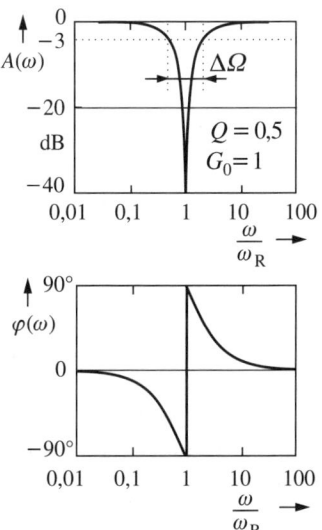

Bild 2.135 Frequenzgang einer Bandsperre 2. Ordnung

Schaltungstechnische Realisierung. Die schaltungstechnische Umsetzung basiert auf der Verwendung eines Doppel-T-Gliedes in einer nichtinvertierenden Verstärkerschaltung (siehe Bild 2.136). Die Analyse der Schaltung führt auf die Übertragungsfunktion

$$G(P) = \frac{G_0(1+P^2)}{1+2(2-G_0)P+P^2} \qquad (2.184)$$

Aus dieser leiten sich nach dem Koeffizientenvergleich mit Gleichung (2.183) die Dimensionierungsbeziehungen für die Schaltung ab. Bei Vorgabe von C erhält man

$$\frac{R_1}{R_2} = G_0 - 1 \quad (2.185)$$

$$Q = \frac{1}{2(2 - G_0)} \quad (2.186)$$

$$R = \frac{1}{\omega_R C} \quad (2.187)$$

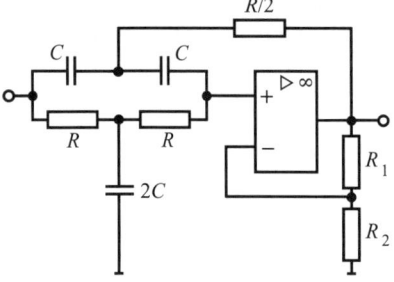

Bild 2.136 Bandsperre 2. Ordnung

Tiefpass-Bandsperren-Transformation. In Analogie zum Bandpass lässt sich eine Transformationsvorschrift angeben, um aus dem Frequenzgang eines Tiefpasses einen Bandsperrenfrequenzgang abzuleiten. Die normierte Frequenzvariable P ist durch die folgende Beziehung zu ersetzen.

$$P \Rightarrow \frac{\Delta\Omega}{P + \frac{1}{P}} \quad (2.188)$$

Sie bildet den Durchlassbereich des Tiefpasses ($0 \leq \Omega \leq 1$) in die beiden Durchlassbereiche der Bandsperre $0 \leq \Omega \leq \Omega_{gu}$ und $\Omega_{go} \leq \Omega \leq \infty$ ab. Beide liegen spiegelbildlich zur Resonanzfrequenz ($\Omega = 1$), bei der die Bandsperrenfunktion eine Nullstelle aufweist.

Bei **Bandsperren 4. Ordnung** kann analog zum Abschnitt 2.5.1.3 verfahren werden.

2.5.2 Universalfilter

Die bisher betrachteten Filter basierten stets auf der Nutzung von RC-Biquads. Eine andere Herangehensweise an die Filterrealisierung lässt sich durch den Übergang von der Frequenzbereichsbetrachtung in die Zeitbereichsbetrachtung erschließen. Geht man von der Übertragungsfunktion eines Butterworthfilter 2. Ordnung mit $a = \sqrt{2}$ und $b = 1$ aus

$$G(P) = \frac{U_a}{U_e} = \frac{1}{1 + \sqrt{2}\tau p + \tau^2 p^2} \quad (2.189)$$

dann lässt sich diese Beziehung im Zeitbereich in der Form einer Differentialgleichung schreiben.

$$\tau^2 \ddot{u}_2 = u_1 - \sqrt{2}\tau \dot{u}_2 - u_2 \quad (2.190)$$

Eine technische Realisierung des so beschriebenen Systems ist auf einfache Weise durch eine rückgekoppelte Kette aus Integratoren mit der internen Zeitkonstanten $\tau = 1/\omega_g$ möglich (siehe Bild 2.137). Diese Schaltung stellt ein Universalfilter dar. An den drei Ausgängen erhält man eine Tiefpassfunktion $U_{TP}(p) = G(p) \cdot U_1(p)$, eine Bandpassfunktion $U_{BP}(p) = \tau p \cdot U_{TP}(p)$ und eine Hochpassfunktion $U_{HP}(p) = \tau^2 p^2 \cdot U_{TP}(p)$.

Bei Verallgemeinerung der Widerstandswerte $R_1 \ldots R_4$ in Bild 2.137 können die Frequenzgänge an jede beliebige Filterfunktion 2. Ordnung angepasst werden. Aus einem Koeffizientenvergleich mit den allgemeinen Filterfunktionen 2. Ordnung von Abschnitt 2.5.1 lassen sich die notwendigen Widerstandswerte ableiten. Tabelle 2.16 enthält die Bestimmungsgleichungen als Funktion der Filterkoeffizienten (a,b) sowie des Übertragungsfaktors im Durchlassbereich (A_0, A_∞, A_r) und der Güte Q des Bandpasses. Für die charakteristischen Frequenzen der drei Übertragungsfunktionen gilt der Zusammenhang

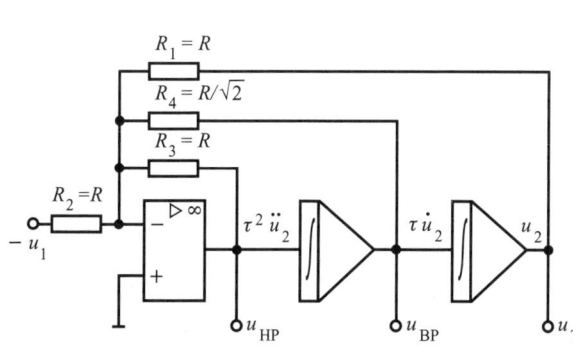
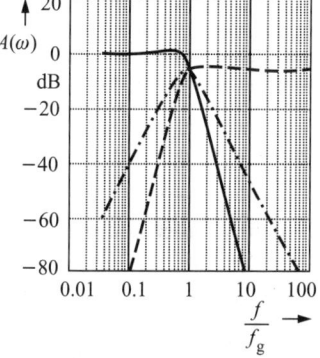

Bild 2.137 Universalfilter aus Integratoren

Bild 2.138 Frequenzgänge des Universalfilters aus Beispiel 2.26

$$f_{\text{gTP}}\frac{1}{\sqrt{b}} = f_{\text{rBP}} = f_{\text{gHP}}\sqrt{b} \qquad (2.191)$$

Da die drei entstehenden Filterfunktionen fest miteinander verknüpft sind, kann eine Dimensionierung in der Regel nur für einen gewünschten Filtertyp angepasst werden.

Tabelle 2.16 Dimensionierungsgleichungen des Universalfilters (R_1 gegeben)

Tiefpass	Hochpass	Bandpass
$R_3 = \dfrac{R_1}{b}$	$R_3 = R_1 \cdot b$	$R_3 = R_1$
$R_4 = \dfrac{R_1}{a}$	$R_4 = \dfrac{R_3}{a}$	$R_4 = R_3 \cdot Q$
$R_2 = \dfrac{R_1}{-A_0}$	$R_2 = \dfrac{R_3}{-A_\infty}$	$R_2 = R_1\dfrac{Q}{-A_r}$

❏ **Beispiel 2.26**

Das in Bild 2.137 gezeigte Universalfilter ist für die Umsetzung eines Tschebyscheff-Tiefpasses 2. Ordnung mit 0,5 dB Welligkeit und einer Grenzfrequenz von 3 kHz zu dimensionieren. Der Übertragungsfaktor im Durchlassbereich betrage $A_0 = -1$.

Lösung:

Aus Tabelle 2.14 sind die Filterkoeffizienten $a = 1,3614$ und $b = 1,3827$ zu entnehmen. Für die Dimensionierung ergeben sich die Widerstandsverhältnisse $R_3/R_1 = 0,723$, $R_4/R_1 = 0,735$ und $R_2/R_1 = 1$. Zur Erzielung der geforderten Grenzfrequenz $f_g = 3$ kHz benötigen die Integratoren eine Zeitkonstante $\tau = 53,05\ \mu\text{s}$. Im Bild 2.138 ist der Frequenzgang aller drei Ausgänge des Universalfilters gezeigt. Es ist zu erkennen, dass der Bandpass und der Hochpass im Durchlassbereich einen abweichenden Übertragungsfaktor und auch eine abweichende Grenzfrequenz besitzen, wie dies entsprechend den obigen Ausführungen zu erwarten war.

2.5.3 SC-Filter

Die im Abschnitt 2.5.1 beschriebenen aktiven RC-Filter eignen sich kaum zur integrierten Realisierung von Filtern mit variabler Grenzfrequenz, da dies eine Variation der Widerstände bzw. Kondensatoren erfordern würde. Eine schaltungstechnische Lösung für dieses Problem bieten die *Swiched-Capacitor-Filter* (*SC*-Filter) [2.22]. In ihnen werden die Widerstände durch Schalter-Kondensator-Kombinationen ersetzt. Der Stromfluss auf die Kondensatoren, genauer gesagt die übertragene Ladung, lässt sich dann durch die Einschaltdauer dieser Schalter steuern. Mittels Variation der Schaltfrequenz kann die Festlegung der Grenzfrequenz erfolgen.

2.5.3.1 SC-Integrator

Einen Basisbaustein der SC-Filter bildet der SC-Integrator nach Bild 2.139. Im Vergleich zum bekannten RC-Integrator wird der Widerstand durch einen geschalteten Kondensator C_1 ersetzt.

Über den Schalter und den Kondensator C_1 fließt in der ersten Hälfte jedes Taktzyklusses (linke Schalterstellung) die Ladung $Q = U_e C_1$ auf den Kondensator und wird nach dem Umschalten (zweite Takthälfte, rechte Schalterstellung) auf den Integrationskondensator C_2 übertragen. Die Ausgangsspannung wird dadurch in jedem Taktzyklus um den Betrag

$$\Delta U_a = -\frac{Q}{C_2} = -U_e(t)\frac{C_1}{C_2} \quad (2.192)$$

verändert. Die Periodendauer des Schaltertaktes $T_S = 1/f_S$ muss dabei so groß sein, dass ein Einschwingen auf die stationären Spannungswerte an C_1 und C_2 garantiert ist. Als Integrationszeitkonstante dieses Integrators ergibt sich folglich

$$\tau = C_2 R_{ers} = T_S \frac{C_2}{C_1} \quad (2.193)$$

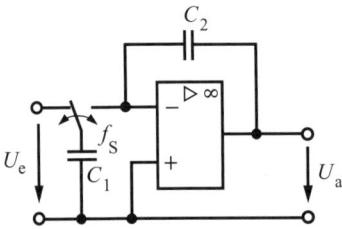

Bild 2.139 SC-Integrator

Ein sicheres Einschwingen des Verstärkers ist für $T_s = 40\tau$ gegeben, was ein Kapazitätsverhältnis $C_2/C_1 = 40$ erfordert. In Bild 2.140 ist der Ausgangsspannungsverlauf eines SC-Integrators und eines RC-Integrators dargestellt, wenn die Eingangsspannung einen konstanten Wert besitzt.

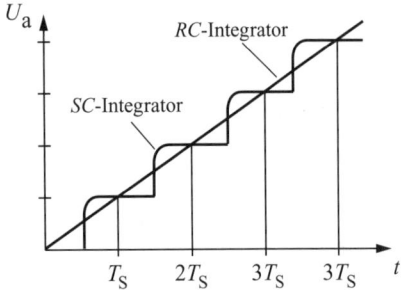

Bild 2.140 Ausgangsspannungsverlauf eines SC-Integrators bei $U_e = $ konst

Dieser invertierende Integrator lässt sich durch eine veränderte Schalteranordnung in einen nichtinvertierenden Integrator umwandeln (Bild 2.141). Je nach der Ansteuerung der beiden Schalter wirkt dieser universelle Integrator invertierend oder nichtinvertierend. In diesem Zusammenhang wird gelegentlich auch von einem Integrator mit positiven bzw. negativen Ersatzwiderstand gesprochen.

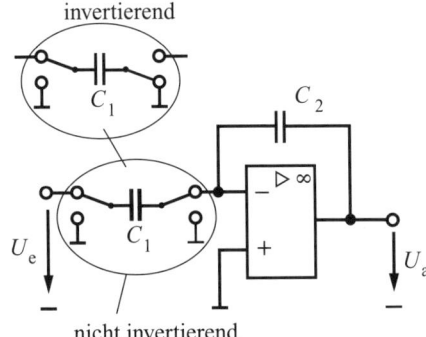

Bild 2.141 Universeller SC-Integrator

Da hier ein zeitdiskretes System vorliegt, bietet sich die Z-Transformation an, um die Übertragungsfunktion zu beschreiben [2.25], [2.26]. Für die Ausgangsspannung eines invertierenden Integrators gilt zu Zeitpunkt $(n+1)T$

$$U_a[(n+1)T] = U_a[nT] - \frac{C_1}{C_2} U_e[nT] \quad (2.194)$$

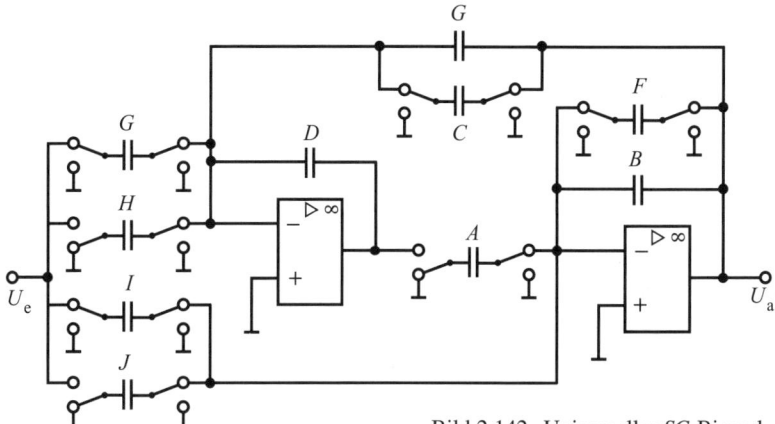

Bild 2.142 Universeller SC-Biquad

Die Z-Transformation dieser Gleichung liefert

$$z \cdot U_a(z) = U_a(z) - \frac{C_1}{C_2} U_e(z) \quad (2.195)$$

woraus sich die Übertragungsfunktion des SC-Integrators ergibt.

$$G(z) = \frac{U_a(z)}{U_e(z)} = -\frac{C_1}{C_2} \frac{1}{z-1} \quad (2.196)$$

2.5.3.2 Schaltungsrealisierung von SC-Filtern

Die in Bild 2.137 dargestellte Schaltung eines Biquads ist zur Realisierung von SC-Filtern gut geeignet. Die Integratoren dieses Universalfilters können durch SC-Integratoren ersetzt werden. Die Additionsschaltung auf Basis eines Operationsverstärkers wird durch ein Schalternetzwerk direkt am Eingang des ersten Integrators nachgebildet. Eine universelle Biquadschaltung auf dieser Basis zeigt Bild 2.142. Deren Übertragungsfunktion lautet

$$G(z) = \frac{a_0 + a_1 z + a_2 z^2}{b_0 + b_1 z + b_2 z^2} \quad (2.197)$$

Durch die Größe der Kondensatoren A ... F lassen sich die gewünschten Nennerkoeffizienten und durch G ... J die Zählerkoeffizienten festlegen und somit Filtertyp und -approximation bestimmen. Über die Zeitkonstanten der Integratoren wird die Grenzfrequenz angepasst.

SC-Filter sind bei käuflichen Exemplaren i. Allg. für eine bestimmte Filterapproximation (Bessel, Butterworth, Tschebyscheff) und -ordnung vordimensioniert. Durch die Wahl der Schaltfrequenz f_S kann der Anwender die Grenzfrequenz variieren.

Beachte: SC-Filter sind getaktete Schaltungen und somit Abtastsysteme, für deren Nutzung das Abtasttheorem ($f_{sig} < f_S/2$) eingehalten werden muss [2.26]. Durch ein Antialiasing-Vorfilter müssen Frequenzanteile des Eingangssignals oberhalb der halben Abtastfrequenz ausreichend stark gedämpft werden, um nicht zu Mischprodukten im Signalband zu führen. Wegen der hohen Schaltfrequenz ist dafür meist ein Tiefpass 2. Ordnung (z. B. Sallen & Key-Tiefpass) ausreichend.

Für eine analoge Weiterverarbeitung des Ausgangssignals ist meist noch eine Glättung des stufenförmigen Verlaufs notwendig, was einem Ausfiltern der Frequenzanteile des Schalttaktes entspricht.

2.5.4 Aufgaben

▲ **Aufgabe 2.5.1**
Für die Tiefpassschaltung in Bild 2.124 ist die Übertragungsfunktion $\underline{G}(j\omega)$ abzuleiten.

▲ **Aufgabe 2.5.2**
Für die in Bild 2.126a gegebene Tiefpassschaltung mit idealem Operationsverstärker sind folgende Größen zu berechnen:
a) die Übertragungsfunktion $\underline{G}(j\omega)$,
b) Amplitudenfrequenzgang $A(\omega)$ und Phasenfrequenzgang $\varphi(\omega)$. Beide sind in idealisierter Form logarithmisch darzustellen.
c) Grenzfrequenz und maximale Spannungsverstärkung.

▲ **Aufgabe 2.5.3**
Gegeben ist die Hochpassschaltung aus Bild 2.130 b mit idealem Operationsverstärker.
a) Es ist die Übertragungsfunktion $\underline{G}(j\omega)$ dieser Schaltung zu bestimmen und daraus der Amplitudenfrequenzgang $A(\omega)$ und der Phasenfrequenzgang $\varphi(\omega)$ abzuleiten.
b) Die Ergebnisse von a) sind in Form des Bodediagramms idealisiert darzustellen.
c) Welche maximale Spannungsverstärkung und welche Grenzfrequenz besitzt die Schaltung?

▲ **Aufgabe 2.5.4**
Ein nichtinvertierender Bessel-Tiefpass 2. Ordnung ist für eine Grenzfrequenz $f_g = 1{,}3$ kHz zu dimensionieren. Als Vorgabe sind $C_1 = C_2 = C = 100$ nF, $R_4 = 10$ kΩ und $R_1 = R_2 = R$ gegeben. Welche Spannungsverstärkung besitzt das Filter im Durchlassbereich?

Hinweis: Die Dimensionierungsgleichungen aus Abschnitt 2.5.1.1 sind für den geforderten Sonderfall gleicher Kondensatoren und Widerstände zunächst zu vereinfachen.

▲ **Aufgabe 2.5.5**
Ein Tschebyscheff-Bandpass 4. Ordnung ist auf der Basis der Zusammenschaltung nichtinvertierender Tief- und Hochpässe zu dimensionieren. Die Kennwerte des Bandpasses sind $f_{gu} = 125$ Hz und $f_{go} = 1{,}3$ kHz. Die Welligkeit von Hoch- und Tiefpass im Durchlassbereich betrage 3 dB. Für beide Teilschaltungen gelten die Sonderfälle $R_1 = R_2 = R$, $C_1 = C_2 = C = 100$ nF sowie $R_3 = 10$ kΩ.

▲ **Aufgabe 2.5.6**
Der Frequenzgang des Tschebyscheff-Bandpasses 4. Ordnung aus Aufgabe 2.5.5 ist mit PSpice zu simulieren. Dazu sind Amplituden- und Phasenfrequenzgang der beiden Einzelschaltungen und des resultierenden Bandpasses anzuzeigen. Es ist der Operationsverstärker µA 741 aus der Evaluation-Bibliothek mit ± 10 V Betriebsspannung zu verwenden.

2.6 Oszillatoren

Oszillatoren sind Schaltungen zur Erzeugung ungedämpfter elektrischer Schwingungen konstanter Frequenz und Amplitude. Nach der Signalform können *Sinusoszillatoren* und *Impulsoszillatoren* unterschieden werden. Letztere liefern ein rechteckförmiges Ausgangssignal und werden gewöhnlich durch astabile Multivibratorschaltungen realisiert. Sinusoszillatoren basieren auf der Entdämpfung einer schwingungsfähigen Schaltung durch frequenzabhängige Gegenkopplung. Sie liefern ein Sinussignal. Beliebige andere Signalformen können durch Schaltungen zur Signalformung (Abschnitt 2.4.5) aus einem Sinussignal abgeleitet werden.

2.6.1 Grundstruktur und Schwingbedingung

Ein zur Selbsterregung geeignetes rückgekoppeltes System ist in Bild 2.143 gezeigt. Ein externes Eingangssignal ist jedoch nicht nötig, sondern ist hier nur zur Erläuterung des Sachverhaltes vorhanden.

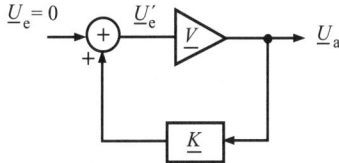

Bild 2.143 Schwingungsfähiges rückgekoppeltes System

Aus mathematischer Sicht ergibt sich in der Übertragungsfunktion

$$\underline{U}_a = \frac{\underline{V}}{1 - \underline{K}\,\underline{V}} \underline{U}_e \qquad (2.198)$$

bei $\underline{U}_e = 0$ nur dann ein Ausgangssignal verschieden von Null, wenn die Schleifenverstärkung $\underline{K}\,\underline{V} = 1$ beträgt, und somit die Verstärkung $\underline{V}' = \underline{V}/(1 - \underline{K}\,\underline{V})$ des rückgekoppelten Systems unendlich groß wird. Diese komplexe Schwingbedingung lässt sich in eine Phasenbedingung

$$\varphi_K(\omega) + \varphi_V(\omega) = 0, 2\pi, 4\pi, \ldots \qquad (2.199)$$

und eine Amplitudenbedingung

$$|\underline{K}(\omega)| \cdot |\underline{V}(\omega)| \geq 1 \qquad (2.200)$$

zerlegen. Beide müssen erfüllt sein, damit eine selbständige Schwingung entsteht. Das Erfüllen der Phasenbedingung erfordert, dass die Phasendrehung innerhalb der Gegenkopplungsschleife für eine bestimmte Frequenz $\omega_0 = 2\pi f_0$ ein Vielfaches von $360°$ beträgt und dadurch Mitkopplung eintritt. Damit das System bei dieser Frequenz mit einer konstanten Amplitude schwingen kann, muss für die Schwingfrequenz $|\underline{K}(\omega_0)| \cdot |\underline{V}(\omega_0)| = 1$ erfüllt sein. Für ein sicheres Anschwingen der Schaltung ist jedoch $|\underline{K}(\omega_0)| \cdot |\underline{V}(\omega_0)| > 1$ notwendig. Jeder Oszillator benötigt folglich eine zusätzliche Amplitudenstabilisierung.

Frequenzstabilität. Die Frequenzstabilität eines Oszillators $\Delta\omega/\omega_0$ wird wesentlich durch die Steilheit des Phasenfrequenzganges $\mathrm{d}\varphi/\mathrm{d}\omega$ bei der Schwingfrequenz ω_0 bestimmt. Zusätzlichen Einfluss auf die Phasendrehung bei der gewünschten Oszillatorfrequenz können z. B. die Temperatur und die Betriebsspannung besitzen.

Beachte: Durch die Art der Rückkopplung ist zu sichern, dass die Schwingbedingung nur für die gewünschte Oszillatorfrequenz erfüllt ist.

2.6.2 RC-Oszillatoren

2.6.2.1 Phasenschieberoszillator

Ein Phasenschieber, bestehend aus drei Tiefpassgliedern, bewirkt eine maximale Phasendrehung von $-270°$. Schaltet man diesen als Rückkoppelnetzwerk mit einem invertierenden Verstärker, der seinerseits $-180°$ Phasendrehung besitzt, zusammen, so reicht bereits eine Drehung im Phasenschieber von $-180°$ um Mitkopplung zu bewirken.

Aus der Übertragungsfunktion des Phasenschiebernetzwerks

$$\underline{K}(P) = \frac{U_2(P)}{U_1(P)}$$
$$= \frac{1}{1 + 6P + 5P^2 + P^3} \qquad (2.201)$$

ist für sinusförmige Signale mit $P = \mathrm{j}\Omega$ die normierte Schwingfrequenz Ω_0 bestimmbar.

$$\underline{K}(\mathrm{j}\Omega) = \frac{1}{1 + 6(\mathrm{j}\Omega) + 5(\mathrm{j}\Omega)^2 + (\mathrm{j}\Omega)^3} \qquad (2.202)$$

$$\underline{K}(\mathrm{j}\Omega) = \frac{1}{(1 - 5\Omega^2) + \mathrm{j}(6\Omega - \Omega^3)} \qquad (2.203)$$

Eine Phasendrehung von $-180°$ bedeutet $\mathrm{Im}\{\underline{K}\} = 0$. Dies ist erfüllt für

$$6\Omega - \Omega^3 = 0 \qquad (2.204)$$

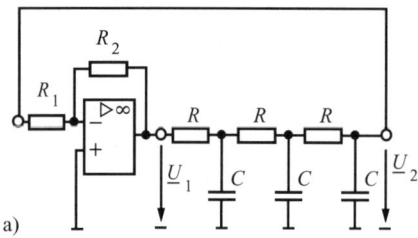

a)

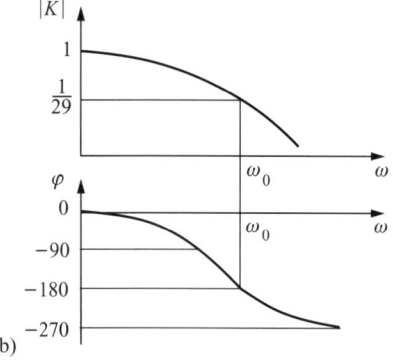

b)

Bild 2.144 Phasenschieberoszillator
a) Schaltung, b) Bodediagramm des Phasenschiebernetzwerks

Damit leitet sich aus Gleichung (2.199) die Schwingfrequenz Ω_0 ab.

$$\Omega_0 = \sqrt{6} \qquad (2.205)$$

Nach dem Entnormieren erhält man mit $\Omega = \omega/\omega_g = \omega RC$ den Wert

$$\omega_0 = \frac{\sqrt{6}}{RC} \qquad (2.206)$$

Bei dieser Frequenz ist die Amplitudenbedingung für eine konstante Schwingungsamplitude nur erfüllt, wenn die Verstärkung des invertierenden Verstärkers den Wert

$$V(\Omega) = \frac{1}{K(\Omega)} = 1 - 5\Omega^2 = -29 \qquad (2.207)$$

besitzt.

Beachte: Der Eingangswiderstand des Inverters ist so zu wählen, dass der Frequenzgang des Phasenschiebers unbeeinflusst bleibt.

Hinweis: Das gleiche Verhalten ist mit einem Phasenschieber aus drei Hochpassgliedern erfüllbar. Eine geeignete Transistorschaltung ist in Bild 2.145 zu sehen. Der Widerstand des dritten HP-Gliedes wird durch den Eingangswiderstand des Transistorverstärkers gebildet.

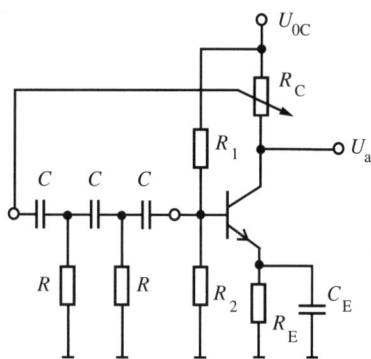

Bild 2.145 Phasenschieberoszillator mit Transistoren

2.6.2.2 Wien-Oszillator

Der Wien-Oszillator nutzt eine Bandpassschaltung 2. Ordnung als Rückkoppelnetzwerk. Es entsteht ein Frequenzgang, wie er in Bild 2.131 dargestellt ist. Beschreiben lässt sich dieser durch die folgende Übertragungsfunktion.

$$K(P) = \frac{U_2(P)}{U_1(P)} = \frac{P}{1 + 3P + P^2} \qquad (2.208)$$

Es ist zu erkennen, dass die Phasendrehung bei der Resonanzfrequenz null wird, und in Verbindung mit einem nichtinvertierenden Verstärker somit die Schwingbedingung erfüllbar ist. Aus der Übertragungsfunktion folgt im Frequenzbereich

$$\underline{K}(\mathrm{j}\Omega) = \frac{1}{3 + \mathrm{j}\left(\Omega - \dfrac{1}{\Omega}\right)} \qquad (2.209)$$

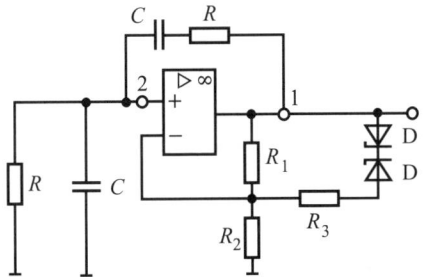

Bild 2.146 Wien-Oszillator

Es ist die Erfüllung der Phasenbedingung $\text{Im}\{\underline{K}\} = 0$ für $\Omega_0 = 1$ bzw. $\omega_0 = 1/RC$ gegeben. Der Oszillator schwingt mit der Resonanzfrequenz des Bandpasses. Die Amplitudenbedingung ist bei einer Verstärkung

$$V(\Omega) = \frac{1}{K(\Omega)} = 3 \qquad (2.210)$$

erfüllt. Diese kann durch das Verhältnis R_1/R_2 eingestellt werden.

Der Z-Diodenzweig dient der Stabilisierung der Schwingungsamplitude.
Bei $\hat{u}_{R1} < U_Z + U_{F0}$ sperren die Z-Dioden. Die sich einstellende Verstärkung

$$V_1 = 1 + \frac{R_1}{R_2}$$

wird etwas größer als 3 (z. B. 3,1) gewählt, so dass ein Anschwingen gesichert ist. Für $\hat{u}_{R1} > U_Z + U_{F0}$ leiten die Z-Dioden und als Verstärkung ergibt sich

$$V_1 = 1 + \frac{R_1 \| R_3}{R_2}$$

Dieser Wert muss etwas kleiner als 3 (z. B. 2,9) gewählt werden. Dann pegelt sich während des Betriebs ein mittlerer Verstärkungswert von 3 ein.

❏ **Beispiel 2.27**

Zu bestimmen ist die Phasensteilheit $d\varphi/d\Omega$ des Wien-Oszillators bei der Resonanzfrequenz Ω_0.

Lösung:

Aus der Übertragungsfunktion

$$\underline{K}(j\Omega) = \frac{1}{3 + j\left(\Omega - \dfrac{1}{\Omega}\right)}$$

lässt sich der Phasenfrequenzgang

$$\varphi(\Omega) = -\arctan\left(\frac{\Omega - \dfrac{1}{\Omega}}{3}\right)$$

ablesen. Dessen Ableitung nach der normierten Frequenz Ω ergibt sich zu

$$\frac{d\varphi(\Omega)}{d\Omega} = \frac{\dfrac{1}{3} + \dfrac{1}{3\Omega^2}}{1 + \left(\dfrac{1}{3}\Omega - \dfrac{1}{3\Omega}\right)}$$

Bei der Resonanzfrequenz Ω_0 erhält man einen Anstieg des Phasenfrequenzgangs von

$$\left.\frac{d\varphi(\Omega)}{d\Omega}\right|_{\Omega_0} = \frac{2}{3}$$

2.6.2.3 Wien-Brücken-Oszillator

Eine bessere Phasensteilheit als der Wien-Bandpasses besitzt eine geringfügig verstimmte Wien-Robinson-Brücke (Bild 2.147). Die Brückenausgangsspannung $\underline{U}_a$ wird dem Differenzeingang des OPV zugeführt.

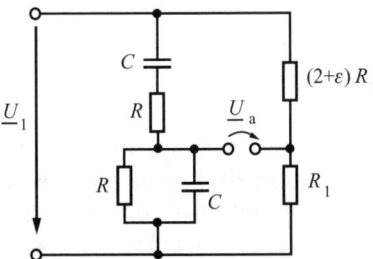

Bild 2.147 Wien-Robinson-Brücke

Aus der Übertragungsfunktion

$$K(P) = \frac{U_a(P)}{U_1(P)}$$
$$= \frac{-1}{3 + \varepsilon} \cdot \frac{(1 + P^2) - \varepsilon P}{1 + \dfrac{9 + \varepsilon}{3 + \varepsilon} P + P^2} \qquad (2.211)$$

kann man die Spannungsverstärkung bei der Resonanzfrequenz ableiten.

$$\underline{K}(\Omega_0) = \frac{\underline{U}_a(\Omega_0)}{\underline{U}_1(\Omega_0)}$$
$$= \left(\frac{1}{3} - \frac{1}{3+\varepsilon}\right) \approx \frac{\varepsilon}{9} \quad (2.212)$$

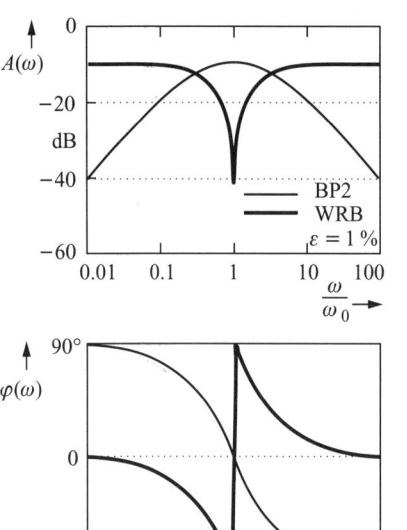

Bild 2.148 Amplituden- und Phasenfrequenzgang der Wien-Robinson-Brücke (WRB)

Bei Resonanz ist die Phasendrehung der Schaltung null. Zur Realisierung des Oszillators ist ein nichtinvertierender Verstärker mit der Verstärkung $V = 1/K(\Omega_0)$ notwendig. Die deutlich bessere Phasensteilheit gegenüber dem Wien-Bandpass (BP2) verdeutlicht Bild 2.148. Das Übertragungsverhalten bezüglich der Brückenausgangsspannung entspricht einer Bandsperre. Ohne Verstimmung ($\varepsilon = 0$) wird die Ausgangsspannung $\underline{U}_a(\Omega_0)$ Null. Ein ausführliches Schaltungsbeispiel findet der interessierte Leser in [2.24].

2.6.3 *LC*-Oszillatoren

Bei *LC*-Oszillatoren wird die Resonanzfrequenz eines *LC*-Schwingkreises (bzw. *RLC*-Schwingkreises) als frequenzbestimmender Parameter genutzt. Geeignet sind sowohl Reihen- als auch Parallelschwingkreise. Bei ihnen ist der Anstieg des Phasenfrequenzganges wesentlich steiler als bei *RC*-Oszillatoren. Sie verfügen deshalb über eine viel bessere Frequenzstabilität. Eine prinzipielle Oszillatorkonfigurationen zeigt Bild 2.149. Die Resonanzfrequenz liegt bei

$$\omega_0 = \frac{1}{\sqrt{LC}} \quad (2.213)$$

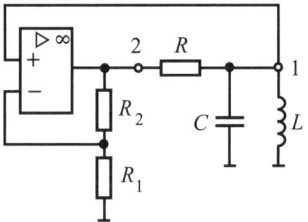

Bild 2.149 *LC*-Oszillator

In Transistorschaltungen sind die Rückkoppelnetzwerke gleichzeitig in den Kollektorzweig von Emitterschaltungen einbezogen. Die typischen Schaltungen zeigt Bild 2.150.

In der Meißner-Schaltung erfolgt die Auskopplung des Rückführsignals durch einen Übertrager. Die Hartley-Schaltung besitzt ein Rückkoppelnetzwerk mit angezapfter Spule (induktive Dreipunktschaltung). Die Colpitts-Schaltung benutzt einen kapazitiven Spannungsteiler (kapazitive Dreipunktschaltung) um das rückgeführte Signal zu bestimmen. Zur Berechnung dieser Schaltungen sei dem Leser weiterführende Literatur empfohlen [2.27].

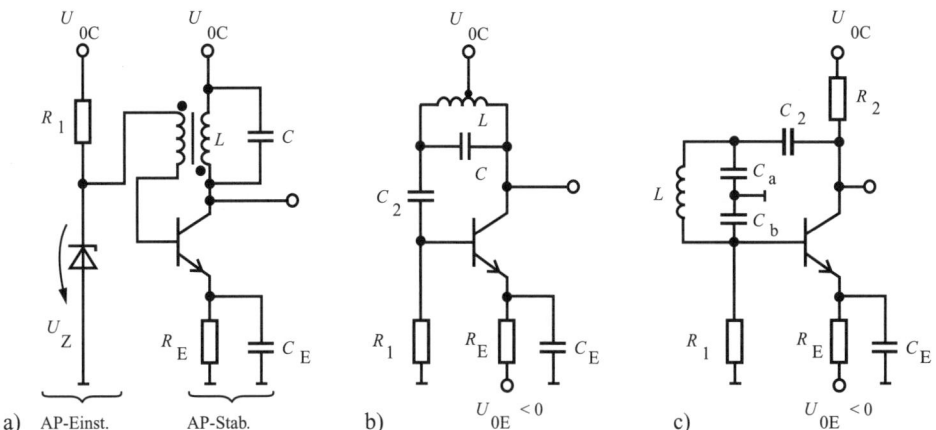

a) AP-Einst. AP-Stab. b) c)

Bild 2.150 LC-Oszillator-Konfigurationen a) Meißner-, b) Hartley-, c) Colpitts-Schaltung

2.6.4 Quarzoszillatoren

Ein Schwingquarz besitzt ein elektrisches Verhalten, das dem eines Schwingkreises entspricht. Sein Ersatzschaltbild (Bild 2.151) verdeutlicht dies. Die Temperaturabhängigkeit der Resonanzfrequenz, als ein wichtiges Qualitätskriterium, ist ausgesprochen gering. Dies führt zu einer sehr hohen Frequenzkonstanz von Quarzoszillatoren [2.28]. Sie liegt im Bereich

$$\frac{\Delta f}{f_0} = 10^{-6} \ldots 10^{-10}$$

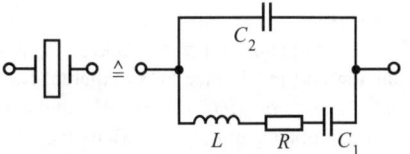

Bild 2.151 Ersatzschaltbild eines Schwingquarzes

Aus der Ersatzschaltung lässt sich eine Serienresonanzfrequenz ω_s, bei der die Impedanz ein Minimum erreicht, ableiten. Für $R = 0$ wird dieses Minimum Null.

$$\omega_s = \frac{1}{\sqrt{LC_1}} \qquad (2.214)$$

Die Parallelresonanzfrequenz ω_p ergibt sich zu

$$\omega_p = \frac{1}{\sqrt{LC_P}} \qquad (2.215)$$

mit $C_P = \dfrac{C_1 C_2}{C_1 + C_2}$.

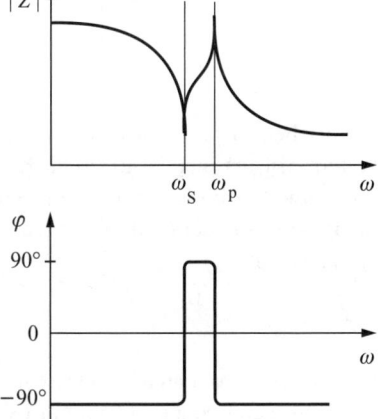

Bild 2.152 Impedanz eines Schwingquarzes

Bei dieser erreicht die Impedanz ein Maximum (siehe Bild 2.152). Die Kapazität C_2 wird durch parasitäre Anteile, wie Zuleitungen und Elektrodenstreukapazität, gebildet. Nur die Parallelresonanzfrequenz wird durch diese parasitären Effekte beeinflusst. Beide Frequenzen liegen sehr eng nebeneinander.

Soll die Schwingfrequenz eines Quarzoszillators auf einen bestimmten Wert eingestellt werden können, bietet sich eine Reihenschaltung aus einem Quarz und einer verstellbaren Kapazität C_S an. Mit der Ersatzschaltung des Quarzes ergibt sich die resultierende Serienresonanzfrequenz der Abgleichschaltung (Bild 2.153).

$$\omega_{S0} = \omega_S \sqrt{1 + \frac{C_1}{C_S + C_2}} \quad (2.216)$$

Die Parallelresonanzfrequenz bleibt davon unbeeinflusst.

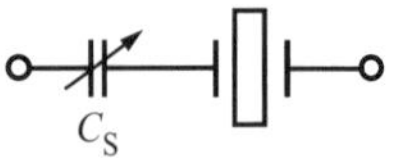

Bild 2.153 Abgleich der Schwingfrequenz eines Quarzes

Pierce-Oszillator. Eine besonders in der digitalen Schaltungstechnik weit verbreitete Quarzoszillatorschaltung ist der Pierce-Oszillator (Bild 2.154). Als Verstärkerelement kommt ein CMOS-Inverter zur Anwendung. Der Quarz wird bei seiner Parallelresonanzfrequenz betrieben, d. h., er besitzt induktives Verhalten. Mit den beiden externen Kapazitäten C_{E1} und C_{E2} bildet der Quarz einen Serienschwingkreis mit der Induktivität L und der Gesamtkapazität

$$\frac{1}{C_g} = \frac{1}{C_{E1}} + \frac{1}{C_{E2}} + \frac{1}{C_P}$$

Durch die externen Kapazitäten ist ein leichtes Ziehen der Resonanzfrequenz, d. h., ein exaktes Einstellen des Zielwertes, möglich. Der externe Widerstand R_E sichert das Anschwingen. Er kann sehr hochohmig sein.

Durch die hohe Verstärkung des Inverterverstärkers ist die Amplitudenbedingung übererfüllt. Da die Ausgangsspannung der Schaltung durch den Low- bzw. High-Pegel des Inverters begrenzt ist, entsteht ein annähernd rechteckförmiges Ausgangssignal.

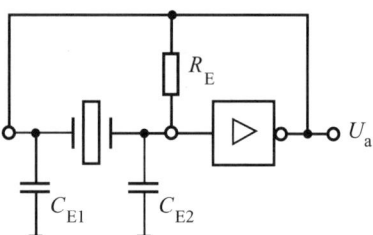

Bild 2.154 Pierce-Oszillator

Weitere Schaltungsvarianten auf der Basis von TTL- und CMOS-Invertern enthält [2.29].

2.6.5 Aufgaben

▲ **Aufgabe 2.6.1**
Es ist die Übertragungsfunktion $\underline{G}_{12}(j\omega)$ des Wien-Bandpasses 2. Ordnung entsprechend Bild 2.146 zwischen den Punkten 1 und 2 der Schaltung abzuleiten.

▲ **Aufgabe 2.6.2**
Ein Wien-Oszillator nach Abschnitt 2.6.2.2 ist für eine Schwingfrequenz von $f_S = 5$ kHz zu dimensionieren und mit PSpice zu simulieren. Dazu ist der Operationsverstärker µA 741 aus der Evaluation-Bibliothek mit ±15 V Betriebsspannung und Z-Dioden vom Typ D1N750, sowie ein $C = 47$ nF und ein $R_1 = 1$ kΩ zu verwenden.

▲ **Aufgabe 2.6.3**
Ein 4 GHz-Quarz besitzt die Ersatzelemente $L = 100$ mH, $C_1 = 15$ fF, $C_2 = 5$ pF und $R = 100$ Ω. Er soll in einer Pierce-Schaltung bei seiner Parallelresonanzfrequenz schwingen.

a) Zu berechnen sind die Serien- und Parallelresonanzfrequenz des Quarzes.

b) Die notwendige Größe der externen Kapazitäten ist zu bestimmen.

c) Die Schaltung ist mit PSpice zu simulieren. Dazu sollte ein CMOS-Gatter der Serie 4000 benutzt werden.

2.7 Stromversorgungseinheiten

Stromversorgungseinheiten, auch Netzgeräte genannt, dienen zur Erzeugung der von elektronischen Schaltungen benötigten Gleichspannungen. Sie bestehen aus drei Baublöcken

- Netzgleichrichter,
- Siebschaltung,
- Spannungsstabilisierung.

Im Netzgleichrichter wird die Netzwechselspannung in eine Wechselspannung der benötigten Größe transformiert und anschließend gleichgerichtet. Die Siebschaltung dient der Verringerung der Welligkeit der Gleichspannung. Meist ist zu diesem Zweck die Gleichrichterschaltung lediglich um einen einfachen Siebkondensator erweitert. Die anschließende Stabilisierung der Gleichspannung dient dem Ausgleich von Netzspannungs- und Belastungsschwankungen.

2.7.1 Gleichrichterschaltungen

Die hier betrachteten Gleichrichterschaltungen beinhalten bereits einen Siebkondensator. Eine Unterteilung der Schaltungsvarianten erfolgt nach der Anzahl der Ladestromwege (Einweg- bzw. Zweiweggleichrichtung) und nach der Art der Schaltung des Transformators und der Gleichrichterdioden.

Einweggleichrichter. Die einfachste Schaltung ist die Einweggleichrichtung mit einer Diode und dem Siebkondensator (Ladekondensator C_L) nach Bild 2.155a. Ein Ladestrom fließt über die Diode auf den Kondensator C_L, wenn die transformierte Eingangsspannung U_e um mehr als die Diodenflussspannung U_{F0} größer als die Ausgangsspannung U_a der Schaltung ist. Bei geringem Laststrom I_a kann der Kondensator bis auf $U_{a\,max} = \hat{U}_e - U_{F0}$ geladen werden. Bei größerem Laststrom wird dieser Wert in der Regel nicht erreicht. Während der negativen Halbwelle der Eingangsspannung führt der Ausgangsstrom I_a zu Entladung des Kondensators. Über der Diode liegt dann eine maximale Sperrspannung von $U_{SP\,max} = 2\hat{U}_e$.

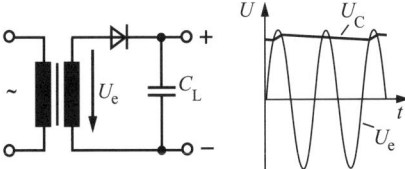

Bild 2.155 Einweggleichrichter
a) Schaltung, b) Spannungsverläufe

Zweiweggleichrichter mit Mittelanzapfung. Diese Schaltung (Bild 2.156) liefert aus den beiden Sekundärwicklungen des Transformators zwei gegenphasige Wechselspannungen, die auf den Ladekondensator gleichgerichtet werden. Ein Nachladen des Ladekondensators erfolgt während der positiven Halbwelle der Netzspannung über die Diode D1 und während der negativen Halbwelle über die Diode D2. Für beide Dioden ergeben sich die gleichen Anforderungen bez. Sperrspannungsfestigkeit. Die Ausgangsspannung kann maximal den Wert $U_{a\,max} = \hat{U}_e - U_{F0}$ erreichen. Da der Ladekondensator in einer Periode der Netzfrequenz zweimal nachgeladen wird, kann sein Kapazitätswert im Vergleich zur Einwegschaltung halbiert werden.

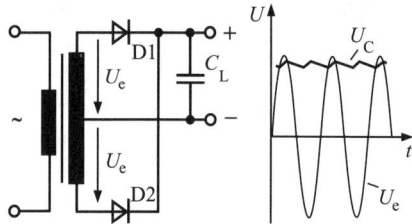

Bild 2.156 Zweiweggleichrichter mit Mittelanzapfung

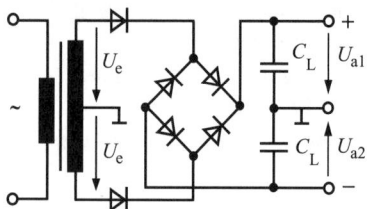

Bild 2.158 Mittelpunktgleichrichterschaltung

Brückengleichrichter. Durch die Nutzung einer Brückenschaltung von vier Dioden (Graetz-Brücke, Bild 2.157) wird der Kondensator C_L während der positiven und negativen Halbwelle der Netzwechselspannung nachgeladen. Da der Ladestrom jeweils über zwei Dioden fließt, beträgt die maximal erreichbare Ausgangsspannung $U_{a\,max} = \hat{U}_e - 2U_{F0}$. Die maximale Sperrspannung teilt sich jedoch auf beide Dioden gleichmäßig auf, so dass deren Durchbruchspannung lediglich $U_{SP\,max} = \hat{U}_e$ betragen muss.

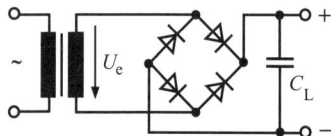

Bild 2.157 Brückengleichrichter

Mittelpunktgleichrichterschaltung. Zur Erzeugung zweier erdsymmetrischer Gleichspannungen, wie sie z. B. für den Betrieb von Operationsverstärkern benötigt wird, eignet sich die Mittelpunktschaltung (Bild 2.158). Durch die Diodenbrücke ist ein gleichzeitiges Nachladen beider Kondensatoren während der positiven und der negativen Halbwelle möglich. Es liegt also eine doppelte Zweiweggleichrichterschaltung vor. Für die maximale Ausgangsspannung gilt

$$U_{a1\,max} = -U_{a2\,max} = \hat{U}_e - 2U_{F0}$$

Gleichrichterberechnung. Die Berechnung einer Gleichrichterschaltung erfolgt hier anhand eines allgemeinen Ersatzschaltbildes (Bild 2.159), in dem der Transformator durch eine Wechselspannungsquelle mit dem Innenwiderstand R_i (ohmscher Widerstand der Transformatorwicklung) dargestellt wird. Die Gleichrichterdiode ist im Fall des Brückengleichrichters durch die Reihenschaltung von zwei Dioden zu ersetzen. Der Lastwiderstand R_L ergibt sich als Ersatzwiderstand aus dem angestrebten Laststrom I_a und der gewünschten Ausgangsspannung U_a. Eine konstante Ausgangsspannung ist jedoch nur bei unendlich großem Ladekondensator C_L erreichbar. Im Normalfall verläuft die Ausgangsspannung entsprechend einer Lade- und Entladekurve des Kondensators (vgl. Bild 2.159). Die verbleibende Ausgangsspannungsschwankung wird häufig als Brummspannung U_{BrSS} bezeichnet. Die Anzahl der Ladezyklen je Periode wird durch den Parameter N berücksichtigt. $N = 1$ steht für Einweggleichrichtung, $N = 2$ für die Zweiweggleichrichtervarianten.

Ziel der Schaltungsdimensionierung ist die Berechnung der erforderlichen Größe des Ladekondensators C_L und der notwendigen Eingangsspannungsamplitude $\hat{U}_e$ bei vorgegebener Ausgangsspannung U_a, gewünschtem Laststrom I_a und verbleibender Brummspannung U_{BrSS}. Die Größe des Ladekondensators resultiert aus der geforderten Brummspannung. Bei Annahme eines linearen Verlaufs der Entladekurve der Kondensatorspannung ergibt sich die abfließende Ladung während der Entladezeit.

$$Q_{ab} = C_L U_{BrSS} = I_a \left(\frac{T}{N} - t_1 \right) \quad (2.217)$$

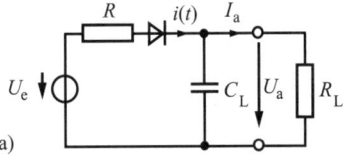

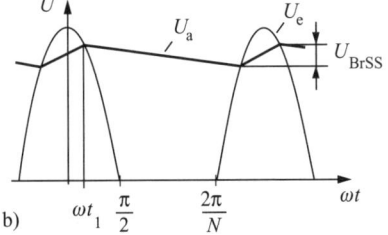

b)

Bild 2.159 a) Gleichrichter-Ersatzschaltung, b) Spannungsverläufe

Die Nachladezeit $2t_1$ wird meist durch den Stromflusswinkel Θ des Diodenstromes ausgedrückt. Es gilt

$$\frac{\Theta}{2} = \alpha = \omega t_1 \quad (2.218)$$

mit $\omega = 2\pi f_n = 2\pi/T = 2\pi \cdot 50$ Hz. Für den Ladekondensator ergibt sich somit

$$C_L = \frac{I_a}{U_{BrSS}} \left(\frac{T}{N} - \frac{\alpha}{\omega} \right)$$
$$= \frac{I_a}{U_{BrSS} f_n} \left(\frac{1}{N} - \frac{\alpha}{2\pi} \right) \quad (2.219)$$

Die Größe des Stromflusswinkels Θ bzw. des Schaltwinkels α muss aus dem Gleichgewicht von zufließender und abfließender Ladung am Kondensator C_L berechnet werden. Die zufließende Ladung wird dabei durch den R_i des Transformators begrenzt. In [2.24] wird auf der Basis dieses Ladungsgleichgewichtes eine

Beziehung zur Bestimmung der Kapazität C_L und des Idealwertes der Ausgangsspannung U_{aI} angegeben. Der Wert U_{aI} entspricht der konstanten Ausgangsspannung bei Einsatz eines unendlich großen Ladekondensators.

$$\boxed{C_L = \frac{I_a}{U_{BrSS} N f_n} \left(1 - \sqrt[4]{\frac{R_i}{N R_L}} \right)} \quad (2.220)$$

$$\boxed{U_{aI} = U_{a\max} \left(1 - \sqrt{\frac{R_i}{N R_L}} \right)} \quad (2.221)$$

Unter Nutzung von Gleichung (2.216) kann die notwendige Eingangsspannungsamplitude $\hat{U}_e$ berechnet werden.

Eine Zusammenfassung der wichtigsten Parameter der vorgestellten Gleichrichterschaltungen zeigt Tabelle 2.17.

❏ **Beispiel 2.28**

Eine Brückengleichrichterschaltung ist für eine Ausgangsspannung von 5 V und einen Laststrom von 0,5 A zu dimensionieren. Als Brummspannung sind 20 % der Ausgangsspannung zulässig. Der Transformator besitze einen Innenwiderstand von 1 Ω.

Lösung:

Der geforderte Ausgangsstrom entspricht einem äquivalenten Lastwiderstand von

$$R_L = \frac{U_a}{I_a} = 10 \, \Omega$$

Mit $N = 2$ und $f_n = 50$ Hz ergibt sich der Ladekondensator nach Gleichung (2.215) zu $C_L = 2,6$ mF. Um die notwendige Eingangsspannungsamplitude $\hat{U}_e$ berechnen zu können wird die maximale Ausgangsspannung benötigt. Nach (2.216) ergibt sich $U_{a\max} = 6,44$ V und damit $\hat{U}_e = U_{a\max} + 2U_{F0} = 7,84$ V.

Hinweis: Eine Analyse der Schaltung mit PSpice liefert bei dieser Dimensionierung eine etwas zu kleine Ausgangsspannung, so

Tabelle 2.17 Parametervergleich von Gleichrichterschaltungen

	Einwegschaltung	Zweiwegschaltung	Brückenschaltung	Mittelpunktschaltung
$U_{a\,max}$	$\hat{U}_e - U_{F0}$	$\hat{U}_e - U_{F0}$	$\hat{U}_e - 2U_{F0}$	$\hat{U}_e - 2U_{F0}$
$U_{SP\,max}$	$2\hat{U}_e$	$2\hat{U}_e$	$\hat{U}_e$	$\hat{U}_e$
P_{VDiode}	$U_{F0}I_a$	$U_{F0}I_a/2$	$U_{F0}I_a/2$	$U_{F0}I_a/2$

dass eine Feinkorrektur der Eingangsspannung notwendig ist.

Grundlagen zur Berechnung des erforderlichen Netztransformators findet der Leser in [2.30].

2.7.2 Spannungsstabilisierung

Elektronische Schaltungen reagieren in der Regel sehr empfindlich auf Betriebsspannungsschwankungen. Arbeitspunktverschiebungen und daraus resultierende Änderungen der Kleinsignalparameter führen meist zur Verschlechterung wichtiger Schaltungsparameter. Deshalb ist in den meisten Fällen eine Stabilisierung der Versorgungsspannung gegen

- Netzspannungsschwankungen,
- Laststromschwankungen und
- Temperaturschwankungen.

notwendig. Eine Bewertung der Qualität einer Stabilisierungsschaltung im Sinne der genannten Anforderungen erfolgt durch die Parameter:

relativer Stabilisierungsfaktor S'

$$S' = \frac{\frac{\Delta U_e}{U_e}}{\frac{\Delta U_a}{U_a}} \quad (2.222)$$

dynamischer Ausgangswiderstand r_a

$$r_a = \frac{dU_a}{dI_a} \quad (2.223)$$

Temperaturkoeffizient TK_U

$$TK_U = \frac{1}{U_a}\frac{dU_a}{dT} \quad (2.224)$$

2.7.2.1 Einfache Stabilisierungsschaltungen

Die einfachste Stabilisierungsschaltung stellt eine Z-Diode mit Vorwiderstand dar, wie sie im Abschnitt 1.2.5.2 beschrieben wurde. Da die Z-Diode in dieser Schaltung im Leerlauf den gesamten Laststrom übernehmen muss, wird der Regelbereich für Laststromschwankungen stark eingeschränkt. Eine Schaltung mit einem Längstransistor, der als Emitterfolger arbeitet, besitzt bessere Eigenschaften (Bild 2.160).

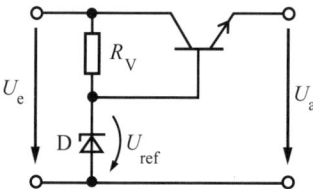

Bild 2.160 Spannungsstabilisierung mit Emitterfolger

Laststromschwankungen wirken um den Stromverstärkungsfaktor B_N des Transistors reduziert an der Z-Diode. Die Basis-Emitter-Spannung des Transistors erfährt wegen der exponentiellen U-I-Kennlinie nur geringfügige Veränderungen. Eingangsspannungsschwankungen werden über der Kollektor-Emitter-Strecke abgebaut. Die Ausgangsspannung bleibt konstant bei $U_a = U_{ref} + U_{BE}$. Damit diese Eingangsspannungsschwankungen nicht zu Änderungen der Referenzspannung U_{ref} führen, sollte der Vorwiderstand R_V durch eine Stromquelle ersetzt werden.

2.7.2.2 Spannungsregler

Die Grundschaltung eines linearen Spannungsreglers zur Stabilisierung zeigt Bild 2.161. Die Ausgangsspannung wird über einem Spannungsteiler (R_1, R_2) aus der Referenzspannung abgeleitet.

$$U_a = \left(1 + \frac{R_1}{R_2}\right) U_{ref} \qquad (2.225)$$

Als Referenzspannungsquelle kann z. B. eine Z-Diode dienen, deren Arbeitspunktstrom aus der Ausgangsspannung gespeist wird. Jede Abweichung der Ausgangsspannung vom Sollwert gleicht der Regelverstärker (Operationsverstärker) durch Veränderung der Basisspannung des Längstransistors aus. Bereits Verstärkungen von $10^2 \ldots 10^3$ des Regelverstärkers führen zu Stabilisierungsfaktoren von $10^4 \ldots 10^5$ und dynamischen Ausgangswiderständen von $10^{-2} \ldots 10^{-5}$ Ω. Laststromschwankungen wirken sich nicht mehr auf die Ausgangsspannung aus.

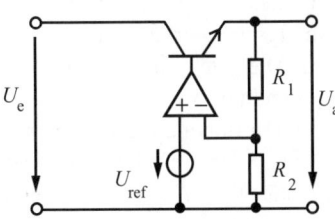

Bild 2.161 Spannungsregler

Eine ausführliche Betrachtung verschiedener Schaltungsvarianten erfolgt in [2.31].

❑ **Beispiel 2.29**

Es ist das Blockschaltbild für den Regelkreis eines Spannungsreglers zu entwickeln.

Lösung:

Die Störgröße für diesen Regelkreis bildet eine Schwankung des Laststromes. Die verbleibende Ausgangsspannungsschwankung ist die Ausgangsgröße. Bild 2.162 zeigt das Blockschaltbild. ΔU_E und ΔU_B entsprechen den Änderungen des Emitter- bzw. Basispotenzials.

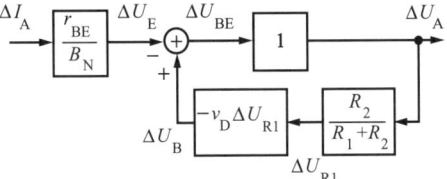

Bild 2.162 Regelkreis eines Spannungsreglers

Integrierte Spannungsregler. Integrierte Spannungsregler sind als Festspannungsregler (z. B. Serie 7800) mit drei Anschlüssen (vgl. Bild 2.163) erhältlich. Außer dem eigentlichen Spannungsregler enthalten diese Bausteine zusätzliche Baugruppen zur Vermeidung von Überlastungen. Dazu gehören in der Regel

- Laststrombegrenzung (Kurzschlusssicherung),
- Überspannungsschutz,
- Temperatursensor.

Zur Erzeugung der Referenzspannung werden gewöhnlich Bandgap-Quellen verwendet (vgl. Abschnitt 2.7.3).

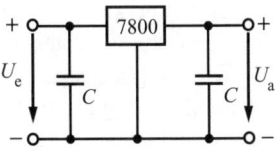

Bild 2.163 Stabilisierungsschaltung mit integriertem Spannungsregler

Bei integrierten Spannungsreglern mit einstellbarer Ausgangsspannung (z. B. Serie 317) wird der Spannungsteiler (R_1, R_2 in Bild 2.161) extern angeschlossen, so dass die Ausgangsspannung durch dessen Dimensionierung in bestimmten Grenzen eingestellt werden kann.

Beachte: Die im Bild 2.163 dargestellten zusätzlichen Kondensatoren dienen der Unterdrückung der Schwingneigung des Reglers. Sie sind unmittelbar an den Anschlüssen des Schaltkreises anzuordnen.

2.7.3 Erzeugung von Referenzspannungen

Referenzspannungen, wie sie z. B. in Spannungsreglern aber auch in A/D-Wandlern als absolute Bezugsgröße benötigt werden, müssen unempfindlich gegenüber Temperatur- und Betriebsspannungsschwankungen sein. Der Temperaturkoeffizient einer Referenzspannungsquelle ist deren wichtigster Qualitätsparameter.

2.7.3.1 Referenzspannungsquellen mit Z-Dioden

Die Eigenschaften einer Z-Diode wurden in Abschnitt 1.2.5.2 ausführlich diskutiert. Die Abhängigkeit der Z-Spannung von der Temperatur kann durch die Konstruktion der Z-Diode minimiert werden. Bei Reihenschaltung mehrerer integrierter Z-Dioden ist eine Kompensation der Temperaturgänge erreichbar, so dass Temperaturkoeffizienten von $\alpha_Z = 10^{-4} \ldots 10^{-5}$ K^{-1} möglich sind. Für eine möglichst gute Stabilisierung gegenüber Betriebsspannungsschwankungen sollte die Einstellung des Arbeitspunktes mittels einer Konstantstromquelle erfolgen (Bild 2.164).

Der Stabilisierungsfaktor S

$$S = \frac{\Delta U_e}{\Delta U_{\text{ref}}} = 1 + \frac{r_i}{r_Z} \quad (2.226)$$

kann Werte bis 10^4 annehmen.

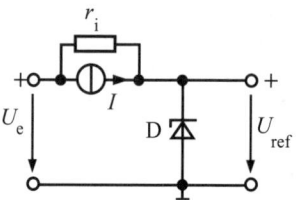

Bild 2.164 Referenzspannungsquelle mit Z-Diode

2.7.3.2 Bandgap-Referenz

Bandgap-Referenzquellen nutzen die Bandabstandsspannung $U_g = W_g/e$ von Silizium (Bandgap) als Spannungsreferenz. Diese ist eine temperaturunabhängige innerelektronische Größe, die nicht direkt messbar ist. Man macht deshalb von der Tatsache Gebrauch, dass die Basis-Emitter-Spannung eines mit konstantem Strom betriebenen Transistors einen Bezug zu dieser Bandgap-Spannung aufweist.

$$U_{\text{BE}}(T) = U_g + D_T \cdot T \\ + (\eta - 1)U_T \left(1 - \ln \frac{T}{T_0}\right) \quad (2.227)$$

Für die üblichen Bipolartransistoren mit $D_T = -2$ mV/K und $\eta = 3$ ergibt sich eine annähernd lineare Temperaturabhängigkeit, die vom Temperaturkoeffizienten D_T bestimmt wird. Die Nichtlinearität im dritten Term der Gleichung kann vernachlässigt werden. In einer Bandgap-Referenzspannungsquelle muss der verbleibende linear temperaturabhängige Anteil durch eine temperaturproportionale Spannung (PTAT-Spannung; englisch: **p**roportional **t**o **a**bsolute **t**emperature) kompensiert werden. Dazu sind verschiedene schaltungstechnische Lösungen bekannt. Die verbreitetste Schaltung ist in Bild 2.165 gezeigt. In ihr stellt der Transistor T2 den Referenztransistor und der Spannungsabfall über R_2 die Kompensationsspannung U_{PTAT} dar. Die temperaturkompensierte Ausgangsspannung U_{ref} ist die Summe aus der Basis-Emitter-Spannung des Transistors T2 und der PTAT-Spannung.

$$U_{\text{ref}} = U_{\text{BE2}}(T) - U_{\text{PTAT}} \qquad (2.228)$$

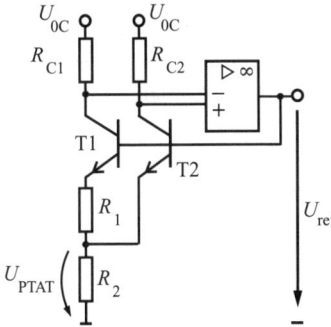

Bild 2.165 Bandgap-Referenzspannungsquelle

Der Spannungsabfall über R_1 ist als Differenz der Basis-Emitter-Spannungen vom Quotienten der Transistorströme abhängig.

$$\Delta U_{\text{BE}} = U_{\text{BE2}} - U_{\text{BE1}} = U_T \ln\left(\frac{I_{C2}}{I_{C1}}\right) \qquad (2.229)$$

Bei einem idealen Operationsverstärker berechnet sich der Quotient der Kollektorströme der beiden Transistoren mit $U_{RC1} = U_{RC2}$ zu

$$\frac{I_{C2}}{I_{C1}} = \frac{R_{C1}}{R_{C2}} = n \qquad (2.230)$$

Wegen $U_T = kT/e$ ist ΔU_{BE} temperaturproportional. Der Spannungsabfall über R_2, der durch die Summe beider Transistorströme verursacht wird, ist dies ebenfalls. Für ihn ergibt sich

$$U_{R2} = U_{\text{PTAT}} = \frac{\Delta U_{\text{BE}}}{R_1} R_2 + I_{E2} R_2 \qquad (2.231)$$

Mit der Näherung $I_E = I_C$ folgt

$$I_{E2} = I_{E1} \frac{R_{C1}}{R_{C2}} = \frac{\Delta U_{\text{BE}}}{R_1} \frac{R_{C1}}{R_{C2}} \qquad (2.232)$$

Die PTAT-Spannung ergibt sich folglich zu

$$U_{\text{PTAT}} = U_T \frac{R_2}{R_1}\left(1 + \frac{R_{C1}}{R_{C2}}\right) \ln\left(\frac{R_{C1}}{R_{C2}}\right) \qquad (2.233)$$

Ihre lineare Temperaturabhängigkeit steckt in der enthaltenen Temperaturspannung $U_T = kT/e$.

Eine ideale Temperaturkompensation der in Gleichung (2.223) beschriebenen Ausgangsspannung erfordert die Erfüllung der Bedingung

$$\left.\frac{dU_{\text{ref}}}{dT}\right|_{T_0} = D_T + \frac{k}{e}\frac{R_2}{R_1}\left(1 + \frac{R_{C1}}{R_{C2}}\right)\ln\left(\frac{R_{C1}}{R_{C2}}\right)$$
$$= 0 \qquad (2.234)$$

durch entsprechende Dimensionierung der Widerstände. Die Ausgangsspannung U_{ref} ergibt sich dann gerade gleich der Bandgap-Spannung U_g.

In der Praxis werden oft Referenzspannungen größer als U_g benötigt. Diese können erreicht werden, wenn die Referenzspannung über einen Spannungsteiler an den Ausgang gebracht wird (Bild 2.166). Es ergibt sich dann

$$U_{\text{ref}} = \left(1 + \frac{R_3}{R_4}\right) U_g \qquad (2.235)$$

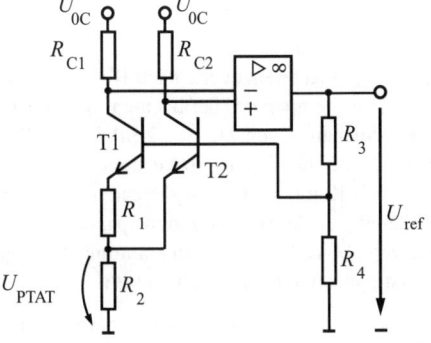

Bild 2.166 Bandgap-Referenzspannungsquelle mit Spannungsteiler

Die Stabilität der Referenzspannung gegenüber Betriebsspannungsschwankungen kann verringert werden, indem die beiden Transistoren aus der Ausgangsspannung gespeist werden. Integrierte Bandgap-Referenzen erreichen Temperaturkoeffizienten bis zu $3 \cdot 10^{-6} \cdot \mathrm{K}^{-1}$.

2.7.4 Aufgaben

▲ **Aufgabe 2.7.1**

Der Spannungsregler nach Bild 2.161 ist für eine Ausgangsspannung von 9 V zu dimensionieren. Als Referenzspannungsquelle ist eine Z-Diode mit Vorwiderstand zu benutzen, deren Strom aus der Eingangsspannung gespeist wird. Der OPV besitze eine Verstärkung von $v' = 100$ dB. Über den Spannungsteiler sollte ein Strom von 5 mA fließen.
Folgende Parameter sind für die Schaltung gegeben: $U_e = 12$ V ... 17 V, $U_Z = 4{,}7$ V, $I_Z = 7$ mA, $r_Z = 7\,\Omega$, $I_a = 0 \ldots 500$ mA.

a) Wie groß ist der Spannungsstabilisierungsfaktor dieser Schaltung?

b) Für eine Simulation der Schaltung mit PSpice sind der Transistor Q2N2222, die Z-Diode D1N750 und der OPV µA 741 aus der Evaluation-Bibliothek zu benutzen. Es sind die unter den gegebenen Bedingungen entstehenden Ausgangsspannungsschwankungen zu bestimmen.

c) Aus den Ergebnissen von b) sind der Stabilisierungsfaktor und der Ausgangswiderstand abzuleiten.

▲ **Aufgabe 2.7.2**

Die Bandgap-Referenzquelle nach Bild 2.166 besitzt einen Temperaturkoeffizienten der Basis-Emitter-Spannung von $D_T = -2$ mV/K bei $T = 300$ K. Die Schaltung ist so zu dimensionieren, dass durch Kompensation der linearen Temperaturabhängigkeit der Basis-Emitter-Spannung in der Nähe von 300 Kelvin eine temperaturunabhängige Ausgangsspannung von 3 Volt entsteht.

Hinweis: Die Lösung der Gleichung für das Widerstandsverhältnis R_{C1}/R_{C2} kann nur grafisch oder numerisch erfolgen.

▲ **Aufgabe 2.7.3**

Für die Schaltung aus Beispiel 2.28 ist mittels PSpice-Simulationen eine Feindimensionierung vorzunehmen.

2.8 Analog/Digital- und Digital/Analog-Wandler

2.8.1 Kennwerte von A/D-Wandlern

Im Rahmen der digitalen Verarbeitung (bzw. Anzeige) von Messgrößen ist zunächst die Wandlung der analogen Signale in eine digitale Darstellung erforderlich. Im allgemeinen erfolgt dabei die Wandlung einer Eingangsspannung in eine proportionale digitale Zahl. Das Wandlerverhalten ist durch eine Wandlerkennlinie (Bild 2.167) beschreibbar.

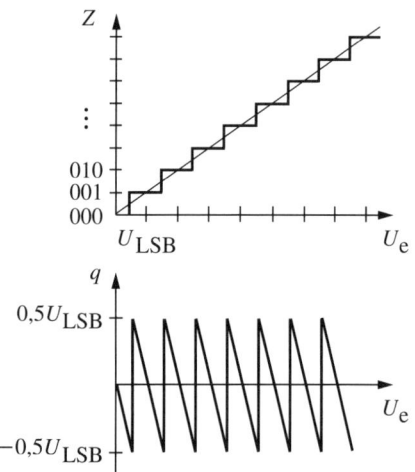

Bild 2.167 a) Kennlinie eines A/D-Wandlers, b) Quantisierungsfehler

Auflösung. Der wichtigste Parameter eines A/D-Wandlers ist dessen *Auflösung*. Diese entspricht der Größe des Wandlungsergebnisses in Bit. Ein n-Bit Wandler kann die analoge Eingangsspannung in 2^n Stufen quantisieren. Die kleinste Quantisierungsstufe entspricht der Änderung des niederwertigsten Bit (LSB – least significant bit) des Digitalwortes. Ihr ist eine Spannungsschrittweite U_{LSB} des analogen Eingangssignals nach Gleichung (2.231) zugeordnet. Darin ist mit U_{ref} der maximale Eingangsspannungsbereich festgelegt.

$$U_{LSB} = \frac{U_{ref}}{2^n - 1} \qquad (2.236)$$

Infolge der begrenzten Auflösung eines A/D-Wandlers besitzt dieser im Idealfall einen *Quantisierungsfehler*
$q = (-0{,}5 \ldots + 0{,}5) U_{LSB}$
(siehe Bild 2.167 b).

Statische Fehler. Durch den nichtidealen inneren Aufbau eines A/D-Wandlers bedingte statische Fehler äußern sich in einer Abweichung der Wandlerkennlinie vom idealen Verlauf. Sie lassen sich einteilen in

- Offsetfehler (Kennlinie verläuft nicht durch Ursprung),
- Verstärkungsfehler (Kennlinie endet für $U_e = U_{ref}$ nicht bei $Z_{max} = 2^{n-1}$),
- Linearitätsfehler (unterschiedliche Stufenweiten der Kennlinie).

Linearitätsfehler führen zu einer Vergrößerung des Quantisierungsfehlers. Überschreitet dieser den Wert $1 U_{LSB}$ bzw. $-1 U_{LSB}$ dann werden einzelne Digitalworte übersprungen (missing codes).

Dynamische Fehler. Zwei wichtige dynamische Fehler eines A/D-Wandlers sind der Nachziehfehler (tracking error) und der Zitterfehler (jitter error). Sie bewirken bei sich schnell ändernder Eingangsspannung einen Abtastfehler.

Der Nachziehfehler ΔU resultiert aus der endlichen Aufladegeschwindigkeit der Eingangskapazität des Wandlers. Mit der einfachen Ersatzschaltung aus Bild 2.168 ergibt sich dieser Fehler bei einer rampenförmigen Eingangsspannung entsprechend [2.32] zu

$$\begin{aligned}\Delta U &= U_e(t) - U_i(t) \\ &= R_i C_i \frac{dU_e}{dt} \left(1 - e^{\frac{-t}{R_i C_i}}\right)\end{aligned} \qquad (2.237)$$

wenn zum Zeitpunkt des Schließens des Abtastschalters S beide Spannungen noch gleich waren. Bleibt der Schalter geschlossen dann wächst der Nachziehfehler auf einen stationären Maximalwert von $R_i C_i \, dU_e/dt$.

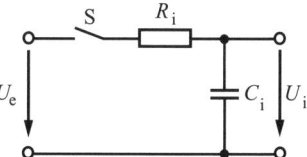

Bild 2.168 Ersatzschaltung des Wandlereingangs

Ein Jitterfehler im Wandlungsprozess bedeutet, dass der Abtastzeitpunkt leichten Verschiebungen unterliegt, die durch die wandlerinterne Ablaufsteuerung entstehen. Bei veränderlicher Eingangsspannung werden dann verfälschte Spannungswerte interpretiert (siehe Bild 2.169). Der Jitterfehler beträgt bei einer bestimmten Zeitverschiebung ε

$$\begin{aligned}\Delta U_j &= U_e(mT + \varepsilon) - U_e(mT) \\ &= \varepsilon \left. \frac{dU_e}{dt} \right|_{mT}\end{aligned} \qquad (2.238)$$

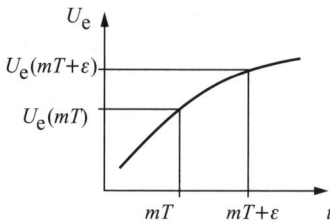

Bild 2.169 Wirkung eines Jitterfehlers

Eine ausführliche Diskussion der beschriebenen Fehler an A/D-Wandlern und die messtechnische Erfassung derselben sind in [2.33] und [2.34] ausführlich beschrieben.

2.8.2 A/D-Wandlungsverfahren

Die Verfahren zur Analog/Digital-Wandlung lassen sich in drei Prinzipien unterteilen

- Zählverfahren,
- Sukzessive Approximation,
- Parallelverfahren.

Den geringsten schaltungstechnischen Aufwand erfordern die Zählverfahren. Bei ihnen wird die Eingangsspannung mit einer im Wandler erzeugten stufenweise steigenden Spannung verglichen. Bei erreichter Gleichheit erfolgt die digitale Ausgabe des aktuellen Stufenwertes der Vergleichsspannung. Zur Erzeugung der Vergleichsspannung kann z. B. ein Digital/Analog-Wandler verwendet werden.

Dual-Slope-Verfahren. Bei diesem Zwei-Rampen-Verfahren handelt es sich um ein modifiziertes Zählverfahren. Die Vergleichsspannung wird in einem Integrator gebildet (Bild 2.170). Während der Messphase wird die abgetastete Eingangsspannung U_e integriert. Der Endwert von U_i ist proportional zur Eingangsspannung. In der Zählphase erfolgt eine Integration der konstanten Referenzspannung U_{ref} ($U_{ref} < 0$). Der Anstieg dieser zweiten Rampe ist proportional zu U_{ref} und somit immer gleich. Die Zeitdauer bis zum Nulldurchgang ist dadurch proportional zu U_e. Ein Zähler wertet diese Zeitdauer aus. Für den Zählerstand ergibt sich

$$Z = f(t_2 - t_1) = \frac{U_e}{U_{ref}} 2^n \qquad (2.239)$$

Ungünstig an diesem Verfahren ist die lange Wandlungszeit. Bei einem 10-Bit Wandler beträgt sie $2 \cdot 2^{10} = 2\,048$ Zähltakte. Ein Vorteil ist, dass die Integrationszeitkonstante $t = RC_I$ nur während Mess- und Zählphase konstant gehalten werden muss. Eine absolute Genauigkeit ist nicht erforderlich.

Mit diesem Verfahren sind Auflösungen bis 22 Bit erreichbar. Allerdings beträgt die Wandlungszeit dann bis zu 50 ms, so dass nur niederfrequente Signale gewandelt werden können.

❏ **Beispiel 2.30**

Für einen A/D-Wandler nach dem Dual-Slope-Verfahren ist die Integratorzeitkonstante τ passend zu den gegebenen Kenngrößen Auflösung $n = 20$, maximale Eingangsspannung $U_{e\,max} = -U_{ref} = 5$ V, $U_{I\,max} = -10$ V und Zählfrequenz $f_Z = 5$ MHz zu bestimmen. Wie lang ist die Wandlungszeit?

Lösung:

Bei maximaler Eingangsspannung (entspricht dem Betrag der Referenzspannung) muss der Integrator in 2^{20} Taktschritten $T_Z = 1/f_Z$ den maximalen Wert der Integratorspannung $U_{I\,max}$ erzeugen.

$$U_{I\,max} = -\frac{1}{\tau} \int_0^{t_1} U_{e\,max}\,dt = -\frac{U_{e\,max} 2^{20} T_Z}{\tau}$$

Es ergibt sich ein $\tau = 0{,}105$ s. Die Wandlungszeit beträgt

$$2t_1 = 2^{20} T_Z = 0{,}42 \text{ s}$$

Sukzessive Approximation. Das in Bild 2.171 dargestellte Wandlungsprinzip wird auch als Wägeverfahren bezeichnet. Die Wandlung, d. h., die Gewinnung des Digitalwortes erfolgt Bitweise vom höchstwertigen Bit (MSB – most significant bit) zum niederwertigsten Bit (LSB). Dazu sind n Wandlungsschritte nötig. Im ersten Schritt erfolgt

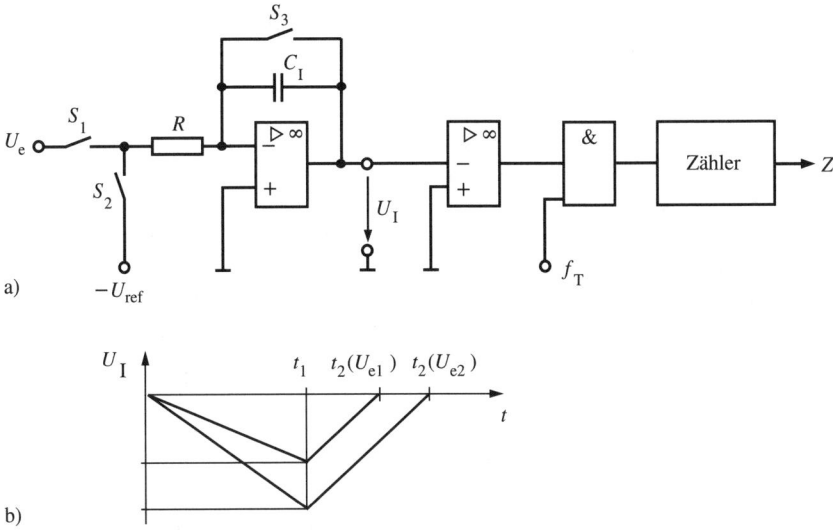

Bild 2.170 a) A/D-Wandler nach dem Dual-Slope-Verfahren, b) Zeitverlauf der Integratorspannung

ein Vergleich der abgetasteten Eingangsspannung mit $U_{ref}/2$. Im zweiten Wandlungsschritt bestimmt sich der Vergleichswert in Abhängigkeit vom ersten Ergebnis entweder zu $U_{ref}/4$ oder zu $3U_{ref}/4$. Anschließend lauten die Vergleichswerte $U_{ref}/8$, $3U_{ref}/8$, $5U_{ref}/8$ oder $7U_{ref}/8$. Die jeweiligen Vergleichsspannungen $U(Z)$ müssen durch einen Digital/Analog-Wandler bereitgestellt werden. Dessen Steuerung erfolgt in Abhängigkeit von den bereits gewonnenen höherwertigen Bits. Diese Aufgabe übernimmt das „Succesive Approximation Register" (SAR), eine digitale Steuerschaltung. Während der gesamten Zeit muss die Eingangsspannung in einem Abtast-Halte-Glied (S/H – Sample & Hold) zwischengespeichert werden.

Die Genauigkeit und Qualität des A/D-Wandlers wird folglich direkt von den Eigenschaften des Digital/Analog-Wandlers bestimmt. Verfahren dieser Art sind bis 18 Bit Auflösungen und Wandlungszeiten von 10 µs einsetzbar. Die sich ergebenden maximalen Abtastfrequenzen gestatten den Einsatz im Audiobereich.

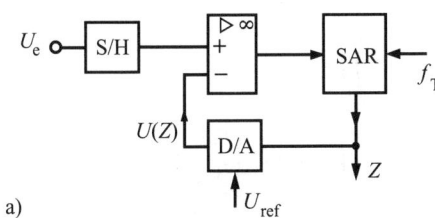

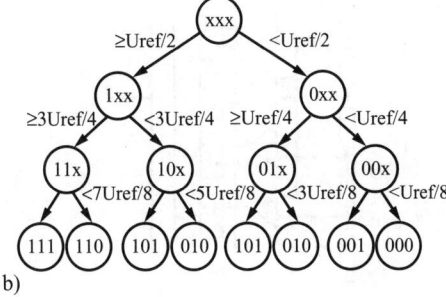

Bild 2.171 a) A/D-Wandler mit sukzessiver Approximation, b) Wandlungsalgorithmus

Parallelverfahren. Die Wandlung erfolgt in einem Umsetzschritt. Dazu benötigt ein Parallelwandler $m = 2^n$ Komparatoren, die das Eingangssignal mit allen 2^n Spannungsstufen des Wandlers gleichzeitig vergleichen. Im Bild 2.172 werden diese Vergleichsspannungen durch einen m-stufigen Spannungsteiler gewonnen. Eine digitale Logikschaltung dient zur Umwandlung des entstehenden Thermometercodes in die Dualcodierung des Ergebnisses. Die D-FF speichern das Ergebnis während der Umkodierung. Sie bilden ein digitales S/H-Glied. Die erreichbare Genauigkeit der Widerstandskette und der extrem hohe schaltungstechnische Aufwand für die Komparatoren erlaubt die Nutzung dieses Prinzips nur bis zu 10-Bit Wandlern. Das Verfahren ist jedoch sehr schnell und deshalb besonders für Videofrequenzen geeignet. Wandler nach diesem Verfahren sind bis in den hohen MHz-Bereich verfügbar.

2.8.3 Grundprinzipien der D/A-Wandlung

Bei der Digital/Analog-Wandlung ist eine digitale Zahl $D = (b_{n-1}, b_{n-2}, \ldots b_2, b_1, b_0)$ in eine proportionale analoge Ausgangsgröße, meist eine Spannung, umzuwandeln. Die einzelnen Bits b_i besitzen den Wert 1 oder 0. Der Maximalwert dieser Ausgangsspannung U_a wird in der Regel aus einer dem Wandler zugeführten Referenzspannung U_{ref} abgeleitet.

$$U_a = \frac{U_{ref}}{2^n} \sum_{i=0}^{n-1} b_i 2^i \qquad (2.240)$$

Die Schrittweite der Ausgangsspannung U_{LSB} entspricht einer Änderung des niederwertigsten Bit des Digitalwortes.

Genauigkeit von D/A-Wandlern. Wichtigster Parameter ist die Auflösung. Sie gibt die Größe des wandelbaren Digitalwortes in Bit an und steht in direktem Zusammenhang zur Schrittweite der Ausgangsspannung U_{LSB} nach Gleichung (2.231). Die Abweichungen der Wandlerkennlinie vom idealen Verlauf charakterisieren die *stationären Fehler* eines D/A-Wandlers, Nullpunktfehler (Offsetfehler), Verstärkungsfehler und Linearitätsfehler, wie sie in gleicher Weise beim A/D-Wandler auftreten. Das entscheidende Kriterium ist die Einhaltung der *Monotonie der Kennlinie*. *Dynamische Fehler* können aus dem Unterschreiten der Einschwingzeit der Schaltung resultieren. Wandler mit Operationsverstärkern besitzen eine relativ lange Einschwingzeit. Fehlinterpretationen des Ausgangswertes können auftreten wenn ein zeitversetztes Schalten des Schalternetzwerkes für 0/1- bzw. 1/0-Übergänge stattfindet. Die dadurch verursachten Störimpulse (Glitches) am Ausgang müssen vor einer Auswertung auf jeden Fall abgeklungen sein.

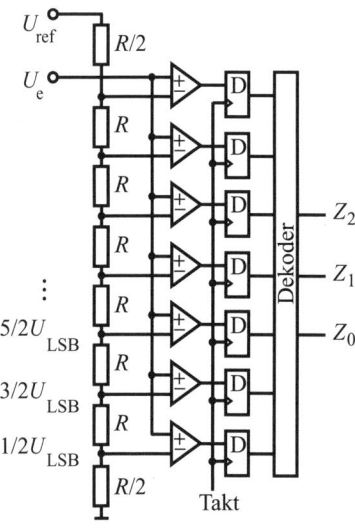

Bild 2.172 A/D-Wandler nach dem Parallelverfahren

D/A-Wandlungsverfahren kann man wie auch die A/D-Wandlungsverfahren in die drei Grundprinzipien Zählverfahren, Wägeverfahren und Parallelverfahren einteilen. Bei den *Zählverfahren* erfolgt die Bildung der Ausgangsspannung durch Mittelwertbildung über High- und Low-Pegel (U_{ref} bzw. Masse), die dem binären Informationsgehalt eines eingehenden seriellen Bitstromes entsprechen. Eine Dualzahl muss dazu vorher in den gewünschten Bitstrom umgewandelt werden. Bei den *Parallelverfahren* erfolgt die Bildung der Ausgangsspannung durch einen 2^n-stufigen Spannungsteiler. Die Auswahl des Abgriffs ist mittels eines 1 aus m Dekoders ($m = 2^n$) aus dem digitalen Eingabewert abzuleiten. Die größte praktische Bedeutung besitzen die *Wägeverfahren*. Bei Ihnen erfolgt die Bildung der Ausgangsspannung entweder durch Summation binär gewichteter Ströme oder durch Ladungsumverteilungen auf gewichteten Kapazitäten. Die binären Gewichte entsprechen der Wertigkeit der einzelnen Bits des Digitalwortes.

2.8.3.1 D/A-Wandler mit Widerstandsnetzwerk

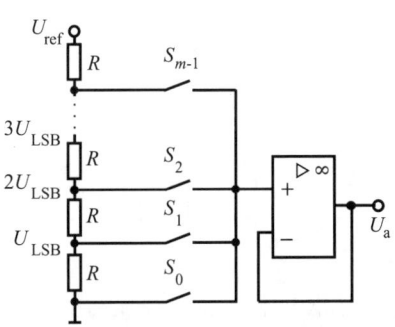

Bild 2.173 D/A-Wandler nach dem Parallelverfahren

Die Bildung der analogen Ausgangsspannung erfolgt bei diesem Parallelwandler an einem ohmschen Spannungsteiler aus 2^n Widerständen (Bild 2.173). Für den Abgriff sind $m = 2^n$ Schalter notwendig. Der Nachteil dieses Verfahrens ist die sehr hohe Zahl von Widerständen und Schaltern, so dass es nur bis zu Auflösungen von 8...10 Bit sinnvoll anwendbar ist. Ein Vorteil liegt in der systemimmanenten Monotonie der Wandlerkennlinie.

2.8.3.2 Summation gewichteter Ströme

D/A-Wandler mit gewichteten Widerständen. Bei diesem Wägeverfahren erfolgt die Erzeugung der gewichteten Ströme durch gewichtete Widerstände, die als Eingangszweige eines invertierenden Verstärkers geschaltet sind (Bild 2.174). Die Wichtung entspricht der Wertigkeit der einzelnen Bits des Digitalwortes. Durch die virtuelle Masse am N-Eingang des Operationsverstärkers, liegt über allen Widerständen die Referenzspannung U_{ref}. Das Widerstandsverhältnis R_K/R_i legt die Verstärkung und somit auch die maximale Ausgangsspannung des Wandlers fest. Im Bild 2.174 beträgt diese

$$U_{a\,\max} = -\frac{U_{\text{ref}}}{2^n}(2^n - 1) \qquad (2.241)$$

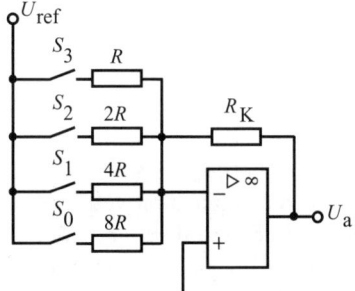

Bild 2.174 D/A-Wandler mit gewichteten Widerständen

Große Schwierigkeiten bereitet jedoch die Herstellung der extrem unterschiedlichen Widerstände dieses Netzwerks mit der notwendigen Genauigkeit.

❑ **Beispiel 2.31**

Es ist die erforderliche Genauigkeit des größten Widerstandes für einen 8-Bit D/A-Wandler nach Bild 2.174 zu berechnen, um die Monotonie der Wandlerkennlinie zu garantieren.

Lösung:

Die Monotonie der Wandlerkennlinie erlaubt eine maximale Abweichung der MSB-Spannung (U_{MSB}) gegenüber dem Idealwert von $\pm 0{,}5 \cdot U_{LSB}$. Dies entspricht einem relativen Fehler von

$$\frac{\Delta U_{MSB}}{U_{MSB}} = \frac{\pm 0{,}5 \cdot U_{LSB}}{2^{n-1} \cdot U_{LSB}} = \pm \frac{1}{2^n}$$

der bei einem 8-Bit Wandler den Wert 0,39 % annimmt. Da die Ausgangsspannung umgekehrt proportional zum geschalteten Widerstand ist

$$U_{MSB} = -U_{ref} \frac{R_K}{R_{MSB}}$$

darf der Widerstand den gleichen relativen Fehler (Genauigkeit) von 0,39 % nicht überschreiten.

D/A-Wandler mit R2R-Netzwerk. Werden die gewichteten Widerstände durch ein R2R-Netzwerk ersetzt (Bild 2.175), vereinfacht sich die Einhaltung der Genauigkeitsanforderungen. Dieses Netzwerk benötigt ausschließlich Widerstände der Größen R und $2R$, um aus der Referenzspannung alle erforderlichen Teilspannungen $U_{ref}/2^i$, mit $i = 1 \ldots n$, abzuleiten. Die zur Summation verknüpften gewichteten Ströme resultieren aus diesen Teilspannungen. Insbesondere in integrierten Technologien bereitet die Reproduzierbarkeit gleicher Widerstände relativ wenig Probleme. Die Schalter müssen dabei jedoch als Wechselschalter ausgeführt werden, damit die Widerstandsbedingungen für den Spannungsteiler erfüllt sind. Dies erhöht wiederum den Schaltungsaufwand.

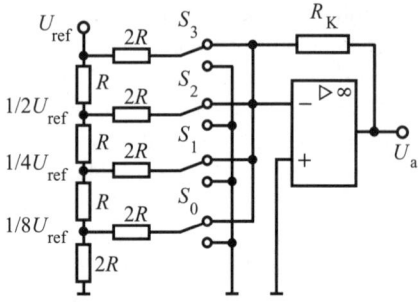

Bild 2.175 D/A-Wandler mit R2R-Netzwerk

D/A-Wandler mit gewichteten Stromquellen. Das Grundprinzip dieses Verfahrens zeigt Bild 2.176. Hierbei kann auf einen Operationsverstärker zur Summation der Ströme verzichtet werden, da die Stromquellen gegenüber der entstehenden Ausgangsspannung rückwirkungsfrei sind. Dieses Schaltungsprinzip sichert ein viel schnelleres Einstellen der gewünschten Ausgangsspannung U_a, als die oben gezeigten Beispiele. Es entfällt die relativ lange Einschwingzeit eines Summationsverstärkers. Das Verfahren bietet sich deshalb besonders im Bereich der Videosignalverarbeitung an.

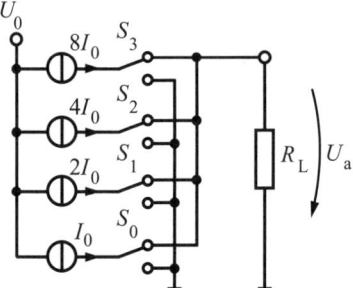

Bild 2.176 D/A-Wandler mit gewichteten Stromquellen

Zur Realisierung der gewichteten Stromquellen ist eine Strombank entsprechend Abschnitt 2.2.4.3 geeignet. Für den Ausgangsstrom gilt die Beziehung

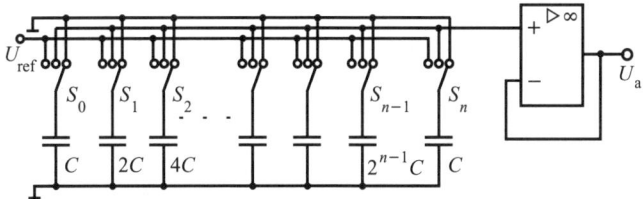

Bild 2.177 D/A-Wandler mit gewichteten Kapazitäten [2.35]

$$I_a = I_{LSB} \sum_{i=0}^{n-1} b_1 2^i \quad (2.242)$$

Bei der Dimensionierung muss I_{LSB} passend zur gewünschten Ausgangsspannung und dem Lastwiderstand R_L gewählt werden. Die Genauigkeitsanforderungen an die Ströme ergeben sich aus dem bereits diskutierten zulässigen relativen Fehler der Ausgangsspannung.

D/A-Wandler mit gewichteten Kapazitäten. In integrierten CMOS-Technologien ist die Realisierung genauer Kapazitäten bzw. Kapazitätsverhältnisse viel einfacher als die Herstellung genauer Widerstände. Aus diesem Grund dominiert dort der Einsatz von „charge scaling"-D/A-Wandlern (Bild 2.177). Das Verfahren basiert auf der Ladungsumverteilung auf binär gewichteten Kapazitäten. In einer ersten Taktphase werden die Kapazitäten C_i entsprechend dem aktuellen Digitalwort $D = (b_{n-1} \cdot 2^{n-1}, b_{n-2} \cdot 2^{n-2}, \ldots, b_2 \cdot 2^2, b_1 \cdot 2^1, b_0 \cdot 2^0)$ auf U_{ref} bzw. 0 V aufgeladen. In der zweiten Taktphase werden alle Kapazitäten miteinander verbunden. Durch den sich ergebenden Ladungsausgleich stellt sich über den Kapazitäten eine Spannung der Größe

$$\boxed{U_C = \frac{U_{ref} C}{C_{tot}} \sum_{i=0}^{n-1} b_i 2^i} \quad (2.243)$$

ein. Beträgt dabei die Summe aller Kapazitäten $C_{tot} = 2^n C$ dann ergibt sie eine maximale Ausgangsspannung von

$$U_{C\max} = \frac{U_{ref}(2^n - 1)}{2^n} \quad (2.244)$$

Ein Spannungsfolger überträgt diese Spannung an den Ausgang des Wandlers, ohne das Kapazitätsfeld zu belasten.

2.8.3.3 Fehlerkorrigierende D/A-Wandler

Das größte Problem der Realisierung von hochauflösenden D/A-Wandlern nach dem Wägeverfahren besteht in der Sicherung der Monotonie der Wandlerkennlinie. Selbst die eigentlich sehr gute Reproduzierbarkeit genauer Kapazitätsverhältnisse in CMOS-Technologien hat ihre Grenzen bei Auflösungen von 14...16 Bit. Um die Notwendigkeit eines Bauelementeabgleichs mittels Laser oder Elektronenstrahl zu vermeiden, gelangen selbstkalibrierende Wandler zum Einsatz (Bild 2.178). Dabei wird folgendes Grundprinzip verfolgt.

Der eigentliche D/A-Wandler (Haupt-DAC) erfährt eine Erweiterung um einen Korrektur-DAC. Während einer Eichphase wird die Wandlerkennlinie aufgenommen. Fehler in dieser Kennlinie können durch entsprechende Ansteuerung des Korrektur-DAC kompensiert werden. Die notwendige Ansteuerung des Korrektur-DAC berechnet eine Fehlerkorrekturlogik (ECC) im Ergebnis eines Sollwertvergleichs, der durch die Baugruppen Stufenrampengenerator und Komparator ausgeführt wird. Diese Ansteuerinformationen (Korrekturinformationen) können im Korrektur-RAM gespeichert werden. Während der normalen Wandlungsphase erfolgt durch das eingehende Digitalwort die Aktivierung von Haupt- und Korrektur-DAC, so dass eine fehlerkorrigierte Ausgangsspannung entsteht. Die Überlagerung der beiden DAC-Werte ist in Bild 2.178b schematisch veranschaulicht.

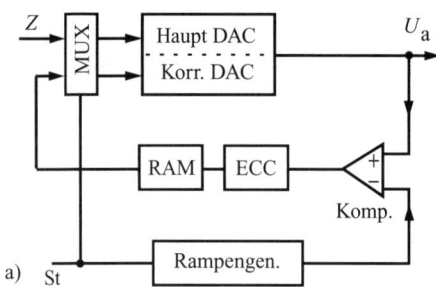

a)

Eingabewort:	12 Bit	6 Bit
Korrekturwort:	+	8 Bit
b) korr. Datenwort:	18 Bit	

Bild 2.178
a) Grundprinzip von selbstkorrigierenden D/A-Wandlern,
b) Überlagerung der Korrekturbits

2.8.4 Aufgaben

▲ **Aufgabe 2.8.1**
Wie groß ist der maximale Quantisierungsfehler eines 12-Bit A/D-Wandlers mit einem Eingangsspannungsbereich von $-2\ldots+2$ V.

▲ **Aufgabe 2.8.2**
Ein A/D-Wandler habe eine Eingangskapazität von 10 pF und einen Eingangswiderstand von 100 Ω.

a) Wie groß ist der maximale Nachziehfehler bei einem rampenförmigen Eingangssignal mit einem Anstieg von 0,2 V/µs.

b) Nach welcher Abtastdauer ist dieser Maximalwert bis auf 1 % Restfehler erreicht?

c) Welcher Nachziehfehler ergibt sich beim Abtasten eines sinusförmigen Signals mit einer Amplitude von 2,5 V und einer Frequenz von 8 kHz, wenn die Abtastung im Nulldurchgang erfolgt und 10 ns dauert?

d) Welche maximale Auflösung ist für einen A/D-Wandler bei $U_e = -5\ldots+5$ V unter den gegebenen Bedingungen sinnvoll?

e) Welche Toleranz des Abtastzeitpunktes ist zulässig, um die Auflösung des gegebenen Wandlers durch einen entstehenden Jitterfehler nicht zu verschlechtern?

Hinweis: Bei sehr kurzen Abtastzeiten kann der Sinus linear genähert werden.

▲ **Aufgabe 2.8.3**
Wie lang darf die Wandlungszeit eines sukzessiven 16-Bit A/D-Wandlers pro Bit sein, wenn ein 20 kHz Sinussignal sicher, d. h. nach dem Abtasttheorem 2 mal je Periode, abgetastet werden soll.

▲ **Aufgabe 2.8.4**
Gegeben sei ein 4-Bit D/A-Wandler nach Bild 2.174 mit $U_{ref} = -5$ V und $R_K = 1$ kΩ.

a) Die Schaltung ist allgemein und für einen konkreten Wert $U_{LSB} = 0,2$ V zu dimensionieren.

b) Welchen Maximalwert kann die analoge Ausgangsspannung annehmen?

c) Welchen maximalen Laststrom muss die Spannungsquelle U_{ref} liefern können?

▲ **Aufgabe 2.8.5**
Welche Genauigkeitsforderung besteht an die Ströme eines 12 Bit D/A-Wandlers mit gewichteten Stromquellen, wenn Monotonie der Wandlerkennlinie gefordert ist?

3 Digitaltechnik

3.1 Signale

Signale bestehen aus den Komponenten

- *Signalträger*, das ist die das Signal tragende physikalische Größe und
- *Informationsparameter*, das ist der die Information abbildende Parameter der physikalischen Größe

(Bild 3.1).

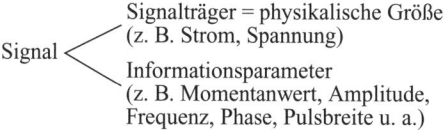

Signal
- Signalträger = physikalische Größe (z. B. Strom, Spannung)
- Informationsparameter (z. B. Momentanwert, Amplitude, Frequenz, Phase, Pulsbreite u. a.)

Bild 3.1 Komponenten eines Signals

Siehe zu diesem und den weiteren Begriffen auch [3.16].

Analoges Signal. Der Informationsparameter kann innerhalb gerätetechnisch bedingter Grenzen jeden beliebigen Wert annehmen; es sind (theoretisch) unendlich viele verschiedene Werte möglich (Bild 3.2).

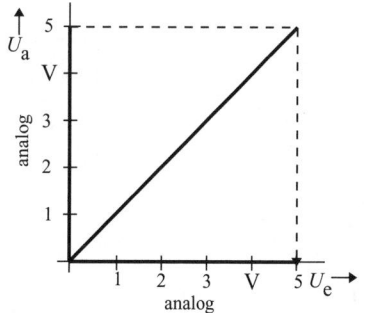

Bild 3.2 Übertragungsglied mit analogem Ein- und Ausgang

Diskretes Signal. Der Informationsparameter kann innerhalb gerätetechnisch bedingter Grenzen ganz bestimmte, man sagt *diskrete* Werte annehmen; es sind endlich verschiedene Werte möglich (Bild 3.3).

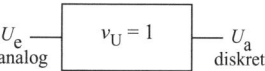

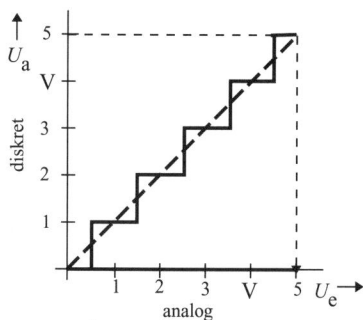

Bild 3.3 Übertragungsglied mit analogem Ein- und diskretem Ausgang

Binäres Signal ist ein diskretes Signal, dessen Informationsparameter nur zwei Werte annehmen kann (Bild 3.4).

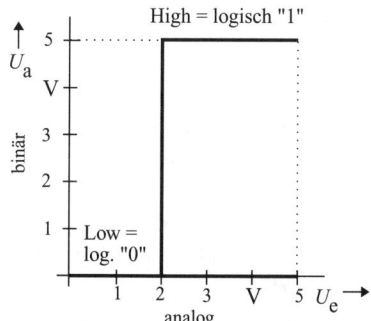

Bild 3.4 Binäres Signal, hier z. B.
$U_a = 0\ V = $ Low $=$ logisch „0"
$U_a = 5\ V = $ High $=$ logisch „1"

Digitale Kodierungen (s. Abschn. 3.2.2) erfolgen wegen der günstigen Realisierung von Schaltern (Schalttransistoren) heute fast ausschließlich als binäre Signale, d. h. als High-/Low- bzw. 0-/1-Folgen.

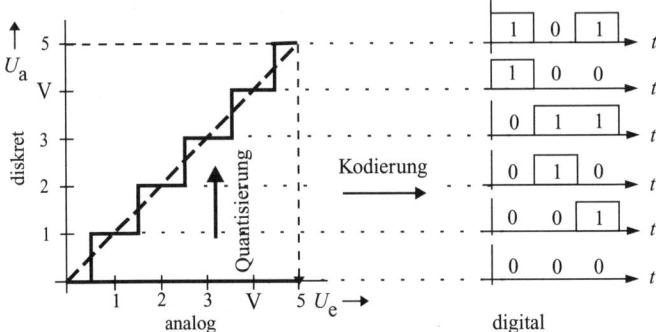

Bild 3.5 Analog-Digital-Umsetzung

Digitales Signal. Durch eindeutige Zuordnung einer 0-/1-Folge zu jedem diskreten Wert eines diskreten Signals im Sinne einer Kodierung entsteht ein digitales Signal (Bild 3.5).

Die Umsetzung eines analogen in ein digitales Signal besteht aus zwei Stufen:

- **Quantisierung**: Wandlung des analogen Signals in ein diskretes Signal
- **Kodierung**: Zuordnung einer (meist) binären Kodierung zu jedem diskreten Wert (s. Bild 3.5, Bild 3.6, Abschn. 3.2.1 und 3.2.2).

Die sich ergebende Blockbilddarstellung gemäß Bild 3.6 ist eher ein logisches Denkmodell. In praktischen Schaltungsrealisierungen für Analog-Digital-Umsetzer (ADU), auch ADC (Analog-Digital-Converter) genannt, sind beide Stufen funktionell miteinander verschmolzen und kaum noch gegeneinander abgrenzbar.

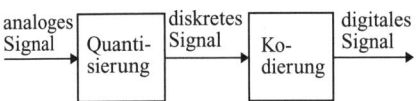

Bild 3.6 Blockbild einer Analog-Digital-Umsetzung

Es gibt vielfältige ADC-Verfahren (siehe z. B. [3.1]). Ein anschauliches und schnelles, aber aufwendiges Prinzip zeigt Bild 3.7.

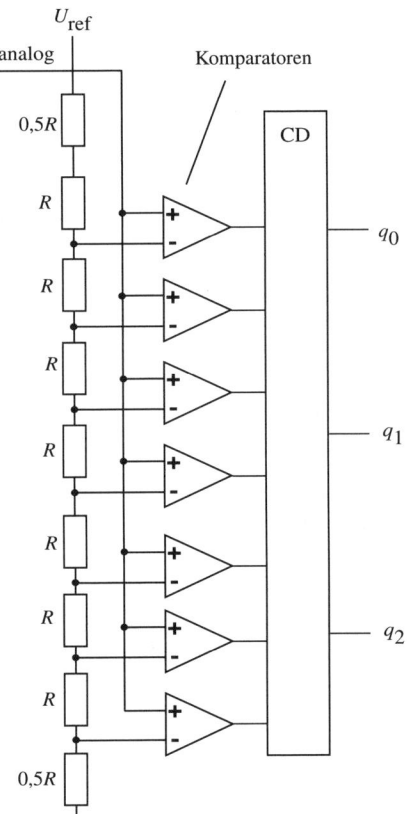

Bild 3.7 Parallel-ADC

Der binäre Ausgang eines Komparators ist High, wenn die Spannung am „+"-Eingang die Spannung am „−"-Eingang übersteigt.

Die Referenzspannung U_{ref} wird auf den maximalen Wert der zu wandelnden Analogspannung U_{analog} eingestellt. Die Spannungsteilerkette stellt die „−"-Eingänge der Komparatoren auf $0{,}5\frac{U_{\text{ref}}}{N}$; $1{,}5\frac{U_{\text{ref}}}{N}$; ...; $(N-0{,}5)\frac{U_{\text{ref}}}{N}$ (in Bild 3.7 mit $N=8$). Die sieben Komparatorausgänge liefern einen sog. Thermometer-Kode. Für z. B. $U_{\text{ref}}=8$ V, $U_{\text{analog}}=3{,}7$ V sind die vier unteren Komparatorausgänge auf „High", die drei oberen auf „Low". Der Kodierer CD kodiert z. B. in das digitale Ausgangssignal $[q_2, q_1, q_0] = [1,0,0]$ um (entspricht dem Ausgangswert „vier"). Für praktische Anwendungen ist wegen des hohen *Quantisierungsfehlers* (s. Abschn. 3.2.1) der Fall $N=8$ (7 Komparatoren, 8 mögliche digitale Werte) meist inakzeptabel. Hochintegrierte Schaltkreistechniken ermöglichen aber eine höhere Quantisierung (z. B. $N=256$, 255 Komparatoren, 256 mögliche digitale Werte). Die Umsetzzeit wird durch die Signalverzögerungszeit eines Komparators zuzüglich der des Kodierers CD bestimmt (ns bis wenige μs). Andere ADC-Verfahren sind weniger aufwendig bei größerer Umsetzzeit (siehe z. B. [3.1]).

3.2 Quantisierung und Kodierung

3.2.1 Quantisierung

Quantisierung heißt gemäß Bild 3.8 der Vorgang der Bildung des diskreten Signals aus dem analogen Signal:
- Zerlegung des analogen Wertebereichs in gleich große Teilbereiche: *lineare Quantisierung* oder ungleich große Teilbereiche: *nichtlineare Quantisierung*
- Zuordnung eines diskreten Wertes zu jedem Teilbereich.

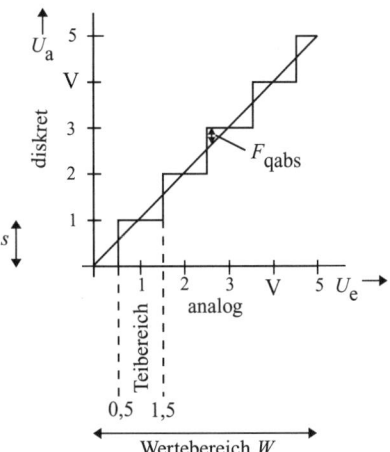

Bild 3.8 Quantisierung und Quantisierungsfehler

Quantisierungsfehler. Der maximal auftretende *absolute Quantisierungsfehler* ist

$$F_{\text{qabs}} = \frac{s}{2} \qquad (3.1)$$

wobei s die Höhe der Quantisierungsstufe angibt (Bild 3.8).

In praktischen Schaltungen ist zusätzlich die Ungenauigkeit der Teilbereichsgrenzen zu berücksichtigen.

Relativer Quantisierungsfehler. Durch Normierung auf den Wertebereich W (Bild 3.8) ergibt sich der maximale relative Quantisierungsfehler

$$F_{\text{qrel}} = \frac{F_{\text{qabs}}}{W}$$

und mit Einsetzen von Gl. (3.1)

$$F_{\text{qrel}} = \frac{s}{2W} \qquad (3.2)$$

Bestimmt man für den Fall $s=$ konst. (lineare Quantisierung) den Zusammenhang von s und der Anzahl der Quantisierungsstufen z (Anzahl der diskreten Werte) zu

$$s = \frac{W}{z-1}$$

so erhält man durch Einsetzen in Gl. (3.2) eine Beziehung zwischen dem relativen Quantisierungsfehler und der benötigten Anzahl diskreter Werte:

$$F_{\text{qrel}} = \frac{1}{2(z-1)} \quad (3.3)$$

bzw.

$$z = \frac{1}{2F_{\text{qrel}}} + 1 \quad (3.4)$$

3.2.2 Kodierung

3.2.2.1 Begriff der Kodierung

Kodierung ist die eindeutige Zuordnung eines Kodewortes zu je einem Element der Menge der zu kodierenden Objekte. Diese festgelegte Zuordnung heißt Kode. (Bild 3.9)

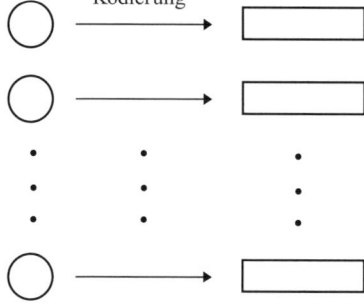

Bild 3.9 Begriff der Kodierung

Die Zuordnung erfolgt grundsätzlich willkürlich. Sie muss aber zwischen Sender und Empfänger vereinbart sein.

3.2.2.2 Bildung von Kodes

Kode. Ein Kode kodiert allgemein z verschiedene Objekte und besteht demzufolge aus z verschiedenen Kodeworten.

Ein Kodewort ist allgemein n-stellig (Bild 3.10).

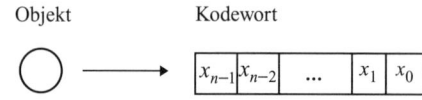

Bild 3.10 n-stelliges Kodewort

Symbol und Alphabet. An jeder Stelle x_i eines n-stelligen Kodewortes steht ein einstelliges *Symbol* einer festgelegten Symbolmenge. Die Symbolmenge heißt *Alphabet*.

Tabelle 3.1 zeigt Beispiele für Kodeworte mit verschiedenen Alphabeten.

Tabelle 3.1 Beispiele für Alphabete

Objekt	Alphabet	Kodewort $x_4x_3x_2x_1x_0$
🏠	A,B,...,Z	H A U S
„neunzehn"	0,1,...,9	1 9
„neunzehn"	0,1	1 0 0 1 1
„neunzehn"	0,1,...,9, A,B,...,F	1 3

Einteilung von Kodes. Kodes kann man nach der Anzahl s der Symbole im verwendeten Alphabet (Tabelle 3.2) einteilen.

Tabelle 3.2 Beispiele für Kodes

s	Kodeart	Beispiele für Symbole
2	binärer Kode	0,1; L,H
3	ternärer Kode	0,1,2
8	oktaler Kode	0,1,...,7
10	dezimaler Kode	0,1,...,9
16	hexadezimaler Kode	0,1,...,F

Kodewortlänge. Die Wortlänge n der Kodewörter eines Kodes kann sein:

- $n =$ konst.: oft in technischen Kodes aus Gründen einfacher Formate
- $n \neq$ konst.: technisch aufwendiger, erhöht ggf. die Effizienz.

Kodes mit konstanter Wortlänge n. Die Anzahl z der bildbaren Kodewörter in einem Kode ist

$$z \leq s^n \qquad (3.5)$$

Für z Kodewörter wird eine Kodewortlänge n benötigt:

$$n \geq \log_s z \qquad (3.6)$$

Binäre Kodes. Gemäß Tabelle 3.2 sind binäre Kodes solche, die nur zwei Symbole (z. B. 0, 1) verwenden. Die Ungleichungen (3.5) und (3.6) gelten dann mit $s = 2$.

Entscheidungsgehalt. Informationstheoretisch gibt die Gl. (3.6) bei geltendem Gleichheitszeichen und mit $s = 2$ den sogenannten *Entscheidungsgehalt H* (d. h. den gemessenen Informationsinhalt) eines Kodewortes an:

$$H = \log_2 z \qquad (3.7)$$

Die (Pseudo-)Maßeinheit von H ist Bit:

$$[H] = 1 \text{ Bit} \qquad (3.8)$$

Die Kodewortlänge n (hier für binäre Kodes) muss eine ganze Zahl sein:

$$n \geq \log_2 z \qquad (3.9)$$

Redundanz. Die Differenz zwischen der Kodewortlänge n eines Kodes und seinem Entscheidungsgehalt H heißt *Redundanz R*:

$$R = n - H \qquad (3.10)$$

Die Redundanz ist ein Maß für den Nicht-Ausnutzungsgrad eines Kodes.

❑ **Beispiel 3.1**

Zu bestimmen ist die Redundanz des Dualkodes (s. ggf. Abschn. 3.2.2.3) für die Werte $0, 1, \ldots, 9$.

Lösung:

$$H = \log_2 z = \frac{\log_{10} z}{\log_{10} 2} = 3{,}32 \log_{10} z$$

$$H = 3{,}32 \log_{10} 10 = 3{,}32 \text{ Bit} \quad \text{und}$$

$$R = n - H = 4 \text{ Bit} - 3{,}32 \text{ Bit} = 0{,}678 \text{ Bit}$$

Die berechnete Redundanz $R > 0$ resultiert aus der Verwendung von nur 10 aus 16 möglichen Kodewörtern des 4-Bit-Dualkodes.

Redundanz wird

- entweder aus Effizienzgründen minimiert
- oder gezielt zur Fehlersicherung eingesetzt.

3.2.2.3 Technisch bedeutsame Kodes

Die Klassifizierung der nachfolgend aufgeführten Kodegruppen erfolgt praktisch orientiert und teils nach verschiedenen Kriterien. Manche Kodes gehören damit mehreren Gruppen an.

Zahlensysteme.
Objekte: diskrete Mengenwerte
Kodewörter: Zahlen
Symbole: Ziffern

Eingesetzt werden heute vorwiegend *polyadische Zahlensysteme* mit dem Bildungsgesetz

$$N = \sum_{i=0}^{n-1} k_i B^i \qquad (3.11)$$

N ganze Zahl
B Basiszahl des Zahlensystems
k^i Ziffer der i-ten Stelle ($0 \leq k_i < B$)
n Stellenzahl

❏ **Beispiel 3.2**

$B = 10$ (Dezimalzahl)

$N_{10} = 273$

$N_{10} = 2 \cdot 10^2 + 7 \cdot 10^1 + 3 \cdot 10^0 = 273$

❏ **Beispiel 3.3**

$B = 2$ (Dualzahl)

$N_2 = 1001$

$N_2 = 1 \cdot 2^3 + 0 \cdot 2^2 + 0 \cdot 2^1 + 1 \cdot 2^0 = 1001$

Zur Darstellung gebrochener Zahlen ist i in Gl. (3.11) für die Stellen nach dem Komma negativ. Für alle polyadischen Zahlensysteme gelten die vom Dezimalsystem bekannten Rechenregeln.

Binärkodes verwenden zwei Symbole (0, 1) und haben in der mit Schaltern arbeitenden 2wertigen Digitaltechnik die größte Bedeutung. Sie kodieren oft

- diskrete Mengenwerte (Zählkodes)
- Symbole eines anderen Alphabets, z. B. Buchstaben und Ziffern (alphanummerische Kodes)
- Steuerkommandos u. a.

Tabelle 3.3 zeigt zwei Beispiele für binäre Zählkodes. Führende „0" sind weggelassen.

Tabelle 3.3 Beispiele für binäre Zählkodes

Dezimal-zahl	Dualkode 2^3 2^2 2^1 2^0 x_3 x_2 x_1 x_0				Gray-Kode x_3 x_2 x_1 x_0			
0				0				0
1				1				1
2			1	0			1	1
3			1	1			1	0
4		1	0	0		1	1	0
5		1	0	1		1	1	1
6		1	1	0		1	0	1
7		1	1	1		1	0	0
8	1	0	0	0	1	1	0	0
9	1	0	0	1	1	1	0	1
usw.								

Der *Dualkode* ist der Dualzahlenkode gemäß Gl. (3.11) mit $B = 2$. Wegen seiner polyadischen Eigenschaften nimmt er eine Schlüsselrolle in digitalen Rechenschaltungen ein.

Der *Gray-Kode* ist ein sogenannter einschrittiger Kode: Aufeinander folgende Kodeworte haben die Hamming-Distanz $d = 1$. Die Hamming-Distanz gibt dabei die Anzahl der Stellen an, in denen sich zwei Kodeworte unterscheiden. Die Bedeutung des Gray-Kodes liegt darin, dass beim Umschalten auf den Folgewert (d. h. auf das folgende Kodewort) wegen des Schaltens nur einer einzigen Stelle auch temporär keine falschen Kodewörter entstehen können.

Der Gray-Kode hat keine Stellenwertigkeit wie der Dualkode. Man beachte hinsichtlich seines Aufbaus die Spiegelsymmetrie der bisherigen Stellen nach Hinzunahme einer neuen Stelle in Bezug auf die Zwischenlinien in Tabelle 3.3.

Alphanummerische Kodes kodieren Symbole eines anderen Alphabets, z. B. lateinische Buchstaben und die Ziffern des dezimalen Zahlensystems. Hervorragendes Beispiel ist der auf Basis der CCITT-Empfehlung Nr. 5 standardisierte ASCII-Kode (ISO-7-Bit-Kode) gemäß Tabelle 3.4 mit vielfacher Anwendung in der digitalen Kommunikations- und Rechentechnik. Die ersten 32 Wörter des ASCII-Kodes sind Steuerkommandos, z. B.

$[x_6\, x_5\, x_4\, x_3\, x_2\, x_1\, x_0]$

= [000 0010] STX (Textanfang)

[000 0011] ETX (Textende)

[000 1010] LF (Zeilenvorschub)

[000 1101] CR (Spaltenrücklauf)

LF und CR werden beispielsweise vom Rechner an den angeschlossenen Drucker zur Einstellung einer neuen Zeile gesendet.

3.2 Quantisierung und Kodierung

Tabelle 3.4 ASCII-Kode

$x_3\ x_2\ x_1\ x_0$	x_6	0	0	0	0	1	1	1	1
	x_5	0	0	1	1	0	0	1	1
	x_4	0	1	0	1	0	1	0	1
0 0 0 0		NUL	DLE	SP	0	@	P	`	p
0 0 0 1		SOH	DC1	!	1	A	Q	a	q
0 0 1 0		STX	DC2	"	2	B	R	b	r
0 0 1 1		ETX	DC3	#	3	C	S	c	s
0 1 0 0		EOT	DC4	$	4	D	T	d	t
0 1 0 1		ENQ	NAK	%	5	E	U	e	u
0 1 1 0		ACK	SYN	&	6	F	V	f	v
0 1 1 1		BEL	ETB	'	7	G	W	g	w
1 0 0 0		BS	CAN	(	8	H	X	h	x
1 0 0 1		HT	EM	)	9	I	Y	i	y
1 0 1 0		LF	SUB	*	:	J	Z	j	z
1 0 1 1		VT	ESC	+	;	K	[Ä	k	{ä
1 1 0 0		FF	FS	,	<	L	\Ö	l	|ö
1 1 0 1		CR	GS	-	=	M	]Ü	m	}ü
1 1 1 0		SO	RS	.	>	N	^	n	~ß
1 1 1 1		SI	US	/	?	O	_	o	DEL

BCD-Kodes stellen eine binäre Kodierung nichtbinärer, dezimaler Ziffern dar. Der dezimale Zahlenkode bleibt als *Oberkode* erhalten, die 10 Ziffernsymbole werden binär in *Tetraden* kodiert.

❑ **Beispiel 3.4**

$N_{10}\ \ =\ \ 1\quad\quad 2\quad\quad 9$ Dezimalkode
$N_{10,2}\ =\ 0001\ \ 0010\ \ 1001$ BCD-Kode mit
$\qquad\qquad\qquad\qquad\qquad\qquad$ Dual-Tetraden

3.2.2.4 Sicherung von Kodes gegen Fehler

▌ *Kodefehler* bedeutet, dass im Kodewort an einer oder mehreren Stellen das jeweilige Symbol durch ein falsches ersetzt wurde. Im Falle binärer Kodes wird also eine „0" durch eine „1" ersetzt und umgekehrt.

▌ Das *Fehlergewicht* g_F gibt die Anzahl der Fehlerstellen im Kodewort an.

▌ *Kodedistanz* ist die minimale Hamming-Distanz d_{min} des Kodes, die zwei beliebige Kodewörter des Kodes gegeneinander besitzen.

Alle Verfahren der Kodesicherung beruhen auf einer Erhöhung der Kodedistanz d_{min} und damit dem Einbau zusätzlicher Stellen (Erhöhung der Redundanz R) in das Kodewort.

Zu unterscheiden sind zwei Stufen der Kodesicherung: *Fehlererkennung* und *Fehlerkorrektur*.

Fehlererkennung. Ein empfangenes verfälschtes Kodewort kann als falsch erkannt werden. Bedingung für die Fehlererkennbarkeit ist, dass bei Störung eines Wortes des Kodes mit einem begrenzten Fehlergewicht ein nicht zum Kode gehörendes (d. h. nicht gültiges) Kodewort entsteht. Dafür muss erfüllt sein:

$$\boxed{g_F < d_{min}} \qquad (3.12)$$

❑ **Beispiel 3.5**

Ein Kode ($d_{min} = 1$) bestehe nur aus vier Kodewörtern (Bild 3.11). Eine Verfälschung einer Stelle im Kodewort 010 führt bereits auf ein anderes gültiges Kodewort.

0 0 1
0 1 0 $\xrightarrow{0\ 1\ 0}$ 0 1 1 Durch Störung entsteht
0 1 1 $\qquad\qquad\qquad$ ein gültiges Kodewort.
1 0 0 $\qquad\qquad\qquad$ Kode ist nicht fehlererkennend

Bild 3.11 Nicht fehlererkennender Kode

❑ **Beispiel 3.6**

Ein Kode ($d_{min} > 1$) bestehe nur aus vier Kodewörtern (Bild 3.12). Eine Verfälschung einer

Stelle im Kodewort 010 führt auf ein ungültiges Kodewort.

```
0 0 1
        ↯
0 1 0  010→  0 1 1    Durch Störung entsteht
                      ein ungültiges Kodewort.
1 0 0                 Kode ist fehlererkennend.
1 1 1
```

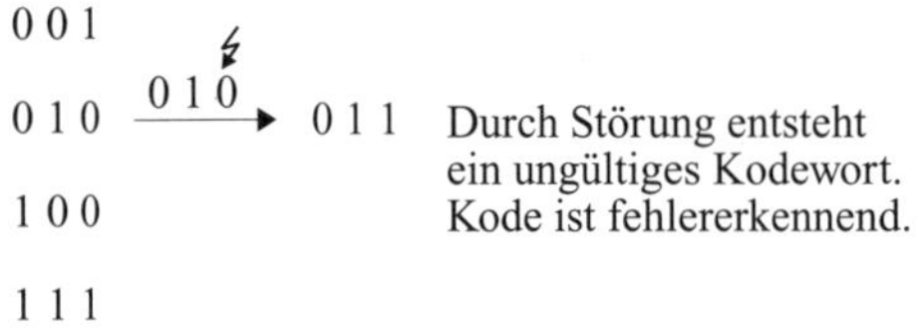

Bild 3.12 Fehlererkennender Kode

❏ **Beispiel 3.7**

a) In einem Kode mit der Kodedistanz $d_{min} = 1$ wird jedes Kodewort $w = [x_3 x_2 x_1 x_0]$ um eine Stelle p (Prüfbit) erweitert und p so gewählt, dass das neue Kodewort $w = [p\, x_3 x_2 x_1 x_0]$ entweder eine ungerade Anzahl von „1" (ungerade Parität) oder eine gerade Anzahl von „1" (gerade Parität) enthält (Tabelle 3.5).

Tabelle 3.5 Dualkode mit Prüfbit (ungerade Parität)

p	x_3	x_2	x_1	x_0
1	0	0	0	0
0	0	0	0	1
0	0	0	1	0
1	0	0	1	1
0	0	1	0	0
⋮				

Man prüfe durch Vergleich jedes Kodewortes mit jedem, das durch Einführung des Prüfbits $d_{min} = 2$ wurde!

b) Man berechne die Redundanz des Kodes nach Tabelle 3.5 mit Prüfbit für 10 Kodeworte, d. h. für $[x_3 x_2 x_1 x_0] = [0000]$ bis $[1001]$ mit Gl. (3.10)!

Lösung:

a) Ein Fehlergewicht $g_F = 1$ kann erkannt werden.

b) $R = n - H$
$R = 5 - \log_2 10 = 1{,}678$ Bit

Fehlerkorrektur. Mit speziellen Kodes (Hamming-Kodes, zyklische Kodes) kann bei weiter erhöhter Redundanz die gestörte Stelle im Kodewort bestimmt und damit korrigiert werden.

3.2.3 Aufgaben

▲ **Aufgabe 3.2.1**

Ein analoges Spannungssignal von -2 V...0... $+2$ V soll mit einem maximalen relativen Fehler von 0,5 % linear quantisiert werden.

a) Wie viel Quantisierungsstufen sind nötig?
b) Zeichnen Sie die Quantisierungskennlinie für die ersten fünf Stufen in beiden Quadranten!

▲ **Aufgabe 3.2.2**

Bestimmen Sie den dezimalen Zahlenwert $N_{10} = 267$ als Hexadezimalzahl ($B = 16$) nach Gl. (3.11)!

▲ **Aufgabe 3.2.3**

Ergänzen Sie den Gray-Kode in Tabelle 3.3 für die Dezimalzahlen 10 bis 17 unter Verwendung seines Spiegelsymmetrie-Prinzips!

▲ **Aufgabe 3.2.4**

Gegeben ist ein sog. „1 aus 10"-Kode (Tabelle 3.6). Zu bestimmen sind seine Kodedistanz d_{min} und seine Redundanz R!

Tabelle 3.6 „1 aus 10"-Kode

x_9	x_8	x_7	x_6	x_5	x_4	x_3	x_2	x_1	x_0
0	0	0	0	0	0	0	0	0	1
0	0	0	0	0	0	0	0	1	0
0	0	0	0	0	0	0	1	0	0
0	0	0	0	0	0	1	0	0	0
⋮									
1	0	0	0	0	0	0	0	0	0

3.3 Schaltkreisreihen

Die Realisierung binärer digitaler Funktionen benötigt als elektronische Bauelemente vor allem Transistoren und Widerstände. Die Bauelemente einer Funktion werden in einem sog. *Integrierten Schaltkreis (IS)* oder *Integrated Circuit (IC)* zusammengefasst. Digitale Schaltkreise enthalten in ihrem Gehäuse ein Plättchen *(Chip)*, auf dem vorwiegend in monokristallinem Silizium die Bauelemente und ihre „Verdrahtung" in sog. *Halbleiterblocktechnik* hergestellt wurden. Die Anzahl der integrierten Bauelemente bestimmt den *Integrationsgrad*:

SSI Small Scale Integration
kleiner Integrationsgrad
ca. einige 10 Bauelemente
einfache Gatter, Flipflop u. ä.

MSI Medium Scale Integration
mittlerer Integrationsgrad
ca. einige 100 Bauelemente
z. B. Zähler, Schieberegister u. ä.

LSI Large Scale Integration
hoher Integrationsgrad
ca. einige 10 000 Bauelemente
z. B. einfache Mikroprozessoren, Controller, Halbleiterspeicher u. ä.

VLSI Very Large Scale Integration
sehr hoher Integrationsgrad
heute bis einige 10 Millionen Bauelemente
moderne Mikroprozessoren, Halbleiterspeicher (z. B. 1 MBit, 16 MBit) u. ä.

Wegen der binären Signalverarbeitung kommen die Transistoren fast ausschließlich im Schaltbetrieb (d. h. als *Schalttransistor*) zum Einsatz.

Als Transistoren werden

- bipolare Transistoren (s. Abschn. 1.3) oder
- unipolare Transistoren (s. Abschn. 1.5)

eingesetzt. Daraus folgen die beiden großen Gruppen

- *Bipolare Schaltkreisreihen*
- *Unipolare Schaltkreisreihen*

Bipolare Schaltkreisreihen standen historisch am Anfang der Entwicklung. Sie haben heute Bedeutung (u. a. in der TTL- und ECL-Technik). Unipolare Schaltkreise haben einen dominierenden Marktanteil, insbesondere bei Halbleiterspeichern und Mikroprozessoren.

3.3.1 Bipolare Schaltkreisreihen

3.3.1.1 Bipolarer Schalttransistor

Die Grundschaltung eines im Schalterbetrieb verwendeten Transistors zeigt Bild 3.13.

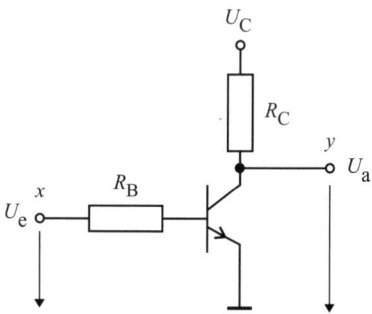

Bild 3.13 Schalttransistorstufe

Das an sich analoge Bauelement Transistor wird zum binären Element (Schalter), indem nur zwei Betriebszustände zugelassen werden:

Gesperrter Zustand mit der *Sperrbedingung*

$$I_B = 0 \tag{3.13}$$

oder

$$U_e \leq U_{BEF} \tag{3.14}$$

wobei U_{BEF} die Basis-Emitter-Spannung ist, bei der der Basisstrom I_B gerade noch annähernd Null ist. In der Praxis beträgt für Siliziumtransistoren $U_{BEF} = 0{,}5 \ldots 0{,}6$ V. Der Transistor ist zwischen Kollektor und Emitter nichtleitend (Sperrwiderstand: einige MΩ).

Übersteuerter Zustand mit der *Übersteuerungsbedingung*

$$I_B = \bar{u}\frac{I_C}{B} \quad (3.15)$$

B Gleichstromverstärkung
I_C Kollektorstrom des übersteuerten Transistors:

$$I_C = \frac{U_C - U_{CE0}}{R_C} \approx \frac{U_C}{R_C} \quad (3.16)$$

(für die unbelastete Schaltstufe)
$\bar{u}$ Übersteuerungsgrad (Praxis: $\bar{u} = 2 \ldots 20$)

Der Transistor ist zwischen Kollektor und Emitter leitend (Durchgangswiderstand: einige 10 Ω). Der Übersteuerungsgrad gibt an, um welchen Faktor $\bar{u}$ der eingespeiste Basisstrom (aus Sicherheitsgründen) größer gegenüber dem zum Erreichen der Übersteuerungsgrenze unbedingt notwendigen Basisstrom gewählt wird.

Die notwendige Eingangsspannung ist

$$U_e = I_B R_B + U_{BE} \quad (3.17)$$

Einsetzen von Gl. (3.15) und Gl. (3.16) in Gl. (3.17) ergibt:

$$U_e \approx \frac{\bar{u}}{B}\frac{R_B}{R_C}U_C + U_{BE} \quad (3.18)$$

Die Abhängigkeit des Ausgangs vom Eingang der Schaltstufe in Bild 3.13 beschreibt Tabelle 3.7.

Tabelle 3.7 Übertragungsverhalten der Schaltstufe

U_e	U_a
$0 \ldots 0,4$ V $(\ldots 0,6$ V$)$	U_C *)
Lt. Gl. (3.18), z. B. 5 V	$U_{CE0} \approx 0,1 \ldots 0,3$ V

*) gilt für die unbelastete Stufe

Weiterführende Literatur siehe z. B. [3.3].

Logische Interpretation. Werden die Spannungspegel in Tabelle 3.7 als Low (L) und High (H) interpretiert, hier also z. B.

$L = 0 \ldots 0,4$ V,
$H = 2,0 \ldots 5,5$ V,

kann man Tabelle 3.7 als *Wertetabelle* (auch: *Schaltbelegungstabelle, Funktionstabelle*) gemäß Tabelle 3.8 schreiben.

Tabelle 3.8 Wertetabelle

U_e	U_a
L	H
H	L

Schaltalgebraische Interpretation. Erfolgt eine Zuordnung der Spannungspegel L und H zu den Binärwerten 0 und 1 in sog. positiver Logik (0 = L und 1 = H) (siehe dazu z. B. [3.4]) und werden für Ein- und Ausgang, wie in Bild 3.13 auch angedeutet, die *logischen Variablen* x und y geschrieben, erhält man die Wertetabelle wie in Tabelle 3.9.

Tabelle 3.9 Wertetabelle

x	y
0	1
1	0

Schaltalgebraisch ist mit Tabelle 3.9 und damit mit der Schaltstufe in den Bildern 3.13 und 3.15 bereits die *Negation* mit der *Schaltfunktion*

$$x = \bar{y}$$

realisiert. Solche Schaltungen heißen *Inverter* (auch *Negator*).

Dynamisches Verhalten. Der Übergang des Schalttransistors von einem in den anderen Zustand erfolgt physikalisch bedingt zeitverzögert. Wesentliche Verzögerungszeiten sind

- *Anstiegszeit* (des Stromes) t_r (engl.: rise time): Schaltzeit vom Sperr- in den Übersteuerungszustand

- *Abfallzeit* (des Stromes) t_f (engl.: fall time): Schaltzeit vom Übersteuerungs- in den Sperrzustand

- *Speicherzeit* t_s: Zeit, die durch Überladung der Basis (Übersteuerungsgrad $ü > 1$) vergeht, bis nach der H/L-Flanke von U_i t_f beginnt (Transistor bleibt während t_s noch voll leitend.)

t_r und t_f können durch niederohmigen Basiskreis (hier: R_B) minimierend beeinflusst werden (damit wäre $ü$ groß). Kleine t_s fordert einen geringen $ü$ ($t_s = 0$ mit $ü = 1$). Der Widerspruch wird mit dem *Schottky-Transistor* gelöst.

Schottky-Transistor. Durch Einfügen einer *Schottky-Diode* SD zwischen Basis und Kollektor des Schalttransistors (Bild 3.14) fließt nach Erreichen des Übersteuerungsbereiches ($U_{CE} < U_{BE}$) ein Teil des über R_B kommenden Stromes über SD zum Kollektor ab und entlastet den Basisraum des Transistors von übermäßiger Übersteuerung.

Die Zusammenfassung aus Transistor und Schottky-Diode ergibt den Schottky-Transistor mit seinem in Bild 3.15 eingetragenen Symbol.

3.3.1.2 Bipolare Schaltkreisreihen

Digitale Schaltkreisreihen sind Standardreihen einfacher logischer, meist SSI- und MSI-Grundfunktionen, wie AND- und OR-Glieder, Flipflop u. ä.

Transistor-Transistor-Logik (TTL). Logische Grundfunktionen, wie OR, AND usw. (s. Abschn. 3.4), können mit Hilfe von Diodenschaltungen erzeugt werden (Bild 3.16).

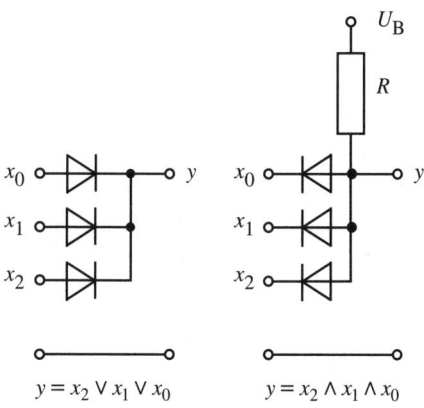

Bild 3.16 OR- (links) und AND-Glied in Diodenlogik

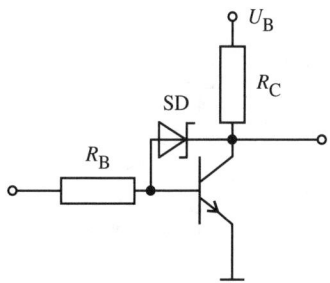

Bild 3.14 Schalttransistor mit Schottky-Diode

Die Wertetabellen für die OR- und AND-Funktionsgruppe in Bild 3.16 bei Verwendung von binären Spannungssignalen an den Eingängen x_i und am Ausgang y lauten offenbar gemäß Tabelle 3.10.

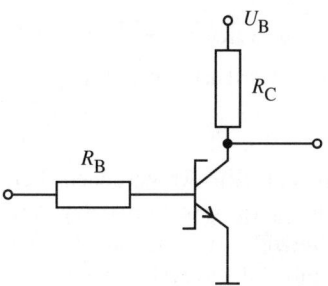

Bild 3.15 Schaltstufe mit Schottky-Transistor

Durch Anschalten eines Inverters (Bilder 3.13 oder 3.15) erhält man die gegenüber Bild 3.16 negierten Funktionen (z. B. NAND gemäß Bild 3.17).

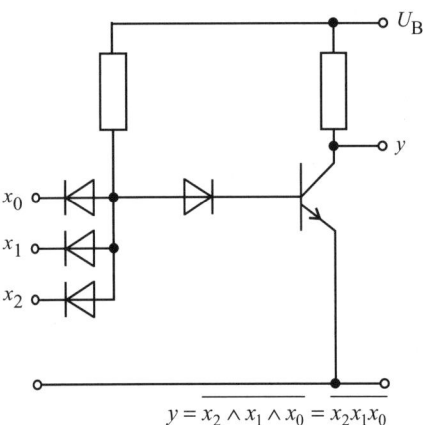

Bild 3.17 NAND-Glied in Dioden-Transistor-Logik (DTL)

Tabelle 3.10 Wertetabellen für das OR- und AND-Glied gemäß Bild 3.16

OR:

x_2	x_1	x_0	y
0	0	0	0
0	0	1	1
0	1	0	1
0	1	1	1
1	0	0	1
1	0	1	1
1	1	0	1
1	1	1	1

AND:

x_2	x_1	x_0	y
0	0	0	0
0	0	1	0
0	1	0	0
0	1	1	0
1	0	0	0
1	0	1	0
1	1	0	0
1	1	1	1

Die die AND-Verknüpfung bildenden Dioden (Bild 3.17) sind in der ursprünglichen Entwicklung durch die Basis-Emitter-Dioden eines sog. *Multiemittertransistors* ersetzt worden (Bild 3.18: T1). Der Name dieses Konzeptes ergab sich damit als *Transistor-Transistor-Logik (TTL)*. Spätere Entwicklungen haben teils wieder vom Diodenkonzept Gebrauch gemacht. Trotzdem wird der Name TTL weiter verwendet.

Zur Realisierung eines niederohmigen Ausgangs auch für den H-Pegel erhielt die Schaltung in Bild 3.18 noch eine Zwischenverstärkerstufe mit Gegentaktansteuerung für die Ausgangsstufe (Bild 3.19).

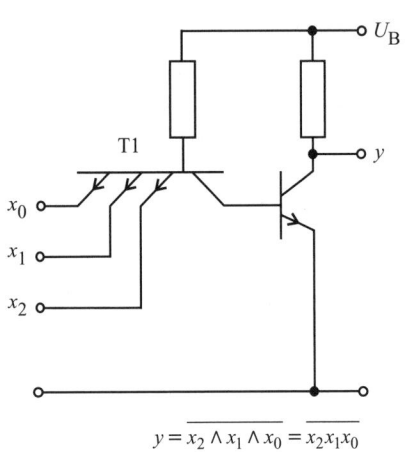

Bild 3.18 NAND-Glied in Transistor-Transistor-Logik

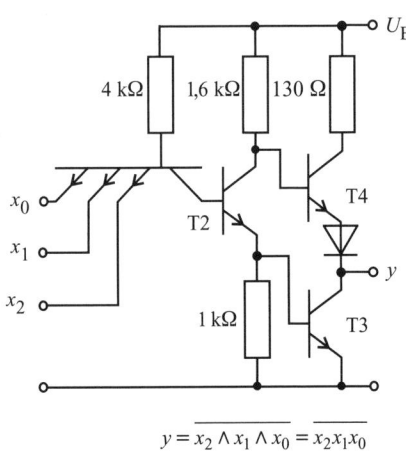

Bild 3.19 NAND-Glied der Reihe 74xxx (Typ 7410)

TTL-Reihen mit den wesentlichen Leistungskriterien t_{pd} (propagation delay time, propagierte Verzögerungszeit) und P_V (Verlustleistung) gibt Tabelle 3.11 an (siehe auch [3.5], [3.10]). t_{pd} ist die durchschnittliche

Verzögerungszeit einer H/L- oder L/H-Flanke am Ausgang y gegenüber einem Eingang x_i.

Tabelle 3.11 TTL-Reihen

Reihe	t_{pd} ns	P_V mW	Bemerkung
74xxx	10	10	ursprüngliche TTL-Reihe
74LSxxx	10	3	Low Power Schottky-TTL
74Sxxx	3	20	schnelle Schottky-TTL
74ALSxxx	4	2	Advanced Low Power Schottky
74ASxxx	2	8	schnelle Advanced Schottky

Bild 3.19 stellt zum Grundverständnis die Schaltung der Reihe 74xxx dar. Die Einführung des Schottky-Transistors und zusätzliche Schaltungsmaßnahmen sowie fortschrittliche Herstellungstechnologien ergaben die Reihen 74LSxxx und 74Sxxx. Mit weiteren Schaltungs- und Technologie-Innovationen stehen heute die TTL-Reihen 74ALSxxx und 74ASxxx zur Verfügung (z. B. nach [3.6]). Alle Reihen sind grundsätzlich elektrisch und mechanisch zueinander kompatibel und werden in gleicher Typenbezeichnung (mit Hersteller-kennzeichnenden Zusätzen) weltweit von verschiedenen Halbleiterfirmen produziert.

Die „74" in der Typbezeichnung beschreibt den zulässigen Betriebstemperaturbereich (0 °C bis +70 °C). Alle Reihen existieren auch als 54XXXxxx (−55 °C bis +125 °C).

Elektrische Daten. Zwischen den einzelnen Typen einer TTL-Reihe und den TTL-Reihen untereinander besteht weitgehende Kompatibilität. Wesentliche gemeinsame elektrische Parameter sind:

- Betriebsspannung +5 V
- Eingangspegel
  Low: $U_{eL} = 0$ V ... $+ 0,8$ V
  High: $U_{eH} = +2$ V ... $+ 5$ V
- Ausgangspegel
  Low: $U_{aL} = 0$ V ... $+ 0,4$ V
  High: $U_{aH} = +2,4$ V ... $+ 5$ V

Schaltkreistypen in einer TTL-Reihe. Die verschiedenen Schaltkreisreihen enthalten wesentlich die gleichen Grundtypen. Der Typ wird in der Position „xxx" des Namens der Reihe bezeichnet. Tabelle 3.12 gibt einige NAND-*Gatter* der Reihe 74ALSxxx an. Die Bruchzahl ($\frac{1}{4}$, usw.) vor der Typbezeichnung in Tabelle 3.12 gibt an, dass z. B. der Schaltkreis 74ALS00 vier voneinander unabhängige NAND-Gatter mit zwei Eingängen enthält.

Für weitere bzw. vollständige Übersichten siehe z. B. [3.10] bzw. Hersteller-Kataloge, wie z. B. [3.6].

Modifizierte Ausgänge von TTL-Schaltungen sind der *Open-Collector-Ausgang* und der *Three-State-Ausgang*.

Beim Open-Collector-Ausgang ist der obere Transistorpfad (T4 in Bild 3.19) entfernt (Bild 3.20) (z. B. Schaltkreis 74ALS03). Die Last (z. B. LED oder Relais) kann vom Anwender direkt zwischen U_B und Ausgang y eingefügt werden.

Der Three-State-Ausgang (3-State-Ausgang) (Bild 3.21) bietet mit dem Output-Enable ($\overline{oe}$) die Möglichkeit, die Transistoren T3 und T4 gleichzeitig zu sperren und damit den Ausgang hochohmig abzuschalten (Tabelle 3.13).

Tabelle 3.12 Typbeispiele der TTL-Reihe 74ALSxxx

Typ	Schaltfunktion	Symbol nach [3.15]	Symbol nach ANSI
$\frac{1}{4}$ 74ALS00	$y = \overline{x_1 \wedge x_2}$	x_0 —[&]— y x_1	x_0 —[ ]o— y x_1
$\frac{1}{3}$ 74ALS10	$y = \overline{x_2 \wedge x_1 \wedge x_0}$	x_0 —[&]— y x_1 x_2	x_0 —[ ]o— y x_1 x_2
$\frac{1}{2}$ 74ALS20	$y = \dfrac{}{x_3 \wedge x_2 \wedge x_1 \wedge x_0}$	x_0 —[&]— y x_1 x_2 x_3	x_0 —[ ]o— y x_1 x_2 x_3

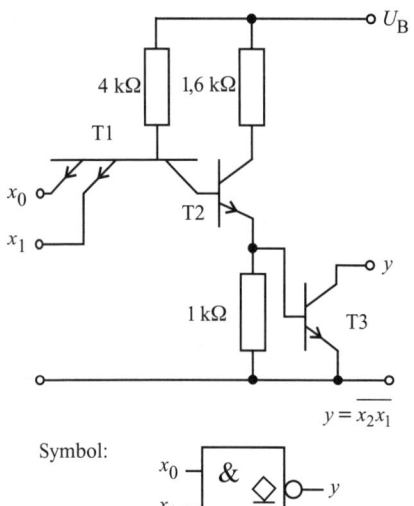

Bild 3.20 TTL-NAND mit Open Collector Output

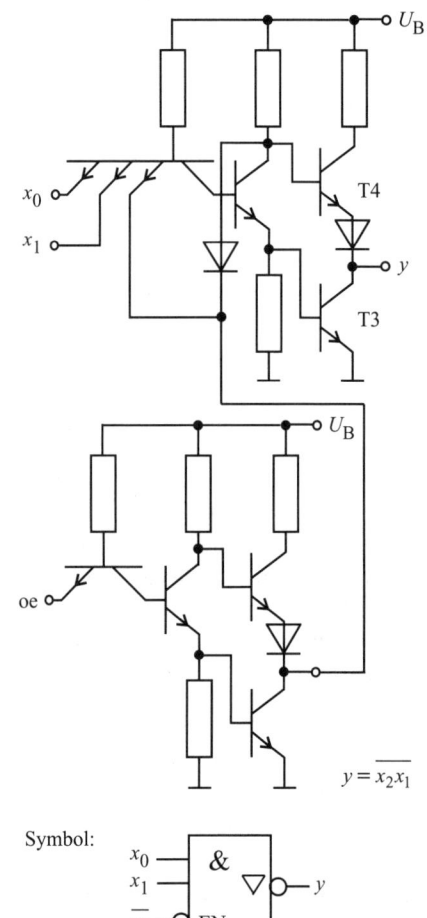

Bild 3.21 TTL-NAND mit Three-State-Output

Tabelle 3.13 Funktion des Output-Enable ($\overline{oe}$)

$\overline{oe}$	Ausgang
Low	aktiv (T3 oder T4 leitend)
High	hochohmig (T3 und T4 gesperrt)

Emittergekoppelte Logik (ECL) vermeidet (im Gegensatz zur TTL) die Übersteuerung der Schalttransistoren. Sie ist damit die schnellste Logik ($t_{pd} \cong 1$ ns) bei größerer Verlustleistung ($P_V \cong 50$ mW). Ihr Schaltungsprinzip beruht auf dem Differenzverstärker zur Arbeitspunktstabilisierung und zugeschalteten Verknüpfungstransistoren (z. B. im Parallelbetrieb), wobei durch geeignete Dimensionierung der Transistorarbeitspunkt im leitenden Betrieb auf der Grenze zwischen aktivem und Übersteuerungsbereich liegt. Bild 3.22 gibt ein Schaltbild der ECL-Elementarschaltung an. Weiterführende Literatur siehe z. B. [3.3].

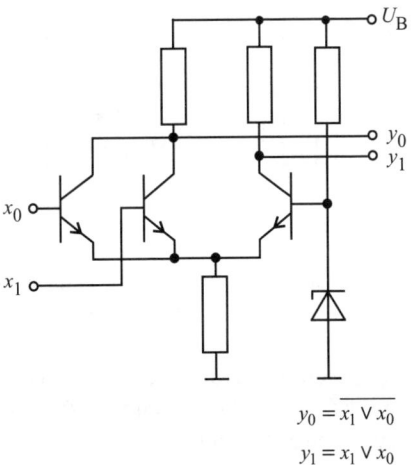

$y_0 = \overline{x_1 \vee x_0}$
$y_1 = x_1 \vee x_0$

Bild 3.22 Prinzip einer ECL-Stufe

3.3.2 Unipolare Schaltkreisreihen

3.3.2.1 NMOS-Technik

Schaltstufe. Die Grundschaltung eines im Schalterbetrieb verwendeten NMOS-Transistors zeigt Bild 3.23. Der Lastwiderstand wird durch den Kanalwiderstand des *Lasttransistors* TL realisiert.

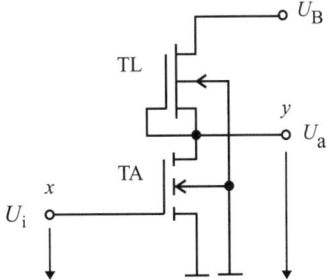

Bild 3.23 NMOS-Schaltstufe
TA Arbeitstransistor, TL Lasttransistor

Das binäre Verhalten der Stufe entspricht dem der Schaltstufe mit bipolarem Transistor. Damit gilt die gleiche Wertetabelle (Tabellen 3.8 und 3.9) sowie die Schaltfunktion

$y = \overline{x}$

Logische Verknüpfungen werden durch Parallel- bzw. Reihenschaltung (NAND bzw. NOR) von Arbeitstransistoren gebildet (Bild 3.24 und Bild 3.25) (siehe auch z. B. [3.3] und [3.5].

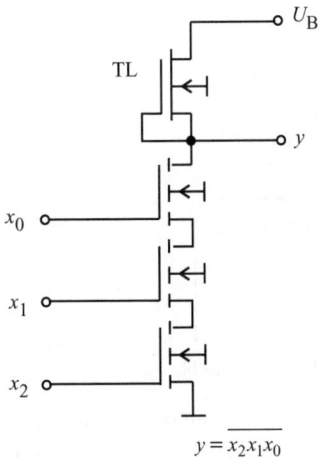

$y = \overline{x_2 x_1 x_0}$

Bild 3.24 NAND-Glied in NMOS

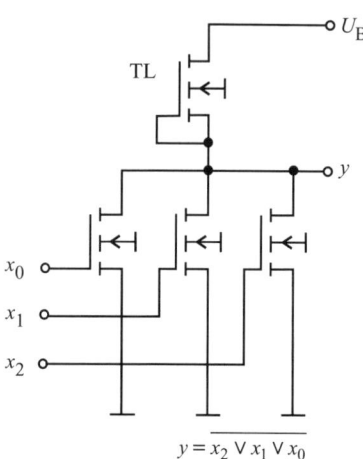

Bild 3.25 NOR-Glied in NMOS

$y = \overline{x_2 \vee x_1 \vee x_0}$

3.3.2.2 CMOS-Technik

Ein NMOS-Schaltkreis verbraucht bei $y=L$ den über den Lasttransistor und die Arbeitstransistoren fließenden Strom. CMOS-Technik (*Complementäre* MOS-Technik) vermeidet diesen Nachteil.

| In der elementaren CMOS-Schaltstufe ist gemäß Bild 3.26 anstelle des Lasttransistors ein zum (n-Kanal-) Arbeitstransistor T1 komplementärer (p-Kanal-) Transistor T2 gesetzt.

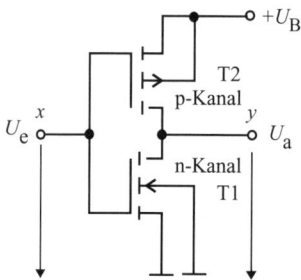

Bild 3.26 CMOS-Schaltstufe

Die Gates des komplementären Transistorpaares T1/T2 werden gemeinsam angesteuert. Es gilt Tabelle 3.14.

Tabelle 3.14 Verhalten der CMOS-Schaltstufe gemäß Bild 3.26

x	y	Zustand T1	Zustand T2
L	H	gesperrt	leitend
H	L	leitend	gesperrt

Damit fließt niemals ein Strom zwischen U_B und Betriebserde. Da der Eingangswiderstand von MOS-Transistoren praktisch unendlich ist (einige MΩ), belastet eine Folgestufe wie in Bild 3.27 den Ausgang y im statischen Fall $y = H$ ebenfalls nicht.

| Die *statische Verlustleistung* P_{Vstat} von CMOS-Schaltungen ist nahezu Null:

$$P_{Vstat} = 0 \qquad (3.19)$$

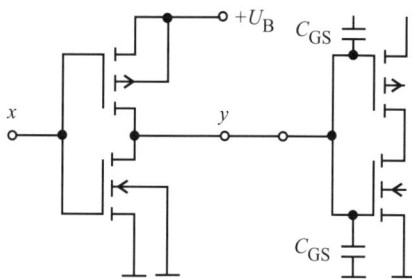

Bild 3.27 Belastung einer CMOS-Schaltstufe mit Folgestufe

MOS-Transistoren besitzen aufgrund ihres Funktionsprinzips eine Kapazität C_{GS} zwischen Gate und Source (Bild 3.27). Im Fall des Pegelwechsels verursachen die Umladeströme für C_{GS} eine Verlustleistung P_{Vdyn} in der steuernden Schaltstufe.

| Die *dynamische Verlustleistung* P_{Vdyn} von CMOS-Schaltungen ist proportional der Schaltfrequenz f_S:

$$P_{Vdyn} \sim f_S \qquad (3.20)$$

Für höhere Schaltfrequenzen (f_S = einige 10 MHz) erreicht die Verlustleistung der CMOS-Technik die der TTL-Technik.

3.3 Schaltkreisreihen

Logische Verknüpfungen in CMOS benötigen

- ein *Schaltnetz* von n-Kanal-Transistoren entsprechend der zu realisierenden Schaltfunktion zwischen dem Ausgang y und Betriebserde und
- ein dazu *duales Schaltnetz* von p-Kanaltransistoren zwischen positiver Betriebsspannung U_B und Ausgang y, dabei
- sind die Gates der in jedem Schaltnetz entsprechenden Transistorpaare wie in der elementaren Schaltstufe zu gemeinsamer Ansteuerung zusammengefasst.

Duales Schaltnetz bedeutet:

- Einer ODER-Verknüpfung (Parallelschaltung) im unteren Netzwerk entspricht eine UND-Verknüpfung (Reihenschaltung) im oberen Netzwerk
- und umgekehrt.

Die Bilder 3.28 und 3.29 zeigen die diesem Prinzip entsprechenden CMOS-NAND- und NOR-Glieder. Gemischte UND- und ODER-Verknüpfungen sind ebenfalls realisierbar.

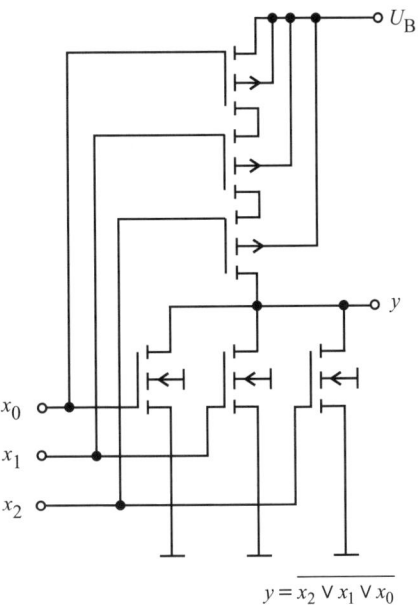

$y = \overline{x_2 \vee x_1 \vee x_0}$

Bild 3.29 CMOS-NOR-Glied

❏ **Beispiel 3.8**

Zu entwerfen ist eine CMOS-Schaltung für $y = \overline{x_2 \wedge x_1 \vee x_0}$.

Lösung:

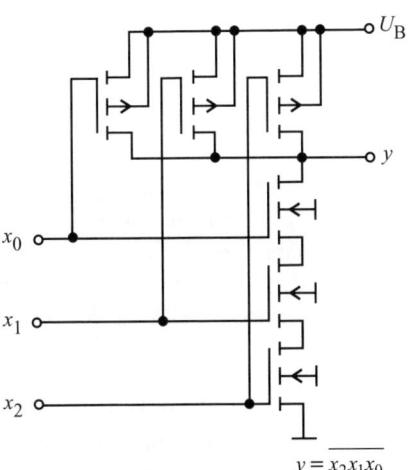

$y = \overline{x_2 x_1 x_0}$

Bild 3.28 CMOS-NAND-Glied

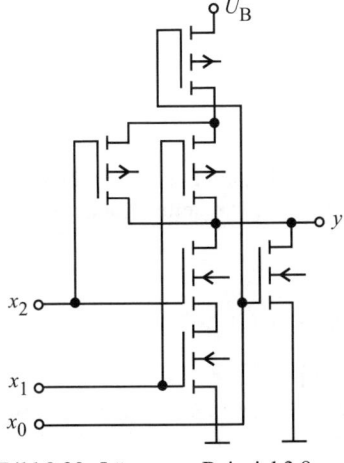

Bild 3.30 Lösung zu Beispiel 3.8 (Bulkanschlüsse nicht dargestellt)

CMOS-Reihen existieren vor allem wie in Tabelle 3.15 angegeben (auch in 54iger Version). Die angegebenen Werte gelten ungefähr. t_{pd} ist von der kapazitiven Last und P_V von der Schaltfrequenz f_S abhängig.

Tabelle 3.15 CMOS-Reihen

Reihe	t_{pd} ns	P_V mW (100 kHz)	Bemerkung
74HCxxx	8	0,2	TTL-kompatibel mit Interface
74HCTxxx	10	0,2	TTL-kompatibel
74ACxxx	4	0,2	Advanced CMOS
74ACTxxx	5	0,2	Advanced CMOS TTL-kompatibel

Schaltkreistypen in einer CMOS-Reihe. Es existieren grundsätzlich die gleichen Typenprofile wie in den TTL-Reihen einschließlich des Three-State-Output-Konzeptes. Die Typenbezeichnung entspricht der von TTL (Beispiel s. Tabelle 3.16).

Tabelle 3.16 Typbeispiel der CMOS-Reihe 74HCTxxx

Typ	Schaltfunktion	Symbol
$\frac{1}{4}$ 74HCT00	$y = \overline{x_1 \wedge x_0}$	x_0 x_1 &⊳ y

Für weitere bzw. vollständige Übersichten siehe z. B. [3.15] bzw. Hersteller-Kataloge, wie z. B. [3.7].

3.3.3 Aufgaben

▲ **Aufgabe 3.3.1**
Die TTL-Schaltung in Bild 3.19 habe am Eingang $x_1 = 0$ ($x_2 = 1$, $x_0 = 1$). Zu bestimmen ist die Stromrichtung und Stromgröße am Eingangspin von x_1.

▲ **Aufgabe 3.3.2**
Aus den lt. Abschn. 3.3.1.2 für Ausgang und Eingang unterschiedlichen Pegelbereichen ist abzuleiten, wie groß eine statische (d. h. ständige oder länger andauernde) *Störspannung* auf der Leitung zwischen dem Ausgang einer steuernden Stufe und dem Eingang der gesteuerten Stufe sein darf, ohne eine Fehlübertragung zu verursachen.

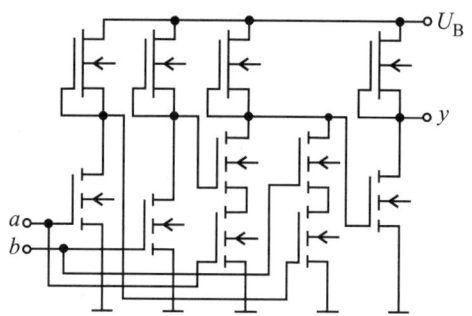

Bild 3.31 zu Aufgabe 3.3.3

▲ **Aufgabe 3.3.3**

a) Welche Schaltkreistechnologie liegt mit der Schaltung in Bild 3.31 vor?

b) Zu bestimmen ist die Wertetabelle der Schaltung in Bild 3.31.

c) Die Funktion der Schaltung nach Bild 3.31 ist in CMOS-Technologie darzustellen.

3.4 Schaltalgebra

Die Schaltalgebra arbeitet mit *binären Variablen*. Binäre Variable können nur zwei Werte (0 oder 1) annehmen. Die möglichen Werte (0 und 1) selbst heißen *binäre Konstanten*.

Die Schaltalgebra basiert auf der Booleschen Algebra. Binäre Variable heißen auch *Schaltvariable* oder boolesche Variable (englisch: boolean). Siehe dazu auch [3.17].

3.4.1 Schaltfunktionen

Schaltfunktionen beschreiben entsprechend dem Funktionsbegriff in der „analogen" Algebra die Bildung einer abhängigen (binären) Variablen (z. B. y) aus unabhängigen (binären) Variablen (z. B. x_0 und x_1).

Die allgemein formulierte mathematische Schreibweise einer Schaltfunktion, z. B. für zwei Variable,

$$y = f(x_1, x_0)$$

kann im konkreten Fall zunächst nummerisch in einer *Wertetabelle* (auch wegen des engen Zusammenhangs der Schaltalgebra mit der Logik: *Wahrheitstafel* [3.18]) dargestellt werden. Beispiele für Wertetabellen und gleichzeitig Definitionen der Schaltfunktionen UND und ODER zeigen die Tabellen 3.17a und b.

Tabelle 3.17 Definition der Schaltfunktionen UND (AND) und ODER (OR)

a) UND

x_1	x_0	y
0	0	0
0	1	0
1	0	0
1	1	1

b) ODER

x_1	x_0	y
0	0	0
0	1	1
1	0	1
1	1	1

Die mathematische Schreibweise dieser Schaltfunktionen lautet:

- UND (auch: AND)
  $y = x_1 \wedge x_0$
  $= x_1 x_0$ (sprich: x_1 und x_0)
- ODER (auch: OR)
  $y = x_1 \vee x_0$ (sprich: x_1 oder x_0)

Die Wertetabelle lt. Tabelle 3.18 definiert die Schaltfunktion.

Tabelle 3.18 Definition der Negation

x	y
0	1
1	0

- Negation
  $y = \bar{x}$ (sprich: nicht x)

Die Negation der AND-und OR-Funktionen gemäß Tabelle 3.19 führt auf die Schaltfunktionen

- NAND
  $y = \overline{x_1 \wedge x_0}$
  $= x_1 \overline{\wedge} x_0 = \overline{x_1 x_2}$
- NOR
  $y = \overline{x_1 \vee x_0}$
  $x_1 \overline{\vee} x_0$

Tabelle 3.19 Definition der Schaltfunktionen NAND und NOR

a) NAND

x_1	x_0	y
0	0	1
0	1	1
1	0	1
1	1	0

b) NOR

x_1	x_0	y
0	0	1
0	1	0
1	0	0
1	1	0

Weitere wesentliche Schaltfunktionen mit zwei unabhängigen Variablen sind gemäß Tabelle 3.20:

- Antivalenz
  $y = x_1 \leftrightarrow x_0$
- Äquivalenz
  $y = x_1 \leftrightarrow x_0$

Tabelle 3.20 Definition der Schaltfunktionen Antivalenz und Äquivalenz

a) Antivalenz

x_1	x_0	y
0	0	0
0	1	1
1	0	1
1	1	0

b) Äquivalenz

x_1	x_0	y
0	0	1
0	1	0
1	0	0
1	1	1

Tabelle 3.21 Schaltfunktionen und Symbole

Schaltfunktion	Bezeichnung	Symbol nach DIN	Symbol nach ANSI
$y = \bar{x}$	Negation	x —[1]o— y	x —▷o— y
$y = x_1 \wedge x_0$ $= x_1 x_0$	UND (AND) auch: Konjunktion	x_0 —[&]— y x_1	x_0 —⊐— y x_1
$y = x_1 \vee x_0$	ODER (OR) auch: Disjunktion	x_0 —[≥1]— y x_1	x_0 —⊃— y x_1
$y = \overline{x_1 \wedge x_0}$ $= x_1 \overline{\wedge} x_0$ $= \overline{x_1 x_2}$	NAND	x_0 —[&]o— y x_1	x_0 —⊐o— y x_1
$y = \overline{x_1 \vee x_0}$ $= x_1 \overline{\vee} x_0$	NOR	x_0 —[≥1]o— y x_1	x_0 —⊃o— y x_1
$y = x_1 \not\leftrightarrow x_0$	Antivalenz	x_0 —[=1]— y x_1	x_0 —⊃)— y x_1
$y = x_1 \leftrightarrow x_0$	Äquivalenz	x_0 —[=]o— y x_1	x_0 —⊃)o— y x_1

Tabelle 3.21 ordnet obigen Schaltfunktionen die in grafischen Darstellungen (Schaltungen) zu verwendenden Symbole nach DIN 40 900, Teil 12 [3.15], zu. Die Symbole nach ANSI sind in Deutschland weniger gebräuchlich.

Die Schaltfunktionen gelten für mehr als zwei unabhängige (Eingangs-)Variable entsprechend. Die Antivalenz geht dabei in ein *Ungerade-Element* ($y = 1$, wenn ungerade Anzahl der Eingänge auf 1) und die Äquivalenz in ein *Gerade-Element* über (siehe auch [3.11]).

3.4.2 Schaltfunktionen und Schalt(er)netze

Ein Schalternetz oder Schaltnetz ist ein Zweipol, bestehend aus Parallel- und Reihenschaltungen von Schaltern (z. B. elektromechanische Kontakte oder Schalttransistoren). Das Schaltnetz ist selbst binär, d. h., entsprechend dem jeweiligen Zustand seiner Schalter (leitend oder nichtleitend) ist es leitend oder nichtleitend. In Reihenschaltung mit einer Betriebsspannungsquelle erzeugt es an seinem Ausgang y ein Low- oder High-Signal (Bild 3.32).

| Für die Zusammenschaltung von Schaltern gilt:
|
| • Reihenschaltung von Schaltern: UND-Funktion
| • Parallelschaltung von Schaltern: ODER-Funktion

3.4 Schaltalgebra

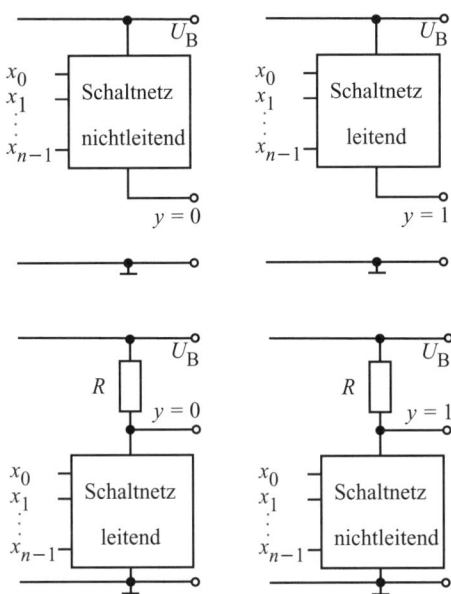

Bild 3.32 Schaltnetz in der Schaltung

❑ **Beispiel 3.9**

Zu bestimmen sind die von den in Bild 3.33 gegebenen Schaltnetzen realisierten Schaltfunktionen.

Lösung:

Bild 3.33a: $y = \overline{x_2} \vee \overline{x_1}x_0$
($y = 1$, wenn Schaltnetz *leitend*)

Bild 3.33b: $y = \overline{x_2(x_1 \vee \overline{x_0})}$
($y = 1$, wenn Schaltnetz *nichtleitend*)

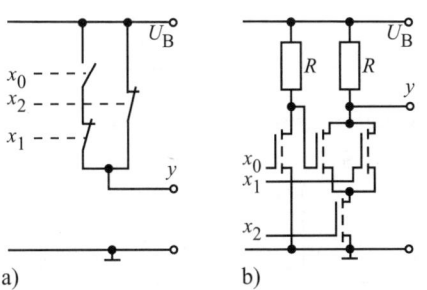

Bild 3.33 Ausgeführte Schaltnetze
a) elektromechanische Kontakte (Schließer und Öffner), b) Schalttransistoren

Natürlich ist eine Schaltfunktion statt in einem einzigen Schaltnetz wie in Bild 3.33 auch durch Zusammenschaltung aus elementaren Funktionen (Tabelle 3.21) realisierbar.

❑ **Beispiel 3.10**

Die Schaltfunktion des Schaltnetzes in Bild 3.33a ist aus UND- und ODER-Gliedern aufzubauen.

Lösung:

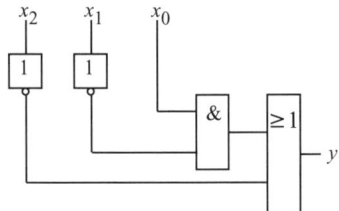

Bild 3.34 Lösung zu Beispiel 3.10

3.4.3 Gesetze und Rechenregeln der Schaltalgebra

Für die logischen Verknüpfungen der binären Variablen in der Schaltfunktion gelten die Gesetze (Axiome, Theoreme, Rechenregeln) der Schaltalgebra. Die für den ingenieurmäßigen Gebrauch wesentlichen Zusammenhänge werden nachfolgend zusammengefasst.

Wie in der „analogen" Algebra wegen der gegenüber anderen Operationen stärksten Bindungskraft in Formeln das Multiplikationszeichen weggelassen werden kann,

$$a \cdot b = ab,$$

so kann in der Schaltalgebra aus dem gleichen Grund auf das UND-Zeichen verzichtet werden:

$$\boxed{a \wedge b = ab} \qquad (3.21)$$

Davon wird hier, soweit zum exakten Verständnis nicht anders erforderlich, immer Gebrauch gemacht.

Kommutatives Gesetz:

$$x_1 x_0 = x_0 x_1 \quad (3.22)$$

$$x_1 \vee x_0 = x_0 \vee x_1 \quad (3.23)$$

Assoziatives Gesetz:

$$\begin{aligned} x_2 x_1 x_0 &= x_2 (x_1 x_0) \\ &= (x_2 x_1) x_0 \end{aligned} \quad (3.24)$$

$$\begin{aligned} x_2 \vee x_1 \vee x_0 &= x_2 \vee (x_1 \vee x_0) \\ &= (x_2 \vee x_1) \vee x_0 \end{aligned} \quad (3.25)$$

Distributives Gesetz:

$$x_2 x_1 \vee x_2 x_0 = x_2 (x_1 \vee x_0) \quad (3.26)$$

$$(x_2 \vee x_1)(x_2 \vee x_0) = x_2 \vee (x_1 x_0) \quad (3.27)$$

Das 2. distributive Gesetz ist zunächst in seiner Anwendung ungewohnt, da in der „analogen" Algebra eine Entsprechung nicht existiert.

Anstelle der Einzelvariablen x_2, x_1, x_0 u. a. können auch stehen

- negierte Variable (z. B. $\overline{x_2}, \overline{a}$ usw.)
- Teilschaltfunktionen (z. B. $x_2 \vee a\overline{b}, \overline{a} \vee x$ usw.)

❑ **Beispiel 3.11**

$x\overline{d}\overline{c}b \vee \overline{d}ba = \overline{d}b(x\overline{c} \vee a)$

❑ **Beispiel 3.12**

a) $\overline{x_1 \vee d}\, x_2 a \vee x_2 ba = x_2 a \left(\overline{x_1 \vee d} \vee b \right)$
b) $\left(\overline{x_1 \vee d} \vee x_2 \vee a \right)(x_2 \vee b \vee a)$
   $= x_2 \vee a \vee \left(\overline{x_1 \vee d} \right)(b) = x_2 \vee a \vee \overline{x_1 \vee d}\, b$

Bemerkung: Da eine Negation über mehrere Variable diese bereits bindet, kann auf die sonst erforderliche Klammer verzichtet werden:

$\left(\overline{x_1 \vee d} \right) x_2 a = \overline{x_1 \vee d}\, x_2 a$

De Morgansche Regel. Es gilt

$$\begin{aligned} \overline{x_1 \vee x_0} &= \overline{x_1}\, \overline{x_0} \\ x_1 \vee x_0 &= \overline{\overline{x_1}\, \overline{x_0}} \end{aligned} \quad (3.28)$$

$$\begin{aligned} \overline{x_1 x_0} &= \overline{x_1} \vee \overline{x_0} \\ x_1 x_0 &= \overline{\overline{x_1} \vee \overline{x_0}} \end{aligned} \quad (3.29)$$

Dieses Theorem ist für den digitalen Schaltungsentwurf von großer Bedeutung. Es gestattet, Konjunktionen in Disjunktionen umzurechnen und umgekehrt. Die für zwei Variable angegebenen Beziehungen gelten ebenso für beliebig viele Variable.

Verknüpfung binärer Konstanten. Es gilt

$\begin{array}{l} 0 \wedge 0 = 0 \\ 0 \wedge 1 = 0 \\ 1 \wedge 1 = 1 \end{array}$ $\begin{array}{l} 0 \vee 0 = 0 \\ 0 \vee 1 = 0 \\ 1 \vee 1 = 1 \end{array}$

Verknüpfung binärer Variabler mit Konstanten. Es gilt

$\begin{array}{l} a \wedge 0 = 0 \\ a \wedge 1 = a \end{array}$ $\begin{array}{l} a \vee 0 = a \\ a \vee 1 = 1 \end{array}$

Verknüpfung binärer Variabler mit sich selbst. Es gilt

$\begin{array}{l} a \wedge a = a \\ a \wedge \overline{a} = 0 \end{array}$ $\begin{array}{l} a \vee a = a \\ a \vee \overline{a} = 1 \end{array}$

Kürzungsregeln. Bestimmte Schaltfunktionen können vereinfacht („gekürzt") werden.

1. Kürzungsregel

$$x_1 x_0 \vee x_1 \overline{x_0} = x_1 (x_0 \vee \overline{x_0})$$
$$= x_1 \wedge 1$$

$$\boxed{x_1 x_0 \vee x_1 \overline{x_0} = x_1} \quad (3.30)$$

$$(x_1 \vee x_0)(x_1 \vee \overline{x_0}) = x_1 \vee x_0 \overline{x_0}$$
$$= x_1 \vee 0$$

$$\boxed{(x_1 \vee x_0)(x_1 \vee \overline{x_0}) = x_1} \quad (3.31)$$

❑ **Beispiel 3.13**

a) $\overline{x_3} x_2 x_1 x_0 \vee \overline{x_3} x_2 \overline{x_1} x_0 = \overline{x_3} x_2 x_0$

b) $\overline{x_3}\, \overline{x_2} x_1 x_0 \vee \overline{x_3} x_2 \overline{x_1} x_0 \neq \overline{x_3} x_0$

c) $\left(c \vee \overline{d\overline{b}} \vee a\right)\left(c \vee d\overline{b} \vee a\right) = (c \vee a)$

Achtung!

Die Kürzungsregel gilt für den Fall a), dass sich zwei Konjunktionen (Disjunktionen) in einer einzigen Variablen um deren Negation unterscheiden.

Die Kürzungsregel gilt nicht für den Fall b), dass sich zwei Konjunktionen (Disjunktionen) in mehreren Variablen um deren Negation unterscheiden.

Die Kürzungsregel gilt natürlich auch für den Fall c), dass sich zwei Konjunktionen (Disjunktionen) in einer einzigen Teilfunktion um deren Negation unterscheiden.

2. Kürzungsregel

$$x_1 \vee x_1 x_0 = x_1 (1 \vee x_0)$$
$$= x_1 \wedge 1$$

$$\boxed{x_1 \vee x_1 x_0 = x_1} \quad (3.32)$$

$$x_1(x_1 \vee x_0) = x_1 \vee x_1 x_0$$

$$\boxed{x_1(x_1 \vee x_0) = x_1} \quad (3.33)$$

3. Kürzungsregel

$$x_1 \vee \overline{x_1} x_0 = (x_1 \vee \overline{x_1})(x_1 \vee x_0)$$
$$= 1 \wedge (x_1 \vee x_0)$$

$$\boxed{x_1 \vee \overline{x_1} x_0 = x_1 \vee x_0} \quad (3.34)$$

$$x_1 (\overline{x_1} \vee x_0) = x_1 \overline{x_1} \vee x_1 x_0$$
$$= 0 \vee x_1 x_0$$

$$\boxed{x_1 (\overline{x_1} \vee x_0) = x_1 x_0} \quad (3.35)$$

3.4.4 Schaltfunktionen und Wertetabelle

Aus einer gegebenen Wertetabelle lässt sich die zugehörige Schaltfunktion auslesen.

1. Möglichkeit:

Auslesen der *vollständigen disjunktiven Normalform* (auch: *kanonische disjunktive Normalform*) KDNF
Es ist für jede Zeile mit $y = 1$ die dafür notwendige Bedingung aller Eingangsvariablen als Konjunktion auszulesen. Die Konjunktionen sind disjunktiv zu verknüpfen.

❑ **Beispiel 3.14**

Gegeben sei die Wertetabelle gemäß Tabelle 3.22.

Tabelle 3.22 Wertetabelle

c	b	a	y
0	0	0	1
0	0	1	0
0	1	0	0
0	1	1	1
1	0	0	0
1	0	1	1
1	1	0	0
1	1	1	1

Gesucht ist die zugehörige Schaltfunktion. Die Schaltfunktion ist als Schaltung darzustellen.

3 Digitaltechnik

Lösung:

$$y = \bar{c}\bar{b}\bar{a} \lor \bar{c}ba \lor c\bar{b}a \lor cba$$

↑ ↑
$y = 1$, wenn
$(c = 0)$ und $(b = 1)$ und $(a = 1)$

$y = 1$, wenn
$(c = 0)$ und $(b = 0)$ und $(a = 0)$

Schaltung lt. Bild 3.35

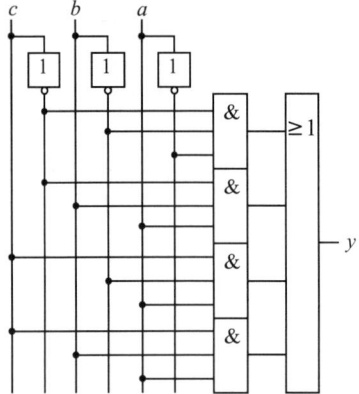

Bild 3.35 Schaltung zu Beispiel 3.14

Die in Beispiel 3.14 erhaltene Schaltfunktion besteht aus

- **vollständigen** Konjunktionen (sie enthalten alle Eingangsvariablen) (genannt *Minterme*), die
- *disjunktiv* miteinander verknüpft sind (Bild 3.36).

$$y = \bar{c}\,\bar{b}\,\bar{a} \lor \bar{c}\,b\,a \lor c\,\bar{b}\,a \lor c\,b\,a$$

↑ ↑ ↑ ↑
Minterm Minterm Minterm
vollständige
Konjunktion
oder
Minterm
oder
1-Konstituent

disjunktive Verknüpfung

Bild 3.36 Vollständige disjunktive Normalform

Diese Form heißt *Vollständige* (auch: *Kanonische*) *Disjunktive Normalform* (KDNF).

2. Möglichkeit:

Auslesen der *vollständigen konjunktiven Normalform* (auch: *kanonische konjunktive Normalform*) KKNF

Die Demonstration der Gewinnung der KKNF erfolgt aus der Wertetabelle (Tabelle 3.22) im Beispiel 3.14:

1. Schritt: Auslesen der KDNF für $\bar{y}$
$$\bar{y} = \bar{c}\bar{b}a \lor \bar{c}b\bar{a} \lor c\bar{b}\bar{a} \lor cb\bar{a}$$

2. Schritt: Bilden von y (De Morgansche Regel!)
$$y = \overline{\bar{c}\bar{b}a \lor \bar{c}b\bar{a} \lor c\bar{b}\bar{a} \lor cb\bar{a}}$$
$$= \overline{\bar{c}\bar{b}a} \cdot \overline{\bar{c}b\bar{a}} \cdot \overline{c\bar{b}\bar{a}} \cdot \overline{cb\bar{a}}$$
$$y = (c \lor b \lor \bar{a})\,(c \lor \bar{b} \lor a)\,(\bar{c} \lor b \lor a) \land$$
$$\land\,(\bar{c} \lor \bar{b} \lor a)$$

Die so erhaltene Schaltfunktion besteht aus

- *vollständigen Disjunktionen* (genannt *Maxterme*), die
- konjunktiv miteinander verknüpft sind (Bild 3.37).

$$y = (c \lor b \lor \bar{a})(c \lor \bar{b} \lor a)(\bar{c} \lor b \lor a)(\bar{c} \lor \bar{b} \lor a)$$

↑ ↑ ↑ ↑
Maxterm Maxterm Maxterm
vollständige
Disjunktion
oder
Maxterm
oder
0-Konstituent

konjunktive Verknüpfung

Bild 3.37 Vollständige konjunktive Normalform

Diese Form heißt *Vollständige* (auch: *Kanonische*) *Konjunktive Normalform* (KKNF).

Natürlich sind VDNF und VKNF aus der gleichen Wertetabelle zueinander äquivalent, d. h., sie drücken den gleichen logischen Zusammenhang aus.

Vollständige Normalformen sind im allgemeinen mit Hilfe der Kürzungsregeln kürzbar (*minimierbar*). Durch Minimierung von vollständigen oder bereits teilweise gekürzten Normalformen entstehen *minimale* Normalformen.

3.4.5 Minimierung von Schaltfunktionen

Karnaugh-Veitch-Tafel. Die (kurz genannte) KV-Tafel ist eine andere, matrixartige Schreibweise der Wertetabelle.

Tabelle 3.23b zeigt die Darstellung der Wertetabelle (Tabelle 3.23a) in der KV-Tafel. Tabelle 3.24b stellt die KV-Tafel für drei Variable dar.

Tabelle 3.23   Wertetabelle und KV-Tafel

x_1	x_0	y
0	0	0
0	1	1
1	0	1
1	1	0

a)

$\equiv$

y:	$x_0 = 0$	$x_0 = 1$
$x_1 = 0$	0	1
$x_1 = 1$	1	0

b)

y:	$\overline{x_0}$	x_0
$\overline{x_1}$	0	1
x_1	1	0

c)

y:		x_0
	0	1
x_1	1	0

d)

Tabelle 3.23 d gibt die endgültige und künftig zu verwendende Kurzschreibweise der KV-Tafel an.

Hinweis: Die in Tabelle 3.24b in den einzelnen Feldern in der unteren rechten Ecke zusätzlich angegebenen Feldnummern sind der dezimale (hexadezimale) Wert des als Dualzahl aufgefassten Eingangszustands $[x_2, x_1, x_0]$ der entsprechenden Zeile der Wertetabelle. Eine Einprägung der Lage dieser Feldnummerierung erleichtert eine schnelle Übertragung einer Wertetabelle in eine KV-Tafel.

Tabelle 3.24   Wertetabelle und KV-Tafel für drei Variable

x_2	x_1	x_0	y
0	0	0	1
0	0	1	0
0	1	0	0
0	1	1	1
1	0	0	0
1	0	1	1
1	1	0	0
1	1	1	1

a)

y:		x_0		
	1_0	0_1	1_5	0_4
x_1	0_2	1_3	1_7	0_6
		x_2		

b)

Man beachte, dass die KV-Tafel für drei Variable in Tabelle 3.24b aus der KV-Tafel für zwei Variable (Tabelle 3.23 d) erhalten wurde, indem der Erweiterungsteil für $x_2 = 1$ in Bezug auf die ursprünglichen Variablen x_1 und x_0 *spiegelsymmetrisch „angebaut"* wurde.

Die Erweiterung der KV-Tafel auf eine weitere Variable erfolgt in Bezug auf die bisherigen Variablen spiegelsymmetrisch. KV-Tafeln für eine gerade Variablenzahl sind quadratisch und für eine ungerade Variablenzahl rechteckig.

Tabelle 3.25 zeigt KV-Tafeln für 4, 5 und 6 Variable mit den sich ergebenden Feldnummern.

Tabelle 3.25   KV-Tafel

		x_0			
	0	1	5	4	
x_1	2	3	7	6	
	A	B	F	E	x_3
	8	9	D	C	
		x_2			

		x_0			x_4	x_0		
	0	1	5	4	14	15	11	10
x_1	2	3	7	6	16	17	13	12
	A	B	F	E	1E	1F	1B	1A	x_3
	8	9	D	C	1C	1D	19	18
			x_2					

		x_0			x_4	x_0		
	0	1	5	4	14	15	11	10
x_1	2	3	7	6	16	17	13	12
	A	B	F	E	1E	1F	1B	1A
	8	9	D	C	1C	1D	19	18	x_3
			2F		3F				x_5
x_1								
	20						30	
			x_2					

Minimierung von Normalformen. Die Minimierung wird auf der Basis der Kürzungsregeln mit Hilfe der KV-Tafel durchgeführt. Man erhält *minimale disjunktive Normalformen* bzw. *minimale konjunktive Normalformen*.

| Minimale Normalformen enthalten möglichst wenige und möglichst stark gekürzte Disjunktionen bzw. Konjunktionen.

Die Anwendung der 1. Kürzungsregel auf die vollständigen Normalformen in den Beispielen 3.15 und 3.16 ergibt die dort angegebenen minimalen Normalformen.

❑ **Beispiel 3.15**

KDNF:

$$y = \overline{x_2}\,\overline{x_1}\,\overline{x_0} \vee \overline{x_2} x_1 x_0 \vee x_2 \overline{x_1}\, x_0 \vee x_2 x_1 x_0$$

min. DNF:

$$y = \overline{x_2}\,\overline{x_1}\,\overline{x_0} \vee x_1 x_0 \vee x_2 x_0$$

❑ **Beispiel 3.16**

KKNF:

$$y = (x_2 \vee x_1 \vee \overline{x_0})(x_2 \vee \overline{x_1} \vee x_0) \wedge$$
$$\wedge (\overline{x_2} \vee x_1 \vee x_0)(\overline{x_2} \vee \overline{x_1} \vee x_0)$$

min. KNF:

$$y = (x_2 \vee x_1 \vee \overline{x_0})(\overline{x_1} \vee x_0)(\overline{x_2} \vee x_0)$$

Derartige Minimierungen werden für umfangreichere Schaltfunktionen mit Hilfe der KV-Tafel übersichtlicher.

| Spiegelsymmetrische Felder in der KV-Tafel unterscheiden sich in ihren zugehörigen Mintermen bzw. Maxtermen in einer einzigen Variablen um deren Negation. Sie sind damit kürzbar (1. Kürzungsregel). Die Spiegelsymmetrielinie wird dabei durch die Grenzlinie zwischen unnegiertem und negiertem Bereich dieser Variablen gebildet.

Beispiel 3.17 zeigt aus der KV-Tafel direkt auslesbare Kürzungen. Eine Kürzung erfolgt in den Schritten

- 2er-Blockbildung aus zwei spiegelsymmetrischen „1"- oder „0"-Feldern
- Auslesen der gekürzten Konjunktion bzw. Disjunktion unter Weglassen der Spiegellinien-Variablen

❑ **Beispiel 3.17**

y:		x_0		
	1_0	0_1	1_5	0_4
x_1	0_2	1_3	1_7	0_6
		x_2		

$$\overline{x_2} x_1 x_0 \vee x_2 x_1 x_0 = x_1 x_0$$

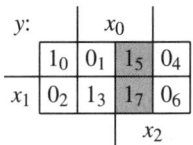

$x_2 x_1 x_0 \vee x_2 \overline{x_1} x_0 = x_2 x_0$

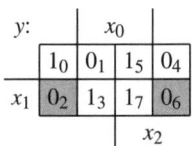

$(\overline{x_2} \vee \overline{x_1} \vee x_0)(x_2 \vee \overline{x_1} \vee x_0) = \overline{x_1} \vee x_0$

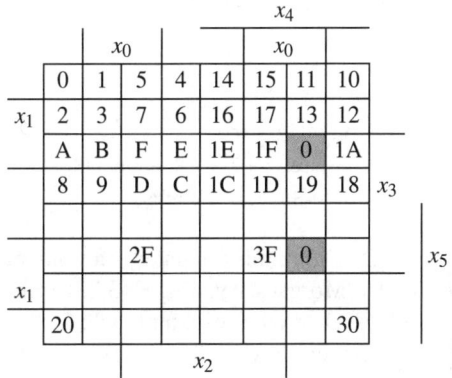

$(x_5 \vee \overline{x_4} \vee \overline{x_3} \vee x_2 \vee \overline{x_1} \vee \overline{x_0}) \wedge$
$\wedge (\overline{x_5} \vee \overline{x_4} \vee \overline{x_3} \vee x_2 \vee \overline{x_1} \vee \overline{x_0})$
$= \overline{x_4} \vee \overline{x_3} \vee x_2 \vee \overline{x_1} \vee \overline{x_0}$

Zwei spiegelsymmetrisch liegende „1"- oder „0"-2er-Blöcke unterscheiden sich in ihren zugehörigen Konjunktionen bzw. Disjunktionen in einer einzigen Variablen um deren Negation. Sie sind kürzbar (1. Kürzungsregel), d. h. zu 4er-Blöcken zusammenfassbar. Die sich ergebende Konjunktion bzw. Disjunktion wird unter Weglassen der Spiegellinien-Variablen ausgelesen (Beispiel 3.18).

❑ **Beispiel 3.18**

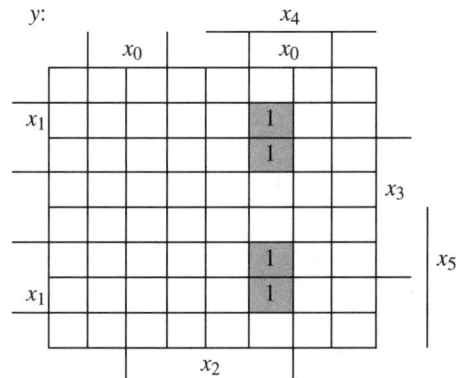

$y = x_4 x_2 x_1 x_0$

Ebenso sind spiegelsymmetrische 4er-Blöcke zu 8er-Blöcken, diese zu 16er-, 32er-Blöcken usw. zusammenfassbar.

Für das Auslesen der kompletten minimalen disjunktiven bzw. konjunktiven Normalform aus der KV-Tafel gilt:

Auslesen der minimalen DNF:

- Erfassen aller mit „1" belegten Felder durch möglichst wenig und möglichst große 2er-, 4er-, 8er- usw. Blöcke
- Bilden der den Blöcken zugehörigen Konjunktionen
- disjunktive Verknüpfung der Konjunktionen

Auslesen der minimalen KNF:

- Erfassen aller mit „0" belegten Felder durch möglichst wenig und möglichst große 2er-, 4er-, 8er- usw. Blöcke
- Bilden der den Blöcken zugehörigen Disjunktionen
- konjunktive Verknüpfung der Disjunktionen

Beispiele 3.19 und 3.20 demonstrieren die aus KV-Tafeln für drei bzw. sechs Variable ausgelesenen minimalen disjunktiven und konjunktiven Normalformen.

❑ **Beispiel 3.19**

Gegeben: KV-Tafel

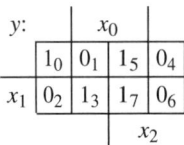

Gesucht:
a) minimale DNF
b) minimale KNF

Lösung:
a) $y = x_2 x_0 \vee x_1 x_0 \vee \overline{x_2}\, \overline{x_1}\, \overline{x_0}$
b) $y = (\overline{x_2} \vee x_0)(\overline{x_1} \vee x_0)(x_2 \vee x_1 \vee \overline{x_0})$

❑ **Beispiel 3.20**

Gegeben: KV-Tafel

y:

		x_0				x_0		
	1	0	0	0	0	0	1	1
x_1	0	1	1	0	0	1	1	1
	0	1	1	0	0	1	1	1
	0	0	0	0	0	0	0	0
	0	0	0	0	0	0	0	0
	0	1	1	0	0	1	0	0
x_1	0	1	1	0	0	1	0	0
	1	1	1	1	1	1	1	1

(mit x_3, x_5, x_2, x_4 Achsen)

Gesucht:
a) minimale DNF
b) minimale KNF

Lösung:
a) $y = x_2 x_1 x_0 \vee \overline{x_4} x_1 x_0 \vee \overline{x_5} x_4 \overline{x_2} x_1 \vee x_4 \overline{x_3}\, \overline{x_2}\, \overline{x_1} \vee$
$\vee x_5 \overline{x_3}\, \overline{x_1} \vee \overline{x_3}\, \overline{x_2}\, \overline{x_1}\, \overline{x_0}$
b) $y = (\overline{x_3} \vee x_1)(\overline{x_2} \vee \overline{x_1} \vee x_0) \wedge$
$\wedge (\overline{x_5} \vee \overline{x_4} \vee x_2 \vee \overline{x_1})(x_4 \vee \overline{x_1} \vee x_0) \wedge$
$\wedge (x_5 \vee \overline{x_2} \vee x_1)(x_5 \vee x_4 \vee x_1 \vee \overline{x_0})$

3.4.6 NAND-NAND- und NOR-NOR-Strukturen

DNF- und KNF-Strukturen sind (unter Nichtbeachtung einer ggf. in der Vorstufe enthaltenen Inverter-Stufe) 2-stufige Strukturen (Bild 3.38 und 3.39).

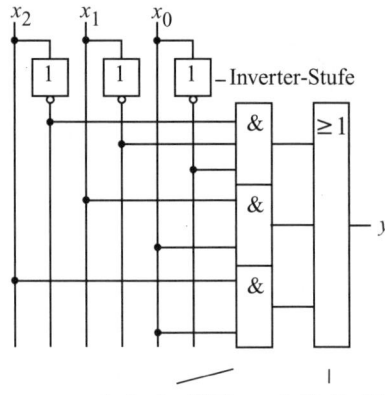

1. Stufe: AND   2. Stufe: OR
Bild 3.38   DNF-Struktur: 2-stufig

Die DNF-Struktur ist unter Anwendung der De Morganschen Regel (3.28) in eine NAND-NAND-Struktur (auch: 2-stufige homogene NAND-Struktur) umrechenbar.

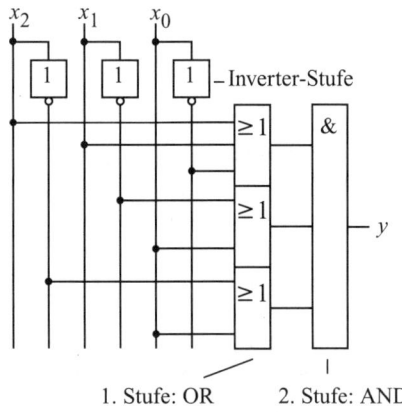

1. Stufe: OR   2. Stufe: AND
Bild 3.39   KNF-Struktur: 2-stufig

Beispiel 3.21

$$y = \overline{x_2}\,\overline{x_1}\,\overline{x_0} \vee x_1 x_0 \vee x_2 x_0$$
$$= \overline{\overline{\overline{x_2}\,\overline{x_1}\,\overline{x_0} \vee x_1 x_0 \vee x_2 x_0}}$$
$$y = \overline{\overline{\overline{x_2}\,\overline{x_1}\,\overline{x_0}}\;\overline{x_1 x_0}\;\overline{x_2 x_0}}$$

Die Schaltung zeigt Bild 3.40.

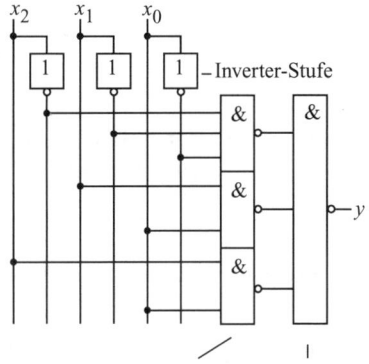

1. Stufe: NAND   2. Stufe: NAND
Bild 3.40 NAND-NAND-Struktur

| Die KNF-Struktur ist unter Anwendung der De Morganschen Regel (3.29) in eine NOR-NOR-Struktur (auch: 2-stufige homogene NOR-Struktur) umrechenbar.

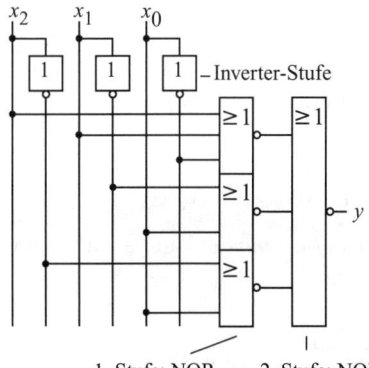

1. Stufe: NOR   2. Stufe: NOR
Bild 3.41 NOR-NOR-Struktur

Beispiel 3.22

$$y = (x_2 \vee x_1 \vee \overline{x_0})(\overline{x_1} \vee x_0)(\overline{x_2} \vee x_0)$$
$$= \overline{\overline{(x_2 \vee x_1 \vee \overline{x_0})(\overline{x_1} \vee x_0)(\overline{x_2} \vee x_0)}}$$

$$y = \overline{\overline{x_2 \vee x_1 \vee \overline{x_0}} \vee \overline{\overline{x_1} \vee x_0} \vee \overline{\overline{x_2} \vee x_0}}$$

Die Schaltung zeigt Bild 3.41.

3.4.7 OR-NAND- und AND-NOR-Strukturen

| Die NAND-NAND-Struktur ist unter Anwendung der De Morganschen Regel (3.29) auf die inneren NAND-Funktionen in eine OR-NAND-Struktur umrechenbar.

Beispiel 3.23

$$y = \overline{\overline{\overline{x_2}\,\overline{x_1}\,\overline{x_0}}\;\overline{x_1 x_0}\;\overline{x_2 x_0}}$$
$$y = \overline{(x_2 \vee x_1 \vee x_0)(\overline{x_1} \vee \overline{x_0})(\overline{x_2} \vee \overline{x_0})}$$

| Die NOR-NOR-Struktur ist unter Anwendung der De Morganschen Regel (3.28) auf die inneren NOR-Funktionen in eine AND-NOR-Struktur umrechenbar.

Beispiel 3.24

$$y = \overline{\overline{x_2 \vee x_1 \vee \overline{x_0}} \vee \overline{\overline{x_1} \vee x_0} \vee \overline{\overline{x_2} \vee x_0}}$$
$$y = \overline{\overline{x_2}\,\overline{x_1}\,x_0 \vee x_1 \overline{x_0} \vee x_2 \overline{x_0}}$$

3.4.8 Aufgaben

▲ **Aufgabe 3.4.1**
Geg.: $y = x_2 \overline{x_1}\,\overline{x_0} \vee \overline{x_2}\left(\overline{x_1 \vee x_0} \vee x_1 \overline{x_0}\right)$
Ges.: Min. DNF und min. KNF

▲ **Aufgabe 3.4.2**
Geg.: $y = x_3 x_2 x_0 \vee x_3 x_2 x_1 \vee x_3 x_2 \overline{x_1}\,\overline{x_0}$
Ges.:
a) Min. DNF
b) Min. KNF
c) Min. NAND-NAND
d) Min. NOR-NOR
e) Min AND-NOR
f) Min OR-NAND

▲ Aufgabe 3.4.3
Gegeben: KV-Tafel

y:

	x_0				x_0			
	1	0	0	0	0	0	1	1
x_1	0	1	1	0	0	1	1	1
	0	1	1	0	0	1	1	1
	0	0	0	0	0	0	0	0
	0	0	0	0	0	0	0	0
	0	1	1	0	0	1	0	0
x_1	0	1	1	0	0	1	0	0
	1	1	1	1	1	1	1	1

(mit x_4, x_3, x_5, x_2 Kennzeichnung)

Gesucht:
a) minimale DNF
b) minimale KNF

3.5 Synthese und Analyse kombinatorischer Schaltungen

3.5.1 Begriff der kombinatorischen Schaltung

In einer kombinatorischen Schaltung (auch: *Schaltnetz*) gemäß Bild 3.42 hängen der Wert jeder binären Ausgangsvariablen y_j (mit $j = 0, 1, \ldots, m - 1$) eindeutig von den Werten (im allgemeinen) aller binären Eingangsvariablen x_i (mit $i = 0, 1, \ldots, n - 1$) ab.

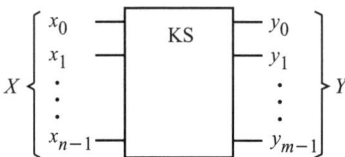

Bild 3.42 Blockschaltbild einer kombinatorischen Schaltung (auch: Schaltnetz)

Die Wertemenge der binären Eingangsvariablen bildet den Eingangszustand:

$$X = [x_{n-1}, x_{n-2}, \ldots, x_1, x_0]$$ (3.36)

Es sind 2^n verschiedene Eingangszustände möglich:

$X_0 = [0,0,\ldots,0,0]$
$X_1 = [0,0,\ldots,0,1]$
$X_2 = [0,0,\ldots,1,0]$
$X_3 = [0,0,\ldots,1,1]$
$\vdots$
$X_{2^n-1} = [1,1,\ldots,1,1]$

Die Wertemenge der binären Ausgangsvariablen bildet den Ausgangszustand:

$$Y = [y_{m-1}, y_{m-2}, \ldots, y_1, y_0]$$ (3.37)

Es sind 2^m verschiedene Ausgangszustände möglich:

$Y_0 = [0,0,\ldots,0,0]$
$Y_1 = [0,0,\ldots,0,1]$
$\vdots$
$Y_{2^m-1} = [1,1,\ldots,1,1]$

Die kombinatorische Schaltung gemäß Bild 3.42 mit m Ausgangsvariablen wird durch m Schaltfunktionen beschrieben:

$y_0 = f_0(x_{n-1},\ldots,x_1,x_0)$
$y_1 = f_1(x_{n-1},\ldots,x_1,x_0)$
$\vdots$
$y_{m-1} = f_{m-1}(x_{n-1},\ldots,x_1,x_0)$

Dieses *Funktionenbündel* kann auch zusammengefasst als

$$Y = F(X)$$

geschrieben werden. Mit Worten lautet die Begriffsdefinition einer kombinatorischen Schaltung damit:

In einer kombinatorischen Schaltung ist der Ausgangszustand eine Funktion des Eingangszustands.

3.5 Synthese und Analyse kombinatorischer Schaltungen

Bemerkung: Diese an sich selbstverständliche Definition sei hier gegenüber der späteren Definition der sequentiellen Schaltung (s. Abschn. 3.6) besonders hervorgehoben.

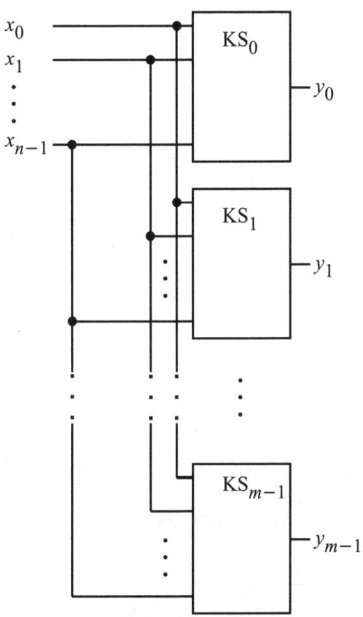

Bild 3.43 Zerlegung einer kombinatorischen Schaltung mit m Ausgängen in m Schaltungen mit je einem Ausgang

Eine kombinatorische Schaltung mit m Ausgängen (Bild 3.42) ist gemäß ihrem Schaltfunktionenbündel in m kombinatorische Schaltungen mit je einem Ausgang zerlegbar (Bild 3.43).

Damit ist das Entwurfsproblem auf ein Entwurfsproblem für kombinatorische Schaltungen mit einem Ausgang zurückgeführt.

Bemerkung: Damit entstehen allerdings nur innerhalb der Teilschaltungen KS_i ($i = 0, \ldots, m-1$) minimale Lösungen. Eine Minimierung über die Gesamtschaltung muss ggf. in einer nachfolgenden Entwurfsstufe erfolgen.

3.5.2 Entwurf technisch bedeutsamer Funktionsgruppen

Das Verfahren für den Entwurf kombinatorischer Schaltungen wird nachfolgend anhand technisch bedeutsamer Funktionsgruppen demonstriert.

3.5.2.1 Allgemeine Steuerschaltungen

❏ **Beispiel 3.25**

In einer Klimaanlage sind drei Lüfter eingebaut (Bild 3.44). Für den betriebsgerechten Zustand müssen immer zwei Lüfter laufen. Fällt von diesen Lüftern einer oder alle beide aus oder ist versehentlich auch der dritte Lüfter eingeschaltet, so soll im Betriebsüberwachungsraum eine Warnlampe L eingeschaltet sein. Der vorhandene Luftstrom im Lüfterkanal öffnet den zugehörigen Kontakt.

Zu bestimmen ist die kombinatorische Schaltung KS.

Lösung:

- Wertetabelle

x_3	x_2	x_1	y
0	0	0	1
0	0	1	1
0	1	0	1
0	1	1	0
1	0	0	1
1	0	1	0
1	1	0	0
1	1	1	1

- KV-Tafel

y:

	x_1		
	1	1	0	1
x_2	1	0	1	0
		x_3		

- Schaltfunktion NAND-NAND:

$$y = \overline{x_3}\,\overline{x_2} \vee \overline{x_3}\,\overline{x_1} \vee \overline{x_2}\,\overline{x_1} \vee x_3 x_2 x_1$$
$$y = \overline{\overline{\overline{x_3}\,\overline{x_2}}\ \overline{\overline{x_3}\,\overline{x_1}}\ \overline{\overline{x_2}\,\overline{x_1}}\ \overline{x_3 x_2 x_1}}$$

NOR-NOR:

$y = (\overline{x_3} \lor \overline{x_2} \lor x_1)(\overline{x_3} \lor x_2 \lor \overline{x_1})(x_3 \lor \overline{x_2} \lor \overline{x_1})$

$y = \overline{\overline{x_3} \lor \overline{x_2} \lor x_1} \lor \overline{\overline{x_3} \lor x_2 \lor \overline{x_1}} \lor \overline{x_3 \lor \overline{x_2} \lor \overline{x_1}}$

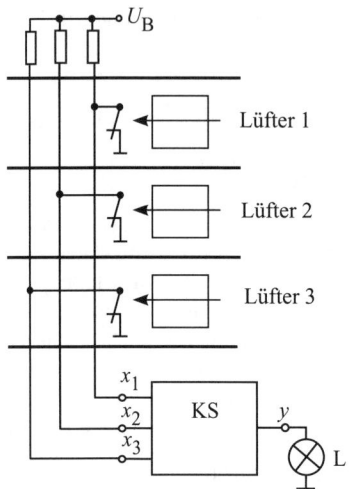

Bild 3.44 zu Beispiel 3.25

- Schaltung (hier in NAND-NAND-Struktur: Bild 3.45)

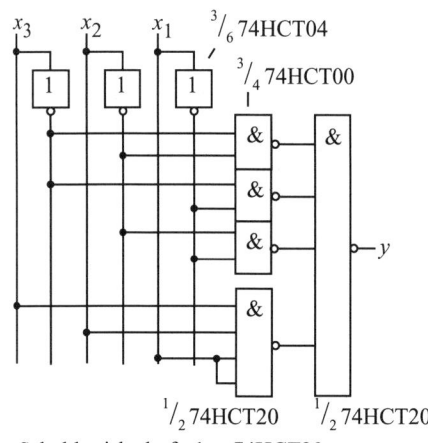

Schaltkreisbedarf: 1 x 74HCT20
$\tfrac{3}{4}$ x 74HCT00
$\tfrac{3}{6}$ x 74HCT04

Bild 3.45 Schaltung zu Beispiel 3.25

3.5.2.2 Kodierer

❑ **Beispiel 3.26**

Zu entwerfen ist eine Funktionsgruppe zur Umkodierung des Gray-Kodes für die Zählwerte 0 bis 9 in den Dualkode. Die Lösung ist bis zur minimalen Schaltfunktion in DNF, KNF und AND-NOR darzustellen.

Lösung:

- Blockbild (Bild 3.46)

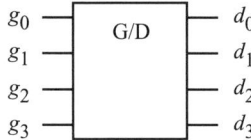

Bild 3.46 Blockbild zu Beispiel 3.26

- Wertetabelle (Tabelle 3.26)

Tabelle 3.26 Wertetabelle zu Beispiel 3.26

g_3	g_2	g_1	g_0	d_3	d_2	d_1	d_0
0	0	0	0	0	0	0	0
0	0	0	1	0	0	0	1
0	0	1	1	0	0	1	0
0	0	1	0	0	0	1	1
0	1	1	0	0	1	0	0
0	1	1	1	0	1	0	1
0	1	0	1	0	1	1	0
0	1	0	0	0	1	1	1
1	1	0	0	1	0	0	0
1	1	0	1	1	0	0	1

Bemerkung: Hier liegt eine *unvollständig bestimmte* Wertetabelle vor, da nicht alle möglichen Eingangszustände bestimmt sind. Die fehlenden Eingangszustände sind für den Schaltungsbetrieb nicht vorgesehen und die zugehörigen Ausgangszustände sind daher gleichgültig (sog. *Don't-care-Eingangs-Zustände*).

3.5 Synthese und Analyse kombinatorischer Schaltungen

- Tabelle 3.27 KV-Tafeln zu Beispiel 3.26

d_3:

	g_0				
	0	0	0	0	
g_1	0	0	0	0	
	x	x	x	x	g_3
	x	x	1	1	
		g_2			

d_2:

	g_0				
	0	0	1	1	
g_1	0	0	1	1	
	x	x	x	x	g_3
	x	x	0	0	
		g_2			

d_1:

	g_0				
	0	0	1	1	
g_1	1	1	0	0	
	x	x	x	x	g_3
	x	x	0	0	
		g_2			

d_0:

	g_0				
	0	1	0	1	
g_1	1	0	1	0	
	x	x	x	x	g_3
	x	x	1	0	
		g_2			

Die auf Grund der Don't-care-Eingangszustände in den KV-Tafeln freibleibenden Felder kann man freilassen oder wie hier mit „x" (= beliebige Belegung) kennzeichnen. Da diese Eingangszustände im Anwendungsbetrieb der Schaltung niemals vorkommen, kann man geeignete „x"-Felder in die Blockbildung einbeziehen. Diese jeweils günstige Belegung der Don't-care-Felder mit „0" oder „1" führt beim Auslesen der dadurch ggf. größeren Blöcke und/oder der geringeren Anzahl der Blöcke zu einer minimaleren Schaltfunktion.

- minimale Schaltfunktionen:

DNF:

$d_3 = g_3$
$d_2 = \overline{g_3} g_2$
$d_1 = \overline{g_2} g_1 \vee \overline{g_3 g_2 g_1}$
$d_0 = g_3 g_0 \vee g_2 g_1 \overline{g_0} \vee \overline{g_2} g_1 \overline{g_0} \vee \overline{g_2} \, \overline{g_1} g_0 \vee$
$\qquad \vee \overline{g_3} \, \overline{g_2} \, \overline{g_1} \, \overline{g_0}$

KNF:

$d_3 = g_3$
$d_2 = \overline{g_3 g_2} d_2 = \overline{g_3} g_2$
$d_1 = \overline{g_3}(g_2 \vee g_1)(\overline{g_2} \vee \overline{g_1})$
$d_0 = (\overline{g_3} \vee g_0)(\overline{g_2} \vee \overline{g_1} \vee g_0)(g_2 \vee \overline{g_1} \vee \overline{g_0}) \wedge$
$\qquad \wedge (g_2 \vee g_1 \vee g_0)(g_3 \vee \overline{g_2} \vee g_1 \vee \overline{g_0})$

AND-NOR:

$d_3 = g_3$
$d_2 = \overline{\overline{\overline{g_3} g_2}} = \overline{g_3 \vee \overline{g_2}}$
$d_1 = \overline{\overline{\overline{g_3}(g_2 \vee g_1)(\overline{g_2} \vee \overline{g_1})}}$
$\quad = \overline{g_3 \vee \overline{g_2} \, \overline{g_1} \vee g_2 g_1}$
$d_0 = \overline{(\overline{g_3} \vee g_0)(\overline{g_2} \vee \overline{g_1} \vee g_0)(g_2 \vee \overline{g_1} \vee \overline{g_0}) \vee}$
$\quad \overline{\vee (g_2 \vee g_1 \vee g_0)(g_3 \vee \overline{g_2} \vee g_1 \vee \overline{g_0})}$
$\quad = \overline{g_3 \overline{g_0} \vee g_2 g_1 \overline{g_0} \vee \overline{g_2} g_1 g_0 \vee \overline{g_2} \, \overline{g_1} \, \overline{g_0} \vee}$
$\quad \overline{\vee \overline{g_3} \, \overline{g_2} \, \overline{g_1} \, \overline{g_0}}$

3.5.2.3 Multiplexer

Mit einem Multiplexer (z. B. ein 1-aus-4-Multiplexer gemäß Bild 3.47) ist entweder Kanal k_0 oder Kanal k_1 usw. in Abhängigkeit vom Steuerwort $[s_1, s_0]$ logisch auf die *Multiplexleitung* m durchgeschaltet (Tabelle 3.28).

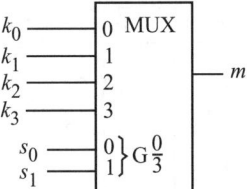

Bild 3.47 1-aus-4-Multiplexer

Tabelle 3.28 Funktionstabelle eines MUX

s_1	s_0	m
0	0	k_0
0	1	k_1
1	0	k_2
1	1	k_3

❑ **Beispiel 3.27**

Es ist ein 1-aus-4-MUX gemäß Blockschaltbild (Bild 3.47) und Funktionstabelle (Tabelle 3.28) bis zur Darstellung als DNF, KNF und AND-NOR zu entwerfen. Die Schaltung in DNF-Struktur ist darzustellen.

Lösung:

- KV-Tafel

  Der Ansatz der Wertetabelle (Tabelle 3.29) ergibt die KV-Tafel lt. Tabelle 3.30.

  Bemerkung: Man versuche, die KV-Tafel sofort, d. h. ohne ausführliche Darstellung der Wertetabelle zu schreiben!

  Tabelle 3.29 Wertetabelle des 1-aus-4-MUX „x" bedeutet „beliebig (don't care)"

s_1	s_0	k_3	k_2	k_1	k_0	m
0	0	x	x	x	0	0
0	0	x	x	x	1	1
0	1	x	x	0	x	0
0	1	x	x	1	x	1
⋮						⋮
1	1	1	x	x	x	1

  Tabelle 3.30 KV-Tafel des 1-aus-4-MUX

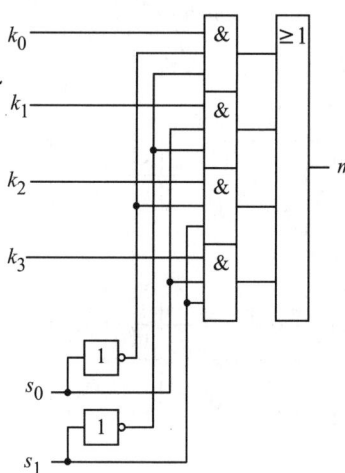

Bild 3.48 1-aus-4-MUX

- Schaltfunktionen

  DNF:
  $$y = \overline{s_1}\,\overline{s_0}k_0 \vee \overline{s_1}s_0k_1 \vee s_1\overline{s_0}k_2 \vee s_1s_0k_3$$

  KNF:
  $$y = (s_1 \vee s_0 \vee k_0)(s_1 \vee \overline{s_0} \vee k_1) \wedge$$
  $$\wedge (\overline{s_1} \vee s_0 \vee k_2)(\overline{s_1} \vee \overline{s_0} \vee k_3)$$

  AND-NOR:
  $$y = \overline{\overline{s_1}\,\overline{s_0}\overline{k_0} \vee \overline{s_1}s_0\overline{k_1} \vee s_1\overline{s_0}\overline{k_2} \vee s_1s_0\overline{k_3}}$$

  Schaltung in DNF-Struktur: Bild 3.48

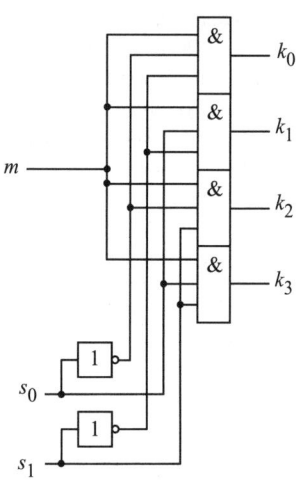

Bild 3.49 1-auf-4-Demultiplexer

In den Schaltfunktionen des Beispiels 3.27 ist das Bildungsgesetz offensichtlich. Höherkanalige Multiplexer sind damit ohne weitere Ableitung ebenfalls entwerfbar.

Mit einem *Demultiplexer* ist umgekehrt in Abhängigkeit von [s_1,s_0] ein auf der Multiplexleitung ankommendes Signal auf die Empfangskanäle k_i verteilbar (Bild 3.49).

3.5.2.4 Rechenschaltungen

Addierer für Dualzahlen sind im Kompromiss von Rechengeschwindigkeit und Schaltungsaufwand zu konzipieren.

Paralleladdierer werden als reguläre 2-stufige Schaltungsstrukturen entworfen.

❏ **Beispiel 3.28**

Zu entwerfen ist ein Addierer für 2-Bit-Dualzahlen (Bild 3.50)

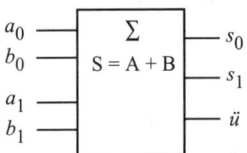

Bild 3.50 Blockschaltbild eines Addierers für $[ü,s_1,s_0] = [a_1,a_0] + [b_1,b_0]$

Lösung:

- Tabelle 3.31 Wertetabelle für 2-Bit-Paralleladdierer

b_1	b_0	a_1	a_0	$ü$	s_1	s_0
0	0	0	0	0	0	0
0	0	0	1	0	0	1
0	0	1	0	0	0	1
0	0	1	1	0	1	0
0	1	0	0	0	0	1
0	1	0	1	0	1	0
0	1	1	0	0	1	1
0	1	1	1	1	0	0
1	0	0	0	0	0	1
1	0	0	1	0	1	1
1	0	1	0	1	0	0
1	0	1	1	1	0	1
1	1	0	0	0	1	1
1	1	0	1	1	0	0
1	1	1	0	1	0	1
1	1	1	1	1	1	0

- Tabelle 3.32 KV-Tafeln zu Beispiel 3.28

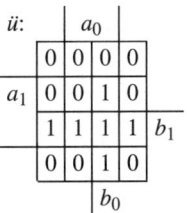

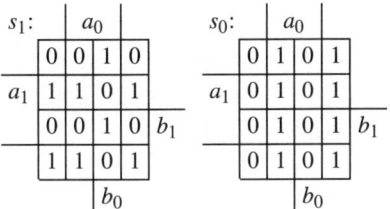

- Schaltfunktionen

$$ü = b_1 a_1 \vee b_1 b_0 a_0 \vee b_0 a_1 a_0$$
$$s_1 = b_1 \overline{b_0}\, \overline{a_1} \vee b_1 \overline{a_1}\, \overline{a_0} \vee \overline{b_1}\, \overline{b_0} a_1 \vee$$
$$\vee \overline{b_1} a_1 \overline{a_0} \vee b_1 b_0 a_1 a_0 \vee \overline{b_1} b_0 \overline{a_1} a_0$$
$$s_0 = b_0 \overline{a_0} \vee \overline{b_0} a_0$$

Beispiel 3.28 zeigt, dass

- der Paralleladdierer als 2-stufige Struktur die theoretisch geringste Rechenzeit benötigt
- der Paralleladdierer für höherstellige Summanden (8, 16, usw. Bit) einen ggf. unvertretbaren Aufwand erfordert.

Addierer mit seriell durchlaufenden Übertrag (Ripple Carry) sind das zum Paralleladdierer entgegengesetzte Konzept: geringer Aufwand und maximale Rechenzeit. Bild 3.51 zeigt das Blockschaltbild mit dem Grundbaustein *Volladder*.

Das Volladder addiert in der i-ten Stelle die Stellenbits und den Übertrag der $(i-1)$-ten Stelle zur Summe s_i

$$s_i = a_i + b_i + c_{i-1}$$

und bildet den Übertrag c_i.

238 3 Digitaltechnik

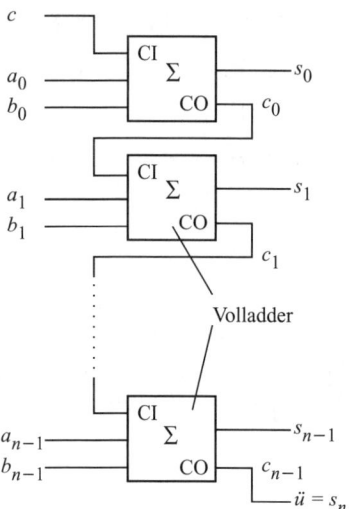

Bild 3.51 n-stelliger Ripple-Carry-Addierer mit Volladdern

Tabelle 3.33 Wertetabelle und KV-Tafeln des Volladders

c_{i-1}	b_i	a_i	c_i	s_i
0	0	0	0	0
0	0	1	0	1
0	1	0	0	1
0	1	1	1	0
1	0	0	0	1
1	0	1	1	0
1	1	0	1	0
1	1	1	1	1

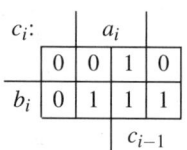

Aus Wertetabelle und KV-Tafeln (Tabelle 3.33) ergeben sich für den Fall der DNF-Struktur die minimalen Schaltfunktionen

$$s_i = \overline{c_{i-1}}\,\overline{b_i}\,a_i \vee \overline{c_{i-1}}\,b_i\,\overline{a_i} \vee c_{i-1}\,\overline{b_i}\,\overline{a_i} \vee$$
$$\vee\, c_{i-1}\,b_i\,a_i$$
$$c_i = c_{i-1}\,b_i \vee c_{i-1}\,a_i \vee b_i\,a_i$$

Der Ripple-Carry-Addierer ist durch Zuschaltung von Volladdern auf beliebige Stellenzahl erweiterbar. Die Rechenzeit beträgt infolge des seriell durchlaufenden Übertrags

$$t_{\text{dgesamt}} = n \cdot t_{\text{d}}$$

t_{d} Verzögerungszeit einer 2-stufigen DNF-Struktur

n Stellenzahl

Carry-Look-Ahead-Addierer stellen ein Kompromisskonzept zwischen parallelem und seriellem Prinzip dar, wobei der Übertrag über jeweils eine Teilgruppe von Stellen parallel berechnet wird (z. B. [3.11]).

Addierer-Subtrahierer. Die Subtraktion kann als Addition eines negativen Summanden aufgefasst werden:

$$D = A - B$$
$$= A + (-B)$$

Negative Zahlen werden als *Zweier-Komplement* der positiven Zahl kodiert:

2er-Komplement $= 1^{\text{er}}$-Komplement $+ 1$
mit
1er-Komplement $=$ bitweise Negation

❏ **Beispiel 3.29**

Zu der positiven Dualzahl $Z_2 = 0110$ ($Z_{10} = +6$) ist das 2er-Komplement (d. h. die Kodierung für -6) zu bilden.

Lösung:

positive Zahl $+6$:	0 1 1 0
↓ bitweise Negation	↓ ↓ ↓ ↓
Einer-Komplement	1 0 0 1
+	1
negative Zahl -6:	1 0 1 0

Bild 3.52 zeigt die Kodierung vorzeichenbehafteter Zahlen im Bereich von -2^3 bis $+(2^3 - 1)$.

3.5 Synthese und Analyse kombinatorischer Schaltungen

```
1000 1001 1010 1011 1100 1101 1110 1111 0000 0001 0010 0011 0100 0101 0110 0111
```
-8 -7 -6 -5 -4 -3 -2 -1 0 +1 +2 +3 +4 +5 +6 +7

Bild 3.52 Kodierung vorzeichenbehafteter Zahlen

Kombinierte arithmetische Operationen, wie hier Addition/Division, können unter Nutzung des n-Bit-Addierers durch Vorschalten von Funktionsblöcken KS_i und KC (Bild 3.53) aufgebaut werden.

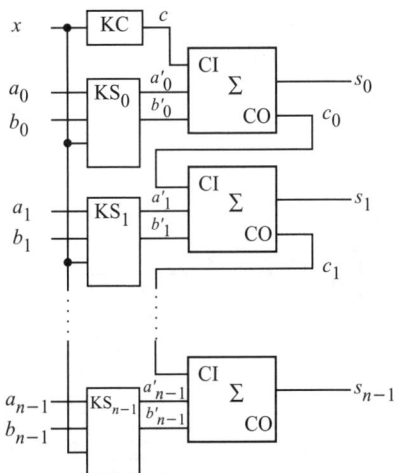

Bild 3.53 Struktur eines Addierers/Subtrahierers

❑ **Beispiel 3.30**

Ausgehend von der Struktur gemäß Bild 3.53 sind die logischen Inhalte von KS_i und KC so zu bestimmen, dass die Funktionstabelle gilt:

x	Funktion
0	ADD: S = A + B
1	SUB: S = A − B

Anleitung:
- Fall ADD: $a'_i = a_i$; $b'_i = b_i$; $c = 0$
- Fall SUB: $a'_i = a_i$
  $b'_i = \overline{b_i}$ (Einerkomplement)
  $c = 1$ (Zweierkomplement = Einerkomplement +1)

Lösung:

- Schaltfunktion für KS_i

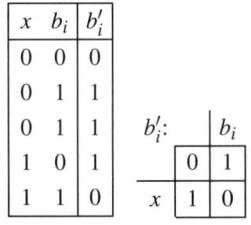

x	b_i	b'_i
0	0	0
0	1	1
0	1	1
1	0	1
1	1	0

$a'_i = a_i$
$b'_i = \overline{x}b_i \vee x\overline{b_i}$

- Schaltfunktion für KC
$c = x$

Bild 3.54 zeigt die resultierende Schaltung des kombinierten Addierers/Subtrahierers.

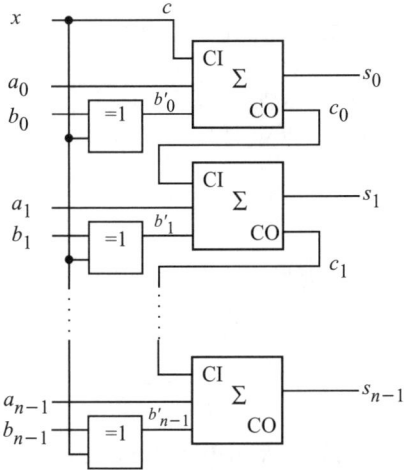

Bild 3.54 Addierer/Subtrahierer
$x = 0$: ADD; $x = 1$: SUB

Arithmetic-Logic-Unit (ALU). Obiges Prinzip, mit einem „Befehlseingang" X die jeweils durchzuführende arithmetische Operation anzuweisen, führt auf die Funktionsgruppe *Arithmetikeinheit (Arithmetic Unit: AU)* und unter Einbeziehung auch logischer Operationen auf die *Arithmetik-Logik-Einheit (Arithmetic Logic Unit: ALU)*. Bild 3.55 und Tabelle 3.34 deuten den Begriff der ALU an. ALUs existieren sowohl als eigenständige Schaltkreise, haben aber vor allem als integrierte Funktion in Mikroprozessoren größte Bedeutung (s. Abschn. 3.9!).

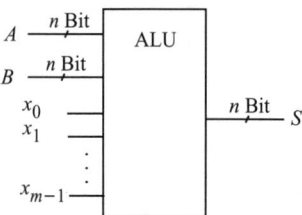

Bild 3.55 Prinzipblockschaltbild einer ALU

Tabelle 3.34 Beispiel eines einfachen Befehlssatzes einer ALU

Befehl				Funktion	
x_3	x_2	x_1	x_0		
0	0	0	0	ADD:	$S := A + B$
0	0	0	1	SUB:	$s := A - B$
0	0	1	0	INC:	$S := A + 1$
0	0	1	1	DEC:	$S := A - 1$
0	1	0	0	SHL:	$a_i := a_{i-1}$
0	1	0	1	SHR:	$a_i := a_{i+1}$
⋮	⋮	⋮	⋮		⋮
1	0	0	0	OR:	$a_i := a_i \vee b_i$
1	0	0	1	AND:	$a_i := a_i \wedge b_i$
1	0	0	1	XOR:	$a_i := a_i \overline{b_i} \vee \overline{a_i} b_i$
usw.					

3.5.3 Analyse kombinatorischer Schaltungen

Eine gegebene kombinatorische Schaltung kann in Umkehrung des Syntheseverfahrens analysiert werden:

- Bestimmung der Schaltfunktionen aus der gegebenen Schaltung
- Eintragung der Schaltfunktionen in KV-Tafel(n)
- Auslesen der Wertetabelle aus der (den) KV-Tafel(n)

❏ **Beispiel 3.31**

Zu analysieren ist eine Funktionsgruppe gemäß Bild 3.56. Analyseergebnis soll die Wertetabelle der Funktionsgruppe für die Dualzahlen $[d_3,d_2,d_1,d_0] = [0,0,0,0]$ bis $[1,0,0,1]$ sein.

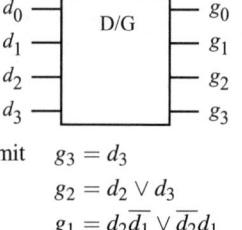

mit $g_3 = d_3$
$g_2 = d_2 \vee d_3$
$g_1 = d_2 \overline{d_1} \vee \overline{d_2} d_1$
$g_0 = d_1 \overline{d_0} \vee \overline{d_1} d_0$

Bild 3.56 Gegebene Funktionsgruppe zu Beispiel 3.31

Lösung:

- KV-Tafeln

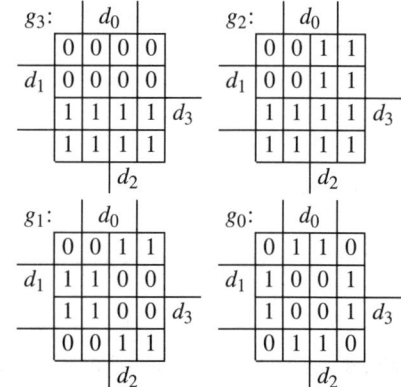

- Wertetabelle

d_3	d_2	d_1	d_0	g_3	g_2	g_1	g_0
0	0	0	0	0	0	0	0
0	0	0	1	0	0	0	1
0	0	1	0	0	0	1	1
0	0	1	1	0	0	1	0
0	1	0	0	0	1	1	0
0	1	0	1	0	1	1	1
0	1	1	0	0	1	0	1
0	1	1	1	0	1	0	0
1	0	0	0	1	1	0	0
1	0	0	1	1	1	0	1

3.5.4 Aufgaben

▲ **Aufgabe 3.5.1**
Es ist die Schaltfunktion (NAND-NAND-Struktur) für einen 1-aus-8-Multiplexer aufzustellen.

▲ **Aufgabe 3.5.2**
Zu bestimmen ist die Schaltung einer Arithmetic-Unit für die Befehle ADD, SUB, INC und DEC gemäß Tabelle 3.34 und in Anlehnung an die Struktur gemäß Bild 3.53.

▲ **Aufgabe 3.5.3**
Zu analysieren ist eine Funktionsgruppe gemäß Bild 3.57. Analyseergebnis soll die Wertetabelle der Funktionsgruppe sein.

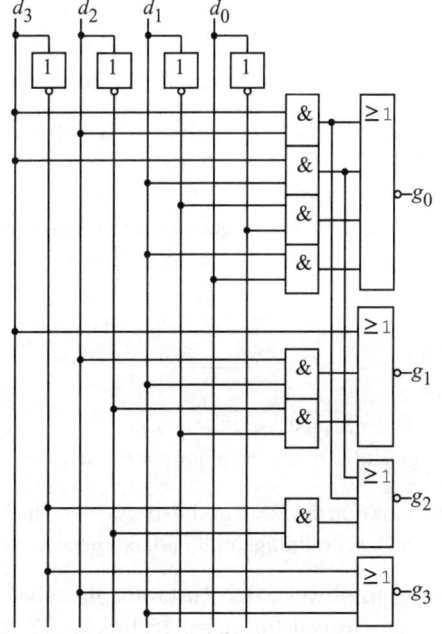

Bild 3.57 Gegebene Funktionsgruppe zu Aufgabe 3.5.3

3.6 Entwurf synchroner sequentieller Schaltungen

3.6.1 Flipflop

Flipflops sind selbst sequentielle Schaltungen (s. Abschn. 3.6.2). Sie werden aus methodischen Gründen hier vorab und als Grundbausteine synchroner sequentieller Schaltungen dargestellt.

3.6.1.1 Elementarspeicher (asynchrones RS-Flipflop)

Ein Elementarspeicher für ein Bit muss gemäß Bild 3.58 mindestens

- einen Setzeingang s (set)
- einen Rücksetzeingang r (reset) und
- einen Ausgang q (Ausgabe des Speicherzustandes)

haben.

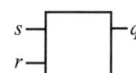

Bild 3.58 Blockschaltbild eines Elementarspeichers

Der Versuch des Aufstellens einer Wertetabelle (Tabelle 3.35) führt im Fall $[r, s] = [0, 0]$ auf ein nicht eindeutiges Ergebnis: Der mit q nach außen signalisierte Inhalt des Speichers hängt davon ab, ob der Speicher vorher mit $[r, s] = [0, 1]$ auf $q = 1$ gesetzt oder mit $[r, s] = [1, 0]$ auf $q = 0$ rückgesetzt wurde.

Tabelle 3.35 Versuch einer Wertetabelle des Elementarspeichers

r	s	q
0	1	1
1	0	0
0	0	0 oder 1

Da der *künftige* Speicherinhalt q^k offensichtlich auch vom *bisherigen* Speicherinhalt q^{k-1} abhängt, kann dieses Verhalten in einer sog. *Zustandsfolgetabelle* geschrieben werden (Tabelle 3.36).

Tabelle 3.36 Zustandsfolgetabelle des Elementarspeichers

r	s	q^{k-1}	q^k	Funktion
0	0	0	0	speichern
0	0	1	1	
0	1	0	1	setzen
0	1	1	1	
1	0	0	0	rücksetzen
1	0	1	0	
1	1	0	–	nicht
1	1	1	–	zugelassen

Daraus lässt sich die KV-Tafel (Tabelle 3.37) schreiben.

Tabelle 3.37 KV-Tafel des Elementarspeichers

q^k:

	q^{k-1}			
	0	1	0	0
s	1	1	x	x
		r		

Die ausgelesene *Zustandsfolgefunktion* ergibt in NOR-NOR-Struktur

$$q^k = \bar{r}\left(s \vee q^{k-1}\right)$$
$$q^k = \overline{r \vee \overline{s \vee q^{k-1}}}$$

und damit zunächst den Signalflussplan in Bild 3.59.

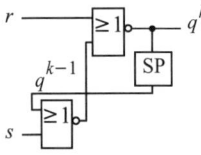

Bild 3.59 Signalflussplan des Elementarspeichers gemäß Zustandsfolgefunktion

Der sich in der Rückführung ergebende Speicherblock SP kann (hier) entfallen, da lt. Tabelle 3.36

- der bisherige Zustand q^{k-1} nur in der Funktion „speichern" benötigt wird und
- für die Funktion „speichern" $q^{k-1} = q^k$ ist.

Man erhält Bild 3.60a als Schaltung in NOR-NOR-Struktur für das *RS-Flipflop*.

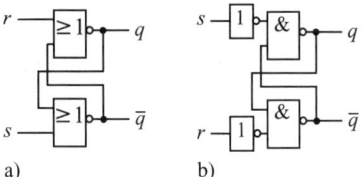

a)   b)

Bild 3.60 Schaltung des RS-Flipflop
a) NOR-NOR, b) NAND-NAND

In entsprechender Herleitung erhält man ebenso das RS-Flipflop in NAND-NAND-Struktur gemäß Bild 3.60b. Es lässt sich zeigen, dass mit dem zweiten Ausgang $\bar{q}$ der negierte Speicherinhalt zur Verfügung steht.

Unabhängig von der internen Ausführung (z. B. NAND-NAND, NOR-NOR u. a.) gilt das Symbol gemäß Bild 3.61a. Für low-aktive Eingänge (z. B. bei weggelassenen Eingangsinvertern in Bild 3.30b) gilt Bild 3.61b.

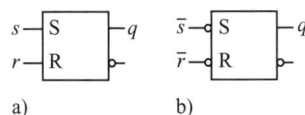

a)   b)

Bild 3.61 Symbol des RS-Flipflop
a) high-aktive Eingänge, b) low-aktive Eingänge

Die Funktion des RS-Flipflop ist mit verschiedenen Beschreibungsmitteln darstellbar.

Kurzschreibweise der Zustandsfolgetabelle. Die Zustandsfolgetabelle (Tabelle 3.36) wird meist kurz wie in Tabelle 3.38 dargestellt.

3.6 Entwurf synchroner sequentieller Schaltungen

Tabelle 3.38 Kurzschreibweise der Zustandsfolgetabelle des RS-Flipflop

r	s	q^k
0	0	q^{k-1}
0	1	1
1	0	0
1	1	–

Impulsdiagramm. Bild 3.62 zeigt die zeitliche Signaldarstellung an einem RS-Flipflop.

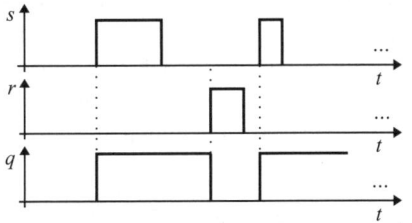

Bild 3.62 Impulsdiagramm eines (asynchronen) RS-Flipflops

Zustandsgraph. Ein Graph besteht aus Knoten und Kanten (Bild 3.63).

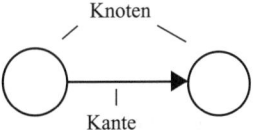

Bild 3.63 Elemente eines Graphen

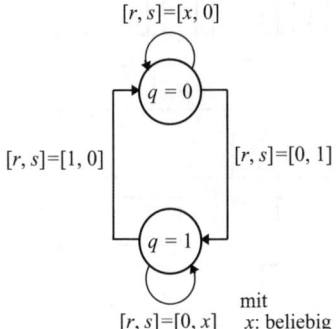

Bild 3.64 Zustandsgraph des RS-Flipflops

Im Zustandsgraphen sind den Knoten die inneren Zustände (hier: q) und den Kanten die Eingangszustände (hier: [r,s]) als notwendige Bedingung für den Übergang vom bisherigen in den künftigen inneren Zustand zugeordnet. Für das RS-Flipflop gilt damit der Zustandsgraph gemäß Bild 3.64.

3.6.1.2 Steuerungsprinzipien für Flipflop

Asynchrone Flipflop. Das RS-Flipflop gemäß Bild 3.61 und 3.62 arbeitet asynchron (ungetaktet), d. h., Eingangssignale werden (abgesehen von physikalisch bedingten Signalverzögerungszeiten) sofort wirksam.

Synchrone (getaktete) Flipflop. Die Eingangssignale werden zusätzlich mit einem Takt c verknüpft. Sie werden erst unter der Voraussetzung eines aktiven Taktsignals wirksam.

Taktzustandsgesteuerte (*statisch getaktete*) Flipflops verarbeiten ein eintreffendes Eingangssignal während der gesamten Zeitdauer des aktiven Pegels des Taktsignals. Bild 3.65a zeigt die Realisierung eines taktzustandsgesteuerten RS-Flipflops aus einem asynchronen RS-Flipflop. Bild 3.65b gibt das zugehörige Symbol an. Dabei bedeutet die 1 vor S und R, dass diese Eingänge vom Takt C1 abhängen (und nicht von einem evtl. vorhandenen Takt C2 oder gar taktunabhängig sind). Siehe dazu auch DIN 40900 Teil 12 [3.15], Hauptabschnitt 4 (Abhängigkeitsnotation).

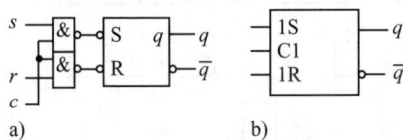

Bild 3.65 Taktzustandsgesteuertes RS-Flipflop
a) Signalflussplan, b) Symbol

Bild 3.66 stellt die Funktion im Impulsdiagramm dar. Die Angabe eines Zustandsgraphen entspricht weiterhin dem in Bild 3.64, indem man einfach unterstellt, dass der Zustandsübergang nur unter der zusätzlichen Bedingung $c = 1$ stattfindet.

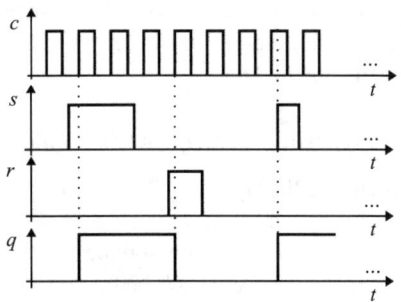

Bild 3.66 Impulsdiagramm des taktzustandsgesteuerten RS-Flipflops

Taktflankengesteuerte (*dynamisch getaktete*) Flipflops verarbeiten ein eintreffendes Eingangssignal nur während einer L/H-Flanke (oder H/L-Flanke) des Taktsignals. Bild 3.67 zeigt beide Symbole eines taktflankengesteuerten RS-Flipflops. Bild 3.68 stellt die Funktion für den Fall der aktiven L/H-Flanke im Impulsdiagramm dar.

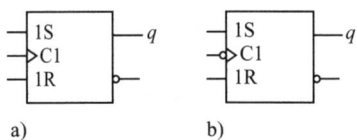

Bild 3.67 Symbole für ein taktflankengesteuertes RS-Flipflop
a) aktive L/H-Flanke, b) aktive H/L-Flanke

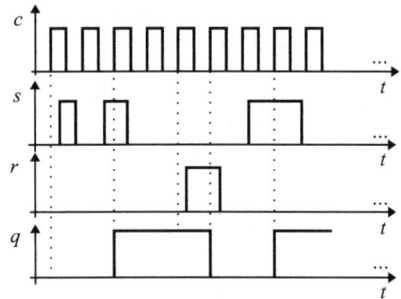

Bild 3.68 Impulsdiagramm des flankengesteuerten RS-Flipflop

Schaltungstechnisch wird die Taktflankensteuerung intern im Schaltkreis durch eine extreme Verkürzung des über den Takteingang zugeführten Taktimpulses realisiert.

Master-Slave-Flipflops (*2-flankengesteuerte Flipflops*) wirken eingangsseitig taktzustandsgesteuert und geben den neuen Zustand q zum Zeitpunkt der Taktrückflanke aus (Bilder 3.69, 3.70 und 3.71). Das Masterflipflop übernimmt einen neuen Zustand in Abhängigkeit vom Eingangszustand zu Beginn oder während des aktiven Zustands des Taktes c. Dieser Zustand wird an der H/L-Flanke des Taktes an das Slave-Flipflop durchgeschaltet und ausgegeben. Ebenso ist das bezüglich der Taktflanken inverse MS-Flipflop möglich.

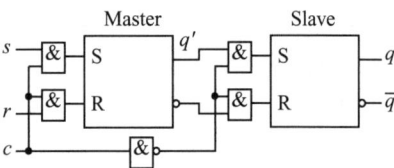

Bild 3.69 Master-Slave-RS-Flipflop

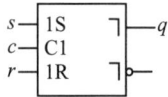

Bild 3.70 Symbol des MS-RS-Flipflop

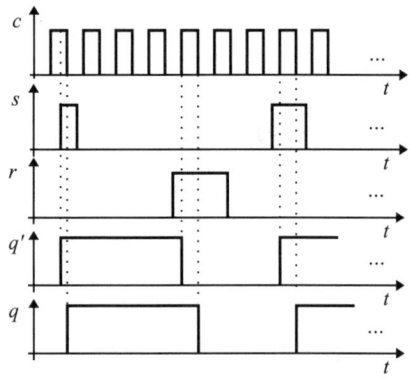

Bild 3.71 Impulsdiagramm des MS-RS-Flipflops

3.6 Entwurf synchroner sequentieller Schaltungen

Die rechtwinkligen Zeichen an den Ausgängen des MS-RS-Flipflops (Bild 3.70) kennzeichnen diesen sog. *retardierten Ausgang*, der seinen Zustand erst ändert, wenn das auslösende Signal (hier c) zu seinem anfänglichen Zustand (hier: 0) zurückkehrt (s. auch [3.15]).

3.6.1.3 Erweiterte Flipflop

Wird der nicht zugelassene Eingangszustand $[r,s] = [1,1]$ des RS-Flipflops (Tabelle 3.36) zugelassen und mit den in Tabelle 3.39 angegebenen Funktionen belegt, dann entstehen die dort genannten weiteren Flipflop-Typen.

Tabelle 3.39 Schaltfolgetabelle für erweiterte Flipflop

r	s	q^{k-1}	q^k				
0	0	0	0				
0	0	1	1				
0	1	0	1				
0	1	1	1				
1	0	0	0				
1	0	1	0				
1	1	0	–	0	1	0	1
1	1	1	–	1	1	0	0
			RS-Flipflop	E-Flipflop	S-Flipflop	R-Flipflop	JK-Flipflop

Bild 3.72 gibt beispielhaft den Signalflussplan eines asynchronen S-Flipflops an. Wesentliche Bedeutung hat das synchrone JK-Flipflop.

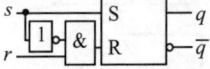

Bild 3.72 S-Flipflop

Synchrones JK-Flipflop. Die Zustandsfolgetabelle, der Zustandsgraph und das Symbol des JK-Flipflops sind in Tabelle 3.40,
Bild 3.73 und Bild 3.74 dargestellt. Der Setz- und der Rücksetzeingang werden gemäß DIN ([3.15]) mit J bzw. K bezeichnet.

Tabelle 3.40 Zustandsfolgetabelle des JK-Flipflops

k	j	q^k
0	0	q^{k-1}
0	1	1
1	0	0
1	1	$\overline{q^{k-1}}$

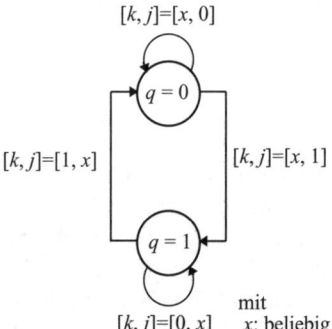

Bild 3.73 Zustandsgraph des JK-Flipflops

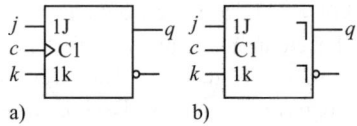

Bild 3.74 Symbol
a) taktflankengesteuertes JK-Flipflop
b) Master-Slave-JK-Flipflop

Den Aufbau eines MS-JK-Flipflops aus asynchronen RS-Flipflops ist in Bild 3.75 dargestellt.

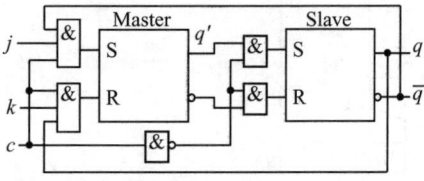

Bild 3.75 Master-Slave-JK-Flipflop

Bild 3.76 verdeutlicht im Impulsdiagramm die Funktion des MS-JK-Flipflops, insbesondere für den Eingangszustand $[k,j] = [1,1]$.

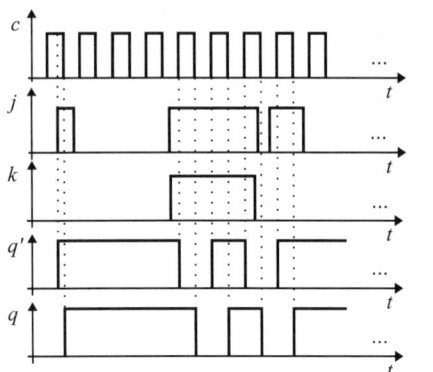

Bild 3.76 Impulsdiagramm des MS-JK-Flipflops

Anlässlich des oben dargestellten taktflankengesteuerten und des Master-Slave-JK-Flipflops überlege man, dass ein asynchrones und ein taktzustandsgesteuertes JK-Flipflop aus Stabilitätsgründen beim Eingangszustand $[k,j] = [1,1]$ sinnlos sind.

Schaltkreisbeispiel für ein MS-JK-Flipflop ist der Schaltkreis 7472 (mit den entsprechenden Zusatzbezeichnungen in verschiedenen Schaltkreisreihen) (Bild 3.77). Die drei j- und k-Eingänge sind jeweils AND-verknüpft. Über die asynchronen s- und r-Eingänge kann der Schaltkreis z. B. zur Voreinstellung wie ein asynchrones RS-Flipflop betrieben werden.

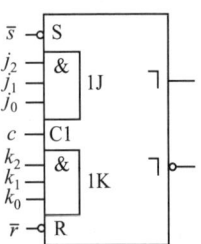

Bild 3.77 MS-JK-Flipflop-Schaltkreis 7472

Synchrones Verzögerungsflipflop (D-Flipflop). Das D-Flipflop mit den Symbolen gemäß Bild 3.78 hat die Funktion lt. Zustandsfolgetabelle und Zustandsgraph (Bild 3.79) und Impulsdiagramm (Bild 3.80 entsprechend Bild 3.78b).

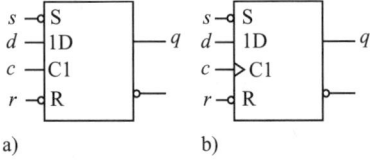

a) b)

Bild 3.78 Symbole für D-Flipflops
a) taktzustandsgesteuert
b) taktflankengesteuert

Ein taktzustandsgesteuertes D-Flipflop speichert den Zustand, der am Ende des aktiven Taktpegels am Eingang d lag, bis zum Beginn des nächsten aktiven Taktpegels (sog. Latch-Funktion). Während der aktiven Taktphase verhält sich das taktzustandsgesteuerte D-Flipflop wie eine durchgehende Verbindung zwischen d und q.

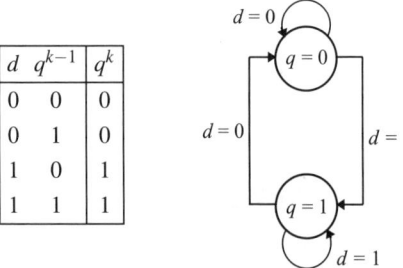

Bild 3.79 Zustandsfolgetabelle und Zustandsgraph des D-Flipflops

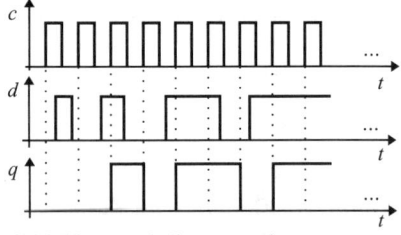

Bild 3.80 Impulsdiagramm des taktflankengesteuerten D-Flipflops

3.6 Entwurf synchroner sequentieller Schaltungen

Tabelle 3.40a Wesentliche Flipfloptypen

	RS-Flipflop	JK-Flipflop	D-Flipflop
asynchron	s–S–q r–R	–	–
synchron taktzustandsgesteuert	s–1S–q c–C1 r–1R–$\bar{q}$	–	s–S d–1D–q c–C1 r–R
synchron taktflankengesteuert	s–1S–q c–>C1 r–1R	j–1J–q c–>C1 k–1K	s–S d–1D–q c–>C1 r–R
synchron 2-flanken-gesteuert (Master-Slave)	s–1S–q c–C1 r–1R	j–1J–q c–C1 k–1K	–

Ein taktflankengesteuertes D-Flipflop speichert den Zustand, der zum Zeitpunkt der aktiven Taktflanke am Eingang d lag, bis zur nächsten aktiven Taktflanke.

Das Symbol gemäß Bild 3.78b entspricht zum Beispiel dem halben Inhalt des Schaltkreises 7474 (mit den entsprechenden Zusatzbezeichnungen in verschiedenen Schaltkreisreihen).

Tabelle 3.40a gibt zusammenfassend einen Überblick über wesentliche Flipfloptypen.

3.6.2 Synthese und Analyse synchroner sequentieller Schaltungen

3.6.2.1 Begriff synchroner sequentieller Schaltungen

Der Begriff synchroner sequentieller Schaltungen wird nachfolgend mit Hilfe eines einfachen Beispiels erklärt. Die Einschränkung auf „synchron" meint, dass es sich immer um getaktete sequentielle Schaltungen han-

delt. Dieses bedeutet in Übereinstimmung mit der Erläuterung des Taktprinzips in Abschn. 3.6.1.2, dass Eingangssignale erst mit einem aktiven Taktsignal wirksam werden.

Eine Schaltung SS mit einer Eingangsvariablen x und einer Ausgangsvariablen z soll so arbeiten, dass z beim zweiten Eingangsimpuls ($x = 1$) den Wert $z = 1$ annimmt und diesen unabhängig vom Eingangszustand beibehält (Bild 3.81).

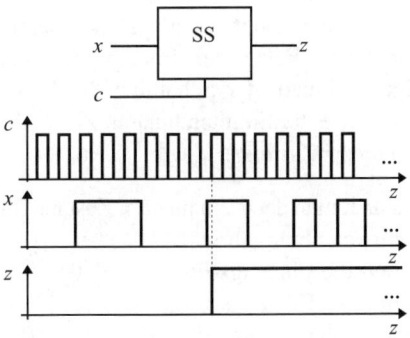

Bild 3.81 Beispiel einer sequentiellen Schaltung

Den Versuch einer Wertetabelle zu Bild 3.81 zeigt Tabelle 3.41.

Tabelle 3.41 Versuch einer Wertetabelle

x	z
0	0 oder 1
1	0 oder 1

Dieser Schaltungstyp hat keine eindeutige Zuordnung des Ausgangswertes z zum Eingangswert x. Die Aufgabe ist also nicht mit einer kombinatorischen, sondern nur mit einer sequentiellen Schaltung lösbar.

Ein bestimmter Ausgangszustand (z. B. $z = 1$) wird erst nach Anliegen einer bestimmten *Folge* von Eingangszuständen (hier $x = \{0; 1; 0; 1\}$) erreicht.

Allgemeiner:

> Der Ausgangszustand wird durch eine bestimmte Folge von Eingangszuständen bestimmt. Diese Schaltungen heißen deshalb *Folge-* oder sequentielle Schaltungen.

Daraus folgt, dass die Schaltung die jeweils bis zum gegenwärtigen Zeitpunkt bereits abgelaufene Folge der Eingangszustände intern notieren muss, um entscheiden zu können, welcher Ausgangszustand auszugeben ist. Das „Notieren" oder „Merken" der bereits abgelaufenen Folge der Eingangszustände erfolgt im Innern der Schaltung durch Annehmen eines bestimmten binären Zustands (sog. *innerer Zustand*).

Bezeichnet man den i-ten inneren Zustand mit Y_i, dann kann hier gelten:
Y_0 notiert die Eingangs-Folge $X = \{0\}$
Y_1 notiert die Eingangs-Folge $X = \{0; 1\}$
Y_2 notiert die Eingangs-Folge $X = \{0; 1; 0\}$
Y_3 notiert die Eingangs-Folge $X = \{0; 1; 0; 1\}$

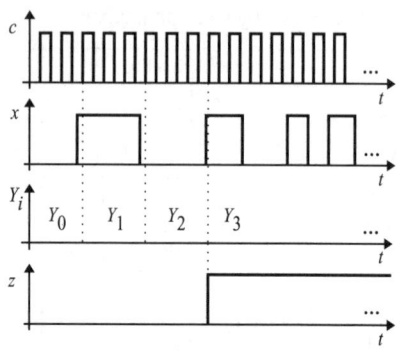

Bild 3.82 wie Bild 3.81 mit inneren Zuständen Y_i

Bild 3.82 zeigt die gegenüber Bild 3.81 eingefügten inneren Zustände Y_0 bis Y_3.

Die Kodierung der inneren Zustände ist wie jede Kodierung grundsätzlich willkürlich möglich und betrifft den Nutzer der Schaltung an Eingang und Ausgang nicht. Sie könnte z. B. im Gray-Kode erfolgen (hier mit zwei inneren Signalvariablen für vier Zustände):

$$Y = [y_1, y_0]$$

mit der Kodierung

$Y_0 = [0,0]$
$Y_1 = [0,1]$
$Y_2 = [1,1]$
$Y_3 = [1,0]$

(siehe Bild 3.83). Genauso wäre auch ein beliebiger anderer Kode möglich.

Das Impulsdiagramm (Bilder 3.82 und 3.83) führt zu den folgenden weiteren Erkenntnissen:

> Der erreichte innere Zustand bildet in der Schaltung die bisherige Folge der Eingangszustände ab. Er muss so lange gespeichert werden, bis die Schaltung eine neue Situation übernehmen muss.

> Für die Speicherung der inneren Zustandsbits kommen (hier) Flipflops zum Einsatz.

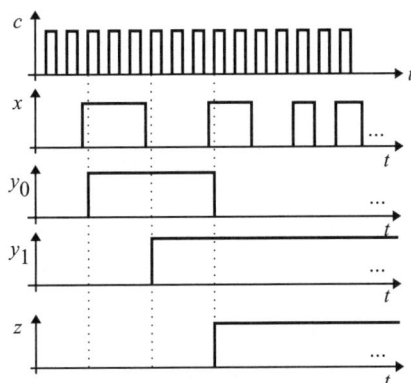

Bild 3.83 wie Bild 3.82 mit Kodierung der inneren Zustände

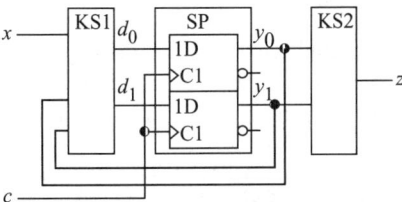

Bild 3.84 Sequentielle Schaltung mit D-Flipflop mit
KS1 Kombinatorische Schaltung 1
SP Speicher-(Flipflop-)Block
KS2 Kombinatorische Schaltung 2

Der Zusammenhang, dass der aktuelle innere Zustand von der bisherigen Folge der Eingangszustände (einschließlich des aktuellen Eingangszustands) abhängt, kann auch umformuliert werden:

Die KS1 berechnet sich über Wertetabelle (1. und 3. Spalte der Tabelle 3.42) und KV-Tafel (Tabelle 3.43).

Tabelle 3.42 Zustandsfolgetabelle (Spalte 1 und 2) und Wertetabelle für KS1 (Spalte 1 und 3)

	bisheriger Zustand		künftiger Zustand			
x	y_1^{k-1}	y_0^{k-1}	y_1^k	y_0^k	d_1	d_0
0	0	0	0	0	0	0
1	0	0	0	1	0	1
1	0	1	0	1	0	1
0	0	1	1	1	1	1
0	1	1	1	1	1	1
1	1	1	1	0	1	0
1	1	0	1	0	1	0
0	1	0	1	0	1	0

diese beiden Spalten bilden die Wertetabelle für KS1

> Der aktuelle innere Zustand Y^k hängt vom bisherigen inneren Zustand Y^{k-1} und vom aktuellen Eingangszustand X ab.

„$k-1$" und „k" in der Hoch-Position bedeuten dabei den Zeitindex: Y^k ist der auf Y^{k-1} folgende Zustand. Man spricht es „Ypsilon k minus 1" bzw. „Ypsilon k". Hiermit ist keine Potenz („Y hoch k") gemeint.

Für die schaltungstechnische Realisierung ergibt sich für obige Beispielschaltung und den Fall der Entscheidung, D-Flipflop einzusetzen, der Ansatz nach Bild 3.84.

KS1 ist darin eine kombinatorische Schaltung, die in Abhängigkeit von $Y^{k-1} = [y_1^{k-1}, y_0^{k-1}]$ und $X = [x]$ den binären Zustand der Flipflop-Ansteuerleitungen d_1 und d_0 so bestimmt, dass bei Eintreffen der L/H-Flanke des Taktes c der künftig aktuelle Zustand Y^k dem Impulsdiagramm (Bild 3.83) entspricht.

Tabelle 3.43 KV-Tafel für KS1

d_1:

	y_0^{k-1}			
	0	1	0	0
y_1^{k-1}	1	1	1	1
			x	

d_0:

	y_0^{k-1}			
	0	1	1	1
y_1^{k-1}	0	1	0	0
			x	

Aus den KV-Tafeln (Tabelle 3.43) ergeben sich die Ansteuerfunktionen für die Flipflops für den Fall der minimalen DNF zu:

$d_1 = y_1 \vee \bar{x} y_0$

$d_0 = x\overline{y_1} \vee \overline{x}y_0$

KS2 ist ebenfalls eine kombinatorische Schaltung. Der innere Zustand Y wird in den Ausgangszustand Z umkodiert (Tabelle 3.44).

Tabelle 3.44 Wertetabelle, KV-Tafel und Schaltfunktion für KS2

y_1	y_0	z
0	0	0
0	1	0
1	1	0
1	0	1

z:

	y_0	
	0	1
y_1	1	0

$z = y_1 \overline{y_0}$

Verallgemeinernd können der Begriff und der strukturelle Aufbau sequentieller Schaltungen wie folgt beschrieben werden.

| In einer sequentiellen Schaltung wird der Ausgangszustand durch die bisherige Folge der Eingangszustände bestimmt.

| Die bisherige Eingangszustandsfolge wird in der Schaltung durch den inneren Zustand abgebildet.

Es sind zwei grundsätzliche Strukturen einer sequentiellen Schaltung möglich.

Moore-Automat heißt die Struktur gemäß Bild 3.85.

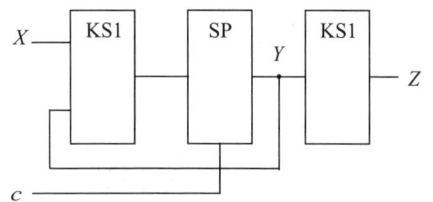

Bild 3.85 Moore-Automat

Für den Moore-Automaten gilt:

- Der bisherige innere Zustand bildet mit dem aktuell „angekommenen" Eingangszustand X den neuen inneren Zustand Y^k
$Y^k = F(X, Y^{k-1})$.

Dieses ist die *Zustandsfolgefunktion* des Moore-Automaten mit der speziellen Schreibweise

$$Y^k = \delta(X, Y^{k-1}) \qquad (3.38)$$

Die Zustandsfolgefunktion wird mit dem Block KS1 und SP (Bild 3.85) realisiert.

- Der aktuelle innere Zustand Y_k bildet den Ausgangszustand Z über die *Ausgangsfunktion*

$$Z = \lambda(Y) \qquad (3.39)$$

Die Ausgangsfunktion wird mit dem Block KS2 (Bild 3.85) realisiert.

Mealy-Automat heißt die Struktur gemäß Bild 3.86.

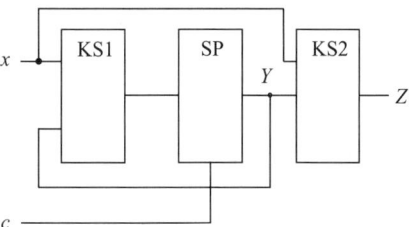

Bild 3.86 Mealy-Automat

Für den Mealy-Automaten gilt:

- Der bisherige innere Zustand Y^k bildet mit dem aktuell „angekommenen" Eingangszustand X den neuen inneren Zustand Y^k. Dieses ist die Zustandsfolgefunktion des Mealy-Automaten (sie gleicht der des Moore-Automaten) mit der Schreibweise

$$Y^k = \delta(X, Y^{k-1}) \qquad (3.40)$$

Die Zustandsfolgefunktion wird mit dem Block KS1 und SP (Bild 3.86) realisiert.

- Der aktuelle innere Zustand Y_k und der aktuelle Eingangszustand X bilden den Ausgangszustand Z über die *Ausgangsfunktion*:

$$Z = \lambda(X, Y) \qquad (3.41)$$

Die Ausgangsfunktion wird mit dem Block KS2 (Bild 3.86) realisiert.

Beide Automatentypen können grundsätzlich die gleichen Aufgaben erfüllen. Die weiteren Betrachtungen beziehen sich auf den Moore-Typ.

Mit (synchronen) Flipflops realisierte, synchrone sequentielle Schaltungen bestehen immer aus den Blöcken KS1, SP und KS2 (Bild 3.85).

Der Block SP enthält $m = \log_2 p$ 1-Bit-Speicher (Flipflop) und speichert den gegenwärtigen inneren Zustand Y^{k-1} (p Anzahl der möglichen inneren Zustände).

Der Block KS1 (kombinatorische Schaltung) bildet aus dem gegenwärtigen inneren Zustand Y^{k-1} und dem anliegenden Eingangszustand X gemäß der Überführungsfunktion von Gl. (3.38) die Ansteuerung für den Block SP, die mit Eintreffen des Taktes c in SP den neuen inneren Zustand Y^k erzeugt. Das heißt die Rückkopplung vom Block SP auf den Block KS1 ist ein typisches Merkmal einer sequentiellen Schaltung.

Der Block KS2 (kombinatorische Schaltung) bildet gemäß Ausgangsfunktion von Gl. (3.39) den Ausgangszustand Z.

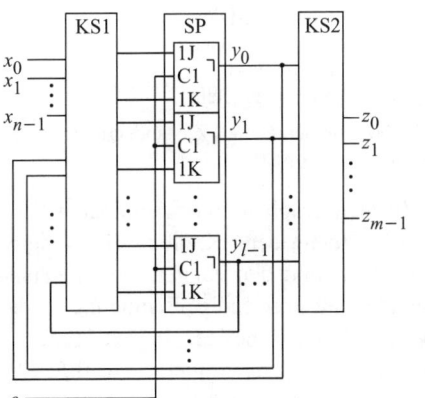

Bild 3.87 Moore-Automat mit JK-FF

Als Flipflops sind im Speicherblock SP z. B. JK-Flipflop (Bild 3.87) oder D-Flipflop (Bild 3.88) eingesetzt.

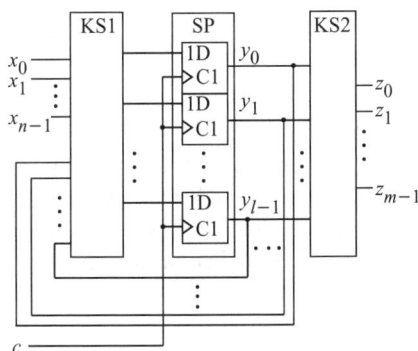

Bild 3.88 Moore-Automat mit D-FF

Verwendbar wären ebenso RS-FF. Alle Flipflop-Typen müssen taktflankengesteuert oder Master-Slave-Typen sein.

3.6.2.2 Beschreibung sequentieller Schaltungen

Unter Beschreibung verstehen wir die eindeutige Beschreibung der Funktion. Nachfolgend sind nützliche Beschreibungsformen zusammengestellt.

Verbale Beschreibung. Die Funktion wird mit Worten beschrieben. Diese Form ist ggf. nicht sehr eindeutig.

Blockschaltbild. Das Blockschaltbild beschreibt die äußeren Signale oder Signalbezeichnungen (Leitungsbezeichnungen) der Gesamtschaltung und ggf. ihrer Untergliederung in Teilschaltungen. Ein Beispiel ist das Blockschaltbild in Bild 3.81 oben.

Ein Blockschaltbild ist noch keine Funktionsbeschreibung, sondern nützliche Voraussetzung für Verständnis und spätere Realisierung.

Impulsdiagramm. Ein Impulsdiagramm kann, ggf. in Verbindung mit einem Blockschaltbild oder einem Signalflussplan oder einem vollständigen Stromlaufplan, anschaulich die Funktion beschreiben (z. B. Bilder 3.81 oder 3.83).

Automatentabelle. Analog zur Wertetabelle (Schaltbelegungstabelle) bei kombinatorischen Schaltungen stellt die Automatentabelle eine vollständige Beschreibung der Funktion der sequentiellen Schaltung dar. Sie besteht aus den beiden Teilen Zustandsfolgetabelle und Ausgangstabelle.

Für das Beispiel gemäß Bild 3.81 mit

Eingangszustand $X = [x]$
(1 Variable)

Innerer Zustand $Y = [y_1, y_0]$
(2 Variable)

Ausgangszustand $Z = [z]$
(1 Variable)

lauten die Zustandsfolgetabelle und Ausgangstabelle wie in Tabellen 3.45 angegeben.

Tabelle 3.45 Zustandsfolgetabelle (links) und Ausgangstabelle (rechts) (Moore-Automat)

Y^{k-1}	X			Y	Z
	X_0	Y_1			
Y_0	Y_0	Y_1		Y_0	Z_0
Y_1	Y_2	Y_1		Y_1	Z_0
Y_1	Y_2	Y_3		Y_1	Z_0
Y_3	Y_3	Y_3		Y_3	Z_1

↑ künftiger innerer Zustand

↑ bisheriger innerer Zustand

Tabelle 3.46 zeigt die Zusammenfassung zur Automatentabelle.

Tabelle 3.46 Automatentabelle

Y^{k-1}	X		Z
	X_0	Y_1	
Y_0	Y_0	Y_1	Z_0
Y_1	Y_2	Y_1	Z_0
Y_1	Y_2	Y_3	Z_0
Y_3	Y_3	Y_3	Z_1

Zustandsgraph. Ein Graph besteht aus Knoten und Kanten (Bild 3.89).

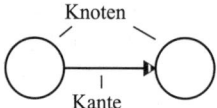

Bild 3.89 Elemente eines Graphen

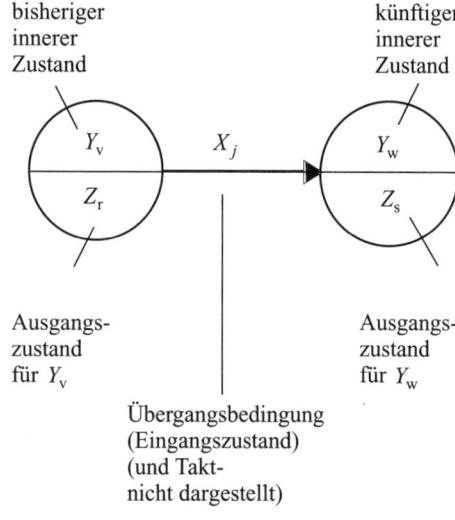

Bild 3.90 Elemente eines Zustandsgraphen (nur Moore-Automat)

Im Zustandsgraphen eines Automaten (Bild 3.90) werden den Knoten die inneren Zustände Y und den Kanten die Eingangszustände X als notwendige Bedingung für den Übergang vom bisherigen in den künftigen inneren Zustand zugeordnet. Nach Bild 3.90 bedingt also der Eingangszustand X_j die innere Zustandsänderung von Y_v nach Y_w. (Das gilt natürlich nur unter der zusätzlichen Bedingung eines aktiven Taktimpulses).

Für Moore-Automaten, bei denen einem bestimmten inneren Zustand eindeutig ein bestimmter Ausgangszustand zugeordnet ist, kann der Ausgangszustand ebenfalls dem entsprechenden Knoten zugeordnet werden.

Für unser Beispiel ergibt sich der Zustandsgraph nach Bild 3.91.

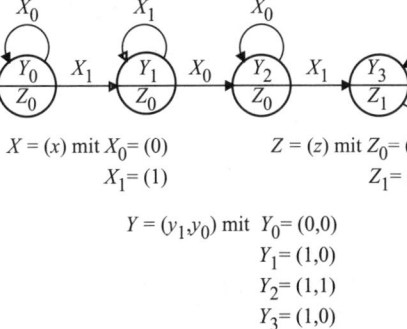

$X = (x)$ mit $X_0 = (0)$
$X_1 = (1)$

$Z = (z)$ mit $Z_0 = (0)$
$Z_1 = (1)$

$Y = (y_1, y_0)$ mit $Y_0 = (0,0)$
$Y_1 = (1,0)$
$Y_2 = (1,1)$
$Y_3 = (1,0)$

Bild 3.91 Zustandsgraph

Die „geschleiften" Kanten, die zum inneren Zustand zurückkehren, bedeuten, dass der erreichte innere Zustand unter der angegebenen Bedingung erhalten bleibt. Kanten ohne Bedingung bedeuten, dass der damit beschriebene Übergang unbedingt, d. h. unabhängig vom Eingangszustand, ausgeführt wird.

Eine alternative Notation des Zustandsgraphen aus Bild 3.91 zeigt Bild 3.92.

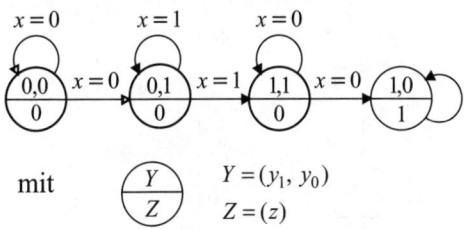

Bild 3.92 Zustandsgraph wie Bild 3.91 mit alternativer Notation

3.6.2.3 Synthese technisch bedeutsamer Funktionsgruppen

Sequenzgeneratoren (State Machines) dienen der Erzeugung gewünschter Zustandsfolgen und sind die allgemeine Form der synchronen sequentiellen Schaltung, wie mit dem Beispiel in Bild 3.81 eingeführt. Sie sind damit auch der Oberbegriff zu den weiter unten angeführten spezielleren Funktionsgruppen, wie Zähler oder Schieberegister u. a. Das Entwurfsverfahren ist grundsätzlich immer das gleiche.

❑ **Beispiel 3.32**

Eine Schaltung SS soll mit $x_0 = 0$ am Ausgang den Zustandszyklus 0 und mit $x_0 = 1$ den Zyklus 1 liefern (Bilder 3.93 und 3.94).

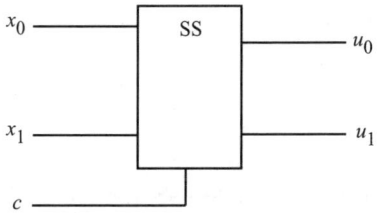

Bild 3.93 Blockschaltbild zum Beispiel 3.32

Eine Änderung von x_0 soll nur im Ausgangszustand $[u_1, u_0] = [0,0]$ wirksam sein.

Die Eingangsvariable x_1 soll mit $x_1 = 1$ bewirken, im 2. Takt des Zyklus 1 in den 3. Takt des Zyklus 0 zu wechseln.

Lösung:

- Aufstellung des Zustandsgraphen (Bild 3.95)
  Dabei sind die Ausgangszustände $U = [u_1, u_0]$ lt. Aufgabenstellung definiert. Die inneren Zustände werden zunächst mit beliebiger Bezeichnung eingetragen.

- Kodierung der inneren Zustände (Bild 3.96)
  Die Kodierung kann willkürlich, z. B. im Dualkode, erfolgen.

- Blockschaltbild mit Entscheidung über den einzusetzenden FF-Typ (Bild 3.97)
- Bestimmung der KS1
  Wertetabelle: Tabelle 3.47

$x_0 = 0$: Zyklus 0

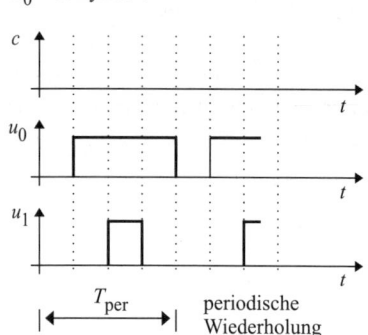

$x_0 = 1$: Zyklus 1

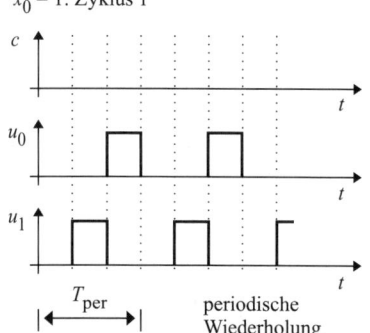

Bild 3.94 Impulsdiagramm zum Beispiel 3.32

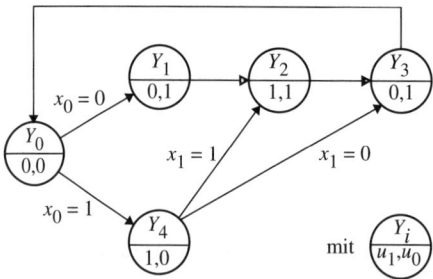

Bild 3.95 Zustandsgraph zu Beispiel 3.32

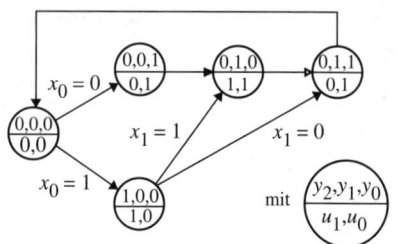

Bild 3.96 Zustandsgraph zu Beispiel 3.32

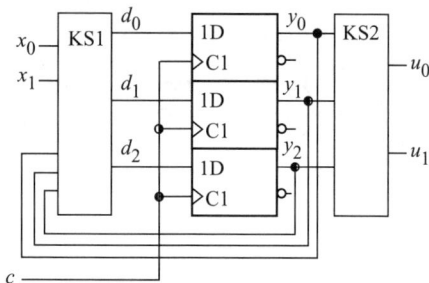

Bild 3.97 Blockschaltbild zu Beispiel 3.32

Tabelle 3.47 Wertetabelle der KS1 zu Beispiel 3.32

x_1	x_0	y_2	y_1	y_0	d_2	d_1	d_0
0	0	0	0	0	0	0	1
		0	0	1	0	1	0
		0	1	0	0	1	1
		0	1	1	0	0	0
		1	0	0	0	1	0
0	1	0	0	0	0	1	1
1	1	0	0	0	0	1	0

KV-Tafeln: Tabelle 3.48

Tabelle 3.48 KV-Tafeln der KS1 zu Beispiel 3.32

d_2:

	0	0		0	0		0	0
y_1	0	0					0	0
	0	0					0	0	x_0
	1	0		0	0		0	1

3.6 Entwurf synchroner sequentieller Schaltungen

d_1:

	x_1						
	y_0			y_0			
	0	1	1	1	1	0	
y_1	1	0			0	1	
	1	0			0	1	x_0
	0	1	1	1	1	0	
			y_2				

d_0:

	x_1						
	y_0			y_0			
	1	0	1	0	0	1	
y_1	1	0			0	1	
	1	0			0	1	x_0
	0	0	1	0	0	0	
			y_2				

Schaltfunktionen:

$d_2 = x_0 \overline{y_2} \, \overline{y_1} \, \overline{y_0}$

$d_1 = y_1 \overline{y_0} \vee \overline{y_2} \, \overline{y_1} y_0 \vee y_2 \overline{y_0}$

$d_0 = \overline{x_1} y_2 \vee \overline{x_0} \, \overline{y_2} \, \overline{y_0} \vee y_1 \overline{y_0}$

- Bestimmung der KS2: Tabelle 3.49

Tabelle 3.49 Wertetabelle und KV-Tafeln für KS2 zu Beispiel 3.32

y_2	y_1	y_0	u_1	u_0
0	0	0	0	0
0	0	1	0	1
0	1	0	1	1
0	1	1	0	1
1	0	0	1	0

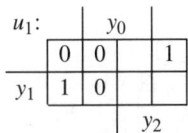

u_1:

	y_0	
	0	0	1
y_1	1	0	
		y_2	

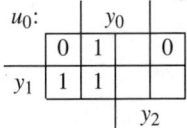

u_0:

	y_0	
	0	1	0
y_1	1	1	
		y_2	

$u_1 = y_2 \vee y_1 \overline{y_0}$

$u_0 = y_1 \vee y_0$

- Signalflussplan (Bild 3.98)

Zähler sind (als *synchrone Zähler*) synchrone sequentielle Schaltungen im obigen Sinne, deren innerer Zustand Y eine Zählfolge (z. B. im Dualkode) durchläuft (Bild 3.99). Da mit jedem Takt eine Weiterschaltung in den nächsten inneren Zustand erfolgt, werden die Taktimpulse gezählt, d. h., der Takteingang ist der Zähleingang dieses Zählers.

❏ **Beispiel 3.33**

Zu entwerfen ist die Schaltung eines zyklischen dekadischen Zählers gemäß Zustandsgraph in Bild 3.99b unter Einsatz von JK-Flipflops.

Lösung:

- Blockschaltbild (Bild 3.100)
- Zustandsgraph gemäß Bild 3.99b
- Bestimmung der Anzahl der Flipflop
  Aus 10 inneren Zuständen folgt für duale Kodierung: 4 Flipflop
- Konkretisierung des Blockschaltbildes unter Wahl des Flipflop-Typs (hier: JK-Flipflop)
  Es ergibt sich Bild 3.101. Wegen der Wahl der Kodierung der inneren Zustände gleich der gewünschten Ausgangskodierung kann mit $Z = Y$ der Schaltungsblock KS2 entfallen.
- Bestimmung der KS1
  Aus der Überführungstabelle des JK-Flipflops (Tabelle 3.50, links) ergibt sich für einen gewünschten Zustandswechsel von q^{k-1} nach q^k die notwendige Eingangsbelegung für $[k, j]$ (Tabelle 3.50, rechts).

Tabelle 3.50 Überführungstabelle des JK-Flipflops

k	j	q^k	q^{k-1}	q^k	k	j
0	0	q^{k-1}	0	0	x	0
0	1	1	0	1	x	1
1	0	0	1	0	1	x
1	1	$\overline{q^{k-1}}$	1	1	0	x

Daraus folgt die Wertetabelle der KS1 (Tabelle 3.51).

3 Digitaltechnik

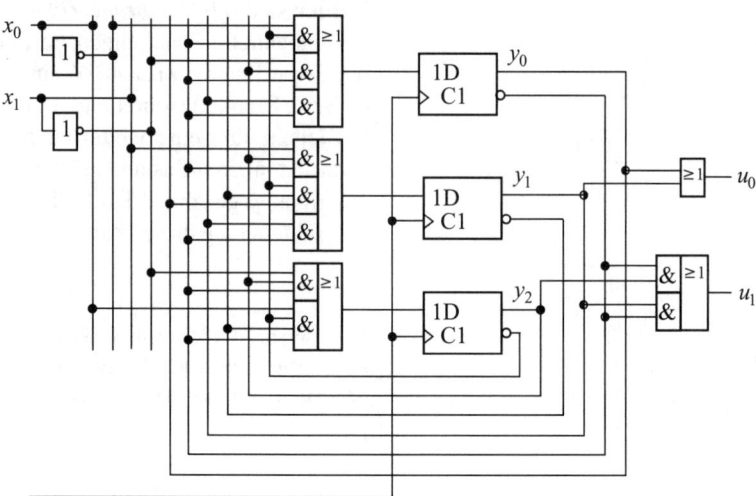

Bild 3.98 Signalflussplan zu Beispiel 3.32

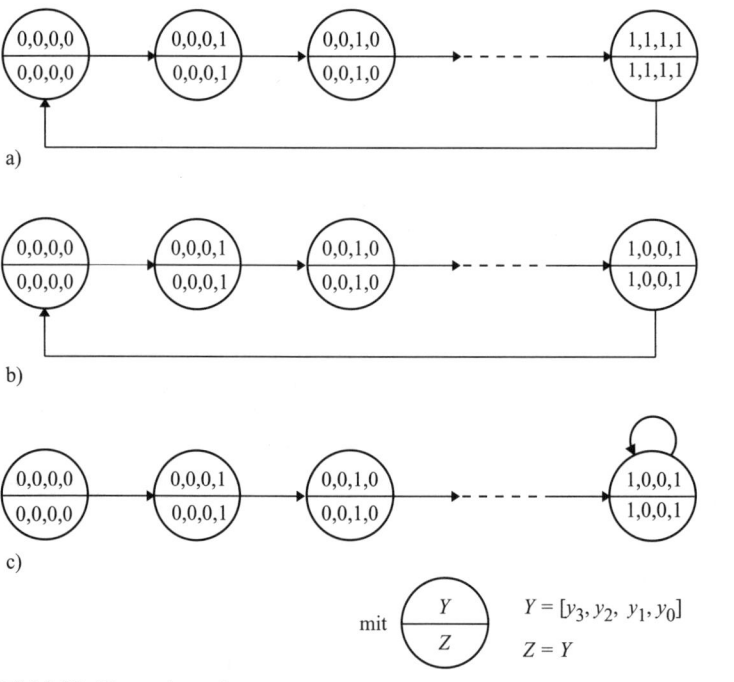

Bild 3.99 Zustandsgraphen
a) eines zyklischen Dualzählers (0,1,...,15,0,...)
b) eines zyklischen Dekadenzählers (0,1,...,9,0,...)
c) eines nichtzyklischen Dekadenzählers (0,1,...,9)

3.6 Entwurf synchroner sequentieller Schaltungen

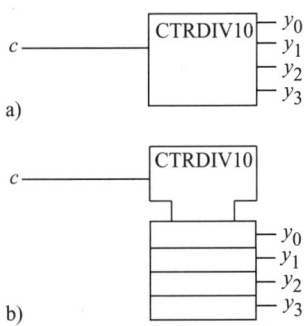

Bild 3.100 Blockschaltbild eines dekadischen Zählers; a) allgemein b) Zählersymbol nach DIN 40 900

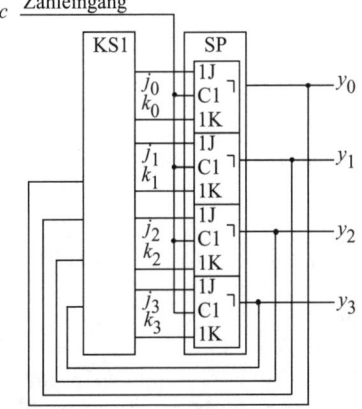

Bild 3.101 Konkretisiertes Blockschaltbild eines 4-Bit-Zählers mit JK-Flipflop

Tabelle 3.51 Wertetabelle der KS1

y_3^{k-1}	y_2^{k-1}	y_1^{k-1}	y_0^{k-1}	k_3	j_3	k_2	j_2	k_1	j_1	k_0	j_0
0	0	0	0	x	0	x	0	x	0	x	1
0	0	0	1	x	0	x	0	x	1	1	x
0	0	1	0	x	0	x	0	0	x	x	1
0	0	1	1	x	0	x	1	1	x	1	x
0	1	0	0	x	0	0	x	x	0	x	1
0	1	0	1	x	0	0	x	x	1	1	x
0	1	1	0	x	0	0	x	0	x	x	1
0	1	1	1	x	1	x	1	x	1	x	x
1	0	0	0	0	x	x	0	x	0	x	1
1	0	0	1	1	x	x	0	x	0	1	x

Man erhält die KV-Tafeln für die k- und j-Ausgänge der KS1 (Tabelle 3.52).

Tabelle 3.52 KV-Tafeln und Schaltfunktionen der KS1

k_3:

	y_0			
	x	x	x	x
y_1	x	x	x	x
	x	x	x	x	y_3
	0	1	x	x
		y_2		

j_3:

	y_0			
	0	0	0	0
y_1	0	0	1	0
	x	x	x	x	y_3
	x	x	x	x
		y_2		

$k_3 = y_0$ $j_3 = y_2 y_1 y_0$

k_2:

	y_0			
	x	x	0	0
y_1	x	x	1	0
	x	x	x	x	y_3
	x	x	x	x
		y_2		

j_2:

	y_0			
	0	0	x	x
y_1	0	1	x	x
	x	x	x	x	y_3
	0	0	x	x
		y_2		

$k_2 = y_1 y_0$ $j_2 = y_1 y_0$

k_1:

	y_0			
	x	x	x	x
y_1	0	1	1	0
	x	x	x	x	y_3
	x	x	x	x
		y_2		

j_1:

	y_0			
	0	1	1	0
y_1	x	x	x	x
	x	x	x	x	y_3
	0	0	x	x
		y_2		

$k_1 = y_1 y_0$ $j_1 = \overline{y_3} y_0$

k_0:

	y_0			
	x	1	1	x
y_1	x	1	1	x
	x	x	x	x	y_3
	x	1	x	x
		y_2		

j_0:

	y_0			
	1	x	x	1
y_1	1	x	x	1
	x	x	x	x	y_3
	1	x	x	x
		y_2		

$k_0 = 1$ $j_0 = 1$

Mit gleichem Entwurfsverfahren lässt sich z. B. ein Vor-/Rückwärtszähler gemäß Bilder 3.102 und 3.103 erzeugen.

Zähler existieren als MSI-Schaltkreise in allen Schaltkreisreihen, wie z. B. nach Bild 3.104.

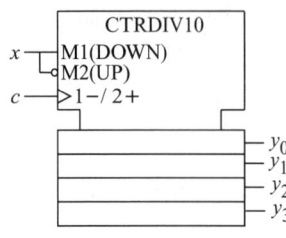

Bild 3.102 Symbol eines dekadischen Vor-/Rückwärtszählers mit $x=0$ vorwärts, $x=1$ rückwärts; gezählt werden die L/H-Flanken an c

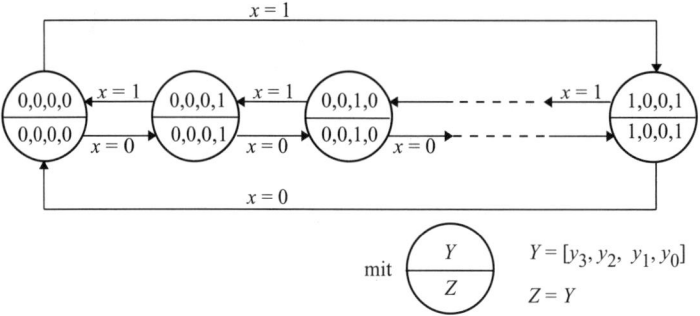

Bild 3.103 Zustandsgraph eines dekadischen Vor-/Rückwärtszählers

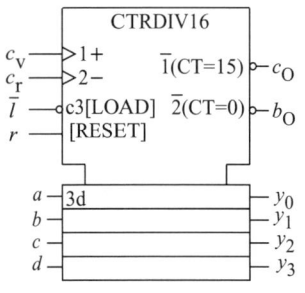

Bild 3.104 Dualzähler (ähnlich z. B. 74ALS193, als CTRDIV10 z. B. 74ALS192) mit
c_V Vorwärtszähleingang
c_r Rückwärtszähleingang
l Ladeeingang: mit $l = L$ wird $[y_3,y_2,y_1,y_0] = [d,c,b,a]$
r Reseteingang: mit $r = H$ wird $[y_3,y_2,y_1,y_0] = [0,0,0,0]$
c_O Carry Out: Übertragssignal bei Umschaltung von 15 nach 0
b_O Borrow Out: Übertragssignal bei Umschaltung von 0 nach 15

Für den Aufbau größerer Zählerketten sind der jeweilige Übertragsausgang auf den Zähleingang des folgenden Zählerschaltkreises zu schalten.

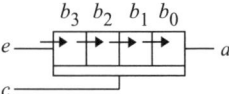

Bild 3.105 Prinzip eines rechts schiebenden 4-Bit-Schieberegisters

Schieberegister sind in Kette geschaltete Flipflops. Innerhalb der Kette können die Bits in beiden Richtungen (*shift right* oder *shift left*) um eine Stelle pro Taktimpuls verschoben werden. In die Verschiebung kann der (serielle) Ein- bzw. Ausgang einbezogen sein (Bild 3.105 für den Fall shift right).

Der Entwurf eines Schieberegister gemäß Bild 3.105 ist allgemein eine State-Machine und kann mit dem oben demonstrierten Verfahren entworfen werden. Das Ergebnis ist so anschaulich, dass man auch intuitiv dazu kommt: Die Schieberegisterzellen werden durch D-Flipflops (oder JK-Flipflops) realisiert, deren Eingang zur davor liegenden Stufe in Kette geschaltet ist (Bild 3.106a).

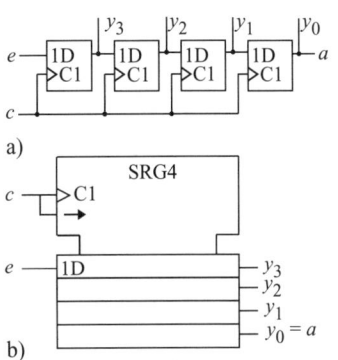

a) Signalflussplan, b) Symbol

Bild 3.106 4-Bit-Schieberegister
a) Signalflussplan, b) Symbol

Mögliche Anwendungen von n-Bit-Schieberegistern sind z. B.

- Verzögerung eines bitseriellen Signals um n Takte
  e serieller Eingang
  a serieller Ausgang des um n Takte verzögerten Signals
- Serien-Parallel-Umsetzer
  e Eingang des in n Takten einlaufenden bitseriellen Signals
  $[y_n, y_{n-1}, \ldots, y_0]$ paralleler Ausgang des seriell eingelaufenen Signals
  (z. B. mit Schaltung nach Bild 3.107)

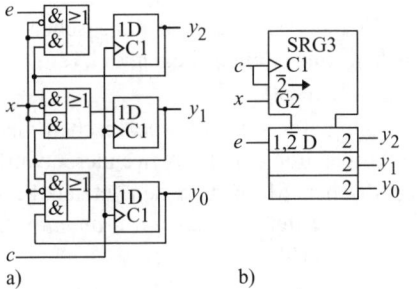

Bild 3.107 3-Bit-Serien-Parallel-Umsetzer
$x=0$: serieller Empfang; $x=1$: parallele Ausgabe
a) Signalflussplan, b) Symbol

- Parallel-Serien-Umsetzer
  $[i_n, i_{n-1}, \ldots, i_0]$ parallele Eingabe eines binären Wortes
  a bitserielle Ausgabe
  (z. B. mit Schaltung nach Bild 3.108)

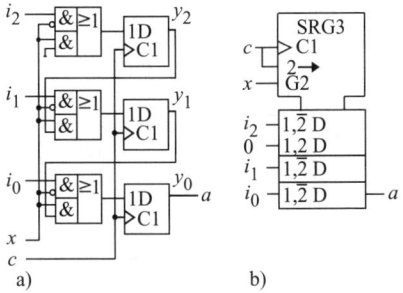

Bild 3.108 Parallel-Serien-Umsetzer
$x=0$: paralleler Empfang; $x=1$: serielle Ausgabe
a) Signalflussplan, b) Symbol

3.6.2.4 Analyse sequentieller Schaltungen

Eine gegebene sequentielle Schaltung kann bezüglich ihrer Funktion, d. h. Gewinnung ihres Zustandsgraphen oder Automatentabelle, analysiert werden. Das Analyseverfahren entspricht dem obigen Syntheseverfahren in rückwärtiger Reihenfolge (Beispiel s. Aufgabe 3.6.3).

3.6.3 Aufgaben

▲ **Aufgabe 3.6.1**
Zu entwerfen ist die Schaltung eines zyklischen dekadischen Zählers gemäß Zustandsgraph in Bild 3.99b unter Einsatz von D-Flipflop.

▲ **Aufgabe 3.6.2**
Der mit Bild 3.107 vorliegende 3-Bit-Serien-Parallel-Umsetzer ist mit Wertetabelle, KV-Tafeln und Bestimmung der Ansteuerfunktionen für die Flipflops nachträglich zu berechnen.

▲ **Aufgabe 3.6.3**
Die mit Bild 3.109 gegebene Schaltung ist durch Bestimmung ihres Zustandsgraphen zu analysieren.

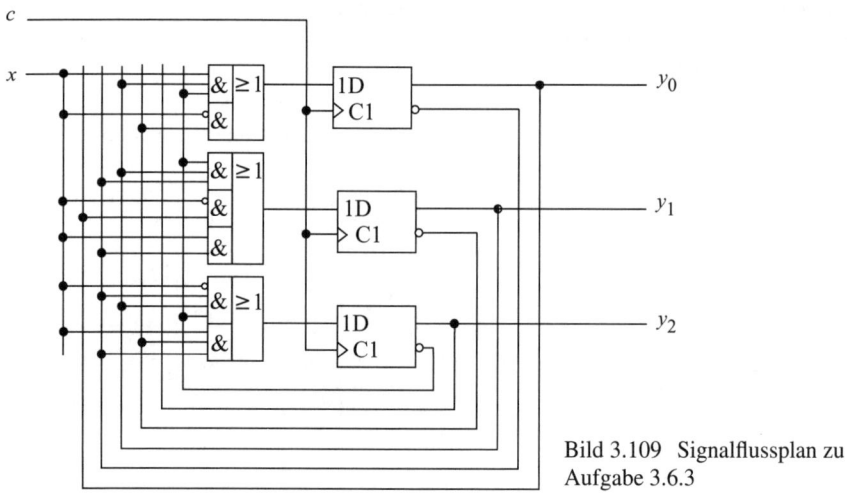

Bild 3.109 Signalflussplan zu Aufgabe 3.6.3

3.7 Anwenderspezifische digitale Schaltkreise und Hardware-Beschreibungs-Sprachen

Anwenderspezifische ICs (ASIC) lösen das Problem, die höheren Integrationsgrade (LSI) für anwenderspezifische Lösungen für den Fall eines kleinen Stückzahlbedarfs zugänglich zu machen. Grundsätzlich können aus der Sicht des Bedarfs eines Typs und der verfügbaren wirtschaftlichen Technologien drei Grundfälle unterschieden werden:

Vollkundenschaltkreis (Full Custom IC). Hoher Stückzahlbedarf (z. B. > 100 000 Stück/Jahr) erlaubt ggf. den sog. Vollkundenschaltkreis (Full Custom IC) durch spezielle Entwicklung einer technisch hocheffizienten Lösung beim Halbleiterhersteller. Nachteil kann die längere Entwicklungszeit sein.

Halbkundenschaltkreis (Semi Custom IC). Mittlerer Stückzahlbedarf (z. B. 10 000 bis 100 000 Stück/Jahr) ist ggf. durch Einsatz von sog. Halbkunden-IC (Semi Custom IC) (meist Gate Arrays) abdeckbar:

- Schaltkreishersteller fertigt ein intern noch „unverdrahtetes" Chip mit digitalen Elementarfunktionen (Gatter, Flipflop u. a.) in hohen Stückzahlen anwendungsunabhängig vor (einige 1 000 bis einige 10 000 Elementarfunktionen)
- Anwender entwirft seine Schaltung (rechnergestützt, ggf. in einem Entwurfszentrum des Halbleiterherstellers) und in Anpassung an die Gate-Array-Chiparchitektur (matrixartige Anordnung der Elementarfunktionen, dazwischen in Spalten und Zeilen liegende „Verdrahtungs"-Trassen)
- Fertigung des anwenderspezifischen Gate Arrays mit den lt. Anwenderentwurf spezifischen Masken in den letzten Fertigungsschritten (*maskenprogrammiertes Gate Array*)

Programmierbare Schaltkreise (PLD). Geringe Stückzahl (ab 1 Stück). Hier erfolgt ein Einsatz von durch den Anwender programmierbaren Schaltkreisen (*Programmable Logic Devices – PLD*).

PLD ist als Untermenge der ASIC wiederum ein Oberbegriff für eine Produktpalette mit z. T. verwirrender Bezeichnungsvielfalt. Grundsätzlich wird ein vom Hersteller gelieferter PLD-Schaltkreis mit einem Satz enthaltener digitaler Elementarfunktionen bei der Programmierung durch den Anwender mittels Herstellung der nötigen Verbindungen für die spezifische Aufgabe konfiguriert. Unter vereinfachenden Sortiermerkmalen gilt hier etwa nach der Komplexität der zu realisierenden digitalen Funktion (s. auch Bild 3.133)

- *PAL* (Programmable Array Logic) und CPLD (Complex PLD)
  mit einem effektiven Integrationsgrad im Bereich der MSI und am unteren Rand der LSI (Anzahl der Gatter z. B. von 100 bis einige 1 000 und mehr)
- *FPGA* (Field Programmable Gate Array, also „vor Ort", beim Anwender programmierbares Gate Array) als (auch nicht scharfer) Begriff für die Gruppe der LSI-PLD mit einigen 1 000 bis 100 000 (bis 10^6) Gatter-Äquivalenten.

Die **„Programmierung" von PLD** erfolgt durch Herstellen von benötigten Leitungsverbindungen auf dem Chip. Grundsätzliche Technologien sind

- Fuse-Technologie
  Das Chip enthält die Verbindungen an allen möglichen Verbindungspunkten. Diese Verbindungen bestehen aus speziellen Leitungsstücken, die durch erhöhten Strom wie eine Schmelzsicherung (fuse) wegbrennbar sind. Bei der Programmierung (mit Hilfe eines Programmiergerätes) werden also nicht benötigte Verbindungen entfernt.

- Antifuse-Technologie
  Das Chip enthält an allen möglichen Verbindungspunkten je ein Verbindungselement aus einem speziellen hochohmigen, d. h. faktisch nichtleitendem Material. Bei Anlegen einer Programmierspannung nimmt dieses Material durch chemische Umwandlung den leitenden Zustand ein. Bei der Programmierung werden also die benötigten Verbindungen hergestellt.

- RAM-Technologie
  Die Verbindungen werden grundsätzlich durch einen Schalttransistor geschaltet. Der Zustand des Schalttransistors (gesperrt oder leitend) wird von einem davor liegenden Flipflop (RAM-Zelle) gesteuert. Damit ist die PLD-Programmierung flüchtig (sie geht bei Abschaltung der Betriebsspannung verloren). Der PLD-Schaltkreis muss bei Einschaltung neu programmiert werden (durch Bereitstellung einer Programmier-Bit-Folge auf einem zugeordneten seriellen EPROM).

- EPLD-/EEPLD-Technologie
  Ein an der Verbindungsstelle eingesetzter Schalttransistor ist ein Floating-Gate-Transistor (siehe dazu Abschn. 3.8.1.2, FAMOS-Transistor). Die Programmierung erfolgt durch Aufbringen einer Ladung auf das Floating-Gate des Transistors, die den Transistor leitend schaltet. Löschung ist (im EEPLD) elektrisch möglich.

3.7.1 Schaltungsrealisierung in PAL

PAL sind Schaltkreise mit einfachen UND-ODER-Strukturen mit ggf. nachgeschalteten Flipflops. Bild 3.110 (links) zeigt das Strukturprinzip für den rein kombinatorischen Fall.

Die Kreuzungspunkte zwischen den senkrechten, von den Eingängen beschalteten Lei-

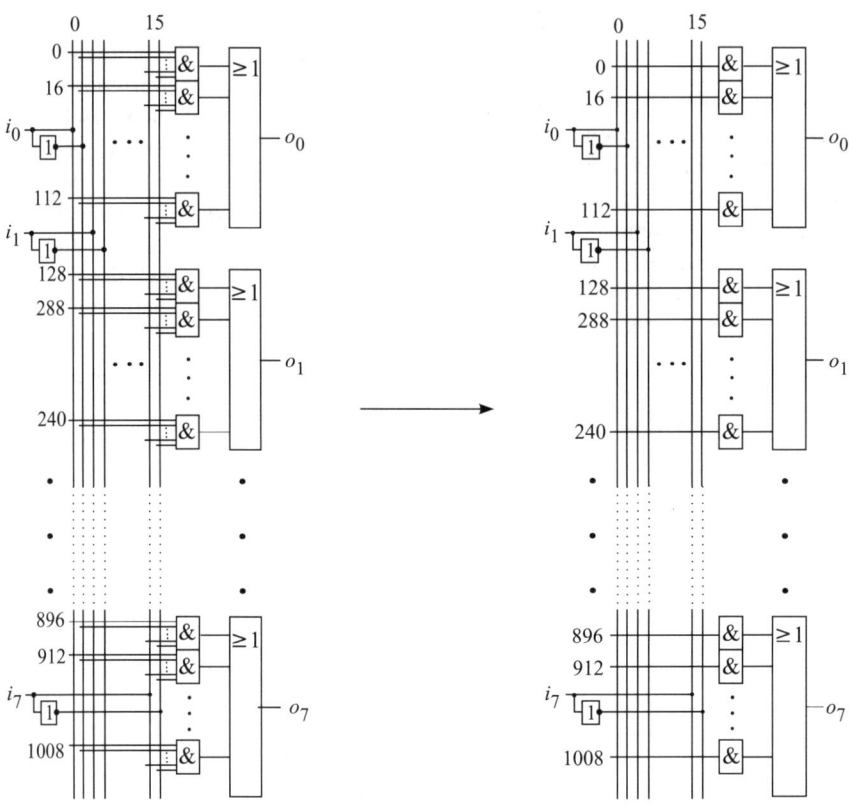

Bild 3.110 PAL-Strukturprinzip und symbolische Darstellung

tungen mit den Eingangsleitungen der (hier) 16-fach-UND-Glieder sind programmierbar (verbunden oder nicht verbunden). Bild 3.110 (rechts) stellt die vereinfachte Symbolik dar.

Praktisch verfügbare PAL-Schaltkreise

- sind am Ausgang mit Tristate-Treibern, ggf. invertierend, ausgerüstet
- sind mit Rückführungen in das programmierbare AND-Array versehen
- enthalten Flipflop mit Rückführungen in das programmierbare AND-Array zur einfachen Realisierung sequentieller Schaltungen (Bild 3.111)
- oder enthalten je Ausgang eine variable programmable Output Logic Cell (OLMC), die durch Programmierung auf die vorgenannten Typen eingestellt werden kann (Bild 3.112)

Der **Entwurf** erfolgt rechnergestützt in wesentlich zwei Stufen:

- 1. Stufe: Erzeugung einer standardisierten sog. JEDEC-Datei auf einem Rechner. Die JEDEC-Datei (die grundsätzlich auch elementar geschrieben werden könnte) wird rechnergestützt mit Hilfe einer Hardware-Beschreibungssprache (HDL) und einem entsprechenden Compiler erzeugt (s. Abschnitt 3.7.3).

3.7 Anwenderspezifische digitale Schaltkreise

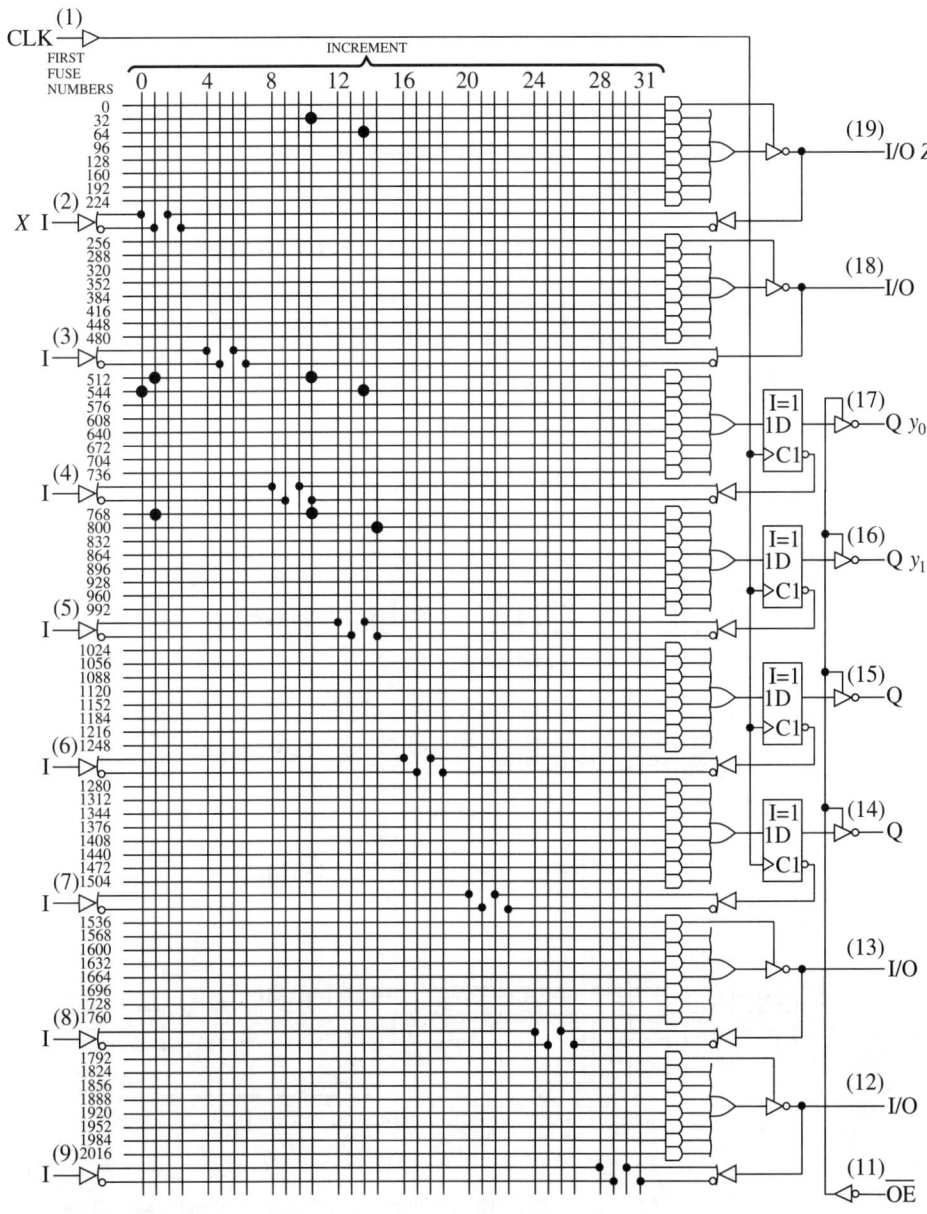

Fuse number = First Fuse number + Increment

Bild 3.111 PAL-Struktur für PAL16R4 (Quelle: Texas Instruments Data Book)

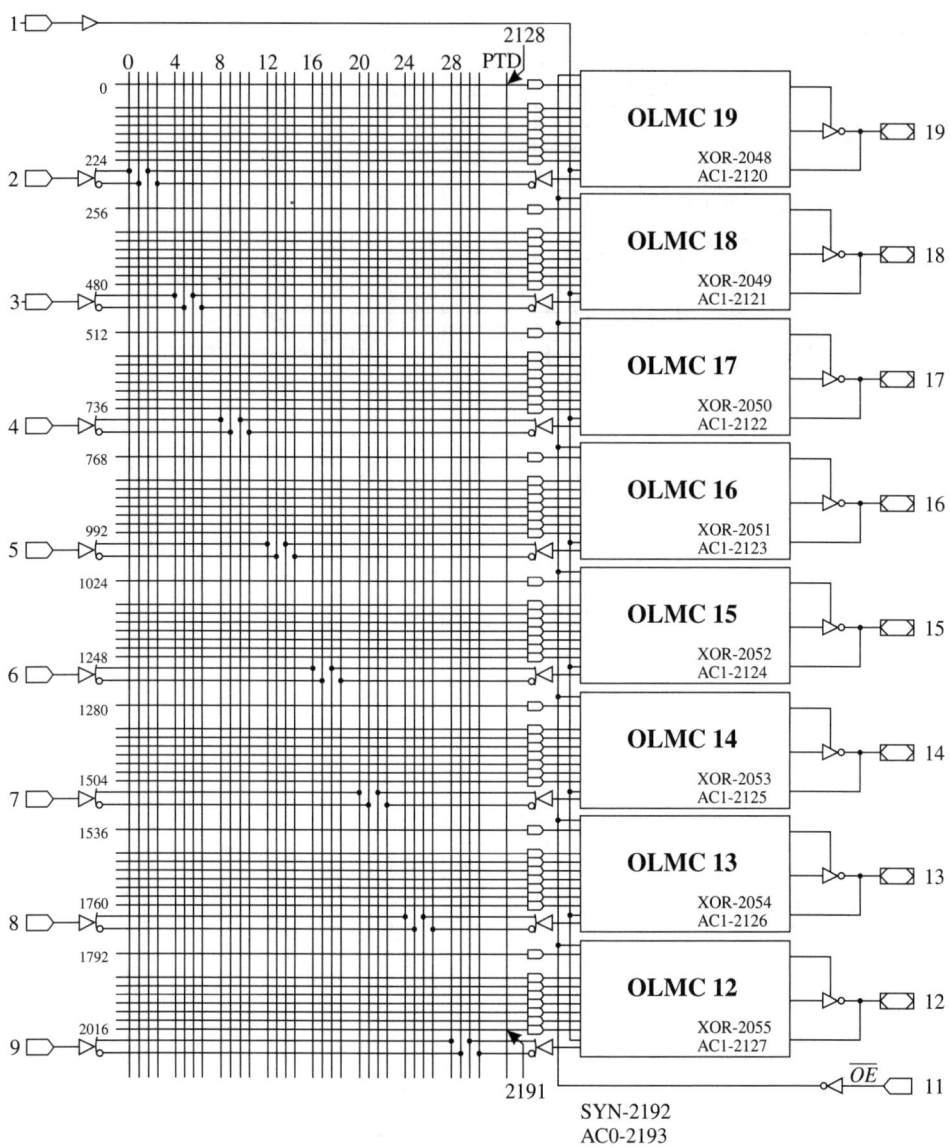

Bild 3.112 GAL-Struktur 16V8 mit programmierbarer Output Logic Macrocell (Quelle: Lattice Data Book)

- 2. Stufe: Übertragung der JEDEC-Datei vom Rechner an das Programmiergerät und Programmierung des Schaltkreises mit Hilfe des Programmiergerätes.

Die JEDEC-Datei ist die vom Joint Electronic Devices Engineering Council vereinbarte Softwareschnittstelle zwischen dem Schaltfunktionen-Compiler und dem Programmiergerät/Schaltkreis. In Bild 3.111 stellen die stark gepunkteten Kreuzungspunkte gewünschte Verbindungen für den zu programmierenden Schaltkreis PAL16R4 dar. Die JEDEC-Datei enthält als wesentliche Information für das Programmiergerät die „Verdrahtungs"-Matrix wie folgt, wobei gewünschte Verbindungen mit einer „0" an der entsprechenden Position festgelegt sind:

L00000 1111111111111111111111111111111*
L00032 1111111111011111111111111111111*
L00064 1111111111110111111111111111111*
L00512 1011111111011111111111111111111*
L00544 0111111111110111111111111111111*
L00768 1011111111011111111111111111111*
L00800 1111111111111011111111111111111*

Die JEDEC-Datei ist der Bitstrom, der dem Programmiergerät und von dort dem PAL-Schaltkreis übergeben wird.

PAL-Schaltkreise sind

- rein kombinatorisch (z. B. 16L8) oder
- enthalten zusätzlich einige (z. B. 4) Ausgangs-Flipflops (z. B. 16R4)
- enthalten eine variable Ausgangszelle, d. h. sind durch Programmierung
  - am Ausgang kombinatorisch, highaktiv (z. B. wie 16H8)
  - am Ausgang kombinatorisch, low-aktiv (z. B. wie 16L8)
  - Flipflop-Ausgang (z. B. wie 16R4, 16R8 u. ä.) (heißen dann z. B. 16V8)

Elektrisch löschbare (E^2PLD-)CMOS-PAL sind auch unter der Bezeichnung GAL (z. B. GAL16V8) günstig einsetzbar. Zur Vertiefung siehe z. B. [3.25].

3.7.2 Schaltungsrealisierung mit FPGA

FPGAs (Field Programmable Gate Array) sind beim Anwender programmierbare LSI-Schaltkreise für komplexere digitale Systeme. Wegen der Komplexität ist hochwertige Software (auf PC oder Workstation) zur Entwurfsunterstützung erforderlich.

FPGA existieren grundsätzlich in allen PLD-Technologien. Die beispielhafte Erläuterung erfolgt nachstehend an RAM-basierten FPGA (auch: Logic Cell Array – LCA) der Fa. XILINX.

Übergeordnete Architektur ist eine Matrix von sog. *CLB (Combinatorial Logic Block)* (Bild 3.113).

Ein **CLB** enthält kombinatorische Logik und 2 bis 4 Flipflops. Jeder CLB und seine Zusammenschaltung mit anderen CLBs ist durch Programmierung konfigurierbar. Die Programmierung erfolgt durch Flipflops (RAM-Zellen), die Schalttransistoren steuern. Die Programmierung ist damit flüchtig. Das Programm erhält der Schaltkreis je nach Betriebsart (Mode)

- als Master von einem angeschlossenen Festwertspeicher durch selbständiges Einlesen oder
- durch Übertragung aus einem Mikroprozessorsystem (z. B. PC)

Die Entwurfsumgebung (Software, Rechner) zur Realisierung des Programmier-Bitstromes ermöglicht wesentlich zwei Möglichkeiten der Schaltungseingabe:

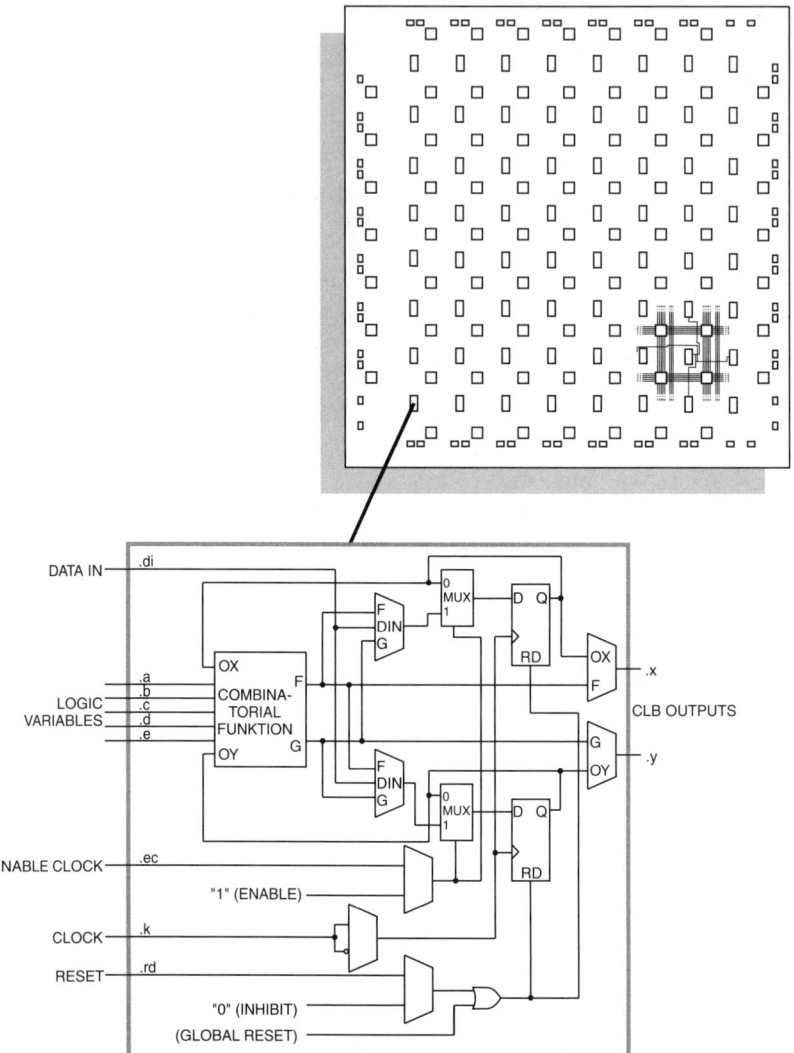

Bild 3.113 Architektur eines XILINX-FPGA LCA XC4000

- zeichnerische Schaltungseingabe am Bildschirm (Schematic-Eingabe) (Beispielausschnitt s. Bild 3.115)
- Formulierung der zu realisierenden Funktionen durch Hardware-Programmsprache (*Hardware Description Language – HDL*, s. Abschnitt 3.7.3)

Die übergeordnete Schaltung (Top Level Design) wird z. B. durch „Verdrahtung" am Bildschirm hergestellt, wobei die logischen Teilfunktionen

- aus vorhandenen Softwarebibliotheken entnommen werden (z. B. Flipflop, Adder, Multiplexer, Zähler) oder

- vorher als Module in HDL entworfen werden

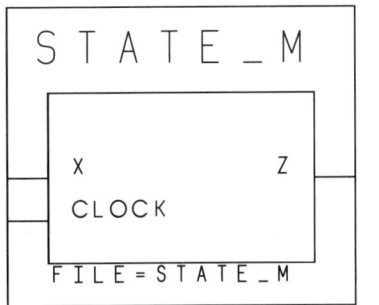

Bild 3.114 HDL-erzeugtes Modul (Symbol)

HDL-Module können als Symbole in den Schematic Editor übernommen und den vorhandenen Bibliotheken zugefügt werden. Bild 3.114 zeigt andeutungsweise ein solches Symbol.

Bild 3.115 deutet an, dass beim zeichnerischen Entwurf der übergeordneten Schaltung das Modul STATE_M (gemäß Bild 3.114) aufgerufen, an die gewünschte Stelle eingefügt und verdrahtet wurde.

Die Handhabung des FPGA-Entwurfs setzt eine umfangreichere Einarbeit in die Dokumentation des jeweiligen Entwicklungssystems voraus, hier z. B. [3.26] bis [3.28].

PAL- und FPGA-Entwicklungssysteme verfügen außerdem über Simulatoren zum ausführlichen Test der Designs.

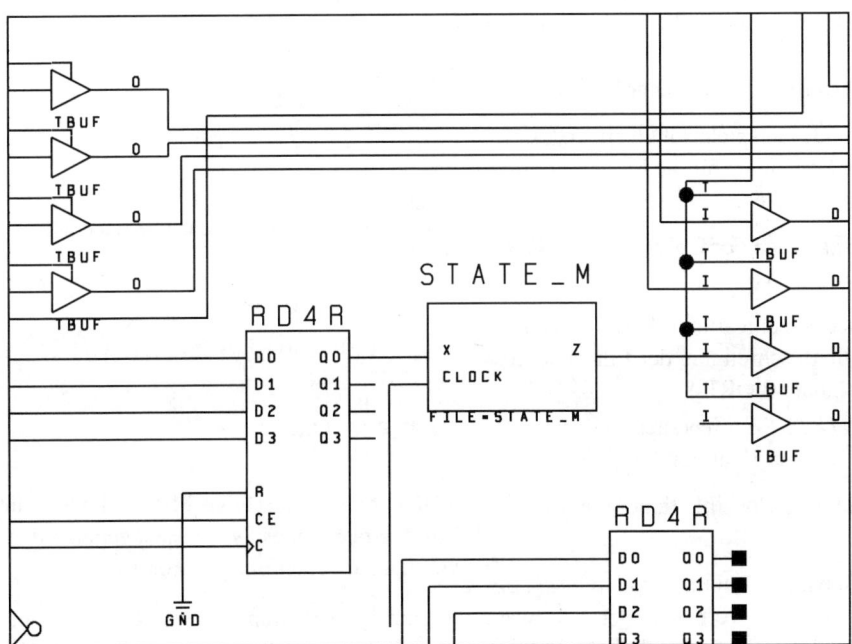

Bild 3.115 Schaltungsausschnitt mit eingefügtem Modul STATE_M

3.7.3 VHDL

VHDL ist entsprechend dem Prinzip von Hardwarebeschreibung die mit dem Standard IEEE 1076 verbindliche Sprache zur Modellierung digitaler Schaltungen. Die Bezeichnung VHDL ist (historisch entstanden) abgeleitet von **V**HSIC (**V**ery **H**igh **S**peed **I**ntegrated **C**ircuits) **H**ardware **D**escription **L**anguage. Die Modellierung (meist komplexerer) digitaler Systeme in VHDL ermöglicht

- *Simulation* des Systementwurfs, d. h. die Übergabe der VHDL-Beschreibung an rechnergestützte Software-Simulatoren zur Verifizierung des Schaltungsentwurfs ohne vorherige hardwaremäßige Realisierung
- *Hardwaresynthese*, d. h. z. B. die Compilierung des VHDL-Modells in eine JEDEC-Datei oder einen anderen entsprechenden Bitstrom zur Programmierung eines PAL oder eines FPGA oder Gate Arrays
- *Dokumentation* entworfener Projekte.

Nachfolgende Beispiele sollen ein erstes elementares Verständnis für die Modellierung in VHDL unterstützen.

In ihrer einfachsten Form besteht eine **VHDL-Beschreibung** aus

- Interface Specification (*ENTITY Declaration*) zur Beschreibung der Ein- und Ausgangssignale (PORTs)
- *ARCHITETURE* Specification zur Beschreibung der Funktionalität

Die Architektur-Spezifikation kann erfolgen als

- Verhaltensbeschreibung (*Behavioral Description*): Das Verhalten der Hardware wird durch hochsprachenähnliche Befehle und Konstrukte beschrieben.

- Strukturbeschreibung (*Struktural Description*): Die Hardware wird strukturell, z. B. in ihrem Aufbau aus gegebenen Komponenten beschrieben.
- eine Kombination aus Verhaltens- und Strukturbeschreibung.

❑ **Beispiel 3.33a**

Behavioral Description eines NAND-Gliedes gemäß Bild 316a z. B. namens nand_2, geschrieben als Quelldatei, z. B. namens nan_bhv.vhd

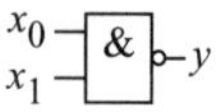

x_0 ─┐&├─ y
x_1 ─┘

Bild 3.116a NAND-Glied namens nand_2

```
- - Quelldatei nan_bhv.vhd
- - (mit „- -" beginnende Zeilen sind Kommentar)
- - (Striche ohne Zwischen-Leerzeichen!)

- - Bibliotheksaufrufe:
LIBRARY IEEE;
USE IEEE.STD_LOGIC_1164.ALL;

- - entity declaration:
ENTITY nand_2 IS
   PORT (x1,x0: IN BIT;
         y:     OUT BIT );
END nand_2;

- - behavioral architecture:
ARCHITECTURE nand_2_behav OF nand_2 IS
BEGIN
   - - process statement mit sensitivity list (x1,x0):
   p1: PROCESS (x1,x0)
   BEGIN
      IF (x1='1') AND (x0='1') THEN y<='0';
      ELSE y<='1';
      END IF;
   END PROCESS;
END nand_2_behav;
```

VHDL bietet alternative Möglichkeiten zur Beschreibung eines Systems. Gegenüber dem vorangegangenen Beispiel können

- einzelne Bitleitungen (wie x1, x0) zu einem Leitungsvektor (Bus) (z. B. X = [x(1), x(0)] zusammengefasst

3.7 Anwenderspezifische digitale Schaltkreise 269

- IF-THEN-Anweisungen durch CASE-Anweisungen ersetzt werden.

❑ **Beispiel 3.33b**

```
-- Quelldatei nand_2.vhd
LIBRARY IEEE;
USE IEEE.STD_LOGIC_1164.ALL;

ENTITY nand_2 IS
  PORT
    (X: IN STD_LOGIC_VECTOR(1 DOWNTO 0);
    y: OUT STD_LOGIC);
END nand_2;

ARCHITECTURE nand_2_behav OF nand_2 IS
BEGIN
  p1: PROCESS (X)
  BEGIN
    CASE X IS
      WHEN "11" => y <= '0';
      WHEN OTHERS => y <= '1';
    END CASE;
  END PROCESS p1;
END nand_2_behav;
```

IF-THEN- und CASE-Anweisungen müssen in PROCESS-Statements eingeschlossen sein. Mehrere PROCESS-Statements in einem ARCHITECTURE-Körper sind möglich. PROCESS-Statements können für manch andere ARCHITECTURE-Körper oder Teilkörper auch weggelassen werden (mit für einfache Systeme oft unrelevanten Konsequenzen).

Die beiden folgenden Beispiele zeigen alternative Beschreibungen des NAND-Gliedes.

❑ **Beispiel 3.34a**

```
-- Quelldatei nand_2.vhd

LIBRARY IEEE; USE IEEE.STD_LOGIC_1164.ALL;
ENTITY nand_2 IS
  PORT
    (X: IN STD_LOGIC_VECTOR(1 DOWNTO 0);
    y: OUT STD_LOGIC);
END nand_2;
```

```
ARCHITECTURE nand_2_behav OF nand_2 IS
BEGIN
  WITH X SELECT
    y <= '0' WHEN "11",
    y <= '1' WHEN OTHERS;
END nand_2_behav;
```

❑ **Beispiel 3.34b**

```
LIBRARY IEEE;
USE IEEE.STD_LOGIC_1164.ALL;
ENTITY nand_2 IS
ENTITY nand_2 IS
  PORT (x1,x0: IN STD_LOGIC;
    y:      OUT STD_LOGIC);
END nand_2;

ARCHITECTURE nand_2_beh OF nand_2 IS
BEGIN
  y <= x1 nand x0;
END nand_2_beh;
```

Obige Beispiele sind eine Top-Level-Description als eigenständige Schaltung. Zur Verwendung des nand_2 als Komponente in einer nächst höheren Hierarchiestufe ist ihre Beschreibung durch eine vorangestellte PACKAGE Declaration für die aufrufende Hierarchie sichtbar zu machen.

❑ **Beispiel 3.35a**

```
-- Quelldatei nand_2.vhd
LIBRARY IEEE;
USE IEEE.STD_LOGIC_1164.ALL;
PACKAGE nand_2_pkg IS
  COMPONENT nand_2
    -- Component-Name (nand_2) ist der in der
    -- ENTITY angegebene Name (nand_2)
    PORT
      (X: IN STD_LOGIC_VECTOR(1 DOWNTO 0);
      y: OUT STD_LOGIC);
  END COMPONENT;
END nand_2_pkg;

LIBRARY IEEE;
USE IEEE.STD_LOGIC_1164.ALL;
ENTITY nand_2 IS
  PORT
    (X: IN STD_LOGIC_VECTOR(1 DOWNTO 0);
    y: OUT STD_LOGIC);
END nand_2;
```

```
ARCHITECTURE nand_2_behav OF nand_2 IS
BEGIN
  p1: PROCESS (X)
  BEGIN
    CASE X IS
      WHEN "11"    => y <= '0';
      WHEN OTHERS=> y <= '1';
    END CASE;
  END PROCESS p1;
END nand_2_behav;
```

Während der nachfolgenden Compilierung dieser Component innerhalb eines nutzenden Projektes wird das Ergebnis in einem Unterverzeichnis WORK des Projektes abgelegt und von dort durch die nutzende Hierarchiestufe aufgerufen.

Nachfolgendes Beispiel eines Schaltungsdesigns gemäß Bild 3.116b nutzt die oben erzeugte Komponente nand_2.

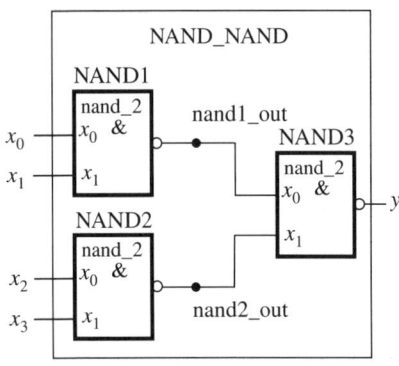

Bild 116b Schaltungsdesign NAND_NAND

❏ **Beispiel 3.35b**

Structural Description einer NAND-NAND-Struktur gemäß Bild 3.116b z. B. namens NAND_NAND, geschrieben als Quelldatei, z. B. namens nand_nand.vhd, unter Verwendung der Komponente nand_2 aus Beispiel 3.35a:

```
-- Quelldatei nand_nand.vhd
LIBRARY IEEE;
USE IEEE.STD_LOGIC_1164.ALL;
-- Aufruf der Komponente nand_2:
USE WORK.nand_2_pkg.all;
```

```
ENTITY nand_nand IS
  PORT (x3,x2,x1,x0: IN STD_LOGIC;
              y:     OUT STD_LOGIC);
END nand_nand;

ARCHITECTURE nand_nand_struc
OF nand_nand IS
  -- Declaration der internen Signale nand1_out
  -- und nand2_out:
  SIGNAL nand1_out, nand2_out: STD_LOGIC;
BEGIN
-- Verbinden der Signale der Komponenten
-- mit den äußeren und internen Signalen der
-- Gesamtarchitektur
NAND1: nand_2
        PORT MAP (x0=>x0, x1=>x1,
                    y=>nand1_out);
NAND2: nand_2
        PORT MAP (x0=>x2, x1=>x3,
                    y=>nand2_out);
NAND3: nand_2
        PORT MAP (x0=>nand1_out,
                 x1=>nand2_out, y=>y);
END nand_nand_struc;
```

Die Beschreibung von sequentiellen Schaltungen (state machines) kann gemäß ihrer Grundstruktur (s. Bild 3.85 oder auch z. B. 3.88) in einem PROCESS (Beschreibung der Blockgruppe SP und KS1) und einem weiteren PROCESS (Beschreibung des Blocks KS2) erfolgen. Die Taktung wird im nachfolgenden Beispiel mit der Anweisung

IF clk'EVENT AND clk='1' THEN ...

realisiert. Sie bedeutet die Bedingung, dass am Signal clk eine Änderung (Ereignis) stattgefunden hat und clk='1' ist, d. h. eine Low-High-Flanke anlag.

❏ **Beispiel 3.35c**

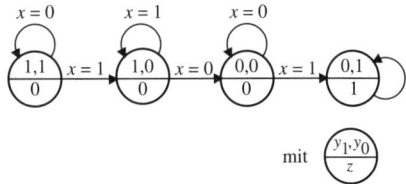

Bild 116c Zustandsgraph zu Beispiel 3.35c

3.7 Anwenderspezifische digitale Schaltkreise

Zu entwerfen ist ein PAL für den Zustandsgraphen gemäß Bild 3.116c unter Einsatz des PAL16R4 gemäß Bild 3.111.

Lösung:

- -bsp 3.35c.vhd

```
LIBRARY IEEE;
USE IEEE.STD_LOGIC_1164.ALL;

ENTITY state_machine IS
  PORT
  (x, clk: IN STD_LOGIC;
   Y:    INOUT STD_LOGIC_VECTOR
         (1 DOWNTO 0);
   z:    OUT STD_LOGIC);
  ATTRIBUTE PIN_NUMBERS
  OF state_machine:ENTITY IS
  "x:2 Y(0):17 Y(1):16 z:19";
END state_machine;

ARCHITECTURE beh OF state_machine IS
BEGIN
  p1:PROCESS(clk,x)
  BEGIN
    - - Bedingung für Taktflanke:
    IF clk'EVENT AND clk='1' THEN
      CASE Y IS
        WHEN "00" =>
          IF x='1' THEN Y<="01";
          ELSE          Y<="00";
          END IF;
        WHEN "10" =>
          IF x='0' THEN Y<="00";
          ELSE          Y<="10";
          END IF;
        WHEN "11" =>
          IF x='1' THEN Yj="10";
          ELSE          Y<="11";
          END IF;
        WHEN OTHERS => Y<="01";
      END CASE;
    END IF;
  END PROCESS p1;

  p2:PROCESS(Y)
  BEGIN
    CASE Y IS
      WHEN "01" => z<='1';
      WHEN OTHERS => z<='0';
    END CASE;
  END PROCESS p2;
END beh;
```

Der Compiler erzeugt für den Zielschaltkreis 16R4 die nachfolgende JEDEC-Datei.

16r4 Jedec Fuse File: bsp_335c.jed
DEVICE c16r4
PINS clk:1 x:2 y_1:16 y_0:17 z:19 *

L00000
1111111111111111111111111111111111
1111111111011111111111111111111111
1111111111111101111111111111111111
Node z[19]

mbox
L00512
1011111111011111111111111111111111
0111111111111101111111111111111111
Node y_0[17]

L00768
1011111111011111111111111111111111
1111111111111101111111111111111111
Node y_1[16]

C1AC7*   Note: Fuse Checksum*

Die in Bild 3.111 eingetragenen stark gepunkteten Fuses entsprechen diesem JEDEC-File.

Bemerkung: Die inneren Zustände des Zustandsgraphen gemäß Bild 3.116c liegen an den Pins 16, 17. Wegen der negierten Ausgänge des 16R4 gilt für die internen D-Flipflop-Ausgänge der Zustandsgraph gemäß Bild 3.116d, was bei einer nachzuvollziehenden Analyse des Bildes 3.111 zu berücksichtigen ist.

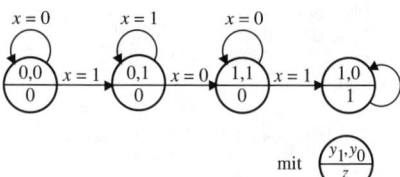

Bild 116d   Interner Zustandsgraph zu Bild 3.111

Alle in obigen Beispielen dargestellten VHDL-Beschreibungen können (wie im Beispiel 3.35c bereits demonstriert) zur Hardwaresynthese mittels Compiler eines VHDL-Entwurfssystems (z. B. Warp2 für PAL/GAL oder z. B. Foundation Express für FPGA) in eine JEDEC-Datei (PAL/GAL) name.jed bzw. in ein Netfile name.xnf compiliert werden.

3.7.4 Aufgaben

Bemerkung: Die nachfolgenden Aufgaben sind

- grundsätzlich Beispiele für VHDL-basierten Entwurf von PLD und
- gleichzeitig mit den ausgewählten Funktionsgruppen (Volladder, Addierer usw.) Funktionselemente einer elementaren Mikroprozessor-Architektur.

Man beachte den letztgenannten Aspekt ggf. in Abschn. 3.9.1, z. B. Bild 3.134.

▲ **Aufgabe 3.7.1**
Gegeben ist die VHDL-Beschreibung eines Volladders gemäß Bild 3.117a (s. auch Bild 3.51):

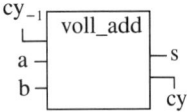

Bild 3.117a Volladder zu Aufgabe 3.7.1

```
-- voll_add.vhd
LIBRARY IEEE;
USE IEEE.STD_LOGIC_1164.ALL;
ENTITY voll_add IS
    PORT (a, b, cy_1: IN STD_LOGIC;
          s, cy:      OUT STD_LOGIC );
END voll_add;

ARCHITECTURE voll_add_beh OF voll_add IS
BEGIN
    s   <= a XOR b XOR cy_1;
    cy  <= (a AND b) OR (a AND cy_1) OR
           (b AND cy_1);
END voll_add_beh;
```

a) Stellen Sie die Funktion des Volladders als Wertetabelle dar!

b) Machen Sie die gegebene VHDL-Beschreibung als Component für eine aufrufende Hierarchiestufe sichtbar!

▲ **Aufgabe 3.7.2**
Unter Verwendung der Component voll_add aus Aufgabe 3.7.1b soll ein (Ripple Carry-) 4 Bit-Adder gemäß Bild 3.117b als Top Level Design entworfen werden.

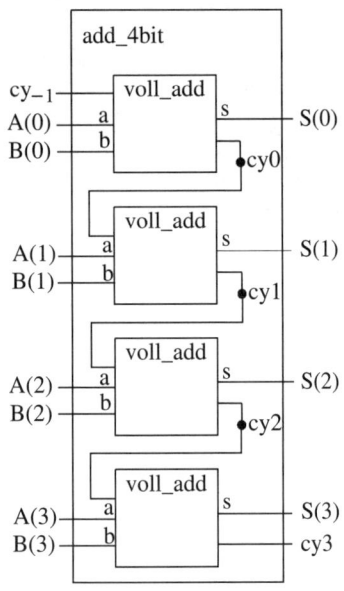

Bild 3.117b 4-Bit-Adder zu Aufgabe 3.7.2

a) Schreiben Sie die nötige VHDL-Datei add_4bit.vhd!

b) Die Compilierung der VHDL-Beschreibung aus a) für den Zielschaltkreis 16V8 liefert die JEDEC-Datei:

```
add_4bit.jed
DEVICE C16V8A*
PACKAGE PALCE16V8L-25JC/JI
PINS cy_1:1
      a_0:2 a_1:3 a_2:4 a_3:5
      b_0:6 b_1:7 b_2:8 b_3:9
      s_3:16 s_2:17 s_1:18 s_0:19
      cy3:12
L00000
1111111111111111111111111111
0110111111111110111111111111
1010111111111101111111111111
```

3.7 Anwenderspezifische digitale Schaltkreise

```
1001111111111111101111111111111
0101111111111111101111111111111
         Node s_0[19]
L00256
1111111111111111111111111111111
1111101111111111111110111101111
1111101111111111111101111101111
1111101111111111111101111011111
1111101111111111111101111011111
         Node s_1[18]
L00512
1111111111111111111111111111111
1111111011111111111110101111111
1111111101111111111110011111111
1111111101111111111110110111111
1111111101111111111110101111111
         Node s_2[17]
L00768
1111111111111111111111111111111
1111111111101111101111111111011
1111111111110111101111111110111
1111111111110111101111111111011
1111111111101111101111111110111
         Node s_3[16]
L01024
1111111111111111111111111111111
1111111111111111111110101111111
1111111011111111111110111111111
1111111011111111111111101111111
         Node cy2[15]
L01280
1111111111111111111111111111111
1111111111111111101111101111111
1110111111111111111111101111111
1110111111111111101111111111111
         Node cy1[14]
L01536
1111111111111111111111111111111
1101111111111101111111111111111
0101111111111111111111111111111
0111111111111101111111111111111
         Node cy0[13]
L01792
1111111111111111111111111111111
1111111111111111101111111110111
1111111111101110101111111111111
1111111111101111111111111110111
         Node cy3[12]
L02048
11111111  POLARITY FUSES
          "11111111" heißt unnegierter
          Ausgang für Pin 19 bis 12
L02192
1         SYN = '1': Combinatorial Mode
```

Bemerkung: Mit den Programmierungen in obiger JEDEC-Datei in L2048 und L2192 wird in der Logic Cell des Schaltkreises 16V8 die Schaltung gemäß Bild 3 eingestellt.

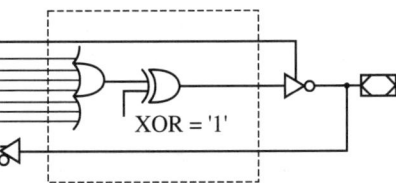

Bild 3.117c Configuration der LOGIC Cell gemäß JEDEC-Datei

Ermitteln Sie die realisierten Schaltfunktionen durch

- Eintragen der JEDEC-Datei in die 16V8-Schaltung (Bild 3.112)
- Auslesen der Schaltfunktionen und überprüfen Sie diese durch Vergleich mit den erwarteten Funktionen gemäß Bild 3.117b!

▲ **Aufgabe 3.7.3**

Erzeugen Sie durch Vorschalten einer kombinatorischen Schaltung pre_alu4 vor den add_4bit (s. auch Bild 3.117b) aus Aufgabe 3.7.2 eine 4 Bit-ALU (Bild 3.117d) mit folgenden Funktionen (Befehlen) (Tabelle 3.52a):

Tabelle 3.53 Befehle und Funktionen zu Aufgabe 3.7.3

Befehl $f(3)\ f(2)\ f(1)\ f(0)$				Funktion	
0	1	0	0	add A, B:	$S = A + B$
0	1	0	1	sub A, B:	$S = A - B$
					$= A + (-B)$
					$= A + \overline{B} + 1$
0	1	1	0	inc A:	$S = A + 1$
					$= A + (B=0)+1$
0	1	1	1	dec A:	$S = A - 1$
					$= A + (B = -1)$
1	0	0	0	neg A:	$S = \overline{A}$
1	0	0	1	or A, B:	$S = A \vee B$
1	0	1	0	and A, B:	$S = A \wedge B$

Tabelle 3.53 Befehle und Funktionen zu Aufgabe 3.7.3 (Fortsetzung)

Befehl f(3) f(2) f(1) f(0)	Funktion	
1 0 1 1	xor A, B:	$S = A \wedge \overline{B} \vee \overline{A} \wedge B$
1 1 0 0	shr A:	$S(0) = a(1)$
		$S(1) = a(2)$
		$S(2) = a(3)$
		$S(3) = 0$
1 1 0 1	shl A:	$S(0) = 0$
		$S(1) = a(0)$
		$S(2) = a(1)$
		$S(3) = a(2)$

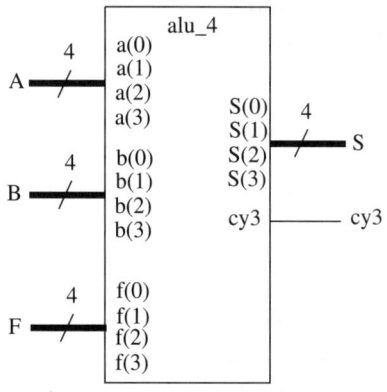

A, B: 4-Bit-Eingangs-Operanden
F: 4-Bit-Funktions-Befehl
S: 4-Bit-Ergebnis
cy3: Übertrag ins Bit 4 (= S(4))

Bild 3.117e Component alu_4 zu Aufgabe 3.7.3

▲ **Aufgabe 3.7.4**

Entwickeln Sie zur Speicherung von 4-Bit-Werten eine Component reg_4bit.vhd gemäß Bild 3.117f und Tabelle 3.54!

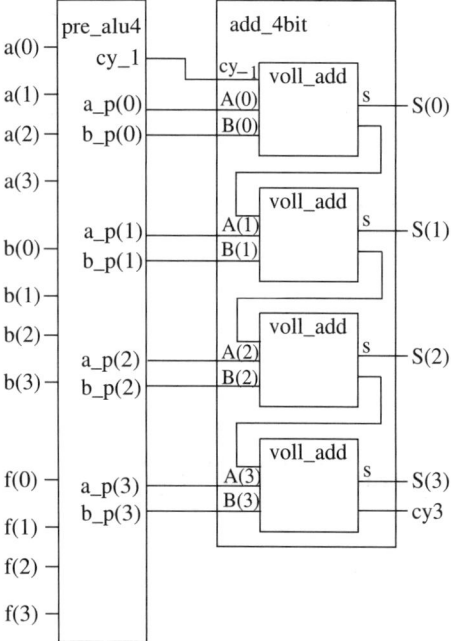

Bild 3.117d Component alu_4 zu Aufgabe 3.7.3

- Entwickeln Sie die VHDL-Beschreibung für pre_alu4 gemäß Bild 3.117d als Component!
- Schreiben Sie ein VHDL-Design (alu_4.vhd) für die Gesamtschaltung aus Bild 3.117d für ein Blockbild gemäß Bild 3.117e!

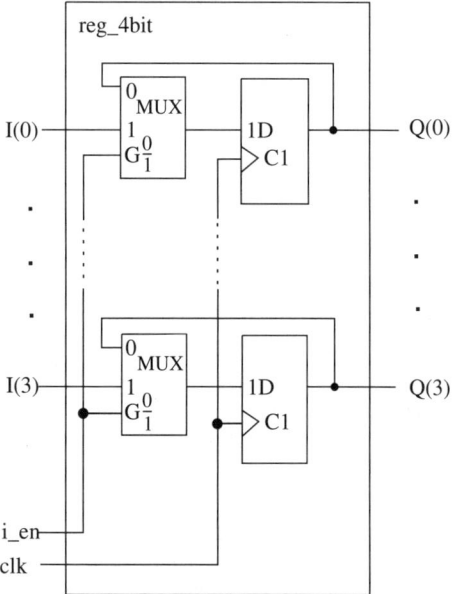

Bild 3.117f 4-Bit-Operandenregister zu Aufgabe 3.7.4

Tabelle 3.54 zu Aufgabe 3.7.4

i_en	I	Q
0	I	Q
I	I	I

▲ **Aufgabe 3.7.5**

Ergänzen Sie alu_4 gemäß Bild 3.117e mit einer Vorschaltung von zwei 4-Bit-Registern reg_4bit (Bild 3.117f) zur temporären Speicherung der Eingangsoperanden A und B entsprechend Bild 3.117g!

▲ **Aufgabe 3.7.6**

- Aufbauend auf den Components alu_4bit und reg_4bit (gemäß obiger Aufgaben) ist für einen Prozessorkern die VHDL-Component core_4, bestehend aus ALU und vier Operanden-Registern A, B, C, D entsprechend Bild 3.117h zu entwickeln.

- Überlegen Sie anhand von Bild 3.117h die Funktionsweise von core_4 und die Bedeutung der vom Steuerwerk core4ctl zu liefernden Signale!

Vergleichen Sie Ihre Überlegungen mit dem in Bild 3.117i ausschnittsweise dargestellten Zustandsgraphen des Steuerwerks. (Der Zustandsgraph ist im Sinne des Abschnittes 3.6.2, Beispiel 3.32 aufzufassen!) Machen Sie sich auch mit Hilfe des zum Verständnis des Zustandsgraphen im Bild 3.117i unten dargestellten Impulsdiagramms den Ablaufzyklus der Ausführung des Befehls add A, B klar. Achtung! Das Verständnis dieser Schaltung leitet direkt in die im Abschnitt 3.9 behandelte Struktur eines elementaren Mikroprozessorsystems (Bild 3.134 bis 3.136) über.

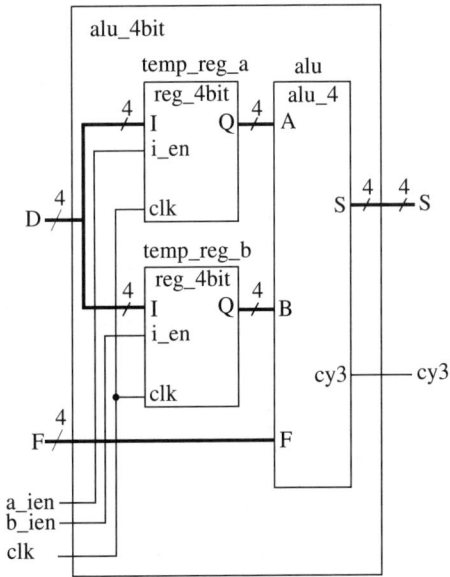

Bild 3.117g alu_4bit zu Aufgabe 3.7.5

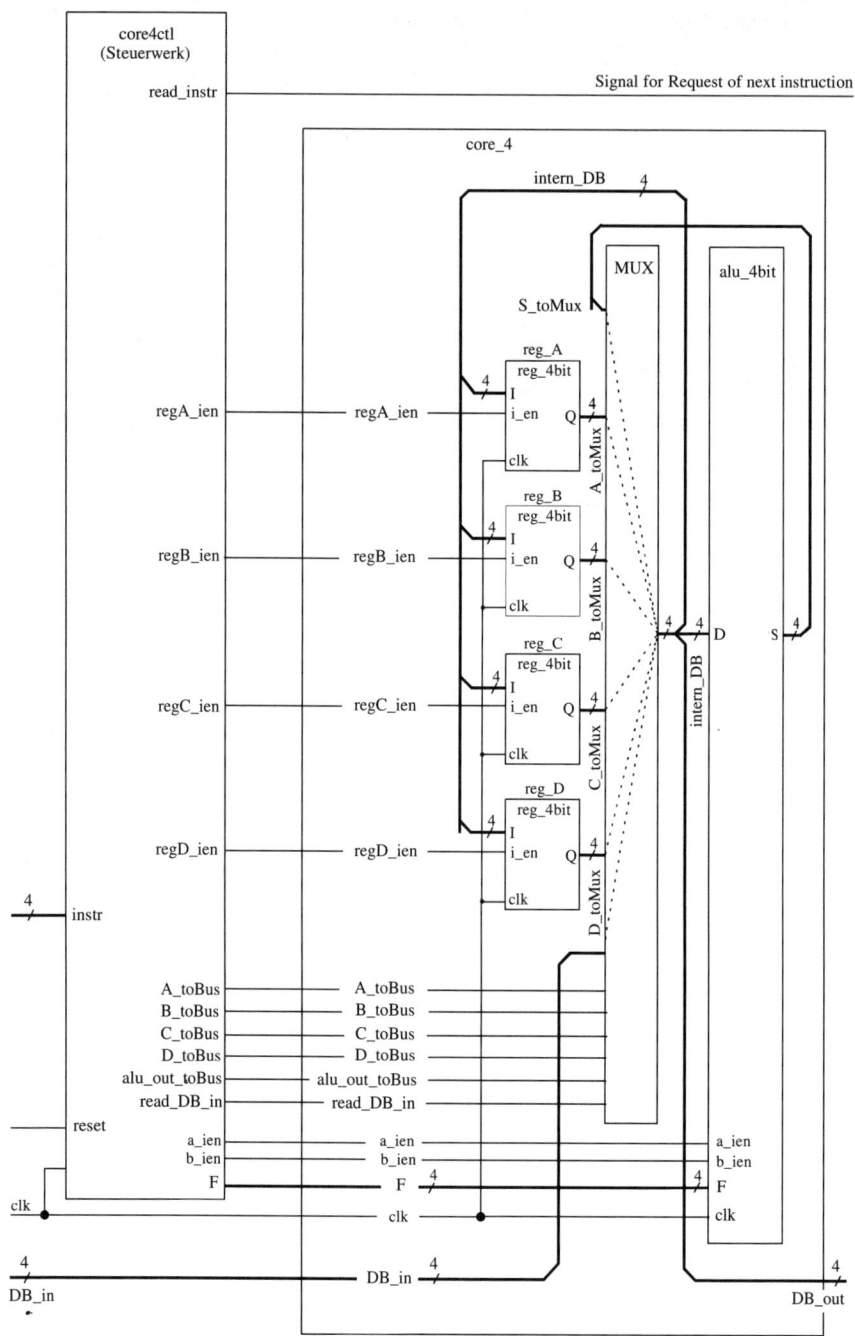

Bild 3.117h Core_4 (mit Steuerwerk) zu Aufgabe 3.7.6

3.7 Anwenderspezifische digitale Schaltkreise 277

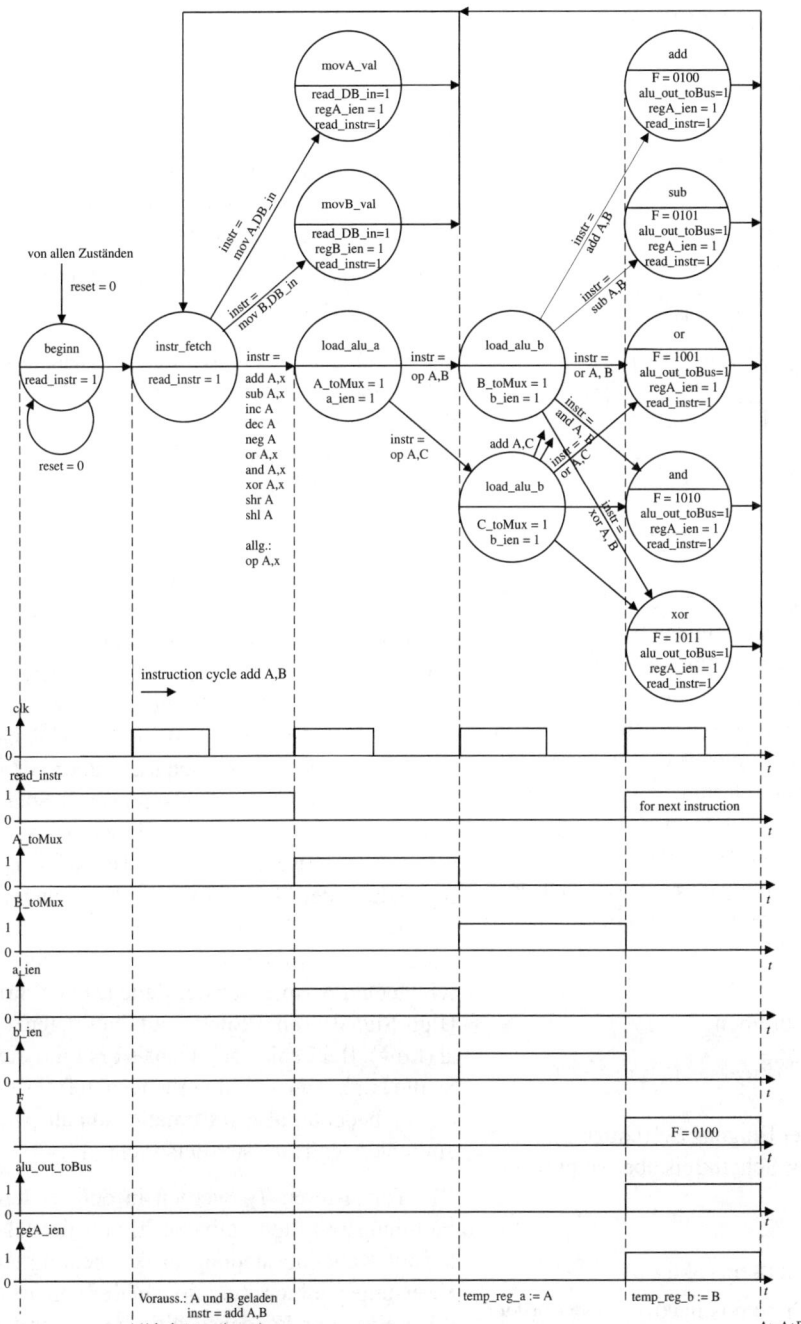

Bild 3.117i (Teil-)Zustandsgraph des Steuerwerks core4ctl zu Aufgabe 3.7.6

3.8 Halbleiterspeicher

Mikroelektronischer Speicher (*Memory*) bedeutet, dass auf dem Chip des Speicherschaltkreises eine bestimmte Anzahl von Speicherzellen matrixförmig angeordnet ist (Bild 3.118).

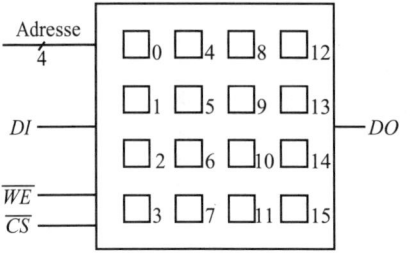

Bild 3.118 Prinzip eines Speicherschaltkreises

Jede Zelle hat eine Nummer (*Adresse*). Es sei zunächst angenommen, dass jede Zelle die Speicherkapazität für 1 Bit darstellt. Der Inhalt der jeweiligen Zelle (0 oder 1) wird am Datenausgang *DO* (Data Out) ausgegeben, wenn am Adresseingang die entsprechende Adresse im Dualkode anliegt. Oder die adressierte Zelle wird mit dem am Dateneingang *DI* (Data In) liegenden Wert (0 oder 1) beschrieben. Ob bei der anliegenden Adresse ausgelesen oder beschrieben werden soll, entscheidet der Eingang $\overline{WE}$ (*w*rite *e*nable = schreiben):

$\overline{WE} = 0$ schreiben

$\overline{WE} = 1$ lesen

Ein zusätzlicher Eingang $\overline{CS}$ (chip select) entscheidet, ob der Schaltkreis überhaupt reagieren soll:

$\overline{CS} = 0$ Schaltkreis aktiv

$\overline{CS} = 1$ Schaltkreis inaktiv, Ausgang *DO*
hochohmig (three state)

3.8.1 Festwertspeicher

3.8.1.1 ROM

Festwertspeicher heißen auch „Nur-Lese-Speicher" oder *R*ead *O*nly *M*emory = ROM. Sie sind *nichtflüchtige* Speicher, da sie bei Abschaltung der Betriebsspannung ihre Information nicht verlieren.

ROM sind prinzipiell entsprechend Bild 3.119 (oben) aufgebaut.

Die *Bitzellenmatrix* wird durch die (zunächst unverbundenen) Kreuzungspunkte von p (hier: $p = 4$) *Zeilenleitungen* und q (hier: $q = 4$) *Spaltenleitungen* dargestellt. p und q sind dabei Potenzen von 2.

Adresse. Die Adresse $A = [a_3, a_2, a_1, a_0]$ besteht aus den Teilen Zeilenadresse und Spaltenadresse. Der *Zeilendekoder* als Dual-zu-„1-aus-4"-Kodierer belegt entsprechend der Adresse eine Zeilenleitung mit High-Potenzial, während die übrigen auf Low liegen. Der *Spaltendekoder*, ebenfalls ein Dual-zu-„1-aus-4"-Kodierer, schaltet über den *Spaltentransistor* T_S die entsprechende Spalte zum Ausgang *DO* durch. Die Kreuzungspunkte sind entweder mit einem Transistor T_K beschaltet oder bleiben isolierte Kreuzungen von Zeilen- und Spaltenleitung (Bild 3.119 unten). Ein Transistor T_K im Kreuzungspunkt schaltet bei Ansprechen der Zeile (Zeile führt High-Signal) seine Spalte auf Nullpotenzial (Low). Bei Fehlen des Transistors führt die Spalte High-Signal. Ein vorhandener Transistor T_K bedeutet also Informationsinhalt „0", ein fehlender Transistor entspricht „1".

Die Transistoren T_K werden in den letzten Fertigungsschritten beim Schaltkreishersteller auf Kundenbestellung in den benötigten Kreuzungspunkten funktionsfähig gemacht (über eine dann kundenspezifische lithografische Maske). ROM-Einsatz lohnt sich für den

Anwender daher nur für den Einsatz in Fertigungsserien.

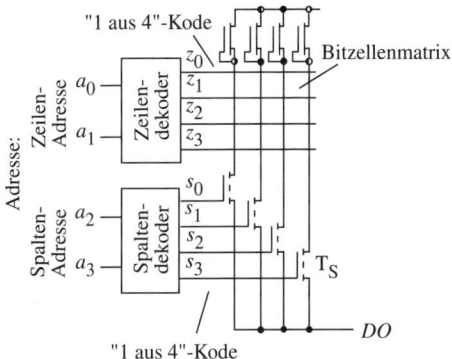

Bild 3.119 Struktur eines ROM

3.8.1.2 EPROM

Mit dem *EPROM* steht ein Festwertspeicher zur Verfügung, der im Gegensatz zum ROM vom Anwender programmierbar ist. Erreicht wird dies durch Einsatz eines *FAMOS-Transistors* (Floating Gate Avalanche Injection MOS Transistor) in jedem Kreuzungspunkt der Bitzellenmatrix (Bild 3.120).

Beim FAMOS-Transistor ist zwischen dem üblichen (*Steuer-*)*Gate* und dem Kanalbereich ein zusätzliches (*Floating-*)*Gate* aus leitendem Material eingefügt, das aber nirgends angeschlossen und damit potenzialmäßig „schwimmend" (floating) vollständig von isolierendem Material umgeben ist. Ein ungeladenes Floating Gate beeinflusst die Transistorfunktion unwesentlich, d. h., der eine Bitzelle repräsentierende Kreuzungspunkt enthält entsprechend Bild 3.120 die Information „0". Beim FAMOS-Transistor gelingt es durch Anlegen einer relativ hohen (Programmier-)Spannung zwischen Steuergate (Zeilenleitung) und Drain (Spaltenleitung) (12 ... 25 V), das Floating Gate mit Elektronen zu laden. Ein negativ geladenes Floating Gate schirmt die Steuerwirkung des Steuergates gegenüber dem (n-)Kanal des Transistors ab, d. h., ein so geladener (programmierter) Transistor ist funktionsunfähig und damit nicht vorhanden. Der Kreuzungspunkt enthält die Information „1" (Bild 3.121 unten).

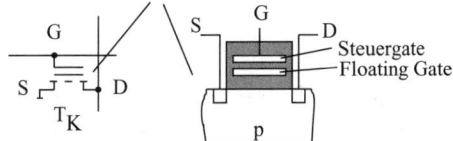

Bild 3.120 FAMOS-Transistor als Speicherelement in der Bitzellenmatrix

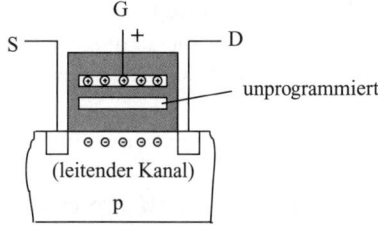

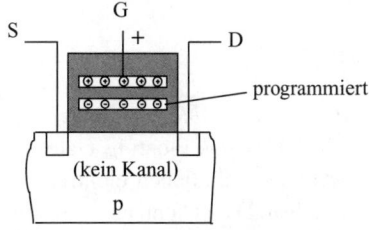

Bild 3.121 Unprogrammierter und programmierter FAMOS-Transistor

Programmierung. Die auf das Floating Gate aufgebrachten Elektronen bleiben viele Jahre ohne Entladung erhalten. Praktisch erfolgt die Programmierung eines EPROM beim Anwender mit Hilfe eines speziellen Programmiergerätes, das, gesteuert von einer meist auf einem Rechner erstellten Programmierdatei, nacheinander jede zu programmierende Bitzelle über deren Adresse und ein Programmierpin PR des EPROM-Schaltkreises behandelt. Wegen der Langlebigkeit der Programmierung können EPROMs in verkaufbaren Geräte und Anlagen eingesetzt werden. Im Falle größerer Serien kann ein EPROM auch nur in der Entwicklungsphase dienen, während sein Programmiermuster für die Serienfertigung auf ein entsprechendes ROM (gefertigt beim Halbleiterhersteller) übertragen wird.

Löschung. Eine Löschung des EPROM zur Wiederverwendung ist mit UV-Licht möglich. EPROM-Schaltkreise sind an einem im Gehäuse über dem Chip angebrachten Quarzglasfenster erkennbar, durch das eingestrahltes UV-Licht die isolierende Umgebung des Floating Gate durch Ionisierung leitend macht und die Entladung des Gates bewirkt.

Der Name EPROM ergibt sich aus den Eigenschaften:
Erasable Programmable ROM (Löschbarer programmierbarer ROM)

3.8.1.3 EEPROM

Beim *Electrically Erasable Programmable ROM (EEPROM)* ist das Floating Gate mit einem dem Aufladen ähnlichen elektrischen Verfahren entladbar. Dabei kann jede einzelne adressierte Zelle gelöscht werden, wobei alle übrigen Zellen ihren Zustand behalten.

3.8.1.4 Speicherorganisation und Schaltsymbole

ROM, EPROM und EEPROM sind in ihrer Struktur grundsätzlich wie Bild 3.119 aufgebaut. Die Koppeltransistoren im Kreuzungspunkt hängen vom jeweiligen Typ ab. Die programmierbaren Festwertspeicher (EPROM, EEPROM) enthalten zusätzlich noch die hier nicht dargestellte Hilfselektronik für den Programmiervorgang einschließlich eines Programmierpins (meist als PR, U_{Pr} – Programmierspannung – oder PGM bezeichnet).

Speicherorganisation. In der Organisation nach Bild 3.119 wird unter einer der 16 möglichen Adressen jeweils ein Bit erreicht. Die Speicherorganisation ist dort 16×1 Bit. Sind mehrere Bitzellenmatrizen parallel mit den gleichen Zeilen- und Spaltendekodern verbunden, werden unter einer Adresse mehrere Bits (z. B. 4, 8, 16, 32) erreicht. Bild 3.122 zeigt eine Speicherorganisation eines EPROM oder EEPROM für $2^n \times 1$ Byte. Da der Spaltendekoder gemeinsam mit den Spalten-Schalttransistoren T_S (Bild 3.119) einen Multiplexer bildet, ist hier in Bild 3.122 die Spaltendurchschaltung zum Datenausgang D_i ($i = 0 \ldots 7$) als MUX-Block dargestellt.

Festwertspeicher gibt es in verschiedenen Organisationen, z. B.

1024-Bit-Speicher = 1-KBit-Speicher, organisiert als

- $1 \text{ K} \times 1$ Bit oder
- 256×4 Bit $= 0{,}25 \text{ K} \times 4$ Bit oder
- 128×1 Byte

Typ 2716: 16-KBit-Speicher, organisiert als $2 \text{ K} \times 1$ Byte
Typ 27040: 4-MBit-Speicher, organisiert als $512 \text{ K} \times 1$ Byte
Typ 27240: 4-MBit-Speicher, organisiert als $256 \text{ K} \times 1$ Word ($256 \text{ K} \times 16$ Bit)

3.8 Halbleiterspeicher   281

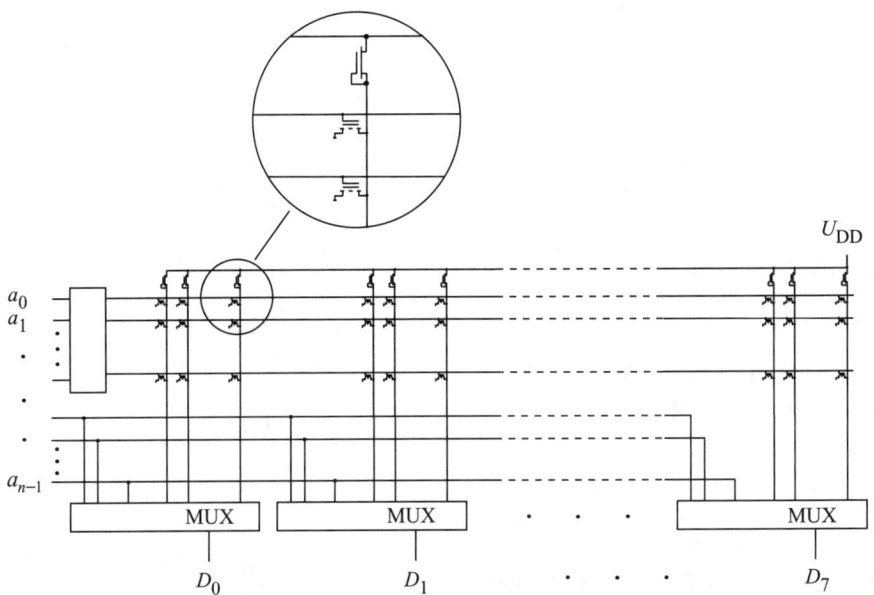

Bild 3.122 EPROM oder EEPROM mit Speicherorganisation $2^n \times 1$ Byte

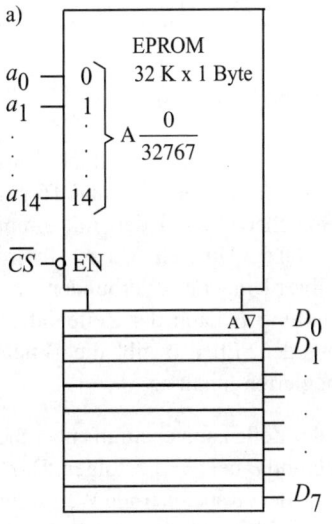

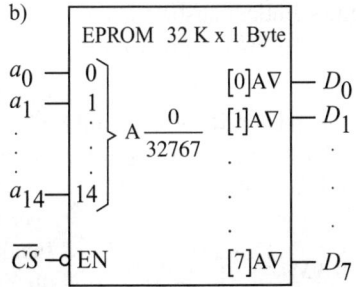

Bild 3.123 Schaltungssymbole für Festwertspeicher
a) normales Symbol
b) vereinfachtes Symbol

Schaltungssymbol. Bild 3.123 gibt die Schaltungssymbole für Festwertspeicher an. Die acht Datenausgänge sind als Three-state-Ausgänge (aktiv mit $\overline{CS} = 0$) gekennzeichnet.

3.8.2 Schreib-Lese-Speicher

Speicher in Informationsanlagen müssen mit Daten beschreibbar und wieder lesbar sein. Dabei ist ein schneller Schreib- und Lesezugriff erforderlich.

▮ Schreib-Lese-Speicher heißen auch *RAM* (von *Random Access Memory*).

Elementare Speicher-Bitzelle für diese Aufgabe ist das RS-Flipflop. In einem RS-Flipflop ist eine „1" oder eine „0" beliebig lange speicherbar, solange die Betriebspannung eingeschaltet ist. RS-Flipflops bilden den Grundbaustein in sog. *statischen* RAM (*SRAM*) (s. Abschn. 3.8.2.1). Zur Senkung des Transistorbedarfs pro Zelle wird in sog. *dynamischen* RAM (*DRAM*) für die Bit-Speicherung ein kleiner Kondensator eingesetzt, der allerdings wegen seines Entladungsbestrebens laufend nachgeladen (*refresh*) werden muss (s. Abschn. 3.8.2.2).

Sowohl SRAM wie auch DRAM verlieren mit Abschalten der Betriebsspannung ihre Information, d. h., sie sind *flüchtige Speicher*.

3.8.2.1 Statische RAM

Elementare Speicherzelle ist das RS-Flipflop. Bild 3.124 zeigt MOS-RS-Flipflop in NOR-NOR-Technik.

Ein geringfügiges Umdenken der Schaltung in Bild 3.124 unten führt auf Bild 3.125. Die eigentliche Speicherzelle besteht aus den Transistoren T1 und T2, die mit den Lasttransistoren T3 und T4 das Speicherelement bilden. Informationsinhalt „0" bedeutet, T1 ist leitend und T2 ist gesperrt. Der Strom fließt über T3 und T1. Informationsinhalt „1" bedeutet entsprechend, T1 ist gesperrt und T2 ist leitend. Der Strom fließt über T4 und T2. Man erkennt damit auch, dass der Stromverbrauch nicht vom Speicherinhalt abhängt.

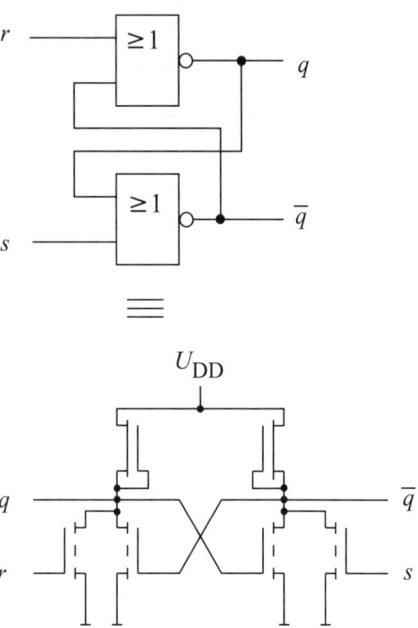

Bild 3.124 MOS-NOR-Flipflop

Wenn die Leitung z Low-Potential führt ($z = 0$), sind die Transistoren T5 und T6 gesperrt. Die Speicherzelle existiert mit ihrem Inhalt isoliert von der Umwelt. Mit $z = 1$ wird die Zelle mit ihrer Umgebung verbunden. Auf der sog. Bitleitung B kann der Zelleninhalt ausgelesen werden. Ebenso gibt die Bitleitung $\overline{B}$ den negierten Inhalt an.

Beschreiben der Zelle kann ebenfalls über die Bitleitungen B und $\overline{B}$ bei $z = 1$ erfolgen. Dazu muss von außen der zu speichernde Wert wahr und negiert auf beide Bitleitungen gelegt werden:

Einschreiben „1": $\overline{B} = 0 \quad B = 1$
Einschreiben „0": $\overline{B} = 1 \quad B = 0$

Wichtig ist dabei die „0"-führende Bitleitung, die mit ihrem Low-Potenzial den ihr gegenüber liegenden Arbeitstransistor (T1 bzw. T2) sperrt und damit den Stromfluss auf die entsprechende Seite der Zelle zwingt. Dieser Zustand bleibt dann mit Sperren der Transistoren T5 und T6 (d. h. mit $z = 0$) erhalten. Diese Speicherzelle wird als *6-Transistor-SRAM-Zelle* bezeichnet.

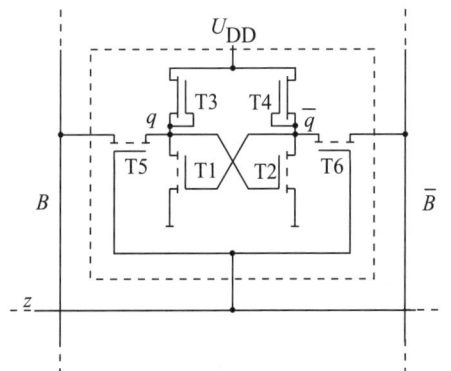

Bild 3.125 6-Transistor-SRAM-Zelle

SRAM-Struktur. Die innere Struktur eines SRAM-Schaltkreises entspricht grundsätzlich der eines ROM (Bilder 3.119 und 3.122), wobei in die Kreuzungspunkte von Zeilen- und Spaltenleitung je eine oben betrachtete SRAM-Zelle gesetzt ist (Bild 3.126). Dabei ist die Spaltenleitung jetzt durch zwei Bitleitungen (B und $\overline{B}$) ersetzt. Die Leitung z in Bild 3.125 ist die Zeilenleitung z_i (Bild 3.126).

Aus Bild 3.126 erkennt man die Funktion des SRAM-Schaltkreises:

- Der Zeilenadressteil aktiviert eine Zeilenleitung. Damit schalten alle Bitzellen dieser Zeile ihren Inhalt auf ihre Spaltenleitungen (Bitleitungen). Der Spaltenadressteil verbindet ein senkrechtes Bitleitungspaar mit dem waagerechten (im Bild 3.126 unten) Ein-/Ausgangsleitungspaar.

- Fall Lesen: Der Inhalt der durch die Adresse $A = [a_9, \ldots, a_1, a_0]$ selektierten Zelle wird zum Ausgang DO durchgeschaltet. Speicherdatenausgänge sind meist Three-State-Ausgänge. Im Fall Lesen mit $\overline{WE} = 1$ muss also der Ausgang DO in den aktiven Zustand geschaltet sein. Der Dateneingang DI ist gesperrt.

- Fall Schreiben: Der logische Zustand des Dateneingangs DI wird mit $\overline{WE} = 0$ als wahrer und negierter Zustand auf das mit der anliegenden Adresse selektierte Bitleitungspaar durchgeschaltet und setzt die Zelle der selektierten Zeile entsprechend dem Wert von DI.

Zusammenfassend gilt offenbar Tabelle 3.55.

Die Speicherorganisation von SRAM entspricht der von Festwertspeichern, wie in Abschn. 3.8.1.4 dargestellt.

SRAM-Schaltungssymbole siehe Bild 3.127.

Tabelle 3.55 SRAM-Funktion

$\overline{CS}$	$\overline{WE}$	DI	Funktion	DO
0	0	0	Schreiben: Einschreiben einer „0" in adressierte Zelle	hochohmig
0	0	1	Schreiben: Einschreiben einer „1" in adressierte Zelle	hochohmig
0	1	don't care	Lesen: Ausgabe des adressierten Zelleninhalts	0 oder 1
1	don't care	don't care	Schaltkreis inaktiv	hochohmig

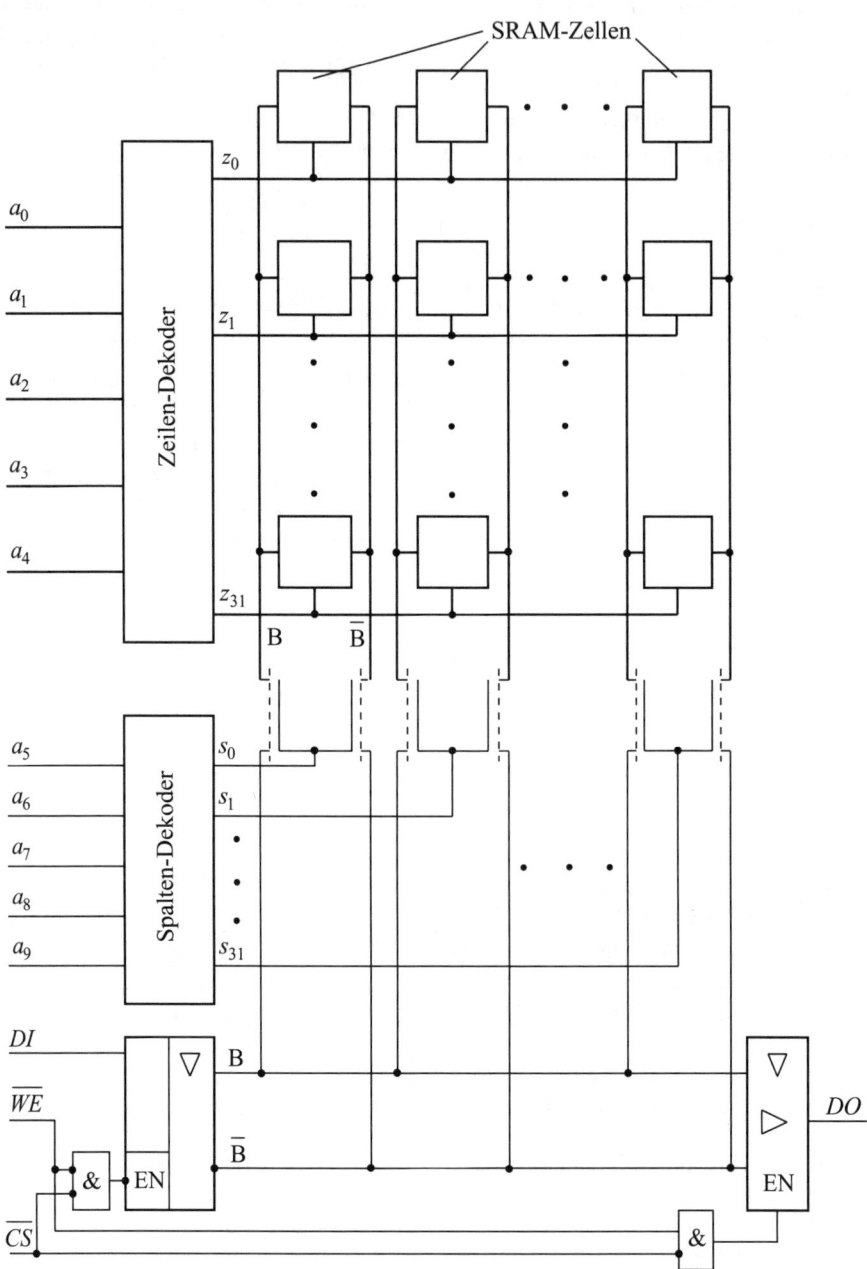

Bild 3.126   Innere Struktur eines SRAM

3.8 Halbleiterspeicher

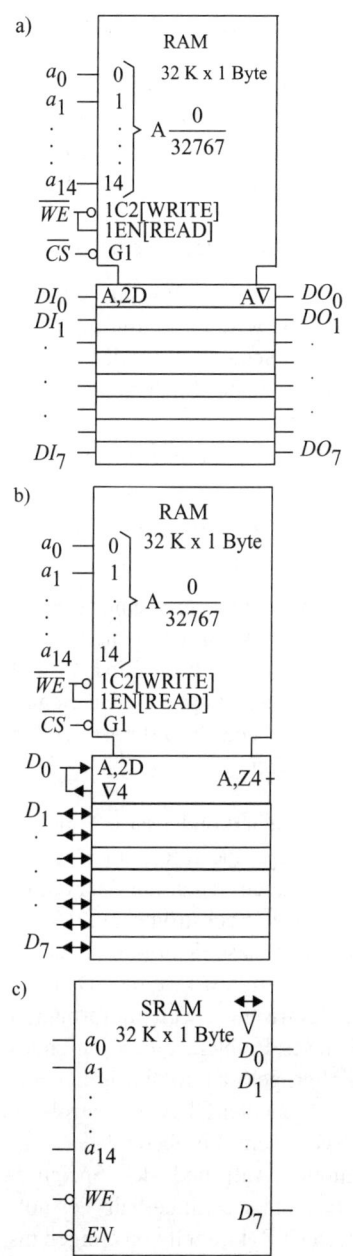

Bild 3.127 SRAM-Schaltungssymbole:
a) getrennte Datenein- und Ausgänge, b) bidirektionale Datenein-/ausgänge, c) vereinfachtes (nicht DIN-gerechtes) Symbol von b)

Die Zugriffstechnologie auf einen Speicherschaltkreis (sowohl für Festwert- wie Schreib-Lese-Speicher) ist grundsätzlich

- gültige Adresse anlegen
- mit $\overline{WE}$ das Schreiben bzw. Lesen entscheiden (nur bei RAM)
- den Schaltkreis mit $\overline{CS} = 0$ aktivieren.

Ein entsprechendes Impulsdiagramm (vereinfacht) für einen Schreib- und einen Lesezyklus eines SRAM zeigt Bild 3.128.

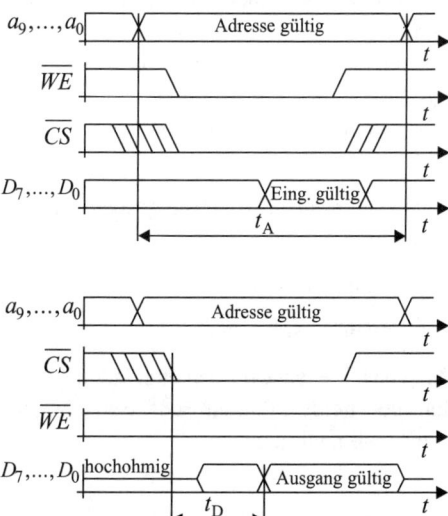

Bild 3.128 Schreib- und Lesezyklus eines SRAM a) Schreibzyklus, b) Lesezyklus

Für die Arbeitsgeschwindigkeit von Speichern ist u. a. die Zugriffszeit (t_D in Bild 3.128) entscheidend. Sie liegt für SRAM bei unter 10 bis einigen 10 ns, für Festwertspeicher z. T. von einigen 10 ns bis über 100 ns. Die Weiterentwicklung dieser Parameter verläuft aber sehr dynamisch. Für die Speicherung von Datenblöcken spielt die Zykluszeit (Schreibzykluszeit, Lesezykluszeit) eine entscheidende Rolle. Mit der Zykluszeit (t_A in Bild 3.128) gibt der Hersteller die Mindestzeit an, mit der gültige Adressen aufeinander folgen dürfen. Diese Zeit bildet damit die Grundlage für die maximal mögliche Lese- oder Schreibfrequenz.

3.8.2.2 Dynamische RAM

Dynamische RAM (*DRAM*) sind das Ergebnis der Überlegung, ob und wie der Bedarf von sechs Transistoren in der SRAM-Zelle (Bild 3.125) vermindert werden kann. Die resultierende und derzeitig vielfach eingesetzte DRAM-Zelle speichert die Information nicht mehr in einem Flipflop, sondern in einem Kondensator. Für die Kopplung dieses Kondensators C an die Zeilen- und Spaltenleitung wird nur noch ein Transistor benötigt (Bild 3.129).

Der Kondensator C trägt die gespeicherte Information:

- C ungeladen = „1"
- C geladen = „0"

(Man beachte, dass für den ungeladenen Kondensator beide „Platten" auf Betriebsspannungspotenzial liegen.)

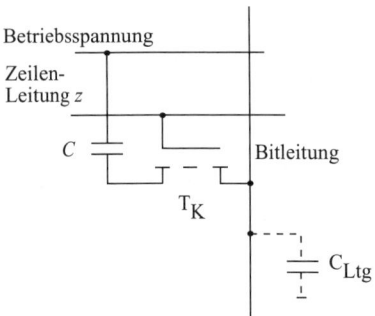

Bild 3.129 DRAM-Zelle

Bei High-Potenzial der Zeilenleitung wird die Kondensatorladung über den Transistor T_K auf die Bitleitung (= Spaltenleitung) geschaltet. Dabei entlädt sich der Kondensator C, da die (parasitäre) Bitleitungskapazität C_{Ltg} größer als C ist. Im Gegensatz zum SRAM liegt hier ein *zerstörendes Lesen* vor. Der DRAM-Schaltkreis enthält daher eine zusätzliche Logik, die die aus einer Zelle gelesene Information anschließend wieder einschreibt (d. h. den ursprünglichen Ladezustand des Zellenkondensators C wieder herstellt).

Die Adresspins eines DRAMs sind doppelt belegt. Die Adresse wird im Zeitmultiplex in zwei Takten in den Schaltkreis (in den Zeilenadressspeicher bzw. in den Spaltenadressspeicher) übernommen:

Row Address Select   Pin $\overline{RAS} = 0$
Einlesen des Zeilen-Adressteils
Column Address Select   Pin $\overline{CAS} = 0$
Einlesen des Spalten-Adressteils

Der Anwender muss also durch eine zusätzliche externe Elektronik dafür sorgen, dass die richtigen Adressteile synchron mit $\overline{RAS}$ und $\overline{CAS}$ an den Adresspins liegen (solche Schaltungen oder spezifische Schaltkreise heißen oft *DRAM-Controller*).

Refresh. Der Speicherkondensator C in der DRAM-Zelle kann seine Information (geladen oder nicht geladen) leider nur über einige ms bewahren, weil Leckströme zur Umladung führen. Nach dieser Zeit muss nachgeladen (*aufgefrischt*, *refresh*) werden. Da jedes Lesen zur aufgefrischten Zelleninformation führt, wird dieses Problem durch laufendes Lesen der Zellen gelöst (erledigt in der Regel ein bereits genannter DRAM-Controller), unabhängig von dem Lesebedarf der Anwenderschaltung. Aufgrund der Speichermatrixstruktur genügt es, innerhalb der notwendigen Refresh-Zykluszeit von einigen ms nacheinander jede Matrixzeile zu aktivieren. Jede Zeilenaktivierung führt zum Ausladen der Information aller Bitzellen dieser Zeile auf ihre Spaltenleitung und auffrischenden Rückladung der Speicherkondensatoren. Die benötigten Zeilenadressen (*Refresh-Adressen*) können auch in Verbindung mit einem Refresh-Adresszähler intern erzeugt werden.

Bild 3.130 zeigt die sich aus dem Funktionsprinzip ergebenden Impulsdiagramme für den Lese- und Schreibzugriff eines dynamischen RAM.

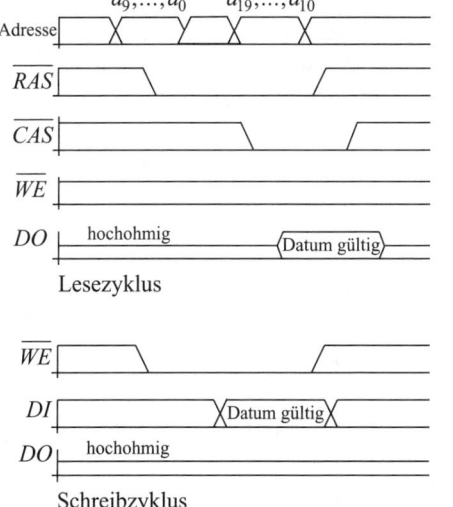

Bild 3.130 Lese- und Schreibzyklus eines DRAM

Bild 3.131 erläutert den Ablauf eines Refresh mit externer Refresh-Adresse (a) (*RAS Only Refresh*) bzw. mit vom internen Zähler erzeugter Refresh-Adresse (b) (*CAS Before RAS Refresh*).

Sowohl für den adressierten Speicherzugriff wie auch für den Refresh gibt es für praktische DRAM-Schaltkreise weitere spezifische und effizientere Protokolle (z. B. für schnellen Datenblock-Transfer).

Diese *1-Transistorzelle* gemäß Bild 3.129 ermöglicht eine gegenüber einem SRAM mehrfache Speicherkapazität auf der gleichen Chipfläche. Nachteile sind die skizzierte kompliziertere Handhabung und eine damit verbundene etwas geringere Arbeitsgeschwindigkeit. Größere Speichermodule (z. B. Hauptspeicher in Mikroprozessorsystemen und Rechnern) werden in der Regel mit DRAM ausgeführt. Bereiche mit höchstem Geschwindigkeitsbedarf und geringerer Speicherkapazität (z. B. sog. Cache-Speicher in Rechnern und anderen Strukturen) nutzen die schnelleren, weniger hoch integrierten SRAM-Schaltkreise mit einem i. Allg. höheren Preis pro Bit.

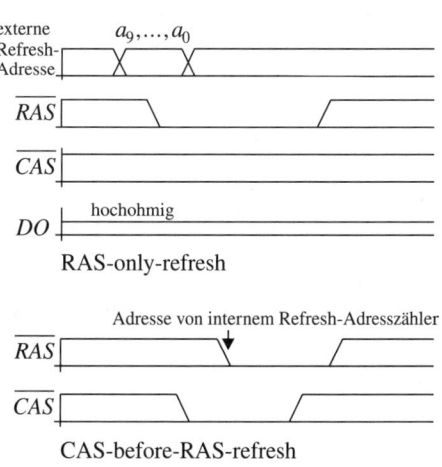

Bild 3.131 Refresh-Zyklen für DRAM
a) mit externer Refresh-Adresse
b) mit interner Refresh-Adresse

3.8.3 Erweiterung der Speicherkapazität

Durch Zusammenschalten mehrerer Speicherschaltkreise sind Speicherbaugruppen größerer Kapazität aufbaubar.

Erweiterung der Wortbreite

❑ Beispiel 3.35

Gegeben: RAM-Schaltkreis-Typ der Organisation $1\,K \times 1$ Bit (d. h. mit der Wortbreite 1 Bit)

Gefordert: RAM-Baugruppe der Organisation 1 K × 1 Byte (d. h. mit der Wortbreite 8 Bit)

Lösung:

Parallelschaltung der Adresseingänge von acht Schaltkreisen 1 K × 1 Bit (Bild 3.132a)

Erweiterung des Adressraumes

❏ **Beispiel 3.36**

Gegeben: EPROM-Schaltkreistyp der Organisation der Organisation 1 K × 1 Byte (d. h. mit dem Adressraum 1024 Adressen)

Gefordert: EPROM-Baugruppe der Organisation 4 K×1 Byte (d. h. mit dem Adressraum 4096 Adressen)

Lösung:

Zusammenschaltung von vier Schaltkreisen 1 K × 1 Byte gemäß Bild 3.132b

- 10 der insgesamt 12 Adressbit $[a_9, \ldots, a_0]$ sind parallel auf die Adresseingänge aller vier Schaltkreise geschaltet. Die 4096 Speicherplätze sollen auf die vier Schaltkreise verteilt werden:

a_{11}	a_{10}	a_9	a_8	a_7	a_6	a_5	a_4	a_3	a_2	a_1	a_0	
0	0	0	0	0	0	0	0	0	0	0	0	1. Schaltkreis
⋮												000…3FFH
0	0	1	1	1	1	1	1	1	1	1	1	
0	1	0	0	0	0	0	0	0	0	0	0	2. Schaltkreis
⋮												400…7FFH
0	1	1	1	1	1	1	1	1	1	1	1	
1	0	0	0	0	0	0	0	0	0	0	0	3. Schaltkreis
⋮												800…BFFH
1	0	1	1	1	1	1	1	1	1	1	1	
1	1	0	0	0	0	0	0	0	0	0	0	4. Schaltkreis
⋮												C00…FFFH
1	1	1	1	1	1	1	1	1	1	1	1	

Die Bits a_{11}, a_{10} bestimmen, in welchem Schaltkreis ein adressierter Speicherplatz liegt. Der Adressdekodierer CD aktiviert mit seinen Ausgängen $\overline{CS1}$ bis $\overline{CS4}$ über die Chip-Select-Eingänge den jeweiligen Schaltkreis. Der Entwurf für den Block CD ergibt die Schaltfunktionen

$\overline{CS1} = \overline{a_{11}}\,\overline{a_{10}}$
$\overline{CS2} = \overline{a_{11}}\,a_{10}$
$\overline{CS3} = a_{11}\,\overline{a_{10}}$
$\overline{CS4} = a_{11}\,a_{12}$

- Die Datenausgänge $DO_7, \ldots, DO_0$ aller vier Schaltkreise sind parallel geschaltet. Das ist wegen der Three-State-Ausgänge der Schaltkreise möglich: Nur der jeweils aktivierte Schaltkreis legt sein Ausgangsbyte auf die gemeinsamen Ausgangsleitungen (*Bus*).

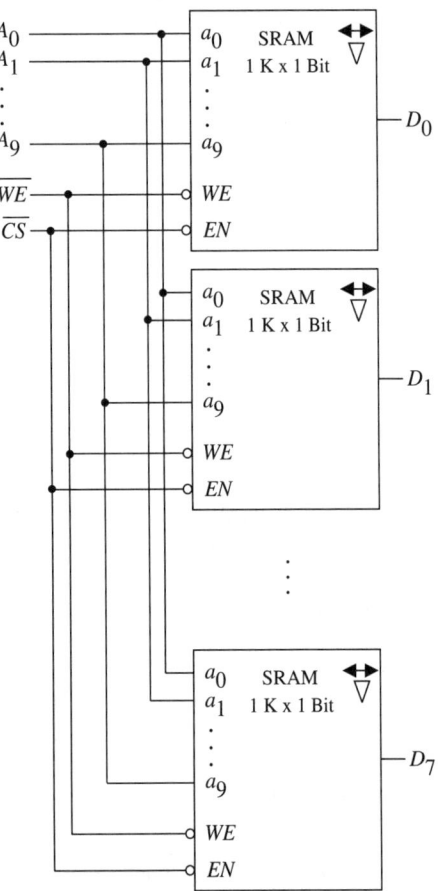

Bild 3.132a Erweiterung der Wortbreite von 1 K × 1 Bit auf 1 K × 1 Byte

3.8 Halbleiterspeicher   289

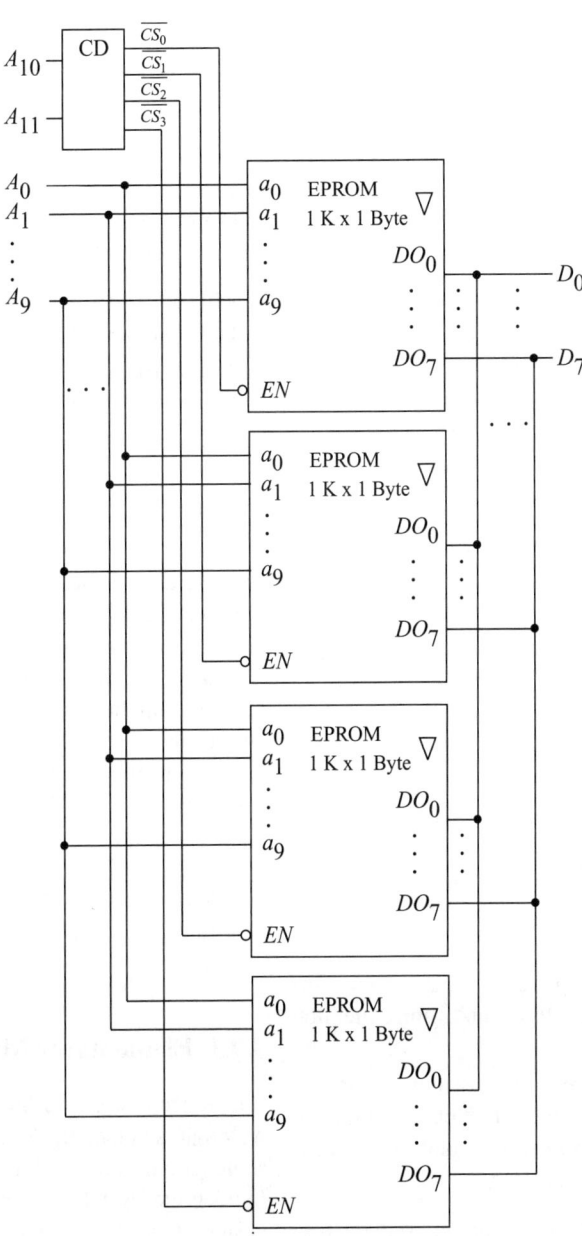

Bild 3.132b Erweiterung des Adressraumes von 1 K auf 4 K

Für die Adressraumerweiterung mit RAM gilt das gleiche Schaltungsprinzip bei zusätzlicher Parallelschaltung der Dateneingänge *DI* aller Schaltkreise.

Wortbreiten- und Adressraumerweiterung können natürlich auch kombiniert werden.

3.8.4 Aufgaben

▲ **Aufgabe 3.8.1**
Entwerfen Sie eine byteorganisierte Speicherbaugruppe mit folgenden Speichertypen und Adressbereichen:

Adresse 0000 ... 7FFFH EPROM-Bereich
"   8000 ... FFFFH SRAM-Bereich

Für jeden Bereich soll ein Schaltkreis zum Einsatz kommen. Für den SRAM wird ein kombinierter bidirektionaler Datenein-/ausgang angenommen.

▲ **Aufgabe 3.8.2**
Entwerfen Sie eine SRAM-Baugruppe für 1 M × 1 Byte! Zur Verfügung stehen (256 K × 1) Byte-Schaltkreise.

3.9 Mikroprozessorsysteme

Digitalelektronische Aufgabenstellungen können grundsätzlich auf zwei Konzepten basieren:

- Hardwarelösung, d. h. Einsatz von integrierten Schaltkreisen (einschließlich ASICs) oder
- Einsatz von Mikroprozessoren bei Realisierung der geforderten Funktion durch ein auf dem Mikroprozessor lauffähiges Programm (Softwarelösung).

Bild 3.133 gibt dazu eine orientierende Übersicht. Die Methoden zum Entwurf digitaler Systeme in Hardware sind in den Abschn. 3.1 bis 3.7 einführend dargestellt. Für die Entscheidung zur Hardwarelösung können Kriterien wie

- Arbeitsgeschwindigkeit
- hohe Losgrößen
- spezielle Funktionen

maßgebend sein. Demgegenüber gilt für mikroprozessor- oder rechnerähnliche Lösungskonzepte oft:

- Mikroprozessoren besitzen eine relativ hohe funktionelle Leistungsfähigkeit.
- Mikroprozessorsysteme sind durch Programmierung an viele Aufgaben anpassbar.
- Mikroprozessorsysteme sind durch neue Programmierung einfach umkonfigurierbar u. a.

Praktische digitale Systeme bestehen vielfach aus beiden Komponenten. Im umfangreichen Sortiment der Mikroprozessoren stellen solche Architekturen für Computer und rechnerähnliche Strukturen eine wesentliche Gruppe dar. Daraus abgeleitete Konzepte, wie Mikrocontroller für Steuerungen, Signalprozessoren für die digitale Signalverarbeitung oder Transputer in der Parallelstruktur, zielen auf ihre ggf. spezielleren Aufgabenbereiche. Trotzdem sind die Einsatzgrenzen fließend und flexibel bei sehr dynamischer Entwicklung.

3.9.1 Elementarer Mikroprozessor

Theoretisch ist ein Mikroprozessor (µP) ein Automat (sequentielle Schaltung), dessen Zustandsgraph durch Eingangszustandsfolgen (heißen hier Befehlsfolgen oder Programme) gesteuert wird. Pragmatisch ist ein Mikroprozessor eine Funktionsgruppe (integrierter Schaltkreis), in der durch aktuell einzugebende *Befehlsfolgen* (*Programme*) eine je-

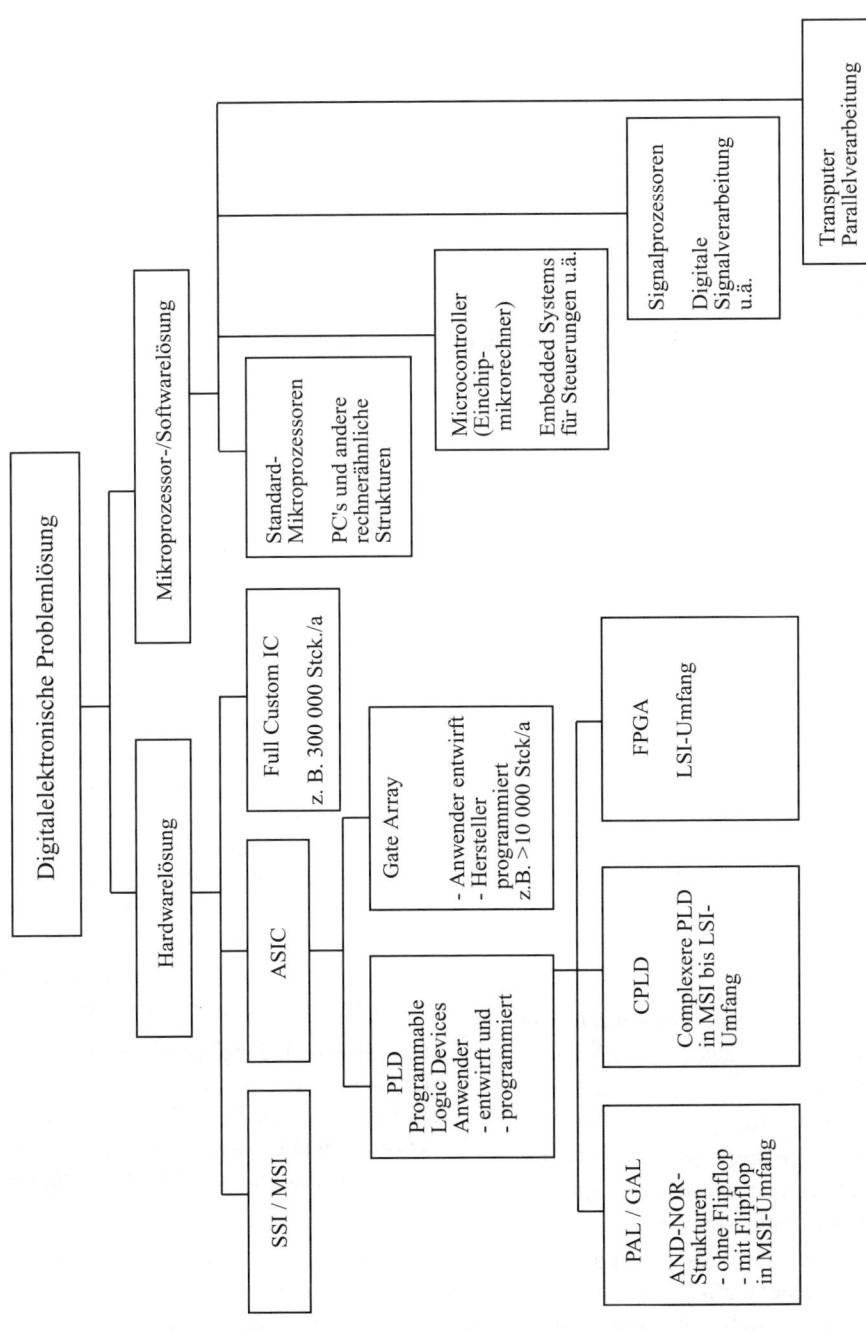

Bild 3.133 Mögliche Lösungskonzepte zur Realisierung digitaler Systemfunktionen

weils zugeordnete Funktion erzeugt wird (siehe auch Bild 3.117h und 3.117i).

ALU. Die Arithmetic-Logic-Unit gemäß Bild 3.55 und Tabelle 3.34 entspricht für einfache kombinatorische Funktionen bereits obiger Zielstellung und ist, mehr oder weniger ausgebaut, wesentlicher Kern eines jeden Prozessors. Die ALU führt arithmetische und logische Operationen in der Regel zwischen zwei Operanden durch. Die Operanden müssen in *Operandenregistern* (z. B. Register A und B) bereitgestellt werden (Bild 3.134).

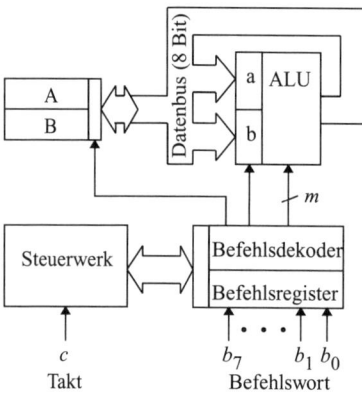

Bild 3.134 ALU mit Operandenregister A und B, Befehlsregister, Befehlseingang, Befehlsdekoder und Steuerwerk

Für Bild 3.134 gilt für z. B. einen 8-Bit-Mikroprozessor

- 8 Bit breite *Operandenregister* A und B (bestehend z. B. aus 8-D-Flipflop)
- 8-Bit-ALU verarbeitet 8-Bit-Operanden zu einem 8-Bit-Ergebnis
- 8 Bit breiter *Datenbus* $(d_7, \ldots, d_1, d_0)$ (damit handelt es sich um einen 8-Bit-Prozessor; üblich sind 8, 16, 32, 64 Bit)
- ggf. temporäre Register a und b zur Zwischenspeicherung der Operanden vor der Operationsausführung: Die Operanden werden nacheinander über den Datenbus dem ALU-Eingang zur Verfügung gestellt.
- Befehlseingang für den Befehlsbus $(b_7, \ldots, b_1, b_0)$ (kann auch eine vom Datenbus abweichende Breite haben)
- *Befehlsregister* (BR) mit *Befehlsdekoder* speichert und dekodiert das jeweilige Befehlswort
- Register A ist in seiner Funktion als *Accumulator* gleichzeitig das Ergebnisregister zur Aufnahme des Ergebnisses der ALU-Operation
- *Steuerwerk*, das als getaktete sequentielle Schaltung in Zusammenarbeit mit dem Befehlsregister/Befehlsdekoder die nötigen, zeitlich gestaffelten Steuersignale für die Operandenregister und ALU erzeugt (z. B. Ausgang A öffnen, Eingang a öffnen, Eingang a schließen, Ausgang A schließen, Ausgang B öffnen, Eingang b öffnen, usw.)

Tabelle 3.56 gibt einige mögliche Befehle für arithmetische und logische Operationen mit den Operanden in den Registern A und B an. Der µP „versteht" natürlich nur den *Maschinenkode*. Zur übersichtlicheren Handhabung formuliert man Befehle in Programmen in *Mnemonik*-Darstellung. Die anschließend notwendige Übersetzung der Mnemonik in Maschinenkode erfolgt normalerweise automatisch mit Hilfe von Übersetzungsprogrammen (*Assembler*) auf einem Rechner.

Arithmetische und logische Operationen sind auch zwischen dem Inhalt eines Operandenregisters und einem im Befehl angegeben *Direktwert* möglich (Tabelle 3.57). Für das *Befehlsformat* des jetzt nötigen *2-Byte-Befehls* gilt

- 1. Byte: Operationsbyte, bestimmt die Art der Operation
- 2. Byte: Datenbyte (2. Operand)

Tabelle 3.56 Arithmetische und logische Befehle für Operationen mit den Registerinhalten A und B (aus dem Befehlssatz des µP Z80)

Befehl									Kommentar
Maschinenkode								Mnemonik	
dual							hexa-		
d_7	d_6	d_5	d_4	d_3	d_2	d_1	d_0	dezimal	
1	0	0	0	0	0	0	0	80H	ADD A,B	$A := A + B$
1	0	0	1	0	0	0	0	90H	SUB A,B	$A := A - B$
0	0	1	1	1	1	0	0	3CH	INC A	$A := A + 1$
0	0	0	0	0	1	0	0	04H	INC B	$B := B + 1$
0	0	1	1	1	1	0	1	3DH	DEC A	$A := A - 1$
0	0	0	0	0	1	0	1	05H	DEC B	$B := B - 1$
1	0	1	0	0	0	0	0	A0H	AND A,B	$a_i := a_i \wedge b_i$ (bitweise)
1	0	1	1	0	0	0	0	B0H	OR A,B	$a_i := a_i \vee b_i$ (bitweise)

Zum *Laden* der Register dienen *Datentransfer-Befehle* (Tabelle 3.58), die entweder einen Direktwert laden oder einen Registerinhalt umkopieren.

Tabelle 3.57 Arithmetische und logische Befehle mit einem Direktwert (aus dem Befehlssatz des µP Z80)

Befehl		Kommentar
Maschinenkode	Mnemonik	
C6H 02H	ADD A,2	$A := A + 2$
D6H 07H	SUB A,7	$A := A - 7$
E6H 02H	AND A,2	$a_1 := a_1$ übrige $a_i := 0$
E6H FBH	AND A,FBH	$a_2 := 0$ übrige a_i unverändert
F6H 02H	OR A,2	$a_1 := 1$ übrige a_i unverändert

Die Struktur gemäß Bild 3.134 wird weiterentwickelt (Bild 3.135):

- Erhöhung der Anzahl der Operandenregister
- Verbindung mit der Umgebung durch Herausführung des Datenbusses an externe Anschlusspins.

Damit ist mit Hilfe von Ein- und Ausgabebefehlen (Tabelle 3.59) die Datenkommunikation mit der Umgebung (externer Datenbus) ermöglicht (Zeitregime und Angabe einer Portadresse s. Abschn. Mikroprozessorsystem).

Tabelle 3.58 Datentransfer-Befehle (Maschinenkode aus dem Befehlssatz des µP Z80)

Befehl		Kommentar
Maschinenkode	Mnemonik	
3EH 02H	MOV A,2	$A := 2$
06H 07H	MOV A,7	$A := 7$
78H	MOV A,B	$A := B$
47H	MOV B,A	$B := A$

Tabelle 3.59 Ein- und Ausgabebefehl (aus dem Befehlssatz des µP Z80)

Befehl		Kommentar
Maschinenkode	Mnemonik	
DBH	IN	$a_i := D_i$
D3H	OUT	$D_i := a_i$

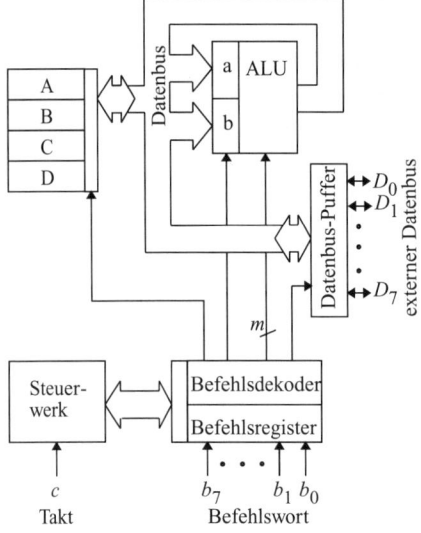

Bild 3.135 Erweiterung der Struktur gemäß Bild 3.134 um zwei Operandenregister und einen externen Datenbusanschluss

Elementarer Mikroprozessor. Für Bild 3.135 ist noch zu organisieren, dass die Befehle einer Befehlsfolge (eines Programms) nacheinander und im richtigen Timing an den Befehlsregistereingang gelangen:

> Die Befehlsfolge steht in einem Speicherschaltkreis (ROM, RAM) (z. B. durch entsprechende Programmierung eines EPROM/EEPROM).

> Der Mikroprozessor organisiert seinerseits das laufende Abholen eines Befehls (sog. Befehlsholezyklus, engl.: *Instruction Fetch Cycle*) durch

- Aussenden der Befehlsadresse an den Speicherschaltkreis
- Speicher stellt den Befehl (Befehlsbyte, -wort, -doppelwort) auf dem externen Datenbus zur Verfügung
- Mikroprozessor übernimmt den Befehl vom externen Datenbus über seinen internen Datenbus in sein Befehlsregister

Dazu ist eine Weiterentwicklung der Struktur aus Bild 3.135 erforderlich (Bild 3.136):

- Der Mikroprozessor bildet die auszusendende Befehlsadresse im *Instruction Pointer* (IP), auch *Program Counter* (PC) genannt.

- Der IP startet nach $\overline{RESET} = 0$ mit einem vom Prozessor unveränderlich festgelegten Wert (z. B. Z80: $IP_{init} = 0000H$, 80x86: $IP_{init} = FFFF0H$). Dieser IP-Wert wird als erste Befehlsadresse über den Adressbus an den angeschlossenen Befehlsspeicher ausgesendet. Auf dieser Adresse muss sich der erste Befehl befinden.

- Nach Abschluss des Fetch Cycle wird der IP nach dem Zählerprinzip auf die nächste Befehlsadresse erhöht.

Mikroprozessorsystem. Bild 3.137 zeigt die Zusammenschaltung des Mikroprozessors zum Mikroprozessorsystem, elementar bestehend aus den Komponenten

- Mikroprozessor
- Speicher (Memory), hier
  - (32 K × 1 Byte)-EPROM auf Adresse 0000H bis 7FFFH, z. B. als Programmspeicher
  - (32 K × 1 Byte)-SRAM auf Adresse 8000H bis FFFFH, z. B. als allgemeiner Datenspeicher

Die Speicheradressierung seitens des Mikroprozessors, insbesondere die Bereichs-

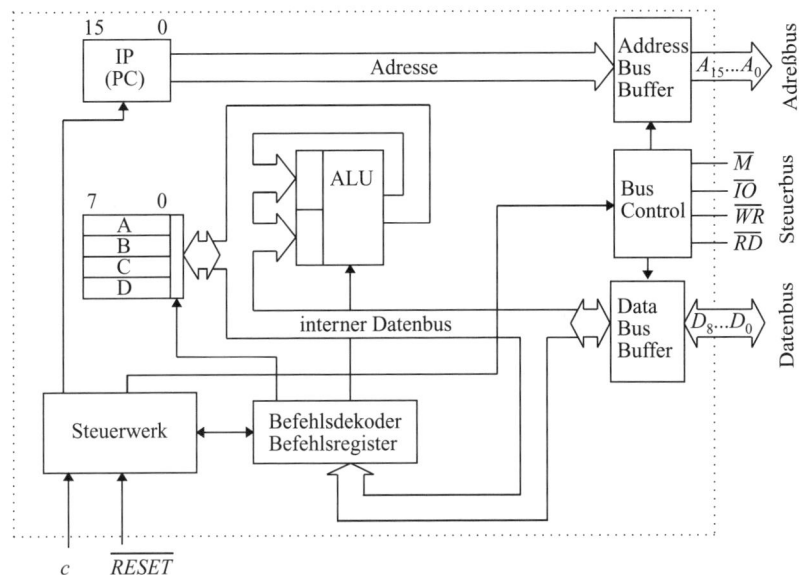

Bild 3.136 Einfache Struktur eines Mikroprozessors
$\overline{M} = 0$: Memory-Adressierung, $\overline{IO} = 0$: In-/Outport-Adressierung, $\overline{WR} = 0$: Write, $\overline{RD} = 0$: Read

aufteilung auf die Speicherschaltkreise, erfolgt hier wie in Abschn. 3.8.3 und Bild 3.133 erläutert über die Chip-Select-Eingänge:

$$\overline{CS}_{\text{EPROM}} = \overline{M} \wedge \overline{A_{15}}$$
$$\overline{CS}_{\text{SRAM}} = \overline{M} \wedge A_{15}$$

- 8-Bit-parallele *In-/Out-Ports* (*PIO*), hier linkes PIO auf Portadresse 1, rechtes PIO auf Portadresse 2 mit
$\overline{CS} = \overline{IO \wedge \overline{A_1} \wedge A_0}$ bzw. $\overline{CS} = \overline{IO \wedge A_1 \wedge \overline{A_0}}$

Bild 3.138 verdeutlicht den zeitlichen Ablauf des Befehlsholezyklus (z. B. für µP Z80):

- Takt T_1 Befehlsadresse über Adressbus an Speicher senden
$\overline{M} = L$ (Adresse gilt für Memory)
$\overline{WE} = H$ (Memory lesen)
- Takt T_2 Befehl über Datenbus ins Befehlsregister R lesen
- Takt T_3, T_4 Befehl ausführen (falls 1-Byte-Befehl, z. B. einfacher ALU-Befehl)

Im 5. Takt beginnt dann bereits der folgende Befehlsholezyklus.

Schreiben oder Lesen von Daten in bzw. aus dem RAM erfolgt in einem Schreib- bzw. Lesezyklus (Bild 3.139).

Die entsprechenden Memory-Datentransferbefehle gibt Tabelle 3.60 an.

Tabelle 3.60 Memory-Datentransferbefehle (Maschinenkode aus dem Befehlssatz des µP Z80)

Maschinen-kode	Befehl Mnemonik	Kommentar
32H	MOV [8100H], A	RAM-Zelle
00H		beschreiben:
81H		[8100H] := A
3AH	MOV A, [C023H]	RAM-Zelle
23H		lesen:
C0H		A :=[C023H]

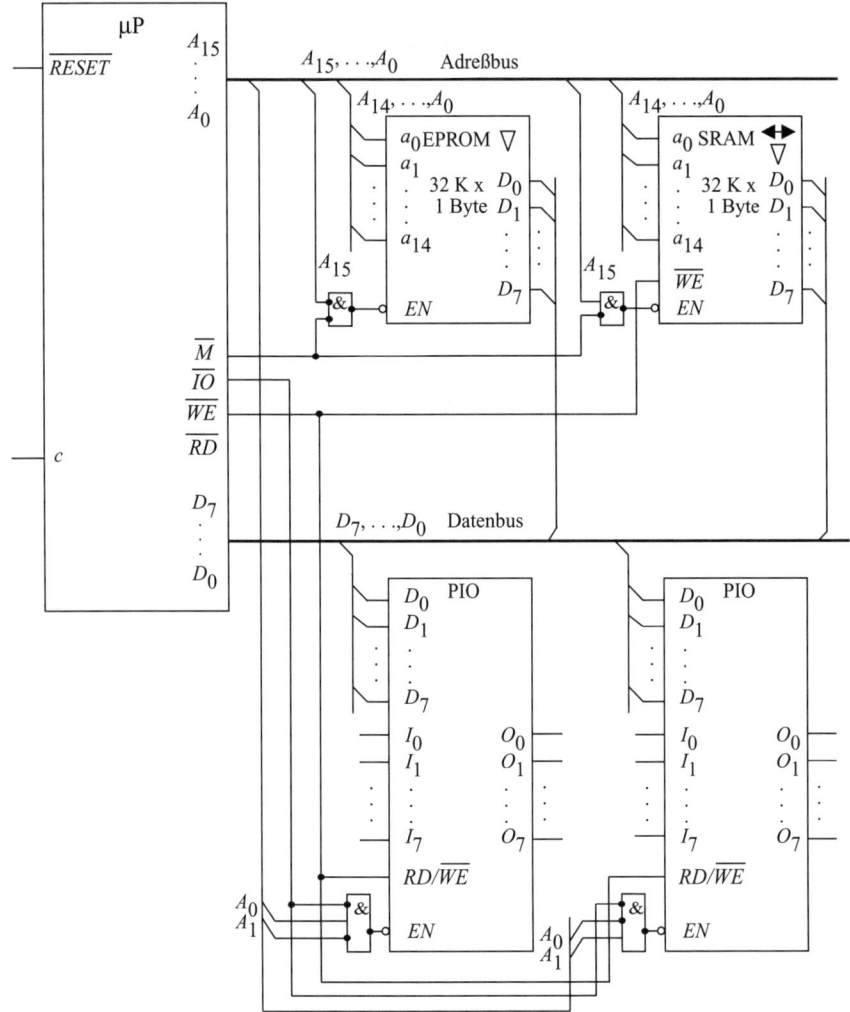

Bild 3.137 Elementares Mikroprozessorsystem, bestehend aus µP, Memory und PIO

Eine Ausgabe aus einem Operandenregister in den Ausgang des Ports bzw. das Eingeben des am Eingang eines Ports (PIO) anliegenden Bytes in ein Operandenregister des Ports erfolgt gemäß Bild 3.140, wobei anstelle $\overline{M}$ dann $\overline{IO} = L$:

- Port-Ausgabezyklus
  Der Inhalt des im Befehl anzugebenden Operandenregisters wird über den Datenbus auf den Ausgang $[O_7, \ldots, O_1, O_0]$ des Ausgabeports kopiert und dort bis zur nächsten Ausgabe gespeichert.
- Port-Eingabezyklus
  Der am Porteingang $[I_7, \ldots, I_1, I_0]$ liegende Wert wird über den Datenbus in das im Befehl angegebene Operandenregister kopiert.

3.9 Mikroprozessorsysteme

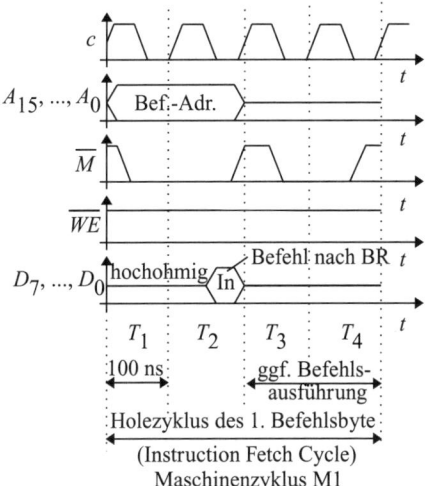

Bild 3.138 Impulsdiagramm des Befehlsholezyklus

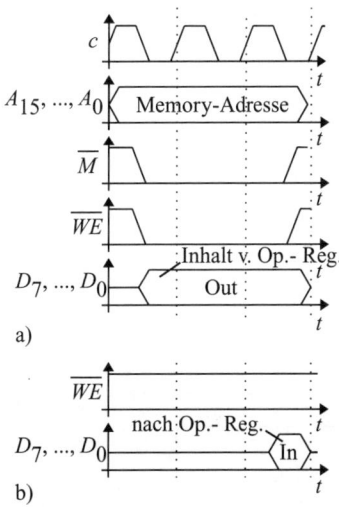

Bild 3.139
a) Memory-Schreibzyklus,
b) Memory-Lesezyklus

In Weiterentwicklung der Tabelle 3.59 ergeben sich die Port-Befehle gemäß Tabelle 3.61, indem die Port-Adressen hinzugefügt wurden.

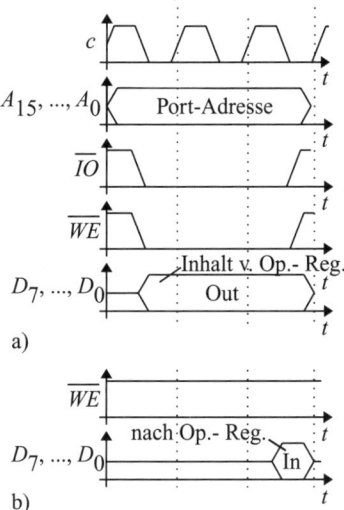

Bild 3.140 a) Port-Ausgabezyklus, b) Port-Eingabezyklus

Tabelle 3.61 Port-Datentransferbefehle

Befehl		Kommentar
Maschinenkode	Mnemonik	
DBH 01H	IN A, 01H	A := Port 1
D3H 02H	OUT 02H, A	Port 2 := A

Assemblerprogramme sind in Mnemonik (*Assembler Source Code*) geschriebene Programme.

❑ **Beispiel 3.37**

Der am In-Port mit der Portadresse 1 anliegende Byte-Wert soll

- im RAM auf Adresse 8100H gespeichert
- nach Verminderung um den Wert 20 auf Out-Port 1 wieder ausgegeben werden.

a) Es ist das Assemblerprogramm unter Hinzufügung der Maschinenkode-Spalte und der Befehlsadressen-Spalte, beginnend auf Adresse 0H, zu schreiben.

298   3 Digitaltechnik

Tabelle 3.62   Programm zu Beispiel 3.37 a)

Befehlsadresse	Befehl		Kommentar
	Maschinenkode	Mnemonik	
0000H	DB 01	IN A, 01	A := Port 1
0002H	32 00 81	MOV [8100H], A	[8100H] := A
0005H	D6 14	SUB A, 14H	A := A − 20
0006H	D3 01	OUT 01H, A	Port 1 := A
0008H	76	HALT	Prozessorhalt

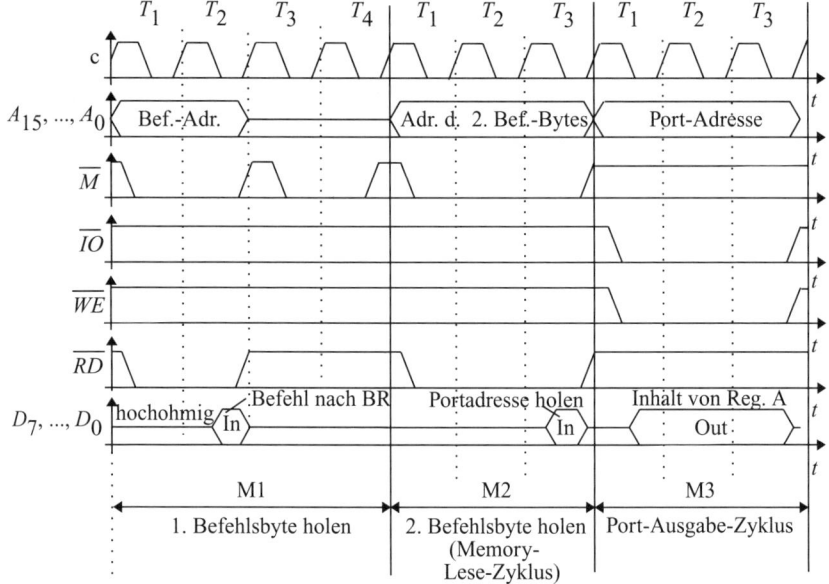

Bild 3.141   Impulsdiagramm zu Beispiel 3.37 b)

b) Für den ersten IN-Befehl ist einschließlich seiner Ausführung das Impulsdiagramm darzustellen.

c) Die Taktfrequenz betrage $f_c = 10$ MHz. An Hand der benötigten Takte ist die Laufzeit des Programms aus a) zu bestimmen.

Lösung:

a) Tabelle 3.62

b) Bild 3.141

c) Die Taktanzahl je Befehl ergibt sich aus den jedem Befehl zuzuordnenden Maschinenzyklen (Tabelle 3.63).

Tabelle 3.63   Befehlstakte zu Beispiel 3.37 c)

Befehl	Takte
IN A, 01	10
MOV [8100H], A	13
SUB A, 14H	7
OUT 01H, A	10
HALT	4
gesamt	44

Die Laufzeit ist

$$t_{lauf} = Anzahl_{Takte} \cdot Periodendauer_{Takt}$$

$$= \frac{Anzahl_{Takte}}{f_c}$$

$$t_{\text{lauf}} = \frac{44}{10 \cdot 10^6 \frac{1}{s}} = 4{,}4\ \mu s$$

Bemerkung: Die Taktfrequenzen moderner Mikroprozessoren betragen in nächster Zeit bis zu einige 100 MHz.

3.9.2 Mikroprozessorreihe 80x86

Als Beispiel für weiterentwickelte Mikroprozessoren diene hier die Reihe 80x86 der Fa. Intel. Obwohl der volle Leistungsumfang moderner Prozessoren bei weitem nicht dargestellt werden kann, gibt Bild 3.142 einen anfänglichen Einblick in den vom Personalcomputer (PC) bekannten Prozessor.

Mit den Kenntnissen aus Abschn. 3.9.1 ist in Bild 3.142 bereits erkennbar:

- Datenbus 32 Bit (damit 32-Bit-µP)
- Adressbus 20 Bit (damit 2^{20} Byte = 1 MByte adressierbarer Speicherraum möglich) (betreffend den sog. Real Mode)
- ALU 32 Bit mit internem 32-Bit-Datenbus
- Steuerbus mit
  - Memory-/Port-Adressierung ($\overline{\text{M/IO}}$)
  - Read-/Write-Steuerung ($\text{RD}/\overline{\text{WR}}$)
- Operandenregister für
  - 8-Bit-Operanden (AL, AH, BL, BH, ..., DH)
  - 16-Bitoperanden (AX = AH + AL, BX, CX, DX)
  - 32-Bit-Operanden (EAX, ABX, ECX, EDX)
- Instruction-Pointer für
  - 16-Bit-(Offset-)Adressen (IP)
  - 32-Bit-(Offset-)Adressen (EIP)

Speicheradressierung. Die Speicheradressierung erfolgt in Segmenten des Speichers (Bild 3.143) mit Hilfe der *Segmentregister* des Mikroprozessors (Bild 3.142). Gemäß Bild 3.143 seien im Speicher vorgesehen

- ein (Programm-)*Kode-Segment* ab Adresse 40000H
- ein *Daten-Segment* ab Adresse B8000H.

Die Segmentregister enthalten die Segmentanfangsadresse (unter Weglassen der letzten Null-Tetrade) des zugeordneten Segmentes. Der Abstand von der Segmentanfangsadresse heißt *Offset*. Damit kann eine Adresse in zwei Komponenten angegeben werden:

physikalische Adresse = Segmentregister:Offset
Beispielsweise:
physikalische Adresse = CS:0008H
physikalische Adresse = DS:0140H

Der Address-Adder im Mikroprozessor (Bild 3.142) berechnet aus beiden Komponenten die physikalische Adresse (z. B. für eine Befehlsadresse im Codesegment):

Codesegmentregister	4000
+ Offset (aus IP)	0008
physikalische Adresse	40008H

Tabelle 3.64 zeigt die Schreibweise einer Zieladresse im Befehl. Der Befehl schreibt den Inhalt des Operandenregisters AX auf die Speicheradresse B800:0140 = B8140H.

Die Segmentregister ES, GS, FS sind in gleicher Weise für weitere Datensegmente einsetzbar.

Nach Einschalten der Betriebsspannung oder Reset startet der Prozessor mit der Initialisierung
CS = F000H
IP = FFF0H
d. h. seine Startadresse ist F000:FFFF0 = FFFF0H. Auf dieser Adresse muss im (vorhandenen Festwertspeicher) der erste Befehl, in der Regel ein Sprungbefehl auf das folgende Programm, stehen (Bild 3.143, Tabelle 3.65).

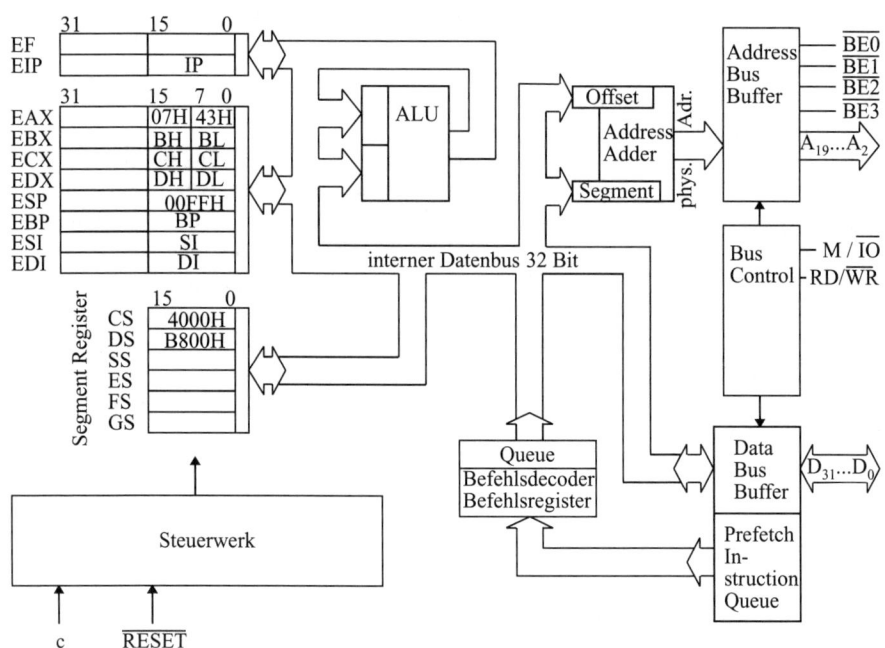

Bild 3.142 Blockschaltbild eines Mikroprozessors x86 (stark vereinfacht)

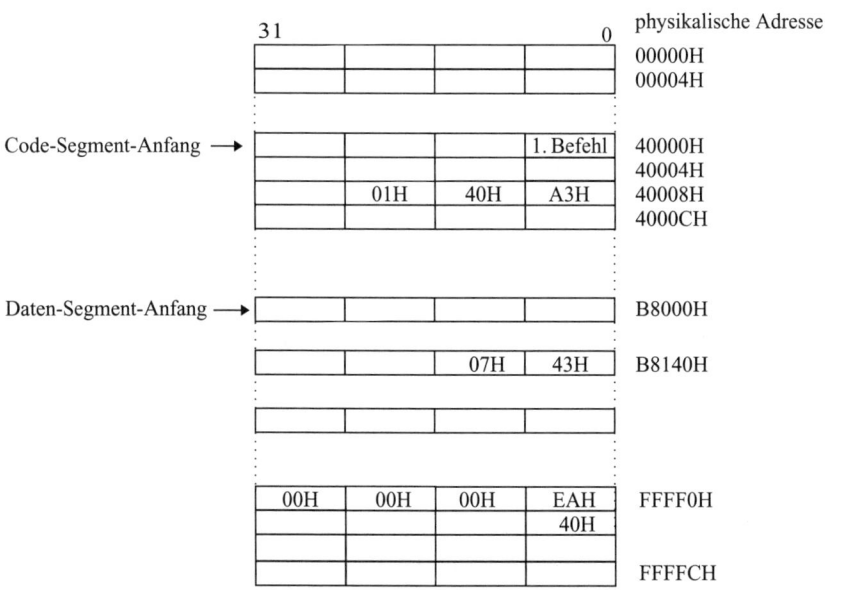

Bild 3.143 Speicherbereich 1 MByte zum Mikroprozessor nach Bild 3.142

3.9 Mikroprozessorsysteme

Tabelle 3.64 Schreibweise einer Speicheradresse im Befehl

Befehls-adresse	Befehl		Kommentar
	Maschinen-kode	Mnemonik	
4000:0008	A3 40 01	MOV [DS:0140H], AX	[B800:0140] := AX

Tabelle 3.65 Sprungbefehl auf das erste Programm im Codesegment

Befehls-adresse	Befehl		Kommentar
F000:FFF0	EA 00 00 00 40	JMP 4000:0000	CS := 4000H IP := 0000H

Die Ausführung des Sprungbefehls erzeugt die neuen Inhalte für CS und IP (Tabelle 3.65). Der nächste Befehl wird von der damit gegebenen neuen Adresse CS:IP geholt.

Es gilt also:

- Segmente werden durch Laden ihrer Anfangsadresse (unter Weglassen der vier niederwertigen Bits) in Segmentregister zugreifbar.
- Das Codesegmentregister CS wird durch Sprung- (JMP), Ruf-(CALL) und Rückkehr-(RET)Befehle geladen.
- Die Datensegmentregister DS, SS, ES, GS und FS werden durch Datentransferbefehle aus einem Operandenregister geladen, z. B.:

MOV AX, B800H
MOV DS, AX   ; DS := B800H
MOV AX, 2200H
MOV SS, AX   ; SS := 2200H

Stack. Ein *Stapelpeicher*- oder *Stack*-Segment bildet einen besonderen Speicherbereich innerhalb des RAM nach dem LIFO-Prinzip (Last In First Out) zur schnellen Zwischenspeicherung (Bild 3.144).

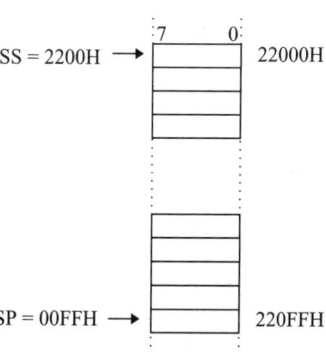

Bild 3.144 Stack-Segment (hier gegenüber Bild 3.144 byteweise untereinander dargestellt)

Der Stack wird bei seiner Füllung stapelnd (in Bild 3.144) ab Adresse 220FFH in Richtung niederer Adressen aufgebaut. Der *Stack-Pointer* SP (s. a. Bild 3.142) zeigt die „Füllstandshöhe", d. h. auf die oberste beschriebene Speicherzelle. Beschreiben erfolgt durch den PUSH-Befehl, z. B.:

PUSH AX   ; SP := SP-2
          ; [SS:SP] := AX
PUSH ECX ; SP := SP-4
          ; [SS:SP] := ECX

Es ergibt sich Bild 3.145.

Die Stack-Werte können in umgekehrter Reihenfolge wieder entnommen werden:

```
POP ECX ; ECX := [SS:SP]
        ; SP := SP+4
POP AX  ; AX:= [SS:SP]
        ; SP := SP-2
```

Es gilt wieder Bild 3.144.

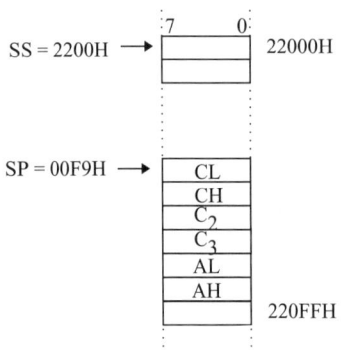

Bild 3.145 Stack-Segment nach PUSH-Befehlen

Flags. Das Flagregister (E)F (Bild 3.142), von dem hier nur der niederwertige 16-Bit-Teil F interessiert, enthält die sog. Flags, das sind Bits, die

- in Abhängigkeit von Operationsergebnissen gestellt werden und/oder
- in Abhängigkeit ihres Wertes Steuerungen auslösen.

Bild 3.146 zeigt wesentliche Flags.

```
    15         8               0
F  |   |   |O|D|   |S|Z|   |   |P|   |C|
```
Bild 3.146 Flagregister F

Die Flags C, Z, S, P, O werden im Ergebnis einer arithmetischen oder logischen Operation gesetzt:

- C Carry- (Überlauf)Flag
  C = 1, wenn Überlauf in das 8. bzw. 16. bzw. 32. Bit
- Z Zero- (Null-)Flag
  Z = 1, wenn Ergebnis Null
- S Vorzeichen- (Sign-)Flag
  S =1, wenn Ergebnis negativ
- P Paritätsbit
  P = 1, wenn Low-Byte des Ergebnisses mit gerader Parität (gerade Anzahl von gesetzten Bits)
- O Overflow-Flag
  O = 1, wenn Ergebnis den Zahlenbereich (z. B. im Zweierkomplementbereich) überschreitet
- D Direction- (Richtungs-)Flag steuert bei einigen Befehlen zur Stringbehandlung das Incrementieren oder Decrementieren der Register SI und DI
  D = 0 (einstellbar mit Befehl STD)
  D = 1 (mit Befehl CLD)

Befehlssatz

Nachfolgend werden einige typische Befehle als Auszug aus dem Befehlssatz dargestellt.

Datentransportbefehle kopieren Daten (Bytes, Words, Double Words) von einer Quelle in ein Ziel. Quellen können sein: Konstanten im Befehl, Register im µP, Speicherzellen im RAM/ROM, Ports. Für Ziele gelten entsprechende Möglichkeiten, z. B.:

```
MOV <Zielregister>, Konstante
MOV AL, 3FH         ;AL := 3FH
MOV AX, 2E3FH       ;AX := 2E3FH
MOV EAX, 0C1D2E3FH  ;EAX := C1D2E3FH
MOV EDX, 15         ;EDX := 0000000FH
MOV SP, 0FFH        ;SP := 00FFH
MOV SI, 0A00H       ;SI := 0A00H

MOV <Zielregister>, <Quellregister>
MOV BH, AL          ;BH := AL
MOV CX, AX          ;CX := AX
MOV DS, BX          ;DS := BX
MOV GS, AX          ;GS := AX

MOV <Memory (Ziel)>, <Quellregister>
```

a) Direkte Adressierung
   (Offset der Adresse steht im Befehl)

```
MOV [DS:0400H], EBX  ;[DS:0400H]:= EBX
MOV [DS:0404H], BX   ;[DS:0404H] := BX
MOV [DS:0406H], BL   ;[DS:0406H] := BL
MOV [GS:273AH], AX   ;[GS:273AH] := AX
```

b) Indirekte Adressierung
(Offset der Adresse steht im Register)

MOV [DS:BX], ECX   ;[DS:BX] := ECX
MOV [GS:DI], DH   ;[GS:DI] := DH

MOV <Zielregister>, <Memory (Quelle)>
MOV EBX, [DS:0400H] ;EBX := [DS:0400H]
MOV DH,[GS:SI]   ;DH := [GS:SI]

MOV <Memory (Ziel)>, Konstante
MOV byte ptr [DS:0200H],0FH
                    ;[DS:0200H] := 0FH
MOV word ptr [DS:0200H],0FH
                    ;[DS:0200H] := 000FH
                    ;d. h.
                    ;[DS:0200H] := 0FH
                    ;[DS:0201H] := 00H
MOV dword ptr [DS:0200H],0FH
                    ;[DS:0200H] := 0FH
                    ;d. h.
                    ;[DS:0200H] := 0FH
                    ;[DS:0201H] := 00H
                    ;[DS:0203H] := 00H
                    ;[DS:0203H] := 00H
MOV word ptr [ES:SI], 44H
                    ;[ES:SI] := 0044H

Stack-Befehle

PUSH AX   ;SP := SP-2
                    ;[SS:SP] := AX
PUSH F   ;SP := SP-2
                    ;[SS:SP] := F
PUSH dword ptr [FS:0200H]
                    ;SP := SP-4
                    ;[SS:SP] := [FS:0200H]
PUSH 0F11D2E3H   ;SP := SP-4
                    ;[SS:SP] := 0F11D2E3H
POP ECX   ;SP := SP+4
                    ;ECX := [SS:SP]

Port-Befehle

IN AL, 07H   ;AL := Byte Port 07H
IN EAX, 08H   ;EAX := Double Word Port 08H
OUT 07H, AL   ;Byte Port 07 := AL
OUT 08H. EAX   ;Double Word Port := EAX

Arithmetische Befehle verknüpfen zwei Operanden. Das Ergebnis der arithmetischen Operation beeinflusst die Flags, z. B.:

Addieren

ADD AL,0A1H   ;AL := AL+A1H
ADD BX,-256   ;BX := BX+(- 256)
ADD BH,CL   ;BH := BH+CL
ADD byte ptr [ES:BX], CL   ;[ES:BX] := [ES:BX]+CL
ADD word ptr [ES:BX], 15   ;[ES:BX] := [ES:BX]+FH

ADC anstelle ADD addiert zusätzlich den Inhalt des C-Flags.

Inkrementieren

INC DL   ;DL := DL + 1
INC byte ptr [ES:BX]   ;[ES:BX] := [ES:BX] + 1

Subtrahieren

SUB DX,AX   ;DX := DX - AX
SUB DX,0D7H   ;DX := DX - D7H

SBB anstelle SUB subtrahiert zusätzlich den Inhalt des C-Flags.

Dekrementieren

DEC DL   ;DL := DL - 1
DEC byte ptr [ES:BX]   ;[ES:BX] := [ES:BX] - 1

Vergleich (Compare)
Der Vergleich operiert wie SUB, legt das Ergebnis jedoch nicht ab, sondern beeinflusst nur die Flags.

CMP CL,DL
;nur Flagbits := entsprechend (CL - DL)

Multiplikation
a) vorzeichenlos (unsigned)

MUL CL   ;AX := AL * CL
MUL CX   ;DX:AX := AX * CX
MUL ECX   ;EDX:EAX := EAX * ECX
MUL word ptr [DS:BX]   ;DX:AX := AX * [DS:BX]

b) vorzeichenbehaftet (signed)

IMUL CL   ;AX := AL * CL

usw. entsprechend MUL

IMUL DX, -4 ;DX:AX := DX * (-4)

Division
a) unsigned

```
DIV CL              ;AL :=AX/CL
                    ;AH := Rest
DIV CX              ;AX := DX:AX/CX
                    ;DX := Rest
DIV dword ptr [DS:BX]  ;EAX := EDX:EAX/[DS:BX]
```
b) signed
IDIV entsprechend DIV

Logische Befehle verknüpfen zwei Operanden. Die logische Verknüpfung erfolgt bitweise. Das Ergebnis der logischen Operation beeinflusst die Flags, z. B.:
```
AND
AND AH,BH    ;aH_i := aH_i ∧ bH_i
OR
OR CH,BL     ;cH_i := cH_i ∨ bL_i
XOR
XOR CH,BL    ;cH_i := cH_i ↔ bL_i
XOR AX,AX    ;AX := 0
             ; Z := 1
```

Schiebebefehle (Shift Instructions) verschieben den Inhalt eines Registers oder einer Speicherzelle um n Bit nach links oder rechts. Die Schiebeoperation ist gleichzeitig eine Multiplikation mit oder Division durch 2^n.

Schieben links
```
SAL BL,2      ;C := bL_6
              ;bL_{i+2} := bL_i
              ;bL_1 = bL_0 := 0
SAL [DS:BX],4
```

Schieben rechts
```
SAR BL,2      ;C := bL_1
              ;bL_7 = bL_6 := bL_7
SHR BL,2      ;C := bL_1
              ;bL_7 = bL_6 := 0
SAR [DS:BX],4
SHR [DS:BX],4
```

Unbedingte Sprungbefehle für Programmsprünge

- innerhalb eines Codesegmentes (*Intrasegment-Sprünge*) laden den Instruction Pointer IP

- in ein anderes Codesegment (*Intersegment-Sprünge*) laden das Segmentregister CS und den Instruction Pointer IP

um. Das Programm wird an dieser Adresse fortgesetzt.

```
JMP 0100H          ;IP := 0100H
JMP BX             ; IP := BX
JMP [BX+0100H]     ;IP := [DS:BX+0100H]
JMP 1000:0100H     ;CS := 1000H
                   ; IP := 0100H

LOOP 0100H         ;wie JMP 0100H mit
                   ;CX := CX-1
                   ;jump if CX <> 0
```

Bedingte Sprungbefehle (Intrasegment-Sprünge) werden in Abhängigkeit vom Zustand bestimmter Flagbits ausgeführt.

```
JZ 0100H    ; if Z = 1 then IP := 0100H
            ;        else IP nicht beeinflusst
JNZ 0100H   ; if Z = 0 then IP := 0100H
JE          ; wie JZ
JNE         ; wie JNZ
JC          ; jump if C = 1
JNC         ; jump if C = 0
JS          ; jump if S = 1
JNS         ; jump if S = 0
JG          ; jump if (Z = 0 und S = 0)
JNG         ; jump if (Z = 1 oder S = 1)

LOOPZ       ; wie LOOP if Z = 1
LOOPE       ; wie LOOPZ
LOOPNZ      ; wie LOOP if Z = 0
LOOPNE      ; wie LOOPNZ
```

Rufbefehle (*Call Instructions*) sind Sprungbefehle mit Rückkehrabsicht. Sie dienen dem Aufruf von *Unterprogrammen* (auch genannt: *Call-Routinen, Prozeduren*). Unterprogramme werden mit dem *Rückkehrbefehl* RET (return) bzw. RETF (return far) abgeschlossen.

- Der Call-Befehl
  - speichert die dem Call-Befehl folgende Programmadresse im Stack
  - lädt IP und ggf. CS mit der im Call-Befehl angegebenen Sprungzieladresse

- Der Return-Befehl lädt IP und ggf. CS aus dem Stack mit der Rückkehradresse des Hauptprogramms.

Beispielsweise:

CALL 2100H	; SP := SP - 2
	; [SS:SP] := IP
	; IP := 2100H
CALL BX	
CALL [BX]	
CALL F000:0100H	; SP := SP - 2
	; [SS:SP] := CS
	; SP:= SP - 2
	; [SS:SP] := IP
	; CS := F000H
	; IP := 0100H
RET	; IP := [SS:SP]
	; SP := SP+2
RETF	; IP := [SS:SP]
	; SP := SP+2
	; CS := [SS:SP]
	; SP := SP+2

❏ **Beispiel 3.38**

Zu schreiben ist eine Assembler-Befehlsfolge für den Prozessor x86 gemäß Bild 3.147. Der Prozessor startet auf der Adresse FFFF0H (d. h. CS = F000H, IP = FFF0H).

Lösung:

JMP 1100:0100H	; CS := 1100H
	; IP := 0100H
	; d. h. phys. Adresse 11100H

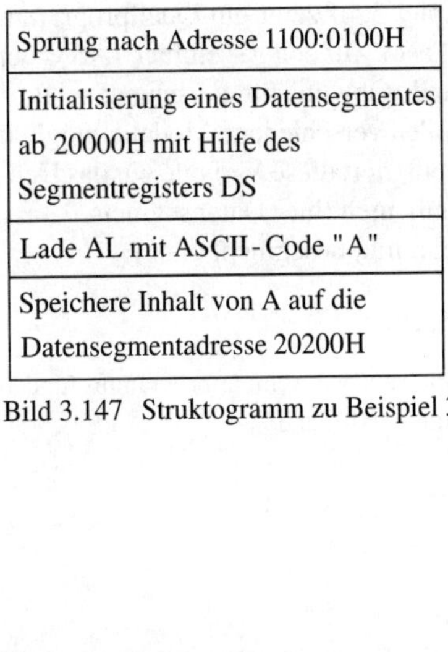

Sprung nach Adresse 1100:0100H
Initialisierung eines Datensegmentes ab 20000H mit Hilfe des Segmentregisters DS
Lade AL mit ASCII-Code "A"
Speichere Inhalt von A auf die Datensegmentadresse 20200H

Bild 3.147 Struktogramm zu Beispiel 3.38

```
MOV AX,2000H
MOV DS,AX        ; DS := 2000H
MOV AL,41H       ; AL := 41H = „A"
MOV [DS:0200H],AL ; [2000:0200H] := „A"
```

Bemerkung: Es gibt eine (primitive) Möglichkeit, obiges Programm auf einem PC mit Betriebssystem MSDOS mit Hilfe des DOS-Befehls DEBUG zu testen. Das Dienstprogramm DEBUG kann zum Experimentieren mit einfachen Befehlsfolgen (im hier verwendeten Real-Mode der Prozessoren x86) verwendet werden:

- DEBUG aus DOS-Ebene aufrufen
  >DEBUG

- DEBUG-Kommando ASSEMBLE
  -A

- Programmbefehle ab der angebotenen Adresse eintragen, z. B.
  36D2: 0100 jmp 1100:0100 <ENTER>

- wegen Sprungbefehl Programm an der Sprungzieladresse fortsetzen
  -A 1100:0100
  1100: 0100 mov ax,2000
       0105 mov ds,ax
       0108 mov al,41
       010A mov [0200],al

  „H" muss hier nicht angegeben werden, da alle Werte hexadezimal aufgefasst werden. „DS" in Speicheradressen muss nicht angegeben werden, da hier nur das Datensegmentregister DS gilt.

- ggf. Einstellen von CS:IP auf Programmanfang
  -r CS
  CS (alter Inhalt)
  :36D2 <ENTER>
  -r IP
  IP (alter Inhalt)
  :0100 <ENTER>
  neue Inhalte mit -r prüfen
  -t 36D2:0100 <ENTER>
  -r

- schrittweise Programmabarbeitung mit DEBUG-Kommando TRACE
  -t

- Das Programm kann auch mit GO-Kommando
  -g Halteadresse
  gestartet werden (Halteadresse ist die Adresse des nicht mehr auszuführenden Befehls).
- DEBUG-Kommando DUMP gestattet die Anzeige des Inhaltes von Speicherbereichen. Mit
  -d 2000:0200 L8
  ist die programmgemäße Ausführung des Befehls mov [0200],al nachprüfbar (L d verlangt die Anzeige von d Speicherbytes).
- DEBUG wird mit
  -q
  verlassen.

❑ **Beispiel 3.39**

Zusätzlich zum Programm nach Beispiel 3.38 existiert folgende Befehlsfolge (es gilt die DS-Einstellung von Beispiel 3.38):
```
1100:0300 PUSH SI
          PUSH DI
          PUSH AX
          MOV SI,0200H
          MOV DI,0300H
          MOV AL,[DS:SI]
          MOV [DS:DI],AL
          POP AX
          POP DI
          POP SI
          RET
```
a) Welche Aufgabe erfüllt diese Befehlsfolge?
b) Dem *Hauptprogramm* nach Bsp. 3.38 ist ein Aufruf der obigen Befehlsfolge als *Unterprogramm* anzufügen.

Lösung:

zu a)

- Der Programmkern kopiert den Inhalt der Memory-Zelle mit Adresse 2000:0200H = 20200H nach Memory-Adresse 2000:0300H = 20300H.

- Die PUSH-Befehle retten die bisherigen Inhalte der Register SI, DI und AX in den Stack.
- die POP-Befehle holen die bisherigen Registerinhalte aus dem Stack zurück.
- Der RET-Befehl zeigt, dass die Befehlsfolge als Unterprogramm vorgesehen ist und sichert die Rückkehr ins aufrufende Programm.

zu b)

:
```
1100:010CH  MOV [DS:0200H],AL
            ; letzter Befehl des aufrufenden
            ; Hauptprogramms nach Bsp. 3.38
1100:010FH  CALL 0300H
            ; SP := SP-2
            ; [SS:SP]:= IP = 0112H
            ; jetzt läuft das Unterprogramm bis
            ; RET IP := [SS:SP] = 0112H
            ;     SP := SP + 2
1100:0112H  ; weiterer Befehl des ggf.
            ; fortsetzenden Hauptprogramms
```

3.9.3 Assemblerprogrammierung

Assembler sind Übersetzungsprogramme zur Erzeugung von Maschinencode aus Mnemonik-Folgen und dienen der professionellen Programmentwicklung auf Assemblerebene. Beim Schreiben des sog. Quellprogramms in Mnemonik sind Syntaxregeln einzuhalten, die der Assembler versteht. Das Quellprogramm wird auf einem beliebigen Texteditor, meist eines PC, geschrieben. Beispiel 3.40 zeigt ein Quellprogramm „bsp_3_40.asm" für den Assembler TASM der Fa. Borland. Obwohl für verschiedene Programmgrößen verschiedene Modelle möglich sind, demonstriert diese Variante gut das Denken in Segmenten (hier Datensegment data_1 und Programmkodesegment code).

❑ **Beispiel 3.40**

Demonstration eines Assemblerprogramms für den Turboassembler (Borland)

;Quellprogramm bsp_3_40.asm

```
                .386                    ;Angabe des gewünschten Prozessortyps (INTEL)

data_1          SEGMENT USE16           ;Definition Segment namens data_1 (für Daten)
    produkt     dw (0)                  ;definiere in diesem Segment 1 word (16 Bit) mit Initialwert 0
                                        ;namens produkt
data_1          ENDS                    ;Ende des Datensegmentes data_1

code            SEGMENT USE16           ;Definiere Segment namens code (für Programmkode)
                                        ;mit dem nachfolgenden Inhalt:
                assume cs:code          ;Information für Assembler: CS-Register für code
                assume ds:data_1        ;Information für Assembler: DS-Register für data_1

    begin:      mov ax,data_1
                mov ds,ax               ;DS := Segmentanfangsadresse von data_1

                mov al,41h
                mov bl,10h
                mul bl                  ;AX := AL * BL
                mov [DS:produkt],ax     ;Memoryzelle [DS:produkt] := AX

                mov ah,4ch              ;notwendige Befehle bei Programmausführung auf dem PC:
                int 21h                 ;Rückkehr zur DOS-Betriebssystemebene

code            ENDS                    ;Ende des Programmkodesegmentes code

                END begin
```

In Beispiel 3.40 bedeuten:

- Auf „;" folgende Zeichen einer Zeile sind Kommentar.
- Zwischen den Schlüsselworten SEGMENT USE16 und ENDS werden die Segmentinhalte angegeben.
- data_1 vor SEGMENT ist die symbolische, d. h. noch nicht mit einem Zahlenwert belegte Anfangsadresse des Segmentes und kann auch gleichzeitig als der Name des Segmentes aufgefasst werden.
- „produkt" ist der symbolische Offset der mit dw (definiere word) im Segment reservierten 2 Byte, initialisiert mit dem Wert Null; viele weitere Speicherplätze [db (definiere byte), dd (definiere double word)] könnten so im Segment data_1 festgelegt werden.

- Im mit „code" beginnenden Segment ist zwischen den Schlüsselworten SEGMENT USE16 und ENDS der Inhalt dieses Programmkodes enthalten.
- Die assume-Anweisungen sind keine µP-Befehle, sondern Steueranweisungen zur Information an den Assembler, dass die Segmentregister CS und DS für die entsprechenden Segmente code und data_1 zuständig sind.
- Das Laden des Datensegmentregisters DS (ggf. ES usw.) muss nach Programm erfolgen; für die Lauffähigkeit auf dem PC bestimmt dieser dagegen die Inhalte des CS und des SS selbst und ihr Laden ist nicht erforderlich.
- Das sehr einfache Programm erklärt sich selbst.

- END erklärt den gesamten Quelltext für beendet; nachfolgende Texte werden nicht berücksichtigt.
- „begin" nach END bedeutet, dass der Programmstart (erster abzuarbeitender Mikroprozessorbefehl) auf der symbolischen Adresse begin steht (dieses muss nicht immer wie hier der erste Befehl in der Befehlssequenz sein).

Die Übersetzung des obigen Quelltextes BSP_3_40.asm erfolgt unter Voraussetzung des vorhandenen Softwarepakets TASM auf dem PC:

- Assemblieren
  Aufruf:TASM bsp_3_40.asm/l
  Ergebnis: sog. Objektdatei bsp_3_40.obj
  Listdatei bsp3_40.lst
- Linken
  Aufruf: TLINK bsp_3_40.obj
  Ergebnis: auf PC lauffähig startbares Programm bsp_3_40.exe
- Programmstart auf dem PC
  Aufruf: bsp_3_40
  Ergebnis: Laden der Datei bsp_3_40.exe in den RAM des PC; dabei werden die bisherigen symbolischen Adressen vom PC mit physikalischen Adresswerten belegt; Programmlauf; Rückkehr zur DOS-Ebene

❑ **Beispiel 3.41**

Nachfolgendes Programmbeispiel ist hinsichtlich seiner Aufgabenstellung zu analysieren.

```
; bsp_3_41.asm
        .386
dat     SEGMENT USE16 at 0b800h
dat     ENDS
prog_1 SEGMENT USE16
        assume cs:prog_1, ds:dat
beg:    mov ax,dat
        mov ds,ax
        mov si,320      ; SI := 140H
        mov di,480      ; DI := 1E0H
        mov ax,[ds:si]
        mov [ds:di],ax
        add si,2
        add di,2
        mov ax,[ds:si]
        mov [ds:di],ax
        mov ah,4ch
        int 21h
prog_1 ENDS
        END beg
```

Lösung:

- Mit „at b800h" in der Segmentdefinition data wird die Segmentanfangsadresse mit B8000H festgelegt.
  (*Bemerkung*: Dies ist beim PC der Anfang des Bildschirmspeichers für ASCII-Zeichen.)
- Kopie des Inhaltes der Speicheradresse B8140H (1. Zeichen der 3. Bildschirmzeile) nach B81E0H (1. Zeichen der 4. Bildschirmzeile).
- Kopie des Inhaltes von B8142H nach B81E2H (2. Zeichen von 3. nach 4. Bildschirmzeile).

❑ **Beispiel 3.42**

Die Wiederholung des Datentransfers in Beispiel 3.41 ist mit einer LOOP-Schleife zu lösen.

Lösung:

```
; bsp_3_42.asm
        .386
dat     SEGMENT USE16 at 0b800h
        ENDS
prog    SEGMENT USE16
        assume cs:prog_1, ds:dat
beg:    mov ax,dat
        mov ds,ax
        mov si,320
        mov di,480
        mov cx,2
m1:     mov ax,[ds:si]
        mov [ds:di],ax
        add si,2
        add di,2
        loop m1
        mov ah,4ch
        int 21h
prog_1 ENDS
        END beg
```

❑ **Beispiel 3.43**
Der Datentransfer in Beispiel 3.42 ist in einem Unterprogramm (Procedur) aufzurufen. Die verwendeten Konstanten sollen am Programmanfang übersichtlich und leicht änderbar deklariert werden. Der Transfer soll die ganze Bildschirmzeile (80 Zeichen) betreffen.
Lösung:

```
; bsp_3_43.asm
        .386
        quelloffset equ 320
        zieloffset  equ 480
        anzahl      equ 80
dat     SEGMENT USE16 at 0b800h
        ENDS
prog_1  SEGMENT USE16
        assume cs:prog_1, ds:dat_1
beg:    mov ax,da
        mov ds,ax
        mov si,quelloffset
        mov di,zieloffset
        mov cx,anzahl
        call transfer
        mov ah,4ch
        int 21h
transfer PROC
        push ax
        push si
        push di
m1:     mov ax,[ds:si]
        mov [ds:di],ax
        add si,2
        add di,2
        loop m1
        pop di
        pop si
        pop ax
        ret
        ENDP
prog_1  ENDS
        END beg
```

3.9.4 Aufgaben

▲ **Aufgabe 3.9.1**
Gegeben sei ein Mikroprozessor mit
- adressierbarem Adressraum von 1 M
- Datenbusbreite von 8 Bit.

Es sind folgende Speicherschaltkreise anzuschalten:

- ein EPROM 64 K × 1 Byte im obersten Adressbereich
- ein SRAM 256 K × 1 Byte ab Adresse 0.

Die Zusammenschaltung von Prozessor und Speichern ist anzugeben. Der Adressbereich der angeschalteten Speicher ist einzutragen.

▲ **Aufgabe 3.9.2**
Zu schreiben ist ein Assemblerprogramm aufg392.asm, das ein Unterprogramm aufruft, mit dem der Speicherbereich von B8000H bis B8F9EH wortweise mit 2020H gefüllt wird.

▲ **Aufgabe 3.9.3**
Das Programm aus Aufgabe 3.9.2 ist um ein Unterprogramm zu ergänzen, das auf die 10. Bildschirmzeile zentriert den Text „Aufgabe 3.9.2" schreibt.

3.10 Mikrocontroller

3.10.1 Architektur

Mikrocontroller (μC) sind Mikroprozessorsysteme auf einem Chip (auch Einchipmikrorechner EMR), bestehend aus den wesentlichen drei Komponenten

- Mikroprozessorfunktionen (Steuerwerk, ALU, Instructionpointer, ...)
- Memory (On Chip RAM, On Chip ROM/EPROM)
- Ports

sowie weiteren Funktionen eines Mikroprozessorsystems (Timer, serielle Schnittstelle u. ä).

Bild 3.148 deutet diese Architektur (angelehnt an den Typ SAB 80C517/80C537) an.

In dieser (sog. Harvard-)Struktur sind Programmspeicher (ROM) und Datenspeicher (RAM) separiert und damit unter gleichen

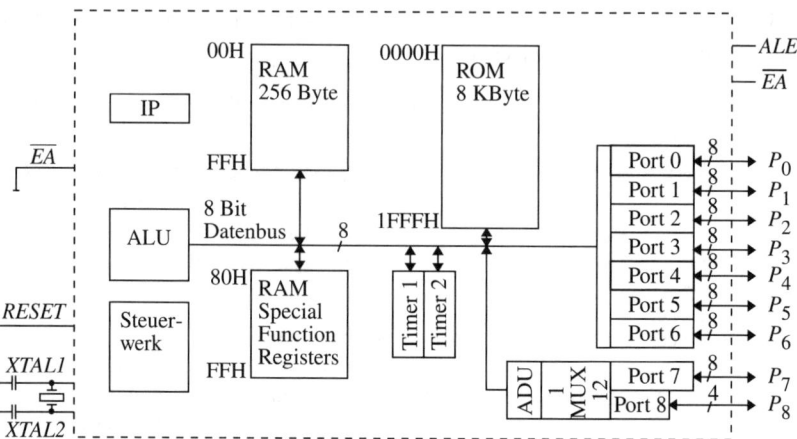

Bild 3.148 Blockschaltbild eines 8-Bit-Mikrocontrollers (vereinfacht)

Adressräumen erreichbar. Man beachte den Unterschied zur (sog. v.-Neumann-)Struktur der Mikroprozessoren in Abschn. 3.9. Die internen On-Chip-Speicher sind bei Bedarf durch externe Speicherschaltkreise bis je 64 KByte ergänzbar. Bild 3.149 zeigt die Speicherorganisation.

Interner RAM 00 ...7FH. Dieser Bereich enthält die sog. Registerbänke mit jeweils den Registern R0 bis R7, die die von den Standardprozessoren bekannte Rolle der Operandenregister (B, C, ...) übernehmen (Bild 3.150). Die jeweils aktuelle Registerbank ist auswählbar. Weitere Bytes stehen für allgemeine Nutzung, z. T. auch bitweise adressierbar zur Verfügung.

Interner RAM IDATA 80H ...FFH. Dieser Bereich steht für allgemeine Datenspeicherung zur Verfügung. Er ist nur in indirekter Adressierung erreichbar, z. B.:

MOV R1, #80H   ; R1 := 80H
MOV @R1, #2EH ; [80H$_{IDATA}$] := 2EH

Interner RAM SFR (spezielle Funktionsregister). Dieser Bereich ist in direkter Adressierung erreichbar, z. B.:

MOV 80H, #2EH ; [80H$_{SFR}$] := 2EH

Tabelle 3.66 SFR-Funktionen

Adresse	Funktion
80H	Port 0
90H	Port 1
A0H	Port 2
B0H	Port 3
E8H	Port 4
F8H	Port 5
FAH	Port 6
DBH	Port 7
DDH	Port 8
E0H	Accumulator A
F0H	Register B
D0H	Programmstatuswort PSW *)
	$\boxed{C} \quad \boxed{RS1 | RS0} \quad \boxed{P}$
81H	Stackpointer SP
82H	DPL (Low-Byte von DPTR)
83H	DPH (High-Byte von DPTR)
D9H	ADDAT (Digitalwort v. ADU)

*) C Carry Flag, P Parity Flag
[RS1,RS0] = [0,0] ... [1,1]: aktuelle Registerbank

Die Speicherplätze des SFR haben spezielle Funktionen. Tabelle 3.66 deutet einen kleinen

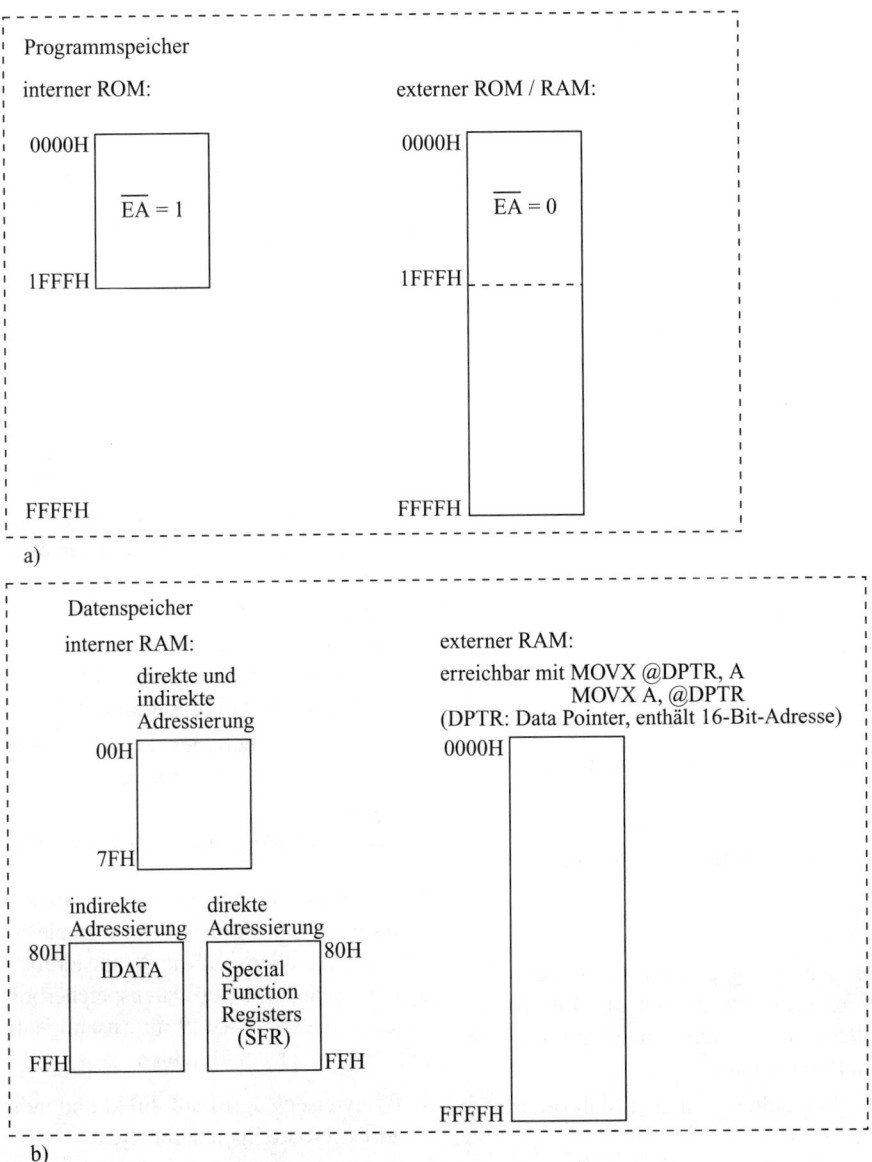

Bild 3.149 Speicherorganisation des Mikrocontrollers SAB80C517
a) Programmspeicher, b) Datenspeicher

Ausschnitt an. Es wird klar, dass, im Gegensatz zu anderen Prozessoren, hier die Ports in den Speicheradressraum eingeordnet (memory mapped) sind. Obiger Befehl MOV 80H, #2EH ist also eine Ausgabe des Wertes 2EH auf Port 0.

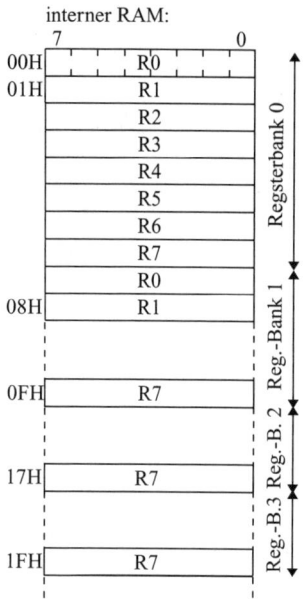

Bild 3.150 Registerbänke im internen RAM

3.10.2 Anwendungsbeispiele

Bild 3.151 zeigt

- die Anschaltung eines externen Programmspeichers an den µC über die für Adress- und Datenbusnutzung vorgesehenen Ports 0 und 2
- die Anschaltung einer Tastaturmatrix an Port 6
- die Anschaltung einer 7-Segmentanzeige an Port 4.

Port 0 wird zeitmultiplex für das Low-Address-Byte und den Datenbus genutzt:

- Ausgabe des Low-Address-Byte
- Speicherung des Low-Address-Byte im 74HCT573 mit ALE = 1 und Ausgabe auf Adressbus
- Umschaltung des Port 0 auf Datenbusfunktion.

Die Anschaltung eines zusätzlichen externen Datenspeichers erfolgt ebenso unter (gegenüber PSEN) Nutzung von $\overline{RD}$ und $\overline{WE}$ (Portpins P3.7, P3.6).

Die Programmierung von Mikroprozessorsystemen erfolgt grundsätzlich

- hardware-nahe in Assembler-Programmierung
  Vorteil: die Prozessor-Architektur muss durchdacht werden (kann auch als Nachteil aufgefasst werden!); optimale Nutzung der Möglichkeiten des Befehlssatzes möglich
  Nachteil: Einarbeitung in den Befehlssatz und die Prozessor-Architektur nötig; bei größeren Projekten aufwendige und ggf. unübersichtliche Programmdateien
- in problemorientierten Programmiersprachen, in der Elektronik oft in der Sprache C
  Vorteil/Nachteil: gegensätzlich zu oben

Assembler-Befehlsbeispiele aus dem Befehlssatz. Die nachfolgenden Beispiele beziehen sich vor allem auf die Adressierung von Speicherplätzen in der Datenspeicherorganisation gemäß Bild 3.149 im Zusammenhang mit Daten-Transfer-Befehlen.

- Byteweiser Zugriff auf direkt und indirekt adressierbare Speicherbereiche
  ```
  mov  a, r1      ;Accu := R1
                  ;(Inhalt von Register R1)
  mov  0e0h,r1    ;direkte Adressierung:
                  ;SFR E0H (Accu) := R1
                  ;(Accu mit seiner Adresse
                  ;gemäß Tab. 3.66)
  ```

3.10 Mikrocontroller

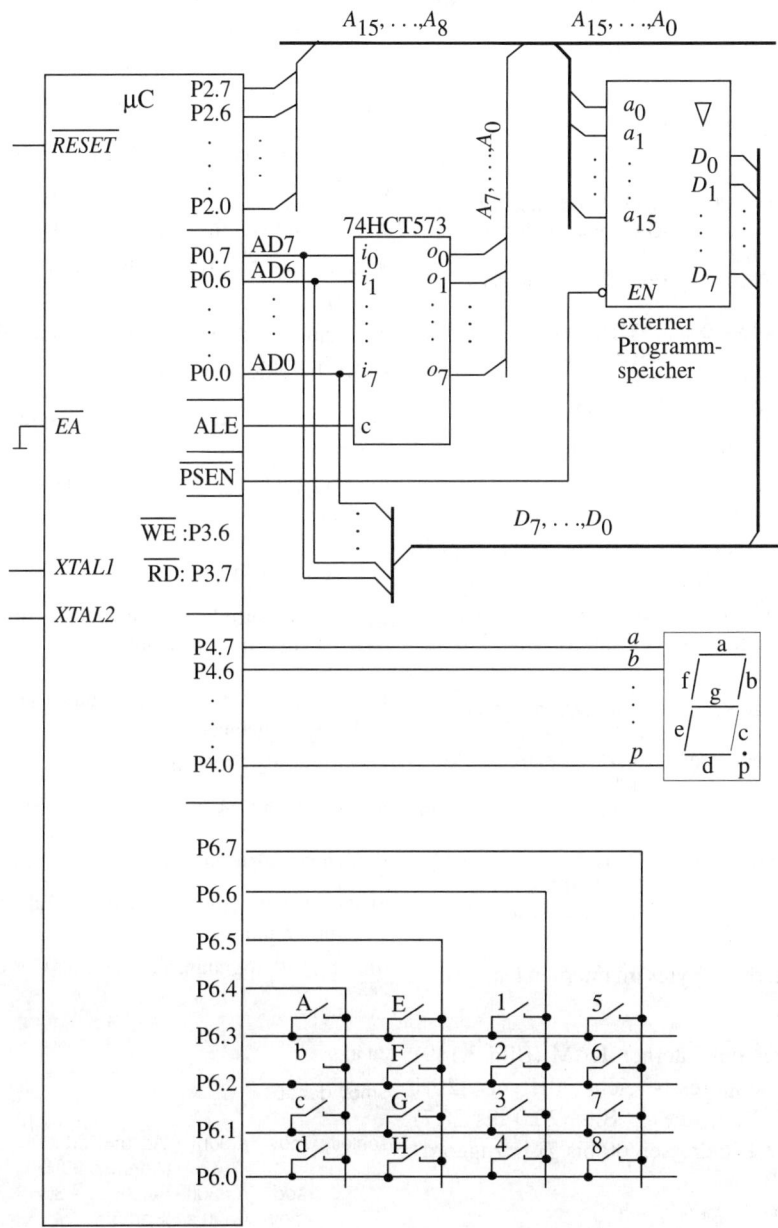

Bild 3.151 Mikrocontroller mit angeschalteter Tastatur und 7-Segmentanzeige
ALE Address Latch Enable
PSEN Programm Store Enable

```
mov   a, #0e8h      ;Accu := E8H
                    ;(laden mit Direktwert E8H)
mov   90h, r1       ;Port 1 := R1
                    ;(Ausgabe des R1-Inhaltes)
mov   r1, 90h       ;R1 := Port 1
                    ;(Eingabe von Port 1)
mov   0b0h,0f8h     ;Port 3 := Port 5

mov   r1, #90h
mov   @r1, 90h      ;indirekte Adressierung:
                    ;IDATA 90H := Port 1
mov   r0,#80h
mov   0e8h,@r0      ;Port 4 := IDATA 80H

mov   dptr, #4000h  ;DPTR ist Adress-Pointer für
                    ;ext. Programmspeicher
movx  @dptr, a      ;externDATA 4000H := Accu
movx  a, @dptr      ;Accu := externDATA 4000H
```

- Bitweiser Zugriff auf bitadressierbare Datenspeicherbereiche Für in Steuerungen u. ä. angewendeten Prozessoren wie Mikrocontroller ist ein (teilweiser) Zugriff auf einzelne Bits eines Bytes ein einsatzspezifisches Merkmal. Dazu enthält der Befehlssatz „Instructions for Bit Manipulation" wie

```
setb  Bitadresse    ;setzt das adressierte Bit
                    ;auf '1'
clr   Bitadresse    ;setzt das adressierte Bit
                    ;auf '0'
cpl   Bitadresse    ;invertiert das adressierte
                    ;Bit
mov   c, Bitadresse ;Carry-Flag
                    ;C := adressiertes Bit
mov   Bitadresse, c ;adressiertes Bit := C
```

Bitadressierbare Bytes im internen Datenspeicher sind:

- 16 Bytes des internen RAM (Bild 3.149) im Byte-Adressbereich 20H bis 2FH (= 128 Bits); diesen Bits (20.0 bis 2F.7) sind die Bitadressen 00 bis 7FH zugeordnet, z. B.:

```
setb  07h   ;Bit 20.7 := 1
clr   78h   ;Bit 2F.0 := 0
```

- alle Bytes des SFR (Bild 3.149), deren Byte-Adressen durch 8 teilbar sind, z. B:

```
setb  92h   ;Bit 90.2 := 1,
            ;(Bit 2 von Port 1 := 1)
clr   9ah   ;Bit 98.2 := 0
```

Insgesamt besteht der Befehlssatz wie allgemein aus den wesentlichen Befehlsgruppen

- Daten-Transfer-Befehle (mov, movx)
- arithmetische Befehle (add, sub, mul, div)
- logische Befehle (anl, orl, xrl)
- Schiebe- und Rotationsbefehle (rl, rr, rlc, rlc)
- Sprungbefehle (jmp, jz, jnz, cjne, djnz)
- Rufbefehle (call, ret)

Nachfolgend sollen für den Beispiel-Mikrocontroller dieses Kapitels einfache Programmierbeispiele in Assembler und C gezeigt werden.

❏ **Beispiel 3.44a**

Das Mikrocontroller-System gemäß Bild 3.148 oder 3.151a soll fortlaufend

- den am Port 1 von außen anliegenden Byte-Wert übernehmen
- zu dem Wert 30H addieren
- das Ergebnis über Port 3 wieder ausgeben

Es sind bereitzustellen

a) das Quellprogramm mov_dat.a51 als Assemblerprogramm

b) das Quellprogramm mav_dat.c als C-Programm

Lösung:

zu a)
```
; mov_dat.a51

schleife: mov  a,90h      ;Accu:=Port 1
                          (Adresse 90H)
          add  a,#30h     ;Accu:=A + 30H
          mov  0b0h,a     ;Port 3
                          (Adresse B0H):=Accu
          jmp  schleife   ;Sprung zur Port1-Eingabe
          end
```

3.10 Mikrocontroller 315

zu b)

// mov_dat.c

```
sfr   p1 = 0x90;   //Festlegung der Portadressen
sfr   p3 = 0xb0;

void main(void)
{  while(1)       //Endlos-Schleife
   {
      p3 = p1 + 0x30;
   }
}
```

Bemerkung: Sowohl die Assemblierung von mov_dat.a51 als auch die Compilierung von mov_dat.c haben als Ergebnis eine (eventuell etwas unterschiedliche) Bytefolge als Maschinenprogramm. Manchmal ist es zu Vergleichszwecken interessant, das C-Ergebnis in eine Assembler-Darstellung zurück zu übersetzen (reassemblieren). Nachfolgend kann man erkennen, dass der C-Compiler weitgehend die gleichen Ergebnisse (mit gleicher Wirkung) wie obiges Assembler-Programm lieferte:

```
C51 COMPILER V5.20, MOV_DAT
ASSEMBLY LISTING OF GENERATED
OBJECT CODE

            ; FUNCTION main (BEGIN)
0000              ?C0001:
0000 E590         MOV    A,p1
0002 2430         ADD    A,#030H
0004 F5B0         MOV    p3,A
0006 80F8         SJMP   ?C0001
0008 22           RET
            ; FUNCTION main (END)
```

❑ **Beispiel 3.44b**

Die Zeicheneingabe über eine (4×4)-Tastaturmatrix sind auf einer 7-Segmentanzeige sichtbar zu machen.

Hardwareentscheidung
Es werde angenommen, dass eine Entscheidung gemäß Bild 3.151a getroffen wurde. Die Tastaturabfrage z. B. erfolgt so, dass

- alle Zeilenleitungen durch Portausgabe auf „1" geschaltet werden
- eine Spaltenleitung auf „0" geschaltet wird
- durch Porteingabe eine ggf. betätigte Taste dieser Spalte, die ihre Zeilenleitung auf „0" setzen würde, identifiziert wird

b1) Es ist ein Unterprogramm TAST_ABF.a51 in Assembler-Programmierung zu erstellen, das

- bei zyklischer Tastenabfrage auf die Betätigung einer Taste wartet
- das sich ergebende Kodewort speichert

b2) Die Aufgabe gemäß b1) ist mit einem C-Unterprogramm tast_abfr.c zu lösen.

Lösung:

zu a)

Hardwarekonzept gemäß Bild 1.151. Die Balken der 7-Segmentanzeige sollen mit der Ansteuerung „0" leuchten.

zu b1)

```
;Unterprogramm Tastaturabfrage TAST_ABF.asm
;Funktion:    wartet auf Tastaturbetätigung über Port 6 (P6)
;Ergebnis:    R6 (Registerbank 2) enthält Tastaturcode EEH für Taste d
;                                              EDH für Taste c
;                                              usw.

       P6 DATA 0FAH         ; P6 = Adresse von Port6 (FAH)
       CSEG at 3300H        ; Festlegung der Anfangsadresse dieses Programmkodes
                            ; im externen Programmspeicher
       ORL 0D0H, #10H       ; Programmstatuswort.RS1 := 1
```

```
            ANL 0D0H, #F7H           ; Programmstatuswort.RS0 := 0
                                     ; d. h.: Registerbank 2 eingestellt
Tast_Abfr:  MOV P6, #0EFH            ; Port 6 := EFH, d. h. Abfrage der 1. Tastenspalte
            MOV R6, P6               ; R6 := Port 6
            CJNE R6,#0EFH,ABFR_END   ; kombinierter Vergleichs- und bedingter Sprungbefehl:
                                     ; – vergleiche (compare) Inhalt von R6 mit EFH
                                     ; – springe, wenn R6 nicht gleich EFH (jump if not equal)
                                     ;   nach ABFR_END
                                     ; – sonst weiter im Programm
            MOV P6, #0DFH            ; Abfrage der 2. Spalte
            MOV R6, P6
            CJNE R6, #0DFH,ABFR_END
            MOV P6, #0BFH            ; Abfrage der 3. Spalte
            MOV R6, P6
            CJNE R6, #0BFH,ABFR_END
            MOV P6, #7FH             ; Abfrage der 4. Spalte
            MOV R6, P6
            CJNE R6, #7FH,ABFR_END
            JMP Tast_Abfr            ; keine betätigte Taste gefunden, unbedingter Sprung zur
                                     ; Wiederholung der Abfrage
abfr_end:   RET                      ; Rücksprung ins aufrufende Programm mit Tastaturkode in R6

            END
```

zu b2)

```c
// tast_abfr.c
// Funktion: Tastaturabfrage an Port 6

sfr P4=0xe8;
sfr P6=0xfa;
unsigned char tast_abfr()
{       unsigned char data tast_code;
    while (1)
    {   P6 = 0xef;
            tast_code = P6;
            if (tast_code != 0xef) return (tast_code);

        P6 = 0xdf;
            tast_code = P6;
            if (tast_code != 0xdf) return (tast_code);

        P6 = 0xbf;
            tast_code = P6;
            if (tast_code != 0xbf) return (tast_code);

        P6 = 0x7f;
            tast_code = P6;
            if (tast_code != 0x7f) return (tast_code);
    }
}
```

Das Compilationsergebnis von tast_abfr.c ist nachfolgend zum Vergleich mit b1) dargestellt:

C51 COMPILER V5.20, TAST_ABFR
; FUNCTION tast_abfr (BEGIN)

```
0000              ?C0001:
0000 75FAEF         MOV      P6,#0EFH
;- Variable 'tast_code' assigned to Register 'R7' -
0003 AFFA           MOV      R7,P6
0005 EF             MOV      A,R7
;xor-Befehl
0006 64EF           XRL      A,#0EFH
;jump if Accu = 0
0008 6001           JZ       ?C0003
000A 22             RET

000B              ?C0003:
000B 75FADF         MOV      P6,#0DFH
000E AFFA           MOV      R7,P6
0010 EF             MOV      A,R7
0011 64DF           XRL      A,#0DFH
0013 6001           JZ       ?C0005
0015 22             RET

0016              ?C0005:
0016 75FABF         MOV      P6,#0BFH
0019 AFFA           MOV      R7,P6
001B EF             MOV      A,R7
001C 64BF           XRL      A,#0BFH
001E 6001           JZ       ?C0006
0020 22             RET

0021              ?C0006:
0021 75FA7F         MOV      P6,#07FH
0024 AFFA           MOV      R7,P6
0026 EF             MOV      A,R7
0027 647F           XRL      A,#07FH
0029 60D5           JZ       ?C0001
002B              ?C0004:
002B 22             RET
```

; FUNCTION tast_abfr (END)

Verarbeitung von analogen Eingangssignalen. Bild 3.148 zeigt die Pins P7.0 bis P8.3 als 12 separate Eingangskanäle für Analogspannungen. Die Spannung an einem (durch Programmierung) ausgewählten Kanal wird über den anschließenden Analog-Multiplexer und den Analog-Digital-Converter (ADU oder ADC) abgetastet, der Abtastwert in den Dualzahlenwert eines Bytes umgesetzt und im SFR-Register ADDAT (Adresse D9H) (s. Tab. 3.66) gespeichert (Bild 3.151b).

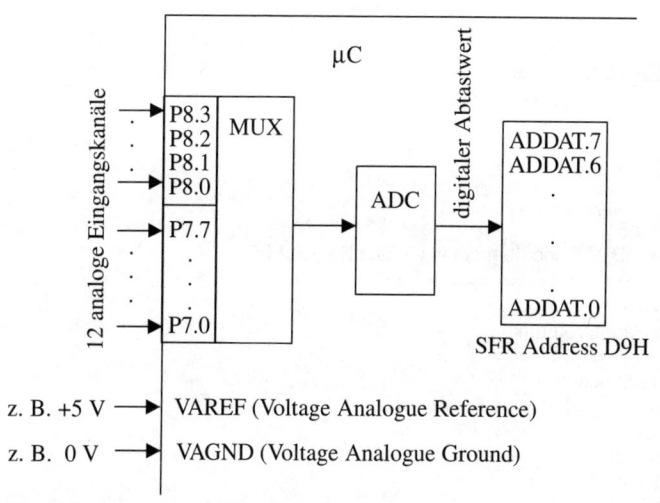

Bild 3.151b Analog-Eingangs-Teilausschnitt des Mikrocontrollers

3 Digitaltechnik

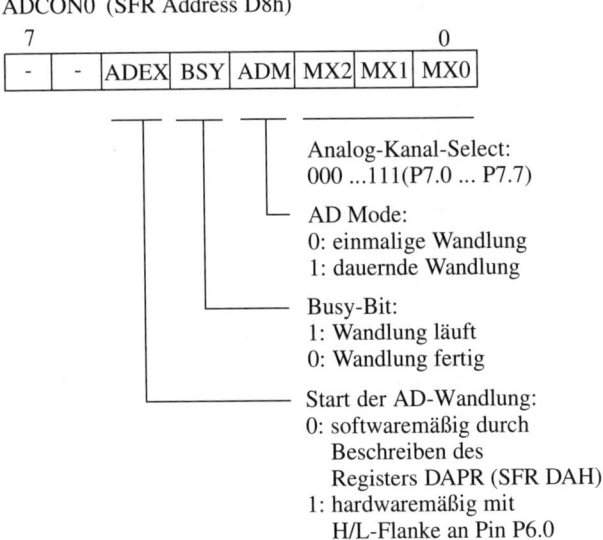

Bild 3.151c Control Register ADCON0

Die Festlegung von benötigten Parametern für den Prozess der Analog-Digital-Umsetzung erfolgt (für den Fall der Benutzung der Kanäle 0 bis 7) durch Programmierung des Steuerregisters ADCON0 (AD Control 0) (SFR Adress D8H) mit den in Bild 3.151c angegebenen Bit-Bedeutungen.

Das „Abholen" des ADC-Ergebnisses aus ADDAT kann (wie grundsätzlich immer in Mikroprozessoren) durch Programmierung auf zwei unterschiedliche Weisen erfolgen:

a) **Abfrage-(Polling-)Verfahren**

Eine Programmschleife fragt laufend (oder in bestimmten Abständen) ab, ob das erwartete Ereignis (hier: ADC-Wandlung fertig, damit ADCON0.4 = Busy = 1) schon eingetreten ist.

❑ **Beispiel 3.44c**

```
;µC-Assemblerprogramm poll_adc.a51
;wartet auf digitalen Abtastwert im ADDAT und übergibt ihn in das Register R7
;================================================
      cseg at 0000h  ;?C-Startadresse
      jmp main       ;Sprung zum Hauptprogramm
;================================================
      cseg at 4000h  ;Beginn Programmcode
;================================================
;Unterprogramm wait_adc
;- wartet auf Abschluss der AD-Wandlung
;- speichert Ergebnis von ADDAT nach R7
wait_adc: jb 0dch, wait_adc  ;bitadressiert:
                             ;jump if ADCON0.4 = BSY = 1
```

```
            mov r7, 0d9h      ;R7 := ADDAT
                              ;BSY wird automatisch zurückgesetzt
            ret               ;IPH:=[SP], SP:=SP-1
                              ;IPL:=[SP], SP:=SP-1
;================================================
;Hauptprogramm
main:   anl   0d8h, #f8h  ;bitweises logisches AND:
                          ;ADCON0:=xxxx x000
                          ;d. h. nutze Analogkanal P7.0
        setb  0dbh        ;bitadressiert:
                          ;ADCON0.3 =ADM = 1
                          ;d. h. dauernde Wandlung (nach noch zu erfolgendem Start)
        clr   0ddh        ;bitadressiert:
                          ;ADCON0.5 = ADEX = 0
                          ;d. h. Start der (dann dauernden Umsetzung) durch Beschreiben des Registers
                          ;DAPR
        mov   0dah,00h    ;DAPR := 00H
                          ;d. h.
                          ;- Start der AD-Umsetzung
                          ;- DAPR=00H bedeutet, dass der extern angelegte Referenz-Spannungsbereich
                          ; VAREF-VAGND in linearer Quantisierung in den binären Wertebereich 00H bis
                          ; FFH umgesetzt wird
repeat: call  wait_adc    ;Aufruf des Unterprogramms wait_adc:
                          ;SP:=SP+1, [SP]:=IPL
                          ;SP:=SP+1, [SP]:=IPH
                          ;IP:=wait_adc
                          ;Ergebnis: R7 := ADDAT
        .
        .
        ;ab hier weitere Verarbeitung (z. B. Anzeige) des ADC-Ergebnisses
        .
        jmp   repeat
;================================================
        end
```

Nachteil des Polling-Verfahrens: Der Prozessor ist ganzzeitlich mit der (zunächst erfolglosen) Ereignis-(Event-)Abfrage beschäftigt. Dieser Nachteil wird beseitigt mit

b) Interrupt-gesteuertes Verfahren (gibt es in allen Mikroprozessor-Arten)

Prinzip:

- Prozessor arbeitet an einer anderen (auch völlig von hier unabhängigen) Aufgabe (Task)
- fertige Wandlung „meldet" sich durch Unterbrechung des aktuell Programms (Task) und Start eines/r „eigenen" Interruptprogramms/Interrupt Service Routine (ISR)
- ISR „bedient" das Abholen des Inhaltes aus ADDAT und ggf. seine weitere Behandlung
- nach Beendigung der ISR kehrt der Prozessor zu seiner unterbrochenen Task zurück (und wird ggf. bei vorliegendem neue Event wieder unterbrochen)

ISRs sind grundsätzlich „normale", Unterprogrammen sehr ähnliche Befehlsfolgen, die (hier) eine feste Anfangsadresse im Programmspeicher besitzen, auf der immer ihr erster Befehl (ggf. ein Sprungbefehl) stehen muss. Bestimmten externen oder Prozessor-internen Ereignissen (Events) ist eine solche ISR-Anfangsadresse (Interruptvector) zugeordnet (Bild 3.151d).

Für das Interrupt-Prinzip enthält das SFR des µC zwei weitere Register (Bild 3.151e).

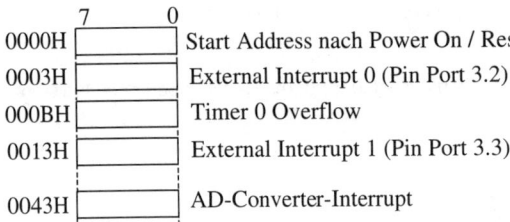

	7 0	
0000H		Start Address nach Power On / Reset
0003H		External Interrupt 0 (Pin Port 3.2)
000BH		Timer 0 Overflow
0013H		External Interrupt 1 (Pin Port 3.3)
0043H		AD-Converter-Interrupt

Bild 3.151d ISR-Programmspeicher-Anfagsadressen (Interrupt Vectors)

IRCON (SFR Address C0H)

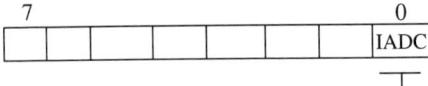

Interrupt AD-Converter
IRCON.0 = 1: Wandlung fertig

(muss softwaremäßig zurückgesetzt werden)

IRCON.0 = 1 löst ADC-Interrupt aus
    d. h.,
      - erreichte Programm-Adresse der laufenden Task wird in den Stack gerettet
      - Instruction Pointer IP := 0043H (ADC-Interruptvector)
    - d. h.,
      1. Befehl der ISR muss auf Program Memory Address 43H stehen
falls mit IEN1.EADC = 1

IEN1 (SFR Address B8H)

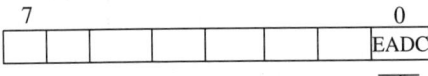

Enable ADC-Interrupt
EADC = 1: Interrupt möglich
EADC = 0: Interrupt gesperrt
der ADC-Interrupt erlaubt wurde.

Bild 3.151e Interrupt Control Register IRCON und IEN1

❏ Beispiel 3.44d

```
;µC-Assemblerprogramm int_adc.a51
;- läuft in einer Hauptprogrammschleife (stellvertretend für andere Task)
;- if (IEN1.0=1 AND IRCON.0=1) then Unterbrechung des Hauptprogramms
;- Start der ISR adc_isr:  SP:=SP+1, [SP]:=IPL
                           SP:=SP+1, [SP]:=IPH
                           IP:=adc_isr
;- nach Beendigung der ISR: Rückkehr zur Hauptprogrammschleife
;================================================
        cseg at 0000h    ;µC-Startadresse
        jmp     main     ;Sprung zum Hauptprogramm
;================================================
        cseg at 4000h    ;Beginn Programmcode
;================================================
;Interrupt Service Routine adc_isr
;speichert Ergebnis von ADDAT nach R7
adc_isr:    mov    r7, 0d9h    ;R7 := ADDAT
            ;ggf. noch weitere Verarbeitung
            clr    0c0h        ;IRCON.IADC := 0
            reti               ;return from interrupt
                               ;IPH:=[SP], SP:=SP-1
                               ;IPL:=[SP], SP:=SP-1
;================================================
;Hauptprogramm
main:
;Initialisierung wie in a):
            anl    0d8h, #f8h  ;Analogkanal P7.0
            setb   0dbh        ;dauernde Wandlung
            clr    0ddh        ;softwaremäßiger Start
            mov    0dah,00h    ;Start der Wandlung
            setb   0b8h        ;IEN1.EADC := 1
;ab jetzt ist Unterbrechung durch ISR zu erwarten
other_task: jmp    other_task
;hier kann ggf. ein anderes Programm laufen
            end
```

Die Initialisierung der analogen Schnittstelle und die Bearbeitung des ADC-Ergebnisses wie in den Beispielen 3.44c und 3.44d ist ebenso in C-Programmierung möglich.

❏ Beispiel 3.44e

a) wie Beispiel 3.44c (Polling), in C

```
// poll_adc.c
// gibt AD-convertierten Wert von Analogkanal P7.0 an Port 1 aus

    sfr ADDAT    = 0xd9;
    sfr ADCON0   = 0xd8;
    sbit ADM     = ADCON0^3;
    sbit BUSY    = ADCON0^4;
    sbit ADEX    = ADCON0^5;
    sfr DAPR     = 0xda;
    sfr P1       = 0x90;
```

```c
char wait_adc (void)
{
   while (BUSY);    //warten auf BSY=0
   return(ADDAT);   //Übergabe des ADDAT-Inhaltes
                    //an Hauptprogramm
}

void main(void)
{
   ADCON0 = ADCON0 & 0xf8;  //selects Kanal P7.0
   ADM = 1;                 //dauernde Wandlung
   ADEX = 0;                //softwaremäßiger Start
   DAPR = 0;                //Start der Wandlung
   while(1)
   {
      P1 = wait_adc();      //P1 := ADDAT
   }
}
```

b) wie Beispiel 3.44d (Interrupt-gesteuert), in C

```c
// adc_int.c
// gibt AD-convertierten Wert von Analogkanal P7.0 an Port 1 aus

   sfr ADDAT   = 0xd9;
   sfr ADCON0  = 0xd8;
   sbit ADM    = ADCON0^3;
   sbit ADEX   = ADCON0^5;
   sfr DAPR    = 0xda;
   sfr IRCON   = 0xc0;
   sbit IADC   = IRCON^0;
   sfr IEN1    = 0xb8;
   sbit EADC   = IEN1^0;
   //IEN0.EAL=1 is assumed
   sfr P1      = 0x90;

void adc_isr(void) interrupt 8
{
   P1 = ADDAT;
   //Reset Interrupt Flag:
   IADC = 0;
}

void main(void)
{
   ADCON0 = ADCON0 & 0xf8;  //wählt Kanal P7.0
   ADM = 1;                 //dauernde Wandlung
   ADEX = 0;                //softwaremäßiger Start
   EADC = 1;                //Enable ADC Interrupt
   DAPR = 0;                //Start der Wandlung
   //stellvertretend für anderes Programm:
   while(1);
}
```

3.10.3 Aufgaben

▲ Aufgabe 3.10.1
Zu erstellen ist ein Unterprogramm TAS_AUSW, das

- das UP TAST_ABF aus Beispiel 3.44b aufruft
- in Auswertung des Tastaturkodes den der Tastenbezeichnung entsprechenden 7-Segmentkode auf das Anzeigeport (Port4) ausgibt, und zwar

a) in Assembler-Programmierung
b) in C-Programmierung

▲ Aufgabe 3.10.2
In einem Hauptprogramm TAS_ANZ ist das Unterprogramm TAS_AUSW aus Aufgabe 3.10.1 aufzurufen und zu einem endgültigen Programm zur Anzeige einer betätigten Taste zu gestalten, und zwar

a) in Assembler-Programmierung
b) in C-Programmierung

3.11 Digitale Signalprozessoren

Digitale Signalprozessoren (DSP) sind im wesentlichen übliche Mikroprozessoren, jedoch mit einer Architektur und einem Befehlssatz für besondere Eignung zur Behandlung von Algorithmen der digitalen Signalverarbeitung (z. B. Signaltransformationen im Zeit- und Frequenzbereich, digitale Filterung u. a.).

Bild 3.152 deutet mit dem Symbol eines 16-Bit-DSP (unter Weglassen spezieller Anschlüsse) das allgemeine Mikroprozessorprinzip an. Dieses Anschlussbild wäre problemlos in ein Mikroprozessorsystem wie in Bild 3.137 einfügbar. Dabei gelten jedoch separate Programmspeicher- (angesprochen mit $\overline{PS} = 0$) und Datenspeicherbereiche (angesprochen mit $\overline{DS} = 0$) mit jeweils 64 KWord (wortorientierte Speicherorganisation).

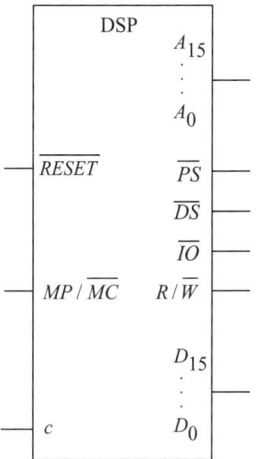

Bild 3.152 Vereinfachtes Symbol eines digitalen Signalprozessors
$A_{15}, \ldots, A_0$ Adressbus
$\overline{PS}$ Program Select
$\overline{DS}$ Data Select
$\overline{IO}$ In-/Out-Port Select
$R\overline{W}$ Read/Write
$MP/\overline{MC} = 1$ Mikroprozessor-Mode
   externer Programmspeicher
$MP/\overline{MC} = 0$ Mikrocomputer-Mode
   interner Programm ROM
$D_{15}, \ldots, D_0$ Datenbus

Bild 3.153 gibt in Anlehnung an den DSP TMS320C25 Einblick in die ALU-Architektur. Der 16-Bit-Prozessor besitzt zur rundungsfreien Aufsummierung von (16 × 16)-Multiplikationsergebnissen einen 32 Bit breiten Akkumulator.

DSPs gibt es als

- einfache und preiswerte 16-/24-/32-Bit-Festkomma-Prozessoren
- leistungsfähigere 32-Bit-Fließkomma-Prozessoren
- hochwertige Multiprocessing-Chips mit Masterprozessor und mehreren Slave-Hardware-Kernen.

3 Digitaltechnik

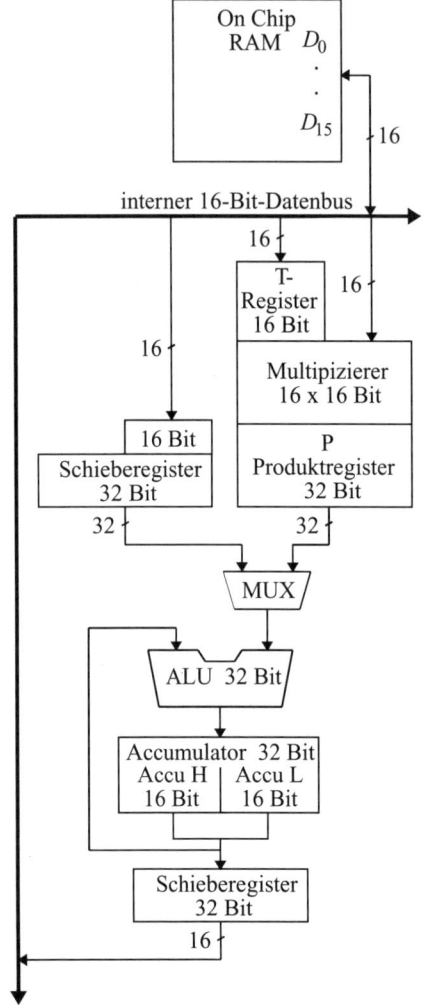

Bild 3.153 Struktur einer ALU mit Multiplizierer eines Fix Point DSP

- Unterstützung effizienter Verarbeitungsalgorithmen durch das DSP-Chip
- sinnvoll gestalteten Befehlssätzen
- Pipeline-Verfahren, d. h. zeitlich überlappende Teilverarbeitungsstufen
- Multiprocessing durch Hardware-Parallelität (s. z. B. Bild 3.159)

forciert wird.

In dieser Entwicklung übernehmen aber auch die neueren Standard-Mikroprozessoren solche für die Signalverarbeitung relevanten Strukturen.

❑ **Beispiel 3.45**

Ein DSP muss zur Realisierung eines digitalen Filters 3. Ordnung die Abtastwertefolge $x(k)$ des Eingangssignals zur Ausgangswertefolge $y(k)$ nach dem Rechenalgorithmus

$$y_k = (b_0 x_k + b_1 x_{k-1} + b_2 x_{k-2} + b_3 x_{k-3})/2^{12}$$

mit

b_i Filterkoeffizienten (z. B. 16 Bit)
x_k aktueller Abtastwert des Eingangssignals (12 Bit)
x_{k-i} um i Takte veraltete Abtastwerte des Eingangssignals
y_k aktuell berechneter Ausgangssignalwert

verarbeiten (Bild 3.154).

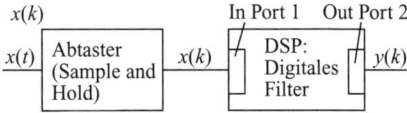

Bild 3.154 Abtastung des zeitkontinuierlichen Signals und als digitales Filter programmierter DSP

Das Filterprogramm (Assembler) lautet dann z. B. (mit Bezug auf Bild 3.153)

Die ausgereiften Architekturen und vielfältigen Anwendungen bei hoher Entwicklungsdynamik sind hier längst nicht darstellbar. Wesentliches Problem (und oft technisches Nadelöhr) ist auch heute die begrenzt schnelle Informationsverarbeitung, die mit

```
        .bss b_0         ; Reservierung der Speicherplätze für die Filterkonstanten
        .bss b_1
        .bss b_2
        .bss b_3
        .bss x_k         ; Speicherplatz für aktuellen Eingangswert
        .bss x_k_1       ; Speicherplatz für um 1 Takt veralteten Eingangswert
        .bss x_k_2       ; Speicherplatz für um 2 Takte veralteten Eingangswert
        .bss x_k_3       ; Speicherplatz für um 3 Takte veralteten Eingangswert
        .bss y_k         ; Speicherplatz für aktuell berechneten Ausgangswert
        ;hier werden noch die Filterkonstanten in die reservierten Speicher b_0, b_1, ...geladen

        .text            ; Beginn Programmkode
new:    IN x_k, port 1   ; aktuellen Eingangswert von port 1 nach Speicherplatz x_k
        ZAC              ; (Zero to Accu) Accu := 0

        LT x_k_3         ; (Load T-Reg.) T-Register := x_k_3
        MPY b_3          ; (Multiply) Produkt-Register := T-Register * b_3 = b_3 * x_k_3
        LTD x_k_2        ; Kombinationsbefehl: (Load T-Reg., Accumulate, Move Data)
                         ; – Accu := Accu + Produktregister = 0 + b_3 * x_k-3
                         ; – T-Register := x_k_2
                         ; – x_k_3 := x_k_2 (d. h. Veralten von x_k_2 für nächsten Zyklus)
        MPY b_2          ; P-Register := b_2 * x_k_2
        LTD x_k_1        ; – Accu := b_3 * x_k_3 + b_2 * x_k_2
                         ; – T-Register := x_k_1
                         ; – x_k_2 := x_k_1
        MPY b_1          ; P-Register := b_1 * x_k_1
        LTD x_k          ; – Accu := b_3 * x_k_3 + b_2 * x_k_2 + b_1 * x_k_1
                         ; – T-Register := x_k
                         ; – x_k_1 := x_k
        MPY b_0          ; P-Register := b_0 * x_k
        APAC             ; Accu := b_3 * x_k_3 + b_2 * x_k_2 + b_1 * x_k_1 + b_0 * x_k
        SACH y_k, 4      ; (Store Accu H) y_k := Accu H/4096
                         ; (shift 12x rechts = shift 4x links und Accu-High-Teil auslesen)
        OUT yk, port 2   ; Ausgabe y_k
        B new            ; (Branch) unbedingter Sprung zu erneuter x_k-Eingabe
```

Das Programm läuft also in unendlicher Schleife, d. h., das Filter arbeitet bis zum Abschalten des DSP.

Praktische digitale Filter mit ausreichend steilen Filterflanken benötigen eine gegenüber Beispiel 3.45 höhere Ordnung ($N = 10 \ldots 200$). Beispiel 3.46 demonstriert die Realisierung eines sog. rekursiven Tiefpasses.

❑ **Beispiel 3.46**

Gewünschtes Filter: IIR-Filter

Typ:	Tiefpass, Tschebyscheff II	
Abtastfrequenz	f_a	z. B. $f_a = 80$ kHz
Obere Durchlassfrequenz:	$f_{og} = 0{,}1875 f_a$	$f_{og} = 15$ kHz
Untere Sperrfrequenz:	$f_{us} = 0{,}2375 f_a$	$f_{us} = 19$ kHz
Durchlassdämpfung:	0,1 dB	
Sperrdämpfung:	40 dB	

Lösung:

Filterordnung: $N = 10$
Realisierung: Kettenschaltung von 5 Teilblöcken je 2. Ordnung (s. z. B. auch [3.43])

Filterfunktion:

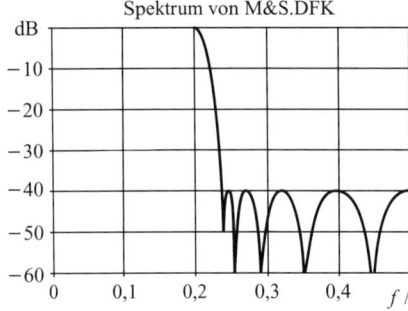

$$H(z) = \frac{b_{10} + b_{11}z^{-1} + b_{12}z^{-2}}{a_{10} + a_{11}z^{-1} + a_{12}z^{-2}} \cdot \frac{b_{20} + b_{21}z^{-1} + b_{22}z^{-2}}{a_{20} + a_{21}z^{-1} + a_{22}z^{-2}} \cdots \cdot \frac{b_{50} + b_{51}z^{-1} + b_{52}z^{-2}}{a_{50} + a_{51}z^{-1} + a_{52}z^{-2}}$$

Amplitudengang: gemäß Bild 3.155

Bild 3.155 Filter-Amplitudengang zu Beispiel 3.46

Daraus auf DSP zu realisierender Rechenalgorithmus:

$$y_{ik} = (b_{i0}x_{ik} + b_{i1}x_{ik-1} + b_{i2}x_{ik-2} - a_{i1}y_{ik-1} - a_{i2}x_{ik-2})\frac{1}{a_{i0}} \quad \text{mit } i = 1,2,\ldots,5$$

x_{ik} aktueller Eingangs-Abtastwert des i-ten Blocks
x_{ik-1} um 1 Takt veralteter Eingangs-Abtastwert des i-ten Blocks
x_{ik-2} um 2 Takte veralteter Eingangs-Abtastwert des i-ten Blocks
y_{ik} aktueller Ausgangswert des i-ten Blocks
y_{ik-1} um 1 Takt veralteter Ausgangswert des i-ten Blocks
y_{ik-2} um 2 Takte veralteter Ausgangswert des i-ten Blocks

Filter-Koeffizienten (berechnet über Entwurfsprogramm DIGFILT):

Blocknr. i	b_{i2}	b_{i1}	b_{i0}	
	a_{i2}	a_{i1}		$a_{i0} = 1$
1	3.9946942608E-01	7.5445170024E-01	3.9946942608E-01	
	7.8886084161E-02	4.7450446823E-01		
2	4.6461098409E-01	5.6807060342E-01	4.6461098409E-01	
	1.9905939592E-01	2.9823317568E-01		
3	5.6721254894E-01	2.9690058235E-01	5.6721254894E-01	
	3.9237417687E-01	3.8951503371E-02		
4	6.8053963729E-01	5.0041798314E-02	6.8053963729E-01	
	6.1538714184E-01	-2.0426606894E-01		
5	7.9617580852E-01	-1.0531165773E-01	7.9617580852E-01	
	8.6034135077E-01	-3.7330139145E-01		

3.11 Digitale Signalprozessoren

Zur Bearbeitung auf einem Fix-Point-DSP (16 Bit) erfolgt eine Erweiterung der Koeffizienten auf ganze Zahlen mit z. B. 2^{14}:

Blocknr. i	b_{i2} a_{i2}	b_{i1} a_{i1}	b_{i0}	$a_{i0} = 2^{14} = 16384$
1	6545 −1293	12361 −7774	6545	
2	7612 −3261	9307 −4886	7612	
3	9293 −6429	4864 −638	9293	
4	11150 −10083	820 3347	11150	
5	13045 −14096	−1725 6116	13045	

DSP-Programm(-fragment) (TI320C25): Tabelle 3.67

Tabelle 3.67 DSP-Programm(-fragment) zu Beispiel 3.46

```
;DSP (TI320C25) Programm M& S.asm für Tschebyscheff II-Tiefpass
;Obere Durchlassfrequenz:   f_og = 0,1875f_a, Untere Sperrfrequenz:   f_us = 0,2375f_a
;Durchlassdämpfung:         0,1 dB,        Sperrdämpfung:        40 dB
;Filterordnung:             N =10 (aufgerundet auf gerade Ordnung)
;
;Speicherplatzreservierung für benötigte Variablen, wortweise
;
        .bss b10,1
        .bss b11,1
        .
        .
        .
        .bss b52,1
        .bss x1k,1
        .bss x1k_1,1
        .
        .
        .
        .bss y5k_2,1
;
;Beginn des ausführbaren Programms: Laden der Filterkoeffizienten
;
        .text           ;Beginn Programmcode-Segment
        LALK 6545       ;ACC mit dem Koeffizienten laden
        SACL b12        ;ACC (Low) in Variable b12 laden
        LALK 12361
        SACL b11        ;Koeffizienten b11 laden
        .
        .
        .
```

```
            LALK 6116
            SACL a51      ;Koeffizienten a51 laden
;─────────────────────────────────────────────────
;Programm-Fortsetzung: Filter-Programmschleife
;─────────────────────────────────────────────────
sample: IN x1k,pa10   ;aktuellen Eingangs-Abtastwert von Port 10 holen

            LT x1k_2      ;Beginn Algorithmus für Block 1
            MPY b12
            LTD x1k_1
            MPY b11
            LTD x1k
            MPY b10
            LTA y1k_2     ;ACC  := b12*x1k_2+b11*x1k_1 + b10*x1k
            MPY a12
            LTD y1k_1
            MPY a11
            APAC          ;ACC  := b12*x1k_2+b11*x1k_1+b10*x1k+
            ;                     +a12*y1k_2+a11*y1k_1
            SACH y1k,2    ;y1k  := ACC / 16384 (shift 14x right = 2x left)
            DMOV y1k      ;y1k_1 := y1k
                          ;Ende Algorithmus für Block 1

            LAC y1k
            SACL x2k      ;x2k  := y1k

            LT x2k_2      ;Beginn Algorithmus für Block 2
            .
            .
            .
            SACL y5k,2
            DMOV y5k      ;Ende Algorithmus für Block 5

            OUT y5k,pa11  ;Ausgabe von y5k = yk auf Port 11
            B sample      ;Rücksprung zum Schleifenanfang
```

3.11.1 Aufgaben

▲ **Aufgabe 3.11.1**
Schreiben Sie auf der Grundlage der mit obigen Assembler-Programmen skizzierten Signalprozessorbefehle eine Befehlssequenz zur direkten Durchschaltung der Abtastwerte eines (zeitdiskreten) Audiosignals (Abtastfolgefrequenz 44,1 kHz) von Eingabeport 10 zum Ausgabeport 10!

▲ **Aufgabe 3.11.2**
Modifizieren Sie das Kernprogramm aus Aufgabe 3.11.1 dahingehend, dass zusätzlich zur direkten Signaldurchschaltung ein um ca. 180 ms verzögertes Echosignal mit halber Amplitude überlagert wird:

$$u_a(t) = u_i(t) + 0{,}5 u_i(t - 180 \text{ ms})$$

Man bedient sich zur Erzeugung von Signalverzögerungen um d Abtasttakte eines sog. softwaremäßig im Datenspeicher gebildeten (wie hier) (oder auch in manchen Signalprozessoren hardwaremäßig unterstützten) Circular-Buffer gemäß Bild 3.155a.

Das Programm muss entsprechend der Echozeit den Aufenthalt von d Abtastwerten in d Speicherzellen wie in Bild 3.155a angedeutet organisieren.

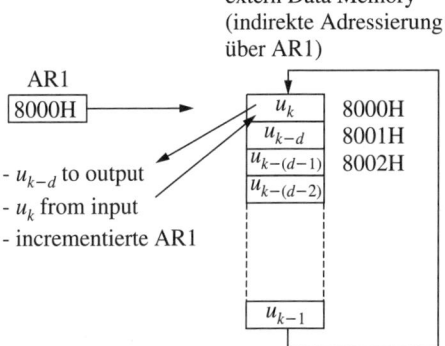

Bild 3.155a Circular Buffer zu Aufgabe 3.11.2

▲ **Aufgabe 3.11.3**
Entwickeln Sie ein Programm für den vorliegenden DSP, das am DSP-Ausgang Out-Port 10 eine Wertefolge entsprechend einer Sinusfunktion ausgibt:

$$y(kT) = x_0 \sin(2\pi f kT)$$

$f = 440$ Hz: Sinusfrequenz
$f_a = 1/T = 44{,}1$ kHz: Wertefolgefrequenz (Abtastfrequenz)

Bemerkung: Ein zeitdiskretes Übertragungsglied 2. Ordnung gemäß Bild 3.155b hat mit den Methoden der digitalen Signalverarbeitung die Übertragungsfunktion

$$H(z) = \frac{b_0 + b_1 z^{-1} + b_2 z^{-2}}{a_0 + a_1 z^{-1} + a_2 z^{-2}}$$

und den Rechenalgorithmus

$$y_k = \frac{1}{a_0}\left(b_0 x_k + b_1 x_{k-1} + b_2 x_{k-2} - a_1 y_{k-1} - a_2 y_{k-2}\right)$$

für die Berechnung des Ausgangswert y_k in Abhängigkeit vom aktuellen Eingangswert x_k und dessen veralteten Werten x_{k-1} und x_{k-2} (s. auch Beispiel 3.46).

Es lässt sich zeigen, dass für

$$b_0 = 0$$
$$b_1 \, a_0 \sin\left(2\pi \frac{f}{f_a}\right)$$

$$a_0 = (\text{z. B.}) \, 2^{14}$$

(abhängig von der Beachtung eines möglichen Accu-Überlaufs)

$$a_1 = -2a_0 \cos\left(2\pi \frac{f}{f_a}\right)$$
$$a_2 = a_0$$

die Impulsantwort, d. h. die Ausgangswertefolge auf die Eingangswertefolge $[x_0, 0, 0, \ldots]$ (d. h., nur der Eingangswert im ersten Takt ist ungleich 0) einer Sinusfunktion

$$y(kT) = x_0 \sin(2\pi f kT)$$

entspricht.

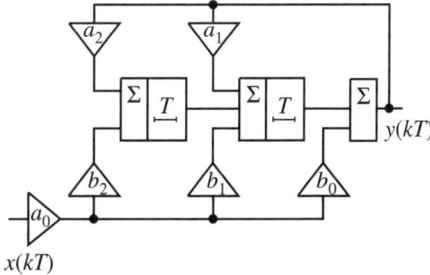

Bild 3.155b Strukturbild eines zeitdiskreten Übertragungsgliedes 2. Ordnung

3.12 Transputer

Transputer sind Mikroprozessoren mit

- Fest- und Fließkomma-ALU
- On-Chip-Programm- und Daten-RAM
- Zeitmutiplex-Adress- und Datenbus-Interface

sowie

- einer Steuerung für Parallelprocessing auf einem Transputer (Multitasking) (quasiparalleler Ablauf mehrerer Programme im Zeitscheibenbetrieb auf einem Transputer)

- vier zusätzlichen bitseriellen Hardware-Schnittstellen (5...20 MBit/s) zur Zusammenschaltung der Transputer zu einem Transputernetz und Parallelprocessing auf mehreren Transputern (Multiprocessing).

Bild 3.156a zeigt ein vereinfachtes Blockschaltbild des Transputers T800. Die nachfolgenden Erläuterungen beziehen sich auf diesen Typ.

Workspace ist hier die Bezeichnung für das aktuelle Datensegment. Der Workspace-Pointer (WPTR) enthält die (physikalische 32-Bit-)Anfangsadresse des Workspace.

Operandenregister. Der Operandenregistersatz ist hier nach dem Stack-Prinzip organisiert. Stack-Oberfläche ist immer Register A, und es gilt das LIFO-Prinzip (Last In First Out). Zugriff besteht nur auf Register A. Die Wirkung des Befehls für das Laden von A mit der Konstanten 6 ist mit folgendem Kommentar erklärt:

```
LDC 6  ; Laden = Push:
       ; Inhalt von C geht verloren
       ; C := B
       ; B := A
       ; A := 0000 0006H
```

Die Stack-Tiefe von 3 darf also vom Assemblerprogrammierer nicht überschritten werden. Umgekehrt bewirkt das Speichern von A in z. B. den Workspace-Offset 1, wie im folgenden Befehlskommentar dargestellt:

```
STL 1  ; [WPTR + 1*4] := A
       ; (der Workspace-Offset zählt
       ; in Word = hier: 4 Byte)
       ; A := B
       ; B := C
       ; C ist unbestimmt
```

Speicherraumorganisation. Bild 3.156b zeigt die Gesamtübersicht über den Speicherraum.

Transputerstart nach RESET oder Einschalten der Betriebsspannung erfolgt in Abhängigkeit des Schaltkreispins BOOT FROM ROM:

- Pin BOOT FROM ROM = High
  Transputer greift auf das Ur-Programm im externen ROM mit
  IP=7FFF FFFEH
  WPTR = 8000 0048H
  zu.

- Pin BOOT FROM ROM = Low
  Transputer erwartet die Bytefolge (bitserielle Übergabe!) des Ur-Programms über das von außen zuerst bediente Link

  – 1. Byte >01H (Anzahl der folgenden Bytes des Urprogramms, <100H)
  – Speicherung des Urprogramms ab Adresse 8000 0070H (interner RAM)
  – Programmstart mit
    IP 8000 0070H
    Wptr 8000 0070H + Länge des Ur-Programms
    C Adresse des Boot-Links

Mit dieser Bootmethode kann ein Transputer entweder von einem Hostrechner (z. B. in der Entwicklungsphase) oder in einem Transputernetz von einem benachbarten Transputer mit Programmkode versorgt werden.

Parallele Prozesse. Programme oder Teilprogramme heißen hier auch Prozesse. Parallele Prozesse laufen zeitlich

- quasiparallel auf einem Transputer in ihnen vom sog. Scheduler zugeordneter Zeitscheibe (z. B. 1 ms) oder

- echt parallel auf mehreren Transputern eines Transputernetzes (in dem benachbarte Transputer über ihre Links miteinander verbunden sind) (s. Bild 3.157)

3.12 Transputer 331

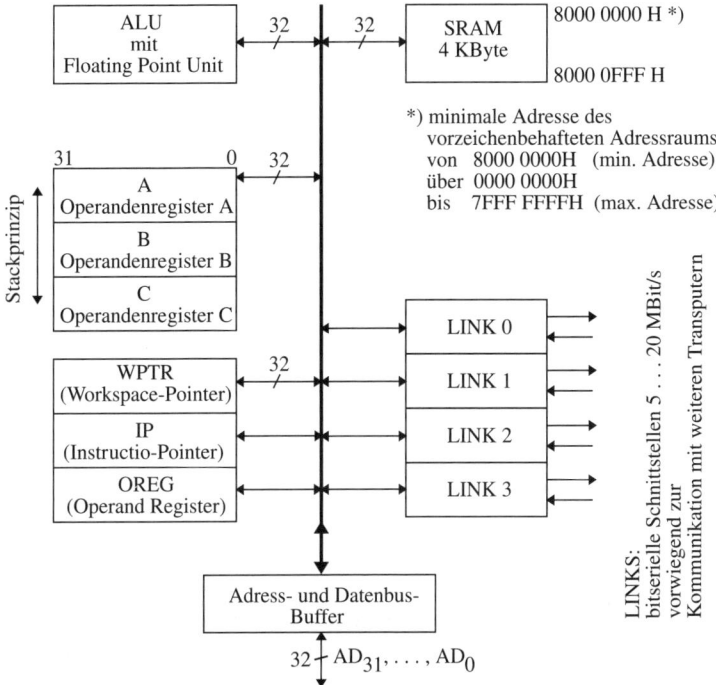

Bild 3.156a Blockschaltbild eines Transputers

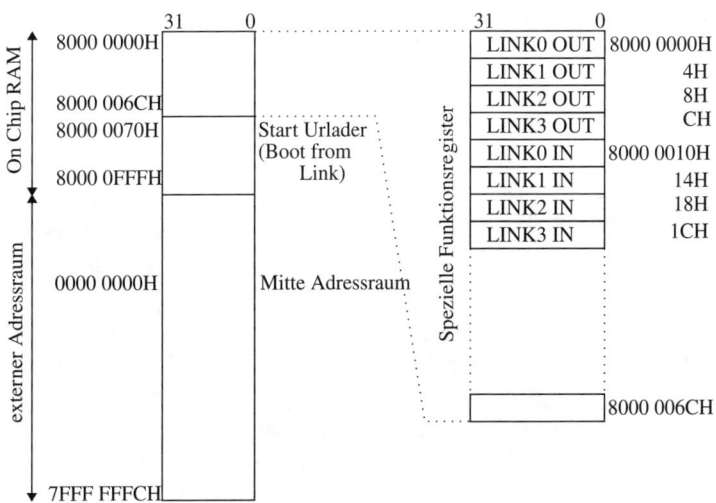

Bild 3.156b Speicherraumorganisation des Transputers

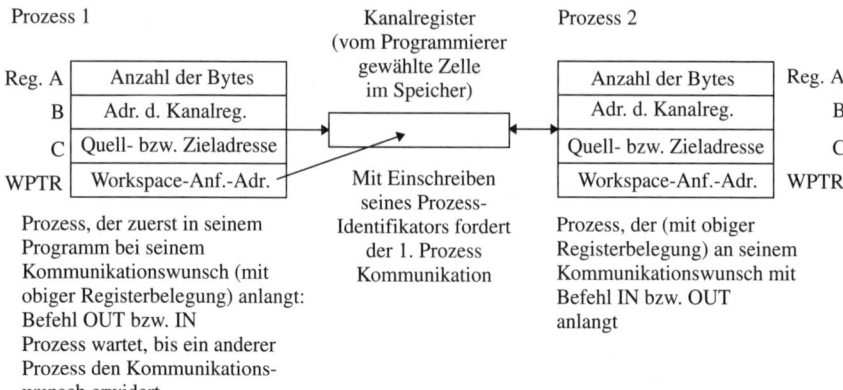

Bild 3.157 Interne Kanalkommunikation

Parallele Prozesse können über einen Kanal miteinander kommunizieren (Kanalkommunikation). Der Kanal wird realisiert durch

- eine Speicherstelle (Kanalregister) (quasiparallele Prozesse) oder
- ein Link (echt parallele Prozesse).

Quasiparallele Prozesse auf einem Transputer. Der Prozess kann einen der folgenden Status haben:

- aktiver Prozess: Prozess läuft in z. Z. aktueller Zeitscheibe
- bereiter Prozess: Prozess wartet, ggf. mit weiteren in der Warteschlange
- wartender Prozess: Prozess wartet auf ein äußeres Ereignis (Ein-, Ausgabe, Timerablauf o. ä.) und ist solange aus der Warteschlange ausgegliedert.

Die (hier interne) Kanalkommunikation erfolgt wie in Bild 3.157 dargestellt. Die gegenseitige Verständigung über den Übertragungswunsch von Bytes aus dem Workspace des einen Prozesses in den Workspace des anderen gemäß der Registerbelegung (Bild 3.156) erfolgt über das von der Programmierung festgelegte Kanalregister. Der eigentliche Datentransfer zwischen den Workspaces (d. h. innerhalb des RAM) erfolgt dann nicht mehr über das Kanalregister, sondern durch Umspeicherung im RAM (sog. Direct Memory Access – DMA).

Parallele Prozesse auf je einem Transputer. Die Kommunikation zwischen den Prozessen auf verschiedenen Transputern innerhalb eines Transputernetzes (Bild 3.158) erfolgt über die Links. An die Stelle des Kanalregisters tritt das Link (gemäß Adresse in Reg. B, Bild 3.157). Hier erfolgt natürlich auch der Datentransfer bitseriell über das Link.

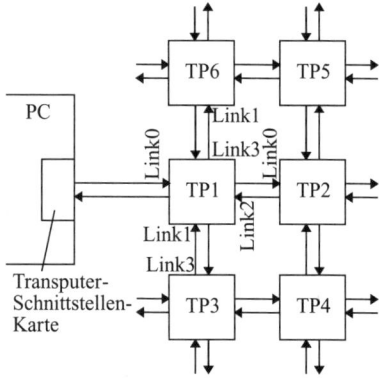

Bild 3.158 Transputernetz, zusätzlich mit einem Rechner (PC) verbunden

Programmierung. Programmiermöglichkeiten sind

- Programmierung in Assemblersprache
- Programmierung in der Sprache OCCAM
  OCCAM ist eine für parallele Programmstrukturen geeignete Sprache.
- Programmierung in der Sprache C
  C ist hier mit einer zusätzlichen Library für parallele Funktionen ausgerüstet.

Zur Demonstration von parallelen Prozessen (zum Verständnis mit unrealistisch einfachen Prozessen!) werden hier Programmbeispiele in C vorgestellt.

Die Programmierung erfolgt in der Regel auf einem Hostrechner (z. B. PC), auf dem der Compiler eine bootfähige Programmdatei in Transputercode erzeugt. Die Programmdatei wird über eine Schnittstelle und ein Monitorprogramm einem TP-Link zugeführt (Bild 3.158).

❏ **Beispiel 3.47**
Demonstration von

- einem aufrufenden Prozess und
- drei zusätzlich zu startenden (quasi-)parallelen Prozessen Pz1, Pz2 und Pz3

auf einem Transputer (Programm für C-Compiler CCT T414/T800)

```
# include <stdio.h>
# include <parlib.h>        /* C-Funktionenbibliothek für die spezielle Transputer-Hardware */

# define b0 1
# define b1 3
# define b2 4
# define b3 2               /* Definition von Konstanten b0 = 1, b1 = 3, ...*/

int wsp1[100];
int wsp 2 [100;]
int wsp 3 [100];            /* Reservierung von je 100 Speicherplätzen für drei Workspaces */
                            /* names wsp1, wsp2, wsp3 */
channel kan1, kan2, kan3;   /* Reservierung von drei Kanalregistern namens kan1, kan2, kan3 */

void Pz1 (void)             /* Programm für Pz1 als C-Funktion */
{ int p1;                   /* Speicherplatz für Variable namens p1 reservieren */
  getchannel (&p1,sizeof(p1), &kan1); /* Daten der Länge der Variablen p1 von Kanalregister */
                            /* kan1 holen, */
                            /* (ggf. warten) und nach Speicherplatz der Variablen p1 */
                            /* speichern */
  p1 = b1 * p1;             /* Durchführung einer Multiplikation, hier stellvertretend für eine */
                            /* umfangreichere Informationsverarbeitung */
  putchannel (&p1, sizeof(p1), &kan1); /* Senden des Ergebnisses p1 an kan1 */
}                           /* Ende des Pz1-Programms */

void Pz2 (void)             /* Programm für Pz2 */
{ int p2;                   /* Variable namens p2 deklarieren */
  getchannel (&p2,sizeof(p2), &kan2); /* Empfang von Daten von kan2 (ggf. warten) */
                            /* und als Variable p2 speichern */
  p2 = b2 * p2;             /* Durchführung einer Informationsverarbeitung */
  putchannel (&p2, sizeof(p2), &kan2); /* Senden des Ergebnisses p2 an kan2 */
}                           /* Ende des Pz2-Programms */
```

```
void Pz3 (void)                              /* Programm für Pz3 */
{ int p3;
  getchannel (&p3,sizeof(p3), &kan3);
  p3 = b3 * p3;
  putchannel (&p3, sizeof(p3), &kan3);
}

main ()                                      /* Beginn des aufrufenden (Haupt-)Programms (Prozesses) */
{ int z;
  int xk = 5;
  int xk_1 =3;
  int xk_2 = 2;
  int xk_3 = 4;
  int yk = 0;
  reschannel (&kan1);                        /* Kanalresets: Kanalregister werden auf 8000 0000H gesetzt */
  reschannel (&kan2);
  reschannel (&kan3);

  startp (Pz1, wsp1, 1)                      /* Prozessstart */
                                             /* - für Prozess Pz1 */
                                             /* - mit der Workspace-Zuordnung wsp1 */
                                             /* - auf der (niederen) Prioritätsebene 1 */
  startp (Pz2, wsp2, 1)                      /* Start Prozess Pz2 */
  startp (Pz3, wsp3, 1)                      /* Start Prozess Pz3 */
  putchannel (&xk_1, sizeof(xk_1), &kan1);   /* xk_1 = 3 an kan1 senden */
  putchannel (&xk_2, sizeof(xk_2), &kan2);   /* xk_2 = 3 an kan2 senden */
  putchannel (&xk_3, sizeof(xk_3), &kan3);   /* xk_3 = 3 an kan3 senden */
                                             /* Pz1, Pz2, Pz3 haben jetzt ihre Daten und */
                                             /* führen ihre jeweilige Aufgabe aus */
  yk = b0 * xk;                              /* Dieser aufrufende Prozess führt ebenfalls quasi- */
                                             /* parallel seine Aufgabe durch */
  getchannel (&z, sizeof(z), &kan1);         /* Empfang des Ergebnisses von Pz1 */
  yk = yk + z
  getchannel (&z, sizeof(z), &kan2);         /* Empfang des Ergebnisses von Pz2 */
  yk = yk + z:
  getchannel (&z, sizeof(z), &kan3);         /* Empfang des Ergebnisses von Pz3 */
  yk = yk * z;                               /* Die Speicherzelle für die Variable yk enthält jetzt das */
                                             /* Ergebnis aller Prozesse: */
                                             /* yk = b0*xk + b1*xk_1 + b2*xk_2 + b3*xk_3 */
}
```

❑ **Beispiel 3.48**

Demonstration von vier echt parallelen Prozessen auf vier Transputern des Netzes gemäß Bild 3.158, und zwar

- (Master-)Prozess Pz_main auf Tp1 (Bild 3.158)
- Pz1 auf TP3
- Pz2 auf TP2
- Pz3 auf TP6

Gegenüber Beispiel 3.46

- hat jeder Transputer sein eigenständiges Programm
- treten an die Stelle der Kanalregister (kan1, ...) die entsprechend dem Netz geschalteten Links.

Die einzelnen Transputerprogramme sind für die Ablage im externen Speicher jedes Transputers vorgesehen und werden bei Einschalten im jeweiligen Transputer gestartet.

3.12 Transputer

Programm prog_Pz1.c für Pz1:
```
main ()                                    /* Programm für Pz1 auf TP3 */
{ int p1;                                  /* Speicherplatz für Variable namens p1 reservieren */
   getchannel (&p1,sizeof(p1), LINK3IN);   /* Daten der Länge der Variablen p1 von Link 3 holen, */
                                           /* (ggf. warten) und nach Speicherplatz der Variablen p1 /*
                                           /* speichern */
   p1 = b1 * p1;                           /* Durchführung einer Multiplikation, hier stellvertretend für */
                                           /* eine umfangreichere Informationsverarbeitung */
   putchannel (&p1, sizeof(p1), LINK3OUT); /* Senden des Ergebnisses p1 an Link 1 */
} /* Ende des Pz1-Programms */
```

Programm prog_Pz2.c für Pz2:
```
main ()
{ int p2;
   getchannel (&p2,sizeof(p2), LINK0IN);
   p2 = b2 * p2;
   putchannel (&p2, sizeof(p2), LINK0OUT);
}
```

Programm prog_Pz3.c für Pz3:
```
main ()
{ int p3;
   getchannel (&p3,sizeof(p3), LINK1IN);
   p3 = b3 * p3;
   putchannel (&p3, sizeof(p3), LINK1OUT);
}
```

Programm prog_Pz_main.c für Pz_main:
```
{ int z;
   int xk = 5;
   int xk_1 =3;
   int xk_2 = 2;
   int xk_3 = 4;
   int yk = 0;
   putchannel (&xk_1, sizeof(xk_1), LINK1OUT);   /* xk_1 = 3 an TP3 senden */
   putchannel (&xk_2, sizeof(xk_2), LINK2OUT);   /* xk_2 = 2 an TP2 senden */
   putchannel (&xk_3, sizeof(xk_3), LINK3OUT);   /* xk_3 = 4 an TP6 senden */
                                                 /* Pz1, Pz2, Pz3 haben jetzt ihre Daten und */
                                                 /* führen ihre jeweilige Aufgabe aus */
   yk = b0 * xk;                                 /* Dieser Prozess Pz_main führt ebenfalls */
                                                 /* quasiparallel seine Aufgabe durch */
   getchannel (&z, sizeof(z), LINK1IN);          /* Empfang des Ergebnisses von Pz1 (TP3) */
   yk = yk + z
   getchannel (&z, sizeof(z), LINK2IN);          /* Empfang des Ergebnisses von Pz2 (TP2)*/
   yk = yk + z:
   getchannel (&z, sizeof(z), LINK3IN);          /* Empfang des Ergebnisses von Pz3 (TP6) */
   yk = yk * z;                                  /* Die Speicherzelle für die Variable yk enthält jetzt */
                                                 /* das Ergebnis aller Prozesse: */
                                                 /* yk = b0*xk + b1*xk_1 + b2*xk_2 + b3*xk_3 */
}
```

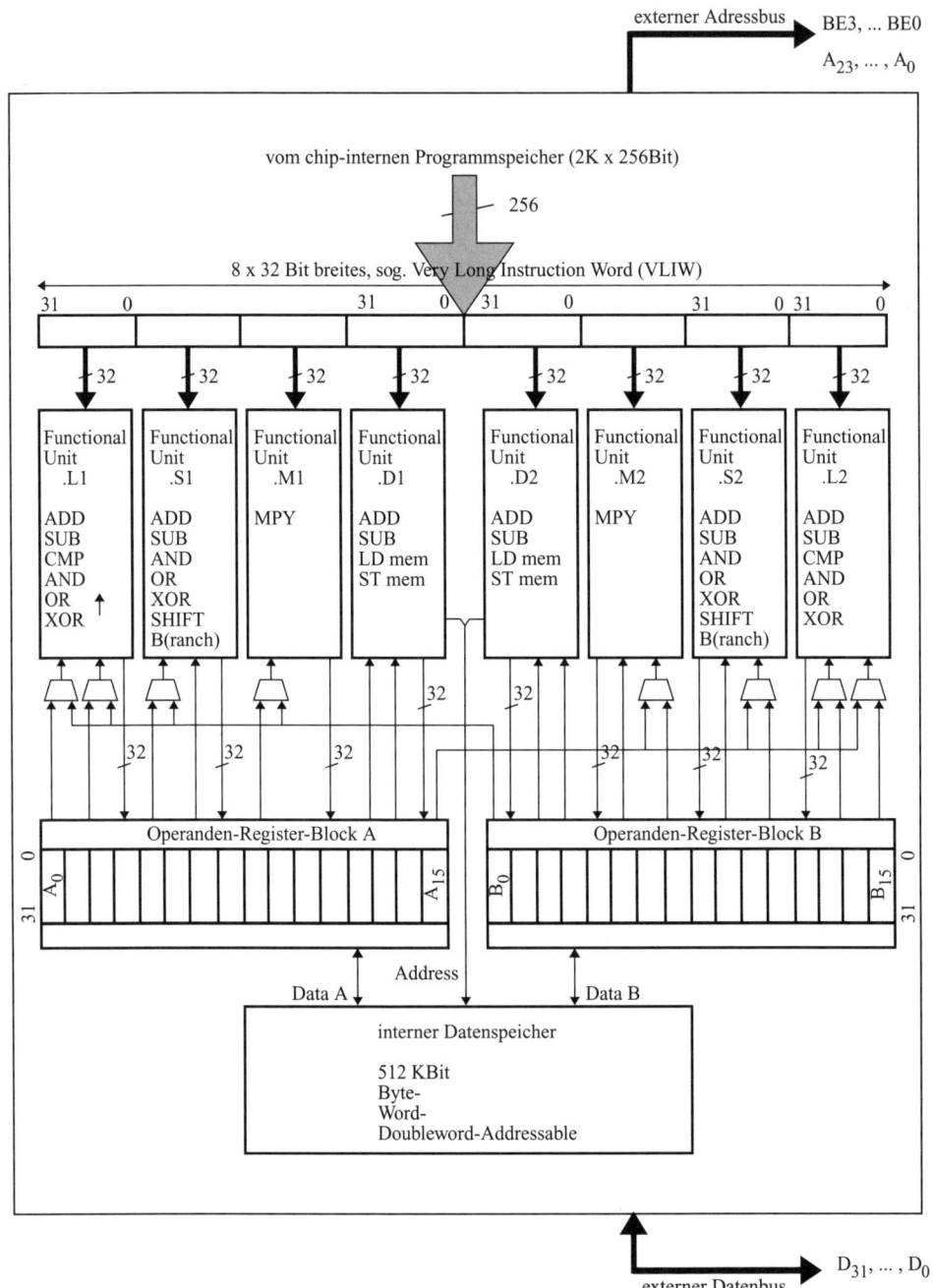

Bild 3.159 Blockbild eines Multi-Processing-Chip (ähnlich DSP TMS320C6x)

Parallel Processing mit mehreren Rechenwerken (Functional Units) auf einem einzigen Chip ist zunehmend die logische Fortsetzung der Entwicklung. Wegen der schnelleren Bearbeitung auch komplexerer Algorithmen sind solche (nicht mehr Transputer genannte) ICs eher der Gruppe der digitalen Signalprozessoren zuzuordnen. Bild 3.159 zeigt in Anlehnung an den DSP TMS320C6x eine 8fache Struktur.

Wesentliche Funktionen sind 2 Gruppen mal 4 parallel arbeitende ALU-Einheiten (Functional Units .L, .S, .M, .D in Bild 3.159) mit allerdings den angedeuteten etwas spezifizierten Befehlsgruppen (addieren, ..., multiplizieren, ..., load memory, store memory)

- 8fach parallele Zuführung der 32 Bit breiten Maschinen-Befehle für die 8 ALU-Einheiten in jedem Taktzyklus (Taktfrequenz z. B. 200 MHz) (sog. Very Long Instruction Architecture)
- obiges ermöglicht durch einen internen Programmspeicher (RAM) (2 K × 8 × 32 Bit = 0,5 MBit), gestützt durch 32 Bit breit zugreifbaren externen Speicher
- Functional Units arbeiten nur mit den Operanden-Registern zusammen
- Daten-Transfer zwischen Operanden-Registern und (internem) RAM-Speicher wird von den Functional Units .D gesteuert

Lösungen

Lösungen zum Abschnitt 1.1

▶ **L1.1.1**

$n_i(T = 250 \text{ K}) = 1{,}56 \cdot 10^8 \text{ cm}^{-3}, n_i(T = 300 \text{ K}) = 1{,}5 \cdot 10^{10} \text{ cm}^{-3}, n_i(T = 350 \text{ K}) = 4{,}05 \cdot 10^{11} \text{ cm}^{-3}$

▶ **L1.1.2**

Dotierter Halbleiter: Aus Diagramm in Bild 1.4: $\mu_n = 360 \text{ cm}^2/(\text{V} \cdot \text{s})$, $\mu_p = 150 \text{ cm}^2/(\text{V} \cdot \text{s})$, $\varkappa = 57{,}6 \text{ 1}/\Omega \cdot \text{cm}$

Undotierter Halbleiter: $\mu_n = 1050 \text{ cm}^2/(\text{V} \cdot \text{s})$, $\mu_p = 450 \text{ cm}^2/(\text{V} \cdot \text{s})$, $\varkappa = 3{,}6 \cdot 10^{-6} \text{ 1}/\Omega \cdot \text{cm}$

▶ **L1.1.3**

Mit den Gln. (1.3), (1.16), (1.17) und dem Ergebnis aus A1.1.2: $L_n = 13{,}6 \text{ µm}$

▶ **L1.1.4**

$f \geqq W_g/h = 2{,}68 \cdot 10^{14} \text{ Hz}, \lambda = c/f \leqq 1{,}12 \text{ µm}$

▶ **L1.1.5**

vor der Dotierung: $p_p = N_A = 1 \cdot 10^{15} \text{ cm}^{-3}, n_p = n_{i0}^2/p_p = 2{,}25 \cdot 10^5 \text{ cm}^{-3}$

nach der Dotierung: $n_n = N_D - N_A = 9{,}9 \cdot 10^{16} \text{ cm}^{-3}, p_n = n_{i0}^2/n_n = 2{,}27 \cdot 10^3 \text{ cm}^{-3}$

Lösungen zum Abschnitt 1.2

▶ **L1.2.1**

Falls mindestens ein Eingang Low: $U_A = U_{AL} = U_{F0} = 0{,}7 \text{ V}$, sonst $U_A = U_{AH} = U_B \dfrac{R}{R + R_V} = 6 \text{ V}$.

Logische Funktion: AND

▶ **L1.2.2**

$$S = \frac{R_V + r_Z \| R_L}{r_Z \| R_L} \cdot \frac{U_{Z0}}{U_E} = \left(1 + \frac{R_V}{r_Z} + \frac{R_V}{R_L}\right) \cdot \frac{U_{Z0}}{U_E} = 40{,}5$$

▶ **L1.2.3**

a) $R_V = (S - 1)r_Z = 116 \text{ }\Omega$

b) $P_{V\max} = U_{Z0}I_{Z\max} = U_{Z0}(U_{E\max} - U_{Z0})/R_V = 724 \text{ mW}$

c) $R_{L\min} = \dfrac{U_{Z0}}{I_{L\max}} = \dfrac{U_{Z0}}{I_{RV\min} - I_{Z\min}} = 74{,}8 \text{ }\Omega$ mit $I_{RV\min} = \dfrac{U_{E\min} - U_{Z0}}{R_V}$

▶ L1.2.4

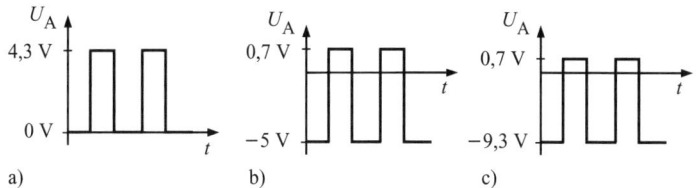

a) b) c)

▶ L1.2.5

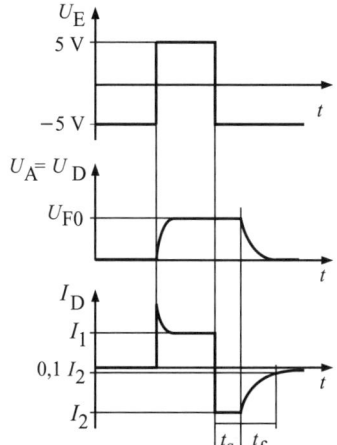

$I_1 = 4{,}3$ mA, $I_2 = -5{,}7$ mA, $t_S = 3{,}4$ ns, $t_f = 5{,}8$ ns

Lösungen zum Abschnitt 1.3

▶ L1.3.1

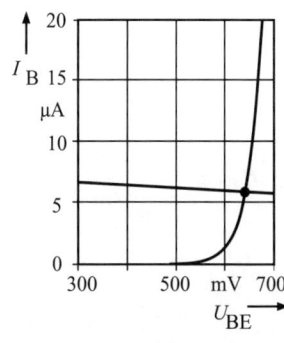
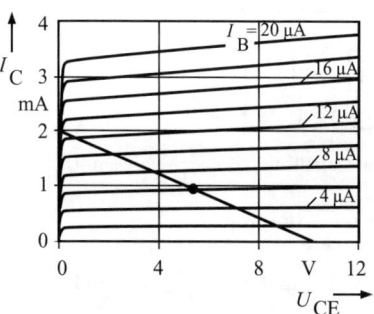

Eingangskennlinie: $U_{LE} = U_{0C} = 10$ V, $I_{KE} = U_{0C}/R_B = 6{,}67$ µA
Ausgangskennlinie: $U_{LA} = U_{0C} = 10$ V, $I_{KA} = U_{0C}/R_C = 2$ mA
Arbeitspunkt: $U_{BE0} \approx 0{,}64$ V, $I_{B0} \approx 6$ µA, $U_{CE0} \approx 5$ V, $I_{C0} \approx 1$ mA
Kleinsignalparameter: $b = B_N \approx 167$, $r_{BE} \approx 4{,}5$ kΩ, $r_{CE} \approx 120$ kΩ, $S = b/r_{BE} \approx 37$ mS

▶ **L1.3.2**

$$\Delta I_B = -(1-A_N)I_{ES} + (1-A_I)\left(e^{U_{BC}/U_T}-1\right) = -2{,}8 \cdot 10^{-12}\,\text{A},\ \frac{\Delta I_B}{I_B} = -5 \cdot 10^{-7}$$

▶ **L1.3.3**

Aus den beiden Gleichungen $I_{C1} = (B_N I_B + I_{CE0})\left(1 + \dfrac{U_{CE1}}{U_{EA}}\right)$ und $I_{C2} = (B_N I_B + I_{CE0})\left(1 + \dfrac{U_{CE2}}{U_{EA}}\right)$

mit $I_B = 7\,\mu\text{A}$ und $I_{CE0} = \dfrac{I_{CB0}}{1-A_N} = \dfrac{I_{CS}(1-A_N A_I)}{1-A_N} = 5{,}6 \cdot 10^{-10}\,\text{A}$

folgt: $B_N = \dfrac{I_{C2}U_{CE1} - I_{C1}U_{CE2} + I_{CE0}(U_{CE2}-U_{CE1})}{I_B(U_{CE1}-U_{CE2})} = 199$ und $U_{EA} = \dfrac{I_{C1}U_{CE2} - I_{C2}U_{CE1}}{I_{C2}-I_{C1}} = 70\,\text{V}$

▶ **L1.3.4**

$$S = f(I_C) = \frac{bI_{C0}}{U_T B_N} \approx \frac{I_{C0}}{U_T}\ \text{und somit}\ \frac{S}{I_{C0}} = \frac{1}{U_T} = \text{konstant}$$

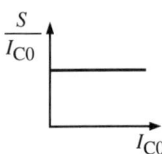

▶ **L1.3.5**

a) $I_{C0} = \dfrac{U_{0C} - U_{CE0}}{R_C} = 21{,}3\,\text{mA},\ I_{B0} = \dfrac{I_{C0}}{B_N} = 106\,\mu\text{A},\ R_B = \dfrac{U_{0C} - U_{BE0}}{R_B} = 107\,\text{k}\Omega$

b)

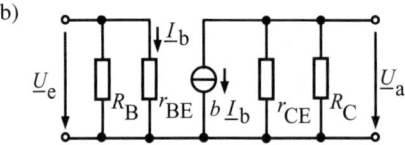

Aus dem Kleinsignalersatzschaltbild lässt sich ablesen: $\underline{U}_a = -b\underline{I}_b(R_C\|r_{CE})$ und $\underline{I}_b = \dfrac{\underline{U}_e}{r_{BE}}$.

Damit folgt: $v_u = \dfrac{\underline{U}_a}{\underline{U}_e} = -\dfrac{b}{r_{BE}}(R_C\|r_{CE})$

c) $U_{CE0} = 2\,\text{V}$: $r_{BE} = \dfrac{U_T}{I_{B0}} = 244\,\Omega,\ r_{CE} = \dfrac{U_{EA}}{I_{C0}} = 3{,}5\,\text{k}\Omega$,

$$b = B_N\left(1 + \frac{U_{CE0}}{U_{EA}}\right) = 205,\ v_u = \frac{b}{r_{BE}}(R_C\|r_{CE}) = -348,$$

$U_{CE0} = 8\,\text{V}$: $I_{C0} = 8{,}5\,\text{mA},\ I_{B0} = 43\,\mu\text{A},\ R_B = 268\,\text{k}\Omega$,
$r_{BE} = 611\,\Omega,\ r_{CE} = 8{,}8\,\text{k}\Omega,\ b = 221,\ v_u = -162$

▶ L1.3.6

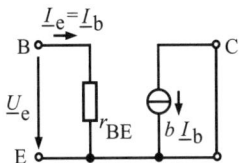

Emitterschaltung:
$$r_e = \frac{U_e}{I_e} = \frac{U_{BE}}{I_b} = r_{BE}$$

Basisschaltung:
$$r_e = \frac{U_e}{I_e} = \frac{U_e}{-(I_b + bI_b)} = \frac{r_{BE}}{1+b}$$

Der Eingangswiderstand der Basisschaltung ist b-fach kleiner als bei der Emitterschaltung.

▶ L1.3.7

a) $R_E = \dfrac{U_{E0}}{I_C} = 500\,\Omega$, $R_C = \dfrac{U_{0C} - U_{C0}}{I_C} = 2{,}5\,\text{k}\Omega$, $I_B = \dfrac{I_C}{B_N} = 11\,\mu\text{A}$, $U_{B0} = U_E + U_{BE0} = 1{,}6\,\text{V}$

Basisspannungsteiler: $\dfrac{U_{B0}}{U_{0C}} = \dfrac{R_2}{R_1 + R_2}$

Querstrom im Spannungsteiler $> 10 I_B$: $\dfrac{U_{0C}}{R_1 + R_2} \geqq 10 I_B$

Lösung beider Gleichungen: $R_2 = \dfrac{U_{B0}}{10 I_B} = 14\,\text{k}\Omega$, $R_1 = \dfrac{U_{0C}}{10 I_B} - R_2 = 91\,\text{k}\Omega$

b)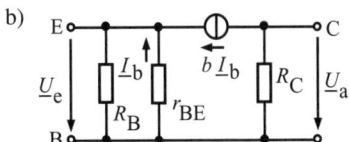

$r_{BE} = \dfrac{U_T}{I_B} = 2{,}3\,\text{k}\Omega$

mit $\underline{U}_a = -b\underline{I}_b R_C$ und $\underline{I}_b = -\dfrac{\underline{U}_e}{r_{BE}}$ folgt $v_u = \dfrac{\underline{U}_a}{\underline{U}_e} = \dfrac{b}{r_{BE}} R_C = 185$

Die Spannungsverstärkung der Basisschaltung unterscheidet sich nur im Vorzeichen von der Emitterschaltung.

▶ L1.3.8

Die Kapazitäten mit ihrem unendlich hohen Leitwert bilden im NF-Bereich einen Kurzschluss.

Kleinsignalersatzschaltung:

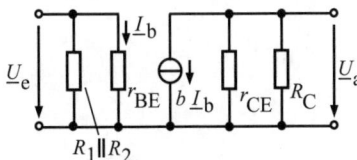

$v_a = \dfrac{\underline{U}_a}{\underline{U}_e} = -\dfrac{b}{r_{BE}}(R_C \| r_{CE})$, $r_e = \dfrac{\underline{U}_e}{\underline{I}_e} = \dfrac{\underline{U}_{BE}}{\underline{I}_b} = r_{BE} \| R_1 \| R_2$

▶ L1.3.9

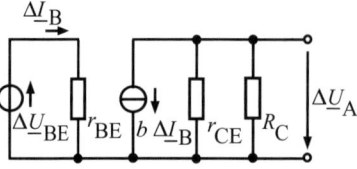

Mit $\Delta U_A = -b\Delta I_B R_C$, $\Delta I_B = \dfrac{-\Delta U_{BE}}{r_{BE}}$ und $\dfrac{1}{r_{BE}} = \dfrac{I_{B0}}{U_T} = \dfrac{I_{C0}}{B_N U_T}$ folgt:

$$\Delta U_A = \frac{bR_C}{r_{BE}}\Delta U_{BE} = \frac{bR_C}{r_{BE}} D_T \Delta T = -920\text{ mV}.$$

$$\frac{\Delta U_{CE0}}{U_{CE0}} = \frac{\Delta U_A}{U_A} = -\frac{920\text{ mV}}{6\text{ V}} = -15{,}3\text{ \%}$$

Driftverstärkung $v_d = \dfrac{\Delta U_A}{\Delta U_{BE}} = \dfrac{bR_C}{r_{BE}}$ und NF-Spannungsverstärkung $v_u = \dfrac{bR_C}{r_{BE}}$ dieser Schaltung sind gleich.

▶ L1.3.10

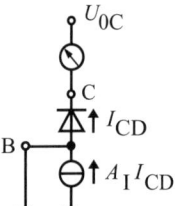

Die anderen Elemente entfallen wegen $U_{BE} = 0$, da ihre Ströme Null sind.

Raumtemperatur $T = 300$ K:

$$I_C = -I_{CD} = -I_{CS}\left(e^{U_{BC}/U_T} - 1\right), \quad I_E = -A_I I_{CD} = -A_I I_{CS}\left(e^{U_{BC}/U_T} - 1\right), \quad I_B = I_E - I_C$$

Bei gesperrtem Transistor gilt:

$U_{BC} \cong -10$ V und damit $I_C \cong I_{CS} = 7 \cdot 10^{-12}$ A, $I_E \cong A_I I_{CS} = 4{,}2 \cdot 10^{-12}$ A

Temperaturabhängigkeit des Kollektorstromes:

$I_C(T) = I_C(T_0)\,e^{C_R(T-T_0)}$: $I_C(T = 330\text{ K}) = 2{,}56 \cdot 10^{-10}$ A

Der Sperrstrom des Transistors steigt um den Faktor 36,6.

▶ L1.3.11

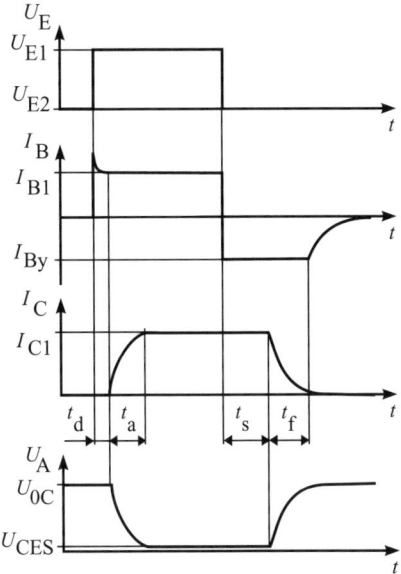

Es gilt: $R_{ers} = R_B$, $U_{ers1} = U_{E1} = 5$ V, $U_{ers2} = U_{E2} = -5$ V,

damit folgt: $I_{B1} = \dfrac{U_{E1} - U_{BEF}}{R_B} = 108\ \mu A$, $I_{C1} = \dfrac{U_{0C} - U_{CES}}{R_C} = 2{,}45$ mA,

$I_{By} = \dfrac{U_{E2} - U_{BEF}}{R_B} = -142\ \mu A$ und $t_d = 4{,}4$ ns, $t_a = 29{,}3$ ns, $t_S = 37{,}5$ ns, $t_f = 19{,}7$ ns.

▶ L1.3.12

Transistor aus: $I_B = 0$

U_{BE} entsteht über dem Eingangsspannungsteiler aus R_B und R_E:

$$\dfrac{U_{RE}}{U_E + U_{EE}} = \dfrac{U_{BE} + U_{EE}}{U_E + U_{EE}} = \dfrac{R_E}{R_B + R_E}$$

$$U_{ES} = \dfrac{R_B + R_E}{R_E}(U_{BEF} + U_{EE}) - U_{EE} = 4{,}3\ V$$

Lösungen zum Abschnitt 1.4

▶ L1.4.1

$U_{BR} = U_K \geqq \hat{u}_1 = \sqrt{2}U_1 = 325$ V

▶ L1.4.2

$\overline{P} = \dfrac{1}{2\pi} \displaystyle\int_{\alpha}^{\pi} \dfrac{1}{R_L}(\hat{u}_1 \sin \omega t)^2\ d\omega t$, $\overline{P}(\alpha_1) = 528$ W, $\overline{P}(\alpha_2) = 494$ W

▶ L1.4.3

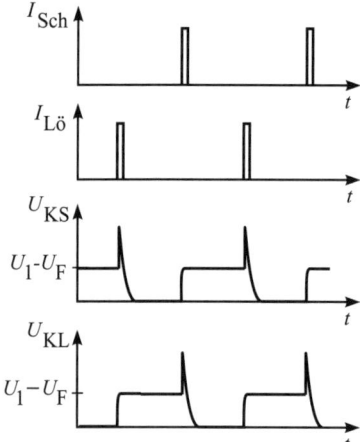

Lösungen zum Abschnitt 1.5

▶ L1.5.1

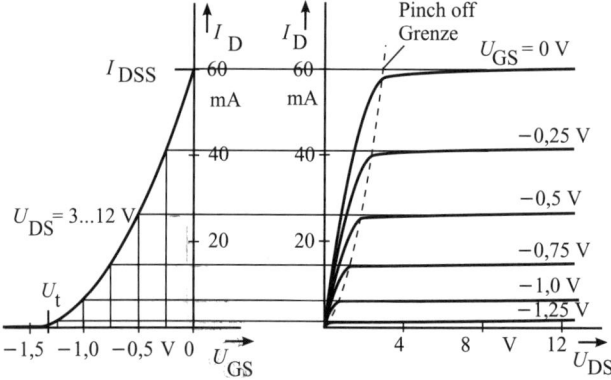

▶ L1.5.2

Mit den Ergebnissen aus Beispiel 1.19: $\beta = \dfrac{g_m}{2(U_{GS0} - U_T)} = 3{,}06 \text{ mA/V}^2$,

$\lambda = \dfrac{g_d}{\beta(U_{GS0} - U_t)^2} = 4{,}4 \cdot 10^{-3} \text{ V}^{-1}$

▶ L1.5.3

week inversion: $0 \leqq U_{GS} \leqq U_t$: $g_m = \dfrac{dI_{DW}}{dU_{GS}} = \dfrac{1}{NU_T} I_{D0} \left(1 - e^{-\frac{U_{DS}}{U_T}}\right) e^{\frac{U_{DS} - U_t}{NU_T}} = \dfrac{1}{NU_T} I_{DW} \bigg|_{AP}$

$\dfrac{g_m}{I_{DW}} \bigg|_{AP} = \dfrac{1}{NU_T}$

Pinch-off: $U_t \leqq U_{GS} \leqq U_{DS} + U_t$: $g_m = \dfrac{2I_D}{U_{GS} - U_t}$, $\dfrac{g_m}{I_D} = \dfrac{2}{U_{GS} - U_t}$

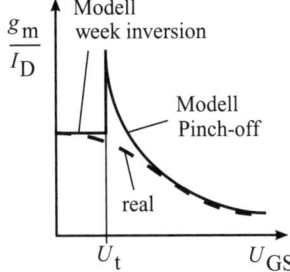

Da die Kennlinie in Bild 1.97 weder einen Knick noch einen Sprung im Übergangsbereich aufweist, muss der reale Verlauf der normierten Steilheit auch kontinuierlich verlaufen. Die Spitze im Modellverlauf ist ein Fehler, der auf die Ungenauigkeit dieser beiden Modellgleichungen im Übergangsbereich hindeutet. Achtung: Dieser Modellfehler ist auch in vielen SPICE-Modellen vorhanden!

Die Größte Steilheit besitzt der MOSFET im Week-inversion-Bereich. Mit wachsender Steuerspannung U_{GS} sinkt sie.

▶ **L1.5.4**

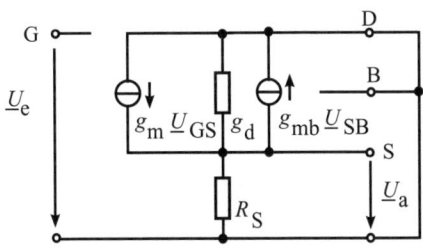

Mit $\underline{U}_{GS} = \underline{U}_e - \underline{U}_a$, $\underline{U}_{SB} = \underline{U}_a$, $\underline{U}_{DS} = -\underline{U}_a$, folgt:

Mit Body-Effekt: $v_{u1} = \dfrac{\underline{U}_a}{\underline{U}_e} = \dfrac{g_m}{g_m + g_{mb} + g_d + 1/R_S} = \dfrac{g_m}{g_m(1 + \gamma_B) + g_d + 1/R_S}$

und $\gamma_B = \dfrac{\gamma}{2\sqrt{U_{SB} + 2\varphi_F}} = 0{,}104$

Ohne Body-Effekt: $v_{u2} = \dfrac{\underline{U}_a}{\underline{U}_e} = \dfrac{g_m}{g_m + g_d + 1/R_S}$

Mit der Annahme $g_m \gg g_d + 1/R_S$ folgt: $\Delta v_u = v_{u1} - v_{u2} = \dfrac{\gamma_B}{1 + \gamma_B}$ und $\dfrac{\Delta v_u}{v_u} = \gamma_B = 10{,}4\,\%$
Es tritt eine Verschlechterung um 10,4 % ein.

▶ **L1.5.5**

$U_{GB} = U_{ox} + U_H + W_K/e = 14{,}15$ V.

▶ L1.5.6

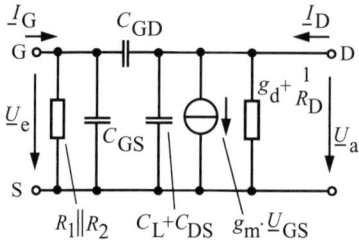

Ausgangsknoten: $j\omega C_{GD}(\underline{U}_e - \underline{U}_a) = g_m \underline{U}_e + (g_d + 1/R_D + j\omega(C_L + C_{DS}))\underline{U}_a$

$$v_u = \frac{\underline{U}_a}{\underline{U}_e} = \frac{-(g_m R_D - j\omega C_{GD} R_D)}{1 + g_d R_D + j\omega(C_L + C_{DS} + C_{GD})R_D}$$

Für $g_d \to 0$ ergibt sich Gl. (1.115).

▶ L1.5.7

Die High-Pegel am Ausgang stellt sich bei gesperrtem Schalttransistor ein.

a) Der Enhancement-Lasttransistor sperrt beim Aufladen des Ausgangs, wenn $U_{GS} = U_{0D} - U_A = U_{tE}$ erreicht ist: $U_A(H) = U_{0D} - U_t$.

b) Der Depletion-Lasttransistor leitet wegen $U_{GS} = 0 > U_{tD}$ ständig: $U_A(H) = U_{0D}$.

▶ L1.5.8

$U_{SG1}(I_{L1} = 2\text{ mA}) = 1{,}75\text{ V}$, $U_{SG2}(I_{L2} = 2\text{ mA}) = 0{,}5\text{ V}$:

$$R_{S1} = \frac{U_{SG1}}{I_{L1}} = 875\,\Omega, \quad R_{S2} = \frac{U_{SG2}}{I_{L2}} = 62{,}5\,\Omega$$

Der Widerstand R_S muss sich im Bereich $62{,}5 \ldots 875\,\Omega$ variieren lassen.
Damit der Drainstrom des FET weitestgehend unabhängig von U_{DS} ist, muss er im Pinch-off-Bereich arbeiten.

▶ L1.5.9

EE-Inverter:

Entladen der Ausgangskapazität über TS: $I_D = -C_L \dfrac{dU_A}{dt}$

Startwert: $U_A(t=0) = U_A(H) = U_{0D} - U_t$

1. Phase: TS im Pinch off falls $U_{GS} - U_t < U_A(t)$: $I_D = \beta(U_{GS} - U_t)$ mit $U_{GS} = U_E$

   Lösung der Differentialgleichung: $U_A(t) = (U_{0D} - U_t) - \dfrac{\beta}{C_L}(U_E - U_t)t$

   Endwert: $U_A(t = t_1) = U_E - U_t$: $t_1 = \dfrac{U_{0D} - U_E}{\beta/C_L(U_E - U_t)}$

   Diese Phase wird nur durchlaufen wenn $U_E < U_A(t=0) + U_t$ gilt.

2. Phase: TS im Triodenbereich: $U_A(t) < U_{GS} - U_t$: $I_D = \beta \left(2(U_{GS} - U_t)U_{DS} - U_{DS}^2\right)$ mit $U_{GS} = U_E$ und $U_{DS} = U_A$

Lösung der Differentialgleichung: $U_A(t) = \dfrac{2(U_E - U_t)}{1 + e^{t/\tau}}$ mit $\tau = \dfrac{C_L}{2\beta(U_E - U_t)}$

▶ L1.5.10

Lasttransistor im Pinch off: $I_D = \beta_L(U_{0D} - U_A - U_t)$
Schalttransistor Triodenbereich: $I_D = \beta_S \left(2(U_E - U_t)U_A - U_A^2\right)$
$\beta_S/\beta_L(U_A = 0{,}5 \cdot U_t) = 5{,}4$, $\beta_S/\beta_L(U_A = 0{,}25 \cdot U_t) = 11{,}5$

▶ L1.5.11

n-Kanal-Transistor:
Triodenbereich für $U_A \leqq U_{GN} - U_{tN} - U_{DS} = 4{,}1$ V:

$$R_{DSN} = \dfrac{U_{DS}}{\beta_N \left(2(U_{GN} - U_A - U_{tN})U_{DS} - U_{DS}^2\right)} \cong \dfrac{1}{2\beta_N(U_{GN} - U_A - U_{tN})}$$

Sperrbereich für $U_A > U_{GN} - U_{tN} - U_{DS} = 4{,}1$ V: $R_{DSN} \to \infty$

p-Kanal-Transistor:
Triodenbereich für $U_A > U_{GP} - U_{tP} = 0{,}8$ V

$$R_{DSN} = \dfrac{U_{DS}}{\beta_P \left(-2(U_{GP} - U_A - U_{DS} - U_{tP})U_{DS} - U_{DS}^2\right)} \cong \dfrac{1}{-2\beta_P(U_{GP} - U_A - U_{DS} - U_{tP})}$$

Sperrbereich für $U_A \leqq U_{GP} - U_{tP} = 0{,}8$ V: $R_{DSP} \to \infty$

Beachte: Drain des p-Kanal-Transistors liegt an U_A!

Gesamtwiderstand: $R_{DS} = R_{DSN} \| R_{DSP}$

Für $U_{GP} - U_{tP} \leqq U_A \leqq U_{GN} - U_{tN} - U_{DS}$: $R_{DS} \cong \dfrac{1}{2\beta_N(U_{GN} - U_A - U_{tN}) - 2\beta_P(U_{GP} - U_A - U_{DS} - U_{tP})}$

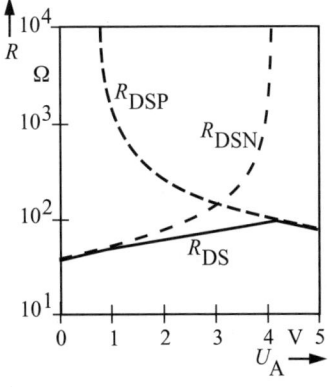

Lösungen zu Abschnitt 1.6

▶ **L1.6.1**

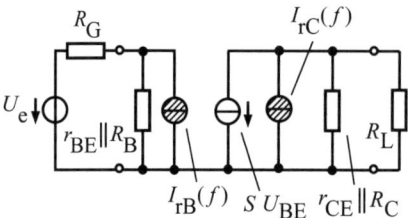

Rauschspannung an R_L: quadratische Überlagerung der beiden Rauschwirkungen:

$$U_{rL}(f) = \sqrt{U_{rB}^2 + U_{rC}^2}$$

$$U_{rL}(f) = (r_{CE}\|R_C\|R_L)\sqrt{\left(S(r_{BE}\|R_B\|R_G)I_{rB}(f)\right)^2 + I_{rC}(f)^2}$$

Rauschleistung an R_L: $P_{rL}(f) = \dfrac{U_{rL}(f)^2}{R_L}$

Signalleistung an R_L: $P_{sL} = \dfrac{U_a^2}{R_L}$ mit $\underline{U}_a = v_u \underline{U}_e = -S(r_{CE}\|R_C\|R_L)\dfrac{r_{BE}\|R_B}{R_G + (r_{BE}\|R_B)}\underline{U}_e$

$$SNR_A(f) = \dfrac{P_{sL}}{P_{rL}(f)}$$

Mit sinkendem Generatorinnenwiderstand R_G wächst die Signalleistung am Ausgang und der Einfluss des Basisrauschstromes sinkt.

Lösungen zu Abschnitt 1.7

▶ **L1.7.1**

a) Ansatz: $U_N = 0, I_N = 0$: Knotengleichung am N-Eingang:

$$\dfrac{U_e}{R_1} = -\dfrac{U_a}{R_2} \text{ und somit } v_{u0} = \dfrac{\underline{U}_a}{\underline{U}_e} = -\dfrac{R_2}{R_1}$$

b) $v_D \neq \infty$: $\underline{U}_a = v_D \underline{U}_D = v_D(\underline{U}_P - \underline{U}_N)$: und mit $\underline{U}_P = 0$ folgt $\underline{U}_a = -v_D \underline{U}_N$

Knotengleichung am N-Eingang: $\dfrac{\underline{U}_e - \underline{U}_N}{R_1} = \dfrac{\underline{U}_N - \underline{U}_a}{R_2}$

$$v_{u0} = \dfrac{\underline{U}_a}{\underline{U}_e} = -\dfrac{R_2}{R_1 + \dfrac{1}{v_D}(R_1 + R_2)}, \quad \dfrac{\Delta v_{u0}}{v_{u0}} = \dfrac{R_1 + R_2}{R_1(1 + v_D) + R_2}$$

▶ **L1.7.2**

Ruheströme bewirken einen Ausgangsspannungsfehler, falls sie unkompensiert bleiben:
$U_A(U_E = 0) = I_N R_2$

Kompensationsschaltung:

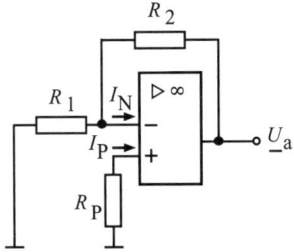

Knoten am N-Eingang: $\dfrac{-U_N}{R_1} = I_N + \dfrac{U_N - U_a}{R_2}$ mit $U_N = -I_P R_P$ liefert $U_a = \left(I_N - \dfrac{I_P R_P}{R_1} - \dfrac{I_P R_P}{R_2}\right) R_2$

$U_a = 0$ falls $I_N = I_P R_P \left(\dfrac{1}{R_1} + \dfrac{1}{R_2}\right) = I_P \dfrac{R_P}{R_1 \| R_2}$. Bei $I_N = I_P$ muss $R_P = R_1 \| R_2$ gelten.

▶ **L1.7.3**

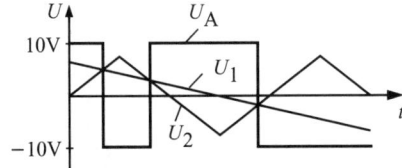

Lösungen zum Abschnitt 1.8

▶ **L1.8.1**

a)

b) $R_L = \dfrac{U_L}{I_K} = \dfrac{10\text{ V}}{150\,\mu\text{A}} = 66{,}7\text{ k}\Omega$

c) $U_A(0\text{ Lx}) = 0{,}67\text{ V}$, $U_A(2000\text{ Lx}) = 4{,}53\text{ V}$, $U_A(4000\text{ Lx}) = 9{,}34\text{ V}$,

▶ L1.8.2

$$R_V = \frac{U_B - U_{F0}}{I} = \frac{U_B - U_{F0}}{0{,}4 \cdot I_{max}} = \frac{U_B - U_{F0}}{0{,}4 \cdot P_{Vmax}} U_{F0} = 672\,\Omega$$

▶ L1.8.3

Ströme am übersteuerten Schalttransistor TS: $I_{C2} = \dfrac{U_B - U_{CES2}}{R} = 83{,}7\,\text{mA}$, $I_{B2} = \dfrac{mI_{C2}}{B_N} = 4{,}15\,\text{mA}$

Dieser Basisstrom muss vom Fototransistor TF geliefert werden, wenn $E = E_0$ und damit $I_{F0} = 10\,\text{mA}$ gilt. Mit $I_{RC} \geq I_{B2} + I_{F0}$ folgt: $R_C \leq \dfrac{U_B - U_{BEF}}{I_{B2} + I_{F0}} = 1{,}7\,\text{k}\Omega$

Bei $E = E_1$ muss der Kollektorstrom des Fototransistors an R_C einen solche Spannungsabfall erzeugen, dass U_{BE} des Schalttransistors kleiner als $U_{BE2} = 0{,}5 U_{BEF}$ wird. Falls TF noch nicht übersteuert ist, gilt:

$$R_C \geq \frac{U_B - U_{BEE2}}{I_{F1}} = 247\,\Omega$$

R_C muss im Bereich $247 \ldots 1700\,\Omega$ gewählt werden.

▶ L1.8.4

$$I_{mess} = \frac{U_B}{R_V + R(T)}$$

Die beste Linearität besteht bei $R_V = 500\,\Omega$.

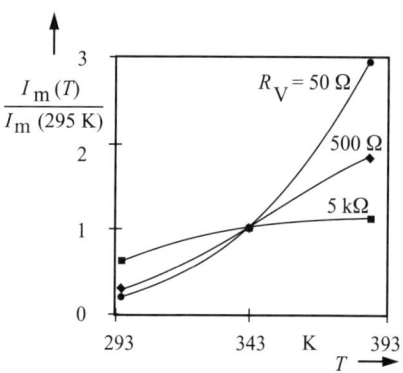

Lösungen zum Abschnitt 2.1

▶ L2.1.1

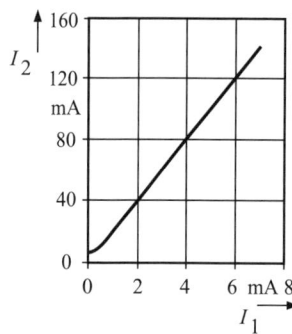
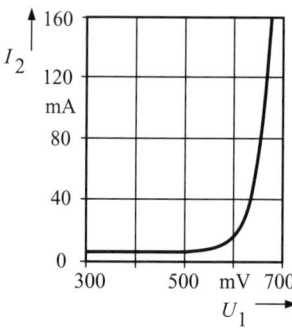

▶ **L2.1.2**

Aus den Diagrammen ist ablesbar: $h_{11} = 11\,\Omega$, $h_{12} = 0$ (Keine Kennlinie gegeben!), $h_{21} = 20$, $h_{22} = 0$.
Durch Umrechnung folgt: $y_{11} = 0{,}09$ S, $y_{12} = 0$, $y_{21} = 1{,}75$ S, $y_{22} = 0$.

Alle Parameter sind reell.

▶ **L2.1.3**

$\underline{Y}_1 = y_{11} = 0{,}09$ S, $\underline{Y}_2 = 0$, $\underline{Y}_3 = 0$, $S = y_{21} = 1{,}75$ S.

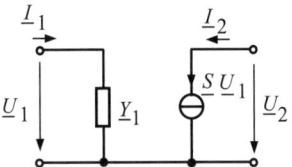

Lösungen zum Abschnitt 2.2

▶ **L2.2.1**

a)
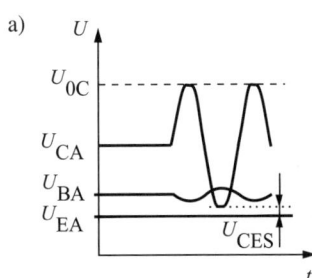

b) $U_{B0} = U_{E0} + U_{BE0} = 2{,}15$ V, mit $U_{CE\,min} = U_{CES}$ folgt $U_{C0} = U_{E0} + \hat{U}_a + U_{CES} = 3{,}7$ V.
Sicherer ist $U_{CE\,min} = U_{BE0}$, da dann $U_{BC} = 0$ gilt. Damit folgt: $U_{C0} = U_{E0} + \hat{U}_a + U_{BE0} = 4{,}15$ V.

$$R_E = \frac{U_{E0}}{I_{C0}} = \frac{U_{E0} R_C}{U_{0C} - U_{C0}} = 1{,}24\,\text{k}\Omega$$

$$R_2 = \frac{U_{B0}}{I_2} = \frac{U_{B0}}{5 I_{B0}} = \frac{B_N U_{B0}}{5 I_{C0}} = 62\,\text{k}\Omega$$

$$R_1 = \frac{U_{0C} - U_{C0}}{I_2 + I_{B0}} = 165\,\text{k}\Omega$$

c) $v_u = -\dfrac{b R_C}{r_{BE}} = \dfrac{b R_C I_{B0}}{U_T} = -187$

$v_D = \dfrac{R_C}{R_E} = 3{,}2$

$U_{e\,max} = \dfrac{U_{a\,max}}{|v_u|} = 11$ mV

d) $\Delta U_{C0} = v_D \Delta U_{BE} = v_D D_T \Delta T = -323$ mV

▶ L2.2.2

Die Emitterkapazität C_E bewirkt ein $\omega_E = 1/C_E R_E = 10{,}6$ Hz und ein $f_{g2} = 97{,}66$ Hz. Die Koppelkapazität C_1 liefert ein $\omega_{g1} = 1/C_1 r_e = 614{,}2$ Hz und ein $f_{g1} = 97{,}75$ Hz. Es gilt $r_e = R_1 \| R_2 \| r_{BE}$. Da über den Signalgenerator nichts ausgesagt ist muss hier $R_G = 0$ angenommen werden. Ein Einfluss von C_2 auf die untere Grenzfrequenz kann nicht berechnet werden, solange am Ausgang Leerlauf vorliegt. Beide Eckfrequenzen sind nahezu identisch. Ihre Wirkungen überlagern sich zu der unteren Grenzfrequenz von $f_u = \dfrac{f_g}{\sqrt{\sqrt{2}-1}}$.

Man erhält $f_u = 138$ Hz.

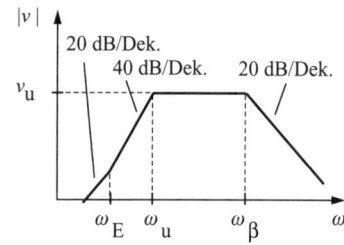

▶ L2.2.3

a)

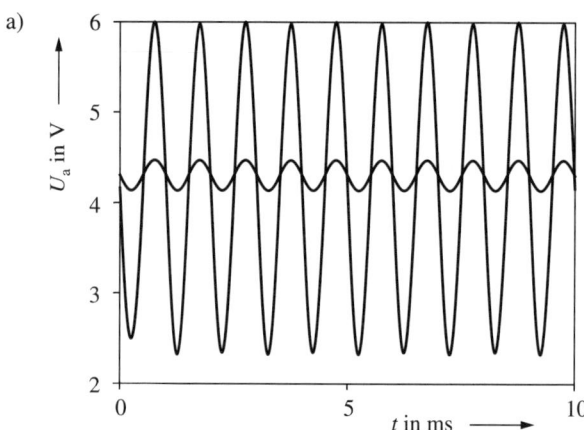

Das Diagramm enthält die Zeitfunktion der Ausgangsspannung bei einer Eingangsspannungsamplitude $\hat{U}_e$ von 11 mV und zum Vergleich bei $\hat{u}_e = 1$ mV.

b) Das Protokoll der PSpice-Rechnung bei $\hat{u}_e = 11$ mV zeigt einen Klirrfaktor (THD – Total Harmonic Distortion) von $K = 9\,\%$.

```
FOURIER COMPONENTS OF TRANSIENT RESPONSE V(C)
DC COMPONENT = 4.303057E+00
HARMONIC  FREQUENCY  FOURIER    NORMALIZED   PHASE      NORMALIZED
   NO       (HZ)     COMPONENT  COMPONENT    (DEG)      PHASE (DEG)

    1     1.000E+03  1.800E+00  1.000E+00   -1.695E+02  0.000E+00
    2     2.000E+03  1.617E-01  8.983E-02    1.160E+02  2.855E+02
    3     3.000E+03  8.347E-03  4.638E-03    5.316E+01  2.227E+02
    4     4.000E+03  3.029E-04  1.683E-04    3.053E+01  2.001E+02
    5     5.000E+03  3.252E-05  1.807E-05    3.970E+01  2.092E+02
    TOTAL HARMONIC DISTORTION = 8.994544E+00 PERCENT
```

Hinweis: Eine entsprechende Simulation ist in [2.9] und [2.10] zu finden.

▶ L2.2.4

a) $R_E = 2\,\text{k}\Omega$, $R_2 = 48{,}7\,\text{k}\Omega$, $R_1 = 26{,}1\,\text{k}\Omega$

b) $r_a = 17{,}5\,\Omega$, $r_e = 15{,}7\,\text{k}\Omega$

c) $U_{G\,\text{max}} = \dfrac{U_{E0}(R_G + r_e)}{r_e} = 3\,\text{V}$

▶ L2.2.5

a) $U_{C0} = U_{0C} - \dfrac{U_{0C} - U_{B0}}{2} = U_{0C} - \dfrac{U_{0C} - U_{E0} - U_{BE0}}{2} = 3{,}3\,\text{V}$

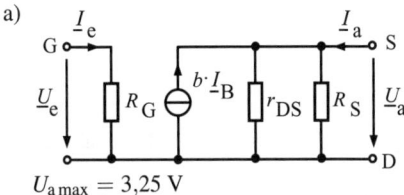

b) $R_C = 1{,}7\,\text{k}\Omega$, $R_E = 1\,\text{k}\Omega$, $R_2 = 48\,\text{k}\Omega$, $R_1 = 85\,\text{k}\Omega$

c) $v_u = \dfrac{\left(b + \dfrac{r_{BE}}{r_{CE}}\right) R_C}{\left(1 + \dfrac{R_C}{r_{CE}}\right) r_{BE}} \approx \dfrac{b}{r_{BE}} R_C = 65{,}4$

d) $v_u = 65{,}4$

▶ L2.2.6

a)

$U_{a\,\text{max}} = 3{,}25\,\text{V}$

b) $v_u = \dfrac{SR_S}{1 + SR_S} = 0{,}92$, $r_a = r_{DS}\|R_S = R_S$ da laut gegebener Gleichung $r_{DS} \to \infty$.

▶ L2.2.7

a) Bei rückwirkungsfreiem Transistor entspricht der Betriebseingangswiderstand dem, der einfachen Emitterschaltung. Der Betriebsausgangswiderstand entspricht dem, des Stromspiegels $r_a = r_{DS}$.

b) $v_u = \dfrac{I_{eM}}{U_e} M \dfrac{U_a}{I_{aM}} \approx \dfrac{b}{r_{BE}} \dfrac{B}{B+2} (r_{CE}\|R_L)$

c) $0 < U_a < U_{0C} - U_{BE0}$

▶ L2.2.8

$U_{aD} = -I_E R_C \tanh\left(\dfrac{U_D}{2U_T}\right)$, Lineare Näherung: $U_{aD} = -\dfrac{I_E R_C U_D}{2U_T}$

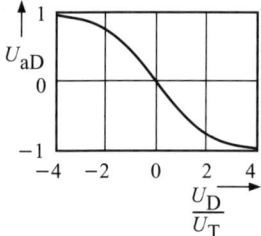

▶ L2.2.9

a)

B o—$\underrightarrow{I_e}$ ——————— $\underleftarrow{I_a}$ o E

U_e | r_{BE} | $b \cdot I_B$ | r_{CE} | r_{CE} | U_a

o——————————————— o C

b) $r_a = r_{CE}/2$

Eine grafische Interpretation wird in [2.36] gegeben.

▶ L2.2.10

$I_a \cong -\dfrac{b}{r_{BE}}(U_{e1} - U_{e2})$

$r_a = r_{CE}/2$

▶ L2.2.11

Es ergibt sich $\dfrac{I_1}{I_{ref}} = \dfrac{R_E}{R_1} - \dfrac{U_T}{R_1 I_{ref}} \ln\left(\dfrac{I_1}{I_{ref}}\right)$.

Der zweite Term in obiger Gleichung stellt die Abweichung vom Idealwert dar. Die Gleichung ist nur grafisch oder iterativ lösbar.

▶ L2.2.12

a) $R_E = \dfrac{U_{RE}}{I_a\left(1 + \dfrac{1}{B_N}\right)} = 5{,}25\,\text{k}\Omega$, $R_1 = \dfrac{U_{0C} - U_Z}{I_1} = 40\,\text{k}\Omega$

b) $R_{L\,\max} = 4{,}55\,\text{k}\Omega$.

c) Es liegt eine Emitterschaltung mit Stromgegenkopplung vor.

d) $r_a = \dfrac{r_{BE} + b r_{CE} + \left(1 + \dfrac{r_{BE}}{R_E}\right) r_{CE}}{1 + \dfrac{r_{BE}}{R_E}} = 878\,\text{k}\Omega$

Lösungen zum Abschnitt 2.3

▶ **L2.3.1**

a) $K = -\dfrac{v_0^2 - v_{ges}}{v_{ges} v_0^2} = -0{,}009\,97$

b) $S_{V_{ges},V0} = \dfrac{S_{V0}}{g} = 0{,}002\,5$

▶ **L2.3.2**

a)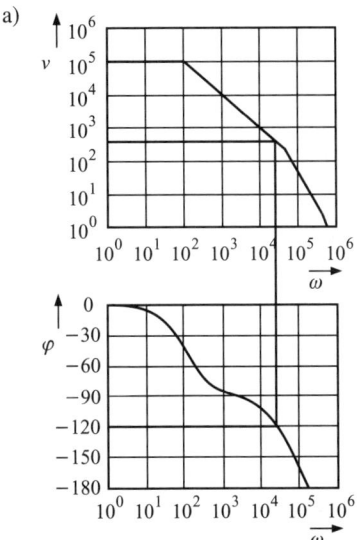

b) $K = 0{,}003\,3$

▶ **L2.3.3**

a)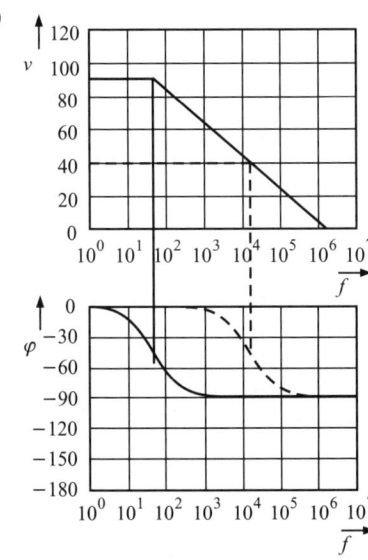

b) $B = f_g = 47{,}4\text{ Hz}$

c) $K = 1/v'_u = 0{,}01;\ B' = f'_g = 15\text{ kHz}$

▶ **L2.3.4**

a)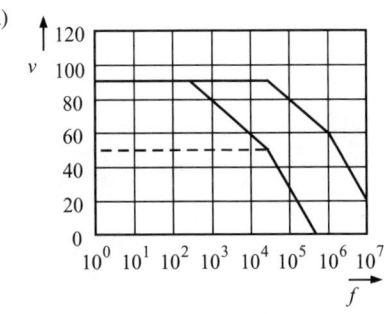

b) Aus $f_{g3} = \dfrac{v'_u}{v_{u0}} f_R$ folgt für $\varphi_R = 45°$ ein $f_{g3} = 300\text{ Hz}$ (siehe Bild). Ein $\varphi_R = 60°$ erfordert ein $f_{g3} = \dfrac{v'_u}{v_{u0}} \dfrac{f_R}{2}$ und somit $f_{g3} = 150\text{ Hz}$.

c) Für $\varphi_R = 45°$ ergibt sich $B = f_R = f_{g1} = 30$ kHz und für $\varphi_R = 60°$ gilt $B = f_R/2 = 15$ kHz.

▶ **L2.3.5**

$$v'(\omega) = \frac{v'(0)}{\sqrt{1 + \left(\dfrac{\omega}{\omega'_g}\right)^2}} \text{ mit } \omega = 2\pi f, \quad \Delta v = \frac{v'(\omega_{10}) - v'(0)}{v'(0)} = -0{,}5\ \%$$

Lösungen zum Abschnitt 2.4

▶ **L2.4.1**

a)
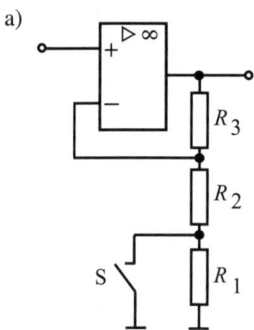

b) z. B. $R_3 = 1$ kΩ, $R_2 = 9$ kΩ, $R_1 = 7{,}78$ kΩ

▶ **L2.4.2**

a) Invertierender Verstärker entsprechend Bild 2.99 mit $R_1 = r_e = 5$ kΩ und $R_2 = vR_1 = 150$ kΩ.

b) Erweiterung nach Bild 2.100 mit $R_P = \dfrac{R_1 R_2}{R_1 + R_2} = 4{,}84$ kΩ.

▶ **L2.4.3**

Auf Basis eines Multiplizierers:

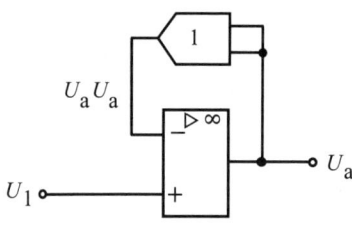

$U_a = \sqrt{U_1}$

▶ L2.4.4

Mit den Beziehungen $\alpha_N = \dfrac{R_N}{R_1} = \alpha$ und $\alpha_P = \dfrac{R_P}{R_2} = \alpha$ folgt bei 1 % Widerstandstoleranz $\alpha_{NT} = 1{,}02\,\alpha$ und $\alpha_{PT} = 0{,}98\,\alpha$ und somit für die Differenzverstärkung $U_a = -\left(U_1\alpha_{NT} - U_2\dfrac{\alpha_{PT}}{1+\alpha_{PT}}(1+\alpha_{NT})\right)$.
Reine Differenzansteuerung $U_2 = -U_1$ führt zu $U_a = -2{,}04\,U_1\alpha$. Reine Gleichtaktansteuerung $U_2 = U_1$ führt zu $U_a = -0{,}004\,U_1\alpha$.

▶ L2.4.5

a) $I_L = \dfrac{1}{R}\left(U_e - \dfrac{-U_a}{v_d}\right)$

b) $I_L = \dfrac{U_e}{R} + \dfrac{I_P R_P}{R} - I_N$

c) Durch einen Kompensationswiderstand am P-Eingang des OPV der Größe $R_P = R\dfrac{I_N}{I_P}$.

▶ L2.4.6

a) Es gilt $I_e = I_1$ und $I_a = I_2$. Man erhält $I_a = \dfrac{R I_e}{R_1\left(1 + \dfrac{1}{B_N}\right)} = 198{,}7\,I_e$.

b) Mit $U_{a\,\min} = \left(1 + \dfrac{1}{B_N}\right) R_1 I_a + U_{CE\,\min}$ ergibt sich für $U_{CE\,\min} = U_{BE0} = 1{,}91$ V. Dann gilt gerade $U_{BC} = 0$.

▶ L2.4.7

a) Geeignet ist ein RC-Integrator entsprechend Bild 2.107.

b) Für eine Ruhespannung von Null ist ein Widerstand R_2 parallel zum Kondensator zu schalten. Es entsteht ein gedämpfter Integrator, für den $R_2 \gg 10/\omega C$ notwendig ist. Der Rücksetzschalter kann dadurch entfallen.

c) z. B. $R = 1$ kΩ, $C = \tau/R = 125$ nF, $R_2 = 100/\omega C = 127$ kΩ.

Lösungen zum Abschnitt 2.5

▶ L2.5.1

Ansatz auf der Basis von Leitwerten:

$\underline{U}_a = -\underline{U}'\dfrac{G_3}{j\omega C_1}$, $\quad \underline{U}'(j\omega C_2 + G_3) = (\underline{U}_e - \underline{U}')G_1 + (\underline{U}_a - \underline{U}')G_2$

$\underline{U}'$ ist die Spannung über C_2.

$\underline{G}(j\omega) = \dfrac{\underline{U}_a}{\underline{U}_e} = -\dfrac{G_1 G_3}{G_2 G_3 + j\omega C_1(G_1 + G_2 + G_3) + (j\omega)^2 C_1 C_2}$

▶ L2.5.2

a) $\underline{G}(j\omega) = \dfrac{\underline{U}_a}{\underline{U}_e} = -\dfrac{\dfrac{R_2}{R_1}}{1 + j\omega R_2 C}$

b) $A(\omega) = \dfrac{\dfrac{R_2}{R_1}}{\sqrt{1+(\omega R_2 C)^2}}$

$\varphi(\omega) = -\arctan(\omega R_2 C)$

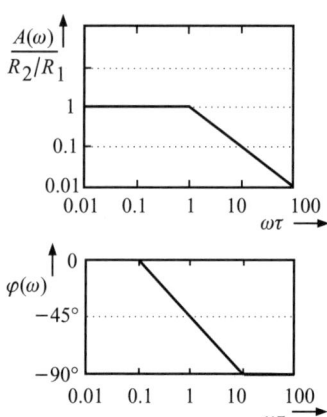

c) $\omega_g = \dfrac{1}{\tau} = \dfrac{1}{R_2 C}$, $v_{max} = G_0 = -\dfrac{R_2}{R_1}$

▶ L2.5.3

a) $\underline{G}(j\omega) = \dfrac{\underline{U}_a}{\underline{U}_e} = \dfrac{1+\dfrac{R_2}{R_3}}{1+\dfrac{1}{j\omega R_1 C}}$

b) $A(\omega) = \dfrac{1+\dfrac{R_2}{R_3}}{\sqrt{1+\left(\dfrac{1}{\omega R_1 C}\right)^2}}$

$\varphi(\omega) = \arctan\left(\dfrac{1}{\omega R_1 C}\right)$

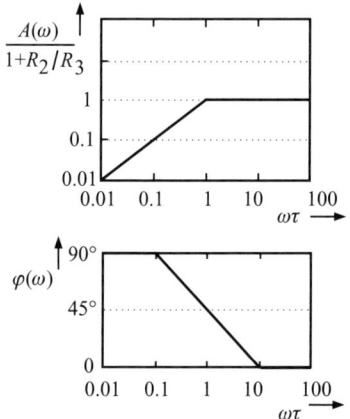

c) $\omega_g = \dfrac{1}{\tau} = \dfrac{1}{R_1 C}$, $v_{max} = G_\infty = 1+\dfrac{R_2}{R_3}$

▶ L2.5.4

$G(P) = \dfrac{U_a}{U_e} = \dfrac{G_0}{1+\omega_g CR(3-G_0)P + \omega_g^2 C^2 R^2 P^2}$ mit $G_0 = 1+\dfrac{R_3}{R_4}$ liefert $a = \omega_g CR(3-G_0)$ und $b = (\omega_g CR)^2$.

Für einen Besseltiefpass gilt $a = 1{,}361\,7$ und $b = 0{,}618\,0$. Es folgt $R = \dfrac{\sqrt{b}}{2\pi f_{\text{g}} C} = 962\,\Omega$, $G_0 = 3 - \dfrac{a}{\sqrt{b}} = 1{,}268$ und $R_3 = (G_0 - 1)R_4 = 2{,}68\,\text{k}\Omega$.

▶ **L2.5.5**

Die Filterkonstanten für den Tschebyscheff-Tiefpass betragen: $a = 1{,}0650$ und $b = 1{,}9305$. Für den Tschebyscheff-Hochpass besitzen sie die gleichen Werte.

Für die Dimensionierung ergibt sich:

Tiefpass:

$$R = \dfrac{\sqrt{b}}{2\pi f_{\text{go}} C} = 1{,}7\,\text{k}\Omega, \quad G_0 = 3 - \dfrac{a}{\sqrt{b}} = 2{,}233 \quad \text{und} \quad R_4 = \dfrac{R_3}{G_0 - 1} = 8{,}1\,\text{k}\Omega$$

Hochpass:

$$R = \dfrac{1}{2\pi f_{\text{gu}} C \sqrt{b}} = 9{,}16\,\text{k}\Omega, \quad G_0 = 3 - \dfrac{a}{\sqrt{b}} = 2{,}233 \quad \text{und} \quad R_4 = \dfrac{R_3}{G_0 - 1} = 8{,}1\,\text{k}\Omega$$

Lösungen zum Abschnitt 2.6

▶ **L2.6.1**

$$\underline{G}_{12}(\text{j}\omega) = \dfrac{\text{j}\omega C R}{1 + 3\text{j}\omega C R + (\text{j}\omega C R)^2} = \dfrac{1}{3 + \text{j}\left(\dfrac{\omega}{\omega_0} - \dfrac{\omega_0}{\omega}\right)} \quad \text{mit} \quad \omega_0 = \dfrac{1}{CR}$$

▶ **L2.6.2**

Mit den gegebenen Werten für f_{S} und C folgt $R = 677\,\Omega$. Die maximale Verstärkung des nichtinvertierenden Verstärkers wird etwas größer als 3 gewählt, z. B. 3,1. Dies erfordert ein $R_2 = 2{,}1\,\text{k}\Omega$. Die minimale Verstärkung ergibt sich bei leitenden Z-Dioden. Sie wird etwas kleiner als 3, z. B. 2,9 gewählt. Dazu ist ein $R_3 = 20\,\text{k}\Omega$ notwendig.

In der PSpice-Simulation wird der OPV-Ausgang jedoch bis an die Grenzen ausgesteuert. Ein besseres Verhalten ergibt sich für $v_{\max} = 3{,}05$ und $v_{\min} = 2{,}9$ und damit für $R_2 = 2{,}05\,\text{k}\Omega$ und $R_3 = 26\,\text{k}\Omega$. Die Amplitude der Sinusschwingung beträgt dann 10 V.

▶ **L2.6.3**

a) $f_{\text{s}} = \dfrac{1}{2\pi \sqrt{LC_1}} = 4{,}109\,\text{MHz}, \quad f_{\text{s}} = \dfrac{1}{2\pi \sqrt{LC_{\text{P}}}} = 4{,}116\,\text{MHz}$

b) Damit der Quarz annähernd bei seiner Parallelresonanzfrequenz schwingt, müssen C_{E1} und C_{E2} viel größer als C_{P} sein, z. B. $C_{\text{E1}} = C_{\text{E2}} = 5\,\text{pF}$.

Lösungen zum Abschnitt 2.7

▶ **L2.7.1**

a) Die Z-Diode ist über einen Vorwiderstand $R_V = 1{,}47\,\text{k}\Omega$ zu versorgen. Als Ausgangsspannungsteiler eignet sich z. B. $R_1 = 10\,\text{k}\Omega$ und $R_2 = 9{,}15\,\text{k}\Omega$. Bei Annahme einer nahezu idealen Regelwirkung durch den OPV resultiert der Stabilisierungsfaktor ausschließlich aus der Stabilität der Referenzspannung. Entsprechend Abschnitt 2.7.3.1 ergibt sich für die einfache Z-Dioden-Referenz

$$S = \frac{\Delta U_e}{\Delta U_Z} = \frac{r_Z + R_V}{r_Z} = 211.$$

b) In der PSpice-Simulation ergibt sich ein etwas schlechterer Wert $S = 100$. Dieser ist auf den Gesamteingangswiderstand der Schaltung von 736 Ω zurückzuführen, den man ebenso wie den Ausgangswiderstand von 27 $\mu\Omega$ mittels einer Analyse der Übertragungsfunktion (Transfer Function) bestimmen kann.

▶ **L2.7.2**

Aus Gleichung 2.229 folgt $-\alpha_T = \dfrac{k}{e} m(1+n)\ln(n)$ mit $m = \dfrac{R_2}{R_1}$ und $n = \dfrac{R_{C1}}{R_{C2}}$.

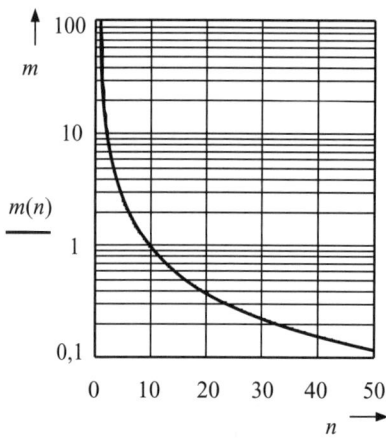

Die grafische Darstellung dieser Gleichung verdeutlicht, dass eine mögliche Lösung bei $n = 10$ und $m = 0{,}9$ liegt. Um eine Ausgangsspannung von 3 V zu erhalten ist der Ausgangsspannungsteiler nach

$$\frac{R_3}{R_4} = \frac{U_{\text{ref}}}{U_g} - 1 = \frac{3\,\text{V}}{1{,}1\,\text{V}} - 1 = 1{,}73 \text{ zu dimensionieren.}$$

▶ **L2.7.3**

Für die PSpice-Simulation werden die Dioden D1N4002 genutzt. Für die Dimensionierung nach Beispiel 2.27 liefert PSpice eine mittlere Ausgangsspannung von 4,3 V und eine Brummspannung von $U_{\text{BrSS}} = 0{,}95$ V. Zur Erreichung der gewünschten Werte ist die Eingangsspannungsamplitude um 1 V zu erhöhen.

Lösungen zum Abschnitt 2.8

▶ **L2.8.1**

$q = U_{LSB}/2 = 0,5 \text{ mV}$

▶ **L2.8.2**

a) $\Delta U = 0,2 \text{ mV}$
b) $t = 4,6 \text{ ns}$
c) $\Delta U = 0,126 \text{ mV}$
d) 15 Bit
e) $\Delta U_j = 0,1 U_{LSB}$ und $\varepsilon = 0,2 \text{ ns}$

▶ **L2.8.3**

$1,5 \text{ µs}$

▶ **L2.8.4**

a) $R = 3,125 \text{ }\Omega$
b) $U_{a\,max} = 3 \text{ V}$
c) $I_{max} = 3 \text{ mA}$

▶ **L2.8.5**

$$\Delta I \leq I_{LSB} = \frac{U_{a\,max}}{R_L(2^n - 1)} = \frac{U_{a\,max}}{4095 R_L}$$

Lösungen zum Abschnitt 3.2

▶ **L3.2.1**

a) $z_{1.\,\text{Quadrant}} = \dfrac{1}{2 F_{qrel}} + 1 = \dfrac{1}{2 \cdot 0,005} + 1$
$= 101$

$z_{3.\,\text{Quadrant}} = 100$

$Z = 201$ Quantisierungsstufen

b)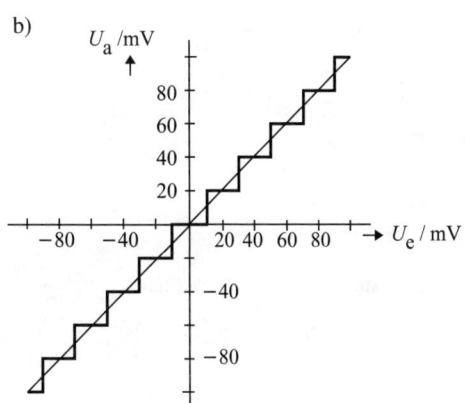

▶ L3.2.2

$N_{16} = 1 \cdot 16^2 + 0 \cdot 16^1 + \text{B} \cdot 10^0 = 10\text{BH}$

▶ L3.2.3

Dezimal-zahl	Gray-Kode $x_4\ x_3\ x_2\ x_1\ x_0$
10	1 1 1 1
11	1 1 1 0
12	1 0 1 0
13	1 0 1 1
14	1 0 0 1
15	1 0 0 0
16	1 1 0 0 0
17	1 1 0 0 1

▶ L3.2.4

$d_{\min} = 2$
$R = n - H$
$R = 10 - \log_2 10 = 6{,}678$ Bit

Lösungen zum Abschnitt 3.3

▶ L3.3.1

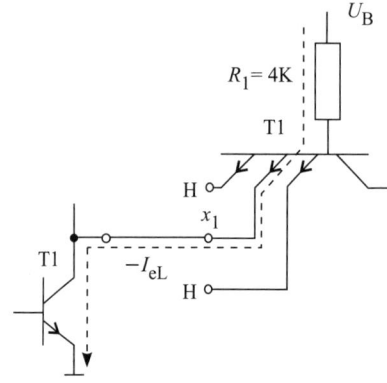

steuernde Stufe   gesteuerte Stufe

$I_{\text{eL}} = -\dfrac{U_\text{B} - U_{\text{BET1}} - U_{\text{CE0T3}}}{R_1} = \dfrac{5\,\text{V} - 0{,}7\,\text{V} - 0{,}3\,\text{V}}{4\,\text{k}\Omega}$

$I_{\text{eL}} = -1\,\text{mA}$

Anmerkung: Man beachte, dass bei Low am Eingang (d. h. Verbinden mit Betriebserde) der Strom aus dem Eingang herausfließt und die steuernde Stufe diesen Strom aufnehmen können muss!

▶ **L3.3.2**

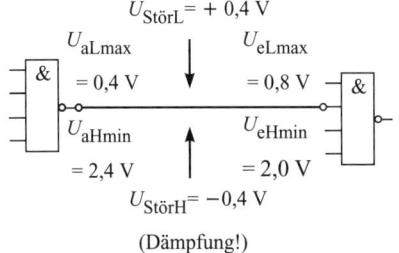

(Dämpfung!)

Die zulässige Störspannung beträgt

- für L-Pegel $U_{\text{StörL}} \leqq (U_{\text{eLmax}} - U_{\text{aLmax}}) = (0{,}8 - 0{,}4)\,\text{V} = 0{,}4\,\text{V}$
- für H-Pegel $U_{\text{StörH}} \leqq (U_{\text{eHmin}} - U_{\text{aHmin}}) = (2{,}0 - 2{,}4)\,\text{V} = -0{,}4\,\text{V}$

Anmerkung: Die zulässige Störspannung wird auch als *statischer Störspannungsabstand* bezeichnet.

▶ **L3.3.3**

a) NMOS

b)

b	a	y
0	0	0
0	1	1
1	0	1
1	1	0

c)
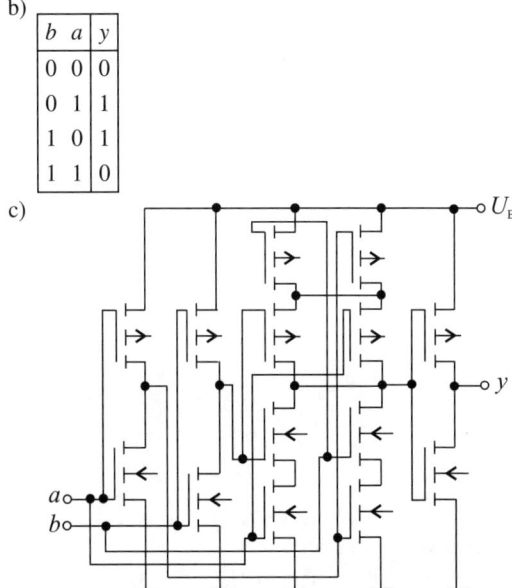

Anleitung: Man prüfe, dass jeder n-Kanal-Transistor im unteren Schaltnetz einen p-Kanal-Transistor als Partner in dualer Verschaltung im oberen Schaltnetz hat!

Lösungen zum Abschnitt 3.4

▶ **L3.4.1**

$$y = x_2\overline{x_1}\,\overline{x_0} \vee \overline{x_2}\left(\overline{x_1 \vee x_0} \vee x_1\overline{x_0}\right)$$
$$= x_2\overline{x_1}\,\overline{x_0} \vee \overline{x_2}\left(\overline{x_1}\,\overline{x_0} \vee x_1\overline{x_0}\right)$$
$$= x_2\overline{x_1}\,\overline{x_0} \vee \overline{x_2}\,\overline{x_1}\,\overline{x_0} \vee \overline{x_2}\,x_1\overline{x_0}$$

y:

	x_0			
	1	0	0	1
x_1	1	0	0	0
		x_2		

min. DNF: $y = \overline{x_2}\,\overline{x_0} \vee \overline{x_1}\,\overline{x_0}$
min. KNF: $y = \overline{x_0}\,(\overline{x_2} \vee \overline{x_1})$

▶ **L3.4.2**

$$y = x_3x_2x_1 \vee x_3x_2x_0 \vee x_3x_2\overline{x_1}x_0$$

y:

	x_0				
	0	0	0	0	
x_1	0	0	0	0	
	0	0	1	1	x_3
	0	0	1	0	
		x_2			

a) $y = x_3x_2x_1 \vee x_3x_2x_0$
b) $y = x_3x_2(x_1 \vee x_0)$
c) $y = \overline{\overline{x_3x_2x_1}\;\overline{x_3x_2x_0}}$
d) $y = \overline{\overline{x_3} \vee \overline{x_2} \vee \overline{x_1 \vee x_0}}$
e) $y = \overline{\overline{x_3} \vee \overline{x_2} \vee \overline{x_1\,x_0}}$
f) $y = \overline{(\overline{x_3} \vee \overline{x_2} \vee \overline{x_1})(\overline{x_3} \vee \overline{x_2} \vee \overline{x_0})}$

▶ **L3.4.3**

a) $y = x_5\overline{x_3}\,\overline{x_1} \vee \overline{x_4}x_1x_0 \vee \overline{x_5}x_4\overline{x_2}x_1 \vee \overline{x_5}x_4\overline{x_3}\,\overline{x_2} \vee \overline{x_3}\,\overline{x_2}\,\overline{x_1}\,\overline{x_0} \vee x_2x_1x_0$
b) $y = (\overline{x_3} \vee x_1)(x_4 \vee \overline{x_1} \vee x_0)(\overline{x_2} \vee \overline{x_1} \vee x_0)(\overline{x_5} \vee \overline{x_4} \vee x_2 \vee \overline{x_1})(x_5 \vee \overline{x_2} \vee x_1)(x_5 \vee x_4 \vee x_1 \vee \overline{x_0})$

Durch andere Wahl der Blockkombinationen sind weitere gleichwertige Lösungen möglich.

Lösungen zum Abschnitt 3.5

▶ **L3.5.1**

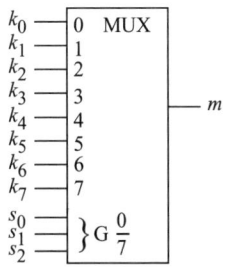

$$m = \overline{\overline{s_2}\,\overline{s_1}\,\overline{s_0}\,k_0}\ \overline{\overline{s_2}\,\overline{s_1}\,s_0 k_1}\ \overline{\overline{s_2}\,s_1\,\overline{s_0}\,k_2} \wedge \ldots \wedge \overline{s_2 s_1 s_0 k_7}$$

▶ **L3.5.2**

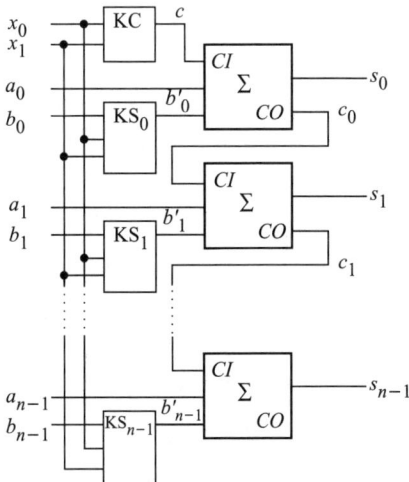

Bild 3.53 zu Aufgabe 3.5.2

b'_i:		b_i		
	0	1	0	0
x_0	1	0	1	1
		x_1		

c:		x_0
	0	1
x_1	1	0

KS_i: $b'_i = x_1 x_0 \vee x_0 \overline{b_i} \vee \overline{x_1}\,\overline{x_0}\,b_i$

KC: $c = x_1 \overline{x_0} \vee \overline{x_1} x_0$

▶ **L3.5.3**

- Umrechnung in KNF

$$g_3 = d_3 \overline{d_2}\, \overline{d_1}$$
$$g_2 = (d_3 \vee d_2)\left(\overline{d_3} \vee \overline{d_2}\right)\left(\overline{d_3} \vee \overline{d_1}\right)$$
$$g_1 = \overline{d_3}(d_2 \vee d_1)\left(\overline{d_2} \vee \overline{d_1}\right)$$
$$g_0 = \left(\overline{d_3} \vee \overline{d_2}\right)\left(\overline{d_3} \vee \overline{d_1}\right)(d_1 \vee d_0)\left(\overline{d_1} \vee \overline{d_0}\right)$$

- Eintragung in KV-Tafeln

g_3:

	d_0			
	0	0	0	0
d_1	0	0	0	0
	0	0	0	0	d_3
	1	1	0	0
		d_2		

g_2:

	d_0			
	0	0	1	1
d_1	0	0	1	1
	0	0	0	0	d_3
	1	1	0	0
		d_2		

g_1:

	d_0			
	0	0	1	1
d_1	1	1	0	0
	0	0	0	0	d_3
	0	0	0	0
		d_2		

g_0:

	d_0			
	0	1	1	0
d_1	1	0	0	1
	0	0	0	0	d_3
	0	1	0	0
		d_2		

- Wertetabelle

d_3	d_2	d_1	d_0	g_3	g_2	g_1	g_0
0	0	0	0	0	0	0	0
0	0	0	1	0	0	0	1
0	0	1	0	0	0	1	1
0	0	1	1	0	0	1	0
0	1	0	0	0	1	1	0
0	1	0	1	0	1	1	1
0	1	1	0	0	1	0	1
0	1	1	1	0	1	0	0
1	0	0	0	1	1	0	0
1	0	0	1	1	1	0	1
1	0	1	0	0	0	0	0
1	0	1	1	0	0	0	0
1	1	0	0	0	0	0	0
1	1	0	1	0	0	0	0
1	1	1	0	0	0	0	0
1	1	1	1	0	0	0	0

Lösungen zum Abschnitt 3.6

▶ **L3.6.1**

- Blockschaltbild

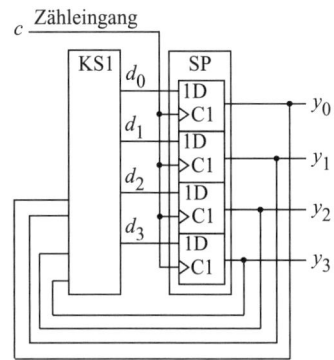

Bild Blockschaltbild zu Aufgabe 3.6.1

- KV-Tafeln und Schaltfunktionen für KS1 (Tabelle)

Tabelle 3. KV-Tafeln und Schaltfunktionen für KS1 zu Aufgabe 3.6.1

d_3:

	y_0				
	0	0	0	0	
y_1	0	0	1	0	
	x	x	x	x	y_3
	1	0	x	x	
		y_2			

$d_3 = y_3\overline{y_0} \vee y_2 y_1 y_0$

d_2:

	y_0				
	0	0	1	1	
y_1	0	1	0	1	
	x	x	x	x	y_3
	0	0	x	x	
		y_2			

$d_2 = y_2\overline{y_0} \vee y_2\overline{y_1} \vee \overline{y_2}\, y_1 y_0$

d_1:

	y_0				
	0	1	1	0	
y_1	1	0	0	1	
	x	x	x	x	y_3
	0	0	x	x	
		y_2			

$d_1 = y_1\overline{y_0} \vee \overline{y_3}\,\overline{y_1}\, y_0$

d_0:

	y_0				
	1	0	0	1	
y_1	1	0	0	1	
	x	x	x	x	y_3
	1	0	x	x	
		y_2			

$d_0 = \overline{y_0}$

- Signalflussplan des Zählers zu Aufgabe 3.6.1

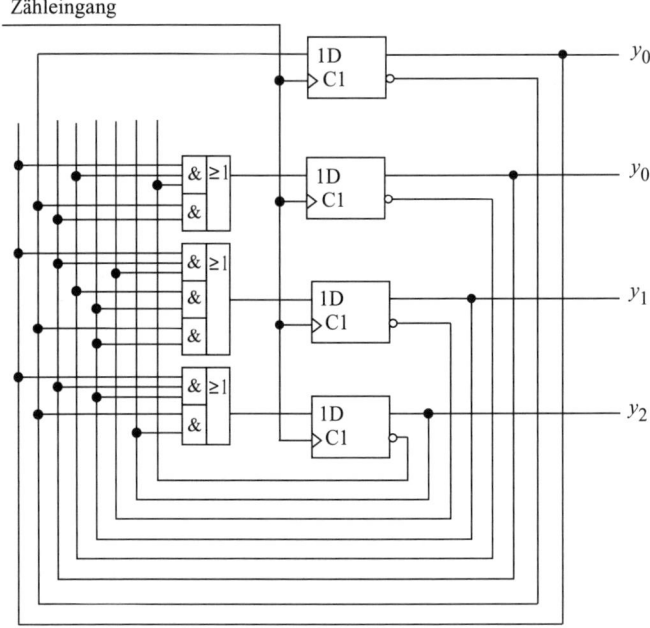

▶ L3.6.2

- Wertetabelle

x	e	y_2	y_1	y_0	d_2	d_1	d_0
0	0	0	0	0	0	0	0
0	1	0	0	0	1	0	0
0	0	1	0	0	0	1	0
0	1	1	0	0	1	1	0

usw.

- KV-Tafeln

d_2:

		y_0			x y_0			
	0	0	0	0	1	1	0	0
y_1	0	0	0	0	1	1	0	0
	1	1	1	1	1	1	0	0	e
	1	1	1	1	1	1	0	0

y_2

d_1:

	–	y_0	y_0, y_2	y_2	x, y_2	x, y_0, y_2	x, y_0	x
–	0	0	1	1	0	0	0	0
y_1	0	0	1	1	1	1	1	1
y_1, e	0	0	1	1	1	1	1	1
e	0	0	1	1	0	0	0	0

d_0:

	–	y_0	y_0, y_2	y_2	x, y_2	x, y_0, y_2	x, y_0	x
–	0	0	0	0	0	1	1	0
y_1	1	1	1	1	0	1	1	0
y_1, e	1	1	1	1	0	1	1	0
e	0	0	0	0	0	1	1	0

- Schaltfunktionen

$d_2 = \bar{x}\,e \vee xy_2$

$d_1 = \bar{x}\,y_2 \vee xy_1$

$d_0 = \bar{x}y_1 \vee xy_0$

▶ L3.6.3

- Schaltfunktionen der KS1 aus Schaltung auslesen

$d_2 = x\overline{y_1}\,\overline{y_0} \vee \bar{x}\,\overline{y_2}\,y_1\overline{y_0}$

$d_1 = x\overline{y_0} \vee \bar{x}\,y_0 \vee \overline{y_2}\,y_1\,\overline{y_0}$

$d_0 = x\overline{y_2}\,y_1 \vee \bar{x}\,\overline{y_1}$

- Eintragen der Schaltfunktionen in KV-Tafeln

d_2:

	–	y_0	y_0, y_2	y_2
–	0	0	0	0
y_1	1	0	0	0
y_1, x	0	0	0	0
x	1	0	0	1

d_1:

	–	y_0	y_0, y_2	y_2
–	0	1	1	0
y_1	1	1	1	0
y_1, x	1	0	0	1
x	1	0	0	1

d_0:

	–	y_0	y_0, y_2	y_2
–	1	1	1	1
y_1	0	0	0	0
y_1, x	1	1	0	0
x	0	0	0	0

- Auslesen des Zustandsgraphen aus den KV-Tafeln (ggf. mit der Zwischenstufe des Auslesens der KV-Tafeln in eine Wertetabelle der KS1)

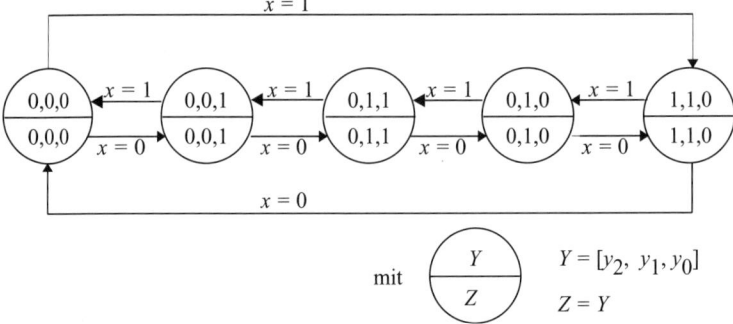

- Interpretation der Funktion
  Funktionsgruppe stellt offenbar einen Vor-/Rückwärtszähler im Gray-Kode für die Werte 0 bis 4 dar.

Bemerkung: Die Zustände $[y_2, y_1, y_0] = [1, 0, 0]$, $[1, 0, 1]$ und $[1, 1, 1]$ können beim Einschalten oder durch Störung erreicht werden. Die Analyse ergibt auch, dass sie im folgenden Takt wieder in einen zum obigen Graphen gehörenden Zustand übergehen.

Lösungen zum Abschnitt 3.7

▶ **L3.7.1**

a) s. Tabelle 3.33
b) -- Component voll_add.vhd

```
LIBRARY IEEE;
USE IEEE.STD_LOGIC_1164.ALL;
PACKAGE voll_add_pkg IS
   COMPONENT voll_add
      PORT     (a, b, cy_1:  IN STD_LOGIC;
                s, cy:      OUT STD_LOGIC );
   END COMPONENT;
END voll_add_pkg;

LIBRARY IEEE;
USE IEEE.STD_LOGIC_1164.ALL;
ENTITY voll_add IS
    PORT     (a, b, cy_1:  IN STD_LOGIC;
               s, cy:      OUT STD_LOGIC);
END voll_add;

ARCHITECTURE voll_add_beh OF voll_add IS
BEGIN
   s <= a XOR b XOR cy_1;
   cy <= (a AND b) OR (a AND cy_1) OR (b AND cy_1);
END voll_add_beh;
```

▶ **L3.7.2**

a) -- add_4bit.vhd

```
LIBRARY IEEE;
USE IEEE.STD_LOGIC_1164.ALL;
PACKAGE add_4bit_pkg IS
    COMPONENT add_4bit
        PORT    (A, B:  IN STD_LOGIC_VECTOR(3 DOWNTO 0);
                 cy_1:  IN STD_LOGIC;
                 S:     OUT STD_LOGIC_VECTOR(3 DOWNTO 0);
                 cy3:   OUT STD_LOGIC );
    END COMPONENT;
END add_4bit_pkg;

LIBRARY IEEE;
USE IEEE.STD_LOGIC_1164.ALL;
USE WORK.voll_add_pkg.ALL;
ENTITY add_4bit IS
    PORT    (A, B:  IN STD_LOGIC_VECTOR(3 DOWNTO 0);
             cy_1:  IN STD_LOGIC;
             S:     OUT STD_LOGIC_VECTOR(3 DOWNTO 0);
             cy3:   OUT STD_LOGIC );
-- Bemerkung: Die nachfolgende ATTRIBUTE-Anweisung könnte für PIN-Festlegungen
-- benutzt werden:
-- ATTRIBUTE PIN_NUMBERS OF add_4bit:ENTITY IS
-- "cy_1:1 A(0):2 A(1):3 A(2):4 A(3):5 B(0):6 B(1):7 B(2):8 B(3):9 S(0):19 S(1):18 S(2):17 S(3):16
-- cy3:12";
END add_4bit;

ARCHITECTURE add_4bit_struc OF add_4bit IS
SIGNAL cy0, cy1, cy2: STD_LOGIC;
BEGIN
    voll_add_0: voll_add PORT MAP(cy_1=>cy_1, a=>A(0), b=>B(0), cy=>cy0, s=>S(0) );
    voll_add_1: voll_add PORT MAP(cy_1=>cy0,  a=>A(1), b=>B(1), cy=>cy1, s=>S(1) );
    voll_add_2: voll_add PORT MAP(cy_1=>cy1,  a=>A(2), b=>B(2), cy=>cy2, s=>S(2) );
    voll_add_3: voll_add PORT MAP(cy_1=>cy2,  a=>A(3), b=>B(3), cy=>cy3, s=>S(3) );
END add_4bit_struc;
```

b)

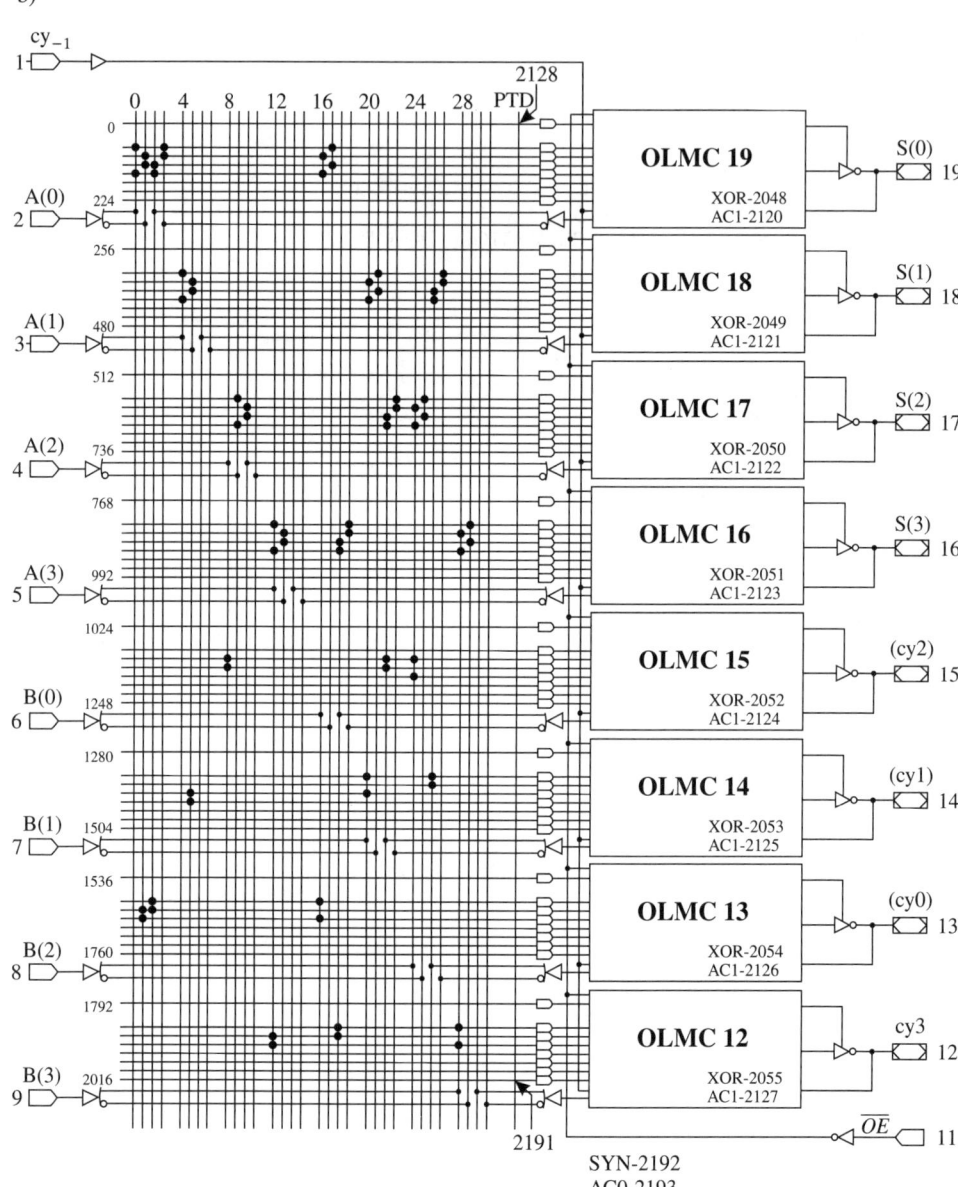

DESIGN EQUATIONS aus Bild zu add4_v16 (" / " steht hier als Negationszeichenvor einer Variablen):

s_0 = a_0 /b_0 /cy_1 v /a_0 b_0 /cy_1 v /a_0 /b_0 cy_1 v a_0 b_0 cy_1
cy0 = b_0 cy_1 v a_0 cy_1 v a_0 b_0
s_1 = a_1 /b_1 /cy0 v /a_1 b_1 /cy0 v /a_1 /b_1 cy0 v a_1 b_1 cy0
cy1 = b_1 cy0 v a_1 cy0 v a_1 b_1
s_2 = a_2 /b_2 /cy1 v /a_2 b_2 /cy1 v /a_2 /b_2 cy1 v a_2 b_2 cy1
cy2 = b_2 cy1 v a_2 cy1 v a_2 b_2
s_3 = a_3 /b_3 /cy2 v /a_3 b_3 /cy2 v /a_3 /b_3 cy2 v a_3 b_3 cy2
cy3 = b_3 cy2 v a_3 cy2 v a_3 b_3

Die obigen Schaltfunktionen entsprechen denen eines Volladders (s. auch Schaltfunktionen zu Bild 3.51).

▶ **L3.7.3**

a)
```
-- pre_alu4.vhd
LIBRARY IEEE;
USE IEEE.STD_LOGIC_1164.ALL;
PACKAGE pre_alu4_pkg IS
   COMPONENT pre_alu4
      PORT      (a, b, f:   IN STD_LOGIC_VECTOR(3 DOWNTO 0);
                 cy_1:      OUT STD_LOGIC;
                 a_p, b_p:  OUT STD_LOGIC_VECTOR(3 DOWNTO 0) );
   END COMPONENT;
END pre_alu4_pkg;

LIBRARY IEEE;
USE IEEE.STD_LOGIC_1164.ALL;
ENTITY pre_alu4 IS
      PORT      (a, b, f:   IN STD_LOGIC_VECTOR(3 DOWNTO 0);
                 cy_1:      OUT STD_LOGIC;
                 a_p, b_p:  OUT STD_LOGIC_VECTOR(3 DOWNTO 0) );
END pre_alu4;

ARCHITECTURE behavior OF pre_alu4 IS
BEGIN
   p:PROCESS(f,a,b)
   BEGIN
      CASE f IS
        -- add A,B:
        WHEN "0100" =>    a_p<=a;         b_p<=b;         cy_1<='0';
        -- sub A,B:
        WHEN "0101" =>    a_p<=a;         b_p<=NOT b;     cy_1<='1';
        -- inc A:
        WHEN "0110" =>    a_p<=a;         b_p<="0000";    cy_1<='1';
        -- dec A:
        WHEN "0111" =>    a_p<=a;         b_p<="1111";    cy_1<='0';
        -- neg A:
        WHEN "1000" =>    a_p<=NOT a;     b_p<="0000";    cy_1<='0';
        -- or A,B:
        WHEN "1001" =>    a_p<=a OR b;    b_p<="0000";    cy_1<='0';
```

```vhdl
        -- and A,B:
        WHEN "1010" =>    a_p<=a AND b;      b_p<="0000";      cy_1<='0';
        -- xor A;B:
        WHEN "1011" =>    a_p<=a XOR b;      b_p<="0000";      cy_1<='0';
        -- shr A:
        WHEN "1100" =>    a_p(0)<=a(1);
                          a_p(1)<=a(2);
                          a_p(2)<=a(3);
                          a_p(3)<='0';       b_p<="0000";      cy_1<='0';
        -- shl A:
        WHEN "1101" =>    a_p(3)<=a(2);
                          a_p(2)<=a(1);
                          a_p(1)<=a(0);
                          a_p(0)<='0';       b_p<="0000";      cy_1<='0';
        --else:
        WHEN OTHERS =>    a_p<="----";       b_p<="----";      cy_1<='-';
      END CASE;
    END PROCESS p;
END behavior;
```

b)
```vhdl
-- alu_4.vhd
LIBRARY IEEE;
USE IEEE.STD_LOGIC_1164.ALL;
PACKAGE alu_4_pkg IS
  COMPONENT alu_4
    PORT    (A, B, F:   IN STD_LOGIC_VECTOR(3 DOWNTO 0);
             S:         OUT STD_LOGIC_VECTOR(3 DOWNTO 0);
             cy3:       OUT STD_LOGIC );
  END COMPONENT;
END alu_4_pkg;

LIBRARY IEEE;
USE IEEE.STD_LOGIC_1164.ALL;
USE WORK.add_4bit_pkg.ALL;
USE WORK.pre_alu4_pkg.ALL;

ENTITY alu_4 IS
  PORT    (A, B, F:   IN STD_LOGIC_VECTOR(3 DOWNTO 0);
           S:         OUT STD_LOGIC_VECTOR(3 DOWNTO 0);
           cy3:       OUT STD_LOGIC );
END alu_4;

ARCHITECTURE alu_4_struc OF alu_4 IS
  SIGNAL a_int, b_int:    STD_LOGIC_VECTOR(3 DOWNTO 0);
  SIGNAL cy_int:          STD_LOGIC;
BEGIN
  pre_alu:    pre_alu4 PORT MAP (a=>A, b=>B, f=>F, a_p=>a_int, b_p=>b_int, cy_1=>cy_int);
  add:        add_4bit PORT MAP (A=>a_int, B=>b_int, cy_1=>cy_int, S=>S, cy3=>cy3);
END alu_4_struc;
```

▶ **L3.7.4**

```vhdl
-- reg_4bit.vhd
LIBRARY IEEE;
USE IEEE.STD_LOGIC_1164.all;
```

```
PACKAGE reg_4bit_pkg IS
  COMPONENT  reg_4bit
    PORT     (I:         IN STD_LOGIC_VECTOR (3 DOWNTO 0);
              i_en, clk: IN STD_LOGIC;
              Q:         OUT STD_LOGIC_VECTOR (3 DOWNTO 0) );
  END COMPONENT;
END reg_4bit_pkg;

LIBRARY IEEE;
USE IEEE.STD_LOGIC_1164.all;

ENTITY reg_4bit IS
    PORT     (I:         IN STD_LOGIC_VECTOR (3 DOWNTO 0);
              i_en, clk: IN STD_LOGIC;
              Q:         OUT STD_LOGIC_VECTOR (3 DOWNTO 0) );
END reg_4bit;

ARCHITECTURE behav of reg_4bit IS
SIGNAL intern_state: STD_LOGIC_VECTOR (3 DOWNTO 0);
BEGIN
p1:
  PROCESS (I,i_en,clk)
    BEGIN
      IF clk = '1' AND clk'EVENT THEN
              IF      i_en = '0' THEN intern_state<=intern_state;
              ELSIF   i_en = '1' THEN intern_state<=I;
              END IF;
      END IF;
  END PROCESS p1;

p2: PROCESS (intern_state)
    BEGIN
      Q <= intern_state;
    END PROCESS p2;

END behav;
```

▶ **L3.7.5**

```
-- alu_4bit.vhd
LIBRARY IEEE;
USE IEEE.STD_LOGIC_1164.ALL;
PACKAGE alu_4bit_pkg IS
  COMPONENT  alu_4bit
    PORT     (D,F:         IN STD_LOGIC_VECTOR(3 DOWNTO 0);
              a_ien, b_ien: IN STD_LOGIC;
              clk:          IN STD_LOGIC;
              S:            OUT STD_LOGIC_VECTOR(3 DOWNTO 0);
              cy3:          OUT STD_LOGIC );
  END COMPONENT;
END alu_4bit_pkg;

LIBRARY IEEE;
USE IEEE.STD_LOGIC_1164.ALL;
```

```
USE WORK.alu_4_pkg.ALL;
USE WORK.reg_4bit_pkg.ALL;
ENTITY alu_4bit IS
    PORT        (D,F:           IN STD_LOGIC_VECTOR(3 DOWNTO 0);
                a_ien, b_ien:   IN STD_LOGIC;
                clk:            IN STD_LOGIC;
                S:              OUT STD_LOGIC_VECTOR(3 DOWNTO 0);
                cy3:            OUT STD_LOGIC );
END alu_4bit;

ARCHITECTURE alu_4bit_struc OF alu_4bit IS
SIGNAL reg_a_out, reg_b_out: STD_LOGIC_VECTOR(3 DOWNTO 0);
SIGNAL cy3_out: STD_LOGIC;
BEGIN
    alu:        alu_4       PORT MAP (A=>reg_a_out, B=>reg_b_out, F=>F, S=>S, cy3=>cy3);
    temp_rega:  reg_4bit    PORT MAP (I=>D, i_en=>a_ien, clk=>clk, Q=>reg_a_out);
    temp_regb:  reg_4bit    PORT MAP (I=>D, i_en=>b_ien, clk=>clk, Q=>reg_b_out);
END alu_4bit_struc;
```

▶ **L3.7.6**

```
-- core_4.vhd
LIBRARY IEEE;
USE IEEE.STD_LOGIC_1164.ALL;
PACKAGE core_4_pkg IS
    COMPONENT core_4
        PORT    (DB_in:             IN STD_LOGIC_VECTOR(3 DOWNTO 0);
                F:                  IN STD_LOGIC_VECTOR(3 DOWNTO 0);
                regA_ien, regB_ien: IN STD_LOGIC;
                regC_ien, regD_ien: IN STD_LOGIC;
                A_toBus, B_toBus:   IN STD_LOGIC;
                C_toBus, D_toBus:   IN STD_LOGIC;
                read_DB_in:         IN STD_LOGIC;
                alu_out_toBus:      IN STD_LOGIC;
                a_ien, b_ien:       IN STD_LOGIC;
                DB_out,A_out,B_out: OUT STD_LOGIC_VECTOR(3 DOWNTO 0);
                clk:                IN STD_LOGIC );
    END COMPONENT;
END core_4_pkg;

LIBRARY IEEE;
USE IEEE.STD_LOGIC_1164.ALL;
USE WORK.alu_4bit_pkg.ALL;
USE WORK.reg_4bit_pkg.All;
ENTITY core_4 IS
    PORT    (DB_in:             IN STD_LOGIC_VECTOR(3 DOWNTO 0);
            F:                  IN STD_LOGIC_VECTOR(3 DOWNTO 0);
            regA_ien, regB_ien: IN STD_LOGIC;
            regC_ien, regD_ien: IN STD_LOGIC;
            A_toBus, B_toBus:   IN STD_LOGIC;
            C_toBus, D_toBus:   IN STD_LOGIC;
            read_DB_in:         IN STD_LOGIC;
            alu_out_toBus:      IN STD_LOGIC;
            a_ien, b_ien:       IN STD_LOGIC;
```

```vhdl
                        DB_out,A_out,B_out:  OUT STD_LOGIC_VECTOR(3 DOWNTO 0);
                        clk:                 IN STD_LOGIC );
END core_4;

ARCHITECTURE core_4_struc OF core_4 IS
SIGNAL A_toMux, B_toMux, C_toMux, D_toMux:   STD_LOGIC_VECTOR(3 DOWNTO 0);
SIGNAL S_toMux:                              STD_LOGIC_VECTOR(3 DOWNTO 0);
SIGNAL intern_DB:                            STD_LOGIC_VECTOR(3 DOWNTO 0);
BEGIN
   alu:         alu_4bit PORT MAP   (D=>intern_DB, S=>S_toMux, a_ien=>a_ien, b_ien=>b_ien,
                                     F=>F, clk=>clk);
   reg_A:       reg_4bit PORT MAP   (I=>intern_DB, Q=>A_toMux, i_en=>regA_ien, clk=>clk);
   reg_B:       reg_4bit PORT MAP   (I=>intern_DB, Q=>B_toMux, i_en=>regB_ien, clk=>clk);
   reg_C:       reg_4bit PORT MAP   (I=>intern_DB, Q=>C_toMux, i_en=>regC_ien, clk=>clk);
   reg_D:       reg_4bit PORT MAP   (I=>intern_DB, Q=>D_toMux, i_en=>regD_ien, clk=>clk);

p1:PROCESS(A_toBus,B_toBus,C_toBus,D_toBus,alu_out_toBus,read_DB_IN,A_toMux,B_toMux,
C_toMux,D_toMux,S_toMux,DB_in)
BEGIN
   IF       A_toBus='1' AND B_toBus='0' AND C_toBus='0' AND D_toBus='0' AND alu_out_toBus='0' AND
            read_DB_in='0'
            THEN  intern_DB<=A_toMux;
   ELSIF    A_toBus='0' AND B_toBus='1' AND C_toBus='0' AND D_toBus='0' AND alu_out_toBus='0' AND
            read_DB_in='0'
            THEN  intern_DB<=B_toMux;
   ELSIF    A_toBus='0' AND B_toBus='0' AND C_toBus='1' AND D_toBus='0' AND alu_out_toBus='0' AND
            read_DB_in='0'
            THEN  intern_DB<=C_toMux;
   ELSIF    A_toBus='0' AND B_toBus='0' AND C_toBus='0' AND D_toBus='1' AND alu_out_toBus='0' AND
            read_DB_in='0'
            THEN  intern_DB<=D_toMux;
   ELSIF    A_toBus='0' AND B_toBus='0' AND C_toBus='0' AND D_toBus='0' AND alu_out_toBus='1' AND
            read_DB_in='0'
            THEN  intern_DB<=S_toMux;
   ELSIF    A_toBus='0' AND B_toBus='0' AND C_toBus='0' AND D_toBus='0' AND alu_out_toBus='0' AND
            read_DB_in='1'
            THEN  intern_DB<=DB_in;
   ELSE     intern_DB<="0000";
   END IF;
END PROCESS p1;

p2:PROCESS(intern_DB,A_toMux,B_toMux)
BEGIN
   DB_out<=intern_DB;
   A_out<=A_toMux;
   B_out<=B_toMux;
END PROCESS p2;

END core_4_struc;
```

Lösungen zum Abschnitt 3.8

▶ **L3.8.1**

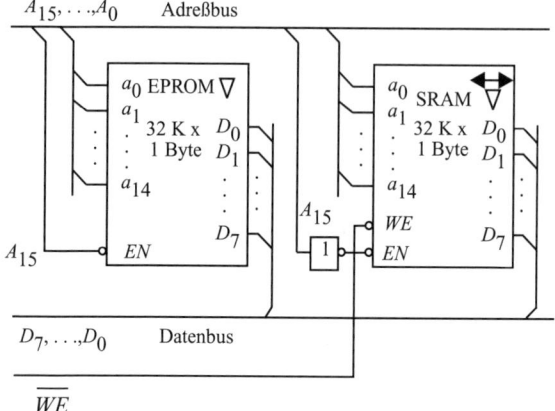

▶ **L3.8.2**

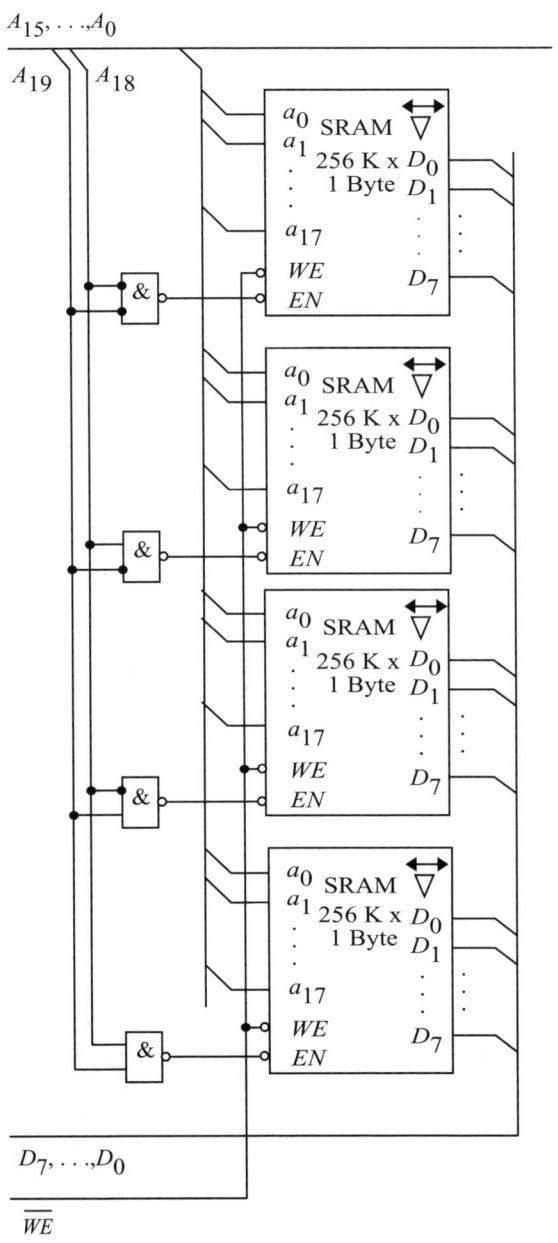

Lösungen zum Abschnitt 3.9

▶ **L3.9.1**

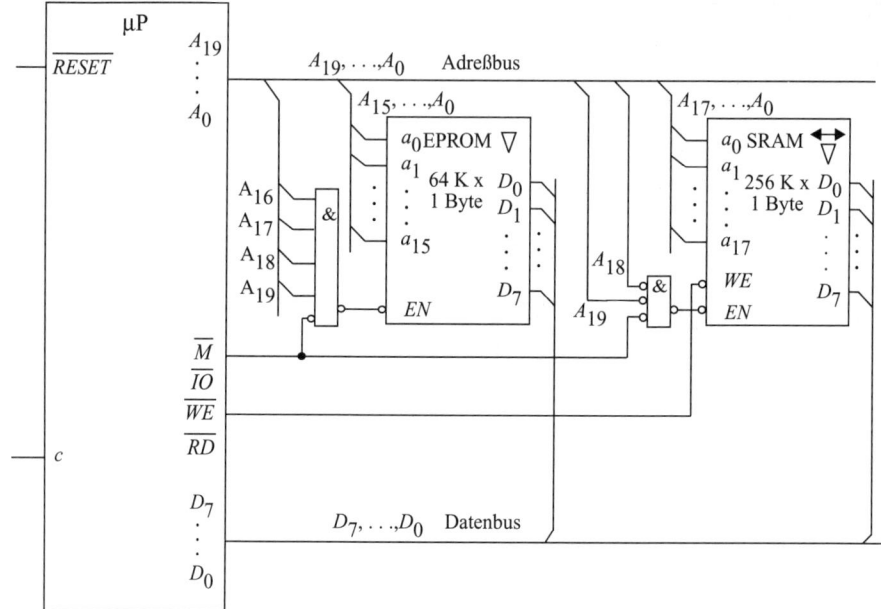

SRAM: Adressbereich 00000H ...3FFFFH $\overline{CS}_{SRAM} = \overline{\overline{A_{19}} \wedge \overline{A_{18}} \wedge \overline{M}}$

EPROM: Adressbereich F0000H ...FFFFFH $\overline{CS}_{EPROM} = \overline{A_{19} \wedge A_{18} \wedge A_{17} \wedge A_{16} \wedge \overline{M}}$

▶ **L3.9.2**

;aufg392.asm

```
bs_spei    SEGMENT at 0b800h
           ENDS

prog_code  SEGMENT
           assume cs:prog_code
           assume es:bs_spei

anfang:    call bs_clear
           mov ah,4ch
           int 21h

bs_clear   PROC
           push ax
           push cx
           push di
           mov ax,bs_spei
           mov es,ax
           mov ax,2020h
           xor di,di
```

```
                mov cx,2000
m1:             mov [es:di],ax
                inc di
                inc di
                loop m1
                pop di
                pop cx
                pop ax
                ret
                ENDP
            ENDS
            END anfang
```

Bemerkung:

- Der Speicherbereich B8000H bis B8F9F ist im PC auch der Bildschirmspeicher (80 Zeichen mal 25 Zeilen).
- Der ASCII-Kode des Zeichens steht auf der geraden Adresse (hier: 20H = Leerzeichen).
- Die ungerade Adresse enthält den Farbkode:
  niederwertige Tetrade: Zeichenfarbe (hier: 0 = schwarzes Zeichen)
  höherwertige Tetrade: Hintergrundfarbe (hier: 2 = grün), d. h., das Unterprogramm löscht den Bildschirm und schaltet auf grüne Hintergrundfarbe.

▶ **L3.9.3**

```
;aufg392.asm
                .386
bs_spei     SEGMENT USE16 at 0b800h
            ENDS
text        SEGMENT USE16
                db 'Aufgabe 3.9.2'
            ENDS
prog_code   SEGMENT USE16
                assume cs:prog_code
anfang:         call bs_clear
                call text_write
                mov ah,4ch
                int 21h
bs_clear    PROC
                assume es:bs_spei
                mov ax,bs_spei
                mov es,ax
                mov ax,2020h
                xor di,di
                mov cx,2000
m1:             mov [es:di],ax
                inc di
                inc di
                loop m1
```

```
              ret
              ENDP
text_write    PROC
              assume ds:text
              mov ax,text
              mov ds,ax
              assume es:bs_spei
              mov ax,bs_spei
              mov es,ax
              mov si,0
              mov di,1508
              mov ah,20h
              mov cx,13
m2:           mov al,[ds:si]
              mov [es:di],ax
              inc si
              inc di
              inc di
              loop m2
              ret
              ENDP

              ENDS
              END anfang
```

Bemerkung: In den Unterprogrammen wurde auf das Retten der Inhalte der benutzten Register verzichtet.

Lösungen zum Abschnitt 3.10

▶ L3.10.1

a) ; Unterprogramm Tastaturauswertung TAS_AUSW.a51
   ; Ergebnis: Port 4 enthält 7-Segmentkode der betätigten Taste

```
           CSEG at 3400H         ;

           ORL 0D0H, #10H        ;
                                 ; Programmstaturwort.RS1 := 1
           ANL 0D0H, #F7H        ; Programmstaturwort.RS0 := 0
                                 ; d. h.: Registerbank 2 eingestellt

           LCALL 3300H           ; Aufruf des UP TASTABF (lt. Bsp. 3.44b)

           CJNE R6, #0E7H, m2    ; - Betätigung der Taste A hätte R6 = E7H erzeugt
                                 ; - if R6 <> E7H then Sprung nach Adresse m2 (d.h. weiter)
           JMP m1_1              ; - else unbedingter Sprung nach Adresse m1_1

    m2:    CJNE R6, #0EBH, m3    ; - Betätigung der Taste b hätte R6 = EBH erzeugt
                                 ; - if R6 <> EBH then Sprung nach Adresse m3 (d.h. weiter)
           JMP m1_2              ; - else unbedingter Sprung nach Adresse m1_2

    m3:    CJNE R6, #0EDH, m3    ; - Betätigung der Taste c hätte R6 = EDH erzeugt
                                 ; - if R6 <> EDH then Sprung nach Adresse m4 (d.h. weiter)
```

             JMP m1_3   ; - else unbedingter Sprung nach Adresse m1_3

    m4:   usw.

    m1_1:   MOV 0E8H, #11H   ; Port 4 := 11H (Kode für Anzeige "A")
             RET

    m1_2:   MOV 0E8H, #0C1H   ; Port 4 := C1H (Kode für Anzeige "b")
             RET

    m1_3:   MOV 0E8H, #0E5HH   ; Port 4 := E5H (Kode für Anzeige "c")
             RET

    usw.
             END

b) //Funktion Tastaturauswertung:
   // - ruft Tastaturabfrage auf
   // - wandelt den von Tastaturabfrage gelieferten tast_code in 7-Segment-Code

    unsigned char tas_ausw()
    {
      unsigned char tast_abfr();
      switch (tast_abfr())
              {
                case 0xee: P4=0x85;
                             break;
                case 0xed: p4=0xe5;
                             break;
                case 0xeb: P4=0xc1;
                             break;
                case 0xe7:   P4=0x11;
                             break;
    usw.
                default: P4=0xbf;
                             break;
              }
      return(seg_7_code);
    }

▶ L3.10.2

a) ; Programm Tastaturanzeige TAS_ANZ.asm

           TAS_AUSW   equ   3400H
           CSEG at 3000H
   begin: ANL 0D0H, #0E7H ; [PSW.4, PSW.3] := [0, 0]
                            ; (Datenbank 0)
           LCALL TAS_AUSW
           JMP begin
           END

b) // project tast_anz
   // Hauptprogramm tast_anz.c

```c
sfr P4=0xe8;
sfr P6=0xfa;

void main(void)
{
   while(1)
   {
     tas_ausw();
   }
}
```

Lösungen zum Abschnitt 3.11

▶ L3.11.1

DSP Fixed Point COFF Assembler Version 6.40

```
;======================================================================
;va1_vs1.asm für TMS320C25 (zu Aufgabe 3.11.1)
;schaltet digitales Signal x(kT) von InPort10 nach OutPort10 durch
;======================================================================
          .bss xk,1           ;reserves uninitialized word for xk
          .bss val,1          ;reserves uninitialized word for val

          .text               ;Beginn Hauptprogramm
          call init           ;Aufruf des Unterprograms zur Initialisierung des
                              ;dem In-Port 10 vor- und Out-Port 10 nachgeschalteten
                              ;Analog-Digital- und Digital-Analog-Umsetzers
abfrage:  in val,pa8          ;Abfrage eoc (end of conversion bit) ob ein Abtastwert
                              ;xk nach Ablauf der eingestellten Abtastperiode am
                              ;InPort 10 zur Verfügung steht
          lac val
          andk 80h            ;Vergleich, ob eoc=1 (d. h. Wert an InPort10 gültig?)
          bz abfrage          ;bedingter Sprung:
                              ;if (kein Abtastwert) then (zurück nach Abfrage)
          in xk,pa10          ;Abtastwert xk von In-Port 10 nach Speicher xk
          out xk,pa10         ;Abtastwert xk von Speicher xk nach Out-Port 10
          b abfrage           ;Sprung zur AD-Umsetzer-Abfrage
;------------------------------------------------
;Procedure für Initialisierung ADC/DAC Board
;Anwendung: Aufruf als Procedure mit call init
;------------------------------------------------
init:
          ssxm                ;set sign extension mode
          spm 0               ;set P Register Output Shift Mode
          .
          .                   ;weitere Initialisierungen
          .
          lalk -180           ;Laden des Timer Reload Value Register (by Port 9)
                              ;mit Abtastfrequenz fa = 44,1 kHz:
          sacl val            ;val = - (fclock/fa - 1)
          out val,pa9         ;     = - (8 MHz/44,1 kHz -1)
                              ;     = - (181,4-1) = -180
```

```
            .
            .
            .
            ret
;―――――――――――――――――――――――――――――――――――――――――
            .end
```

▶ L3.11.2

DSP Fixed Point COFF Assembler Version 6.40
```
;===========================================================================
;va1_vs3.asm für TMS320C25 (zu Aufgabe 3.11.2)
;verzögert digitales Signal x(kT) um d Takte
;und gibt y(kT) = x(kT) + x[(k-d)T] aus
;===========================================================================
            .bss xk,1              ;reserves uninitialized word for xk
            .bss val,1             ;reserves uninitialized word for val
            .bss circ_buf_begin,1  ;Definition of Circular Buffer
            .bss circ_buf_length,1
            .bss circ_buf_end,1
            .bss yk,1
;―――――――――――――――――――――――――――――――――――――――――
            .text
            call init
            lalk 8000h
            sacl circ_buf_begin    ;Circular Buffer beginnt auf Data Address 8000H
            lalk 7938              ;
            sacl circ_buf_length   ;für Echozeit = 0,184 s:
                                   ;d = Echozeit/Abtastperiode
                                   ;  = Echozeit x Abtastfrequenz
                                   ;  = 0,184s x 44,1 x103 s-1
                                   ;  = 7938 Takte
            add circ_buf_begin
            subk 1
            sacl circ_buf_end
            lar ar0,circ_buf_end   ;Register AR0 := End Address of Circular Buffer
            lar ar1,circ_buf_begin ;Register AR1 := Begin Address of Circular Buffer
            larp 1                 ;Register ARP := 1
                                   ;(d.h. AR1 ist aktuell gültiges Adress-Register)
abfrage:    in val,pa8             ;Abfrage eoc (end of conversion bit) des AD-Wandlers
            lac val
            andk 80h               ;Vergleich, ob eoc=1
            bz abfrage
;―――――――――――――――――――――――――――――――――――――――――
;AR1 points to "oldest" Position of Circular Buffer
;―――――――――――――――――――――――――――――――――――――――――
;[ggf. nach vorheriger Initialisierung des Circular Buffer (Data Address von 8000H bis (8000H + 7937))
; mit Null]
            lac *                  ;ältesten Wert aus Circular Buffer (data Address 8000H) nehmen:
                                   ;indirekte Adressierung: Acc := [AR(ARP)] = [8000H] = xk-d = xk-7938
            in *,pa10              ;neuesten Wert an gleiche Stelle schreiben:
                                   ;[AR(ARP)] = [8000H] := InPort 10 = xk
            add *+                 ;Überlagerung von unverzögertem und Echo-Signal:
```

```
                    sacl yk              ;Acc := xk-d + xk
                    out yk,pa10          ;AR1 := AR+1 (Adresse incrementieren)
                                         ;Ergebnis nach Speicher yk
                                         ;OutPort 10 := xk + xk-d
                    cmpr 2               ;test if AR1>AR0 (then ST1.TC:=1)
                    bbz m1               ;jump if ST1.TC = 0 (Buffer-Ende noch nicht erreicht)
                    lar ar1,circ_buf_begin ;zurück auf Circular Buffer Begin
;————————————————————————————————
m1:         b abfrage                    ;Sprung zur AD-Abfrage

;————————————————————————————————
;Procedure init für Initialisierung ADC/DAC Board
;————————————————————————————————
init:
                    .
                    .                    ;wie in Aufgabe 3.11.1
                    .
                    ret
;————————————————————————————————
                    .end
```

▶ L3.11.3

$b_0 = 0$

$b_1 = a_0 \sin\left(2\pi \dfrac{f}{f_a}\right) = 2^{14} \sin\left(2\pi \dfrac{440\ \text{Hz}}{44\,100\ \text{Hz}}\right) = 1\,027$

$b_2 = 0$

$a_0 = 2^{14}$

$a_1 = -2a_0 \cos\left(2\pi \dfrac{t}{f_a}\right) = -32\,704$

$a_2 = 1$

d. h.,

$y_k = \left(1\,027 x_{k-1} + 32{,}704 y_{k-1} - 16\,384 y_{k-2}\right) \dfrac{1}{2^{14}}$

DSP Fixed Point COFF Assembler Version 6.10
```
;==========================================================================
;va1vs4b2.asm für TMS320C25 (zu Aufgabe 3.11.3)
;erzeugt eine Sinusschwingung als impulse response von x(kT) = [1000;0;0; . . .]
;Erzeugung der Abtastfrequenz: (hier anders als oben:) warten auf DSP-Timer-Interrupt
;                              mittels Befehl IDLE (dieser Befehl hält ein Programm bis zum
;                              Auftreten eines Interrupts an)
;                              (ISR selbst besteht nur aus RET auf Timer Interrupt Address 18H)
;Schwingungsdauer-Parameter: count (hier: 0,5 s)
;                              (mit dauernder Wiederholung)
;==========================================================================
            .bss b1,1
            .bss a0,1
            .bss a1,1
            .bss a2,1
```

```
            .bss xk,1          ;reserves uninitialized word for xk
            .bss xk_1,1
            .bss yk,1
            .bss yk_1,1
            .bss yk_2,1
            .bss ret_byte,1
            .bss count,1       ;counter für die Dauer einer Schwingung

            .text
            call init
            call TINT_init     ;call Timer Interrupt Initialisation
                               ;weil: Abtastfrequenz 44,1 kHz wird hier durch einen prozessorinternen
                               ;Timer (durch Interrupt) erzeugt
once_more   call do            ;call 440 Hz - Schwingung (der Dauer count)
            b once_more        ;unbedingter Sprung (repeat 440 Hz-Schwingung)
;================================================================

do:         lalk -16384
            sacl a2            ;a2 := -16384
            lalk 1027
            sacl b1            ;b1 := 1027
            lalk 32704
            sacl a1            ;a1 := 32704
            lalk 22050         ;count = Dauer/T = Dauer * fa
            sacl count         ;      = 0,5 s * 44100s^(-1) = 22050
            lalk 1000
            sacl xk            ;xk := unit impulse = 1000
            zac                ;ACC auf 0 setzen und Speicherplätze auf 0 setzen
            sacl xk_1
            sacl yk_1
            sacl yk_2
sample:     zac
            lt xk_1
            mpy b1             ;P-Register := b1 * xk_1
            dmov xk            ;xk_1 := xk
            lta yk_2           ;ACC := P-Register
                               ;T-Register := yk_2
            mpy a2             ;P-Register :=
            ltd yk_1           ;ACC := b1*xk_1+a2*yk_2
                               ;T_register := yk_1
                               ;yk_2 := yk_1
            mpy a1
            apac               ;ACC := b1*xk_1 + (-a2)*yk_2 + a1*yk_1
            sach yk,2          ;y(k):= ACC * 2^(-14)
                               ;(shift 14x right = 2x left)
            dmov yk            ;yk-1 := yk
            sach yk,6
            idle               ;Programm wartet auf interrupt from timer
            out yk,pa10        ;nach Ablauf der Tastperiode T:
                               ;Ausgabe von yk auf Port 10
zac
            sacl xk            ;xk ist nach erstem Takt Null
            lac count
            subk 1
```

```
            sacl count              ;count ist decrementiert
            bnz sample              ;weiter, wenn Dauer nicht abgelaufen
            ret
```
;==
```
TINT_init:  .                       ;Timer-Initialisierung
            .
            lalk 0ce26h
            sacl ret_byte
            lalk 24
            tblw ret_byte           ;schreibt den Befehlscode für ret (CE26H) auf
Timer Interrupt
                                    ;Adresse 24 (18H)
                                    ;(Timer ISR besteht hier nur aus ret)
            .
            ret
```
;==
```
init:       .                       ;allgemeine DSP-Initialisierung
            .
            .
            ret
```
;==
```
            .end
```

Literaturverzeichnis

Elektronische Bauelemente

[1.1] *Möschwitzer, A.; Lunze, K.*: Halbleiterelektronik. – 8. Auflage. – Berlin: Verlag Technik, 1988

[1.2] *Groß, W.*: Digitale Schaltungstechnik. – Braunschweig; Wiesbaden: Vieweg & Sohn Verlagsgesellschaft, 1994

[1.3] *Paul, R.*: Elektronische Halbleiterbauelemente. – Stuttgart: B. G. Teubner, 1992

[1.4] *Möschwitzer, A.*: Grundlagen der Halbleiter- & Mikroelektronik, Band 1; Elektronischen Halbleiterbauelemente. – München; Wien: Carl Hanser Verlag, 1992

[1.5] *Löcherer, K.-H.*: Halbleiterbauelemente. – Stuttgart: B. G. Teubner, 1992

[1.6] *Widmann, D.; Mader, H.*: Technologie hochintegrierter Schaltungen. – Berlin; Heidelberg; New York: Springer-Verlag, 1996

[1.7] *Steidle, H.-G.*: Transistoren-Kurz-Tabelle. – rund 9000 Transistoren mit ihren kennzeichnende Daten. – Poing: Franzis Verlag, 1995

[1.8] *Lindner, H.; Brauer, H.; Lehmann, C.*: Taschenbuch der Elektrotechnik und Elektronik. – 6. Auflage. – Leipzig: Fachbuchverlag, 1998

[1.9] *Paul, R.*: MOS-Feldeffekttransistoren. – Berlin; Heidelberg; New York: Springer-Verlag, 1994

[1.10] *Morgenstern, B.*: Elektronik in 3 Bd. – Band 1: Bauelemente. – Braunschweig; Wiesbaden: Vieweg Verlag, 1993

[1.11] *Löcherer, K.-H.; Brandt, C.-D.*: Parametric Elektronics. Springer Series in Electrophysics 6. – Berlin; Heidelberg; New York: Springer-Verlag, 1982

[1.12] *Pfeifer*: Elektronisches Rauschen. Teubner Verlagsgesellschaft, 1959

[1.13] *Wupper, H.*: Elektronische Schaltungen 1. – Berlin; Heidelberg; New York: Springer-Verlag, 1996

[1.14] SmartSpice/UTMOST III, Modeling Manual. – Santa Clara: Silvaco International, 1993

[1.15] *Wupper, H.; Niemeyer, U.*: Elektronische Schaltungen 2. – Berlin; Heidelberg; New York: Springer-Verlag, 1996

[1.16] *Paul, R.*: Optoelektronische Halbleiterbauelemente. – Stuttgart: B. G. Teubner, 1992

[1.17] *Müller, R.*: Grundlagen der Halbleiter-Elektronik. – Berlin; Heidelberg; New York: Springer-Verlag, 1995

[1.18] *Grosse, P.*: Freie Elektronen in Festkörpern. – Berlin; Heidelberg; New York: Springer-Verlag, 1979

Analogtechnik

[2.1] Netzwerksimulator PSpice. – Karlsruhe: Hoschar Systemelektronik GmbH, 1997

[2.2] *Santen, M.*: Das PSpice Design Center 6.1 Arbeitsbuch. – Karlsruhe: Fächer Verlag, 1994

[2.3] *Reisch, M.*: Elektronische Bauelemente. – Funktion, Grundschaltung, Modellieren mit PSpice. – Berlin; Heidelberg; New York: Springer-Verlag, 1997

[2.4] *Meier, U.; Nerreter, W.*: Analoge Schaltungen. – München; Wien: Carl Hanser Verlag, 1997

[2.5] *Reifschneider, N.*: CAE gestützte IC-Entwurfsmethoden. Prentice Hall, 1998

[2.6] *Kories, R.; Schmidt-Walter, H.*: Taschenbuch der Elektrotechnik. – Frankfurt: Verlag Harri Deutsch, 1995

[2.7] *Kühnel, H.*: Schaltungssimulation mit PSpice. – München: Franzis Verlag, 1994

[2.8] *Heinemann, R.*: PSpice. Elektroniksimulation. Lehrgang Handbuch Kochbuch mit CD-ROM. Carl Hanser Verlag, 1998

[2.9] *Baumann, P.; Möller, W.*: Schaltungssimulation mit Design Center. – Leipzig: Fachbuchverlag, 1994

[2.10] *Bursian, A.*: Das Design Center mit PSpice (Deutsches Handbuch). – Rosenheim: Thomatronik Herbert M. Müller GmbH, 1994

[2.11] *Justus, O.*: Berechnung linearer und nichtlinearer Netzwerk – mit PSpice-Beispielen. – Leipzig: Fachbuchverlag, 1994

[2.12] *Justus, O.*: !Switch on CD-ROM Elektrische Netzwerke mit PSpice. – Leipzig: Fachbuchverlag, 1998

[2.13] *Wupper, H.*: Elektronische Schaltungen 1. – Berlin; Heidelberg; New York: Springer-Verlag, 1996

[2.14] *Köstner, R.; Möschwitzer, A.*: Elektronische Schaltungstechnik. – Berlin: Verlag Technik, 1987

[2.15] *Federau, J.*: Operationsverstärker. – Lehr- und Arbeitsbuch zu angewandten Grundschaltungen. – Braunschweig; Wiesbaden: Vieweg Verlag, 1998

[2.16] *Möschwitzer, A.*: Gundlagen der Halbleiterelektronik, Band 2: Integrierte Schaltkreise. – München; Wien: Carl Hanser Verlag, 1992

[2.17] *Lehmann, C.*: Elektronik-Aufgaben. Band 2: Analoge und digitale Schaltungen. – Leipzig: Fachbuchverlag, 1994

[2.18] *Wupper, H.; Niemeyer, U.*: Elektronische Schaltungen 2. – Berlin; Heidelberg; New York: Springer-Verlag, 1996

[2.19] *Bernstein, H.*: Analoge Schaltungstechnik mit diskreten und integrierten Bauelementen. – Heidelberg: Hüthig Verlag, 1997

[2.20] *Herpy, M.*: Analoge integrierte Schaltungen. – Budapest: Akademiai Kiado, 1976

[2.21] *Unbehauen, R.*: Netzwerk- und Filtersynthese. – München: Oldenbourg Verlag, 1993

[2.22] *Wangenheim, L. v.*: Aktive Filter in RC- und SC-Technik. – Heidelberg: Hüthig Verlag, 1991

[2.23] *Saal, R.*: Handbuch zum Filterentwurf. – Berlin: Elitera, 1979

[2.24] *Tietze, U.; Schenk, Ch.*: Halbleiter-Schaltungstechnik. – Berlin; Heidelberg; New York: Springer-Verlag, 1990

[2.25] *Lacroix, A.*: Digitale Filter. – Eine Einführung in zeitdiskrete Signale und Systeme. – München: Oldenbourg Verlag, 1988

[2.26] *Bening, F.*: Z-Transformation für Ingenieure. – Grundlagen und Anwendungen. – Stuttgart: B. G. Teubner, 1995

[2.27] *Seifart, M.*: Analoge Schaltungen. – Berlin: Verlag Technik, 1994

[2.28] *Lindner, H.; Brauer, H.; Lehmann, C.*: Taschenbuch der Elektrotechnik und Elektronik. – Leipzig: Fachbuchverlag, 1998

[2.29] *Nührmann, D.*: Oszillator-Praxis. – alles über Schwingungserzeugung, Timer und VCO. – München: Franzis Verlag, 1989

[2.30] *Brauer, H.*: Elektronik-Aufgaben. Band 1: Bauelemente und Grundschaltungen. – Leipzig: Fachbuchverlag, 1997

[2.31] *Morgenstern, B.*: Elektronik in 3 Bd. – Band 2: Schaltungen. – Braunschweig; Wiesbaden: Vieweg Verlag, 1989

[2.32] *Stearns, S.; Hush, D.*: Digitale Verarbeitung analoger Signale. – München: Oldenbourg Verlag, 1994

[2.33] *Zander, H.*: Datenwandler. – Würzburg: Vogel Buchverlag, 1990

[2.34] *Eckl, R. u. a.*: A/D- und D/A-Wandler. – München: Franzis Verlag, 1990

[2.35] *Riedel, F.*: MOS-Analogtechnik. – Berlin: Akademie-Verlag, 1988

[2.36] *Ehrhardt, D.*: Verstärkertechnik. – Braunschweig; Wiesbaden: Vieweg Verlag, 1992

Digitaltechnik

[3.1] *Zander, H.*: Datenwandler. – A/D- und D/A-Wandler. – 2. Auflage. – Würzburg: Vogel Buchverlag, 1990

[3.2] *Leonhardt, E.*: Grundlagen der Digitaltechnik. – 3. Auflage. – München; Wien: Carl Hanser Verlag, 1984

[3.3] *Groß, W.*: Digitale Schaltungstechnik. – Braunschweig: Vieweg & Sohn Verlagsgesellschaft, 1994

[3.4] *Beuth, K.; Schmusch, W.*: Grundschaltungen – Elektronik 3. – 11. Auflage. – Würzburg: Vogel Buchverlag, 1994

[3.5] *Seifart, M.*: Digitale Schaltungen. – 4. Auflage. – Berlin: Verlag Technik, 1990

[3.6] Fa. Texas Instruments: ALS/AS Logic Data Book. – 1989

[3.7] Fa. Texas Instruments: High-Speed CMOS Logic Data Book. – 1990

[3.8] *Hentschke, S.*: Grundzüge der Digitaltechnik. – Stuttgart: B. G. Teubner, 1988

[3.9] *Lichtberger, B.*: Praktische Digitaltechnik. – 2. Auflage. – Heidelberg: Hüthig Buchverlag, 1992

[3.10] *Kühn, E.*: Handbuch TTL- und CMOS-Schaltungen. – 4. Auflage. – Heidelberg: Hüthig Buchverlag, 1993
[3.11] *Pernards, P.*: Digitaltechnik. – 3. Auflage. – Heidelberg: Hüthig Buchverlag, 1992
[3.12] *Pernards, P.*: Digitaltechnik II. – Einführung in die Schaltwerke. – Heidelberg: Hüthig Buchverlag, 1995
[3.13] *Bochmann, D.*: Einführung in die strukturelle Automatentheorie. – Berlin: Verlag Technik, 1975
[3.14] *Gössel, M.*: Angewandte Automatentheorie. – Reihe Wissenschaftliche Taschenbücher. – Berlin: Akademie-Verlag, 1975
[3.15] DIN 40 900 Teil 12. – Graphische Symbole für Schaltungsunterlagen. – Binäre Elemente. – Berlin: Beuth Verlag, 1992
[3.16] DIN 44 300 Teil 2. – Informationsverarbeitung – Begriffe – Informtionsdarstellung. – Berlin: Beuth Verlag, 1988
[3.17] DIN 44 300 Teil 5. – Informationsverarbeitung – Begriffe – Aufbau digitaler Rechensysteme. – Berlin: Beuth Verlag, 1988
[3.18] DIN 5473. – Logik und Mengenlehre. – Zeichen und Begriffe. Berlin: Beuth Verlag, 1992
[3.19] *Auer, A.; Rudolf, D.*: FPGA. – Heidelberg: Hüthig Buchverlag, 1995
[3.20] *Auer, A.; Reis, W.*: PLD-Programmierung mit PALASM und MACHXL. – Heidelberg: Hüthig Buchverlag, 1995
[3.21] *Bitterle, D.*: GALs. – 3. Auflage. München: Franzis-Verlag, 1993
[3.22] Fa. Texas Instruments Incorporated: Programmable Logic Data Book. Freising, 1990
[3.23] Fa. Lattice Semicoductor Corporation: (pLSI and ispLSI) Data Book. Hillsboro, Oregon, 1994
[3.24] Fa. Xilinx: The Programmable Gate Array Data Book. San Jose, California, 1992
[3.25] *Blank, J. H.*: Logikbausteine - Grundlagen, Programmierung und Anwendung - PLDs, PALs, GALs und FPGAs mit dem PC programmieren. – Haar bei München: Markt & Technik Verlag, 1992
[3.26] Fa. XILNX: Software Manuals Foundations Express. 1999
[3.27] Fa. XILNX: The Programmable Logic Data Book. 1999
[3.28] *Falkenberg, R.*: FPGA-Entwurf, Diplomarbeit an der Fachhochschule für Technik und Wirtschaft Berlin, Fachbereich Informationstechnik/Elektronik, 1993
[3.29] *Perry, D. L.*: VHDL.-2nd ed.-New York u. a.: McGraw-Hill, 1994
[3.30] *Lehmann, G.; Wunder, B.; Selz, M.*: Schaltungsdesign mit VHDL. – Poing: Franzis Verlag, 1994
[3.31] *Richard, B.*: Mikroprozessortechnik. – München: Hanser Verlag, 1989
[3.32] *Flik, T.; Liebig, H.*: Mikroprozessortechnik. – 4. Auflage. – Berlin: Springer Verlag 1994
[3.33] Fa. Intel: Intel486TM Microprocessor Hardware Reference Manual. 1990
[3.34] Fa. Intel: Intel486TM Microprocessor Family Programmer's Reference Manual. 1993

[3.35] *Johannis, R.; Papadopoulos, N.*: Handbuch des 80C517/80C517. A. Siemens-Verlag
[3.36] *Feger, O.; Reith, A.*: MC-Tools 4 für den PC XT/AT mit dem Mikrocontroller SAB80C537
[3.37] Fa. Texas Instruments: Second Generation (DSP) TMS320C2x Users' Guide. 1988
[3.38] Fa. Texas Instruments: Third Generation (DSP) TMS320C3x Users' Guide. 1989
[3.39] *Ebert, H.*: Transputer und Occam. Hannover: Verlag Heinz Heise 1993
[3.40] *Navabi, Z.*: VHDL Analysis and Modeling of Digital Systems. International Edition: McGraw-Hill. 1993
[3.41] Fa. Cypress Semiconductor: WARPTM VHDL Development System for PLDs, CPLDs and FGGAs. San Jose. 1986
[3.42] Fa. Mentor Graphics: Introduction to VHDL. Oregon, 1993
[3.43] *Götz, H.*: Einführung in die digitale Signalverarbeitung. – Stuttgart: B. G. Teubner, 1995
[3.44] *Wannemacher, M.*: Das FPGA-Kochbuch. – Bonn: International Publishing Company, 1998
[3.45] *Skahill, K.*: VHDL for Programmable Logic. – Addison-Wesley Publishing Company, 1996
[3.46] *Ashenden, P. J.*: The Student's Guide to VHDL. – San Francisco: Morgan Kaufmann Publishers, 1998

Sachwortverzeichnis

A

AB-Betrieb 131
A-Betrieb 128
Abfallzeit 30, 54, 212
Abtast-Halte-Glied 197
Addierer 155, 237
– mit seriell durchlaufenden Übertrag 237
Addierer-Subtrahierer 238
Adresse 278
Adresseingang 278
Advanced Low 215
A/D-Wandler 194
aktiver Bereich 42
Akzeptoren 18
Alphabet 206
Amplitudenbedingung 149, 181
Amplitudenfrequenzgang 103
Analog-Digital-Umsetzer 204
AND 213
AND-NOR-Struktur 231
Ansteuerfunktion 249
Anstiegszeit 53, 212
Antifuse-Technologie 261
Antivalenz 221
Approximation, sukzessive 196
Arbeitsbereich, sicherer 44
Arbeitspunkteinstellung 45, 108
Arbeitspunktstabilisierung 112
Arbeitspunktwahl 111, 114, 116
Arbeitstransistor 218
Arithmetic-Logic-Unit 239
Arithmetik-Logik-Einheit 239
Arithmetikeinheit 239
Äquivalenz 221
ASCII-Kode 209
–, (ISO-7-Bit-Kode) 208
ASIC 260
assoziatives Gesetz 224
Auflösung 194
Ausgangsfunktion 250
Ausgangskennlinie 42
Ausgangsleitwert 68
Ausgangspegel 215
Ausgangswiderstand 46
Ausgangszustand 232
Ausschaltfaktor 54
Aussteuerbereich 111, 114 ff.
Automatentabelle 252

B

Backgatesteilheit 70
Bahnwiderstand 27
Bandabstand 19
Bandbreite 132, 144, 152, 172, 175
Bandgap-Referenz 192
Bändermodell 18
Bandmittenfrequenz 132, 174
Bandpass 2. Ordnung 172
Bandsperre 175
Bandverbiegung 64
Basisbahnwiderstand 48
Basislaufzeit 42
Basisschaltung 40, 49, 112
–, Betriebsparameter 114
Basisstromeinspeisung 45
Basisweite 39
–, elektronische 43, 51
B-Betrieb 129
BCD-Kode 209
Befehlssatz 240
Besselfilter 166
β-Grenzfrequenz 134
Betriebsausgangswiderstand 108
Betriebsbereich, nutzbarer 26, 44, 67
Betriebseingangswiderstand 107
Betriebsparameter 102, 107
Betriebsspannungsverstärkung 108
Betriebsstromverstärkung 108
Beweglichkeit 20
Binärkode 208
Bipolartransistor 39
–, Betriebszustände 40
–, Großsignalverhalten 42
Biquad 167

Blockbild 234
Blockschaltbild 251
Bodediagramm 103
Body-Effekt 70
Body-Faktor 65
Boolesche Algebra 220
Bootstrap-Effekt 144
Bootstrap-Kapazität 145
Brückengleichrichter 188
Butterworthfilter 166, 176

C

Carry-Look-Ahead-Addierer 238
CAS Before RAS Refresh 287
Cauerfilter 166
chip select 278
CMOS-Technik 218
CMRR 120
Colpitts-Schaltung 184
CPLD 261

D

D/A-Wandler 198
–, fehlerkorrigierender 201
Darlington-Schaltung 127
Datenausgang 278
De Morgansche Regel 224
Demultiplexer 236
Depletion-MOSFET 67
Design Center 105
D-Flipflop 246
–, taktflankengesteuertes 246
–, taktzustandsgesteuertes 246
Diac 59
Differenzierer 156
Differenzverstärker 118, 124
Differenzverstärkung 81, 119
Diffusionskapazität 27
Diffusionslänge 18
Diffusionsspannung 24
Diffusionsstrom 21, 24
Digital/Analog-Wandlung 198
Diode, thermische 91
Diodenkennlinie 96
Diodenrauschen 76
Diodensättigungsstrom 25, 30

Disjunktion 224
–, vollständige 226
distributives Gesetz 224
Dividierer 159
DNF-Struktur 230
Don't-care-Eingangs-Zustand 234
Don't-care-Feld 235
Donator 18
Draindurchbruch 67
Drainschaltung 117
DRAM 282
DRAM-Controller 286
DRAM-Zelle 286
Driftquelle 50
Driftverstärkung 112
Dual-Slope-Verfahren 196
Dualkode 208
Dualzähler, zyklischer 256
Dualzahlenkode 208
Dunkelstrom 86
Dunkelwiderstand 86
Durchbruch 44
Durchbruchspannung 26
dynamisches Verhalten 212

E

Early-Effekt 43, 68
Early-Spannung 43
Ebers-Moll-Modell 41
EEPROM 280
E-Flipflop 245
Eigenleitung 17
Eigenleitungsdichte 17
Einer-Komplement 238
Eingang, high-aktiver 242
–, low-aktiver 242
Eingangskennlinie 42
Eingangspegel 215
Eingangswiderstand 46
Eingangszustand 232
Einschaltverzögerung 53
Einschwingverhalten 150
Einweggleichrichter 187
Einweggleichrichterschaltung 31
Elektrometerverstärker 145, 154
Elementarladung 20
Elementarspeicher 241

Emitterfolger 114
Emitterkapazität 47
Emitterschaltung 40, 48, 108, 132
–, Kleinsignalersatzschaltbild 109
Empfindlichkeit, spektrale 85
Entscheidungsgehalt 207
Epitaxie-Planar-Transistor 39
EPLD 261
EEPLD-Technologie 261
EPROM 279
Ersatzschaltbild 95
–, h-, y-, π- 100
Ersatzschaltbild zur Arbeitspunkteinstellung 45

F

FAMOS-Transistor 261, 279
Fehlererkennung 209
Fehlergewicht 209
Fehlerkorrektur 209 f.
Feldstrom 21
Fensterkomparator 161
Fermipotenzial 65
Festwertspeicher 278
Filter, aktiver 164
–, elliptischer 166
Filterapproximation 166, 179
Filterkatalog 168
Flipflop, asynchrones 243
–, synchrones 243
–, taktflankengesteuertes 244
–, taktzustandsgesteuertes 243
–, 2-flankengesteuertes 244
Floating-Gate 261
Flussspannung 25 f.
Fotodiode 86
Fotogeneration 20, 85 f.
Fotosensor 85
Fotostrom 86
Fototransistor 87
Fotowiderstand 85
FPGA 261
Freilaufdiode 32
Frequenzgang 132
Frequenzgangkompensation 152
Frequenzgangkorrektur 151
Full Custom IC 260

Funkelrauschen 76
Funktionenbündel 232
Funktionsgenerator 161
Funktionstabelle 212
Fuse-Technologie 261

G

GAL 265
Gate Array 260
–, maskenprogrammiertes 260
Gatedurchbruch 67
Gateschaltung 117
Gegenkopplung 139
Generation 17, 20
–, thermische 20
Gerade-Element 222
Gleichrichterdiode 30
Gleichrichterschaltung 187
Gleichstromwiderstand 26
Gleichtaktunterdrückung 82, 120
Gleichtaktverstärkung 82, 120
Gray-Kode 208
Grenzfrequenz 48, 69, 86, 132, 143, 165
Großsignalanalyse 96
Großsignalersatzschaltung 29
GTO-Thyristor 59
Gummel-Poon-Modell 41, 42, 52
Gunn-Diode 37
Gunn-Effekt 37
Güte 175
Gütefaktor 172

H

Halbkundenschaltkreis 260
Halbleiterspeicher 278
Hall-Effekt 92
Hall-Element 92
Hall-Spannung 92
Hamming-Kode 210
Hardware Description Language 266
Hartley-Schaltung 184
HDL 266
Heißleiter 90
Hochfrequenzverhalten 47, 69
Hochpass 1. Ordnung 172
Hochpass 2. Ordnung 170
Hysterese 160

I

IGFET 62
Impulsdiagramm 243, 252
Impulsoszillator 180
Impulszündung 59
Informationsparameter 203
Integrator 157
integrierter Schaltkreis 211
Intrinsic-Zone 31
Inversbetrieb 40
Inverter 213

J

JEDEC-Datei 265
JFET 62
jitter error 195
JK-Flipflop 245
–, taktflankengesteuertes 245

K

Kaltleiter 91
Kanalabschnürung 66
Kanalladung 64
Kanallängenverkürzung 68
Kanalrauschen, thermisches 78
Kante 243, 252
Kapazitätsdiode 34
kapazitive Kopplung 135
Karnaugh-Veitch-Tafel 227
Kaskodeschaltung 117
–, Betriebsparameter 119
Kettenschaltung 165
Kirk-Effekt 51
Klasse-A-Verstärker 128
Klasse-AB-Verstärker 131
Klasse-B-Verstärker 130
Kleinsignalanalyse 97
Kleinsignalersatzschaltbild 98
– des pn-Übergangs 27
Kleinsignalersatzschaltung 97
Kleinsignalverhalten 27, 46, 68, 73
Klirrfaktor 98
KNF-Struktur 230
Knoten 243, 252
Kode, alphanummerischer 208
–, binärer 207
–, zyklischer 210

Kodedistanz 209
Kodefehler 209
Kodewort 206
Kodewortlänge 207
Kodierer 234
Kodierung 204
Kollektorschaltung 114
–, Betriebsparameter 115
Kollektorsperrschichtkapazität 48
kommutatives Gesetz 224
Komparator 160
Konjunktion 224
–, vollständige 226
Konstante, binäre 224
Konstantstromquelle 126
Kopplung, direkte 135
Kürzungsregel 224
KV-Tafel 227

L

Ladungsspeicherung 26
Ladungsträgerlebensdauer 18, 21
Laserdiode 89
Lasttransistor 218
Laufzeit 27
Lawinendurchbruch 26
Lawineneffekt 33
Lawinenvervielfachung 36
LC-Oszillator 184
Leistungsbilanz 98, 129
Leistungsendstufen 128
Leitfähigkeit 20
Leitwertmatrix 49
Leitwertparameter 68
Leuchtdiode 88
Linearität 98
Logarithmierer 159
Logik, emittergekoppelte 217
Low Power 215
LSB 195
LSI 211, 260

M

Magnetfeldsensor 91
Magnetowiderstand 92
Majoritätsträger 19
Master-Slave-Flipflop 244

Master-Slave-JK-Flipflop 245
Master-Slave-RS-Flipflop 244
Maxterm 226
Mealy-Automat 250
Meißner-Schaltung 184
MESFET 62, 72
Mikrowellendiode 36
Miller-Effekt 144
Miller-Kapazität 151
Minimierung, von Normalformen 228
Minoritätsträger 19
Minterm 226
MISFET 62
Mitkopplung 139, 149, 181
Mittelpunktgleichrichter 188
Monotonie 198
Moore-Automat 250
MOSFET 62
–, selbstleitender 63
–, selbstsperrender 63
MSB 196
MSI 211
MSI-Schaltkreis 257
Multiplexer 235
Multiplizierer 158
Multivibratorschaltung 180

N

Nachziehfehler 195
NAND 213
NAND-NAND-Struktur 231
Negation 212
Nettogenerationsrate 20
Nettorekombinationsrate 20
NF-Verhalten 27
NF-Verstärkung 84
Niederfrequenzverhalten 46, 68
NMOS-Schaltstufe 217
NMOS-Technik 217
NMOS-Transistor 217
NOR-NOR-Struktur 231
Normalform, kanonische disjunktive 225
–, kanonische konjunktive 226
–, minimale disjunktive 228
–, minimale konjunktive 228
–, vollständige disjunktive 225
–, vollständige konjunktive 226

npn-Transistor 40
NTC-Widerstand 90
Nyquistkriterium 149

O

Offsetspannung 82
Offsetspannungsdrift 136
Open-Collector-Ausgang 215
Operationsverstärker 80
–, frequenzgangkompensierter 151
Optokoppler 89
OPV-Schaltungen 153
OR 213
OR-NAND-Struktur 231
Ortskurve 48, 103
Oszillator 180
OTA 124
Output-Enable 215

P

PAL 261
Parallel-Serien-Umsetzer 259
Paralleladdierer 237
Parameterempfindlichkeit 141
Pegelversatzstufen 136
Pentodenbereich 66
Phasenanschnittsteuerung 59
Phasenbedingung 149, 181
Phasenfrequenzgang 103
Phasenreserve 150, 151
Phasenschieber 181
Phasenschieberoszillator 181
π-Ersatzschaltbild 48, 68
Pierce-Oszillator 186
pin-Diode 31
–, Durchbruchspannung 32
Pinch-off 66
–, Bereich 66
–, Punkt 66
pn-Übergang 22
pnp-Transistor 41
Poisson-Gleichung 23
Pole-Splitting-Kapazität 151
Polgüte 172
Power Schottky 215
Programmable Logic Device 261
Programmiergerät 261

Sachwortverzeichnis 399

PSpice 105
PTAT-Spannung 192
PTC-Widerstand 91
Punch Through 44

Q

Quantisierung 204
–, lineare 205
–, nichtlineare 205
Quantisierungsfehler 195
–, absoluter 205
–, relativer 205
Quarzoszillator 185
Quelle, gesteuerte 96

R

RAM 282
–, dynamischer 282
–, statischer 282
RAM-Technologie 261
RAS Only Refresh 287
Rauschen 75, 77 f.
–, weißes 75
Rauschfaktor 78
Rauschleistungsdichte 75
Rauschmaß 79
Rauschspannung 78
RC-Biquad 176
RC-Filter 165
RC-Kopplung 135
RC-Oszillator 181
Read Only Memory 278
Rechenregeln 223
–, für Blockschaltbilder 105
Rechenschaltung 155
Rechteckgenerator 161
Redundanz 207
Referenzspannungsquelle 191 ff.
Referenzstromquelle 125
refresh 286
Reihe 74xxx 215
Rekombination 25
–, direkte 88
Resonanzverstärkung 172
Reststrom 43
R-Flipflop 245
Ripple-Carry-Addierer 238

RS-Flipflop 241, 245
–, taktzustandsgesteuertes 244
Rückkoppelfaktor 140
Rückkopplungsgrad 140
Rücksetzeingang 241
Rückwirkungsfreiheit 99
R2R-Netzwerk 200

S

Sägezahngenerator 162
Sallen & Key-Tiefpass 169, 179
Sättigungsspannung 52
Sättigungsstrom 26, 72
SC-Biquad 179
SC-Filter 177
Schaltalgebra 223
Schaltbelegungstabelle 212
Schaltdiode 32
Schalterkennlinie eines pn-Übergangs 29
Schaltfunktion 221
Schaltfunktionen-Compiler 265
Schaltfunktionenbündel 233
Schaltkreisreihe, bipolare 211
–, unipolare 211
Schaltnetz 219, 223
–, duales 219
Schalttransistor 211
Schaltung, kombinatorische 232
–, synchrone sequentielle 241
Schaltvariable 220
Schaltverhalten 28, 51
Schematic-Eingabe 266
Schieberegister 258
Schleifenverstärkung 140
Schmitt-Trigger 160
Schottky-Diode 35, 54, 213
Schottky-Transistor 54, 213
Schottky-TTL 215
–, schnelle 215
Schreib-Lese-Speicher 282
Schrotrauschen 76
Schwellspannung 65, 70, 72
Schwellwertschalter 160
Schwingbedingung 149, 180
Schwingungspaketsteuerung 60
SC-Integrator 178
Selbsterregung 140

Semi Custom IC 260
Sequenzgenerator 253
Serien-Parallel-Umsetzer 259
Setzeingang 241
SFET 62, 72
S-Flipflop 245
7-Segmentanzeige 88
Signal, analoges 203
–, binäres 203
–, digitales 204
–, diskretes 203
Signal-Rausch-Abstand 78
Signalflussdarstellung 104
Signalflussplan 242
Signalformung 161
Signalträger 203
Sinusoszillator 180
Slewrate 84
Solarzelle 87
Sourcefolger 116
Sourceschaltung 116
Spannungs-Strom-Wandler 146
Spannungsfestigkeit 44
Spannungsfolger 154
Spannungsregler 191
Spannungsrückwirkung 46
Spannungsrückwirkungskennlinie 42
Spannungsstabilisierung 190
Spannungsstabilisierungsschaltung 33
Spannungsverstärker 146
Speicher, mikroelektronischer 278
–, nichtflüchtiger 278
Speicherblock 242
Speicherinhalt, bisheriger 242
–, künftiger 242
Speicherkapazität 278
Speicherladung 53
Speicherorganisation 280
Speicherzeit 29, 53, 213
Speicherzeitkonstante 53
Speicherzustand 241
Sperrbedingung 211
Sperrbereich 42
Sperrschicht 23
Sperrschicht-FET 62, 72
Sperrschichtkapazität 26
Sperrschichtweite 25

Sperrstrom 25, 30, 49
Spiegelverhältnis 122
Sprungantwort 150
SRAM 282
SRAM-Zelle, 6-Transistor 283
SSI 211
Stabilisierungsfaktor 33, 38
Stabilität 149, 151
Stabilitätsbedingung 150
State Machine 253
Steilheit 47, 68, 73
Steilheitsverstärker 124, 141
Steuerschaltung, allgemeine 233
Störstelle 18
Störstellenerschöpfung 19
Störstellenreserve 19
Stoßionisation 20
Strombank 123, 163
Stromflusswinkel 59, 189
Stromgegenkopplung 133
Stromquelle 124, 163
–, gesteuerte 125
–, spannungsgesteuerte 163
–, stromgesteuerte 163
Strom-Spannungs-Wandler 146
Stromspiegel 122, 163
Stromübertragungskennlinie 42
Stromversorgungseinheit 187
Stromverstärker 146
Stromverstärkung 46, 48, 51
Stromverstärkungsfaktor 48
Stromverstärkungsfaktoren 40
Struktur, kristalline 17
Subtrahierer 155
Swiched-Capacitor-Filter 177
Symbol 206
Symmetrie 99

T

Taktflanke 247
Taktpegel 246
Temperaturabhängigkeit 49
Temperaturbeiwert 30, 50
Temperaturdrift 135
Temperaturdurchgriff 30, 50
Temperaturkoeffizient 33
Temperaturmessfühler 90

Temperatursensor 90
Temperaturspannung 22, 24
Tetrade 209
Thermistor 90
Thermoelement 91
Thermowiderstand 90
Three-State-Ausgang 215
Thyristor 57
Tiefpass-Bandpass-Transformation 174
Tiefpass-Bandsperren-Transformation 176
Tiefpass 1. Ordnung 170
Tiefpass 2. Ordnung 167
Tiefpassschaltung 167
tracking error 195
Transferstromquellen 41
Transimpedanzverstärker 141
Transistor, bipolarer 211
–, unipolarer 211
Transistor-Transistor-Logik 213
Transistor-Zelle 287
Transistorrauschen 77
Transistorschalter 51
Transistorschaltung, mehrstufige 148
Transitfrequenz 49, 84, 151
Triac 59
Triodenbereich 66
Tschebyschefffilter 166
–, inverser 166
TTL-Reihe 214
Tunneldiode 35
Tunneleffekt 33, 35

U

Übersteuerungsbedingung 212
Übersteuerung 42, 53
Übersteuerungsgrad 51, 212
Übertrag 237
Übertragungsbandbreite 143
Umkehrbarkeit 99
Umkehrfunktion 159
Umkehrverstärker 155
Ungerade-Element 222
Universalfilter 176

V

Variable, boolesche 220
–, logische 212

Verarmungszone 23
verbale Beschreibung 251
Verlustleistung 214
–, dynamische 218
–, statische 218
Verstärker, invertierender 154
–, nichtinvertierender 153
Verstärkerstufe, Frequenzverhalten 132
–, Kopplung 135
Verstärkungs-Bandbreite-Produkt 84, 144
Verzögerungszeit 215
VHDL 268
Vierpol 98
Vierpolgleichung 99
Vierpolparameter 46, 99
–, des Spannungsverstärkers 107
–, Umrechnung 101
Vierquadrantenmultiplizierer 159
virtuelle Masse 154
VLSI 211
Volladder 237
Vollkundenschaltkreis 260
Vor-/Rückwärtszähler 257

W

Wandler, piezoelektrischer 93
–, piezoresistiver 92
Weak-Inversion-Strom 71
Wertetabelle 212
Widerstand, differentieller 27
–, thermischer 44
Widerstandsrauschen 75
Wien-Oszillator 182
Wien-Robinson-Brücke 183
WILSON-Spiegel 123, 125
Wirkungsgrad 129

Y

y-Parameter 49

Z

Zähler 255
–, synchroner 255
–, zyklischer dekadischer 255
Zahl, negative 238
–, positive 238
Zahlensystem 207

Z-Diode 32, 126
Zener-Effekt 33
Zitterfehler 195
Zone, verbotene 18, 88
Z-Spannung 33
Zündspannung 57
Zugriffszeit 285

Zustand, innerer 248
Zustandsfolgefunktion 242, 250
Zustandsfolgetabelle 242
Zustandsgraph 243, 246, 252
Zweier-Komplement 238
Zweiquadrantenmultiplizierer 159
Zweiweggleichrichter 187

Lehr- und Übungsbuch
Elektrotechnik

Von Dr. Siegfried Altmann und Dr. Detlef Schlayer

2., bearbeitete Auflage
400 Seiten; 680 Bilder,
gebunden
ISBN 3-446-21509-3

Das moderne Lehrbuch zu den Grundlagen der Elektrotechnik:
- zu den Vorlesungen in ersten Semestern,
- an zahlreichen Hochschulen eingeführt und empfohlen,
- enthält über 200 Beispiele und vollständige Lösungen,
- behandelt durchgängig das Zeit-, Frequenz- und Übergangsverhalten elektrischer Netzwerke,
- gliedert sich nicht traditionell klassisch in Gleichstrom- und Wechselstromtechnik,
- ist modern gestaltet und methodisch studentenfreundlich aufbereitet,
- für Studenten aller elektrotechnischen Studienrichtungen an Fachhochschulen und Technischen Universitäten.

 Fachbuchverlag Leipzig im Carl Hanser Verlag
Zschochersche Straße 48 b, 04229 Leipzig
Tel.   03 41 / 49 03 40
Fax.   03 41 / 4 80 62 20
Internet: http://www.fachbuch-leipzig.hanser.de